中 国 国 家 标 准 汇 编

2017年修订-51

中国标准出版社　编

中国标准出版社

北　京

图书在版编目(CIP)数据

中国国家标准汇编:2017 年修订.51/中国标准出版社编.—北京:中国标准出版社,2019.5
ISBN 978-7-5066-9326-4

Ⅰ.①中…　Ⅱ.①中…　Ⅲ.①国家标准-汇编-中国-2017　Ⅳ.①T-652.1

中国版本图书馆 CIP 数据核字(2019)第 126902 号

中国标准出版社出版发行
北京市朝阳区和平里西街甲 2 号(100029)
北京市西城区三里河北街 16 号(100045)

网址 www.spc.net.cn
总编室:(010)68533533　发行中心:(010)51780238
读者服务部:(010)68523946

中国标准出版社秦皇岛印刷厂印刷
各地新华书店经销

*

开本 880×1230　1/16　印张 39.25　字数 1 188 千字
2019 年 5 月第一版　2019 年 5 月第一次印刷

*

定价 220.00 元

出　版　说　明

《中国国家标准汇编》是一部大型综合性国家标准全集。自1983年起，每年按国家标准顺序号分册汇编出版，分为"制定"卷和"修订"卷两种形式。

"制定"卷收入上一年度我国发布的、新制定的国家标准，视篇幅分成若干分册，封面和书脊上注明"20××年制定"字样及分册号，分册号一直连续。各分册中的标准是按照标准编号顺序连续排列的，如有标准顺序号缺号的，除特殊情况注明外，暂为空号。

"修订"卷收入上一年度我国发布的、被修订的国家标准，视篇幅分成若干分册，但与"制定"卷分册号无关联，仅在封面和书脊上注明"20××年修订-1，-2，-3，……"字样。"修订"卷各分册中的标准，仍按标准编号顺序排列（但不连续）；如有遗漏的，均在当年最后一分册中补齐。需提请读者注意的是，个别非顺延前年度标准编号的新制定国家标准没有收入在"制定"卷中，而是收入在"修订"卷中。

读者购买每年出版的《中国国家标准汇编》"制定"卷和"修订"卷则可收齐由我社出版的上一年度制定和修订的全部国家标准。

2017年我国制修订国家标准共3 811项。本分册为《中国国家标准汇编》"2017年修订-51"，收入新制修订的国家标准20项。

中国标准出版社

2019年3月

目　　录

ICS 71.100.01;87.060.10
G 57

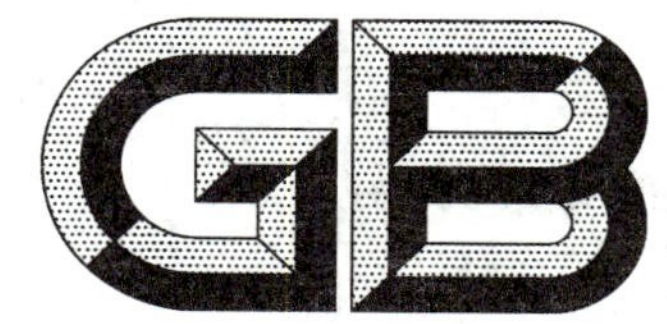

中华人民共和国国家标准

GB/T 25802—2017
代替 GB/T 25802—2010

分散艳蓝 E-4R(C.I.分散蓝 56)

Disperse brilliant blue E-4R(C.I. Disperse blue 56)

2017-11-01 发布 2018-05-01 实施

中华人民共和国国家质量监督检验检疫总局
中国国家标准化管理委员会 发布

前　言

本标准按照 GB/T 1.1—2009 给出的规则起草。

本标准代替 GB/T 25802—2010《分散艳蓝 E-4R(C.I.分散蓝 56)》，与 GB/T 25802—2010 相比，除编辑性修改外主要技术变化如下：

——增加了测色色光指标(见 3.1)；

——修改了分散性指标(见 3.1，2010 年版的 3.2)；

——修改了有害芳香胺控制指标和试验方法(见 3.1、5.8，2010 年版的 3.2、5.8)；

——外观评定方法中增加了光源的规定(见 5.1，2010 年版的 5.1)；

——修改了有关浴比的规定、染浴的配制方法和色光和强度的评定方法(见 5.2，2010 年版的 5.2)。

本标准由中国石油和化学工业联合会提出。

本标准由全国染料标准化技术委员会(SAC/TC 134)归口。

本标准起草单位：杭州吉华江东化工有限公司、浙江长征化工有限公司、九江富达实业有限公司、浙江博澳染料工业有限公司、沈阳化工研究院有限公司、国家染料质量监督检验中心。

本标准主要起草人：姬兰琴、陈美芬、高国新、董仲生、彭德新、金永辉、吴礼富、温卫东。

本标准所代替标准的历次版本发布情况为：

——GB/T 25802—2010。

分散艳蓝 E-4R(C.I.分散蓝 56)

1 范围

本标准规定了分散艳蓝 E-4R(C.I.分散蓝 56,分散蓝 2BLN)产品的要求、采样、试验方法、检验规则以及标志、标签、包装、运输和贮存。

本标准适用于分散艳蓝 E-4R 的产品质量控制。

结构式:

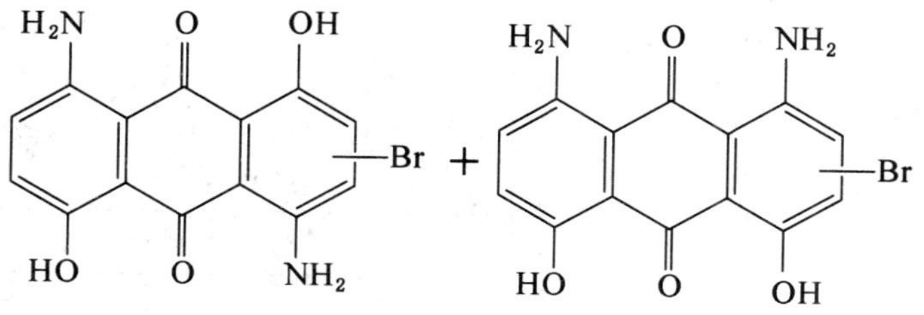

分子式:$C_{14}H_9BrN_2O_4$

相对分子质量:349.14(按 2013 年国际相对原子质量)

CAS RN:31810-89-6

2 规范性引用文件

下列文件对于本文件的应用是必不可少的。凡是注日期的引用文件,仅注日期的版本适用于本文件。凡是不注日期的引用文件,其最新版本(包括所有的修改单)适用于本文件。

GB/T 2374—2017 染料 染色测定的一般条件规定

GB/T 2394—2013 分散染料 色光和强度的测定

GB/T 2397 分散染料 提升力的测定

GB/T 3920—2008 纺织品 色牢度试验 耐摩擦色牢度

GB/T 3921—2008 纺织品 色牢度试验 耐皂洗色牢度

GB/T 3922—2013 纺织品 色牢度试验 耐汗渍色牢度

GB/T 4841.1—2006 染料染色标准深度色卡 1/1

GB/T 5540 分散染料 分散性能的测定 双层滤纸过滤法

GB/T 5541 分散染料 高温分散稳定性的测定 双层滤纸过滤法

GB/T 5718—1997 纺织品 色牢度试验 耐干热(热压除外)色牢度

GB/T 6152—1997 纺织品 色牢度试验 耐热压色牢度

GB/T 6678—2003 化工产品采样总则

GB/T 8427—2008 纺织品 色牢度试验 耐人造光色牢度:氙弧

GB/T 9337—2009 分散染料 高温染色上色率的测定

GB 19601 染料产品中 23 种有害芳香胺的限量及测定

GB 20814 染料产品中重金属元素的限量及测定

GB/T 24101 染料产品中 4-氨基偶氮苯的限量及测定

GB/T 27597 染料 扩散性能的测定

3 要求

3.1 分散艳蓝 E-4R 的质量要求应符合表 1 的规定。

表 1 分散艳蓝 E-4R 的质量要求

序号	项目		指标	试验方法
1	外观		深蓝色均匀粉末或颗粒	5.1
2	强度(为标准品的)/分		100	5.2
3	色光(与标准品)	目测	近似～微	5.2
		测色(D65 光源)[a]: DE ≤ DC DH	 0.50 −0.30～0.30 −0.30～0.30	5.2
4	扩散性能/级 ≥		4	5.3
5	分散性/(级/级) ≥		A/3	5.4
6	高温分散稳定性/(级/级) ≥		B/3	5.5
7	上色率(130 ℃,60 min)/% ≥		85.0	5.6
8	提升力/级		A	5.7
9	有害芳香胺/(mg/kg)		符合 GB 19601 和 GB/T 24101 的要求	5.8
10	重金属元素/(mg/kg)		符合 GB 20814 的要求	5.9

[a] 供需双方协商决定是否控制测色色光指标。

3.2 分散艳蓝 E-4R 在涤纶织物上的色牢度按 5.10 测定,应不低于表 2 的规定。

表 2 分散艳蓝 E-4R 在涤纶织物上的色牢度

单位为级

染色深度	耐光(氙弧)	耐皂洗 60 ℃			耐汗渍 酸			耐汗渍 碱			耐干热 180 ℃			耐摩擦		耐热压 180 ℃
		变色	棉沾	涤沾	变色	棉沾	涤沾	变色	棉沾	涤沾	变色	棉沾	涤沾	干	湿	变色(4 h 后)
1/1	6-7	4-5	4-5	4-5	4-5	4-5	4-5	4-5	4-5	4-5	4	3-4	2-3	4-5	4-5	4-5

注:2%(owf)相当于 1/1 染色标准深度。

4 采样

以批为单位采样,一次拼混均匀的产品为一批。每批采样件数应符合 GB/T 6678—2003 中 7.6 的规定。所采样产品的包装应完好,采样时不应使外界杂质落入产品中,用探管从上、中、下三部分采样,所采样品总量不应少于 200 g。将采得的样品充分混匀后,分装于两个清洁、干燥、密封良好的容器中,其上粘贴标签,注明产品名称、批号、生产厂名称、采样日期、地点。一个供检验,另一个保存备查。

5 试验方法

5.1 外观的评定

在自然北昼光下目视评定。

5.2 色光和强度的测定

5.2.1 染色一般条件

染色时的一般条件应符合 GB/T 2374—2017 的有关规定。

染色深度规定为 2%(owf)。染色用 2 g 涤纶织物，染色浴比为 1∶100；或用 5 g 涤纶织物，染色浴比为 1∶20 或 1∶40(在染色均匀的前提下，也可根据实际情况选择其他浴比)。

5.2.2 染浴的配制

以 2 g 涤纶织物染色为例，于五个染杯中，按表 3 规定配制染浴后，用冰乙酸调节 pH 值 5.0～6.0。如使用 5 g 涤纶织物，则染料用量增加到 2.5 倍。

表 3 染浴的配制

单位为毫升

染浴组分	染样编号和染浴中各组分的体积				
	1	2	3	4	5
1 g/L 标样溶液	38	40	42	—	—
1 g/L 试样溶液	—	—	—	38	40
水	162	160	158	162	160

5.2.3 染色操作

染色操作按 GB/T 2394—2013 中 6.2 高温加压染色法的规定进行。

5.2.4 色光和强度的评定

按 GB/T 2374—2017 中 7.1 的有关规定进行。

5.3 扩散性能的测定

按 GB/T 27597 的规定进行。

5.4 分散性的测定

按 GB/T 5540 的规定进行。

5.5 高温分散稳定性的测定

按 GB/T 5541 的规定进行。

5.6 上色率的测定

按 GB/T 9337—2009 中有关“分散染料高温染色上色率的测定(透射法)”的规定进行。染色浴比规定为 1∶40,测定波长为最大吸收波长(约 630 nm)。

5.7 提升力的测定

按 GB/T 2397 的规定进行。

5.8 有害芳香胺的测定

按 GB 19601 和 GB/T 24101 的规定进行。

5.9 重金属元素的测定

按 GB 20814 的规定进行。

5.10 在涤纶织物上色牢度的测定

5.10.1 一般规定

所有色牢度的测试样应按 GB/T 4841.1—2006 的有关规定染成 1/1 染色标准深度。

5.10.2 耐摩擦色牢度的测定

按 GB/T 3920—2008 的有关规定进行。

5.10.3 耐皂洗色牢度的测定

按 GB/T 3921—2008 的规定进行。试验条件采用 GB/T 3921—2008 表 2 中的试验方法 C(3)。

5.10.4 耐汗渍色牢度的测定

按 GB/T 3922—2013 的有关规定进行。

5.10.5 耐干热色牢度的测定

按 GB/T 5718—1997 的有关规定进行,180 ℃。

5.10.6 耐热压色牢度的测定

按 GB/T 6152—1997 的有关规定进行,180 ℃干压(4 h 后评定)。

5.10.7 耐光色牢度的测定

按 GB/T 8427—2008 的有关规定进行。

6 检验规则

6.1 检验分类

产品检验分型式检验和出厂检验两类。

第 3 章所列的检验项目均为型式检验项目。其中表 1 中第 1～6 项为出厂检验项目,应逐批进行检验。在正常连续生产情况下,每年至少进行一次型式检验。但如有下述情况需进行型式检验:

a) 新产品最初定型时;

b) 产品异地生产时;

c) 生产配方、工艺及原材料有较大改变时;

d) 停产三个月后又恢复生产时；

e) 客户提出要求时。

6.2 出厂检验

分散艳蓝 E-4R 应由生产厂的质量检验部门检验合格，附合格证明后方可出厂。生产厂应保证所有出厂的分散艳蓝 E-4R 产品均符合本标准的要求。

6.3 复检

如果检验结果中有一项指标不符合本标准的要求时，应重新自两倍量的包装中取样进行检验，重新检验的结果，即使只有一项指标不符合本标准要求，则整批产品判定为不合格。

7 标志、标签、包装、运输和贮存

7.1 标志

分散艳蓝 E-4R 的每个包装容器上都应涂印耐久、清晰的标志，标志内容至少应有：

a) 产品名称；

b) 生产厂名称、地址；

c) 生产日期；

d) 净含量。

7.2 标签

产品应有标签，标签上应注明产品生产日期、合格证明、执行标准编号、批号。

7.3 包装

分散艳蓝 E-4R 装于内衬塑料袋的包装容器内，并加密封，每件净含量 25 kg±0.2 kg，其他包装可与用户协商确定。

7.4 运输

运输时应防止倒置，小心轻放，避免碰撞，切勿损坏包装。

7.5 贮存

分散艳蓝 E-4R 应贮存于阴凉、干燥、通风处，防止受潮受热。

ICS 29.240
K 45

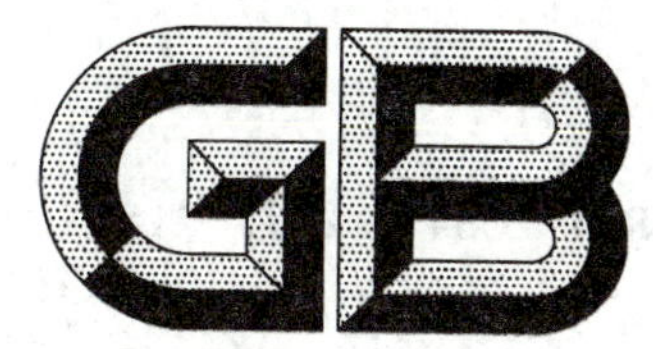

中华人民共和国国家标准

GB/T 25841—2017
代替 GB/Z 25841—2010

1 000 kV 电力系统继电保护技术导则

Guide of protection relaying for 1 000 kV power system

2017-07-31 发布

2018-02-01 实施

中华人民共和国国家质量监督检验检疫总局
中国国家标准化管理委员会 发布

前　言

本标准按照 GB/T 1.1—2009 给出的规则起草。

本标准是对 GB/Z 25841—2010《1 000 kV 电力系统继电保护技术导则》的修订，与 GB/Z 25841—2010 相比，除编辑性修改外，主要技术变化如下：

——增加对 1 000 kV 变电站其他电压等级继电保护的特殊要求；

——通信规约删除对 DL/T 667 的要求，仅保留满足 DL/T 860 的要求；

——取消对中央信号接点输出的要求；

——1 000 kV 不考虑智能站，删除对电子式互感器的要求；

——对于线路主保护，改为只使用电流差动保护，并取消相应的对纵联距离保护的相关要求；

——线路保护补充确定零序补偿系数的要求；

——线路保护非全相振荡并发生区外故障时不考核；

——主变压器、调压变、补偿变要求分开编写；

——增加有载调压变压器保护要求；

——增加 110 kV 侧母线保护及电容器保护动作及启动失灵要求；

——取消按相顺序重合闸的要求。

请注意本文件的某些内容可能涉及专利。本文件的发布机构不承担识别这些专利的责任。

本标准由中国电力企业联合会提出并归口。

本标准起草单位：国家电网公司国家电力调度控制中心、南京南瑞继保电气有限公司、国家电网公司交流建设部、中国南方电网公司电力调度控制中心、华中电力调控分中心、华东电力调控分中心、浙江电力调控中心、浙江电力检修分公司、上海电力调控中心、安徽电力调控中心、河南电力调控中心、山西电力调控中心、中国电力科学研究院、江苏电力科学研究院、华东电力设计院、华北电力设计院、西北电力设计院、江苏电力设计院、国电南京自动化股份有限公司、北京四方继保自动化股份有限公司、许继电气股份有限公司。

本标准主要起草人：李力、王德林、刘千宽、倪腊琴、刘宇、钱建国、陈水耀、甘忠、谢民、田宝江、蔡伟伟、刘洪涛、詹荣荣、郭晓、袁宇波、徐振宇、吴利军、佘小平、葛栋、李佑淮、娄悦、余江、王晓阳、王业、倪传坤。

1 000 kV 电力系统继电保护技术导则

1 范围

本标准规定了交流 1 000 kV 系统及 1 000 kV 变电站相关电压等级具有特别要求的继电保护装置的基本准则。

本标准适用于 1 000 kV 电力系统继电保护的科研、设计、制造、试验、施工和运行等领域。

2 规范性引用文件

下列文件对于本文件的应用是必不可少的。凡是注日期的引用文件，仅注日期的版本适用于本文件。凡是不注日期的引用文件，其最新版本(包括所有的修改单)适用于本文件。

GB/T 14285 继电保护和安全自动装置技术规程

GB/T 14598.9 电气继电器 第 22-3 部分：量度继电器和保护装置的电气骚扰试验 辐射电磁场干扰试验

GB/T 14598.10 电气继电器 第 22 部分：量度继电器和保护装置 第 22-4 部分：电气骚扰试验 快速瞬变干扰试验

GB/T 14598.11 量度继电器和保护装置 第 11 部分：辅助电源端口的电压暂降、短时中断、变化和纹波

GB/T 14598.13 量度继电器和保护装置 第 22-1 部分：电气骚扰试验 1 MHz 脉冲群干扰试验

GB/T 14598.14 量度继电器和保护装置 第 22-2 部分：电气骚扰试验 静电放电试验

GB/T 14598.16 电气继电器 第 25 部分：量度继电器和保护装置的电磁发射试验

GB/T 14598.17 电气继电器 第 22-6 部分：量度继电器和保护装置的电气骚扰试验-射频场感应的传导骚扰的抗扰度

GB/T 14598.18 量度继电器和保护装置 第 22-5 部分：电气骚扰试验 浪涌抗扰度试验

GB/T 15145 输电线路保护装置通用技术条件

GB/T 17626.8 电磁兼容 试验和测量技术 工频磁场抗扰度试验

GB/T 17626.9 电磁兼容 试验和测量技术 脉冲磁场抗扰度试验

GB/T 17626.29 电磁兼容 试验和测量技术 直流电源输入端口电压暂降、短时中断和电压变化的抗扰度试验

GB/T 20840.2 互感器 第 2 部分：电流互感器

GB/T 22386 电力系统暂态数据交换通用格式

DL/T 364 光纤通道传输保护信息通用技术条件

DL/T 478 继电保护和安全自动装置通用技术条件

DL/T 670 母线保护装置通用技术条件

DL/T 720 电力系统继电保护柜、屏通用技术条件

DL/T 770 变压器保护装置通用技术要求

DL/T 860(所有部分) 变电站通信网络和系统

DL/T 866 电流互感器和电压互感器选择及计算导则

IEC 60721-3-3 环境条件分类 第3部分：环境参数组及其严酷程度的分类分级 第3节：在有气候防护场所的固定使用(Classification of environmental conditions—Part 3-3: Classification of groups of environmental parameters and their severities: Stationary use at weather protected locations)

3 一般要求

3.1 系统性要求

3.1.1 保护配置及设备应符合GB/T 14285、DL/T 478的要求。

3.1.2 保护配置及设备应符合可靠性、选择性、灵敏性和速动性的要求。

3.1.3 在合理的1 000 kV电网结构、接线形式和运行方式下，应满足电网和电力设备安全运行的要求。

3.1.4 对于1 000 kV电网的主设备或输电线路等每个保护对象，应按双重化原则配置主后一体的电气量保护装置。主后一体的电气量保护装置主保护和后备保护应共用直流电源输入回路及交流电压、电流的二次回路。每套保护装置的二次输入/输出(含跳合闸)回路、纵联保护传输通道及电源输入回路应独立于另一套保护装置，并与另一套保护各自对应。

3.1.5 保护装置任一元件(出口继电器可除外)损坏时，装置不应误动作跳闸。

3.1.6 保护用电流互感器配置应避免出现主保护的动作死区。接入保护装置的互感器二次绕组分配应避免当一套保护停用时出现被保护区内故障时的保护动作死区，同时应尽可能减轻电流互感器本体故障时所产生的影响。

3.2 工作环境

保护装置工作环境应符合DL/T 478和相关国家标准的规定，具备防御雨、雪、风、沙的措施，空气无明显污染，各种有害杂质含量低于IEC 60721-3-3中3C1和3S1类的规定数值，不存在超过规定水平的电磁骚扰和振动，并有必要的接地、屏蔽、安全防范措施。保护装置应能在上述规定条件下安全、可靠、稳定地运行。

3.3 电磁兼容

3.3.1 在不外接抗干扰元件的前提下，保护装置应满足有关电磁兼容标准的要求。

3.3.2 保护装置电磁兼容性能应达到表1试验等级要求；电磁发射试验的检测值应低于GB/T 14598.16的规定水平，抗扰度试验合格判据应满足表2的验收准则，并且在试验后仍应符合相关性能规范。

表1 装置应达到的电磁兼容试验等级

序号	试验项目名称	依据的标准	试验等级
1	静电放电试验	GB/T 14598.14	4
2	辐射电磁场骚扰试验	GB/T 14598.9	3
3	电快速瞬变/脉冲群抗扰度试验	GB/T 14598.10	A级
4	浪涌(冲击)抗扰度试验	GB/T 14598.18	4
5	1 MHz和100 kHz脉冲群干扰试验	GB/T 14598.13	3
6	直流电源输入端口电压暂降、短时中断和电压变化的抗扰度试验	GB/T 17626.29	—
7	辅助电源端口的电压暂降、短时中断、变化和纹波	GB/T 14598.11	—
8	工频磁场抗扰度试验	GB/T 17626.8	5

表 1（续）

序号	试验项目名称	依据的标准	试验等级
9	射频场感应的传导骚扰抗扰度	GB/T 14598.17	3
10	电磁发射试验	GB/T 14598.16	—
11	脉冲磁场抗扰度试验	GB/T 17626.9	5

表 2　验收准则

功能	合格条件
保护	试验期间和实验后，规定限值内性能正常
命令与控制	试验期间和实验后，规定限值内性能正常
测量	试验期间性能暂时下降，试验后自行恢复，存储数据无丢失
人机接口	实验期间性能暂时下降或功能丧失，实验后自行恢复，存储数据无丢失
数据通信	误码率可能增加，但传输数据无丢失

3.4　保护装置通用要求

3.4.1　装置自检

保护装置应具有在线自动检测功能，包括保护硬件损坏、功能失效和交流回路异常运行状态的自动检测。自动检测应是在线自动检测，不应由外部手动启动；当装置发生元器件损坏，自动检测回路应能发出告警或装置异常信号，并应能将故障定位至模块（插件）。

3.4.2　独立启动元件

装置应具有独立的启动元件，只有在电力系统发生扰动时，才允许开放跳闸回路。

3.4.3　输入输出隔离

装置的输入/输出回路应具有隔离措施，不应与其他装置或设备有直接的电气联系。

3.4.4　交流回路自检

3.4.4.1　保护装置在电压互感器二次回路一相、两相或三相同时断线、失压时，应发告警信号，并闭锁可能误动作的保护。

3.4.4.2　保护装置在电流互感器二次回路不正常或断线时，应发告警信号。

3.4.5　二次回路

3.4.5.1　保护装置中的零序电流方向元件应采用自产零序电压，不应接入电压互感器的开口三角电压。

3.4.5.2　保护跳闸回路以及直接启动保护跳闸的开关量输入回路应有足够的启动功率，防止控制回路一点接地或其他电气耦合干扰等引起保护误动。

3.4.6　定值

保护装置的定值设置应满足保护功能的要求，应尽可能做到简单、易整定；为适应系统运行方式的变化，应设置多套可切换的定值组。

在定值整定或切换过程中保护装置不应发生误动作。

3.4.7 事件记录

保护装置应以时间顺序记录的方式记录正常运行的操作信息，如开关等开入量输入变位、压板切换、定值修改、定值区切换等，记录应保证充足的容量。

3.4.8 故障记录

保护装置应有故障记录功能，记录保护的动作过程，为分析保护动作行为提供详细、全面的数据信息，但不要求代替专用的故障录波器。保护装置故障记录应包括：

a) 应记录故障过程中的输入模拟量和开关量、输出开关量、动作元件、动作相别及动作时间；

b) 在被保护对象发生故障时，应可靠记录并不丢失故障信息；

c) 在装置直流电源消失时，不应丢失已记录的信息。

3.4.9 记录输出

保护装置应能输出装置本身的事件记录和故障记录，后者应包括时间、动作事件报告、动作采样值数据报告、开入、开出和内部状态信息、定值报告等。装置应具有数字及图形输出功能，数字输出格式应符合 GB/T 22386 的规定。

3.4.10 辅助接口

保护装置应配置必要的维护调试接口、打印机接口。

3.4.11 通信接口

装置应具备与监控系统等连接的通信接口，通信协议应符合 DL/T 860。

3.4.12 辅助软件

保护装置宜配套提供必要的辅助功能软件，如通信及维护软件、定值整定辅助软件、故障记录分析软件、调试辅助软件等。

3.4.13 软件安全防护

保护装置软件应设有安全防护措施，防止出现不符合要求的更改。

3.4.14 时钟和时钟同步

保护装置应具有硬件时钟电路，装置在失去直流电源时，硬件时钟应能正常工作。保护装置应具有与外部标准授时源对时的 IRIG-B 对时接口。装置时钟精度应符合 DL/T 478 的规定。

3.4.15 互感器

3.4.15.1 线路、变压器、母线保护用电流互感器应采用 TPY 级电流互感器，断路器失灵保护宜采用 P 级电流互感器，互感器性能应符合 DL/T 866 和 GB/T 20840.2 的规定。

3.4.15.2 电流互感器变比的选择应考虑保护装置最小精工电流的要求。

3.4.15.3 电流互感器应配置足够的保护用二次绕组。

3.4.16 机械结构

保护装置机械结构应符合 DL/T 720 的规定。

4 线路保护技术要求

4.1 一般要求

4.1.1 应满足 GB/T 15145 及 GB/T 14285 的规定。

4.1.2 应反映 1 000 kV 输电线路各种故障和异常状况,并应符合下列规定:

a) 线路输送功率大,稳定问题严重,应确保速动性、选择性及可靠性;
b) 应能适应线路采用大截面分裂导线、不完全换位及紧凑型线路所带来的影响;
c) 应能适应大变比电流互感器,正常运行及故障时大动态范围二次电流对保护装置的影响;
d) 应能适用于弱电源侧;
e) 应能适应大容量发电机、变压器所带来的影响;
f) 应能适应线路分布电容增大导致电容电流明显增大所带来的影响;
g) 应能适应系统装设串联电容补偿和并联电抗器等设备所带来的影响;
h) 应能适应采用带气隙的电流互感器和电容式电压互感器后,二次回路的暂态过程及电流、电压传变的暂态过程所带来的影响;
i) 应能适应高压直流输电设备所带来的影响。

4.1.3 线路在空载、轻载、满载等各种状态下,在保护范围内发生金属性和非金属性单相接地、两相接地、两相不接地短路、三相短路及复合故障、转换性故障等的故障时,保护应能正确动作。在保护范围末端经小过渡电阻相间故障时应具有抗超越的能力。

4.1.4 保护范围外发生金属性和非金属性故障时,保护不应误动。

4.1.5 外部故障切除、故障转换,功率倒向及系统操作等情况下,保护不应误动作。

4.1.6 应能根据电压电流量判别线路运行状态,实现线路非全相状态的判别和重合后加速跳闸。

4.1.7 每套保护应分别启动断路器的一组跳闸线圈。

4.1.8 线路保护装置宜采用边开关和中开关 CT 各自独立接入。

4.2 保护配置

4.2.1 线路主保护应采用分相电流差动保护,单套保护装置宜采用双通道。在系统正常情况下,当通道有故障或异常时,差动保护不应误动作。当保护装置采用双通道时,任一通道发生异常或故障时,主保护性能应与单通道保护一致。

4.2.2 线路保护应配置快速反应近端严重故障的、不依赖于通道的快速距离保护。

4.2.3 后备保护应配置完整的三段式相间和接地距离后备保护。在接地后备保护中,还应配置定时限或反时限零序电流保护以切除高阻接地故障。零序功率方向元件采用自产零序电压。

4.2.4 线路保护应配置独立的选相功能并有单相和三相跳闸逻辑回路。

4.2.5 每套保护应具有故障测距功能,并能判别故障类型及相别。

4.3 功能要求

4.3.1 选相

4.3.1.1 线路故障时能正确选相实现分相跳闸或三相跳闸。

4.3.1.2 系统发生经单相高阻接地故障,当故障点电流大于 800 A 时,主保护应能选相动作切除故障。

4.3.2 振荡闭锁

4.3.2.1 系统发生全相振荡或非全相振荡,保护装置不应误动作跳闸。

4.3.2.2 系统在全相或非全相振荡过程中，被保护线路如发生各种类型的不对称故障，保护装置应有选择性地动作跳闸，纵联保护仍应快速动作。

4.3.2.3 系统在全相振荡过程中，发生区内三相故障，保护装置应正确动作(允许短延时动作)。

4.3.3 同塔并架

应避免跨线故障误跳双回线路。对于同塔并架双回线，在通道正常情况下，保护不应误选相动作。保护算法不宜引入相邻线路信息。

4.3.4 零序补偿系数

4.3.4.1 零序补偿系数宜采用多段距离共用一个零序补偿系数定值。

4.3.4.2 对于同塔双回或多回线路，整定时应考虑不同方式下零序补偿系数对接地距离保护的影响。

4.3.5 串联补偿

4.3.5.1 对装有串联补偿电容的 1 000 kV 线路及其相邻线路，应考虑下列因素影响并采取必要的措施防止保护装置不正确动作：

a) 由于串联电容的影响可能引起故障电压的反相；
b) 故障时，串联电容保护间隙的击穿情况；
c) 电压互感器装设位置(在电容器的内侧或外侧)对保护装置工作的影响；
d) 适用于保护安装处背侧等值阻抗为容性的情况。

4.3.5.2 串补及附近线路宜保留距离Ⅰ段保护。距离Ⅰ段保护应采取措施防止由于串补电容接入导致的误动作。

4.3.6 分相电流差动保护

4.3.6.1 分相电流差动保护应有专门的措施，考虑 1 000 kV 系统产生的谐波和直流分量的影响，并对电容电流进行补偿。

4.3.6.2 传输线路纵联保护信息的数字通道传输时间应不大于 12 ms。

4.3.7 动作时间

4.3.7.1 分相电流差动保护动作时间(不包括通道传输时间)：不超过 30 ms。

4.3.7.2 距离Ⅰ段(0.7 倍整定值)，不超过 30 ms。

4.4 保护与通道的接口

4.4.1 采用光纤通道时，保护装置与通信设备的接口、接口连接、保护通道构成方式，以及应遵守的技术原则、可靠性指标应符合 DL/T 364 的规定。

4.4.2 分相电流差动保护采用 2 Mbit/s 接口的复用光纤或专用光纤通道。

4.4.3 保护装置对光纤通道应具有监视功能，当通道异常、误码率越限时应能发出告警信号，必要时应能闭锁主保护。

5 变压器保护技术要求

5.1 一般要求

5.1.1 1 000 kV 变压器保护范围应包括主体变压器、调压补偿变压器。

5.1.2 变压器保护应符合 DL/T 770 的规定。

5.1.3 主体变压器电气量保护应采用主后一体化保护装置,具有被保护变压器所要求的主后备保护功能。为提高调压补偿变压器匝间短路故障的灵敏度,应配置独立于主体变压器保护的调压补偿变压器保护装置,调压补偿变压器电气量保护仅配置主保护,不配置差动速断和后备保护。

5.1.4 非电量保护应独立于电气量保护装置,瞬时出口或延时出口。

5.2 保护配置

5.2.1 主体变压器和调压补偿变压器保护应相互独立,并分别按双重化原则配置电气量保护,按单套配置非电量保护。

5.2.2 每套主体变电气量保护应具备下列保护功能:

a) 应配置接入高中低各侧开关 CT 的纵差保护;
b) 应配置接入高、中压侧和公共绕组回路的分侧差动保护;
c) 高、中压侧后备保护应各配置一段零序过流保护,为满足选择性要求,零序过流保护可增设方向元件,公共绕组后备保护配置一段零序过流保护;
d) 高、中压侧后备保护应各配置一段相间阻抗保护和接地阻抗保护;
e) 高、中压侧后备保护应各配置一段复压过流保护,低压侧后备保护配置一段复压过流保护和一段过流保护;
f) 过励磁保护;
g) 过负荷。

5.2.3 每套调压补偿变压器电气量保护应具备下列保护功能:

a) 应配置反应调压变绕组匝间短路的调压变差动保护;
b) 应配置反应补偿变绕组匝间短路的补偿变差动保护。

5.3 功能要求

5.3.1 纵联差动保护

5.3.1.1 应能躲过励磁涌流(包括和应涌流等由于变压器铁芯饱和引起的励磁电流)和外部短路产生的不平衡电流。

5.3.1.2 主体变应具有不经励磁涌流闭锁的纵差差动速断功能。

5.3.1.3 变压器过励磁时不应误动作。

5.3.1.4 具有 CT 断线告警功能,可通过控制字选择是否闭锁差动保护,当选择闭锁时,CT 断线后,差动电流大于 1.2 I_e 时差动应出口跳闸。

5.3.1.5 对于有载调压变保护应设置不灵敏段差动保护,并能通过外部输入确认有载调压变调档状态或正常运行状态;当有载调压变保护确认为调档状态时,保护自动切换至不灵敏段差动,退出灵敏段差动,当有载调压变保护确认为正常运行状态时,保护自动切换至灵敏段差动,退出不灵敏段差动。

5.3.2 后备保护

5.3.2.1 阻抗保护应设置独立的电流启动元件,本侧 PT 断线或电压退出后,应闭锁本侧阻抗保护,电压切换时不误动。

5.3.2.2 复压过流保护高中压侧复压元件由各侧电压经“或门”构成,低压侧复压元件取本分支电压,高中压侧 PT 断线或电压退出后,该侧复压过流保护,受其他侧复压元件控制,低压侧本分支 PT 断线或电压退出后,本分支复压过流保护变为纯过流保护。

5.3.2.3 零序(方向)过流保护过流元件应采用本侧自产零序电流,方向元件采用本侧自产零序电压和自产零序电流，本侧PT断线或电压退出后，本侧零序方向过流保护退出方向元件，公共绕组零序过流保护可通过控制字选择跳闸或告警。

5.3.2.4 具有PT断线告警功能。

5.3.3 过励磁保护

过励磁保护应具有一段定时限和一段反时限特性并与被保护变压器的励磁特性相配合。定时限动作于信号，定时限过励磁保护的返回系数不应小于0.97，反时限可选择动作于跳闸，反时限过励磁保护采用相电压“与门”关系。

5.3.4 非电量保护

5.3.4.1 非电量保护应有独立的出口回路，非电量保护应同时作用于断路器的两个跳闸线圈。

5.3.4.2 对于装置间不经附加判据直接启动跳闸的开入量，应经抗干扰继电器重动后开入。抗干扰继电器的启动功率应大于5 W，动作电压应为额定直流电源电压的55%～70%。

5.3.4.3 非电量保护不启动断路器失灵保护。

5.3.5 动作时间

变压器保护差动速断不应大于20 ms（差流大于1.5倍整定值时）；差动整组动作时间不应大于30 ms（差流大于2倍整定值时）。

6 母线保护

6.1 一般要求

6.1.1 母线保护应符合DL/T 670的规定。

6.1.2 在由分布电容、并联电抗器、变压器（励磁涌流）、高压直流输电设备和串联补偿电容等所产生的稳态和暂态的谐波分量和直流分量的影响下，保护装置不应误动作或拒动。

6.2 保护配置

3/2接线母线保护应按母线段双重化配置。

6.3 功能要求

6.3.1 一般功能要求

6.3.1.1 保护应能正确反应母线保护区内的各种类型故障，并动作于跳闸。

6.3.1.2 母线差动保护应具有抗CT饱和功能，对各种类型区外故障，母线保护不应由于短路电流中的非周期分量引起电流互感器的暂态饱和而误动作。

6.3.1.3 母线保护不应受汲出电流的影响而拒动。

6.3.2 CT变比调整

母线保护应允许使用不同变比的电流互感器。当变比在现场调整时，应能通过整定方法简单方便完成电流平衡，不应通过修改保护软件来完成。

6.3.3 CT断线检测和闭锁

母线保护装置中应对CT二次回路异常运行状态进行检测，当交流电流回路不正常或CT断线时发告警信号并闭锁母差。

6.3.4 电压闭锁

1 000 kV 3/2 接线母线保护装置可不设置电压闭锁。

6.3.5 110 kV 电压等级母线保护及失灵保护

6.3.5.1 1 000 kV 变电站 110 kV 电压等级母线保护应双重化配置。

6.3.5.2 对于 1 000 kV 变电站 110 kV 电压等级母线保护，当电容电抗器配置断路器时，母线保护动作同时跳开电容电抗器；当电容电抗器配置负荷开关时，母线保护动作只跳主体变压器低压侧断路器，不跳电容电抗器。

6.3.5.3 当 110 kV 电容器配置负荷开关时，电容器保护动作不跳负荷开关，直接跳主体变压器低压侧断路器，同时启动 110 kV 断路器失灵保护并解除失灵复压闭锁。

6.3.6 动作时间

母线保护整组动作时间不应大于 20 ms（差流大于 2 倍整定值时）。

7 断路器保护和重合闸

7.1 断路器保护

7.1.1 一般要求

7.1.1.1 断路器失灵判别设置在断路器保护中。

7.1.1.2 对于 3/2 接线，边断路器的失灵保护跳母线相邻断路器的出口回路宜与相应母差共用出口。

7.1.1.3 边断路器失灵和母差共用出口时，母线保护应设置灵敏的、不需整定的失灵开放电流元件并带 50 ms 的固定延时，防止失灵开入异常等原因造成失灵联跳误动。

7.1.1.4 主变断路器失灵时，主变保护应设置灵敏的、不需整定的失灵开放电流元件并带 50 ms 的固定延时联跳主变各侧断路器。

7.1.1.5 失灵保护应有足够的跳闸出口接点。

7.1.2 保护配置

保护应按断路器配置，包括断路器失灵保护、充电保护、死区保护。

7.1.3 功能要求

7.1.3.1 断路器失灵保护的启动应符合下列要求：

a) 故障线路或电力设备能瞬时复归的出口继电器动作后不返回；

b) 断路器未断开的判别元件动作后不返回。

7.1.3.2 判别元件的动作时间和返回时间均不应大于 30 ms。

7.1.3.3 失灵保护可选择瞬时再次动作于本断路器跳闸，再经一时限动作于断开其他相邻断路器。

7.1.3.4 失灵保护动作跳闸应同时动作于两组跳闸回路。

7.1.3.5 失灵保护动作应闭锁重合闸。

7.1.3.6 线路断路器失灵保护动作后，应通过通道向线路对侧发送远方跳闸信号。

7.1.3.7 充电保护动作后应能启动失灵保护。

7.1.3.8 充电保护设置两段相过电流、一段零序电流保护。

7.1.3.9 死区保护与失灵保护应共用跳闸出口。

7.2 重合闸

7.2.1 一般要求

7.2.1.1 与线路相连的断路器保护应配重合闸功能。

7.2.1.2 重合闸装置应有外部闭锁重合闸的输入回路。

7.2.1.3 重合闸装置应具有“压力低闭锁重合闸”的接入回路。

7.2.1.4 断路器保护在本断路器无法重合时，当线路保护发出单跳令时，本断路器应三跳，而不应影响另一个断路器重合闸功能。

7.2.1.5 重合闸沟通三跳应只沟通本断路器的三跳回路。

7.2.1.6 重合闸合闸脉冲应有足够的宽度，以保证断路器可靠合闸。

7.2.2 功能要求

7.2.2.1 重合闸启动方式包括线路保护跳闸启动和断路器位置启动。

7.2.2.2 重合闸应能实现单相重合闸、三相重合闸、禁止重合闸和停用重合闸方式。三相重合闸应能采用检无电压或检同期实现。

7.2.2.3 重合闸只实现一次重合闸，在任何情况下不应发生多次重合闸。

8 远方跳闸及过电压保护

8.1 一般要求

8.1.1 远方跳闸及过电压保护宜与线路保护集成。

8.1.2 远方跳闸

一般情况下，发生下列故障时应传送远方跳闸命令，使相关线路对侧断路器跳闸切除故障：

a) 断路器失灵保护动作；
b) 高压侧无断路器的线路并联电抗器保护动作；
c) 线路过电压保护动作；
d) 线路变压器组的变压器保护动作；
e) 高压线路串联补偿电容器的保护动作。

8.1.3 过电压保护

8.1.3.1 过电压保护应能在线路出现任何危及绝缘的不正常工频过电压时，断开有关的断路器。

8.1.3.2 在系统正常运行或在系统暂态过程的干扰下均不应误动作。过电压保护的动作时间和整定值应与 1 000 kV 变电站一次设备过电压保护协调配合。

8.1.3.3 过电压保护应按相装设过电压继电器。以保证单相断开时测量电压的准确性。

8.1.3.4 过电压继电器应能适用于电容式电压互感器。过电压继电器的返回系数应大于 0.98。

8.1.3.5 过电压继电器动作后，应发送远方跳闸信号，使线路对侧断路器跳闸。

8.2 保护配置

保护应配置双重化的远方跳闸及过电压保护功能。

8.3 功能要求

8.3.1 为提高远方跳闸的安全性，防止误动作，执行端均应设置就地故障判别元件。只有在收到远方跳闸命令且就地故障判别元件启动时，才允许出口跳闸跳开相关断路器。远方跳闸保护动作应闭锁重合闸。

8.3.2 可以作为就地故障判别元件启动量的有：低电流、过电流、负序电流、零序电流、低功率、低功率因数、负序电压、低电压、过电压等。就地故障判别元件应保证其保护的线路或电力设备故障有足够灵敏度。

8.4 通道

传送跳闸命令的通道应选用光纤通道；当远方跳闸和过电压保护功能与线路保护集成共用装置时，可与线路保护共用远方传输通道。

9 并联电抗器保护

9.1 一般要求

对并联电抗器的下列故障及异常运行方式，应装设相应的保护：

a) 线圈的单相接地和匝间短路及其引出线的相间短路和单相接地短路；

b) 过负荷。

9.2 保护配置

9.2.1 电抗器电气量保护应采用主后一体双重化配置。

9.2.2 并联电抗器内部和引线的各种故障应有完善的快速保护。

9.3 功能要求

9.3.1 差动保护

1 000 kV 并联电抗器，应装设纵联差动保护，保护动作于跳闸。

9.3.2 匝间短路

1 000 kV 并联电抗器，应装设匝间短路保护，保护动作于跳闸。

9.3.3 过负荷

对 1 000 kV 并联电抗器，当系统电压升高并引起并联电抗器过负荷时，应装设过负荷保护，保护宜带时限动作于信号。对三相不对称等原因引起的接地电抗器过负荷，宜装设过负荷保护，保护带时限动作于信号。

9.3.4 后备保护

作为速断保护和差动保护的后备，应装设过电流保护和零序电流保护，保护带时限动作于跳闸。

9.3.5 非电量保护

9.3.5.1 非电量保护应有独立的出口回路，非电量保护应同时作用于断路器的两个跳闸线圈；对于装置间不经附加判据直接启动跳闸的开入量，应经抗干扰继电器重动后开入；抗干扰继电器的启动功率应大于 5 W，动作电压应为额定直流电源电压的 55％～70％。

9.3.5.2 非电量保护不启动断路器失灵保护。

9.3.6 启动远跳

1 000 kV 线路并联电抗器的保护在无专用断路器时，其动作除跳开线路的本侧断路器外还应启动远方跳闸装置，跳开线路对侧断路器。

9.3.7 动作时间

1 000 kV 并联电抗器差动保护整组动作时间≤30 ms（差流大于 2 倍整定值时）。

10 短引线保护

10.1 保护配置

保护应双重化配置，保护设有差动保护及两段过流保护功能。

10.2 功能要求

10.2.1 差动保护

短引线保护应装设差动保护，瞬时动作于跳闸。

10.2.2 CT 断线判别

保护装置中应对 CT 二次回路异常运行状态进行检测，当交流电流回路不正常或 CT 断线时发告警信号，并闭锁差动保护。

ICS 29.240.01
K 45

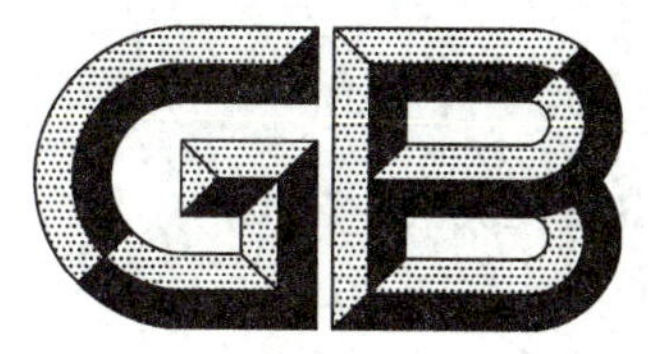

中华人民共和国国家标准

GB/T 25843—2017
代替 GB/Z 25843—2010

±800 kV 特高压直流输电控制与保护设备技术要求

Technical requirements of control and protection equipment of ±800 kV ultra high voltage direct current transmission

2017-12-29 发布 2018-07-01 实施

中华人民共和国国家质量监督检验检疫总局
中国国家标准化管理委员会 发布

前　言

本标准按照GB/T 1.1—2009给出的规则起草。

本标准代替GB/Z 25843—2010《±800 kV特高压直流输电控制与保护设备技术导则》，与GB/Z 25843—2010相比主要技术变化如下：

——标准名称变为《±800 kV特高压直流输电控制与保护设备技术要求》；

——修改了控制与保护设备的工厂试验的分类；

——修改了直流系统保护设备保护分区以及功能配置；

——增加了特高压换流站二次系统与阀冷二次系统和阀基电子设备的接口设计要求；

——增加了阀冷系统对直流控制的特殊功能要求；

——增加了第7章标签、使用说明书以及第8章包装、运输、贮存内容。

本标准由中国电器工业协会提出。

本标准由全国量度继电器和保护设备标准化技术委员会(SAC/TC 154)归口。

本标准起草单位：南方电网科学研究院有限责任公司、许继电气股份有限公司、南京南瑞继保电气有限公司、南方电网电力调度控制中心、北京四方继保自动化股份有限公司、许昌开普电气研究院、中国电力科学研究院、国网北京经济技术研究院、中国电力工程顾问集团中南电力设计院有限公司、中国能源建设集团广东省电力设计研究院有限公司、中国电力工程顾问集团西南电力设计院有限公司、中国南方电网有限责任公司超高压输电公司检修试验中心、中国南方电网有限责任公司超高压输电公司广州局、西安西电电力系统有限公司。

本标准主要起草人：黎小林、张爱玲、王俊生、李岩、余江、秦红霞、李志勇、谢国平、石岩、张巧玲、杨慧霞、施世鸿、牟小松、王振、梁秉岗、熊家祚、李明、陈怡静。

本标准所代替标准的历次版本发布情况为：

——GB/Z 25843—2010。

±800 kV 特高压直流输电控制与保护设备技术要求

1 范围

本标准规定了±800 kV 特高压直流输电控制与保护设备(以下简称控制保护设备)的技术要求。

本标准适用于±800 kV 每站一个极由两个 12 脉动换流器串联结构的直流输电系统控制保护设备。其他电压等级和不同主回路结构的直流输电系统控制保护设备可参照执行。

2 规范性引用文件

下列文件对于本文件的应用是必不可少的。凡是注日期的引用文件,仅注日期的版本适用于本文件。凡是不注日期的引用文件,其最新版本(包括所有的修改单)适用于本文件。

GB/T 191—2008 包装储运图示标志

GB/T 2887—2011 计算机场地通用规范

GB/T 4208—2017 外壳防护等级(IP 代码)

GB/T 9361—2011 计算机场地安全要求

GB/T 9969 工业产品使用说明书 总则

GB/T 11287—2000 电气继电器 第 21 部分:量度继电器和保护装置的振动、冲击、碰撞和地震试验 第 1 篇:振动试验(正弦)

GB/T 13498 高压直流输电术语

GB/T 13729 远动终端设备

GB/T 13730—2002 地区电网调度自动化系统

GB/T 14537—1993 量度继电器和保护装置的冲击与碰撞试验

GB/T 14598.2—2011 量度继电器和保护装置 第 1 部分:通用要求

GB/T 14598.24 量度继电器和保护装置 第 24 部分:电力系统暂态数据交换(COMTRADE)通用格式

GB/T 14598.26—2015 量度继电器和保护装置 第 26 部分:电磁兼容要求

GB/T 14598.27—2008 量度继电器和保护装置 第 27 部分:产品安全要求

GB/T 17626.9—2011 电磁兼容 试验和测量技术 脉冲磁场抗扰度试验

GB/T 17626.10—1998 电磁兼容 试验和测量技术 阻尼振荡磁场抗扰度试验

GB/T 18700(所有部分) 远动设备及系统

GB/T 20840.8 互感器 第 8 部分:电子式电流互感器

GB/T 22390.1—2008 高压直流输电系统控制与保护设备 第 1 部分:运行人员控制系统

GB/T 22390.2—2008 高压直流输电系统控制与保护设备 第 2 部分:交直流系统站控设备

GB/T 22390.3—2008 高压直流输电系统控制与保护设备 第 3 部分:直流系统极控设备

GB/T 22390.4—2008 高压直流输电系统控制与保护设备 第 4 部分:直流系统保护设备

GB/T 22390.5 高压直流输电系统控制与保护设备 第 5 部分:直流线路故障定位装置

GB/T 22390.6 高压直流输电系统控制与保护设备 第 6 部分:换流站暂态故障录波装置

DL/T 553 电力系统故障动态记录技术准则

DL/T 634.5104 远动设备及系统 第5-104部分:传输规约 采用标准传输协议子集的IEC 60870-5-101网络访问

DL/T 667 远动设备及系统 第5部分:传输规约 第103篇:继电保护设备信息接口配套标准

DL/T 860(所有部分) 变电站通信网络与系统

DL/T 5460 换流站站用电设计技术规定

DL/T 5499 换流站二次系统设计技术规程

IEEE 802.3 信息技术标准 系统间的远方通信和信息交换 局域网和城域网 特殊要求 第3部分:载波监听多路访问/冲突检测(CSMA/CD)(Standard for Information Technology—Telecommunications and Information Exchange Between Systems—Local and Metropolitan Area Networks—Specific Requirements—Part 3: Carrier Sense Multiple Access with Collision Detection (CSMA/CD) Access Method and Physical Layer)

IEEE 1003.1 信息技术 可移植的操作系统接口(POSIX) 第1卷:基本定义(Information technology—Portable operating system interface (POSIX)—Volume 1: Base definitions)

3 术语和定义

GB/T 13498界定的术语和定义适用于本文件。

4 通用要求

4.1 环境条件

4.1.1 正常工作大气条件

正常工作大气条件如下:

a) 环境温度:−10 ℃～+55 ℃;

b) 大气压力:80 kPa～110 kPa;

c) 相对湿度:5%～95%(内部既不应凝露,也不应结冰)。

4.1.2 试验的标准大气条件

试验的标准大气条件如下:

a) 环境温度:+15 ℃～+35 ℃;

b) 大气压力:86 kPa～106 kPa;

c) 相对湿度:45%～75%。

4.1.3 使用环境的其他要求

使用环境不应有剧烈的振动源。

使用环境不应有腐蚀、破坏绝缘的气体及导电介质,对于使用环境内有火灾、爆炸危险的介质,设备应有防爆措施。

使用环境应有防御雨、雪、风、沙的设施。

场地安全要求应符合GB/T 9361—2011中B类的规定,接地应符合GB/T 2887—2011中5.8的规定。

4.2 电源

4.2.1 交流电源

交流电源要求如下：

a) 额定电压:220 V,允许偏差－15％～＋15％;

b) 频率:50 Hz,允许偏差±1 Hz;

c) 波形:正弦,畸变因数不大于5％。

4.2.2 直流电源

直流电源要求如下：

a) 额定电压:220 V、110 V,允许偏差－20％～＋15％;

b) 纹波系数:不大于5％。

4.3 交流测量回路功率消耗

交流测量回路功率消耗要求如下：

a) 交流电流回路:当额定电流为5 A时,每相不大于1 VA;
当额定电流为1 A时,每相不大于0.5 VA;

b) 交流电压回路:当额定电压时,每相不大于1 VA。

4.4 绝缘性能

4.4.1 绝缘电阻

4.4.1.1 试验部位

试验部位如下：

a) 各电路对外露的导电件(相同电压等级的电路互联);

b) 各独立电路之间(每一独立电路的端子互联)。

4.4.1.2 绝缘电阻测量

额定绝缘电压高于63 V时,用开路电压为500 V(额定绝缘电压小于或等于63 V时,用开路电压为250 V)的测试仪器测定其绝缘电阻值不应小于100 MΩ。

4.4.2 介质强度

具体的被试电路及介质强度试验值见表1,也可采用直流试验电压,其值应为规定的工频试验电压的1.4倍。

表1 试验电压

单位为伏

被试电路	额定绝缘电压	试验电压
整机输出端子——地	63～250	2 000
直流输入回路——地	63～250	2 000
交流输入回路——地	63～250	2 000
信号和报警输出触点——地	63～250	2 000

表 1（续）

单位为伏

被试电路	额定绝缘电压	试验电压
无电气联系的各回路之间	63～250	2 000
	≤63	500
出口继电器的动合触点之间	—	1 000
各带电部分分别——地	≤63	500

上述部位应能承受频率为 50 Hz 的工频耐压试验，历时 1 min，设备各部位不应出现绝缘击穿或闪络现象。

作出厂试验时，允许试验历时缩短为 1 s，但此时试验电压值应提高 10%。

4.4.3 冲击电压

4.4.3.1 试验部位

试验部位如下：

a) 各电路对外露的导电件（相同电压等级的电路互联）；

b) 各独立电路之间（每一独立电路的端子互联）。

4.4.3.2 冲击电压试验值

上述部位应能承受标准雷电波 1.2/50 μs 的短时冲击电压试验，试验电压的峰值为 1 kV（额定绝缘电压≤63 V）或 5 kV（额定绝缘电压>63 V）。

4.4.3.3 结果判定

承受冲击电压试验后，设备主要性能指标应符合企业产品标准规定的出厂试验项目要求。试验过程中，允许出现不导致绝缘损坏的闪络，如果出现闪络，则应复查绝缘电阻及介质强度，此时介质强度试验电压值为规定值的 75%。

4.5 气候环境耐受性能

设备的耐高低温及耐湿热性能应符合 GB/T 14598.2—2011 中 6.12.3 的规定。

4.6 机械性能

4.6.1 振动（正弦）

4.6.1.1 振动响应

设备应具有承受 GB/T 11287—2000 中 3.2.1 规定的严酷等级为 1 级的振动响应能力。

4.6.1.2 振动耐久

设备应具有承受 GB/T 11287—2000 中 3.2.2 规定的严酷等级为 1 级的振动耐久能力。

4.6.2 冲击

4.6.2.1 冲击响应

设备应具有承受 GB/T 14537—1993 中 4.2.1 规定的严酷等级为 1 级的冲击响应能力。

4.6.2.2 冲击耐受

设备应具有承受 GB/T 14537—1993 中 4.2.2 规定的严酷等级为 1 级的冲击耐受能力。

4.6.3 碰撞

设备应具有承受 GB/T 14537—1993 中 4.3 规定的严酷等级为 1 级的碰撞能力。

4.7 电磁兼容要求

4.7.1 抗扰度要求

4.7.1.1 外壳端口抗扰度要求

设备外壳端口抗扰度要求见表 2。

表 2 外壳端口抗扰度

序号	电磁环境现象	标准	试验值
1	射频辐射电磁场	GB/T 14598.26—2015	10 V/m
2	静电放电	GB/T 14598.26—2015	6 kV,接触放电 8 kV,空气放电
3	工频磁场	GB/T 14598.26—2015	30 A/m,连续 300 A/m,1 s~3 s
4	脉冲磁场	GB/T 17626.9—2011	1 000 A/m
5	阻尼振荡磁场	GB/T 17626.10—1998	100 A/m

4.7.1.2 辅助电源端口抗扰度要求

辅助电源端口抗扰度要求见表 3。

表 3 辅助电源端口抗扰度

序号	电磁环境现象	标准	试验值
1	射频场感应的传导骚扰 扫频 点频率	GB/T 14598.26—2015	 10 V(有效值) 10 V(有效值)
2	电快速瞬变/脉冲群	GB/T 14598.26—2015	4 kV
3	慢速阻尼振荡波 差模 共模	GB/T 14598.26—2015	 1 kV 2.5 kV
4	浪涌 线对线 线对地	GB/T 14598.26—2015	 2 kV 4 kV

表 3（续）

序号	电磁环境现象	标准	试验值
5	交流和直流电压暂降	GB/T 14598.26—2015	0%剩余电压 持续时间 交流：0.5～25 周期 直流：10 ms～1 000 ms
			40%剩余电压 持续时间 交流：10/12 周期 直流：200 ms
			70%剩余电压 持续时间 交流：25～30 周期 直流：500 ms
6	交流和直流电压中断	GB/T 14598.26—2015	0%剩余电压 持续时间 交流：250/300 周期 直流：5 s
7	直流中的交流分量	GB/T 14598.26—2015	15%额定直流电压(V) 试验频率：100/120(Hz 正弦波)
8	缓降/缓升 （直流电源供电）	GB/T 14598.26—2015	缓降历时：60 s 电源关断：5 min 缓升历时：60 s

4.7.1.3 通信端口抗扰度要求

通信端口抗扰度要求应见表 4。

表 4 通信端口抗扰度

序号	电磁环境现象	标准	试验值
1	射频场感应的传导骚扰 扫频 点频率	GB/T 14598.26—2015	10 V(有效值) 10 V(有效值)
2	电快速瞬变/脉冲群	GB/T 14598.26—2015	2 kV
3	慢速阻尼振荡波 差模 共模	GB/T 14598.26—2015	0 kV(峰值) 1 kV(峰值)
4	浪涌 线对地	GB/T 14598.26—2015	4 kV

4.7.1.4 输入和输出端口抗扰度要求

输入和输出端口抗扰度要求见表 5。

表 5 输入和输出端口抗扰度

序号	电磁环境现象	标准	试验值
1	射频场感应的传导骚扰 扫频 点频率	GB/T 14598.26—2015	 10 V(有效值) 10 V(有效值)
2	电快速瞬变/脉冲群	GB/T 14598.26—2015	4 kV
3	慢速阻尼振荡波 差模 共模	GB/T 14598.26—2015	 1 kV 2.5 kV
4	浪涌 线对线 线对地	GB/T 14598.26—2015	 2 kV 4 kV
5	工频	GB/T 14598.26—2015	150 V

4.7.1.5 功能地端口抗扰度要求

功能地端口抗扰度要求见表 6。

表 6 功能地端口抗扰度

序号	电磁环境现象	标准	试验值
1	射频场感应的传导骚扰	GB/T 14598.26—2015	10 V
2	电快速瞬变/脉冲群	GB/T 14598.26—2015	4 kV

4.7.2 电磁发射试验

外壳端口应符合 GB/T 14598.26—2015 中 5.1 规定的辐射发射限值(见表 7),辅助电源端口应符合 GB/T 14598.26—2015 中 5.2 规定的传导发射限值(见表 8);按表 7 和表 8 规定的电磁发射限值和有关规定评定试验结果。

表 7 辐射发射限值

频率范围		限值 dB(μV/m)
频率低于 1 GHz	30 MHz～230 MHz	40 准峰值(10 m 处) 50 准峰值(3 m 处)
	230 MHz～1 000 MHz	47 准峰值(10 m 处) 57 准峰值(3 m 处)
频率高于 1 GHz	1 GHz～3 GHz	56 平均值 76 准峰值(3 m 处)
	3 GHz～6 GHz	60 平均值 80 准峰值(3 m 处)

表 8 传导发射限值

频率范围 MHz	限值 dB(μV)	
	准峰值	平均值
0.15～0.5	79	66
0.5～30	73	60

4.8 结构及外观要求

设备的金属零件应经防腐蚀处理。所有零件应完整无损，设备外观应无划痕及损伤。

设备所用元器件应符合相应的技术要求。

设备零部件、元器件应安装正确、牢固，并实现可靠的机械和电气连接。

同类设备的相同功能的插件、易损件应具有互换性，不同功能的插件应有防误插措施。

4.9 安全要求

4.9.1 外壳防护(IP 代码)

设备应有外壳防护，防护等级为 GB/T 4208—2017 规定的 IP20 或 IP50(有要求时)。

4.9.2 电击防护

设备的电击防护应符合 GB/T 14598.27—2008 中 5.1 的规定。

5 控制保护设备

5.1 总则

5.1.1 一般要求

为适应特高压直流输电系统灵活的运行方式并保证系统的安全稳定运行，直流输电控制保护系统的总体结构、功能配置和总体性能应与工程的主回路结构、运行方式和系统要求相适应，并满足系统灵活性、可靠性等要求。控制保护系统应设计为分层分布式结构，实现直流输电系统所要求的监视、控制与保护等功能。

5.1.2 可靠性、安全性、可维护性要求

控制设备应采用双重化加切换逻辑的冗余结构，保护设备应采用双重化或三重化冗余结构。各套控制保护设备软件硬件结构和功能相同，相互独立。设备构成控制保护系统时，还应配置独立的测量回路、电源回路、信号输入输出回路和通信回路。冗余控制保护设备的任意一重设备因故障、检修或其他原因退出运行时，应不影响整个高压直流输电系统的正常运行。

控制保护设备应采用网络加密与隔离等措施，阻止外部信号和指令的入侵，确保控制保护设备网络的安全，具备防病毒以及网络风暴的能力。

控制保护设备的机箱、机柜以及电缆屏蔽层均应可靠接地。控制保护设备各子系统之间以及和其他设备之间的接口和通信连接应具有电气隔离措施。

提供用于测试所有控制系统所需的试验手段,不增加其他设备运行的危险性。

控制保护软件应提供软件版本管理功能。

5.1.3 可扩展性要求

直流控制保护设备的软硬件宜采用模块化设计,具备开放式的结构和良好的可扩展性能。

5.1.4 自诊断要求

控制保护设备应具备全面的自诊断功能,覆盖设备的主机、电源、测量回路、输入输出回路、通信回路等所有硬件和软件模块,并提供足够的信息以便故障分类和定位。

控制保护设备的自诊断功能应能及时检测到处于运行状态的控制设备的故障,并通过切换逻辑把控制权切换到热备用的控制设备。切换过程应该是自动的和平滑的,不应对直流系统的运行产生扰动。

5.1.5 软硬件平台的基本要求

控制保护设备应采用成熟的标准工业控制平台构建,该平台的抗干扰能力、计算能力、运行稳定性、接口多样性、检修便利性等各项性能指标应全面满足直流工程具体要求,并具有适当的开放性,基本要求如下:

a) 直流控制保护设备的硬件软件平台,宜采用实时多任务架构,支持处理器并行处理和多优先级循环任务的运行,满足直流输电系统对控制保护系统总体处理能力和响应速度的要求;
b) 软件平台应提供图形化工程开发工具和包含经过验证的各种软件功能块,开发工具具备控制保护设备的硬件配置、应用软件开发和在线调试等功能,以方便直流控制保护设备的开发和运行维护;
c) 硬件平台应有满足直流输电系统应用需要的各种接口,如模拟式和数字式测量系统接口、开关量输入/输出接口、支持标准通信规约的高速网络及总线接口。根据具体工程的需要构成合理的控制保护系统结构,并在换流站内部、站间以及与远方调度/控制中心之间实现可靠的数据传输,传输时延应满足具体工程控制和保护系统的功能要求。控制保护装置应在 I/O 端和主机端具备对时接口。

5.2 直流控制保护系统的设备构成和总体结构

5.2.1 直流控制保护系统的设备构成

直流控制保护系统由核心控制保护和换流站辅助二次设备两大类设备构成。核心控制保护设备主要包括远动通信系统、运行人员控制系统、交直流站控系统、直流极控系统、换流器控制系统以及直流系统保护等。换流站辅助二次设备主要包括交直流故障录波设备、直流线路故障定位装置、接地极引线监视系统、时钟同步设备、谐波监视设备、换流阀冷却设备控制保护系统、保护及故障录波信息管理子站、网络安全装置、选相合闸装置等。

5.2.2 直流控制保护系统的分层结构

5.2.2.1 分层配置要求

总体结构分为远方监控通信层、运行人员控制层、控制保护设备层、现场 I/O 设备层等四层设备。各分层之间以及同一分层的不同设备之间通过标准接口及总线相连,构成完整的控制保护系统。

5.2.2.2 远方监控通信层设备

远方监控通信层设备主要由远动工作站、远动LAN网等组成，其作用是将直流系统的运行参数和换流站控制保护系统的相关信息通过通信通道接入远方监控中心，同时将监控中心的操作指令传送到换流站控制保护系统。

5.2.2.3 运行人员控制层设备

运行人员控制层设备由系统服务器、工作站、站局域网设备、网络安全设备和网络打印机等构成。该层设备应为运行人员提供控制操作的界面，并实现换流站主设备和系统运行数据的采集和存储、事件顺序记录和报警等运行监视功能。另外，运行人员控制系统还应具备全站主时钟系统网络对时报文的接收和下发功能。根据工程需要，在运行人员控制层设备中可配置文档管理和运行人员培训功能，也可将此功能单独配置。

5.2.2.4 控制保护层设备

控制保护层的设备应能实现直流输电系统运行所需要的各种控制保护功能，设备的配置和功能分配应与直流系统的主回路结构相适应。根据工程的规模和运行管理需要，控制和保护功能宜配置各自独立的控制设备和保护设备，也可集成为一套设备。通常控制保护层设备包括换流器控制、极控、双极控制、交流站控、直流站控、直流系统保护，以及这些设备所需的测量系统接口设备等。

5.2.2.5 现场I/O层设备

现场I/O层设备主要由分布式I/O单元(测控装置)构成，应能实现与换流站交直流一次设备的接口，完成对设备状态和系统运行数据的采集、处理和上传、输出控制命令等功能。

5.2.3 控制保护设备的冗余结构

5.2.3.1 控制设备的冗余结构

控制设备应采用双重化冗余，由两套功能完全相同且相互独立的控制设备和切换逻辑构成。运行过程中其中的一套设备作为运行系统控制直流系统的运行，另外一套作为热备用系统跟随运行系统的运行状态和控制输出。当运行系统通过自诊断检测出自身故障时，系统自动地平滑切换至并列的热备用系统运行，切换过程不应出现扰动。

运行系统的选择和切换也应能够手动进行。

备用系统退出检修时，不应对运行系统和整个直流系统的运行产生任何不利的影响。

远方监控通信层和运行人员控制层设备的冗余分别在4.3和4.4中规定。

5.2.3.2 保护设备的冗余配置

保护设备可采用完全双重化配置也可采用三重化配置。每一重保护设备均应具备自己独立的测量回路、电源回路、输入输出回路和网络接口等，构成完整的保护系统，双重/三重化保护设备完全并列运行。对于三重化配置方式其应按功能三取二出口。

双重/三重化保护配置的保护系统中任意一重保护设备的退出和检修，不应对其他各重保护和直流系统的运行产生任何不利的影响。

直流保护分为双极保护、极保护和换流器保护，可分别独立配置。

5.2.3.3 辅助设备的冗余结构

辅助二次设备的冗余结构可根据工程的实际情况进行配置。

5.2.4 直流控制保护系统的接口和通信

5.2.4.1 一般要求

直流控制保护系统的接口和通信包括换流站与远方监控中心的通信、换流站的内部接口和通信以及换流站站间通信等。所有的接口和通信均应采用标准的接口和规约,其中的网络通信见 DL/T 860 和 IEEE 802.3 的相关规定。

5.2.4.2 换流站与远方监控中心通信

换流站与远方监控中心的通信包括远动工作站与远方监控中心的通信、保护及故障录波信息管理子站和计费系统与调度中心的通信等。其中远动工作站与远方监控中心的通信采用网络通信方式,可采用双套数据网方式。保护及故障录波信息管理子站与调度中心之间一般仅配置数据网通信。

5.2.4.3 换流站的站内通信

5.2.4.3.1 总则

换流站的站内通信包括:站级网络通信、控制和保护设备之间的通信、冗余控制保护设备之间的通信、控制保护主机与测量系统之间的通信,以及控制保护主机与分布式 I/O 单元之间的通信等。站内通信的网络和总线应采用双重化冗余设计,并满足网络的安全性、控制实时性和可扩展性要求。

5.2.4.3.2 分层控制保护系统之间的通信和接口

站级网络(站 LAN 网)应采用基于通用以太网技术的局域网设计,将运行人员控制层设备与控制保护层设备、远方监控通信层设备以及规约转换系统等联接在一起,形成整个换流站控制保护系统的信息传输通道。无论采用单重化或多重化结构,远方监控通信层、运行人员控制层和控制保护层的每个单重设备均应配置两路网络接口分别与双重化的站 LAN 网连接。

控制保护层设备与现场 I/O 层设备之间采用标准现场总线通信。

故障录波终端设备与保护及故障录波信息管理子站之间采用局域网通信。故障录波终端设备宜单独组网,接入保护及故障录波信息管理子站。

5.2.4.3.3 控制保护设备与其测量系统之间的通信

交直流站控、双极控制、极控制、换流器控制和直流保护等控制保护设备的主机,与各自的测量系统之间应具备标准的数字通信接口,以便测量系统将采集到的交直流场开关量和模拟量信息上传到控制保护主机。

5.2.4.3.4 冗余控制设备之间的接口和通信

对于交直流站控、双极控制、极控制和换流器控制等设备,每种设备的双重化控制主机之间应通过标准的总线进行通信,以实现热备用系统对运行系统控制状态和控制输出的实时跟随。同时,双重化的控制主机应具备切换逻辑模块,以实现系统切换功能。

5.2.4.3.5 控制保护层设备之间的接口和通信

控制保护层设备之间的接口和通信包括:极控和站控等不同的控制设备之间、控制保护设备之间、以及独立的双极层、极层和换流器层的控制保护设备之间的接口和通信。

不同控制设备之间、控制设备与保护设备之间的接口可根据实时性要求同时具备快速和慢速两种通信通道。用于设备之间实时配合的通信可采用高速控制总线或并行硬件接口,一般的状态信息交换可通过站 LAN 网或现场总线进行。当采用并行接口时,应采取电气隔离措施。

双极层、极层和换流器层等独立的控制保护设备之间应采用高速控制总线或实时网络通信,以满足控制保护的实时性要求。

5.2.4.3.6 辅助二次设备、换流站辅助设备与控制保护设备之间的接口和通信

辅助二次设备、换流站辅助设备与控制保护设备之间的接口和通信,可根据工程要求和具体设备的情况采用网络或串行接口通信。

5.2.4.3.7 控制保护与交直流一次系统的接口

换流站控制保护系统通过现场 I/O 层设备、直流控制保护设备的测量单元的输入输出回路等实现与交直流一次系统的接口。直流控制保护系统与换流阀的接口通过阀基电子设备实现。

直流控制保护设备的模拟量输入回路应包括数字式或模拟式互感器接口,按照工程成套设计要求的测点位置、互感器的类型和数量配置。接口的抗干扰能力和测量精度应满足系统设计的要求。

开关量输入输出接口应保证控制保护与一次设备之间的电气隔离。输入接口应具备抗干扰能力和信号的去抖动功能,正确反映一次设备的状态。输出接口应考虑其初始输出电平的影响,避免初始化期间错误的电平输出对一次回路的误操作。

直流控制保护系统应按照系统设计的要求,配置与交流系统安全稳定控制装置及其他系统控制设备的接口。

冗余控制保护的各重设备与交直流一次系统的接口应互相独立。

5.2.4.4 换流站站间通信

远距离直流输电系统的整流站和逆变站之间,需要通过远方通信实现多个换流站控制和保护的配合。站间通信基于控制保护层设备进行,可分别为交直流站控、极控、换流器控制、直流极保护和换流器保护配置独立的站间通信通道。交直流站控设备的站间通信通道按站配置,极控、换流器控制、直流极保护和换流器保护的通信通道宜按极单独配置。保护可不设独立的站间通信,而与控制共用通信通道。

对于两个以上直流输电系统共用接地极的情况,相关换流站之间可配置站间通信通道,用于实现多个直流输电系统的协调控制。

按站配置和按极配置的站间通信通道应采用双重化配置,冗余的控制保护系统中的每重控制保护设备均宜配置双重化的站间通信接口并分别接入两个通信通道。

5.3 远方监控通信层设备

5.3.1 配置要求

5.3.1.1 一般要求

远方监控通信层设备主要包括远动工作站、保护及故障录波信息管理子站等。其中远动工作站双重化冗余配置,保护及故障录波信息管理子站一般为单重化配置。远方监控通信层设备通过远动 LAN

网、交换机、路由器及网络安全装置等，接入与远方监控中心相连的电力数据网，也可经通道切换装置、调制解调器等接入点对点远动通道。

5.3.1.2 远动工作站

远动工作站的硬件可采用 Windows、UNIX 工作站、无盘工作站或嵌入式系统等构成。远动工作站的系统软件可采用 Windows、UNIX、LINUX 或其他实时多任务操作系统。应用软件的设计应能适应冗余切换的需要，对备用系统的修改和维护应可在线完成，且不应对运行系统产生任何影响。

5.3.1.3 保护及故障录波信息管理子站

保护及故障录波信息管理子站的功能是实现保护及故障录波信息的采集、存储、分析和数据远传等。其硬件一般由通用的计算机工作站构成，数据库、数据采集和分析等应用软件应采用标准的软件系统。

5.3.2 远动 LAN 网

远动 LAN 网一般应分为实时远动 LAN1 和非实时远动 LAN2，两者经路由器接入电力数据网。远动 LAN1 用作与远动工作站相连，实现站监控信息的实时远传和接收；远动 LAN2 用来与保护及故障录波信息管理子站和能量计量终端系统相连，实现非实时远动信息的远传。

5.3.3 接口要求

5.3.3.1 远动工作站

双重化的每一台远动工作站均应配置两路网络接口分别接入双重化的站 LAN 网，实现与站内控制保护设备的直接通信。

远动工作站应配置不少于 2 路的远动 LAN 网接口接入电力数据网。

5.3.3.2 保护及故障录波信息管理子站

保护装置与保护及故障录波信息管理子站之间单独组网，通过网络或串行接口进行信息交换。

故障录波终端设备与保护及故障录波信息管理子站之间单独组网，通过网络或串行接口进行信息交换。

保护及故障录波信息管理子站配置可双重化的远动 LAN 网接口接入电力数据网。保护及故障录波信息管理子站与远方监控中心之间一般不配置点对点通信接口。

5.3.4 功能和性能

5.3.4.1 一般要求

远方监控通信层设备的总体功能和性能要求见 GB/T 18700 的相关规定。

5.3.4.2 远动工作站

功能和性能应符合 GB/T 13729 的有关规定。

5.3.4.3 保护及故障录波信息管理子站

其技术和性能要求应符合 GB/T 14598.24、DL/T 553 的有关规定。直流保护接入保护及故障录波信息管理子站的规约采用 DL/T 860 或 DL/T 667。

5.3.5 与远方调度通信方式及规约

网络通信方式如下：

a) 远动工作站网络通信方式应符合 DL/T 634.5104 的要求；

b) 保护及故障录波信息管理子站网络通信方式应符合 DL/T 667 的要求。

5.4 运行人员控制系统

5.4.1 配置要求

运行人员控制系统由服务器、工作站、网络安全设备等组成，通过站 LAN 网连接到一起。站 LAN 网应采用冗余配置，以保证其高可靠性。换流站内交流系统和直流系统一般应设立统一的运行人员控制系统。系统应提供便于使用的运行维护工具，使运行人员可通过直观的图形画面实现对诸如数据库、报表和曲线等的维护。系统应配置用于处理、存储和读取数据的数据库，其存储容量应满足具体工程的需求。运行人员控制系统应具备定期自动备份功能，以防止重要数据的丢失，自动备份的周期应可根据工程需要设定。系统应配置网络隔离设备，防止外部程序或外部电脑的非法入侵。一般推荐采用硬件实现方案。系统配置的软件应按分层分布式结构设计，并遵循模块化原则或面向对象的设计原则。

5.4.2 接口要求

运行人员控制系统应配置双重化的网络接口分别接入冗余的站 LAN 网，并实现与控制保护层内其他控制保护设备、时钟同步设备等设备的数据交换。网络接口应符合 IEEE 802.3 的规定，传输速率不低于 100 Mb/s。

5.4.3 软件要求

运行人员控制系统的操作系统软件应符合 IEEE 1003.1 规定的开放性标准要求。其中系统服务器宜采用 UNIX 或 LINUX 操作系统以保证系统安全。其他工作站设备需配置完善的防病毒软件，杜绝病毒在控制保护系统网络上的传播和扩散。应用软件应支持主要的操作系统平台，采用分层结构、遵循模块化或面向对象的原则设计。应用软件应包括网络管理、数据库管理、人机界面管理等支撑软件。支撑软件应选用专业及成熟的主流技术和产品，并符合 GB/T 13730—2002 中 3.4.3 的规定。

5.4.4 功能要求

直流工程的运行人员控制系统的基本功能应符合 GB/T 22390.1—2008 中 4.4 的规定。同时，功能配置应考虑直流工程的特殊要求，与直流系统的主回路结构以及运行方式相适应。直流工程的运行人员控制系统应具备更高的信息容量和处理能力。

关于操作控制功能，运行人员控制系统至少应具备联锁检查和用户权限监测功能，包含但不限于以下主要操作控制功能：

a) 直流系统的状态控制；

b) 直流系统的正常起动/停运控制；

c) 直流系统运行过程中的运行人员控制；

d) 故障时的运行人员控制。

关于监视功能，换流站的监视信号至少应包括，但不限于以下内容：

a) 系统运行状态监测信号；

b) 设备状态信号；

c） 运行控制命令信号；

d） 事件顺序记录信号。

运行人员控制系统的所有监视信号都应附有时间标记，数据库中对所有监视信号应具有自动统计功能。监控系统中应预留一定比例的输入/输出信号通道，供扩展使用，一般不宜少于10%。人机接口及人机界面换流站运行人员的操作控制和监视功能，都应通过主控室运行人员工作站的人机界面实现。人机界面应实现如下功能：

a） 图形功能；

b） 用户权限管理功能；

c） 报警功能；

d） 趋势浏览；

e） 在线谐波监视；

f） 报表和打印；

g） 顺序事件记录；

h） 数据库管理；

i） 时钟同步功能；

j） 基本防误操作功能。

其他功能：运行人员控制系统可根据工程需要配置系统培训仿真功能。运行人员控制系统可配置一个文档管理系统。

运行人员可在运行人员工作站上通过画面、事件、报警信号等对阀冷却系统监视与控制。运行人员控制系统与阀冷却控制保护系统之间的信号交换通过站控和极控系统进行传输，阀冷却控制保护系统可配备与站LAN网连接的就地运行控制工作站，可在阀冷工作站上对阀冷却系统进行就地控制和全站运行状况监视。

5.5 交直流站控设备

5.5.1 配置要求

按照控制区域和对象，站控设备包括直流站控、交流站控和站用辅助电源控制等不同的控制功能。其中直流站控用于实现直流场、阀厅、换流变压器、平波电抗器等区域的设备监控，顺序控制和联锁、无功功率控制以及双极功率协调等功能。交流站控用于实现交流场各间隔的开关刀闸的控制、联锁，以及模拟量和开关量的监视等功能。站用辅助电源控制系统用于换流站站用电设备的监视、控制及联锁等功能。

直流工程可全站集中配置独立的直流站控、交流站控和站用辅助电源控制等设备。也可采用分层分布式设计，把站控功能分别配置在极控设备和交直流场各设备间隔的控制系统主机中实现。

5.5.2 通信和接口

站控设备应具有站LAN网接口，以便实现与运行人员控制层、远方监控通信层设备，以及控制保护层内其他控制保护设备的通信。

站控设备与其测量系统和I/O层设备之间应具备标准的现场总线接口或LAN网接口，用于接收现场采集数据和下发控制命令。

交直流站控设备之间、站控设备与极控和直流保护设备之间应配置高速通信接口，以满足控制保护的实时性要求。

站控设备应配置与交流系统安全稳定装置或其他系统控制设备的接口，用于启动相关的交直流系统协调控制功能。

冗余的站控设备之间应具备通信功能，用于实现冗余系统之间的跟随和切换。

站控设备应具备站间通信的接口，用于站间控制信息交换和顺序控制配合。

5.5.3 功能和性能

直流工程站控设备的基本功能应符合 GB/T 22390.2—2008 中 4.3 的规定。同时，还应针对直流工程的特点配置专门的控制逻辑和功能，并满足下述要求。

a) 通过站控顺序控制功能的设计及其与极控控制功能的配合，使得直流系统的每一个单极以及每个 12 脉动换流器的运行具有相对的独立性，满足以下运行控制的需要：
   1) 正常运行时可独立而平滑地投入或退出单极或单个 12 脉动换流器的运行；在出现单极或单个换流器故障时，按照正确的时序紧急退出故障部分的运行，并且不对系统健全部分的运行产生影响；
   2) 根据运行需要在完整双极和不完整双极，完整单极和不完整单极，单极大地回线和单极金属回线等不同的主回路运行方式之间切换；
   3) 根据需要实现单换流器的空载升压试验及双换流器的空载升压试验。空载升压功能应配置有带高压直流输电线路空载升压与不带高压直流输电线路空载升压两种功能；
   4) 当工程需要具备直流线路融冰功能时，完成相应的融冰运行顺序控制操作。
b) 无功功率控制功能可与极控系统的角度控制相配合，保证在直流系统各种主回路接线和运行方式下，交直流系统无功交换的平衡和基本的滤波特性得到满足。
c) 在可能出现的送端孤岛运行工况下，控制系统应具备优化的控制策略，限制过电压造成的危害。为了减少交流过电压对设备的影响，控制系统应配置有交流过压的分段控制功能，以抑制交流过电压对设备的负面影响。
d) 如果全站总功率协调控制功能由站控系统实现，该功能的设计及其与极控系统的配合应保证在系统的各种运行方式下，直流功率在每个单极和换流器中进行正确的分配。
e) 在交直流系统扰动、故障，或交流系统安全稳定装置发出控制指令时，总功率协调控制应能对功率进行动态分配，通过紧急功率支援、交直流联合调制等措施，确保系统的稳定运行。
f) 对于受端分层接入不同电压等级交流系统的直流工程，站控系统需要根据接入的不同系统进行功能配置，同时根据系统的需要，配置无功功率协调控制功能。
g) 为了减少入地电流对接地极附近变电站及其管道相应设备的影响，控制系统应配置有可投退的入地电流限制功能。
h) 可根据工程需要配置最后断路器功能。

5.6 极控与换流器控制设备

5.6.1 配置要求

极控和换流器控制设备是整个换流站控制系统的核心设备，按照 GB/T 13498 中分层配置原则，一般以 12 脉动换流器为基本单元配置，包括双极、极和换流器等三个层次的控制功能。极控设备及其功能的配置应使直流系统的每一单极和每个 12 脉动换流器的运行相对独立，实现各种运行方式的切换以及局部故障的切除。双极控制功能可在极层控制设备中实现，也可在双极控制层设备中实现。对于双 12 脉动换流器串联的结构，换流器层和极层的控制功能应当独立配置在换流器层和极层的控制设备中；对于受端分层接入的直流系统，换流器层功能应独立，以满足更为复杂的运行方式切换的需要，提高整个系统的可用率。

5.6.2 通信和接口

构成极控/换流器控制系统的设备均应具备LAN、现场总线、高速控制总线或其他形式的标准接口，以便实现与控制保护层内其他控制保护设备、运行人员控制层设备、远方调度控制中心、现场I/O层设备、测量系统、系统安全稳定装置、故障录波装置、一次设备就地系统等设备的信息交换。

双极层、极层和换流器层独立的控制设备之间、极控设备与站控设备之间，极控设备与换流器控制设备之间、极控设备与直流保护设备之间应配置高速通信接口，以满足实时通信和控制保护配合的要求。

冗余的极控/换流器控制设备之间应具备通信功能，用于实现冗余系统之间的跟随和切换。

极控设备应具备站间通信接口，用于两站极控系统的控制配合。极控系统的站间通信通道按极配置。

5.6.3 功能和性能

直流工程极控设备的基本功能应符合GB/T 22390.3—2008中4.3的规定。对于双换流器串联的直流输电工程，可采用对串联的两个换流器进行统一控制，两个换流器接收相同的触发信号，保持串联换流器的触发角相同，从而保证两个串联换流器的电压平衡；也可采用对串联的两个换流器进行独立控制，两个换流器独立运行，增加换流器电压平衡控制功能，保证两个换流器电压平衡，对于受端分层接入的直流控制系统，受端分层接入的两个换流器必须独立进行控制，需要配置两个换流器的电压平衡控制功能。极控设备宜具有但不限于下述控制功能：

a) 极控制层主要功能：
   1) 极解锁、极闭锁时序控制；
   2) 极功率和极电流控制；
   3) 最小电流限制；
   4) 过负荷限制；
   5) 极降压运行控制；
   6) 直流线路故障再启动控制(用于长距离直流输电工程)；
   7) 紧急停运顺序控制；
   8) 直流滤波器控制；
   9) 无功功率控制；
   10) 串联换流器分接开关协调控制；
   11) 换流器平衡控制(用于换流器串/并联结构的直流工程。换流器串联应具有换流器电压平衡控制，换流器并联应具有换流器电流平衡控制)；
   12) 低压限流控制；
   13) 电流裕度补偿。
b) 换流器控制层主要功能：
   1) 锁相同步和换流器触发控制；
   2) 换流变分接开关控制；
   3) 直流电流控制(也可配置在极层)；
   4) 直流电压控制(也可配置在极层)；

5） （预测型/实测型）关断角控制（也可配置在极层）；

6） 换相失败预测控制功能（可根据需要进行配置）；

7） 换流变、换流器及阀厅开关联锁控制；

8） 换流器投入/退出顺序控制，可采用定角度投入策略，也可采用零电流控制投入策略；

9） 换流器的解锁/闭锁顺序控制；

10） 换流器的紧急闭锁控制等；

11） 保护性监视功能（可根据工程需要配置，包括基于计算或者出水口温度的晶闸管结温限制、大角度监视等）；

12） 阀冷却系统控制功能。

直流工程极控系统的设计应使直流系统的每个单极以及每个12脉动换流器的运行具备相对的独立性。应保证在直流系统的正常运行过程中，可独立地投入和退出单极或单个12脉动换流器的运行。在出现单极或单换流器故障时，能够紧急退出故障部分的运行。需对换流器的投入和退出控制进行优化，使得正常运行时单个换流器的投入和退出对系统的冲击尽量小、持续时间尽量短，故障情况下的紧急退出对系统健全部分运行造成的影响尽量小。

直流工程极控系统应配置串联12脉动换流器的平衡控制功能。对于逆变侧以角度控制为主要控制策略的直流工程，稳态运行时分接开关协调控制功能需保证串联换流单元两台换流变压器分接开关档位差值不超过两档；对于逆变侧以电压控制为主要控制策略的直流工程，串联运行的12脉动换流器的电压平衡控制是极电压控制的组成部分，其控制精度应与整个直流系统的电压控制精度一致。双极平衡运行时，控制系统应与高精度的直流测量装置相匹配，以便将双极平衡运行时的接地极入地电流控制在允许值以下。

极控系统的辅助无功控制功能应与站控设备的无功单元投切控制相配合，保证在直流系统的各种运行方式下，交直流系统的无功平衡，并满足基本的滤波性能要求。

当全站总功率协调控制功能由极控系统完成时，其设计需考虑两极功率控制的有机配合，使得在直流系统的各种运行方式下，双极功率在每个单极和每个换流器中的正确分配。在系统受到扰动和发生交直流故障，或交流系统安全稳定装置发出控制指令时，功率协调控制通过功率的动态分配、紧急功率支援、交直流系统的联合调制等措施，确保系统的稳定运行。

控制系统内应配置有针对空载升压的保护、防止换流变分接开关频繁动作、防止交流滤波器频繁投切功能。

换流器控制系统与阀冷却控制保护系统的信号传输为双向传输。极控系统和换流器控制系统根据阀冷却控制保护系统传送的相关阀冷却系统的状态信号进行功率调节，并对接收的状态信号进行事件处理。

5.7 直流保护系统设备

5.7.1 配置要求

直流保护系统可分为直流保护、换流变压器保护、交流滤波器保护。根据工程需要，部分交流设备保护功能可配置在直流保护系统中。

直流保护包含如下分区：换流器保护区、直流极母线保护区、直流中性母线保护区、直流滤波器保护区、直流线路保护区、直流双极中性母线保护区、接地极引线保护区以及换流器连接母线保护区，如图1所示。

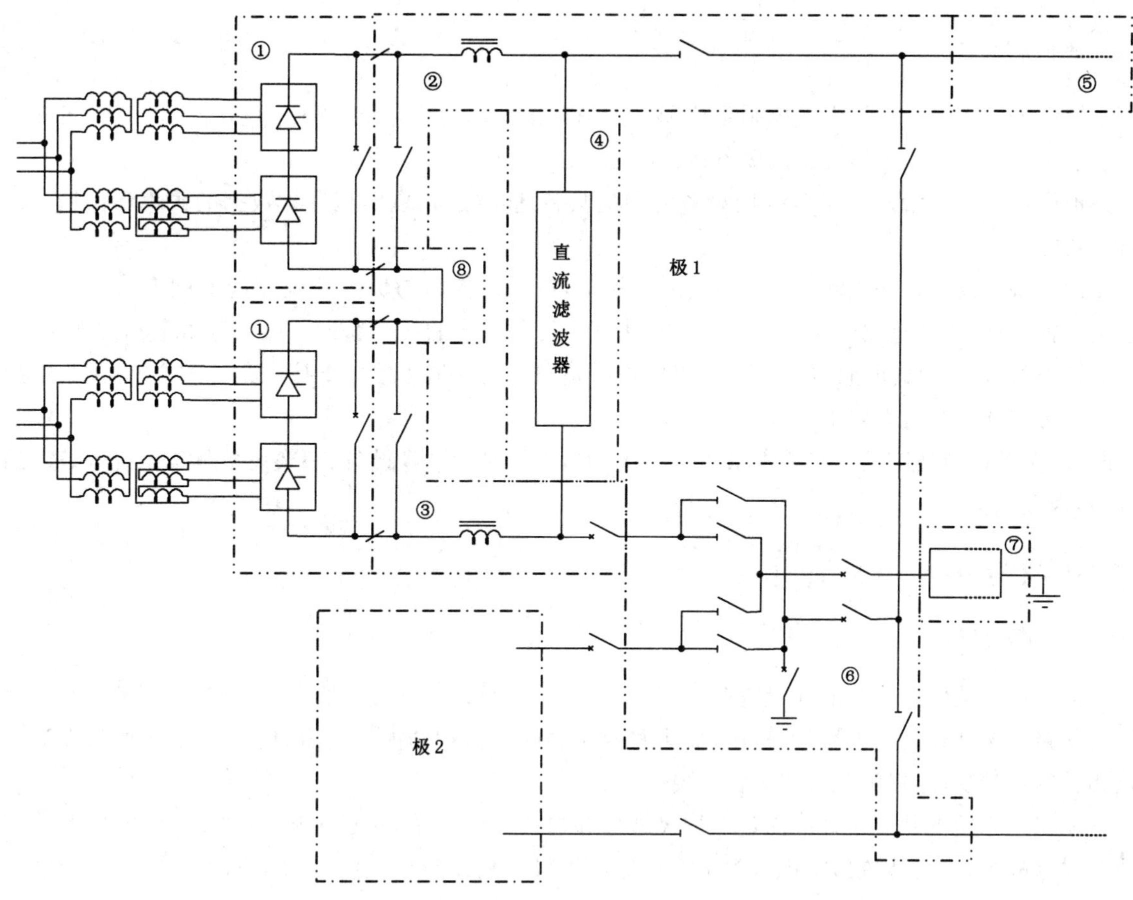

说明：

①——换流器保护区；

②——直流极母线保护区；

③——直流中性母线保护区；

④——直流滤波器保护区；

⑤——直流线路保护区；

⑥——直流双极中性母线保护区；

⑦——接地极引线保护区；

⑧——换流器连接母线保护区。

图1　直流保护分区图

直流保护系统由双极层保护、极层保护和12脉动换流器保护等构成。双极层保护可独立配置也可集成在极保护设备中。在换流器串/并联结构的直流系统中，每个直流极及每个12脉动换流器均应配置独立的保护设备，以适应主回路运行方式选择和转换的需要。

换流变压器保护系统以12脉动换流单元为基础配置，每个12脉动换流器所对应的换流变保护可独立配置也可集成在换流器保护中。

交流滤波器保护系统以滤波器分组配置。根据工程的需要可为每个滤波器大组配置一套滤波器保护设备，也可分别为大组和其中的每个小组配置独立的保护设备。

直流滤波器保护系统按极配置，每个直流极可配置独立的直流滤波器保护设备，也可把其保护功能集成到直流极保护设备中。当直流滤波器保护与直流极保护集成设计时，两者应相对独立，使投入、退出直流滤波器，或对直流滤波器一次、二次回路的检修不影响直流系统的运行。

5.7.2 通信和接口

保护设备应具备与运行人员控制系统和保护信息子站的通信功能，以便向运行人员控制系统和保护信息子站传送保护的动作信息及设备运行状态等。

保护设备与其测量系统和I/O层设备之间应具备通信接口，以实现保护数据的采集和保护动作的输出等功能。

保护设备与控制设备之间应配置高速通信接口，以实现控制与保护系统之间的配合。当保护采用三重化配置设计时，三重化的保护设备与双重化冗余控制系统的接口通过三取二逻辑单元实现。

保护设备应具备站间通信的接口，直流保护的站间通信通道可独立于控制系统配置，以满足保护站间通信的可靠性和实时性要求。

此外，保护设备还应具备与测量系统、故障录波装置、时钟同步设备、一次设备就地系统等设备的接口，以实现数据交换。

5.7.3 功能和性能

5.7.3.1 一般要求

直流保护系统的保护功能配置应符合GB/T 22390.4—2008中4.3的规定。同时，还需按照直流系统的主回路结构和运行方式，对双极层、极层和换流器层的保护功能进行合理的分配，增加与直流工程运行相关的保护功能，以满足直流工程需要。

直流保护系统的功能设计应满足保护灵敏性和选择性的要求，对于单极、单12脉动换流器等直流系统的局部故障，不应造成健全极与健全换流器保护设备的误动作。配置的不同保护应具备单独的投退功能。

保护系统的保护功能和动作值应能根据直流系统的主回路运行方式，在运行过程中进行动态的配置和调整，自动适应包括完整双极和不完整双极、完整单极和不完整单极、单极大地回线和单极金属回线、降压运行、空载升压试验等所有工程确定的运行方式，并且不应在运行方式切换过程中出现保护误动。

5.7.3.2 保护分区

保护区域的划分应确保对所有相关的直流设备均能提供完备的保护，相邻保护区域之间应有重叠，不存在保护死区。直流系统的保护分区与GB/T 22390.4—2008中4.3.2的规定基本一致。但针对换流变压器保护区和换流器保护区，可分别配置独立的高压端和低压端换流变压器保护设备与换流器保护设备，以满足12脉动换流单元运行独立性的需要。

5.7.3.3 直流保护功能配置

5.7.3.3.1 换流器保护

可根据工程的需要选择配置以下保护功能：

a) 阀短路保护；

b) 换相失败保护；

c) 换流器差动保护；

d) 换流器过流保护；

e) 换流器旁通开关保护；

f) 换流变阀侧中性点偏移保护；

g) 旁通对过载保护；

h) 触发异常保护(可配置在控制系统中)；

i) 晶闸管结温监视(可配置在控制系统中)；

j) 大角度监视(可配置在控制系统中)；

k) 换流器过压保护。

主要针对以下故障：换流器短路和接地、换相故障、控制系统功能失效、换流器故障和设备过应力、换流器旁路开关、串联的双12脉动换流器直流电压分配不均故障等。

可根据工程需要选择配置以下监测功能(可配置在控制系统中)：双12脉动换流器的换流变压器分接开关档位差监视、双12脉动换流器的触发角角度差的监视等。

5.7.3.3.2 直流极母线保护

可根据工程的需要选择配置以下保护功能：

a) 极母线差动保护；

b) 直流谐波保护；

c) 直流过电压保护；

d) 直流低电压保护；

e) 开路试验保护(可配置在控制系统中)。

主要针对以下故障：接地、换相故障、控制系统功能故障、断线故障等。

可根据工程需要选择配置以下保护和监测功能：交直流碰线监视、次同步谐振保护。

5.7.3.3.3 直流中性母线保护

可根据工程的需要选择配置以下保护功能：

a) 中性母线差动保护；

b) 极差动保护；

c) 接地极线开路保护；

d) 中性母线开关保护。

主要针对以下故障：接地、接地极线开路、中性母线开关故障等。

5.7.3.3.4 直流滤波器保护

可根据工程的需要选择配置以下保护功能：

a) 电容器不平衡保护；

b) 差动保护；

c) 电抗器热过负荷保护；

d) 电阻器热过负荷保护；

e) 失谐监视(可选)；

f) 高压电容器接地保护。

主要针对以下故障：换流器短路和接地、电容器损坏、电抗器过负荷、电阻器过负荷故障等。

5.7.3.3.5 直流线路保护

可根据工程的需要选择配置以下保护功能：

a) 行波保护；

b） 电压突变量保护；

c） 直流线路低电压保护；

d） 直流线路纵差保护。

主要针对以下故障：直流线路金属性接地、高阻接地故障等。

5.7.3.3.6 直流双极中性母线保护

可根据工程的需要选择配置以下保护功能：

a） 双极中性母线差动保护；

b） 站接地过流保护；

c） 站接地开关保护；

d） 大地回线转换开关保护；

e） 金属回线转换开关保护；

f） 金属回线横差保护；

g） 金属回线纵差保护。

主要针对以下故障：接地、接地开关、转换开关故障等。

5.7.3.3.7 接地极引线保护

可根据工程的需要选择配置以下保护功能：

a） 接地极引线过压/过流保护；

b） 接地极引线不平衡保护。

主要针对以下故障：接地、断线故障等。

可根据工程需要选择配置以下保护和监测功能：接地极阻抗监视、接地极引线差动保护。

5.7.3.3.8 换流器连接母线保护

可根据工程的需要选择配置以下保护功能：

a） 换流器连接母线差动保护；

b） 换流器过压保护。

主要针对以下故障：接地、断线故障等。

5.7.3.4 换流变压器保护功能配置

可根据工程的需要选择配置以下保护功能：

a） 变压器差动保护；

b） 变压器绕组差动保护；

c） 交流引线差动保护；

d） 过流保护；

e） 变压器饱和保护（可配置在换流器保护）；

f） 变压器过激磁保护；

g） 阻抗保护；

h） 过电压保护。

主要针对以下故障：换流变绕组及其引出线的相间短路和接地短路、绕组匝间短路、外部相间或接地短路引起的过电流、过负荷、过电压、过激磁、油面降低、换流变压器油温、绕组温度过高及油箱压力过高和冷却系统故障等。

可根据工程需要选择配置以下保护和监测功能：油温、油位和漏油的监测、绕组温度的检测、分接开关箱及油枕的压力保护和油流保护、瓦斯保护、冷却系统故障保护等非电量保护。

5.7.3.5 交流滤波器保护功能配置

可根据工程的需要选择配置以下保护功能：

a) 差动保护；

b) 零序差动保护；

c) 电容器不平衡保护；

d) 过流保护；

e) 零序过流保护；

f) 电阻谐波过负荷保护；

g) 电抗器谐波过负荷保护。

主要针对以下故障：换流器短路和接地、电容器损坏、电抗器过负荷、电阻器过负荷故障等。

可根据工程需要选择配置以下报警功能：失谐报警、CT 异常和 CT 断线报警、电容器不平衡报警。

5.8 换流站辅助二次设备

5.8.1 配置要求

换流站辅助二次设备主要包括直流线路故障定位装置、接地极线监视设备、暂态故障录波装置、换流站时钟同步设备、谐波监视设备等。

5.8.2 直流线路故障定位装置

直流线路故障定位装置的基本功能和性能应符合 GB/T 22390.5 的有关规定。

5.8.3 接地极引线监视设备

5.8.3.1 一般要求

接地极引线监视设备宜采用数字式装置构成。可采用独立设备，也可将其功能集成在其他二次设备中。

5.8.3.2 功能要求

接地极引线监视设备应能够对接地极引线的运行状态进行实时的监视，一旦接地极及其引线出现开路或者接地故障，应能正确地记录并报警。

监视设备可采用注入电流法、高频脉冲反射法等原理实现。当工程存在共用接地极的情况时，监视设备应能对故障数据自动进行修正，以满足检测精度的要求。

监视设备应具有自诊断功能，以便当设备自身发生故障时闭锁可能的误报警。

接地极线监视装置用于监测接地极线路的运行状况，其作为接地极线路保护的补充功能。

5.8.3.3 接口要求

监视设备应采用标准的网络或串行接口将监视信息接入换流站运行人员控制系统和远方监控中心。

5.8.4 暂态故障录波装置

暂态故障录波装置的基本功能和性能应符合 GB/T 22390.6 的有关规定。

故障录波采样率宜在 50 kHz 以上。

5.8.5 换流站时钟同步设备

5.8.5.1 一般要求

直流输电换流站应配置双重化的时钟同步设备，作为全站统一的时间基准。时钟同步设备主要由主时钟系统和时钟信号分配装置构成。

时钟同步设备应同时具备报文对时和脉冲对时两种与站内二次设备的对时方式。时钟同步设备通过其网络接口或串行接口，接入站 LAN 网或控制保护设备的串行接口，下发时钟同步报文。时钟同步设备的对时脉冲通过时钟信号分配装置与控制保护设备的时钟脉冲接口相连。时钟同步设备时钟输出接口的数量应满足换流站直流控制保护设备和其他二次系统的对时需要。

5.8.5.2 功能要求

时钟同步设备为换流站所有事件的动作记录提供时间基准。每套时钟系统应能接收北斗系统和全球定位系统(GPS)的标准时间信号，使其与标准时钟的误差保持在 1 ms 以内。当某一主时钟系统的时间信号接收单元发生故障时，该主时钟系统应能自动接收另一台主时钟系统的时间信号接收单元的时间基准信号，实现时间基准信号的互为备用。

时钟同步设备的同步报文应包含年/月/日/时/分/秒/毫秒等完整的时间信息；对时脉冲可采用分脉冲或秒脉冲；支持 B 码同步报文。

时钟同步设备应提供守时模块，用于当时间基准信号完全失去时，主时钟系统在一个确定的时间段内保持原有的时间节拍并满足守时精度的指标要求。

5.8.5.3 接口要求

时钟同步设备的时钟接口和输出信号一般包括以下类型：

——网络接口：时钟同步设备通过网络发送的时钟报文应可选择以下类型：NTP(SNTP)，Ethernet OSI L4，Ethernet OSI L2 S5 等；

——串行接口：时钟同步设备应具备 RS-232/422 标准串行接口，以便向特定的二次设备发送同步报文；

——IRIG-B 接口：时钟同步设备应具备 IRIG-B 接口，以便向特定的二次设备发送 B 码同步报文；

——脉冲对时接口：时钟同步设备应具备 PPS 秒脉冲或 PPM 分脉冲输出接口，以便向所有的二次设备发送时钟同步脉冲。

5.8.6 谐波监视设备

谐波监视设备用于对换流站交直流系统中的谐波进行自动监测和分析，以获取各次谐波的统计值。

监测和分析的结果应至少包括交直流电压和电流中的从 1 次到 50 次各次谐波含量、交流电压的总谐波畸变率、交流电流的总谐波畸变率、电话干扰系数和直流侧的等效干扰电流等数据。

谐波监视设备与运行人员控制系统之间应具备标准的网络接口或串行接口，以便对谐波监测结果进行监视和存储。

谐波监视设备可独立配置，也可将其功能集成在换流站运行人员控制系统中实现。谐波监视设备应具备数据保存功能。

6 直流输电控制保护设备的试验

6.1 概述

控制保护系统设备应经过一系列的试验以测试其性能，按试验顺序，分为工厂试验、联调试验、现场试验。

6.2 工厂试验

6.2.1 试验目的

检验单个控制保护屏柜的安装配线、电气性能是否满足设计要求。

6.2.2 被试设备

极控、交直流站控、直流系统保护、交流保护、现场 I/O 设备等所有控制保护屏柜在生产制造完成以后，首先要经过严格的单屏试验，以保证安装配线正确，基本功能、电气性能、以及工艺和质量满足设计要求。

6.2.3 试验项目

6.2.3.1 型式试验

型式试验应包括但不限于以下项目：

a) 环境试验；

b) 电源扰动及断电试验；

c) 振动，冲击，碰撞和地震试验；

d) 温度存储试验；

e) 电磁兼容试验等。

6.2.3.2 例行试验

例行试验是检验单套控制保护设备的性能是否满足设计要求。例行试验应包括但不限于以下项目：

a) 外观检查；

b) 电源偏差试验；

c) 绝缘性能试验；

d) 软硬件设置检查；

e) 电气电路检查；

f) 72 h 连续通电运行试验。

6.3 联调试验

6.3.1 试验目的

联调试验包括功能性能试验和动态性能试验。

功能性能试验的目的是:通过试验对成套直流控制保护设备的总体功能进行检查、优化和验证:包括验证控制保护软件设计的正确性;检验各控制保护设备之间相互配合的正确性;检验各种运行方式下控制保护的功能与交直流一次系统之间相互作用的正确性;验证顺序控制逻辑和运行规程的正确性;验证系统自诊断功能及冗余控制系统切换对输电过程的影响等。

动态性能试验的目的是:通过试验对直流输电系统的暂态特性进行测试,检查直流控制保护在各种扰动情况下的响应特性以及交、直流系统之间的相互影响,根据系统特性对控制保护参数进行优化,使得控制保护系统的功能满足直流系统在各种运行工况下的要求。

6.3.2 被试设备

运行人员控制系统、交直流站控系统、双极控制系统(如有)、极控系统、换流器控制系统、直流保护系统、阀基部电子设备等核心控制保护设备,在完成分系统试验之后,可在试验室模拟环境下进行功能性能试验和动态性能试验。对于现场 I/O 层设备,可采用实际装置进行系统试验,也可采用仿真模拟设备代替实际装置进行系统试验。

6.3.3 试验项目

6.3.3.1 功能和性能试验

功能和性能试验主要包括以下项目:

a) 直流场开关顺序试验;
b) 空载升压试验(带直流线路、不带直流线路);
c) 解锁闭锁试验;
d) 紧急停运试验;
e) 稳态性能试验;
f) 调节器切换和直流系统外特性试验;
g) 功率、电流控制模式转换试验;
h) 交流滤波器投切和无功控制试验;
i) 功率升降试验;
j) 自动功率曲线试验;
k) 功率反转试验(可选);
l) 稳定控制功能试验;
m) 降压运行试验;
n) 辅助电源丢失试验;
o) 冗余系统切换试验。

6.3.3.2 动态性能试验

动态性能试验包括以下项目:

a) 阶跃响应试验;
b) 控制系统触发异常试验;
c) 交直流系统故障和直流保护试验;
d) 直流线路故障再启动试验;
e) 过负荷试验等。

6.4 现场试验

6.4.1 总则

现场试验包括设备单体试验、分系统试验、站系统试验和系统试验。

6.4.2 设备单体试验

6.4.2.1 试验目的

设备单体试验主要是确保控制保护设备已正确地安装，并能按设计要求正常工作和操作。

6.4.2.2 被试设备

设备单体试验应对工程现场的所有控制保护设备进行测试。

6.4.2.3 试验内容

设备单体试验的内容主要包括：

a) 控制、保护及报警电路中的继电器和控制参数的整定在内的功能试验；

b) 接线及其绝缘电阻检查；

c) 电子设备的电源接偏试验；

d) 诊断软件功能的验证；

e) 通信系统的功能检查；

f) 远动信号的功能、响应时间及误码率检查；

g) 所有具有自检功能的设备或仪器的自检试验。

6.4.3 分系统试验

6.4.3.1 试验目的

分系统试验主要是检验控制保护设备之间、各分系统之间的接口和连接的正确性，控制保护系统的整体配合是否满足设计要求。

6.4.3.2 被试设备

分系统试验应对工程中所应用所有控制保护设备及其外回路进行测试。

6.4.3.3 试验内容

分系统试验的内容主要包括：

a) 检查控制保护设备的通信电路的连接是否正确；

b) 检查控制保护设备与现场 I/O 设备之间的联锁逻辑是否正确；

c) 进行控制保护信号测试，检查控制保护设备与运行人员控制和远方监控通信系统之间，以及控制保护设备与其他与之相连的设备之间的信号传输是否正确；

d) 系统切换功能（多重化系统之间）检查。

6.4.4 站系统试验

6.4.4.1 试验目的

站系统试验主要是检验与单站相关的控制保护设备是否能满足系统运行的要求，其功能、性能是否达到工程预期。

6.4.4.2 被试设备

站系统试验应对与单站相关的控制保护设备进行测试功能和性能测试。

6.4.4.3 试验内容

站系统试验的内容主要包括：

a) 单站交直流场开关顺序试验；
b) 单站跳闸试验；
c) 单站充电试验；
d) 单站解锁闭锁试验；
e) 单站紧急停运试验；
f) 单站无功控制模式转换试验；
g) 单站无功功率升降试验；
h) 电磁干扰试验；
i) 交流系统故障试验；
j) 其他根据工程的运行方式需要所必需的试验。

6.4.5 系统试验

6.4.5.1 试验目的

系统试验主要是检验整个直流系统控制保护设备是否能满足系统运行的要求，其功能、性能是否达到工程预期。

6.4.5.2 试验设备

系统试验应对工程中所应用所有控制保护设备及其换流站内设备进行测试。

6.4.5.3 试验内容

系统试验的内容主要包括：

a) 交直流场开关顺序试验；
b) 跳闸试验；
c) 充电试验；
d) 空载加压试验；
e) 解锁闭锁试验；
f) 紧急停运试验；
g) 稳态性能试验；
h) 控制模式转换试验；
i) 功率升降试验；

j) 自动功率曲线试验；
k) 功率反转试验；
l) 辅助电源丢失试验；
m) 冗余设备切换试验；
n) 可听噪声试验；
o) 阶跃响应试验；
p) 额定负荷热运行试验；
q) 交流线路故障试验；
r) 直流线路故障试验(架空线)；
s) 其他根据工程的运行方式需要所必需的试验。

7 二次回路及相关设备的要求

7.1 二次回路

7.1.1 换流站二次回路设计、光缆电缆选择及敷设应符合 DL/T 5499 的有关规定。

7.1.2 二次回路的工作电压宜采用 DC220 V 或 DC110 V。

7.1.3 断路器的控制回路、控制保护设备和自动装置的电源回路应有电源监视和电源消失报警。

7.1.4 冗余控制和保护设备的直流电源回路、电流电压输入回路和开关设备的冗余跳、合闸绕组的控制回路应采用对应的冗余设计。

7.2 二次设备布置

换流站二次设备布置应符合 DL/T 5499 的有关规定。

7.3 二次设备组屏原则

7.3.1 控制保护层设备

7.3.1.1 极控设备中的换流器层、极层和双极层控制可分别配置独立的双重化的控制屏柜。当独立配置有直流站控设备时，双极控制功能可集成在直流站控屏柜中。

7.3.1.2 交流站控主机可集中配置双重化的控制屏柜，也可按分层分布的原则与现场 I/O 层设备统一组屏；直流站控可配置独立的、双重化的控制屏柜，也可将直流站控的功能集成在换流器、极、双极控制等极控系统中。

7.3.1.3 直流保护可按换流器、极、双极分别配置独立的保护屏柜，其中双极保护功能也可集成在每个极的保护屏柜中。直流保护设备可与极控制系统合并组屏，但不宜共用主机或装置。冗余配置的直流保护设备应布置在不同的保护屏柜中。

7.3.1.4 当换流变压器保护独立配置时，应按每个 12 脉动换流器对应的换流变压器配置独立的保护屏柜，冗余配置的保护设备应布置在不同的保护屏柜中。

7.3.1.5 当直流滤波器保护独立配置时，宜按直流滤波器小组配置独立的、双重化的保护屏柜。

7.3.1.6 交流滤波器组保护可按每个大组配置独立的、双重化的保护屏柜；也可以小组交流滤波器为单元，配置独立的、双重化的大组交流滤波器母线保护屏柜和每个小组交流滤波器保护屏柜。

7.3.2 现场 I/O 层设备

7.3.2.1 直流开关场设备就地控制接口屏柜宜按换流器、极、双极开关场分别配置。

7.3.2.2 阀厅现场 I/O 层设备可按阀厅配置独立的接口屏柜，也可与相应换流器或极的 I/O 层设备共同组屏。

7.3.2.3 换流变压器接口屏柜宜按每个 12 脉动换流器对应的换流变压器配置。

7.3.2.4 交流滤波器就地控制接口屏柜宜按交流滤波器大组配置。

7.3.2.5 一个半开关接线的交流系统现场 I/O 层设备原则上按串配置就地控制接口屏柜。

7.3.2.6 站用电系统的现场 I/O 层设备宜配置独立的就地控制接口屏柜。高压站用电 I/O 层设备宜按区域配置，低压站用电 I/O 层设备宜按换流器和站公用分别配置。

7.3.2.7 辅助系统 I/O 层设备宜按区域配置，在主控楼、辅控楼和就地继电器小室内分别配置辅助设备数据采集屏柜屏，用于采集换流站辅助及公用系统的告警信号。

7.4 辅助电源系统

7.4.1 换流站控制保护设备应根据设备类型和成套设计的要求分别由站用直流电源、站用交流电源或交流不间断电源等站用电源系统供电。电源系统的容量应与其负载相匹配。

7.4.2 换流站站用直流电源和交流不间断电源的设计应符合 DL/T 5499 的有关规定。

7.4.3 换流站站用交流电源的设计应符合 DL/T 5460 的有关规定。

7.4.4 冗余配置的直流控制保护系统的每一重设备的工作电源宜由两组直流电源同时供电，两路电源应分别取自不同直流母线。每重供电电路应配备独立的自动开关，自动开关应与负载严格配合。

7.4.5 单一的电源系统故障不应导致直流控制保护系统的功能失效，或对直流系统的运行造成干扰。

7.5 直流系统测量装置

7.5.1 除下述条文外，换流站直流系统测量装置的设计应符合 DL/T 5499 的有关规定。

7.5.2 冗余配置的控制保护设备应分别接入直流测量装置的不同一次转换器(远端测量模块)；对于双极共用区域的直流测量装置，两个单极的控制保护设备宜分别接入直流测量装置的不同一次转换器；对于每极两个换流器共用的直流测量装置，两个换流器的控制保护设备宜分别接入直流测量装置的不同一次转换器。

7.5.3 光电式直流测量装置一次转换器输出的信号宜经过布置在二次设备室的合并单元汇集后输入至直流控制保护系统。每一套直流控制和保护系统可共用一个合并单元，但合并单元的端口配置应分开。

7.5.4 合并单元的输入输出应采用光纤传输，输出宜采用 GB/T 20840.8 协议的接口。

7.5.5 直流控制设备用的直流电流测量装置在被测直流电流在 0.1 p.u.至 1.1 p.u.之间变化时，测量精度应为额定直流电流的±0.2%；直流电压测量装置的被测直流电压在 0.1 p.u.至 1.0 p.u.之间变化时，测量精度应为额定直流电压的±0.2%。对于双极平衡运行有限制入地电流特殊要求时应配置小量程、高精度的直流电流测量装置。

7.5.6 对于直流保护用的测量装置，应按照保护类型选择测量装置的动态范围，使其分别满足不同的保护在规定的动态范围内对测量精度的要求。

7.6 与阀冷却系统的接口

7.6.1 阀冷却控制保护系统应能与直流控制系统通信，其通信接口应满足直流控制系统的冗余要求。当阀冷却控制保护系统与直流控制系统之间信息交换有困难时，可根据需要配置阀冷接口设备，直流控制系统通过阀冷接口设备采集阀冷系统的相关信息。

7.6.2 直流控制系统与阀冷接口设备之间的接口宜采用现场总线或光纤以太网方式。

7.6.3 直流控制系统向相应的阀冷却系统发出的信号宜包括：主备水泵切换、换流器解锁/闭锁、控制系统状态等；阀冷却系统向相应的直流控制系统发出的信号宜包括：阀冷跳闸、阀冷系统状态等。

7.7 与阀基电子设备的接口

7.7.1 直流控制系统通过阀基电子设备，将触发指令送至换流阀。

7.7.2 直流控制系统和阀基电子设备之间的触发信号宜采用光纤方式，跳闸等重要信号宜采用光纤方式，报警等其他信号可采用现场总线方式。

7.7.3 直流控制系统向阀基电子设备发出的信号宜包括：触发脉冲、投旁通对、换流器解锁/闭锁、控制系统状态等；阀基电子设备向直流控制系统发出的信号宜包括：触发脉冲回馈信号、阀基电子设备状态、启动跳闸和报警信号等。

8 标志、标签、使用说明书

8.1 标志和标签

每台设备应有铭牌或相当于铭牌的标志，内容包括：

a) 制造厂名称和商标；

b) 设备型号和名称；

c) 规格号(需要时)；

d) 额定值；

e) 整定范围和刻度(需要时)；

f) 设备制造年、月；

g) 设备的编号；

h) 具有端子标志和接地标志的内部接线图。

设备的端子旁应标明端子号。

设备内部的继电器、集成电路、电阻器、电容器、晶体管等主要元器件，应在其印制电路板或安装板上标明其在原理接线图中的代号。

静电敏感部件应有防静电标志。

设备外包装上应有收发货标志、包装、贮运图示标志等必须的标志和标签。

设备包装储运标志应符合 GB/T 191—2008 的有关规定。

设备的相关部位及说明书中应有安全标志，安全标志应符合 GB/T 14598.27—2008 的有关规定。

设备的使用说明书、质量证明文件或包装物上应标有设备执行的标准代号。

所有标志均应规范、清晰、持久。

8.2 使用说明书

设备使用说明书的基本要求应符合 GB/T 9969 的规定。

使用说明书一般应提供以下信息：

a) 设备型号及名称；

b) 设备执行的标准代号及名称；

c) 主要用途及适用范围；

d) 使用条件；

e) 设备主要特点；

f) 设备原理、结构及工作特性；
g) 主要性能及技术参数；
h) 安装、接线、调试方法；
i) 运行前的准备及操作方法；
j) 软件的安装、操作及维护；
k) 故障分析及排除方法；
l) 有关安全事项的说明；
m) 设备接口、附件及配套情况；
n) 维护与保养；
o) 运输及贮存；
p) 开箱及检查；
q) 质量保证及服务；
r) 附图包括外形图、安装图、开孔图，原理图，接线图；
s) 其他必要的说明。

9 包装、运输、贮存

9.1 包装

设备在包装前，应将其可动部分固定。

每台设备应用防水材料包好，再装在具有一定防振能力的包装盒内。

设备随机文件、附件及易损件应按企业产品标准和说明书的规定一并包装和供应。

9.2 运输

包装好的户内使用的设备在运输过程中的贮存温度为－25 ℃～＋70 ℃，相对湿度不大于95％。设备应能承受在此环境中的短时贮存。

9.3 贮存

包装好的设备应贮存在－10 ℃～＋55 ℃、相对湿度不大于80％、周围空气中不含有腐蚀性、火灾及爆炸性物质的室内。

10 供货的成套性

10.1 随设备供应的文件

出厂设备应配套供应以下文件：

a) 质量证明文件，必要时应附出厂检验记录；
b) 设备说明书(可按供货批次提供)；
c) 设备安装图(可含在设备说明书中)；
d) 设备原理图和接线图(可含在设备说明书中)；
e) 装箱单。

10.2 随设备供应的配套件

随设备供应的配套件应在相关文件中注明，一般包括：

a) 易损零部件及易损元器件；

b) 设备附件；

c) 合同中规定的备品、备件。

11 质量保证

除另有规定外，在用户完全遵守本部分、企业产品标准及设备说明书规定的运输、贮存、安装和使用要求的情况下，设备自出厂之日起两年内，如设备及其配套件发生由于制造厂原因的损坏，制造厂负责免费修理或更换。

一般情况下，设备使用期限不低于15年。

ICS 53.020.30
J 80

中华人民共和国国家标准

GB/T 25852—2017/ISO 8539:2009
代替 GB/T 25852—2010

8 级钢制锻造起重部件

Forged steel lifting components of grade 8

(ISO 8539:2009, Forged steel lifting components for use with Grade 8 chain, IDT)

2017-02-28 发布　　　　2017-09-01 实施

中华人民共和国国家质量监督检验检疫总局
中国国家标准化管理委员会　发布

前　言

本标准按照 GB/T 1.1—2009 给出的规则起草。

本标准代替 GB/T 25852—2010《8 级链条用锻造起重部件》。与 GB/T 25852—2010 相比，主要技术内容变化如下：

——修改了适用范围(见第 1 章，2010 年版第 1 章)；

——修改了规范性引用文件(见第 2 章，2010 年版第 2 章)；

——修改了术语，如删除了工作载荷、验证力、吊链、主环、中间主环、中间环和下端件等术语，增加了制造验证力、可追溯码、胜任者和批等术语(见第 3 章，2010 年版第 3 章)；

——修改了材料、热处理、制造工艺、机械性能以及试验等内容(见第 4 章和第 5 章，2010 年版第 5 章～第 9 章)；

——修改了标志的内容(见第 6 章，2010 年版第 11 章)；

——修改了制造商产品合格证的内容(见第 7 章，2010 年版第 10 章)；

——增加了使用说明书的内容(见第 8 章)；

——删除了锻造起重部件主环、中间主环及下端环的尺寸要求(见 2010 年版 4.1 和 4.2)。

本标准使用翻译法等同采用 ISO 8539:2009《8 级链条用钢制锻造起重部件》(英文版)。

与本标准中规范性引用的国际文件有一致性对应关系的我国文件如下：

——GB/T 16825.1—2008　静力单轴试验机的检验　第 1 部分：拉力和(或)压力试验机测力系统的检验与校准(ISO 7500-1:2004，IDT)

为便于使用，本标准作了以下编辑性修改：

——标准名称由“8 级链条用钢制锻造起重部件”修改为“8 级钢制锻造起重部件”。

本标准由中国机械工业联合会提出。

本标准由全国起重机械标准化技术委员会(SAC/TC 227)归口。

本标准起草单位：浙江双鸟机械有限公司、北京起重运输机械设计研究院、巨力索具股份有限公司、安吉长虹制链有限公司。

本标准主要起草人：章毅平、林夫奎、钱阳天、张虹、黄涌忠、杨卫波、郑耀明。

本标准所代替标准的历次版本发布情况为：

——GB/T 25852—2010。

8 级钢制锻造起重部件

1 范围

本标准规定了极限工作载荷不大于 63 t 的 8 级钢制锻造起重部件(以下简称“部件”)的基本要求。其主要用于下列起重吊索具:

——GB/T 20652 和 GB/T 25853 规定的吊链;

——ISO 7531 中规定的钢丝绳吊索具;

——编织吊索具。

本标准不适用手工锻造部件、焊接链环和其他焊接部件。

2 规范性引用文件

下列文件对于本文件的应用是必不可少的。凡是注日期的引用文件,仅注日期的版本适用于本文件。凡是不注日期的引用文件,其最新版本(包括所有的修改单)适用于本文件。

ISO 643 钢 表观晶粒度的显微金相测定法(Steels—Micrographic determination of the apparent grain size)

ISO 7500-1 金属材料 静力单轴试验机的检验 第1部分:拉力和(或)压力试验机 测力系统的检验与校准(Metallic materials—Verification of static uniaxial testing machines—Part 1:Tension/compression testing machines—Verification and calibration of the force-measuring system)

EN 10025-2:2004 结构钢热轧产品 第2部分:非合金结构钢交货技术条件(Hot rolled products of structural steels—Part 2:Technical delivery conditions for non-alloy structural steels)

EN 10228-1 锻钢件的无损检测 第1部分:磁粉检测(Non-destructive testing of steel forgings—Part 1:Magnetic partical inspection)

EN 10228-2 锻钢件的无损检测 第2部分:渗透检测(Non-destructive testing of steel forgings—Part 2:Penetrant testing)

3 术语和定义

下列术语和定义适用于本文件。

3.1

极限工作载荷 working load limit

WLL

在一般起重工况下,部件设计能承受的最大质量。

3.2

制造验证力 manufacturing proof force

MPF

制造验证过程中,施加于部件的试验力。

3.3

破断力 breaking force

BF

静拉伸试验过程中,部件破断时所承受的最大拉力。

3.4

可追溯码 traceability code

标记在部件上的、能够追溯部件制造历史的一连串字母和/或数字，包括所用钢的冶炼号信息等。

3.5

胜任者 competent person

经理论知识和实践经验考核合格，并能够按必要的指示进行检验的指定人员。

注：GB/T 19001—2008 的 6.2.2 给出了培训指导。

3.6

批 lot

用于抽取试验试样的部件数量，并且是由同一炉号的钢材并经过相同的热处理过程制造的产品。

4 安全要求

4.1 总则

4.1.1 联接

部件的尺寸应确保联接能准确传递载荷。

4.1.2 相关运动

机械连接装置(如销及其安全附件)的设计和制造，应确保在完成装配后，无错位现象。并应考虑由于磨损、安全附件的腐蚀或违规使用造成的影响。

4.2 材料

4.2.1 总则

制造商应选择符合 4.2.2～4.2.4 规定的钢材制造，以便成品部件经过适当的热处理后，能够满足本标准规定的机械性能。

4.2.2 材质

钢材应采用电炉或氧吹转炉冶炼。

4.2.3 脱氧

钢材的处理应符合 EN 10025-2:2004 中 6.2.2 的规定。

钢材冶炼应符合晶粒细化的要求，以便按照 ISO 643 规定的截点法进行检验时，能够达到奥氏体 5 级晶粒度或更细的级别数。

为防止部件在使用期间发生应变时效脆裂，金属铝的含量不应低于 0.025%。

4.2.4 化学成分

钢材应含有足够的合金元素，以便成品部件按照 4.3 规定的热处理后，能够符合本标准规定的机械性能，以及在 −40 ℃～400 ℃的环境中工作时，具有足够的低温塑性。

钢材应至少含有表 1 中规定的两种合金元素，且不应低于表 1 的规定值。

表 1 合金元素的化学含量

元 素	熔炼分析的最低含量/%
镍	0.40
铬	0.40
钼	0.15

钢材硫和磷的含量不应超过表 2 的规定值。

表 2 硫和磷的含量

元 素	最大含量/%	
	熔炼分析	检验分析
硫	0.025	0.030
磷	0.025	0.030

4.3 热处理

每个部件应在 AC3 点以上温度进行淬火处理，以及在进行制造验证力试验前应进行回火处理，回火温度不应低于 400 ℃。

回火处理应在 400 ℃下有效保温至少 1 h。

部件的验证方法为：部件重新加热至 400 ℃并保温 1 h 后，冷却至室温，部件在成品状态应符合表 3 中第 3 栏和第 4 栏的规定。

部件的承载部位不应进行表面硬化处理。

4.4 制造和工艺

4.4.1 制造

部件中的每个锻件均应逐件锻制。锻件金属表面应清理干净，不应有飞边等缺陷。热处理后应去除氧化皮。

机械表面的边缘应倒圆，以消除切边，并应确保满足机械性能。

制造过程中不应采用焊接的方法，以下情况除外：

a) 焊接的任何部分不承载；

b) 在正常工作条件下或任何误操作情况下，焊接的影响区域不会承载；

c) 焊接在热处理前进行。

焊接时应保证成品部件承载部分的机械性能不受影响。所有焊接处应平滑。

4.4.2 表面处理

部件的成品状态应包括表面处理。

注：部件可以进行各种表面处理，如除锈、电镀和喷漆等。

4.5 机械性能

4.5.1 制造验证力

部件(包括承载销，如有时)应能承受住表 3 规定的制造验证力。卸载后，部件的尺寸应在制造商设计文件的规定范围内。

4.5.2 破断力

部件(包括承载销,如有时)应至少能承受住表3规定的最小破断力。静载拉伸试验后,试验件应显示出明显的塑性变形。

4.5.3 疲劳试验

对于极限工作载荷不大于32 t的部件(包括承载销,如有时),按照5.2.5规定的试验力进行试验时,应能至少承受20 000次循环而不破断。

表3 代号、极限工作载荷和机械性能

代号[a]	极限工作载荷[b] WLL t	制造验证力 MPF kN	最小破断力[b] BF kN
3	0.25	6.1	9.8
4	0.5	12.3	19.6
5	0.8	19.6	31.4
6	1.12	27.5	43.9
7	1.5	36.8	58.8
8	2	49	78.5
9	2.5	61.3	98.1
10	3.15	77.2	124
11	3.75	91.9	147
13	5.3	130	208
14	6	147	235
16	8	196	314
18	10	245	392
19	11.2	275	439
20	12.5	306	490
22	15	368	588
23	16	392	628
25	20	490	785
26	21.2	520	832
28	25	613	981
32	31.5	772	1 240
36	40	981	1 570
40	50	1 230	1 960
45	63	1 540	2 470

[a] 代号等同于链环的名义直径。

[b] 机械性能是按照附录A的规则计算得到。其实际验证力和破断力普遍要高于表中经过修整后给出的值。

5 安全要求验证

5.1 人员资质

所有试验和检验工作,应由胜任者完成。

5.2 型式检查和型式试验

5.2.1 总则

应通过型式试验对每种规格成品部件的设计、材质、热处理和制造方法进行验证,以证明部件的机械性能符合本标准的规定。

任何在设计、材质、热处理、制造方法方面的变更或在尺寸方面有超出正常制造公差范围的改变,凡有可能引起联接、相关运动及机械性能的变化时,应按5.2.2的规定进行型式检查,并按5.2.3～5.2.5的规定对改变部件进行型式试验。

不同设计、材质、热处理和制造方法的每一种规格,应取3个试样,并按5.2.3～5.2.5的规定进行型式试验。

按照5.2.3～5.2.5的规定进行型式试验时,试验力应沿轴线无冲击地作用于部件。用于编织吊索具的部件应按照此方法进行试验(除疲劳试验),以便试验力能够通过编织部分。

型式试验中使用的试验设备应符合ISO 7500-1规定的1级要求。

5.2.2 联接和相关运动的检查

每种设计都应选取1个试样进行目测检查,并应符合4.1.1和4.1.2的规定。

5.2.3 变形试验

3个试样都应进行变形试验,并且都能承受表3规定的制造验证力。卸载后,部件的尺寸应在制造商文件中规定的公差范围内。在经过制造验证力试验并卸载后,部件任何尺寸的变化都不应超过原始尺寸的1%。

5.2.4 静拉伸试验

3个试样都应进行静拉伸试验,每个试样应至少能承受表3规定的最小破断力。

静拉伸试验可以与变形试验使用相同的试样。

没必要为了验证部件的机械性能而将试验一直进行至达到其实际破断力为止。只要达到了规定的最小破断力,并产生明显塑性变形就足够了。

5.2.5 疲劳试验

3个试样都应进行疲劳试验,且每个试样在规定的试验力范围内,应至少能承受20 000次循环而不破断。

每个循环中试验力的最大值应为表3中规定的极限工作载荷的1.5倍,最小值应大于0,且小于或等于3 kN。试验频率不应大于25 Hz。

5.2.6 型式检查和型式试验的验收标准

5.2.6.1 联接和相关运动的检查

如果试样不能通过联接和相关运动的检查要求,则认为该规格的部件的型式检查不符合本标准。

5.2.6.2 变形试验

如果3个试样中任意一个不能满足变形试验的要求，则认为该规格的部件的型式试验不符合本标准。

5.2.6.3 静拉伸试验和疲劳试验

如果3个试样都能通过静拉伸试验和疲劳试验，则认为该规格的部件的型式试验符合本标准。

如果一个试样不能通过试验，应再取两个试样进行加倍试验，如果能通过试验，则认为该规格的部件的型式试验符合本标准。

如果有两个或3个试样未能通过试验，则认为该规格的部件的型式试验不符合本标准。

5.3 制造检查

所有成品部件都应按4.4.1的规定进行目测检查。

5.4 制造试验

5.4.1 制造验证力试验

制造验证力试验使用的试验设备应符合ISO 7500-1规定的1级要求，其可提供的试验力不应小于规定的制造验证力。

经过热处理和去氧化皮后，部件应能承受表3规定的制造验证力。卸载后，应无明显缺陷，且其尺寸变化应在制造商文件中规定的公差范围内。

当部件在表面处理过程中有例如酸洗或电镀等易发生脆裂的危险时，应对表面处理后的部件重新进行制造验证力试验。

5.4.2 无损检测

部件的锻造表面经过热处理并去除氧化皮后(不包括由料棒加工而成的承重销)，应按EN 10228-1和EN 10228-2的规定进行磁粉检测或渗透检测。

在所有可预见的使用条件下，部件上受拉伸应力的区域不应存在长度超过2 mm的探伤示像。

对于探伤示像缺陷，可使用打磨的方式去除，但要保证打磨后的部件仍符合制造商规定的尺寸和公差要求。最后一次无损检测时，不应存在长度超过2 mm的示像缺陷。

应确保打磨的方向和粗糙度不会成为部件疲劳失效的起始点，也不会产生因产生局部过热而影响热处理的性能，或者产生裂纹。

5.5 批的试验方法和验收标准

5.5.1 总则

批的最大数量应符合表4的规定。

表4 批的最大数量

代号	批的最大数量
3～10	1 000
＞10～18	500
＞18	200

5.5.2 静拉伸试验

制造商应从一个批次中选取一个试样按 5.2.4 和 5.2.6.3 的规定进行静拉伸试验。如果试验能满足相应的要求,则遵照 5.5.3 的规定执行,认为该批部件符合本标准。

如果试样不能满足要求,则应在同一批次中再选取两个试样按 5.2.4 和 5.2.6.3 的规定进行静拉伸试验,如果两个试样都能满足相应的要求,则遵照 5.5.3 的规定执行,认为该批部件符合本标准;如果任意一个试样不能满足相应的要求时,则认为整批部件不符合本标准。

5.5.3 制造试验方法

制造商可在以下两种方法中任选一种:

a) 表 4 中规定数量组成批的所有部件都应按 5.4.1 的规定进行制造验证力试验,并按 5.4.2 的规定,对该批次中 3%的部件进行无损检测。

   如果这 3%的部件试样能够通过无损检测,以及该批次中的所有部件能通过制造验证力试验,则认为该批部件符合本标准。

   如果这 3%的部件试样中有任何部件不能通过无损检测时,则该批次中的所有部件都要进行无损检测和制造验证力试验。所有部件通过无损检测和制造验证力试验,则认为符合本标准。

b) 表 4 中规定数量组成批的所有部件都应按照 5.4.2 进行无损检测,并按 5.4.1 的规定,对该批次中 3%的部件进行制造验证力试验。

   如果这 3%的部件试样能够通过制造验证力试验,以及该批次中的所有部件能够通过无损检测,则认为该批部件符合本标准。

   如果这 3%的部件试样中有任何部件不能通过制造验证力试验时,则该批次中的所有部件都要进行无损检测和制造验证力试验。所有部件通过无损检测和制造验证力试验,则认为符合本标准。

6 标志

6.1 锻造部件

每个部件上都应采用不影响其机械性能的方法作出清晰的永久性标志。制造商在部件上作出的标志应至少包括以下信息:

a) 制造商名称、符号和标志;
b) 代号(识别部件的 WLL,见表 3);
c) 代表强度级别的数字“8”;
d) 追溯码。

注: 在某些国家,可能会要求增加委托标志,如欧盟指令中定义的 CE 标志等。

6.2 承载销

每件直径在 13 mm 及以上的可拆卸承载销上都应清晰永久标记出代表强度级别的数字和制造商的符号,且不应影响其机械性能。

7 制造商产品合格证

在完成第 5 章规定的试验并合格后,制造商应对相同代号、规格、材质、热处理以及制造方法的部件签发合格证书。

合格证书应至少包括以下信息：

a） 制造商或委托代表的地址和名称，以及证书和认证的签发日期；

b） 执行标准编号(如 GB/T 25852)；

c） 代号；

d） 部件的数量和类型；

e） 强度级别代表数字“8”；

f） 极限工作载荷(t)；

g） 制造验证力(kN)；

h） 最小破断力是否满足要求的确认信息。

注：在某些国家，可能会要求增加委托标志，如欧盟指令中定义的 CE 标志等。

制造商应将型式试验合格部件的材质、热处理工艺、尺寸、试验结果、运行质量体系及所有型式试验相关数据的记录，包括抽样记录，至少保留到最后一份合格证书签发之后 10 年。该记录的内容还应包括后续生产中使用的制造规范。

8 使用说明书

制造商应随同部件提供使用说明书，其内容应包括部件组装和拆卸的建议，以及如何确保销的正确定位。

附 录 A
（资料性附录）
机械性能的计算

A.1 制造验证力的计算

制造验证力的计算应按式(A.1)进行。

$$MPF = 2.5 \times g \times WLL = 24.516\ 63\ WLL \qquad\cdots\cdots\cdots\cdots\cdots\cdots\cdots\cdots(A.1)$$

式中：

MPF ——制造验证力，单位为千牛(kN)；

WLL——极限工作载荷(见表 3 中第 2 列规定的数值)，单位为吨(t)；

g ——重力加速度(g=9.806 65)，单位为米每二次方秒(m/s²)。

表 3 中第 3 列的制造验证力的修整规则为：对于 MPF≤100 kN 时，修整至小数点后一位数；对于 100 kN<MPF≤1 000 kN 时，修整至个位数。对于 1 000 kN<MPF 时，圆整至十位数。

A.2 最小破断力的计算

最小破断力的计算应按式(A.2)进行。

$$BF_{min} = 4.0 \times g \times WLL = 39.226\ 6\ WLL \qquad\cdots\cdots\cdots\cdots\cdots\cdots\cdots\cdots(A.2)$$

式中：

BF_{min} ——最小破断力，单位为千牛(kN)；

WLL——极限工作载荷(见表 3 中第 2 列规定的数值)，单位为吨(t)；

g ——重力加速度(g=9.806 65)，单位为米每二次方秒(m/s²)。

表 3 中第 4 列的最小破断力的修整规则为：对于 BF_{min}≤100 kN 时，修整至小数点后一位数；对于 100 kN<BF_{min}≤1 000 kN 时，修整至个位数。对于 1 000 kN<BF_{min}时，修整至十位数。

附　录　B
（资料性附录）
8 级锻造起重部件的型号表示

B.1　型号

锻造起重部件的型号表示宜符合 B.2 规定的基本格式。锻造起重部件的名称由制造商规定。

B.2　型号表示方法

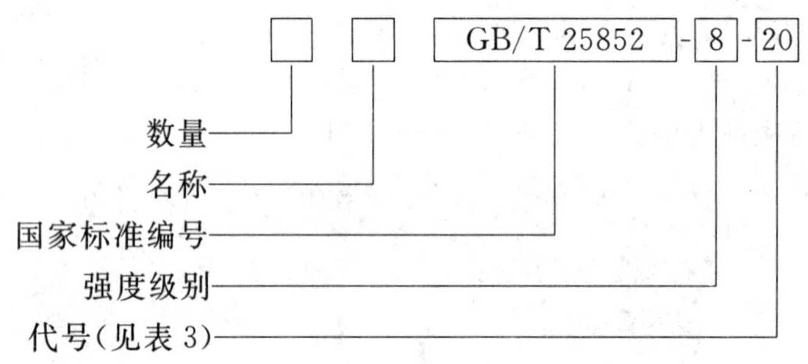

参 考 文 献

[1] GB/T 19001—2008 质量管理体系 要求(ISO 9001:2008,IDT)

[2] GB/T 20652—2006 M(4)、S(6)和T(8)级焊接吊链(ISO 4778:1981,IDT)

[3] GB/T 25853—2010 8级非焊接吊链(ISO 7593:1986,IDT)

[4] GB/T 27021—2007 合格评定 管理体系审核认证机构的要求(ISO/IEC 17021:2006,IDT)

[5] ISO 7531 Wire rope slings for general purposes—Characteristics and specifications

ICS 77.150.30
H 62

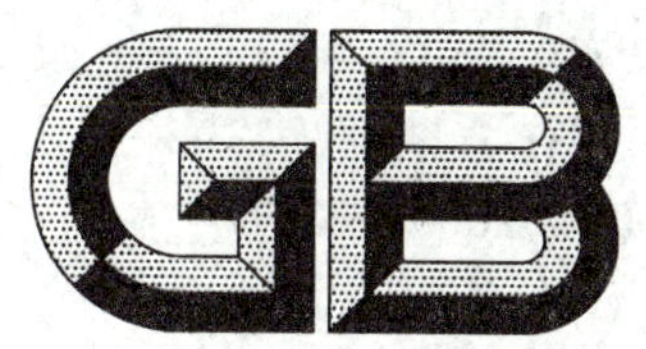

中华人民共和国国家标准

GB/T 26007—2017
代替 GB/T 26007—2010

弹性元件和接插件用铜合金带箔材

Copper alloys strip and foil for springs and connectors

2017-07-12 发布　　　　2018-02-01 实施

中华人民共和国国家质量监督检验检疫总局
中国国家标准化管理委员会　发布

前　言

本标准按照 GB/T 1.1—2009 给出的规则起草。

本标准代替 GB/T 26007—2010《弹性元件和接插件用铜带》。

本标准与 GB/T 26007—2010 相比主要技术变化如下：

——将“1/4 硬（Y4）、半硬（Y2）、硬（Y）、特硬（T）、弹硬（TY）”的状态表示改为“1/4 硬（H01）、1/2 硬（H02）、硬（H04）、特硬（H06）、弹性（H08）”；

——厚度范围由“0.1 mm～1.5 mm”扩大为“0.07 mm～2 mm”；

——宽度范围由“3 mm～200 mm”扩大为“6 mm～620 mm”；

——增加了合金的代号表示；

——增加了 H62、H66、H68 牌号及相关的规定；

——增加了“带材化学成分分析方法按 YS/T 482 、YS/T 483 的规定进行”的规定；

——增加了“带材的外形尺寸检测按 GB/T 26303.3 的规定进行”的规定；

——增加了“试样制备按 YS/T 815 的规定进行”的规定；

——增加了“取样方法按 YS/T 668 的规定进行”的规定；

——提高了“带材侧边弯曲度”的要求；

——提高了“带材宽度允许偏差”的要求；

——提高了“带材厚度允许偏差”的要求。

本标准由中国有色金属工业协会提出。

本标准由全国有色金属标准化技术委员会(SAC/TC 243)归口。

本标准负责起草单位：安徽鑫科新材料股份有限公司、宁波兴业盛泰集团有限公司、安徽楚江科技新材料股份有限公司、铜陵金威铜业有限公司、中铝洛阳铜业有限公司、中色奥博特铜铝业有限公司、山东天圆铜业有限公司、太原春雷铜材有限责任公司、凯美龙精密铜板带(河南)有限公司、中色(宁夏)东方集团有限公司。

本标准主要起草人：杨春泰、葛小牛、茆耀东、钮松、廖骏骏、杨群央、胡勇、孙红刚、刘清兰、姜业欣、田原晨、王美芳、齐兆金、王钰菁、李云翔、刘爱奎、段广超、焦晓亮、王艳婷。

本标准所代替的历次版本发布情况：

——GB/T 26007—2010。

弹性元件和接插件用铜合金带箔材

1 范围

本标准规定了弹性元件和接插件用铜合金带箔材的要求、试验方法、检验规则、标志、包装、运输、贮存和质量证明书及订货单(或合同)内容。

本标准适用于制作弹性元件和接插件用铜合金带箔材(以下简称带箔材)。

2 规范性引用文件

下列文件对于本文件的应用是必不可少的。凡是注日期的引用文件,仅注日期的版本适用于本文件。凡是不注日期的引用文件,其最新版本(包括所有的修改单)适用于本文件。

GB/T 228.1—2010 金属材料 拉伸试验 第1部分:室温试验方法

GB/T 232 金属材料 弯曲试验方法

GB/T 4340.1 金属材料 维氏硬度试验 第1部分:试验方法

GB/T 5121(所有部分) 铜及铜合金化学分析方法

GB/T 5231 加工铜及铜合金牌号和化学成分

GB/T 8888 重有色金属加工产品的包装、标志、运输、贮存和质量证明书

GB/T 11086 铜及铜合金术语

GB/T 26303.3 铜及铜合金加工材外形尺寸检测方法 第3部分:板带材

YS/T 482 铜及铜合金分析方法 光电发射光谱法

YS/T 483 铜及铜合金分析方法 X射线荧光光谱法(波长色散型)

YS/T 668 铜及铜合金理化检测取样方法

YS/T 815 铜及铜合金力学性能和工艺性能试样的制备方法

3 要求

3.1 产品分类

3.1.1 牌号、状态、规格

带箔材的牌号、状态和规格应符合表1的规定。

表 1 牌号、状态和规格

牌 号	代 号	状 态	厚度 mm	宽度 mm
H85	C23000	1/4 硬(H01)、1/2 硬(H02)、硬(H04)、特硬(H06)	0.07～2.0	6～620
H80	C24000			
H70	T26100			
H68	T26300			
H66	C26800			
H65	C27000			
H63	T27300			
H62	T27600			
QSn4-0.3	C51100	1/4 硬(H01)、1/2 硬(H02)、硬(H04)、特硬(H06)	0.07～2.0	6～620
QSn5-0.3	T 51010			
QSn6.5-0.1	T51510			
QSn8-0.3	C52100	1/4 硬(H01)、1/2 硬(H02)、硬(H04)、特硬(H06)、弹性(H08)		
BZn12-24	T76200	1/2 硬(H02)、硬(H04)、特硬(H06)	0.07～2.0	6～620
BZn12-29	T76220			
BZn18-18	C75200			
BZn18-20	T76300			
BZn18-26	C77000			
注 1：经供需双方协商，可以供应其他牌号、状态和规格的带箔材。 注 2：按 GB/T 11086 规定，厚度＞0.15 mm 的为带材，厚度≤0.15 mm 的为箔材。				

3.1.2 标记示例

产品标记按产品名称、标准编号、牌号(或代号)、状态和规格的顺序表示。

示例 1：用 H65(代号 C27000)制造的、硬(H04)状态，厚度为 0.8 mm，宽度为 200 mm 的带材标记为：

带材 GB/T 26007-H65 H04-0.8×200

或 带材 GB/T 26007-C27000 H04-0.8×200

示例 2：用 H65(或代号 C27000)制造的、硬(H04)状态，厚度为 0.08 mm，宽度为 200 mm 的箔材标记为：

箔材 GB/T 26007-H65 H04-0.08×200

或 箔材 GB/T 26007-C27000 H04-0.08×200

3.2 化学成分

带箔材的化学成分应符合 GB/T 5231 相应牌号的规定。

3.3 外形尺寸及其允许偏差

3.3.1 带箔材的厚度及其允许偏差应符合表 2 中相应的规定。

表 2　厚度及其允许偏差

单位为毫米

厚度	厚度允许偏差	
	普通级	高　级
0.07～0.1	±0.005	±0.003
>0.1～0.2	±0.010	±0.005
>0.2～0.3	±0.015	±0.008
>0.3～0.4	±0.018	±0.010
>0.4～0.5	±0.020	±0.015
>0.5～0.8	±0.025	±0.018
>0.8～1.0	±0.030	±0.022
>1.0～1.5	±0.035	±0.025
>1.5～2.0	±0.045	±0.035
注：当需方要求允许偏差全为(+)或全为(−)单向偏差时，其值为表中相应数值的 2 倍。		

3.3.2　带箔材的宽度及其允许偏差应符合表 3 中相应的规定。

表 3　宽度及其允许偏差

单位为毫米

厚度	宽度允许偏差		
	6～80	>80～200	>200～620
0.07～0.6	±0.05	±0.08	±0.15
>0.6～1.0	±0.10	±0.15	±0.20
>1.0～1.5	±0.15	±0.20	±0.25
>1.5～2.0	±0.20	±0.25	±0.30
注：当需方要求允许偏差全为(+)或全为(−)单向偏差时，其值为表中相应数值的 2 倍。			

3.3.3　带箔材的侧边弯曲度应符合表 4 的规定。

表 4　侧边弯曲度

宽度/mm	侧边弯曲度/(mm/m)	
	厚度≤0.5	厚度>0.5
6～10	≤4	≤5
>10～20	≤3	≤4
>20～200	≤2	≤3
>200～620	≤1	≤2

3.3.4　带箔材横弯:宽度小于或等于 100 mm 的带箔材,横弯 d(见图 1)应符合表 5 的规定。宽度大于 100 mm 的带箔材分切成宽度小于或等于 100 mm 的带箔材进行检测,其横弯 d 应符合表 5 的规定。

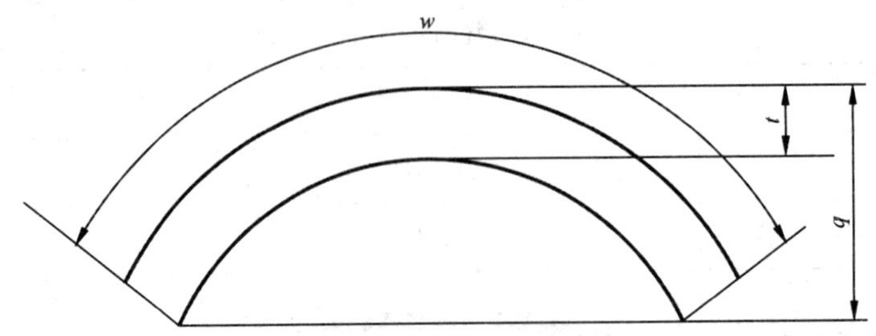

说明:

横弯 $d=q-t$;

q ——是基准面到横截面最高点的距离;

t ——厚度;

w——宽度。

图 1　横弯(d)示意图

表 5　横弯

单位为毫米

厚度	横弯 d		
	宽度 6～20	宽度>20～50	宽度>50～100
0.07～0.5	≤0.10	≤0.20	≤0.30
>0.5～1.0	≤0.15	≤0.25	≤0.35
>1.0～1.5	≤0.20	≤0.30	≤0.40
>1.5～2.0	—	≤0.35	≤0.50

3.4　力学性能

带箔材的室温拉伸试验、硬度试验应符合表 6 的规定。

3.5　弯曲性能

带箔材可进行 90°弯曲试验。90°弯曲试验条件应符合表 6 的规定,弯曲试验后弯曲处外表面不应有肉眼可见的裂纹。

表 6　力学性能和弯曲性能

牌号	状态	拉伸试验			硬度试验	90°弯曲试验			
		抗拉强度 R_m/MPa	断后伸长率 $A_{50\ mm}$/%		维氏硬度 HV	最小弯曲内侧半径			
						平行于轧制方向（BW）		垂直于轧制方向（GW）	
			厚度/mm			厚度/mm		厚度/mm	
			0.1～0.25	>0.25～2.0		0.1～0.25	>0.25～1.0	0.1～0.25	>0.25～1.0
H85	H01	300～370	≥16	≥20	85～115	0×t	0×t	0×t	0×t
	H02	350～420	≥8	≥12	105～135	0×t	0×t	0×t	0×t
	H04	410～490	≥3	≥4	125～155	0×t	1×t	0×t	0×t
	H06	480～560	—	≥2	150～180	1×t	3×t	0×t	0×t
H80	H01	330～410	≥14	≥18	90～120	0×t	0×t	0×t	0×t
	H02	380～460	≥7	≥10	110～140	0×t	0×t	0×t	0×t
	H04	440～530	≥3	≥4	130～160	0×t	1×t	0×t	0×t
	H06	≥510	—	≥2	155～185	1×t	3×t	0×t	0×t
H70 H68	H01	350～430	≥21	≥25	95～125	0×t	0×t	0×t	0×t
	H02	410～490	≥9	≥12	120～155	0×t	1×t	0×t	0×t
	H04	480～560	≥4	≥6	150～180	1×t	2×t	0×t	0×t
	H06	550～640	—	≥2	170～200	2×t	3×t	0×t	1×t
H66 H65 H63 H62	H01	350～430	≥19	≥23	95～125	0×t	0×t	0×t	0×t
	H02	410～490	≥8	≥10	120～155	0×t	1×t	0×t	0×t
	H04	480～560	≥3	≥5	150～180	1×t	2×t	0×t	0×t
	H06	550～640	—	≥2	170～200	2×t	3×t	0×t	1×t
QSn4-0.3	H01	390～490	≥11	≥13	115～155	0×t	0×t	0×t	0×t
	H02	480～570	≥4	≥5	150～180	0×t	1×t	0×t	0×t
	H04	540～630	≥3	≥4	170～200	1×t	2×t	0×t	0×t
	H06	≥610	—	≥2	≥190	—	—	—	—
QSn5-0.3	H01	400～500	≥14	≥17	120～160	0×t	0×t	0×t	0×t
	H02	490～580	≥8	≥10	160～190	0×t	1×t	0×t	0×t
	H04	550～640	≥4	≥6	180～210	1×t	2×t	0×t	0×t
	H06	630～720	—	≥3	200～230	2×t	3×t	0×t	1×t
QSn6.5-0.1	H01	420～520	≥17	≥20	125～165	0×t	0×t	0×t	0×t
	H02	500～590	≥8	≥10	160～190	0×t	1×t	0×t	0×t
	H04	560～650	≥5	≥7	180～210	1×t	2×t	0×t	0×t
	H06	640～730	≥3	≥4	200～230	2×t	3×t	0×t	1×t
QSn8-0.3	H01	450～550	≥20	≥23	135～175	0×t	0×t	0×t	0×t
	H02	540～630	≥13	≥15	170～200	0×t	1×t	0×t	0×t
	H04	600～690	≥5	≥7	190～220	1×t	2×t	0×t	1×t
	H06	660～750	≥3	≥4	210～240	2×t	4×t	1×t	2×t
	H08	≥740	—	—	≥230	—	—	—	—

表 6（续）

牌号	状态	拉伸试验			硬度试验	90°弯曲试验			
		抗拉强度 R_m/MPa	断后伸长率 $A_{50\ mm}$/%		维氏硬度 HV	最小弯曲内侧半径			
						平行于轧制方向(BW)		垂直于轧制方向(GW)	
			厚度/mm			厚度/mm		厚度/mm	
			0.1～0.25	>0.25～2.0		0.1～0.25	>0.25～1.0	0.1～0.25	>0.25～1.0
BZn12-24	H02	490～580	≥5	≥6	150～180	0×t	0×t	0×t	0×t
	H04	550～640	—	≥3	170～200	0×t	1×t	0×t	0×t
	H06	620～710	—	≥2	190～220	—	—	—	—
BZn12-29	H02	520～610	≥3	≥4	170～200	0×t	1×t	0×t	0×t
	H04	600～690	—	≥2	190～220	1×t	3×t	0×t	1×t
	H06	670～760	—	—	210～240	3×t	—	1×t	2×t
BZn18-20 BZn18-18	H02	500～590	≥3	≥5	160～190	0×t	1×t	0×t	0×t
	H04	580～670	—	≥2	180～210	0×t	2×t	0×t	0×t
	H06	640～730	—	—	200～230	—	—	—	—
BZn18-26	H02	540～630	≥3	≥5	170～200	0×t	1×t	0×t	0×t
	H04	600～700	—	≥2	190～220	1×t	3×t	0×t	1×t
	H06	≥700	—	—	≥220	—	—	—	—

注 1：超出表中规定厚度范围的带箔材，其性能由供需双方商定。

注 2：t 为带材厚度。

注 3：0×t 表示弯曲内侧半径≤0.1 mm。

注 4：n×t 表示 n 倍带厚。

3.6 表面质量

带箔材的表面应光滑、清洁，不应有影响使用的缺陷。

4 试验方法

4.1 化学成分

带箔材的化学成分分析按 GB/T 5121(所有部分)或 YS/T 482 或 YS/T 483 的规定进行，仲裁时按 GB/T 5121(所有部分)的规定进行。

4.2 外形尺寸及其允许偏差

带箔材的外形尺寸检测按 GB/T 26303.3 的规定进行。

4.3 力学性能

带箔材的拉伸试验按 GB/T 228.1—2010 的规定进行，试样号为 GB/T 228.1—2010 表 B.2 中 P5，

厚度<0.1 mm 的试样,由供需双方协商,维氏硬度试验按 GB/T 4340.1 的规定进行。

4.4 弯曲性能

带箔材的弯曲试验按 GB/T 232 的规定进行。

4.5 表面质量

带箔材的表面质量应用目视进行检验。

5 检验规则

5.1 检查和验收

5.1.1 带箔材应由供方技术监督部门进行检验,保证产品质量符合本标准及合同(或订货单)的规定,并填写质量证明书。

5.1.2 需方对收到的产品按本标准及订货单(或合同)的规定进行检验,如检验结果与本标准及订货单(或合同)的规定不符时,应以书面形式向供方提出,由供需双方协商解决,属于表面质量及尺寸偏差的异议,应在收到产品之日起 1 个月内提出,其他质量异议,应在收到产品之日起 3 个月内提出。如需仲裁,仲裁取样应由供需双方在需方共同进行。

5.2 组批

带箔材应成批提交验收,每批应由同一牌号、状态和规格组成。每批重量一般应不大于 5 000 kg(如果该批为同一熔次,可不限定组批量)。

5.3 检验项目

5.3.1 每批带箔材应进行化学成分、外形尺寸及其允许偏差和表面质量的检验。

5.3.2 每批带箔材应进行力学性能(拉伸试验或硬度试验)检验。拉伸试验和硬度试验任选其一,未在合同中注明时,进行拉伸试验。当选择拉伸试验时,如需方有要求硬度试验并在合同中注明时,还应进行硬度试验,硬度试验结果仅供参考;当选择硬度试验时,如需方有要求拉伸试验并在合同中注明时,还应进行拉伸试验,拉伸试验结果仅供参考。

5.3.3 如需方有要求,并在合同中注明时,每批带箔材还应进行弯曲性能试验。

5.4 取样

带箔材取样应符合表 7 的规定。取样方法按 YS/T 668 的规定进行,力学性能和弯曲性能试样制备按 YS/T 815 的规定进行。

表 7 取样

检验项目	取样规定	要求的章条号	试验方法的章条号
化学成分	供方在熔铸过程中,每炉取 1 个试样;需方在每批中任取 1 个试样	3.2	4.1
外形尺寸及其允许偏差	逐卷	3.3	4.2

表 7（续）

检验项目		取样规定	要求的章条号	试验方法的章条号
力学性能	拉伸试验	每批任取 2 卷，每卷沿带箔材轧制方向任取 1 个试样	3.4	4.3
	硬度试验	每批任取 2 卷，每卷取 1 个试样	3.4	4.3
弯曲性能		每批任取 2 卷，每卷沿带箔材轧制方向与垂直于轧制方向各取 1 个试样	3.5	4.4
表面质量		逐卷	3.6	4.5

5.5 检验结果的判定

5.5.1 化学成分不合格时，判该批带箔材不合格。

5.5.2 带箔材的外形尺寸及允许偏差和表面质量不合格时，判该卷带箔材不合格。

5.5.3 当力学性能、弯曲性能的试验结果不合格时，应从该批带箔材中再取双倍数量的试样（包括原检验不合格的那卷带箔材）进行重复试验，如重复试验结果全部合格，则整批判为合格。如重复试验仍有试样不合格，则判该批带箔材不合格，或由供方逐卷检验，合格者交货。

6 标志、包装、运输、贮存和质量证明书

带箔材的标志、包装、运输、贮存和质量证明书应符合 GB/T 8888 的规定。

7 订货单（或合同）内容

订购本标准所列产品的订货单（或合同）应包括下列内容：

a） 产品名称；
b） 牌号；
c） 供应状态；
d） 外形尺寸及其允许偏差（高级或有特殊要求时）；
e） 拉伸试验或硬度试验；
f） 弯曲性能（有要求时）；
g） 重量；
h） 本标准编号；
i） 其他。

ICS 43.040.10
T 35

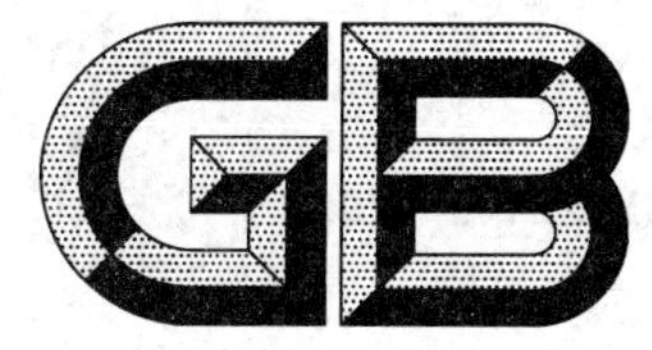

中华人民共和国国家标准

GB 26149—2017
代替 GB/T 26149—2010

乘用车轮胎气压监测系统的性能要求和试验方法

Performance requirements and test methods of tire pressure monitoring system for passenger cars

2017-10-14 发布　　2018-01-01 实施

中华人民共和国国家质量监督检验检疫总局
中国国家标准化管理委员会　发布

前　言

本标准的第4章、第5章、第6章、第7章、第8章为强制性的,其余为推荐性的。

本标准按照GB/T 1.1—2009给出的规则起草。

本标准代替GB/T 26149—2010《基于胎压监测模块的汽车轮胎气压监测系统》。与GB/T 26149—2010相比,主要的内容变化如下:

——标准性质发生了变化,由原来的推荐性国家标准变为强制性国家标准;

——适用范围发生了变化,GB/T 26149—2010适用于安装在M和N类车辆上的基于胎压监测模块的轮胎气压监测系统,本标准适用于M_1类车辆;

——增加了轮胎气压监测系统的分类;

——功能和性能要求发生了变化,GB/T 26149—2010规定了基于胎压监测模块的汽车轮胎气压监测系统的功能和相关功能的性能要求,本标准只规定了与安全相关的欠压报警、故障报警和开机检查信号装置等核心功能和相关功能的性能要求;

——对应功能和性能要求的变化,相应修改试验方法;

——增加了M_1类车辆强制安装轮胎气压监测系统的要求。

本标准由中华人民共和国工业和信息化部提出。

本标准由全国汽车标准化技术委员会(SAC/TC 114)归口。

本标准起草单位:中国汽车技术研究中心、长城汽车股份有限公司、奇瑞汽车股份有限公司、上汽大众汽车有限公司、广州汽车集团股份有限公司汽车工程研究院、泛亚汽车技术中心有限公司、东风汽车公司技术中心、上汽通用五菱汽车股份有限公司、上海保隆汽车科技股份有限公司、苏州驶安特汽车电子有限公司、北京兴科迪科技有限公司、铁将军汽车电子有限公司、上海航盛实业有限公司、万通智控科技股份有限公司、上海泰好电子科技有限公司、上海航铠电子科技有限公司、北京橡胶工业研究设计院、三角轮胎股份有限公司、软控股份有限公司。

本标准主要起草人:王兆、陈平、邓湘鸿、刘地、苑林、李威、郑勇、白云飞、吴银虎、藏红涛、陈飞、李琴、朱国章、韩领涛、张成顺、张中君、管超民、徐丽红、田兆菊、方汉杰、谢晓静、刘祁、董兰飞。

本标准所代替标准的历次版本发布情况为:

——GB/T 26149—2010。

乘用车轮胎气压监测系统的性能要求和试验方法

1 范围

本标准规定了乘用车轮胎气压监测系统的性能要求和试验方法。

本标准适用于 M_1 类车辆。

2 规范性引用文件

下列文件对于本文件的应用是必不可少的。凡是注日期的引用文件，仅注日期的版本适用于本文件。凡是不注日期的引用文件，其最新版本(包括所有的修改单)适用于本文件。

GB/T 12534 汽车道路试验方法通则

ECE R10 关于就电磁兼容性方面批准车辆的统一规定(Uniform provisions concerning the approval of vehicles with regard to electromagnetic compatibility)

3 术语和定义

下列术语和定义适用于本文件。

3.1

轮胎气压监测系统/胎压监测系统 tire pressure monitoring system;TPMS

安装在车辆上、以某种方式监测轮胎气压并在一个或多个轮胎欠压时报警的系统。

3.2

车辆推荐轮胎气压/车辆推荐胎压 recommended cold tire pressure;P_{rec}

车辆制造商针对车辆的预定工作条件(如载荷、车速等)为每个位置的轮胎所推荐的、未因使用形成压力积累且处于环境温度下的轮胎气压值。

注：P_{rec}一般在车辆用户手册或驾驶室车门(B柱)、油箱盖、储物箱等地方标明。

3.3

欠压 under inflation

轮胎气压小于或等于车辆推荐轮胎气压(P_{rec})的75%。

3.4

共用空间 common space

可不同步显示两种或多种信息功能(如:标志)的区域。

4 分类

如果车辆装备了下述两类TPMS之一，则认为该车辆装备了本标准定义的轮胎气压监测系统：

——Ⅰ类TPMS:满足除5.2.3、5.3.2和5.4.2以外的全部有关功能及性能要求；

——Ⅱ类TPMS:满足除5.2.2、5.3.1和5.4.1以外的全部有关功能及性能要求。

5 功能及性能要求

5.1 电磁兼容性

安装在车辆上的TPMS应符合ECE R10关于电气/电子部件的要求。

5.2 信号装置

5.2.1 轮胎胎压异常、故障报警信号装置标志应符合下列条件之一：

a) 图1所示标志；

b) 图2所示标志或经修改接近真实车辆外形的图2标志，标示出胎压异常的轮胎。

图1

图2

5.2.2 装备Ⅰ类TPMS的车辆应配备符合5.2.1 a)和5.2.1 b)规定的胎压异常报警信号装置，在轮胎欠压时向驾驶员发出光学报警信号并指示出欠压轮胎的具体位置。可附加文字说明或以声学等方式来辅助报警。

5.2.3 装备Ⅱ类TPMS的车辆应至少配备符合5.2.1 a)规定的胎压异常报警信号装置，在轮胎欠压时向驾驶员发出光学报警信号。可附加文字说明或以声学等方式来辅助报警。

5.2.4 装备TPMS的车辆应配备故障报警信号装置，当TPMS发生故障时应通过符合5.2.1规定的信号装置向驾驶员发出光学报警信号。可附加文字说明或以声学等方式来辅助报警。

5.2.5 如轮胎欠压报警和故障报警共用一个信号装置，则轮胎欠压报警和故障报警的表示方法应有明显的区分，且应在车辆用户手册中清晰说明。

5.2.6 5.2.2～5.2.4所述信号装置应符合下列要求：

a) 处于驾驶员前方易于观察的位置，便于驾驶员在驾驶位置检查信号装置的状态。

b) 点亮状态时颜色为黄色；此颜色要求不适用于位于共用空间的信号装置。

c) 点亮后足够明亮、醒目，使驾驶员在适应环境道路照明条件后、无论白天或者夜晚驾驶都能清晰观察。

5.2.7 信号装置检查

按7.1进行试验，当车辆点火运行或处于自检时，TPMS的所有信号装置都应点亮以检查报警灯是否工作正常；检查完毕后，报警灯应熄灭。此要求不适用于位于共用空间的信号装置。

5.3 单个轮胎欠压报警

5.3.1 Ⅰ类 TPMS

5.3.1.1 按 7.2.1 中 a)～d)进行单个轮胎欠压报警试验时，Ⅰ类 TPMS 应在 10 s 内点亮胎压异常报警信号装置并指示出欠压轮胎的具体位置。

5.3.1.2 按 7.2.1 中 e)试验后，Ⅰ类 TPMS 胎压异常报警信号装置不应熄灭。

5.3.1.3 按 7.2.1 中 f)试验后，Ⅰ类 TPMS 胎压异常报警信号装置应熄灭。

5.3.2 Ⅱ类 TPMS

5.3.2.1 按 7.2.2 中 a)～c)进行单个轮胎欠压报警试验时，Ⅱ类 TPMS 应在 10 min 内点亮胎压异常报警信号装置；装备符合 5.2.1 b)报警信号装置的Ⅱ类 TPMS 还应指示出欠压轮胎的具体位置。

5.3.2.2 按 7.2.2 中 d)试验后，Ⅱ类 TPMS 胎压异常报警信号装置不应熄灭。

5.3.2.3 按 7.2.2 中 e)试验后，Ⅱ类 TPMS 胎压异常报警信号装置应熄灭。

5.4 多个轮胎欠压报警

5.4.1 Ⅰ类 TPMS

5.4.1.1 按 7.3.1 中 a)～d)进行多个轮胎欠压报警试验时，Ⅰ类 TPMS 应在 10 s 内点亮胎压异常报警信号装置并指示出欠压轮胎的具体位置。

5.4.1.2 按 7.3.1 中 e)试验后，TPMS 胎压异常报警信号装置不应熄灭。

5.4.1.3 按 7.3.1 中 f)试验后，TPMS 胎压异常报警信号装置应熄灭。

5.4.2 Ⅱ类 TPMS

5.4.2.1 按 7.3.2 中 a)～c)进行多个轮胎欠压报警试验时，Ⅱ类 TPMS 应在 15 min 内点亮胎压异常报警信号装置；装备符合 5.2.1 b)报警信号装置的Ⅱ类 TPMS 还应指示出欠压轮胎的具体位置。

5.4.2.2 按 7.3.2 中 d)试验后，TPMS 胎压异常报警信号装置不应熄灭。

5.4.2.3 按 7.3.2 中 e)试验后，TPMS 胎压异常报警信号装置应熄灭。

5.5 故障报警

5.5.1 按 7.4 中 a)～c)进行故障报警试验，TPMS 应在 10 min 内点亮故障报警信号装置。

5.5.2 按 7.4 中 d)试验后，TPMS 故障报警信号装置不应熄灭。

5.5.3 按 7.4 中 e)试验后，TPMS 故障报警信号装置应熄灭。

6 试验条件

6.1 路面和环境

试验时，路面和环境条件应符合 GB/T 12534 的规定。

6.2 仪器

试验中所用压力测量设备的最大允许误差应为±3 kPa；试验中所有气压测试数据应使用同一压力测量设备测量。

6.3 车辆

6.3.1 载荷

车辆应在制造商给定的任一车辆推荐胎压 P_{rec} 对应的载荷状态下进行试验，其轴荷应符合车辆制造商所规定，且在整个试验过程中载荷不应随意改变。

6.3.2 试验行驶状态

6.3.2.1 Ⅰ类 TPMS 系统校正和试验应分别在车辆静止、100 km/h 以及 40 km/h～100 km/h 范围内任意恒定车速等三个状态下进行，速度偏差不超过±2 km/h。对设计车速不超过 100 km/h 的车辆，应以试验时能达到的最高车速作为上限。

在静止状态试验中，试验时间从车辆点火开关转为“ON”（“RUN”）状态开始记录；在动态试验中，试验时间从轮胎气压达到欠压状态开始记录。

6.3.2.2 Ⅱ类 TPMS 系统校正和试验应分别在 40 km/h、100 km/h 以及 40 km/h～100 km/h 范围内任意恒定车速等三个状态下进行，速度偏差不超过±2 km/h。对设计车速不超过 100 km/h 的车辆，应以试验时能达到的最高车速作为上限。

试验时间从轮胎气压达到欠压状态开始记录。

6.3.3 静置

停置车辆时，轮胎应避免阳光直射；静置地点应尽可能避风，以免因外部因素影响试验结果。

6.3.4 车轮和轮胎

应使用车辆制造商推荐的车轮和轮胎及相应的安装位置进行试验。欠压试验不应使用备胎（若有），但备胎可用于 TPMS 故障试验以模拟故障的发生。

7 试验方法

7.1 信号装置检查试验

装备 TPMS 的车辆应按以下试验步骤进行信号装置检查：

a） 在车辆静置至少 1 h 后，将车辆所有轮胎充气至试验载荷所对应的车辆推荐胎压 P_{rec}。

b） 在车辆静止、点火开关处于“OFF”（“LOCK”）状态下，将点火开关状态转为“ON”（“RUN”）状态，目测 TPMS 信号装置点亮及熄灭情况。

7.2 单个轮胎欠压报警试验

7.2.1 装备Ⅰ类 TPMS 的车辆

装备Ⅰ类 TPMS 的车辆应按以下步骤进行单个轮胎欠压报警试验：

a） 在车辆静置至少 1 h 后，将所有轮胎充气至试验载荷所对应的车辆推荐胎压 P_{rec}。

b） 若需要，按车辆制造商推荐的操作方法设置或重置 TPMS。

c） 在车辆静止时，使车辆点火开关处于“OFF”（“LOCK”）状态，在 5 min 内调整车辆任意一个轮胎的气压至（75%×P_{rec}－7）kPa。记录车辆点火开关转为“ON”（“RUN”）状态至欠压报警信号装置点亮的时间。若此时间超过 5.3.1.1 的规定，则认为其不符合单个轮胎欠压报警要求，终止试验。

d) 启动车辆，按6.3.2.1规定车速分别沿试验路线某一方向累计行驶10 min，再沿此路线的反方向累计行驶10 min。然后，使车辆沿试验路线任意部分行驶，在5 min内调整车辆任意一个轮胎的气压至(75%×P_{rec}−7)kPa。记录胎压达到(75%×P_{rec}−7)kPa至TPMS胎压异常报警信号装置点亮时的车辆行驶时间。若此时间或欠压轮胎位置指示报警不符合5.3.1.1的规定，则认为其不满足单个轮胎欠压报警要求，终止试验。

e) 若TPMS胎压异常报警信号装置在上述c)、d)试验中分别按5.3.1.1的要求点亮，则停车，将点火开关转为“OFF”(“LOCK”)状态。5 min后，将点火开关转为“ON”(“RUN”)状态，观察信号装置是否点亮。

f) 在车辆静置至少1 h后，将所有轮胎充气至试验载荷所对应的车辆推荐胎压P_{rec}。按车辆制造商提供的操作说明重置TPMS，胎压异常报警信号装置应熄灭。如有必要，使车辆按6.3.2.1规定车速沿试验路线任意部分行驶不超过10 min，观察信号装置是否点亮。

7.2.2 装备Ⅱ类TPMS的车辆

装备Ⅱ类TPMS的车辆应按以下步骤进行单个轮胎欠压报警试验：

a) 在车辆静置至少1 h后，将所有轮胎充气至试验载荷所对应的车辆推荐胎压P_{rec}。

b) 若需要，按车辆制造商推荐的操作方法设置或重置TPMS。

c) 启动车辆，按6.3.2.2规定车速分别沿试验路线某一方向累计行驶10 min，再沿此路线的反方向累计行驶10 min。然后，使车辆沿试验路线任意部分行驶，在5 min内调整车辆任意一个轮胎的气压至(75%×P_{rec}−7)kPa。记录胎压达到(75%×P_{rec}−7)kPa至TPMS胎压异常报警信号装置点亮时的车辆行驶时间。若此时间或欠压轮胎位置指示不符合5.3.2.1的规定，则认为其不满足单个轮胎欠压报警要求，终止试验。

d) 若TPMS胎压异常报警信号装置在上述c)阶段按5.3.2.1的要求点亮，则停车，将点火开关转为“OFF”(“LOCK”)状态。5 min后，将点火开关转为“ON”(“RUN”)状态，观察信号装置是否点亮。

e) 在车辆静置至少1 h后，将所有轮胎充气至试验载荷所对应的车辆推荐胎压P_{rec}。按车辆制造商提供的操作说明重置TPMS，胎压异常报警信号装置应熄灭。如有必要，使车辆按6.3.2.2规定车速沿试验路线任意部分行驶不超过10 min，观察信号装置是否点亮。

7.3 多个轮胎欠压报警试验

7.3.1 装备Ⅰ类TPMS的车辆

装备Ⅰ类TPMS的车辆应按以下步骤进行多个轮胎欠压报警试验，且至少应有一次是在全部轮胎欠压的情况下进行：

a) 在车辆静置至少1 h后，将所有轮胎充气至试验载荷所对应的车辆推荐胎压P_{rec}。

b) 若需要，按车辆制造商推荐的操作方法设置或重置TPMS。

c) 在车辆静止时，使车辆点火开关处于“OFF”(或“LOCK”)状态，在5 min内调整车辆多个轮胎(最少为两个轮胎，最多为全部轮胎)的气压至(75%×P_{rec}−7)kPa。记录从车辆点火开关转为“ON”(“RUN”)状态至欠压报警信号装置点亮的时间。若此时间超过5.4.1.1的规定，则认为其不符合多个轮胎欠压报警要求，终止试验。

d) 启动车辆，按6.3.2.1规定车速分别沿试验路线某一方向累计行驶10 min，再沿此路线的反方向累计行驶10 min。然后，使车辆沿试验路线任意部分行驶，在5 min内调整车辆多个轮胎(最少为两个轮胎，最多为全部轮胎)的气压至(75% × P_{rec}−7)kPa。记录胎压达到(75% × P_{rec}−7)kPa至TPMS胎压异常报警信号装置点亮时的车辆行驶时间。若此时间或欠压轮胎位置指示报警不符合 5.4.1.1 的规定，则认为其不满足多个轮胎欠压报警要求，终止试验。

e) 若 TPMS 胎压异常报警信号装置在上述 c)和 d)试验中分别按 5.4.1.1 的要求点亮，则停车，将点火开关转为“OFF”(“LOCK”)状态。5 min 后，将点火开关转为“ON”(“RUN”)状态，观察信号装置是否点亮。

f) 在车辆静置至少 1 h 后，将所有轮胎充气至试验载荷所对应的车辆推荐胎压 P_{rec}。按车辆制造商提供的操作说明重置 TPMS，胎压异常报警信号装置应熄灭。如有必要，使车辆按 6.3.2.1 规定沿试验路线任意部分行驶不超过 10 min，观察信号装置是否点亮。

7.3.2 装备Ⅱ类 TPMS 的车辆

装备Ⅱ类 TPMS 的车辆应按以下试验步骤进行多个轮胎欠压报警试验，且至少应有一次是在全部轮胎欠压的情况下进行：

a) 在车辆静置至少 1 h 后，将所有轮胎充气至试验载荷所对应的车辆推荐胎压 P_{rec}。

b) 若需要，按车辆制造商推荐的操作方法设置或重置 TPMS。

c) 启动车辆，使车辆按 6.3.2.2 规定的车速沿试验路线某一方向累计行驶 10 min，之后再沿此路线的反方向累计行驶 10 min。然后，使车辆沿试验路线任意部分行驶，在 5 min 内调整车辆多个轮胎(最少为两个轮胎，最多为全部轮胎)的气压至$(75\% \times P_{rec}-7)$kPa。记录胎压达到$(75\% \times P_{rec}-7)$kPa 直至 TPMS 胎压异常报警信号装置点亮时的车辆行驶时间。若此时间或欠压轮胎位置指示不符合 5.4.2.1 的规定，则认为其不满足多个轮胎欠压报警要求，终止试验。

d) 若 TPMS 胎压异常报警信号装置在上述 c)阶段按 5.4.2.1 的要求点亮，则停车，将点火开关转为“OFF”(“LOCK”)状态。5 min 后，将点火开关转为“ON”(“RUN”)状态，观察信号装置是否点亮。

e) 在车辆静置至少 1 h 后，将所有轮胎充气至试验载荷所对应的车辆推荐胎压 P_{rec}。按车辆制造商提供的操作说明重置 TPMS，胎压异常报警信号装置应熄灭。如有必要，使车辆按 6.3.2.2 规定车速沿试验路线任意部分行驶不超过 10 min，观察信号装置是否点亮。

7.4 故障报警试验

装备 TPMS 的车辆应按以下试验步骤进行故障报警试验，试验时可选择任意一种模拟故障类型，但每次故障报警试验应只模拟单一故障：

a) 在车辆静置至少 1 h 后，将车辆所有轮胎充气至试验载荷所对应的车辆推荐胎压 P_{rec}。

b) 模拟 TPMS 故障(包括但不限于：断开 TPMS 任意元件的电源、断开 TPMS 任意部件间的电气连接或在车辆上安装与 TPMS 不兼容的轮胎)；模拟 TPMS 故障时，故障报警信号装置的电气连接不应断开。

c) 启动车辆，若 TPMS 故障报警信号装置未点亮，则使车辆按 6.3.2 规定车速分别沿试验路线任意部分行驶，直至 TPMS 故障报警信号装置点亮，记录此时车辆的行驶时间。若行驶时间超过 5.5.1 的要求，则认为其不符合故障报警要求，终止试验。

d) 若 TPMS 故障报警信号装置在上述 c)阶段按 5.5.1 的要求点亮，则停车，将点火开关转为“OFF”(或“LOCK”)状态。5 min 后，将点火开关转为“ON”(或“RUN”)状态，观察信号装置是否点亮。

e) 将 TPMS 恢复至正常工作状态，观察信号装置是否点亮。如有必要，使车辆按 6.3.2 规定车速沿试验路线任意部分行驶不超过 10 min，观察信号装置是否点亮。

8 实施

车辆应按如下规定安装本标准规定的 TPMS:

a) 对发动机中置且宽高比小于或等于 0.9 的乘用车,其新申请型式批准车型自 2020 年 1 月 1 日起开始实施,其已获得型式批准的车型自 2021 年 1 月 1 日起开始实施。

b) 对其他 M_1 类车辆,其新申请型式批准车型自 2019 年 1 月 1 日起开始实施,其已获得型式批准的车型自 2020 年 1 月 1 日起开始实施。

ICS 35.100.01
L 79

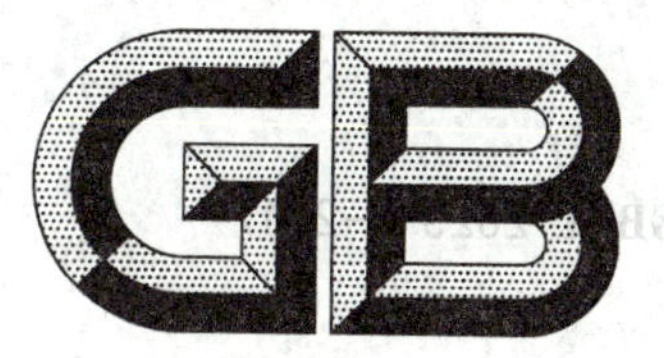

中华人民共和国国家标准

GB/T 26231—2017
代替 GB/T 26231—2010

信息技术 开放系统互连 对象标识符(OID)的国家编号体系和操作规程

Information technology—Open systems interconnection—National numbering system and operation code for object identifier (OID)

2017-12-29 发布

2017-12-29 实施

中华人民共和国国家质量监督检验检疫总局
中国国家标准化管理委员会 发布

前　言

本标准按照 GB/T 1.1—2009 给出的规则起草。

本标准代替了 GB/T 26231—2010《信息技术　开放系统互连　OID 的国家编号体系和注册规程》，与 GB/T 26231—2010 相比，主要技术变化如下：

——原有标准名称改为《信息技术　开放系统互连　对象标识符(OID)的国家编号体系和操作规程》；
——第 1 章 c)改为 OID 的注册规程(见第 1 章，2010 版的第 1 章)；
——增加了第 1 章 d) OID 分支机构的申请规程和 e) OID 解析服务申请规程(见第 1 章)；
——第 5 章标题变更为“概述”，删除原有内容，增加了 OID 操作规程概述内容(见第 5 章，2010 版第 5 章)；
——增加了 OID 命名语法规定，修改了 a)～e)各分支的编号规则，并在原有 OID 国家编号体系中增加重要领域 OID 分支(见 6.4，2010 版的 6.4)；
——修改了第 7 章的标题为 OID 编号注册规程(见第 7 章，2010 版的第 7 章)；
——增加了 7.1 注册规程概述(见 7.1)；
——原标准 7.1 变更为 7.2，在注册流程图中增加仅申请数字值的流程内容(见 7.2，2010 版 7.1)；
——删除了第 8 章“注册机构的职责”(2010 版的第 8 章)；
——增加了第 8 章“OID 分支机构申请规程”(见第 8 章)；
——删除了第 9 章“注册机构的信息”(2010 版的第 9 章)；
——增加了第 9 章“解析服务获取规程”(见第 9 章)；
——增加了第 10 章“注册机构的信息”(见第 10 章)；
——删除了附录 A“OID 应用实例”(2010 版的附录 A)；
——增加了附录 A“OID 格式要求”(见附录 A)；
——删除了附录 B“注册申请信息”(2010 版的附录 B)；
——增加了附录 B“OID 应用实例”(见附录 B)；
——删除了附录 C“注册机构信息”(2010 版的附录 C)；
——增加了附录 C“国家机关的 OID 编号方案”(见附录 C)；
——增加了附录 D“国家标准的 OID 编号方案”(见附录 D)；
——增加了附录 E“行业标准的 OID 编号方案”(见附录 E)；
——增加了附录 F“地方标准的 OID 编号方案”(见附录 F)；
——增加了附录 G“全国标准化技术委员会的 OID 编号方案”(见附录 G)；
——增加了附录 H“全国标准化技术特别标准工作组的 OID 编号方案”(见附录 H)；
——增加了附录 I“备用号段的 OID 编号方案”(见附录 I)；
——增加了附录 J“注册申请信息”(见附录 J)；
——增加了附录 K“OID 注册解析申请表示例”(见附录 K)。

请注意本文件的某些内容可能涉及专利。本文件的发布机构不承担识别这些专利的责任。

本标准由全国信息技术标准化技术委员会(SAC/TC 28)提出并归口。

本标准起草单位：中国电子技术标准化研究院、中兴通讯股份有限公司、农业部信息中心、国家卫生计生委统计信息中心、国家林业局信息中心、国家食品药品监督管理总局信息中心、国家安全生产监督管理总局通信信息中心、中国国际电子商务中心、华中科技大学同济医学院、公安部第三研究所、交通运输部公路科学研究院、机械工业仪器仪表综合技术经济研究所、工业和信息化部软件与集成电路促进中心、中国互联网络信息中心、武汉矽感科技有限公司、潍柴动力股份有限公司、上海天臣防伪技术股份有限公司、北京农业信息技术研究中心、北京鑫通运科信息技术有限公司、重庆享控智能科技有限公司。

本标准主要起草人：马文静、吴东亚、黄姗姗、高峰、汤凯、沈炯、刘桂才、杜绍明、尹国伟、杨硕、汤学军、沈丽宁、温战强、李世东、顾红波、陈锋、张原、刘永强、李红臣、高俊、任晓涛、朱彤、王东柱、梅恪、陈娟、孔宁、娄智军、曾芳芳、崔友昌、高庆、曹志月、王宗国、陈天恩、卢宪祺、陈英杰、张颖、高海燕。

本标准所代替标准的历次版本发布情况为：

——GB/T 26231—2010。

引　言

本标准依据 GB/T 17969.1《信息技术　开放系统互连　OSI 登记机构的操作规程　第1部分：一般规程》制定。GB/T 17969.1 规定了适用于开放系统互连环境(OSIE)范围内的对象注册规程、注册命名域的分层(级)结构等。

信息技术领域的标准化要求在全球基础上定义无歧义、可标识的标准化信息对象。这些信息客体(对象)可由不同的组织(例如政府、ISO/IEC、ITU-T 或者商务机构)定义，表示各种各样的实际客体(对象)(例如人、信息处理系统、文档等)。

为满足这种需求，国际标准化组织 ISO 建立了一种信息对象注册的分层结构(树)。在这种结构中，"joint-iso-itu-t(2)"和"iso(1)"是分层结构的第一层节点，"国家成员体"节点位于第二层"iso(1) member-body(2)" 节点下；"国家"节点位于"joint-iso-itu-t(2) country(16)"节点下。我国的"国家成员体"节点和"国家"节点及其分支由国家 OID 注册中心管理。

在该分层结构下，信息对象由对象标识符(OID)唯一地标识，该 OID 由从分层结构(树)的根到叶子节点的各部分共同组成。由于从根节点到每个节点在注册机构分配的值是唯一的，故 OID 唯一。

国家 OID 注册中心负责对{iso(1) member-body(2) cn(156)}和{joint-iso-itu-t(2) country(16) cn(156)}节点及其分支节点的注册、管理和维护。

信息技术　开放系统互连　对象标识符(OID)的国家编号体系和操作规程

1　范围

本标准规定了OID编号体系、OID命名语法、OID的注册规程、OID分支机构的授权申请规程和OID解析服务获取规程。

本标准适用于OID的注册、管理、运营和维护。

2　规范性引用文件

下列文件对于本文件的应用是必不可少的。凡是注日期的引用文件，仅注日期的版本适用于本文件。凡是不注日期的引用文件，其最新版本(包括所有的修改单)适用于本文件。

GB/T 1988—1998　信息技术　信息交换用七位编码字符集

GB/T 2260　中华人民共和国行政区划代码

GB/T 2659　世界各国和地区名称代码

GB/T 4657　中央党政机关、人民团体及其他机构代码

GB/T 16262.1—2006　信息技术　抽象语法记法一(ASN.1)　第1部分：基本记法规范

GB/T 16263.1—2006　信息技术　ASN.1编码规则　第1部分：基本编码规则(BER)、正则编码规则(CER)和非典型编码规则(DER)规范

GB 18030—2005　信息技术　中文编码字符集

GB/T 35299—2017　信息技术　开放系统互连　对象标识符解析系统(ISO/IEC 29168:2011，MOD)

GB/T 35300—2017　信息技术　开放系统互连　用于对象标识符解析系统运营机构的规程

ISO/IEC 9834-3:2005　信息技术　开放系统互连　OSI注册机构操作规程　ISO和ITU-T联合管理的顶级弧下的对象标识符弧的登记(Information technology—Open systems interconnection—Procedures for the operation of OSI registration authorities: Registration of object identifier arcs beneath the top-level arc jointly administered by ISO and ITU-T)

3　术语和定义

下列术语和定义适用于本文件。

3.1

字母数字OID　alphanumeric object identifier

由申请方提供标识其管辖对象的字母数字类型的对象标识符辅值。

3.2

中文OID　Chinese object identifier

由申请方提供的标识其管辖对象的中文类型的对象标识符辅值。

3.3

数字 OID　integer object identifier

由注册机构分配的标识申请方的对象标识符主值。

3.4

对象标识符　object identifier

用于无歧义地标识对象的全局唯一值，又名客体标识符。

注：改写 GB/T 16262.1—2006，定义 3.6.47。

3.5

主值　primary value

分配给 RH 名称树弧的特定类型值，能够在始于其上级结点的弧的集合中无二义性标识该弧。

3.6

RH 名称树节点名称　RH-name-tree node name

标识 RH 名称树中节点的 RH 名称的一种类型。

[GB/T 17969.3—2008，定义 3.4.2]

3.7

辅值　secondary value

与一条弧关联，为读者提供有用的附加标识，但不是通常无二义性标识该弧，在正常情况下也不包括在计算机通信的某一类型值。

注：在本标准中，有字母数字 OID 和中文 OID 两种类型的辅值。

3.8

注册机构　registry agency

在所维护的 OID 节点下，具有资质和能力建设和管理下级 OID 分支注册机构的机构组织。

注：在所维护的 OID 节点下，只为其他独立法人机构提供与 OID 标识相关的业务服务，并无能力建设和管理下级 OID 分支注册机构的组织不纳入本标准的"注册机构"范畴中。

4　缩略语

下列缩略语适用于本文件。

EDI：电子数据交换(Electronic Data Interchange)

OID：对象标识符(Object Identifier)

ORG：对象标识符解析网关(Object Identifier Resolution Gateway)

ORS：对象标识符解析系统(Object Identifier Resolution System)

RFID：射频识别(Radio Frequency Identification)

RH-name-tree：注册分层名称树(Registration-Hierarchical-name-tree)

SWG：特别工作组(Special Working Group)

TC：技术委员会(Technology Commission)

WAPI：无线局域网鉴别保密基础结构(WLAN Authentication Privacy Infrastructure)

5　概述

国家 OID 注册中心(以下简称"OID 注册中心")应依据第 6 章的 OID 编号规则，为注册 OID 号码的机构分配唯一的 OID 编号。注册申请规程见第 7 章。已注册 OID 号码的机构可依据第 8 章的授权申请规程成为 OID 注册中心的分支机构，并可依据第 9 章提供解析服务。操作规程见图 1，概述如下：

a) 申请者在申请 OID 相关业务时，应首先向注册机构注册 OID 编号(规程见第 7 章)，并在获得 OID 编号的前提下，开展 b)～d)相关业务的申请工作；

b) 注册获得 OID 编号后，申请者应考虑是否成为管理该 OID 编号的分支机构(分支机构的类型见 8.1)，若是，应依据第 8 章的规定提交注册机构的分支机构申请，待注册机构审定通过后，成为注册机构的分支机构；

c) 获得授权成为注册机构分支机构的申请者应依据 9.2 的规定，接入到注册机构维护的根解析服务器，并决定是否使用第 9 章所提供的解析托管服务或者解析系统部署服务；

d) 无论是否成为注册机构的分支机构，申请者都可以申请使用解析托管服务或者解析系统部署服务，如需使用服务，应依据第 9 章的规程，向注册机构提出申请，并通过双方协商，签订合作协议的方式，获得相关的解析服务。

注：OID 注册中心应执行本标准的规定。其他注册机构可参考本标准。

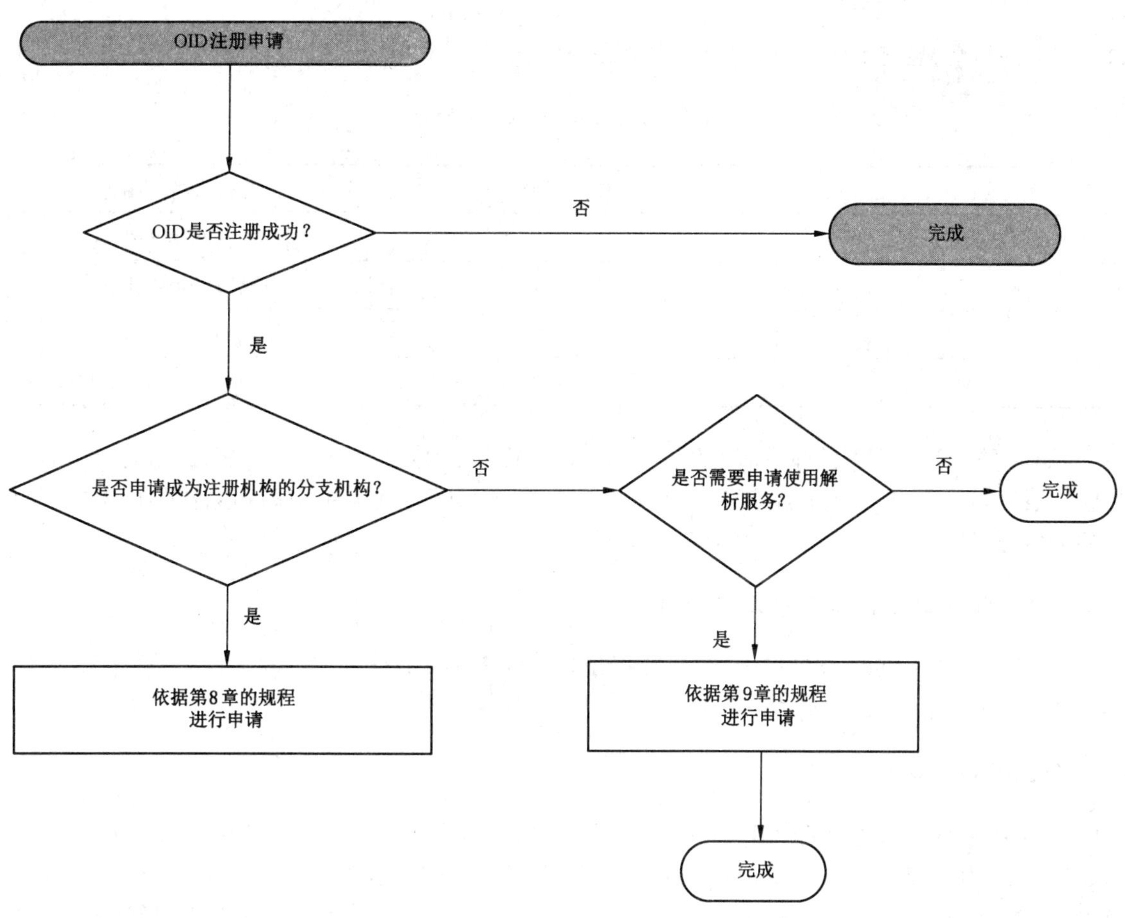

图 1 OID 相关服务的操作规程示意图

6 OID 编号体系

6.1 RH 名称树顶级 OID 分配

6.1.1 GB/T 16263.1—2006 要求根结点下仅有三个弧，其主值分别为 0、1 和 2，并规定值 0 和 1 的弧下最多可有 40 个子弧，其数字值从 0～39。OID 顶级弧的主值、辅值和管理机构见表 1。

表 1 OID 顶级弧

主值	辅值	管理机构
0	itu-t	由 ITU-T 管理
1	Iso	由 ISO 管理
2	joint-iso-itu-t	由 ITU-T 和 ISO 联合管理

6.1.2 字母数字 OID itu-t、iso 和 joint-iso-itu-t 可用作"NameForm"(见 GB/T 16262.1—2006 的 31.3)并标识相应的数字 OID。

6.1.3 字母数字 OID ccitt 和 joint-iso-ccitt 分别是 itu-t 和 joint-iso-itu-t 的同义词。

6.2 ISO 管理的 OID 的分配

6.2.1 在 iso(1)下,规定了四个弧,它们的主值和辅值分别见表 2。

表 2 iso(1)下的 OID 分配

主值	中文辅值	字母数字辅值
0	标准	standard
1	注册代理	registration-authority
2	成员体	member-body
3	认可组织	identified-organization

6.2.2 iso(1)的"成员体"下的弧具有 GB/T 2659 中所规定的国家代码整数值,并且由相应的国家成员体管理。根据 GB/T 2659,我国的国家代码为"156","1.2.156"下的弧由中国国家成员体管理,具体由 OID 注册中心负责。

6.3 ISO 和 ITU-T 联合管理的 OID 的分配

ISO/IEC 9834-3:2005 规定了 ISO 和 ITU-T 联合管理的 OID 的注册规程,根据 ISO/IEC 9834-3:2005,弧"2.16.156"由 OID 注册中心负责。

6.4 OID 国家编号体系

OID 有数字 OID、字母数字 OID 和中文 OID 三种方式,由 RH 名称树上从树根到叶子结点全部路径值顺序组成,如:1.2.156、iso.member-body.cn、中国.国家 OID 注册中心等。OID 编号格式应符合附录 A 的要求。OID 注册中心应提供数字 OID、字母数字 OID 和中文 OID 三种方式的 OID 注册服务。数字 OID 为主值,应由 OID 注册中心分配,字母数字 OID 和中文 OID 为辅值,由注册申请者提供,这三种值紧密联系,均被捆绑到申请者申请的对象上。

向 OID 注册中心提交申请的注册申请者可单独申请数字 OID,也可在申请数字 OID 的同时,注册申请字母数字 OID、中文 OID 等其他类型的辅值。如果注册申请者只申请数字 OID,将来可再申请字母数字 OID 或者中文 OID,并与之前所注册的数字 OID 关联。一个字母数字 OID 仅与一个给定的数字 OID 关联,并且不同于其他的字母数字 OID。一个中文 OID 也仅与一个给定的数字 OID 关联,并且不同于其他的中文 OID。OID 的应用实例参见附录 B。

OID 注册中心维护"1.2.156"以及"2.16.156"中国 OID 分支节点。"1.2.156"及"2.16.156"下 OID 的分配方案见图 2。为方便起见,本标准均选取"1.2.156"下的 OID 分支作为示例。

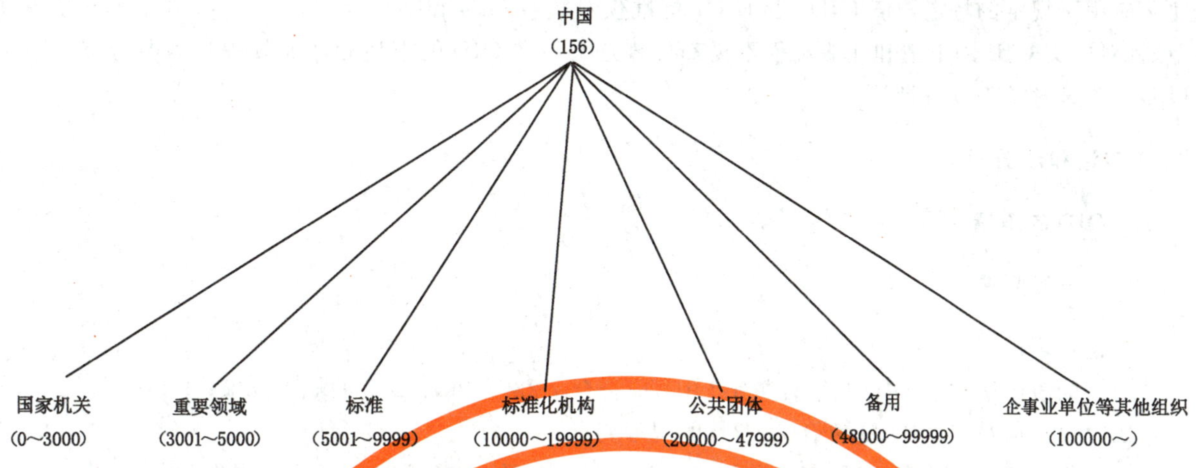

图2 国家OID编号体系

图2中：

a) 国家机关：包括中央党政机关、人民团体及其他机构(见GB/T 4657)以及各省、自治区、直辖市人民政府(详见GB/T 2260)。编号方案参见附录C。

b) 重要领域：包括有全国影响力的重要应用领域以及相关承担机构，例如智能制造领域、智慧城市领域等。

c) 标准：包括国家标准、行业标准、地方标准以及其他标准等。OID编号方案如下：

   1) 国家标准：国家标准化主管机构批准发布的标准。国家标准的OID标识前缀为5001(即1.2.156.5001)，编号方案参见附录D；
   2) 行业标准：国务院有关行政主管部门发布的标准。行业标准的OID标识前缀为5002(即1.2.156.5002)，编号方案参见附录E；
   3) 地方标准：各省、自治区、直辖市发布的地方标准。地方标准的OID标识前缀为5003(即1.2.156.5003)，编号方案参见附录F；
   4) 其他标准：各团体标准、联盟标准、企业标准等。其他标准应使用1.2.156.5001、1.2.156.5002、1.2.156.5003之外的其他预留OID编码，本标准对此不作要求。

d) 标准化机构：按照一定程序组织制定国家标准、行业标准、地方标准的合法组织，如：全国标准化技术委员会、全国标准化技术特别标准工作组等。OID编号规则如下：

   1) 全国标准化技术委员会：由国务院标准化主管部门根据工作需要，依法在一定专业领域内设立从事标准化工作的技术工作机构，全国标准化技术委员会编号方案参见附录G；
   2) 全国标准化技术特别标准工作组：为国家标准化管理委员会批准成立的各SWG。工作组的OID编号方案参见附录H；
   3) 公共团体：包括社会团体、技术联盟、第三方机构等组织；
   4) 备用：预留或者待扩展的OID注册对象。OID编号方案参见附录I；
   5) 企事业单位等其他组织：包括公司、事业单位等其他组织。

7 OID编号注册规程

7.1 注册通用要求

任意数字OID都可以拥有一个字母数字OID和一个中文OID作为辅值。

通常国际OID树所使用的OID为数字OID和字母数字OID。中文OID是在此基础上，结合我国实际应用所规定的特定辅值 OID。因此,本标准仅对数字 OID 和字母数字 OID 的申请和注册规程规范,针对中文 OID 的申请和注册规程不再额外规定。中文 OID 的申请和注册规程只需参考字母数字 OID 的申请和注册规程即可。

7.2 申请和注册规程

7.2.1 OID 的申请

7.2.1.1 一般要求

申请者可以:

a) 同时申请数字 OID 和字母数字 OID,应符合 7.2.2.2 和 7.2.2.3 的规程要求;

b) 仅申请数字 OID,应符合 7.2.2.2 的规程要求;

c) 仅申请字母数字 OID(与以前注册的数字 OID 关联),应符合 7.2.2.3 的规程要求。

7.2.1.2 申请规程

OID 的申请规程如下:

a) 申请 OID 注册时,申请者应通过注册机构的网站(www.china-oid.org.cn)提交网上注册申请,同时把相关纸质材料(材料信息清单参见附录 J,应用示例参见附录 K)提交到注册机构;

b) 数字 OID 由注册机构分配;字母数字 OID 的申请是可选的,若需要,应由申请者提供字母数字 OID 的建议;

c) 申请者可以同时申请上述两种类型的 OID;

d) 申请者可以只申请数字 OID;

e) 已分配了数字 OID 的申请者可在以后申请关联的字母数字 OID。申请者应提交已申请的数字 OID 信息和希望注册的字母数字 OID 的注册请求;

f) 通常只允许申请者申请注册一个 OID,在特殊情况下,允许申请注册多个 OID,但应提交多个申请。

7.2.2 OID 编号的注册

7.2.2.1 注册流程

申请者应在注册机构的网站(www.china-oid.org.cn)和纸质材料中声明是否仅需要注册 OID,还是需要注册机构提供与 OID 有关的其他服务。

如果申请者仅需要注册 OID,应依据 7.2.2.2、7.2.2.3 的流程注册 OID。

注册流程如图 3。

7.2.2.2 数字 OID 注册

数字 OID 注册流程如下:

a) 申请者无需提供 OID,应由注册机构按照第 6 章指定。该号码是唯一的,不应分配给其他申请者;

b) 申请者的注册信息以及分配的数字 OID 应记录在注册数据库中;

c) 注册信息应在审查完毕后 10 个工作日内向申请者发出。

7.2.2.3 字母数字 OID 注册

字母数字 OID 注册流程如下:

a) 申请者应提供需要注册的字母数字 OID，如果这是后续申请（即先前已申请注册了数字 OID），申请人应同时提供已注册的数字 OID；
b) 如果字母数字 OID 值不符合 6.4 规定的要求，申请应被退回修改；
c) 提供的值应与数据库中记录的其他字母数字 OID 比对，如果重复，申请应被拒绝；
d) 如果申请由于上述 b)、c) 两条被拒绝，应及时通知申请人；
e) 申请者提供的字母数字 OID 应在审核通过后，被公示 20 个工作日。在公示期内，如果字母数字 OID 名字无争议，把申请者的注册信息以及分配的字母数字 OID 记录在注册数据库中；
f) 对所提供的字母数字 OID 的发布通知应在 10 个工作日内发送给申请者。

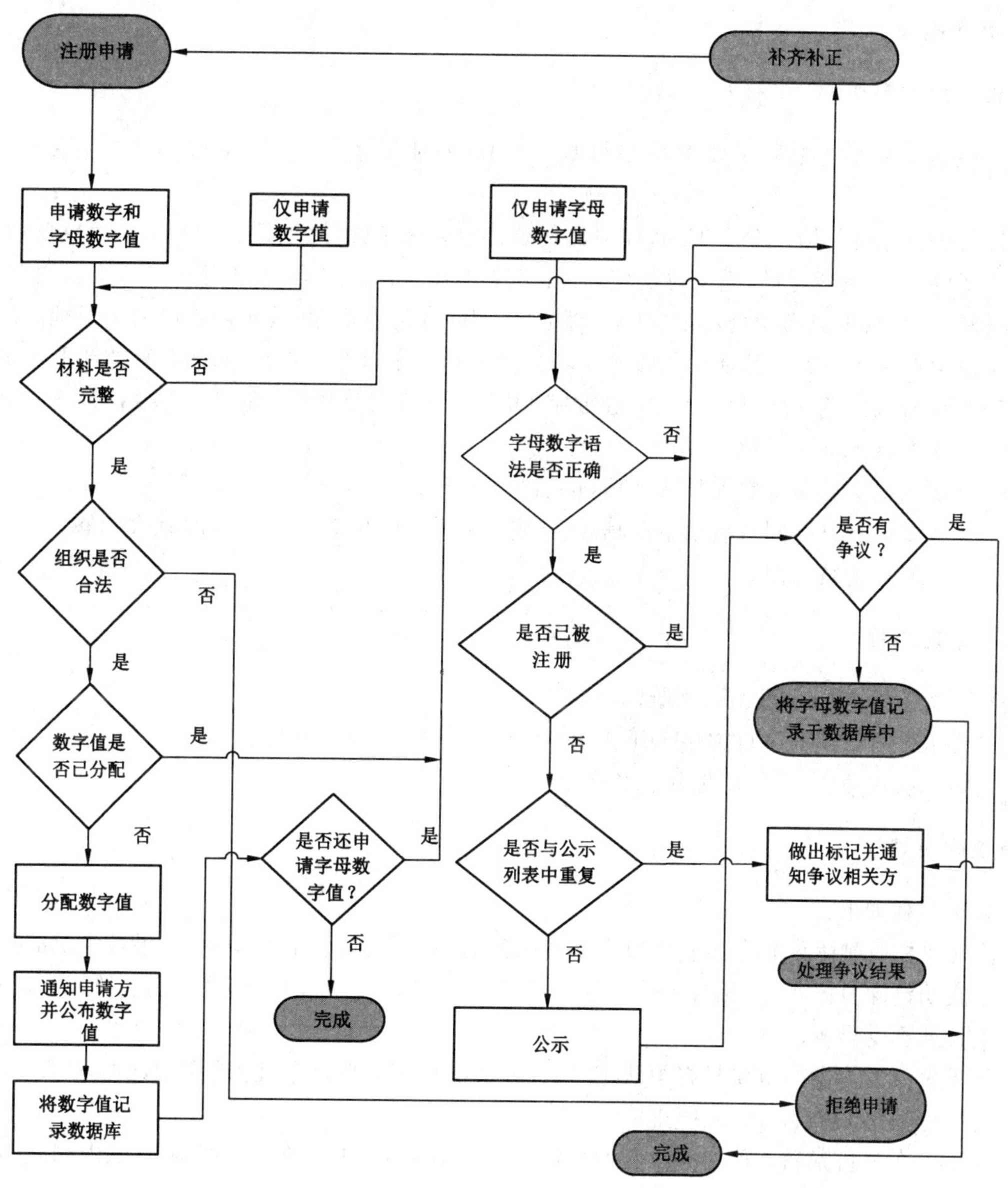

图 3 注册流程示意图

7.2.2.4 批准注册的准则

批准注册的准则为：

a) 申请者应为依法设立的法人单位或国家机关、企事业单位和其他组织机构或拥有合法身份、具备民事主体的自然人；

b) 申请的 OID 应用于标识申请组织(或个人)以及组织机构(或个人)内部维护的信息对象；

c) 若申请者申请 OID 用于为其他组织或机构分配子 OID，应依据第 8 章的规程获得授权。

7.2.2.5 拒绝注册的准则

如果存在下列情况中的任何一种，申请 OID 号码应被拒绝：

a) 申请者不符合 7.2.2.4 的要求；

b) 申请者属于 7.2.2.3b)和 c)所列情况。

7.3 争议处理规程

7.3.1 争议规程的启动

本标准规定争议处理规程主要解决字母数字 OID 的注册争议问题，争议的产生存在以下几种情况：

a) 接收争议意见反馈。公示期内，注册机构若接收到电子邮件、电话、信函、网站争议反馈等多种方式的 OID 质疑意见，应及时受理，并在 3 个工作日内通知争议提交方出示争议说明的书面材料，该材料中应指明公示期中的字母数字 OID 有何争议，并指明该争议的正当理由。

b) 重复申请冲突。如果注册机构收到了与正在公示中字母数字 OID 相同名称的注册申请，应：

  1) 注册机构通知该申请者此字母数字 OID 当前正在公示中，询问是否要启动争议规程，提交方有 10 天的答复时间；

  2) 如果提交方同意启动争议规程，按照 7.3 处理；

  3) 如果提交方不同意启动争议程序，或者注册机构 10 个工作日内没有收到答复，提交方的注册申请被退回。

7.3.2 争议响应规程

在收到 7.3.1 中定义的争议后，注册机构应：

a) 对公示中有争议的字母数字 OID 作出标记，注明争议启动的日期；

b) 通知争议相关各方，争议规程已经启动。

7.3.3 争议解决规程

争议解决过程如下：

a) 注册机构收到争议各方接收解决方案的书面通知后，应进入下面程序：如果被争议的正在公示方成功消除争议，认定无效，争议标记应从公示中删除，公示应依据图 3 的注册流程，公示期结束日期不受影响；

b) 如果争议方提供的争议材料被认定有效，注册机构应依据这个理由拒绝正在公示方，并把争议的字母数字 OID 从公示中删除；

c) 如果正在公示方和其他相关方收回争议的字母数字 OID，注册机构应从公示中删除争议的字母数字 OID。

7.3.4 争议未解决处理方法

如果六个月内争议相关方没有达成一致解决方案，注册机构应从公示中删除争议的字母数字 OID，并把结果反馈争议方，并拒绝正在公示方对争议的字母数字 OID 的申请。

7.4 OID 维护

7.4.1 记录

注册机构应维护本机构的注册组织(或个人)OID 的数据库,包括数字 OID 和字母数字 OID,以及相关注册信息。

注册机构应按照 6.4 规定的编码体系向申请组织分配合适的数字 OID。

7.4.2 更改注册信息

在与一个注册的组织相联系的所有信息中,数字 OID、初始申请组织名称和地址、以及注册的初始日期不得更新。初始申请组织可提交字母数字 OID 的更改请求。

初始申请组织如对注册的其他信息如联系人等相关信息更改,应及时通知注册机构。

7.4.3 注销注册信息

注册信息状态应在条目有效或删除时更新。

注册机构应对注册信息定期核实,如果不期望在某一注册弧下进一步分配 OID 时,应把该 OID 标记为删除(但仍保留)。标记为删除的弧的 OID 应不再用于新弧。

7.4.4 OID 备案

已申请 OID 的组织可在其业务范围内分配子号码,如有需要,应把分配的子号码向 OID 注册中心备案。

OID 备案信息可通过 OID 公共服务平台网站查询。

8 OID 分支机构的授权申请规程

8.1 概述

任何符合 GB/T 35300—2017 中 5.2.1.1 要求的法人机构均可向注册机构提出申请,成为其分支机构。

申请者可以申请成为以下分支机构:

a) 仅在被授权范围内对外提供 OID 注册服务的分支机构;

b) 在被授权范围内同时对外提供 OID 注册和解析运营服务的分支机构。

8.2 申请规程

申请者申请成为注册机构分支机构的规程如下:

a) 申请者应通过注册机构的网站(例如 www.china-oid.org.cn)提交网上注册,选择成为何种类型的分支机构,提交申请。

b) 申请成为 8.1a)的申请者应提交关于 9.3d)API 接口兼容性证明文件;申请成为 8.1b)的申请者在提交符合 9.3d)API 接口兼容性证明文件同时,还应依据 GB/T 35300—2017 的规定申请。

c) 申请者提交的纸质材料应和网上电子申请资料保持一致,并且真实、完整。

d) 在各项材料审核通过后,申请者拟成为的分支机构信息应在注册机构网站上公示,公示期为 20 个工作日。

e) 公示期内,若收到争议,注册机构应启动争议处理规程(见 8.3)裁决,若无争议,注册机构应和申请者签署合作协议，正式授权该申请者成为OID分支机构，并在注册机构网站上发布，合作协议应明确包括但不限于以下内容：

1) 注册机构分支机构维护的OID编号；
2) 注册机构分支机构的中英文名称；
3) 注册机构分支机构的授权年限；
4) 注册机构分支机构的授权使用范围。

8.3 争议处理规程

8.3.1 争议启动原因

争议启动原因如下：

a) 分支机构授权使用范围与申请者的实际业务范围不符；
b) 申请者针对同一使用范围存在重复申请的现象；
c) 申请者不具备注册机构分支机构的申请资格或者在申请过程中存在伪造文件等欺骗行为；
d) 其他原因。

8.3.2 争议处理规程

争议处理规程应依据7.3。

9 解析服务获取规程

9.1 解析服务获取规程概述

注册机构应依据GB/T 35299—2017和9.1的规定，通过与OID注册者协商、签署合作协议的方式，提供解析服务。解析服务分为解析系统对接服务、解析系统托管服务和解析系统部署服务。申请者应依据本标准9.1的规定，申请以下服务：

a) 申请解析系统对接服务——执行9.2中规定的规程；
b) 申请解析系统托管服务——执行9.3中规定的规程；
c) 申请解析系统部署服务——执行9.4中规定的规程。

9.2 解析系统对接服务申请规程

申请解析系统对接服务的规程如下：

a) 申请解析系统对接服务时，申请者应通过注册机构的网站(www.china-oid.org.cn)注册，选择OID的解析服务方式为解析系统对接方式，解析系统对接方式有两种——ORS解析对接和ORG解析对接，申请者应依据实际需求，选择两种对接方式中的一种；
b) 申请者在网上选择ORS解析对接方式时，应同时提交OID标识对象信息所在解析服务器(包括主解析服务器和备份解析服务器)的DNS地址；
c) 申请者在网上选择ORG解析对接方式时，应同时提交OID标识对象信息所在的ORG服务器地址，若ORG服务器有安全访问权限设置要求，应提交ORG服务器访问的用户名和密码；

注1：ORS服务器是指符合GB/T 35299—2017要求的，依据规范的OID解析功能，提供对外信息访问的服务器。

注2：ORG服务器是指需要附加解析配置转换功能支持才能符合GB/T 35299—2017要求，提供对外信息访问的服务器。

d) 申请者在提交解析系统对接服务的网上申请信息后，应把相关纸质材料(纸质材料清单参见附录H)提交到注册机构。

9.3 解析系统托管服务申请规程

申请解析系统托管服务的规程如下：

a) 申请解析系统托管服务时，申请者应通过注册机构网站(例如 www.china-oid.org.cn)注册，选择 OID 解析服务方式为解析系统托管服务。解析系统托管服务有三种方式：面向组织机构的解析系统托管服务、面向对象的解析系统托管服务、面向对象的解析系统托管服务，申请者应依据实际需求，自主选择三种对接方式中的一种；

注 1：面向组织机构的解析系统托管服务是指注册机构通过开设虚拟站点，为申请者提供符合 7.2 和 9.2 要求的对外解析系统托管服务。申请者使用 OID 公共服务平台，实现所维护 OID 节点的下级节点组织机构的标识注册和解析系统对接服务。本服务的申请者应为已获得 OID 注册机构分支机构授权资格的用户。

注 2：面向对象的解析系统托管服务是指注册机构通过开设虚拟站点，为申请者提供面向对象的 OID 自动赋码服务和符合 9.2 要求的解析系统对接服务。

注 3：面向对象的解析系统托管服务是指注册机构通过开设虚拟站点，为申请者提供所维护 OID 节点的子 OID 号码上传备案服务和符合 9.2 要求的解析系统对接服务。

b) 申请者在网上选择解析系统托管服务时，应同时在网上提交包含所维护 OID 节点的子节点分配方案、子 OID 节点的应用规模、单/多子站点应用情况、OID 注册管理方法等基本信息的材料。注册机构应依据申请者提供的基本材料，为其开设虚拟站点，并创建站点账户(包含用户名和密码)，提供解析系统对接服务；

c) 完成申请后，申请者可登陆站点账户，获取相应的解析系统托管服务；

d) 获取面向对象的解析系统托管服务的申请者，应依据注册机构网站上所提供的 API 接口，自动上传申请者所维护 OID 节点的子 OID 号码信息到注册机构备案。

9.4 解析系统部署申请规程

申请解析系统部署服务的规程如下：

a) 申请者在网上选择解析系统部署服务时，应同时提交包含所维护 OID 节点的应用情况描述、子 OID 节点分配方案、子 OID 节点的应用规模、单/多子站点应用情况、OID 注册管理方法、软硬件设施情况等基本信息的材料；

b) 针对已获得解析系统部署服务的申请者，注册机构应依据申请者提交的材料，评估系统功能，部署符合 GB/T 35299—2017 和本标准第 7 章和第 9 章要求的系统，提供对外服务。

附 录 A
(规范性附录)
OID 格式要求

A.1 概述

一个完整的 OID(类似于 1.2.156)称之为“OID 名字”,通常长度不超过 100 个字符(包含“.”分隔符)。“OID 名字”一般不直接写入条码、二维码、RFID 等感知媒体中,而是经过一定的算法(压缩算法或者映射机制)处理后再使用。

OID 名字通过分隔符(即“.”)把 OID 分为不同的部分,这些不同的部分称为“OID 标签”,根据不同的格式,OID 标签分为三种:

a) 数字 OID 标签;

b) 字母数字 OID 标签;

c) 中文 OID 标签。

为了保证 OID 名字向载体映射以及 OID 解析、应用处理的一致性与兼容性,应对 OID 标签的格式做出要求,详见 A.2、A.3、A.4。

A.2 数字 OID 标签

数字 OID 标签的格式应符合以下要求:

a) 非负整数;

b) 标签的最高位不为零(单独的数字零除外);

c) 数字 OID 标签长度不超过 63 个字符。

A.3 字母数字 OID 标签

字母数字 OID 标签格式应符合以下要求:

a) 编码格式大小写无关,且包含至少一个字母;

b) 字母数字 OID 标签长度不超过 63 个字符;

c) 若采用 ORS 解析或者其他互联网应用,编码字符范围应为英文 26 个字母、10 个阿拉伯数字及“-”;

d) 如果不采用 ORS 方式解析,编码字符范围应遵从 GB/T 1988—1998。

A.4 中文 OID 标签

中文 OID 标签格式应符合以下要求:

a) 可以包含数字、字母,但应包含至少一个中文字符;

b) 中文 OID 标签长度不应超过 20 个字符;

c) 编码字符范围应遵从 GB 18030—2005。

附 录 B
（资料性附录）
OID 应用实例

B.1 OID 定义

OID 是网络通信环境中标识对象唯一身份的标识符，因此 OID 具有“唯一标识”和“注册”两个特性。某个对象的 OID 一旦注册，它在世界范围内永久有效。OID 可广泛地标识某个组织、通信协议、标准中的某个模块、密码算法、数字证书以及文档格式等。随着信息技术在其他领域的广泛应用，OID 已广泛应用于 RFID、生物识别、网络管理、移动通信等技术中，OID 也应用于医学影像等其他领域。

B.2 OID 在 EDI 电子邮件系统中的应用

在 ISO/IEC 10021-9 中，“EDIBodyPartType”定义为 OID 类型，用来标识“电子邮件报文的编码信息类型（即：对象）”，有下列几种报文体格式：

- EDIFACT：ISO 646|Recommendaztion T.61|UNDEFINED OCTETS
- ANSIX12：ISO646|Recommendation T.61|EBCDIC|UNDEFINED OCTETS
- UNTDI：ISO 646|Recommendation T.61|UNDEFINED OCTETS
- PRIVATE：UNDEFINED OCTETS
- UNDEFINED：UNDEFINED OCTETS

B.3 OID 在 WAPI 中的应用

B.3.1 利用 OID 标识算法，实现 WAPI 协议

WAPI 协议采用的公钥密码算法是椭圆曲线密码算法 ECC，其中签名算法的长度、配套使用的杂凑算法以及椭圆曲线参数均有多种选项，为了在运行环境、未来扩展以及算法选择上保持最大限度的灵活性，使用 OID 方式标识定义通信双方所使用的算法及其算法参数。同时，WAPI 协议采用的签名算法是国家密码管理局批准的基于 SHA-256 杂凑算法的 ECDSA-192 椭圆曲线数字签名算法，用 1(ISO).2(member-body).156(cn).11235(bwips).1(crypto).1(ECC).1(ECDSA192-with-SHA256)来标识；用 1(ISO).2(member-body).156(cn).11235(bwips).1(crypto). 1(ECC).2(curve).1(curve 1)来标识另一子项。

B.3.2 利用 OID 标识 WAPI 管理信息库(MIB)，为网络管理系统提供可被管理的标准信息

MIB 是一个树状结构的数据库，管理对象是树中的叶子节点，它按照模块的方式组织，每个对象的父节点表示该对象属于上层的哪一个模块。而且 OSI 为树中的每个节点定义唯一的一个标识符，这样树中的每个节点都可以用从树根开始到目的节点的一串数字来表示，如 1.3.6.1.2.1.1 表示了 MIB II 中系统组子树，而 1.3.6.1.2.1.1.1.0 表示系统组中的系统描述对象。每个对象的一连串数字称为对象标识符 OID，相关的一组对象集合称为一个 MIB 模块。

在 GB 15629.11 标准中，定义了一个与 WAPI 协议相关的管理信息库，用 1.2.156.11235 的子项值

1(ISO).2(member-body).156(cn).11235(bwips).15629(GB 15629).11(GB 15629.11).1(GB 15629.11-mibs).1(GB 15629.11-wapi-mib)来标识，以方便网络管理系统对无线局域网设备的管理，譬如设置WAPI是否启用、WAPI启用时的鉴别方式、密码套件、超时时间、重传次数等参数，以及监视WAPI协议的运行状态，如重传计数、各种错误计数、端口状态、鉴别方式、密码套件等，为网络管理提供服务。

附 录 C
（资料性附录）
国家机关的 OID 编号方案

C.1 中央党政机关、人民团体及其他机构的数字 OID 编号

中央党政机关、人民团体及其他机构的 OID 号码可由 OID 国家标识前缀和中央党政机关、人民团体及其他机构代码两部分组成。其中，中央党政机关、人民团体及其他机构代码可依据 GB/T 4657 编制。各部分以“.”分隔。

示例：以农业部为例，农业部所获得的 OID 号码为 1.2.156.326。

C.2 各省、自治区、直辖市的数字 OID 编号方案

各省、自治区、直辖市的数字 OID 编号可依据表 C.1，由 OID 国家标识前缀和各省、自治区、直辖市的数字 OID 编号组成。其中，各省、自治区、直辖市的数字 OID 编号可依据 GB/T 2260，选取六位行政区划代码的前两位编制。各部分以“.”分隔。

表 C.1 各省、自治区、直辖市的数字 OID 编号

OID 国家标识前缀	各省、自治区、直辖市的数字 OID 编号
1.2.156	依据 GB/T 2260

各省、自治区、直辖市可依据表 C.2，为其下属的市、县级国家机关分配数字 OID 编号，也可自主定义 OID 编号。

表 C.2 各市、县级国家机关的数字 OID 编号

省、自治区、直辖市 OID 标识前缀	各市、地区、自治州、直辖市所辖市/县、省（自治区）直辖县编号	县、自治县、县级市、旗、自治旗、市辖区、林区、特区编号
编号见表 C.1	依据 GB/T 2260	依据 GB/T 2260

各市、县级国家机关的数字 OID 编号可由省、自治区、直辖市的 OID 标识前缀，各市、地区、自治州、直辖市所辖市/县、省（自治区）直辖县编号，县、自治县、县级市、旗、自治旗、市辖区、林区、特区编号三部分共同组成。各部分以“.”分隔。如果缺省，可补零。

示例：以山东省济宁市梁山县为例，该县依据表 C.2 所获得的 OID 号码为 1.2.156.37.08.32。有缺省时，例如，济宁市依据表 C.2 所获得的 OID 号码为 1.2.156.37.08.00。

附　录　D
（资料性附录）
国家标准的 OID 编号方案

D.1　概述

国家标准的数字 OID 编号见 D.2，字母数字 OID 编号的推荐方案见 D.3。

国家标准的管理者可通过为该标准的 OID 分配子 OID 的方式，标识、索引其中某个技术点或者某章节等内容。

D.2　数字 OID 编号方案

国家标准的数字 OID 编号由国家标准 OID 标识前缀、国家标准代号、标准系列号、出版年代号四部分组成，各部分以“.”分隔，见表 D.1。其中：

a）国家标准 OID 标识前缀：1.2.156.5001；

b）国家标准代号：为已正式发布的国家标准的代号；

c）标准系列编号：为系列标准的标准顺序号，若本编号为 0，应代表该国家标准无系列标准；

d）出版年代号：为本标准的发布年代号，若本编号为 0，应代表所对应的国家标准为最新版本国家标准号，否则为 4 位数字格式的年代编号。

表 D.1　国家标准的数字 OID 编号

国家标准 OID 标识前缀	国家标准代号	标准系列编号	出版年代号
1.2.156.5001	见 D.2a)	见 D.2b)	见 D.2c)

示例：以 GB/T 16262.4—2006、GB/T 26231—2010、GB/T 26231 国家标准为例，GB/T 16262.4—2006 的数字 OID 为 1.2.156.5001.16262.4.2006；GB/T 26231—2010 的数字 OID 为 1.2.156.5001.26231.0.2010，GB/T 26231 的数字 OID 为 1.2.156.26231.0.0。

D.3　字母数字 OID 编号方案

国家标准的字母数字 OID 由国家标准 OID 标识前缀、国家标准编号两部分组成，各部分以“.”分隔，见表 D.2。

国家标准编号由国家标准代号、标准系列编号、出版年代号三部分组成，格式要求见表 D.2。其中标准系列编号可连同“.”缺省，缺省表示该国家标准无系列标准。出版年代号也可缺省，缺省表示该国家标准为最新版本的国家标准。

表 D.2　国家标准的字母数字 OID 编号

国家标准的 OID 标识前缀	国家标准编号
1.2.156.5001	国家标准代号.标准系列编号—出版年代号

示例：以 GB/T 16262.4—2006、GB/T 26231—2010、GB/T 26231 国家标准为例，GB/T 16262.4—2006 的字母数字 OID 为 1.2.156.5001.16261.4—2006；GB/T 26231—2010 的字母数字 OID 为 1.2.156.5001.26231—2010，GB/T 26231 的字母数字 OID 为 1.2.156.5001.26231-。GB/T 16262.4—2006 字母数字 OID 编号同样可以表示为 iso(1)member-body(2)cn(156)GB16261.4—2006(16262.4.2006)，本标准规定的其他字母数字 OID 编号同样可符合此编号方式，为此不再额外说明。

附 录 E
（资料性附录）
行业标准的 OID 编号方案

E.1 概述

行业标准的数字 OID 编号见 E.2，字母数字 OID 编号的推荐方案见 E.3。

任何行业标准的管理者可通过为该行业标准的 OID 分配子 OID 的方式，标识、索引其中某个技术点或者某章节等内容。

E.2 数字 OID 编号方案

任意行业标准的数字 OID 编号由行业标准 OID 标识前缀、行业标准分类数字编号、行业标准代号、标准系列编号、出版年代号五部分组成，各部分以“.”分隔，见表 E.1。其中：

a) 行业标准 OID 标识前缀：1.2.156.5002；

b) 行业标准分类数字编号：针对我国现有的各类行业标准分类所分配的唯一数字编号，具体参见表 E.2；

c) 行业标准代号：为已正式发布的行业标准的代号；

d) 标准系列编号：为系列标准的标准顺序号，若本编号为 0，应代表该行业标准无系列标准；

e) 出版年代号：为本标准的发布年代号，若本编号为 0，应代表所对应的行业标准为最新版本行业标准号，否则为 4 位数字格式的年代编号。

表 E.1 行业标准的数字 OID 编号

行业标准 OID 标识前缀	行业标准分类数字编号	行业标准代号	标准系列编号	出版年代号
1.2.156.5002	见 E.2a)	见 E.2b)	见 E.2c)	见 E.2d)

表 E.2 行业标准分类编号

行业类别	行业标准分类数字编号	行业标准分类字母数字编号
安全生产	1	AQ
包装行业	2	BB
兵工民品行业	3	WJ
测绘行业	4	CH
城镇建设行业	5	CJ
船舶行业	6	CB
档案行业	7	DA
地质矿产行业	8	DZ

表 E.2（续）

行业类别	行业标准分类数字编号	行业标准分类字母数字编号
电力行业	9	DL
电子行业	10	SJ
地震行业	11	DB
纺织行业	12	FZ
公共安全行业	13	GA
供销合作行业	14	GH
广播电影电视	15	GY
国内贸易	16	SB
海关行业	17	HS
海洋行业	18	HY
航空行业	19	HB
航天行业	20	QJ
核工业行业	21	EJ
化工行业	22	HG
环境保护行业	23	HJ
黑色冶金行业	24	YB
机械行业	25	JB
建材行业	26	JC
建筑工程行业	27	JG
交通行业	28	JT
教育行业	29	JY
金融行业	30	JR
劳动和劳动安全行业	31	LD
粮食行业	32	LS
林业行业	33	LY
旅游行业	34	LB
煤炭行业	35	MT
民用航空行业	36	MH
民政行业	37	MZ
农业行业	38	NY
气象行业	39	QX
汽车行业	40	QC

表 E.2（续）

行业类别	行业标准分类数字编号	行业标准分类字母数字编号
轻工行业	41	QB
出入境检验检疫行业	42	SN
石油化工行业	43	SH
石油天然气行业/海洋石油天然气行业	44	SY
水产行业	45	SC
水利行业	46	SL
体育行业	47	TY
铁路运输行业	48	TB
通信行业	49	YD
土地管理行业	50	TD
卫生行业	51	WS
文化行业	52	WH
文物保护行业	53	WW
物资管理行业	54	WB
稀土行业	55	XB
新闻出版行业	56	CY
烟草行业	57	YC
医药行业	58	YY
邮政行业	59	YZ
有色金属行业/有色冶金行业	60	YS
中医药行业	61	ZY
食品药品监管	62	CFDAB
国密行业	63	GM
能源行业	64	NB
认证认可行业	65	RB
司法行业	66	SF

E.3 字母数字 OID 编号方案

任意行业标准的字母数字 OID 由行业标准 OID 标识前缀、行业标准分类字母数字编号、行业标准编号三部分组成，各部分以“.”分隔，详见表 E.3。

行业标准编号由行业标准代号、标准系列编号、出版年代号三部分组成，格式要求见表 E.3。其中标准系列编号可连同“.”缺省，缺省表示该行业标准无系列标准。出版年代号也可缺省，缺省表示该行业标准为最新版本的行业标准。

表 E.3 行业标准的字母数字 OID 编号

行业标准的 OID 标识前缀	行业标准分类字母数字编号	行业标准编号
1.2.156.5002	见表 E.2	行业标准代号.标准系列编号—出版年代号

示例：以 SJ/T 50063.4—2004、SJ/T 11291—2003、WS/T 431 行业标准为例，SJ/T 50063.4—2004 的数字 OID 为 1.2.156.5002.10.50063.4.2004，字母数字 OID 为 1.2.156.5002.SJ.50063.4—2004；SJ/T 11291—2003 的数字 OID 为 1.2.156.5002.10.11291.0.2003，字母数字 OID 为 1.2.156.5002.SJ.11291—2003；WS/T 431 的数字 OID 为 1.2.156.5002.51.431.0.0，字母数字 OID 为 1.2.156.5002.WS.431-。

附 录 F
（资料性附录）
地方标准的OID编号方案

F.1 概述

地方标准的数字OID编号方案见F.2，字母数字OID编号的推荐方案见F.3。

地方标准的管理者可通过为该地方标准的OID分配子OID的方式，标识、索引其中某个技术点或者某章节等内容。

F.2 数字OID编号方案

任意地方标准的数字OID编号参见表F.1，由地方标准OID标识前缀、地方标准分类数字编号、地方标准代号、标准系列编号、出版年代号五部分组成，各部分以“.”分隔，详见表F.1。其中：

a) 地方标准的OID标识前缀：1.2.156.5003；
b) 地方标准分类数字编号：针对我国现有的各类地方标准分类所分配的唯一数字编号，具体参见表F.2；
c) 地方标准代号：为已正式发布的地方标准的代号；
d) 标准系列编号：为系列标准的标准顺序号，若本编号为0，应代表该地方标准无系列标准；
e) 出版年代号：为本标准的发布年代号，若本编号为0，应代表所对应的地方标准为最新版本行业标准号，否则为4位数字格式的年代编号。

表F.1 地方标准的数字OID编号

地方标准OID标识前缀	地方标准分类数字编号	地方标准代号	标准系列编号	出版年代号
1.2.156.5003	见F.2a)	见F.2b)	见F.2c)	见F.2d)

表F.2 地方标准分类编号

地方标准类别	地方标准分类数字编号	地方标准分类字母数字编号
北京	11	DB11
天津	12	DB12
河北	13	DB13
山西	14	DB14
内蒙古	15	DB15
辽宁	21	DB21
吉林	22	DB22
黑龙江	23	DB23
上海	31	DB31

表 F.2（续）

地方标准类别	地方标准分类数字编号	地方标准分类字母数字编号
江苏	32	DB32
浙江	33	DB33
安徽	34	DB34
福建	35	DB35
江西	36	DB36
山东	37	DB37
河南	41	DB41
湖北	42	DB42
湖南	43	DB43
广东	44	DB44
广西	45	DB45
海南	46	DB46
重庆	50	DB50
四川	51	DB51
贵州	52	DB52
云南	53	DB53
西藏	54	DB54
陕西	61	DB61
甘肃	62	DB62
青海	63	DB63
宁夏	64	DB64
新疆	65	DB65
台湾	71	DB71
香港	81	DB81
澳门	82	DB82
新疆	65	DB65
台湾	71	DB71
香港	81	DB81
澳门	82	DB82

F.3 字母数字 OID 编号方案

任意地方标准的字母数字 OID 由地方标准 OID 标识前缀、地方标准分类字母数字编号、地方标准编号三部分组成，各部分以“.”分隔，编号方案见表 F.3。地方标准编号由地方标准代号、标准系列编号、出版年代号三部分组成，格式要求参见表 F.3。其中标准系列编号可连同"."缺省，缺省表示该地方标准无系列标准。出版年代号也可缺省，缺省表示该地方标准为最新版本的地方标准。

表 F.3 地方标准的字母数字 OID 编号方案

地方标准的 OID 标识前缀	地方标准分类字母数字编号	地方标准编号
1.2.156.5003	参见表 F.2	行业标准代号.标准系列编号—出版年代号

示例：以 DB 13/T 1416.2—2011、DB 37/T 1436—2009、DB 11/T 325 地方标准为例，DB 13/T 1416.2—2011 的数字 OID 为 1.2.156.5003.13.1416.2.2011，字母数字 OID 为 1.2.156.5003.DB13.1416.2—2011；DB37/T 1436—2009 的数字 OID 为 1.2.156.5003.37.1436.0.2009，字母数字 OID 为 1.2.156.5003.DB37.1436—2009；DB11/T 325 的数字 OID 为 1.2.156.5003.11.325.0.0，字母数字 OID 为 1.2.156.5003.DB11.325-。

附　录　G
（资料性附录）
全国标准化技术委员会的 OID 编号方案

各个全国标准化技术委员会的数字 OID 为 1.2.156.12×××，其中×××为全国标准化技术委员会的 TC 编号。位数不足三位者，高位补零组成三位。

示例：以全国信息技术标准化技术委员会 TC28 为例，其数字 OID 为 1.2.156.12028

附　录　H
（资料性附录）
全国标准化技术特别标准工作组的 OID 编号方案

全国标准化技术特别标准工作组 OID 编号由全国标准化技术特别标准工作组 OID 标识前缀、工作组编号两部分组成，各部分以“.”分隔，详见表 H.1。

未来可能出现、但未列入表 H.1 的 SWG 数字编号即为其 SWG 的编号。例如，蜂产品工作组为 SWG2，所对应工作组的数字编号为 2，字母数字编号为 SWG2。

表 H.1　全国标准化技术特别标准工作组的 OID 编号

全国标准化技术特别标准工作组 OID 标识前缀	工作组分类	工作组数字编号	工作组字母数字编号
1.2.156.10000	蜂产品	2	SWG2
	工程材料	3	SWG3
	原产地域产品	4	SWG4
	白度标准样品	5	SWG5
	银耳	9	SWG9
	金属复合导体	10	SWG10
	工具酶	11	SWG11
	磁力材料及设备	12	SWG12
	特种作业机器人	13	SWG13
	政务大厅服务	14	SWG15

示例：以磁力材料及设备标准工作组为例，该工作组获得的 OID 号码为 1.2.156.10000.12，为阅读方便，也可以使用该 OID 号码的字母数字 OID 1.2.156.10000.SWG12。其中，工作组数字编号“12”等同于字母数字编号“SWG12”。

附 录 I
（资料性附录）
备用号段的 OID 编号方案

备用号段的 OID 编号列表见表 I.1。

表 I.1 备用号段的 OID 编号列表

预留或者待扩展标识对象类别	OID 编号(数字)
个人	1.2.156.48000
其他	预留

附 录 J
（资料性附录）
注册申请信息

J.1 概述

本附录定义了注册机构所使用相关表格的信息内容。为方便申请者使用，可把所列各表信息合并，表格使用方式可由注册机构自行决定。本附录给出了OID注册解析申请表格的示例，具体参见附录K。

对于注册机构与申请者之前所签署的合作协议，本标准不做要求。

J.2 OID 注册信息

J.2.1 注册申请

本表格包含或指出一些信息，该信息能够指导组织确定其注册要求和注册的适当性，并指导其提供所要求的信息。

申请者可提供如下信息：

a) 申请组织的中英文名称；
b) 申请组织的中英文地址；
c) 申请组织联络人的名称、职务、邮政地址/电子邮箱地址和电话/传真号码；
d) 若同时申请数字和字母数字OID，应要求提供字母数字OID的申请建议；
e) 申请用途；
f) 对于字母数字OID权利声明；
g) 申请组织对其合格的声明；
h) 若这是一次对一个与之相关的字母数字OID的随后请求，应指出先前所指定的数字OID。

J.2.2 拒绝

J.2.2.1 申请拒绝——不适合注册

本表格可包含如下信息：

a) 申请组织的名称；
b) 申请组织的地址；
c) 申请组织内的联络人的名称、邮政地址/电子邮箱地址和电话/传真号码；
d) 所申请的字母数字OID；
e) 拒绝原因。

J.2.2.2 申请拒绝 ——字母数字 OID 错误

本表格可包含以下信息：

a) 申请组织的名称；
b) 申请组织的地址；
c) 申请组织内的联络点的名称、邮政地址/电子邮箱地址和电话/传真号码；

d) 所申请的字母数字组织名称值(若提供)；

e) 拒绝原因；

f) 分配的数字 OID。

J.2.3 公示信息

公示信息可包括：

a) 申请组织的名称；

b) 申请组织的地址；

c) 申请组织内的联络人的名称、邮政地址/电子邮箱地址和电话/传真号码；

d) 公示开始日期；

e) 公示结束日期；

f) 申请的字母数字 OID。

J.2.4 注册通告

J.2.4.1 数字 OID

本注册通告用来向申请者通知已被指定和注册的数字 OID，应由注册机构加盖公章，可包含下列信息：

a) 申请组织的名称；

b) 申请组织的地址；

c) 分配的数字 OID；

d) 注册员及注册日期；

e) 其他相关注意事项。

J.2.4.2 字母数字 OID

本注册通告用来向申请者通知已被注册的字母数字 OID，应由注册机构加盖公章，可包含下列信息：

a) 申请组织的名称；

b) 申请组织的地址；

c) 分配的字母数字 OID；

d) 注册员及注册日期；

e) 其他相关注意事项。

J.2.5 争议注意事项

提交争议可包含如下信息：

a) 争议方和被争议方的名称；

b) 争议方和被争议方的地址；

c) 争议方和被争议方联络人的名称、邮政地址/电子邮箱地址和电话/传真号码；

d) 争议的字母数字 OID。

J.2.6 申请更新注册信息

本申请用于更新注册条目。申请者可提供如下信息：

a) 申请组织的名称。

b) 申请组织的地址。
c) 申请组织的联络人的名称、邮政地址/电子邮箱地址和电话/传真号码。
d) 已注册的数字 OID。
e) 申请更新的信息项：
   1) 信息项的旧值；
   2) 信息项的新值。

J.3 注册机构分支机构授权信息

J.3.1 分支机构申请信息

申请者在申请成为注册机构分支机构时，可提供如下信息：

a) 申请组织的中英文名称；
b) 申请组织的中英文地址；
c) 申请组织已注册的 OID 编号；
d) 申请组织联络人的名称、职务、邮政地址/电子邮箱地址和电话号码；
e) 申请组织技术联系人的名称、职务、邮政地址/电子邮箱地址和电话号码；
f) 申请组织的授权服务范围，包括地区范围、对象使用范围、OID 对外服务类型；

注：对外服务类型仅限于仅 OID 注册、仅 OID 解析、OID 注册和解析三种类型服务。

g) 申请组织符合注册机构的 API 接口兼容性证明文件；
h) 符合 GB/T BBBBB—20XX 要求的其他文件信息。

J.3.2 分支机构争议处理信息

J.3.2.1 争议启动纪录信息

注册机构接收到来自争议方的争议申请，可记录争议启动信息如下：

a) 申请组织的组织名称和地址；
b) 申请组织已注册的 OID 编号；
c) 争议组织的名称和地址；
d) 申请组织和争议组织双方联系人的名字、邮政地址、电子邮箱和电话号码；
e) 争议申请信息；
f) 争议正式启动时间；
g) 争议原因说明及佐证材料。

J.3.2.2 争议解决信息

申请方和争议方经协商一致后，可提交争议解决方案信息如下：

a) 申请组织的组织名称和地址；
b) 申请组织已注册的 OID 编号；
c) 争议组织的名称和地址；
d) 申请组织和争议组织双方联系人的名字、邮政地址、电子邮箱和电话号码；
e) 争议解决日期；
f) 争议解决方案。

J.3.3 分支机构授权拒绝信息

本表格可包含如下信息：

a） 申请组织的名称和地址；
b） 申请组织已注册的 OID 编号；
c） 申请组织内的联络人的名称、邮政地址/电子邮箱地址和电话/传真号码；
d） 所申请的注册机构分支机构名称；
e） 拒绝原因。

J.3.4 分支机构授权范围更改信息

本表格可包含如下信息：
a） 申请组织的名称和名称；
b） 申请组织已注册的 OID 编号；
c） 申请组织内的联络人的名称、邮政地址/电子邮箱地址和电话/传真号码；
d） 申请/授权的注册机构分支机构名称；
e） 授权服务范围更改说明；
f） 变更后的授权日期。

J.3.5 分支机构通告信息

本表格可包含如下信息：
a） 申请组织的名称和地址；
b） 申请组织已注册的 OID 编号；
c） 申请组织内的联络人的名称、邮政地址/电子邮箱地址和电话/传真号码；
d） 申请/授权的注册机构分支机构名称；
e） 授权服务范围；
f） 授权年限；
g） 公示日期。

J.3.6 发布信息

本表格可包含如下信息：
a） 申请组织的名称和地址；
b） 申请组织已注册的 OID 编号；
c） 申请组织内的联络人的名称、邮政地址/电子邮箱地址和电话/传真号码；
d） 申请/授权的注册机构分支机构名称；
e） 授权服务范围；
f） 授权日期。

J.4 OID 解析服务信息

J.4.1 解析服务申请信息

J.4.1.1 解析对接服务申请信息

申请者在向注册机构申请获得解析对接服务时，可提交以下信息：
a） 申请组织的名称和地址；
b） 申请组织已注册的 OID 编号；
c） 申请组织的解析服务范围；

d) 申请组织的解析服务时限信息；
e) 申请组织技术联系人的名字、邮政地址、电子邮箱和电话；
f) 申请组织的解析对接服务方式(选填 ORS 解析对接和 ORG 解析对接的任意一种类型)；
g) 申请组织的主解析服务器地址、备份解析服务器地址或者 ORG 服务地址(若有安全设置，提交 ORG 服务器的访问用户名和密码)。

J.4.1.2 解析托管服务申请信息

申请者在向注册机构申请获得解析托管服务时，可提交以下信息：
a) 申请组织的名称和地址；
b) 申请组织已注册的 OID 编号；
c) 申请组织的解析服务范围；
d) 申请组织的解析服务时限信息；
e) 申请组织技术联系人的名字、邮政地址、电子邮箱和电话；
f) 申请组织的解析托管服务方式(选填面向组织机构的注册解析托管服务、面向对象的注册解析托管服务、面向对象的解析托管服务的任意一类)；
g) 申请组织的 OID 节点子节点分配方案信息；
h) 子 OID 节点的应用规模信息；
i) 单/多子站点应用信息；
j) OID 注册管理办法信息；
k) 申请组织符合注册机构的 API 接口兼容性证明文件(如需)；
l) 其他。

J.4.1.3 解析系统部署申请信息

申请者在向注册机构申请获得解析系统部署服务时，可提交以下信息：
a) 申请组织的名称和地址；
b) 申请组织已注册的 OID 编号；
c) 申请组织的解析服务时限；
d) 申请组织的解析服务范围；
e) 申请组织技术联系人的名字、邮政地址、电子邮箱和电话；
f) 申请组织的软硬件环境设施信息；
g) 申请组织的 OID 节点子节点分配方案信息；
h) 子 OID 节点的应用规模信息；
i) 单/多子站点应用信息；
j) OID 注册管理办法信息；
k) 其他。

J.4.2 解析服务中止信息

注册机构中止解析服务时，可通知申请者的信息如下：
a) 申请组织的名称和地址；
b) 申请组织内的联络人的名称、邮政地址/电子邮箱地址和电话/传真号码；
c) 申请组织已注册的 OID 编号；
d) 解析服务类型信息；
e) 解析服务中止说明信息。

J.4.3 解析服务变更信息

申请者变更解析服务时，可通知注册机构的信息如下：

a) 申请组织的名称和地址；

b) 申请组织内的联络人的名称、邮政地址/电子邮箱地址和电话/传真号码；

c) 申请组织已注册的 OID 编号；

d) 解析服务类型变更信息；

e) 解析服务范围变更信息；

f) 解析服务时限变更信息。

附　录　K
（资料性附录）
OID 注册解析申请表示例

OID 注册解析申请表示例参见表 K.1。

表 K.1　OID 注册解析申请表

组织/单位名称	中文	
	英文	
组织/单位地址	中文	
	英文	
机构性质	□政府机关　□事业单位　□公共团体　□企业　□其他组织机构 注：本栏为必选单选项	
申请 OID 类型	√　数字 OID(OID 注册中心负责分配) □　字母数字 OID ________________ □　中文 OID ________________ 注：字母数字 OID 和中文 OID 为可选项，由申请机构自定义，并与所分配的数字 OID 绑定。申请机构可单选、双选，也可都不选择。	
OID 申请用途	□仅注册　应用范围：依据 ____________ 规范（如有），用于本机构内部 ________________________ 对象的标识。 □注册和解析　应用范围：依据 ____________ 规范（如有），用于本机构内部 ________________________ 对象的标识，以及 ________________________ 用途的解析。 注 1：单选，填写信息应与网站提交的信息一致。 注 2：勾选“注册和解析”选项的申请机构，应另行签订服务协议获得解析服务。	

表 K.1（续）

<table>
<tr><td>申请成为 OID 分中心</td><td colspan="3">是否申请成为分中心，对外提供 OID 注册/解析服务？
□是　□否
若选择是，拟申请成为 OID 分中心的对外服务：
地区范围：____________________
对象使用范围：____________________
服务类型：□仅 OID 注册 □仅 OID 解析 □OID 注册和解析
注：服务类型选项为单选项，申请成为 OID 分中心的机构应另行签订服务协议。</td></tr>
<tr><td>注册联系人</td><td></td><td>电子邮箱</td><td></td></tr>
<tr><td>移动通信终端号码</td><td></td><td>固定电话</td><td></td></tr>
<tr><td>通讯地址</td><td></td><td>邮编</td><td></td></tr>
<tr><td>技术责任人
（如需解析服务或申请成为分中心）</td><td></td><td>电子邮箱</td><td></td></tr>
<tr><td>移动通信终端号码</td><td></td><td>固定电话</td><td></td></tr>
<tr><td>通讯地址</td><td></td><td>邮编</td><td></td></tr>
<tr><td colspan="4">本机构负责人已知悉，并同意“OID 注册解析服务声明”

法定代表人签名：　　　　（单位盖章）
联系人签名：
年　　月　　日</td></tr>
</table>

附 录 L
（资料性附录）
OID 注册中心的联系信息

OID 注册中心的联系信息见表 L.1。其他注册机构的联系信息可咨询 OID 注册中心。

表 L.1 OID 注册中心的联系信息表

联系方式列表	详细信息
机构名称	OID 注册中心（国家 OID 注册中心）
简称	CNOID
地址	北京市安定门东大街 1 号，1101 信箱
邮编	100007
电话	010-64102866
传真	010-64102861
电子邮箱	oid@cesi.cn
网站	OID 公共服务平台 www.china-oid.org.cn

参 考 文 献

[1] GB 15629.11 信息技术 系统间远程通信和信息交换 局域网和城域网 特定要求 第11部分:无线局域网媒体访问控制和物理层规范

[2] GB/T 17969.1 信息技术 开放系统互连 OSI注册机构操作规程 第1部分:一般规程及ASN.1 对象标识符树的顶级弧(eqv ISO/IEC 9834-1)

[3] GB/T 17969.3—2008 信息技术 开放系统互连 OSI注册机构操作规程 第3部分:ISO和ITU-T联合管理的顶级弧下的对象标识符弧的登记(mod ISO/IEC 9834-3:2005)

[4] ISO/IEC 10021-9 EDI电子邮件系统

ICS 83.160.01
G 41

中华人民共和国国家标准

GB/T 26278—2017
代替 GB/T 26278—2010

轮胎规格替换指南

Tyre size substitution guide

2017-10-14 发布　　　　2018-09-01 实施

中华人民共和国国家质量监督检验检疫总局
中国国家标准化管理委员会　发布

前　言

本标准按照 GB/T 1.1—2009 给出的规则起草。

本标准代替 GB/T 26278—2010《轮胎规格替换指南》，与 GB/T 26278—2010 相比，主要技术差异如下：

——修改了术语和定义(见第 3 章和 2010 年版的第 3 章)；

——修改了替换轮胎的外缘尺寸要求(见 4.4 和 2010 年版的 4.4)；

——修改了替换时轮辋相匹配要求(见 4.5 和 2010 年版的 4.5)；

——增加了替换轮胎规格举例(见附录 A)。

本标准由中国石油和化学工业联合会提出。

本标准由全国轮胎轮辋标准化技术委员会(SAC/TC 19)归口。

本标准起草单位：双星集团有限责任公司、山东玲珑轮胎股份有限公司、朝阳浪马轮胎有限公司、三角轮胎股份有限公司、北京橡胶工业研究设计院、万力轮胎股份有限公司、中策橡胶集团有限公司、双钱集团上海轮胎研究所有限公司、青岛森麒麟轮胎有限公司、安徽佳通乘用子午线轮胎有限公司、赛轮金宇集团股份有限公司、贵州轮胎股份有限公司、大连固特异轮胎有限公司、大陆马牌轮胎(中国)有限公司、住友橡胶(中国)有限公司、上汽通用五菱汽车股份有限公司、中信戴卡股份有限公司、南京依维柯汽车有限公司。

本标准主要起草人：戚顺青、陈红文、马洁、陈少梅、于海莉、聂本梁、王克先、徐丽红、牟守勇、张映红、何毫明、许连玉、李忠东、马秀祥、杨万龙、张剑、尹庆叶、马忠、黄晓青、贾永辉、王孝东、朱晓。

本标准所代替标准的历次版本发布情况为：

——GB/T 26278—2010。

轮胎规格替换指南

1 范围

本标准规定了轮胎规格替换的要求。

本标准适用于轿车轮胎、载重汽车轮胎。

2 规范性引用文件

下列文件对于本文件的应用是必不可少的。凡是注日期的引用文件，仅注日期的版本适用于本文件。凡是不注日期的引用文件，其最新版本(包括所有的修改单)适用于本文件。

GB/T 6326 轮胎术语及其定义

GB 9743 轿车轮胎

GB 9744 载重汽车轮胎

GB/T 9768 轮胎使用与保养规程

3 术语和定义

GB/T 6326 界定的以及下列术语和定义适用于本文件。

3.1

原配轮胎 OE tyre

车辆出厂时装配的轮胎。

3.2

替换轮胎 substitution tyre

可代替原配轮胎的轮胎。

4 要求

4.1 替换轮胎应符合 GB 9743、GB 9744 的规定。

4.2 轮胎替换时，轮胎的装配应符合 GB/T 9768 的规定。

4.3 轮胎替换时，宜为子午线轮胎替换斜交轮胎，无内胎轮胎替换有内胎轮胎，名义高宽比低的轮胎替换名义高宽比高的轮胎。

4.4 替换轮胎的外缘尺寸应确保车辆安全使用。替换轮胎的外缘尺寸应在保证轮胎使用过程中不与车辆其他部位发生干涉。

4.5 替换轮胎时，应选用与其匹配的轮辋。

4.6 替换轮胎规格的外直径取值范围宜为原配轮胎外直径×(1±1.2%)，断面宽度宜为不大于原配轮胎的最大使用总宽度。

4.7 替换轮胎规格的负荷指数和速度级别不低于原配轮胎规格。

4.8 轿车轮胎替换时宜为名义高宽比向上连续升级不超过原配轮胎规格 3 个系列。

4.9 替换轮胎双胎并装时应符合有关最小双胎间距的规定。

4.10 轮胎安装应由专业人员进行。

5 轮胎替换规格举例

轮胎替换规格举例参见附录A,具体的轮胎替换规格应与车辆制造商协商。

附　录　A
（资料性附录）
轮胎替换举例

轮胎替换规格举例见表 A.1～表 A.2。

表 A.1　轿车轮胎替换规格表

原配规格	替换规格			原配规格	替换规格		
135/80R12	135/70R13	—	—	255/65R17	255/60R18	255/55R19	—
185/80R13	185/75R14	—	—	255/65R18	255/60R19	—	—
185/80R14	185/65R16	—	—	265/65R17	265/60R18	—	—
215/80R14	215/70R16	—	—	285/65R17	285/60R18	285/50R20	—
215/80R15	215/75R16	—	—	185/60R14	185/55R15	—	—
235/80R16	235/65R19	—	—	185/60R15	185/55R16	—	—
165/75R13	165/60R15	—	—	195/60R14	195/55R15	—	—
185/75R14	185/70R15	—	—	195/60R15	195/55R16	—	—
195/75R14	195/70R15	195/60R16	—	205/60R14	205/55R15	—	—
195/75R15	195/70R16	—	—	205/60R15	205/55R16	—	—
205/75R14	205/70R15	205/65R16	—	205/60R16	205/55R17	—	—
205/75R15	205/70R16	—	—	215/60R15	215/55R16	—	—
215/75R14	215/65R16	—	—	215/60R16	215/55R17	—	—
215/75R15	215/70R16	—	—	215/60R17	215/55R18	—	—
225/75R14	225/70R15	225/60R17	—	225/60R14	225/50R16	225/45R17	—
225/75R15	225/70R16	225/65R17	225/60R18	225/60R15	225/55R16	225/50R17	—
225/75R16	225/70R17	—	—	225/60R16	225/55R17	225/50R18	—
235/75R15	235/70R16	235/65R17	235/60R18	225/60R17	225/55R18	—	—
235/75R16	235/70R17	235/65R18	—	235/60R14	235/50R16	235/45R17	—
235/75R17	235/65R19	—	—	235/60R15	235/50R17	235/45R18	—
255/75R15	255/70R16	255/65R17	255/60R18	235/60R16	235/55R17	235/50R18	—
265/75R15	265/70R16	265/65R17	—	235/60R17	235/55R18	235/50R19	—
165/70R14	165/65R15	—	—	235/60R18	235/55R19	—	—
175/70R12	175/65R13	—	—	245/60R14	245/45R17	—	—
175/70R14	175/65R15	—	—	245/60R15	245/55R16	—	—
185/70R13	185/65R14	185/55R15	—	245/60R16	245/55R17	245/50R18	245/45R19
185/70R14	185/65R15	—	—	255/60R15	255/55R16	255/45R18	—
185/70R15	185/65R16	—	—	255/60R16	255/55R17	255/50R18	255/45R19
195/70R13	195/65R14	—	—	255/60R17	255/55R18	255/50R19	—
195/70R14	195/65R15	—	—	255/60R18	255/55R19	255/50R20	—
195/70R15	195/65R16	—	—	255/60R19	255/55R20	—	—
205/70R13	205/65R14	—	—	265/60R17	265/55R18	265/50R19	265/45R20
205/70R14	205/65R15	205/60R16	—	265/60R18	265/50R20	—	—

表 A.1（续）

原配规格	替换规格			原配规格	替换规格		
215/70R14	215/65R15	215/60R16	—	275/60R15	275/55R16	275/45R18	—
215/70R15	215/65R16	215/60R17	—	275/60R16	275/55R17	—	—
225/70R14	225/65R15	225/60R16	225/55R17	275/60R17	275/50R19	275/45R20	—
225/70R15	225/65R16	225/60R17	225/55R18	275/60R18	275/50R20	—	—
225/70R16	225/65R17	225/60R18	—	195/55R14	195/50R15	—	—
235/70R14	235/60R16	235/55R17	—	205/55R14	205/50R15	—	—
235/70R15	235/65R16	235/60R17	235/55R18	205/55R15	205/50R16	—	—
235/70R16	235/65R17	235/60R18	—	205/55R16	205/50R17	—	—
235/70R17	235/65R18	—	—	215/55R15	215/50R16	—	—
245/70R15	245/60R17	—	—	215/55R16	215/50R17	—	—
245/70R16	245/65R17	—	—	225/55R14	225/50R15	225/45R16	—
255/70R15	255/65R16	255/60R17	255/55R18	225/55R15	225/50R16	225/45R17	225/40R18
255/70R16	255/60R18	255/55R19	—	225/55R16	225/45R18	—	—
255/70R17	255/60R19	—	—	235/55R15	235/50R16	235/45R17	235/40R18
265/70R16	265/65R17	265/60R18	—	235/55R16	235/50R17	235/45R18	—
275/70R16	275/65R17	275/60R18	—	235/55R17	235/50R18	235/45R19	—
205/65R14	205/60R15	—	—	235/55R18	235/50R19	235/45R20	—
205/65R15	205/60R16	—	—	245/55R16	245/45R18	—	—
215/65R14	215/60R15	215/55R16	—	245/55R17	245/50R18	245/45R19	—
215/65R15	215/60R16	—	—	245/55R18	245/50R19	—	—
215/65R16	215/60R17	215/55R18	—	255/55R16	255/45R18	—	—
215/65R17	215/60R18	—	—	255/55R17	255/50R18	255/45R19	—
225/65R15	225/60R16	225/55R17	—	255/55R18	255/50R19	255/45R20	—
225/65R16	225/55R18	—	—	255/55R19	255/50R20	—	—
225/65R17	225/60R18	—	—	265/55R18	265/50R19	265/45R20	—
235/65R16	235/60R17	235/55R18	235/50R19	265/55R19	265/50R20	—	—
235/65R17	235/60R18	235/55R19	—	275/55R16	275/50R17	275/45R18	—
255/65R15	255/55R17	—	—	275/55R19	275/50R20	—	—
255/65R16	255/60R17	—	—	285/55R19	285/50R20	—	—

表 A.2 载重汽车轮胎替换规格表

原配规格	替换规格				原配规格	替换规格			
6.00-15LT	6.00R15LT	—	—	—	7.00-20	7.00R20	—	—	—
6.50-15LT	6.50R15LT	—	—	—	7.50-20	7.50R20	8R22.5	—	—
7.00-15LT	7.00R15LT	—	—	—	8.25-20	8.25R20	9R22.5	—	—
7.50-15LT	7.50R15LT	—	—	—	9.00-20	9.00R20	10R22.5	275/80R22.5	—
7.50-15LT	7.50R15LT	—	—	—	10.00-20	10.00R20	11R22.5	295/80R22.5	285/75R24.5
6.50-16LT	6.50R16LT	—	—	—	11.00-20	11.00R20	12R22.5	315/80R22.5	315/75R24.5
7.00-16LT	7.00R16LT	215/75R17.5	—	—	11.00-22	11.00R22	12R24.5	—	—
7.50-16LT	7.50R16LT	8R17.5	—	—	12.00-20	12.00R20	13R22.5	—	—
8.25-16LT	8.25R16LT	9R17.5	—	—	13.00-20	13.00R20	—	—	—
9.00-16LT	9.00R16LT	10R17.5	—	—	14.00-20	14.00R20	—	—	—
7.50R15LT	215/85R16LT	—	—	—	12.00-24	12.00R24	—	—	—
7.50R16LT	8R17.5	225/70R19.5	—	—	7.50R20	8R22.5	—	—	—
8.25R16LT	9R17.5	—	—	—	8.25R20	9R22.5	—	—	—
9.00R16LT	10R17.5	—	—	—	9.00R20	10R22.5	275/80R22.5	—	—
205/70R14LT	205/65R15LT	—	—	—	10.00R20	11R22.5	295/80R22.5	285/75R24.5	—
215/75R14LT	215/70R15LT	—	—	—	11.00R20	12R22.5	315/80R22.5	315/75R24.5	—
215/75R15LT	215/70R16LT	—	—	—	12.00R20	13R22.5	—	—	—
255/75R15LT	255/70R16LT	—	—	—	11R22.5	295/80R22.5	285/75R24.5	—	—
315/75R16LT	315/70R17LT	—	—	—	12R22.5	315/80R22.5	315/75R24.5	—	—
235/85R16LT	225/70R19.5	—	—	—	295/80R22.5	315/75R22.5	—	—	—
255/85R16LT	245/70R19.5	—	—	—	295/75R22.5	315/70R22.5	—	—	—

ICS 71.100.40
Y 43

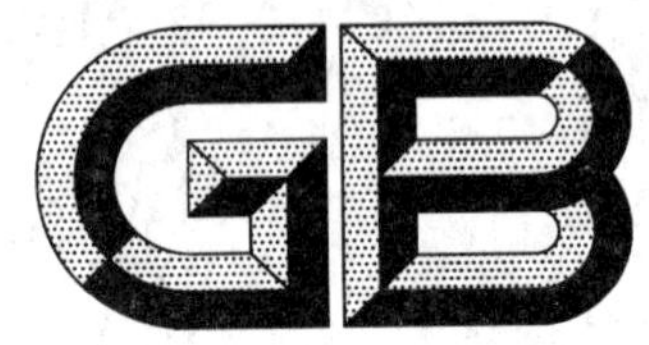

中华人民共和国国家标准

GB/T 26398—2017
代替 GB/T 26398—2011

衣料用洗涤剂去污性能、耗水量与节水性能评估指南 模拟家庭洗涤试验法

Evaluation guide of detergence, water costing and saving for laundry detergents—Simulated household washing test method

2017-12-29 发布

2018-07-01 实施

中华人民共和国国家质量监督检验检疫总局
中国国家标准化管理委员会 发布

前　言

本标准按照 GB/T 1.1—2009 给出的规则起草。

本标准代替 GB/T 26398—2011《衣料用洗涤剂耗水量与节水性能评估指南》，与 GB/T 26398—2011 相比主要变化如下：

——修改了标准名称；

——增加了应用家用洗衣机测试洗涤剂去污性能的方法和要求(第 8 章)；

——删除了原附录 A 的内容，改为多种试验用污渍布片(见附录 A)。

请注意本文件的某些内容可能涉及专利。本文件的发布机构不承担识别这些专利的责任。

本标准由中国轻工业联合会提出。

本标准由全国表面活性剂和洗涤用品标准化技术委员会(SAC/TC 272)归口。

本标准起草单位：中国日用化学工业研究院[国家洗涤用品质量监督检验中心(太原)]、西安开米股份有限公司、广州蓝月亮实业有限公司、北京绿伞化学股份有限公司、北京洛娃日化有限公司。

本标准主要起草人：姚晨之、李晓辉、于文、何琼、张辉、孙红霞。

本标准所代替标准的历次版本发布情况为：

——GB/T 26398—2011。

引　言

洗涤过程包括洗涤和漂洗,制定本标准旨在指导标准应用方在实验室条件下建立一个符合实际、能够复现的考核不同洗涤剂在洗涤时的洗涤性能(如去污、白度维护等)以及消耗水量的测试方法,进而对洗涤剂的洗涤和节水性能进行评估。

在手工洗涤下,一次洗涤过程的结束,通常是以消费者实际判断的标准为主,其实质可归结为感官指标判定。在洗衣机洗涤下,则多取决于机器的程序设计,确定洗涤结束的依据是以漂洗中水质的理化指标变化情况作出。因此本标准建议评判一次洗涤过程的结束从感官评价和理化指标两个方面作出,以较为客观反映洗涤剂应用的真实情况。

为使洗涤剂具有良好的去污力,有效的方法是加大洗涤剂配方中活性成分的用量,但所带来的负面影响是需要消耗更多的水来漂清其在所洗织物中的残留,因此可以说节水和去污是洗涤剂本身特有的一对相互矛盾的两个因素。本标准同时关注了洗涤剂的节水性能和去污性能的评定。

衣料用洗涤剂应用效果主要体现在产品洗涤和漂洗的效果,同时与产品种类、使用方法、洗涤习惯、洗涤环境、温度、水质、设备等众多因素有关,同时这些因素之间还存在交互的影响,不存在一组最佳的条件能够客观反映各类洗涤剂或同类但组成成分不同的洗涤剂产品的真实洗涤效果,因此规定一个统一条件,测试评估各种洗涤剂在洗涤过程中洗净度、水的消耗量,可能与实际存在较大的差异,对产品研发和实际应用缺少指导意义。作为指南,本标准针对不同的产品及使用方式,提出在实验室条件下如何尝试建立符合实际、能够相对客观反映真实情况的测试衣料用洗涤剂的耗水量与节水性能评估所应遵循的基本原则,标准应用方在此基础上结合实际情况,细化条件和操作过程,建立符合自身需要的具体评估测试方法。

按照本标准提供的指南建立的评估方法,使两种或两种以上的同类洗涤剂去污性能、耗水量与节水性能的比较判定成为可能。本标准可供生产商研发内部测试选择使用,对用于对外公布的第三方检测,需细化试验方案和结果判定,必要时提交标准归口单位确认方案,以确保试验结果客观真实且可复现。

衣料用洗涤剂去污性能、耗水量与节水性能评估指南　模拟家庭洗涤试验法

1　范围

本标准对在实验室条件下模拟家庭洗涤方式建立测试衣料用洗涤剂去污、白度保持、耗水量与节水性能的评估方法，提供了基本的原则、依据和方式，以及需要确定的条件。

本标准适用于水为洗涤溶液的各类衣料用洗涤剂(不包括肥皂类产品)。

2　规范性引用文件

下列文件对于本文件的应用是必不可少的。凡是注日期的引用文件，仅注日期的版本适用于本文件。凡是不注日期的引用文件，其最新版本(包括所有的修改单)适用于本文件。

GB/T 13173—2008　表面活性剂　洗涤剂试验方法

GB/T 13174　衣料用洗涤剂去污力及循环洗涤性能的测定

3　术语和定义

下列术语和定义适用于本文件。

3.1

洗涤　wash

用含有洗涤剂的水溶液去除粘附在衣物上污渍的过程。

注：洗涤中使用的洗涤剂水溶液称为洗涤液。

3.2

漂洗　rinse

衣物经洗涤后，加水清洗的过程。

3.3

漂洗液　rinse solution

衣物漂洗时的溶液。根据漂洗更换用水的次数，分为一次漂洗液、二次漂洗液、……、*n* 次漂洗液。

3.4

N* 值　the value of *N

用于表征衣物漂洗过程中，漂洗液内部理化指标变化的幅度。计算方式是，以第 *i* 次漂洗时的漂洗液理化指标项目为基数，分别与相临的前一次和后一次漂洗液该指标项目的比值。*N* 值因理化指标项目不同，可有多个。可用 N^{pH}、N^{γ}、N^{LAS}、N^{TOC}、N^{COD}、N^{Na} 分别表示由 pH、表面张力、阴离子表面活性剂、总有机碳(TOC)、化学需氧量(COD)、钠离子等参数计算得到的 *N* 值。

3.5

去污力　detergency

洗涤剂去除污渍的能力，为表征洗涤剂的洗涤性能的指标之一。

3.6

白度保持　whiteness preserved

白色织物在污染的洗涤液中洗涤后，织物白色下降情况，反映洗涤过程中洗涤剂悬浮污渍的能力，为表征洗涤剂的洗涤性能的指标之一。通常采用多次重复循环洗涤的方式。

3.7

耗水量　level of using water

V

在洗涤和漂洗结束后，整个洗涤过程中的用水量，包括洗涤用水和漂洗用水两部分。特别地，当测试评估洗涤剂产品耗水量的洗涤过程相同(即洗涤用水一致)，则耗水量可仅指漂洗用水。

3.8

耗水比　rate of using water

M

以参比洗涤剂耗水量为基数，计算的样品洗涤剂相对耗水量表示(计算中，耗水量以漂洗用水量之和计)。

3.9

节水　saving water

在确定的洗涤比较条件下，完成洗涤后，样品洗涤剂相对参比洗涤剂耗水量减少的程度。

4　基本原则

4.1　在实验室条件下确定的洗涤和漂洗方法应能够反映消费者实际洗涤习惯。

4.2　确定评价指标项目应适合该类洗涤剂洗涤的特性。

4.3　评价的试验结果应具有一定的重现性。

5　样品的准备

测试样品可来自生产企业、市场、消费者等各方有检测需求的团体或个人。为使样品测试结果具有可比性和一定的重现性，可以对照使用某些固定配方的参比洗涤剂，例如：GB/T 13174 规定的标准洗涤剂，作为评判样品洗涤性能和耗水情况的依据。

样品的处理和使用按 GB/T 13173—2008 第 4 章的规定进行。

6　洗涤材料及污垢选择

6.1　洗涤衬料(陪洗织物)

选择测试用洗涤织物需考虑适合洗涤剂耗水量评价结果的测定，并与市场上主流的布料比例相接近。由于不同的织物对衣料用洗涤剂的吸附是不同的，因此搭配各种典型材质的织物组合用于洗涤测试是比较合理的，这种搭配可以参考消费者日常穿着各种织物的配比，并根据洗涤要求将待洗织物的质量确定在一个合适的质量下。在以洗衣机洗涤方式评价中，采用一组洗涤衬料织物净重在 1 300 g±30 g 范围内的可选择搭配：5 件干净纯棉质衬衫，1 件混纺织物，2 条～3 条干净毛巾(用于调整组合衣物的净重)。

6.2　污渍材料的选择

根据具体的测试评估目的，选取一定数量的不同污垢种类的污渍布片，合理搭配成洗涤环境的污垢系统，使洗涤剂的洗涤性能和节水测试结果能够反映实际应用效果，且一组产品的测试中应保持污垢体系的一致。

污渍布片可从 GB/T 13174 所列 JB 系列污布或附录 A 中列出的 JBS 系列污布中具体选择应用。

6.3 白度保持材料的选择

测试评估洗涤剂的白度保持能力的织物材料应为纯棉或涤棉的白色织物面料，如 GB/T 13174 中的 JB-00 或附录 A 的 JBS-00 系列污布。必要时添加一定数量的污渍源(附录 A 所列的 JBS-W 系列)以维持测试环境的污渍强度。

7 水质与水温

7.1 水质

洗涤和漂洗用水应与实际生活中水质情况一致。由于我国地域广阔，水质差异大，南方地区水质较软，北方地区水质较硬，水质的不同直接影响着洗涤剂的洗涤效果和测试的结论，因此应依据测试中希望反映的实际区域确定测试的水质条件。

为使测试结果有代表性，并符合多数地区的实际情况，多种不同硬度的水质用于测试中是个较好的解决方案。原则上可安排三种水硬度：低于、等于、高于国内的水硬度平均值进行测试。如果用人工配制的硬水，还应指明钙镁离子的比例。

注：人工配制硬水时，可参照 GB/T 13174 中的有关规定进行。水的硬度在 250 mg/kg 时，有一定的代表性。

7.2 水温

实际生活中不同地区、不同季节洗涤用水的温度相差很大，普遍的洗涤温度是自然水温，测试中洗涤水的温度也是需要测试人员控制的条件。同水质情况类似，在 10 ℃～30 ℃范围内选择不同温度点进行洗涤测试，能够比较全面地反映洗涤剂性能，典型的测试温度是 25 ℃±2 ℃。

8 洗涤方式

洗涤方式有三种：洗衣机洗涤(机洗)、手工洗涤(手洗)、手工加机器洗涤。第三种方式主要是作为第一种方式的补充，实际洗涤中消耗的水量与第一种相同，取决于洗衣机所设定的程序。因此设计洗涤测试可以按机洗或手洗方式进行，从测试为考察洗涤剂性能这一根本目的出发，确定的洗涤方式应在模拟实际生活洗涤方式的基础上，具有一定的可重现性。为此采用机洗方式是比较易于测试结果重现的。

对于机洗方式，浸泡、洗涤、甩干、漂洗等各环节及用水量可依据机器内部设置的程序确定，并在整个测试中始终保持不变，以获得稳定、可比、能复现的测试结果。在洗涤测试中，为了随时对洗涤溶液的水质变化作出监测，双缸洗衣机可能较全自动洗衣机更为方便。采用洗衣机洗涤测试结果与实际洗涤结果一致性的程度高，但测试误差、成本等方面不易控制。另一个可供选择的方式是，采用实验室去污试验机模拟的方式评价，这种方法在结果的重复性控制和试验成本等方面有优势，但与实际的符合性可能较低。

对于手洗方式，标准实施方需要进一步规定洗涤、拧干、漂洗的细节，包括洗衣盆的大小，每次加入的水量等，并对操作人员进行统一的培训，以保证不同操作人员获得的结果差异在可接受的范围内。

9 洗涤过程

9.1 去污

在确定洗涤试验条件后，可进入实际洗涤，无论是机洗还是手洗，其过程通常由以下几步组成：

a) 称取洗涤剂样品,依据样品使用要求和洗涤溶液的浓度规定决定取样数量;
b) 水温及水硬度调节,依据第7章的原则确定;
c) 溶解样品;
d) 加洗涤织物及污渍布片(6.2);
e) 洗涤,依据第8章的原则确定;
f) 脱水或拧干,需要对脱水或拧干方式、程度作出具体规定;
g) 漂洗,同e)类似,依据第6章的原则确定;
h) 重复f)、g),直到洗涤完成,洗涤过程中水质变化和漂洗结束的判断按第10章的原则确定;
i) 取出洗涤织物和污布晾干后,评价洗涤剂去污力。

9.2 白度

当测试洗涤剂白度保持能力时,将洗涤时间设定在40 min,加入用于测试的白度保持材料及污染源(6.3),经9.1中a)~i)的步骤进行洗涤,并重复5次以上后测量白度值。

10 判定指标

10.1 漂洗效果

漂洗效果直接反映洗涤剂的耗水量和节水性能。长期以来,人们习惯于将泡沫作为判断漂洗结束的重要指标。另外,漂洗后水质是否清澈、手感是否滑腻也是人们长期积累的感官判定漂洗结束的指标。

拟定鉴别洗涤剂的漂洗效果,作出漂洗结束的判断指标,可参考上述现象所反映的水质状况作出。

10.2 漂洗结束的判断指标

漂洗结束的判断指标可以根据洗涤剂配方情况及洗涤剂存在于水中的情况综合作出,表1列出了可以作为判断漂洗结束的指标项目。

表1 可以作为判断漂洗结束的指标项目

指标项目	类别	反映现象	测试方式
泡沫	Ⅰ	漂洗液中洗涤剂的量	目测或图片比较法
混浊度	Ⅰ	漂洗液中污垢的量	目测或图片比较法
pH	Ⅱ	漂洗液中洗涤剂的量	酸度计法
表面张力	Ⅱ	漂洗液中洗涤剂的量	表面张力仪测定
阴离子表面活性剂含量	Ⅱ	漂洗液中洗涤剂的量	化学检验
非离子活性剂含量	Ⅱ	漂洗液中洗涤剂的量	化学检验
总有机碳(TOC)	Ⅱ	漂洗液中洗涤剂的量	化学检验
化学需氧量(COD)	Ⅱ	漂洗液中洗涤剂的量	化学检验
钠离子含量	Ⅱ	漂洗液中洗涤剂的量	化学检验
布片上残留硫酸盐含量	Ⅲ	残留在织物上的洗涤剂量	化学检验
布片上残留非离子活性剂含量	Ⅲ	残留在织物上的洗涤剂量	化学检验
布片上残留阴离子表面活性剂含量	Ⅲ	残留在织物上的洗涤剂量	化学检验

表1中指标值越低，则漂洗越彻底(pH指标除外，它与漂洗水的酸碱性相关)。在这些项目中Ⅰ类指标以感官判定，Ⅱ类和Ⅲ类指标以仪器或化学检验为主。具体指标的检验方式应结合漂洗溶液中洗涤剂的残留量、洗涤剂的配方成分，参考有关的标准、文献，选择使用检出限和精密度符合要求的方法。附录B列出了一些供选择使用的常用检测方法。

10.3 判断指标的应用

作出漂洗效果的判断，应从表1列出的指标项目中选择合适的指标项目对各次漂洗液进行测定。选择测试的指标项目宜三个类别均有涉及，且与洗涤剂配方有关(例如，未添加阴离子表面活性剂的，与阴离子表面活性剂相关的指标项目没有测试的必要)，并能客观反映漂洗效果。

作出漂洗结束的判断以对比邻近漂洗液的同类指标项目变化趋势确定。当某次漂洗(第 i 次)的指标项目较前次漂洗相同指标项目有较大差异，而紧接的下次漂洗该指标项目相对变化不明显，则可以认为第 i 次漂洗已达到实际需要，漂洗工作可以终止。具体测试中，可以将第 i 次漂洗的指标项目作为基数，估算第 $i-1$ 次和第 $i+1$ 次指标项目的变化比率 N_{i-1} 和 N_{i+1}，由此作出漂洗结果的判断。

注1：漂洗次数 i 的确定原则是 N_{i-1} 大于1，N_{i+1} 小于1且接近1。当 N_{i-1} 远大于1，N_{i+1} 远小于1时，说明洗涤剂的漂洗需要继续进行，依据下次漂洗结束后数据重新计算评估。

注2：N 值与1的偏离度、N_{i-1} 和 N_{i+1} 之间的差异与具体指标项目有关，不同的指标项目，N 值变化幅度不一。一些指标项目(如阴离子表面活性剂含量)N 值可能存在数量级上的变化，又有一些项目(如pH)N 值变化幅度较小，还有些非数字表征项目(如泡沫、混浊度)N 值则为人工估算。标准使用方可结合测试样品特征及指标项目，确定漂洗评定时 N 值的取值可接受范围，对于非数字表征项目还应拟订推测 N 值的方式(例如，可选择溶液液面泡沫的多少或泡沫占液面的大小作为计算的依据；对于溶液混浊度可以以尚未使用的漂洗水作为比较基准)。

注3：为有效应用 N 值，宜采用GB/T 13174所列标准洗涤剂进行确认试验，建立各指标项目的 N 值在所在实验室中应用的参考依据。

用于漂洗结束终点的判断的指标项目变化不会完全一致，因此需要对选定的指标项目确定主次。一般以Ⅰ类指标为主，Ⅱ类指标为辅，Ⅲ类指标作为参考。随着漂洗次数的增加，Ⅰ类指标判断漂洗终点变化很小或者基本不变，但Ⅱ类指标可能有一个变化的范围，此时，应以Ⅱ类指标的结果来辅助漂洗终点的判断，这样可以有效保证作出漂洗终点的正确性，避免洗涤剂配方结构的不同产生的误判(如添加了消泡成分的洗涤剂)。Ⅲ类指标测定操作较为复杂，过程长且受到影响的不确定因素较多，因此使用中应严格控制测试条件，测试结果可用于验证确认漂洗终点。

11 洗涤性能的评估

11.1 去污力的评估

11.1.1 评估方式

根据污渍布片经样品洗涤剂和参比洗涤剂洗涤前后的洁净度变化情况，采用人工目测或仪器测量的方式评估计算洗涤剂的去污力。

11.1.2 人工评价

人工目测评定应在控制光照和背景的条件下进行，人工评定可以基于数字标度的记分制，例如1～10标度，或基于污渍的数目和大小，将性能分等。

评定人员应经过必要的培训，至少3人。

11.1.3 白度计法

用白度计在457 nm下逐一读取污渍布片洗涤前后的白度值，计算白度差值，评价去污效果。洗前白度以试片正反两面各取两点(如果为单面涂污的试片,则仅在正面中心对称的位置取两点),测量白度值,以四次测量的平均值为该试片的洗前白度 F_1;洗后同样测量白度值,以四次测量的平均值为该试片的洗后白度 F_2。

注:采用符合 JB/T 9327 及 JJG 512 规定的白度计。白度计法适用于以黑白色调为主的污渍评价。对于添加了荧光增白剂的洗涤剂,不同类型白度计(对荧光反应有差异时),结果存在偏差。

11.1.4 扫描仪法

用扫描仪读取洗涤前后污渍布片的色度值(Lab),以式(1)计算污渍布片前后色差变化 ΔE_i,评价去污效果。洗前、洗后均读取布片正面中心最大有效面积的 Lab_1、Lab_2。

某种污渍的色差值(ΔE_i)按式(1)计算:

$$\Delta E_i=\sqrt{(L_{1i}-L_{2i})^2+(a_{1i}-a_{2i})^2+(b_{1i}-b_{2i})^2} \quad \cdots\cdots(1)$$

式中:

L_{1i}、a_{1i}、b_{1i}——第 i 种污渍布片洗前测量得到的 L、a、b 值;

L_{2i}、a_{2i}、b_{2i}——第 i 种污渍布片洗后测量得到的 L、a、b 值。

注:采用符合 GB/T 18788 规定的平板扫描仪,并配有读取图像 Lab 值、计算色差值 ΔE 的工作软件。扫描仪法适用于各类有色污渍去污效果的评价。对于添加了荧光增白剂的洗涤剂,扫描仪法测试结果与人工目测一致性程度降低。

11.2 白度保持的评估

根据测试白度保持的织物材料经样品洗涤剂和参比洗涤剂洗涤前后的白度变化情况,采用与去污力评估(11.1)类似的方式评估计算洗涤剂的白度保持能力。

12 耗水量与节水性能评估

12.1 耗水量的评估

耗水量随漂洗结束终点的作出而确定,具体数字为整个洗涤周期的用水量。

在给定的试验条件下,对某一洗涤剂样品作出的耗水量测定结果没有实际的指导意义,因为不同的测试条件、环境下,将产生并不一致的结论。因此,在对样品测试中应同时对比测试一个参比洗涤剂的耗水量,以两者耗水量的相对值(仅用各漂洗阶段的耗水量之和作计算),即耗水比(M)表示该洗涤剂样品的耗水性能,才有应用意义,能够为不同实验室所重复。

耗水比(M)按式(2)计算:

$$M=\frac{V_{样品}}{V_{参比}} \quad \cdots\cdots(2)$$

式中:

$V_{样品}$——样品洗涤剂的耗水量,单位为升(L);

$V_{参比}$——用于对比的参比洗涤剂的耗水量,单位为升(L)。

12.2 节水性能评估

对于洗涤剂是否节水,是个相对的概念。依据耗水比 M 的不同,确定洗涤剂节水能力。对于两个同等试验条件下的洗涤剂对比,当 $M \leqslant 0.7$ 时,可以认为在所确定的试验条件下样品洗涤剂较参比洗涤剂有节水能力。

13 测试重复次数

鉴于模拟实际洗涤方式的测试过程存在较多不确定因素，因此洗涤测试应重复多次，以多次测定的结果平均值确定评价结果。

14 试验人员与环境

测试工作中试验人员的行为(主要是手洗条件)及感官指标检测活动对最终结果的判断影响较大，不同试验人员之间存在一定的差别。手洗测试试验和感官指标检测应由几个有经验的试验人分别独立进行，汇总评价结果，确定一个互相能够接受的判断结果。对洗涤结果作出评价时，测试方应尽量消除人为因素的差异性。

环境条件(如温度、噪声、光线、振动等)应满足不影响试验人员正常实施测试的需要。

15 试验报告

试验报告应包括(但不限于)下列各项：

a) 试验日期；

b) 洗涤剂名称；

c) 参比洗涤剂的规格(如果使用)；

d) 所得结果、结论和表示方法；

e) 试验条件(包括洗涤剂、参比洗涤剂的使用条件)；

f) 本标准未规定或任选的任何操作，以及会影响结果的情况；

g) 说明对报告结果的理解有影响的任何附属信息和试验中信息，试验中记录格式参见附录C。

附 录 A
（规范性附录）
洗涤去污测试使用的污渍布片选择原则、质量要求及种类

A.1 选择用于洗涤剂性能评价污渍种类的基本原则

按下列方式选择：

a） 选择人们日常生活中有代表性的、出现频次较大的污渍；

b） 污渍材料应能代表日常生活中常见污渍的原始性并能适用于实验室评价；

c） 染制的污渍材料有较好区分力，以及良好的稳定性和重现性；

d） 选择市场主流的布料作为污渍材料制备载体即布基。

A.2 污渍分类

按下列方式分类：

a） 根据污渍来源的自然状态，可以将污渍分为固体污渍、液体污渍和膏体污渍；

b） 根据生活中具有代表性的污渍种类，可将污渍分为食品污渍、生活污渍和环境污渍三类：

——食品污渍主要有：茶/咖啡渍、酒渍、奶渍、食用油渍、调味料/酱渍、果蔬/汁渍、谷物食品渍、婴儿食品渍等。

——生活污渍主要有：皮脂渍、血渍、化妆品渍、矿物油渍、笔墨渍等。

——环境污渍主要有：烟灰渍、泥土渍、草渍等。

A.3 质量要求

A.3.1 布基

试验污渍布片的布基采用棉白布或棉/酯白布，考虑污渍材料的洗前和洗后均一性，对洗涤剂浓度的洗涤响应以及对不同质量的洗涤剂的区分力，布基可以在编织布或针织布中选择。

A.3.2 布基质量

以10%的比例随机抽取待染制的布基，将每块布基折叠为8层，读取白度值。每块布基上读8个点，所读8个点的白度值的标准偏差应≤2.0，不同布基上的平均白度值之差≤5.0。

A.3.3 均匀性指标

污渍在布基上应均匀铺展，以保证洗涤试验的准确性和精确性。可以按10%的比例随机抽取染好的污布，进行使用前检验。检验方法为：将每块污布折叠为8层读取白度值，每块污布上读8个点，所读8个点的白度值的标准偏差应≤1.0，不同布块上的平均白度值之差应≤2.0。

A.3.4 洗涤剂浓度响应

污渍材料应对洗涤剂浓度有正向响应，即随着洗涤剂浓度的增加洗涤差值（去污值）相应增加。

A.4 污渍布片种类

污渍布片种类可使用 GB/T 13174 规定的 JB 系列标准污布，亦可采用一些专供洗涤剂去污力测试的商品化污渍布片，表 A.1 列出了可供选择应用的某些已商品化的实际污渍布片的种类。表 A.2 列出了可供选择应用的某些已商品化的白度维持材料。

表 A.1 推荐使用的部分已商品化的实际污渍布片

污布编号[a]	污渍主要成分	布基	应用说明
茶/咖啡渍			
JBS-20-C	茶	棉	用于验证对带色茶渍的去污力以及漂白效果
JBS-21-C	咖啡	棉	用于验证对带色茶渍的去污力以及漂白效果
酒渍			
JBS-22-C	红酒	棉	验证带色酒渍的去污力以及漂白效果
奶渍			
JBS-30-C	巧克力冰淇淋	棉	验证对巧克力渍的去污力
JBS-31-C	可可	棉	验证对可可渍的去污力
JBS-32-C	牛奶/油/色素	棉	验证对奶渍的去污力
JBS-32-PC	牛奶/油/色素	棉/涤	验证对奶渍的去污力
食用油渍			
JBS-40-C	花生油/炭黑	棉	验证对植物油渍的去污力
JBS-40-PC	花生油/炭黑	棉/涤	验证对植物油渍的去污力
JBS-41-C	猪油	棉	验证对动物油渍的去污力
调味料/酱渍			
JBS-50-C	辣椒酱	棉	验证对辣椒酱渍的去污力
JBS-51-C	火锅调料	棉	验证对火锅调料渍的去污力
JBS-52-C	蚝油酱	棉	验证对蚝油酱渍的去污力
JBS-53-C	酱油	棉	验证对酱油渍的去污力
JBS-54-C	番茄酱	棉	验证对番茄酱渍的去污力
JBS-55-C	沙拉酱	棉	验证对沙拉酱渍的去污力
JBS-56-C	果酱	棉	验证对果酱渍的去污力
果蔬/汁渍			
JBS-60-C	香蕉	棉	验证对香蕉渍的去污力
JBS-61-C	菠菜汁	棉	验证对菠菜汁渍的去污力
JBS-62-C	猕猴桃汁	棉	验证对猕猴桃汁渍的去污力
JBS-63-C	橙汁	棉	验证对橙汁渍的去污力
谷物食品渍			
JBS-70-C	大米粥	棉	验证对大米粥渍的去污力
JBS-71-C	玉米粥	棉	验证对玉米粥渍的去污力
JBS-72-C	燕麦粥	棉	验证对燕麦粥渍的去污力

表 A.1(续)

污布编号[a]	污渍主要成分	布基	应用说明
婴儿食品渍			
JBS-80-C	草莓香蕉泥	棉	验证对婴儿食品渍的去污力
皮脂渍			
JBS-90-C	皮脂/色素	棉	验证对人体皮脂渍的去污力
血渍			
JBS-10-C	血	棉	验证对血渍的去污力
JBS-11-C	老化血	棉	验证对老化血渍的去污力
矿物油渍			
JBS-12-C	脏机油	棉	验证对矿物油渍的去污力
化妆品渍			
JBS-13-C	口红	棉	验证对化妆品渍的去污力
笔墨渍			
JBS-14-C	蓝墨水	棉	验证对笔墨渍的去污力
土/草渍			
JBS-15-C	黄土	棉	验证对土渍的去污力
JBS-16-C	草/泥浆	棉	验证对环境草渍的去污力
[a] 污布编号根据布基材质及污渍种类,由本标准归口单位统一确定。			

表 A.2 推荐使用的部分已商品化的白度维持材料

污布编号[a]	污渍主要成分	布基	应用说明
JBS-00-C1	示踪白布	针织棉	用于白度保持试验中指示洗涤剂白度保持效果的白布
JBS-00-C2	示踪白布	毛巾棉	用于白度保持试验中指示洗涤剂白度保持效果的白布
JBS-00-PC	示踪白布	棉/涤	用于白度保持试验中指示洗涤剂白度保持效果的白布
JBS-00-P	示踪白布	涤	用于白度保持试验中指示洗涤剂白度保持效果的白布
JBS-W1	炭黑油污(污渍源)	—	用于白度保持试验中提供污渍源
JBS-W2	黄土(污渍源)	—	用于白度保持试验中提供污渍源
JBS-W3	棉白袜子(污渍源)	—	用于白度保持试验中提供污渍源
[a] 污布编号根据布基材质及污渍种类,由本标准归口单位统一确定。			

A.5 包装、贮存、标志

商品化 JBS 污布在密封避光下冷藏保存,必要时可采用真空避光的包装材料,以防止污渍因氧化造成的质量变化。未启封的成品污布保质期应不少于 6 个月,外包装应标出制作日期、保存期限、污渍名称、布基种类、储存条件及数量等。

附　录　B
（资料性附录）
检测漂洗液中理化指标的常用方法

检测漂洗液中理化指标的常用方法，见表 B.1。

表 B.1　漂洗液中部分理化指标检测方法列表

指标项目	可选用检测方法出处	应用说明
pH	GB/T 6368	直接测定溶液
表面张力	QB/T 1323	本标准为圆环法，也可用有关文献介绍的平板法
阴离子表面活性剂含量	GB/T 15818	采用 GB/T 15818 推荐的测定降解产物中目标表面活性剂的方法
	GB/T 5173	按标准规定的操作过程进行，其中所用海明标准滴定溶液需较标准规定稀释 100 倍
非离子表面活性剂含量	GB/T 15818	采用 GB/T 15818 推荐的测定降解产物中目标表面活性剂的方法
总有机碳(TOC)	GB/T 13193	也可选用其他适用的方法标准
化学需氧量(COD)	GB/T 11914	也可选用其他适用的方法标准
钠离子含量	GB/T 11904	也可选用其他适用的方法标准
布片上残留硫酸盐含量	GB/T 5750.5	将布片剪碎，用水溶解提取残留物后，采用标准推荐的方法测定硫酸盐
布片上残留非离子表面活性剂含量	GB/T 15818	采用 GB/T 15818 推荐的测定降解产物中目标表面活性剂的方法
布片上残留阴离子表面活性剂含量	GB/T 15818	采用 GB/T 15818 推荐的测定降解产物中目标表面活性剂的方法
	GB/T 5173	将布片剪碎，用水溶解提取残留物后，按标准规定的操作过程进行，其中所用海明标准滴定溶液需较标准规定稀释 100 倍

附 录 C
（资料性附录）
测试记录表格式样

试验编号：　　　　　　　　　　　　　　　　　　　　环境温度：

<table>
<tr><td colspan="2">样品名称</td><td colspan="2"></td><td>样品特性说明</td><td></td></tr>
<tr><td colspan="2">参比洗涤剂配方</td><td colspan="2"></td><td>参比洗涤剂制备说明</td><td></td></tr>
<tr><td colspan="2">洗涤衣物品种组合</td><td colspan="2"></td><td>洗涤衣物净重</td><td></td></tr>
<tr><td colspan="2">污垢品种及制备方式</td><td colspan="2"></td><td>污垢的使用</td><td></td></tr>
<tr><td colspan="2">洗涤方式</td><td colspan="2"></td><td>洗衣机型号或手洗人员编号</td><td></td></tr>
<tr><td colspan="2">洗涤水温</td><td colspan="2"></td><td>水硬度</td><td></td></tr>
<tr><td colspan="2">样品取样量</td><td colspan="2"></td><td>参比洗涤剂取样量</td><td></td></tr>
<tr><td colspan="2">洗涤水加入量</td><td colspan="2"></td><td>溶解时间</td><td></td></tr>
<tr><td colspan="2">浸泡时间</td><td colspan="2"></td><td>洗涤时间</td><td></td></tr>
<tr><td colspan="2">甩干或拧干时间</td><td colspan="2"></td><td>甩干或拧干程度</td><td></td></tr>
<tr><td colspan="2">漂洗水加入量</td><td colspan="2"></td><td>漂洗时间</td><td></td></tr>
<tr><td colspan="2">漂洗时甩干或拧干时间</td><td colspan="2"></td><td>漂洗时甩干或拧干程度</td><td></td></tr>
<tr><td rowspan="2">样品：漂洗液理化指标变化情况</td><td>漂洗次数</td><td>第1次漂洗</td><td>第2次漂洗</td><td>第3次漂洗</td><td>……</td></tr>
<tr><td>泡沫
pH
阴离子表面活性剂
……
……</td><td>……
……
……

……
……</td><td>……
……
……

……
……</td><td>……
……
……

……
……</td><td>……
……
……

……
……</td></tr>
<tr><td colspan="2">样品：N 值</td><td>—</td><td>……</td><td>……</td><td>……</td></tr>
<tr><td rowspan="2">参比：漂洗液理化指标变化情况</td><td>漂洗次数</td><td>第1次漂洗</td><td>第2次漂洗</td><td>第3次漂洗</td><td>……</td></tr>
<tr><td>泡沫
pH
阴离子表面活性剂
……
……</td><td>……
……
……

……
……</td><td>……
……
……

……
……</td><td>……
……
……

……
……</td><td>……
……
……

……
……</td></tr>
<tr><td colspan="2">参比：N 值</td><td>—</td><td>……</td><td>……</td><td>……</td></tr>
<tr><td colspan="2">样品漂洗次数 n</td><td colspan="2"></td><td>参比漂洗次数 n</td><td></td></tr>
<tr><td colspan="2">去污比值 P</td><td colspan="2"></td><td>白度保持比值 B</td><td></td></tr>
<tr><td colspan="2">耗水比 M</td><td colspan="2"></td><td>节水评定</td><td></td></tr>
<tr><td colspan="2">其他细节</td><td colspan="4"></td></tr>
</table>

操作人员：　　　　　　　　　　　　　　　　　　　　日期：

参 考 文 献

[1] GB/T 5173—1995 表面活性剂和洗涤剂 阴离子活性物的测定 直接两相滴定法
[2] GB/T 5750.5—2006 生活饮用水标准检验方法 无机非金属指标
[3] GB/T 6368—2008 表面活性剂 水溶液 pH 值的测定 电位法
[4] GB/T 11904—1989 水质 钾和钠的测定 火焰原子吸收分光光度法
[5] GB/T 11914—1989 水质 化学需氧量的测定 重铬酸盐法
[6] GB/T 13193—1991 水质 总有机碳(TOC)的测定 非色散红外线吸收法
[7] GB/T 15818—2006 表面活性剂生物降解度试验方法
[8] QB/T 1323—1991 洗涤剂 表面张力的测定 圆环拉起液膜法

ICS 13.160;25.140.10
J 48

中华人民共和国国家标准

GB/T 26548.3—2017/ISO 28927-3:2009

手持便携式动力工具　振动试验方法　第3部分：抛光机，回转式、滑板式和复式磨光机

Hand-held portable power tools—Test methods for evaluation of vibration emission—Part 3: Polishers and rotary, orbital and random orbital sanders

(ISO 28927-3:2009, IDT)

2017-05-12 发布　　2017-12-01 实施

中华人民共和国国家质量监督检验检疫总局
中国国家标准化管理委员会　发布

前 言

GB/T 26548《手持便携式动力工具　振动试验方法》分为以下几部分:

——第1部分:角式和端面式砂轮机;

——第2部分:气扳机、螺母扳手和螺丝刀;

——第3部分:抛光机,回转式、滑板式和复式磨光机;

——第4部分:直柄式砂轮机;

——第5部分:钻和冲击钻;

——第6部分:夯实机;

——第7部分:冲剪机和剪刀;

——第8部分:往复式锯、抛光机和锉刀以及摆式或回转式锯;

——第9部分:除锈锤和针束除锈器;

——第10部分:冲击式凿岩机、锤和破碎机;

——第11部分:石锤;

——第12部分:模具砂轮机。

本部分为GB/T 26548的第3部分。

本部分按照GB/T 1.1—2009给出的规则起草。

本部分使用翻译法等同采用ISO 28927-3:2009《手持便携式动力工具　振动试验方法　第3部分:抛光机,回转式、滑板式和复式磨光机》。

与本部分中规范性引用的国际文件有一致性对应关系的我国文件如下:

——GB/T 700—2006　碳素结构钢(ISO 630:1995,NEQ)

——GB/T 5621—2008　凿岩机械与气动工具　性能试验方法(ISO 2787:1984,MOD)

——GB/T 6247.1—2013　凿岩机械与便携式动力工具　术语　第1部分:凿岩机械、气动工具和气动机械(ISO 5391:2003,MOD)

——GB/T 14790(所有部分)　机械振动　人体暴露于手传振动的测量与评定[ISO 5349(所有部分)]

本部分做了下列编辑性修改:

——将国际标准中的“bar”换算成“MPa”(1 bar=0.1 MPa);

——第5章中“图9”改为“图7”,国际标准错误。

本部分由中国机械工业联合会提出。

本部分由全国凿岩机械与气动工具标准化技术委员会(SAC/TC 173)归口。

本部分起草单位:浙江荣鹏气动工具有限公司、天水凿岩机械气动工具研究所、浙江瑞丰五福气动工具有限公司。

本部分主要起草人:李小荣、高学径、潘灵钢、杨发正、李贵杰、陈金林、蔡超善、李永刚。

引　言

本文件是 GB/T 15706 中规定的 C 类标准。

对于按照 C 类标准的要求设计和制造的机器，当 C 类标准的要求不同于 A 类或 B 类标准中的要求时，C 类标准中的要求要优于其他类标准。

GB/T 25631 中给出了手持式和手导式机械振动辐射测量的通用技术条件，GB/T 26548 以该标准为基础，给出了手持便携式机器的振动试验方法，规定了机器在型式试验条件下的运行及对型式试验性能的其他要求。其标准结构和章的编号与 GB/T 25631 一致。

GB/T 26548 的本部分采用了欧洲系列标准 EN 60745 中首次采用的传感器基本定位方法，由于延续性的原因在描述上与 GB/T 25631 不一致。传感器首选放置在靠近手的拇指和食指之间的区域，因为这个位置对操作者握持机器的干扰最小。

人们发现通常抛光机和所有类型的磨光机在使用时产生的振动变化很大。这是由于磨光垫或抛光垫的不平衡以及插入工具和工件表面接触差异所造成的。由于磨光垫的重量被机器内的平衡块重量所平衡，因此滑板式和复式磨光机对磨光垫的重量变化比较敏感。机器的振动值在很大程度上也取决于操作人员的技能。

本部分采用了一种真实的工作过程用于试验。为了提供一个可给出较好的可再现性测量结果的试验方法，选择的试验程序所产生的振动值要尽可能符合 GB/T 25631 的要求，并严格遵守 GB/T 25631 对试验细节描述的要求。工作场所振动暴露的评定要采用 ISO 5349 的程序。

所获得的值是型式试验值，用来表示机器在实际使用中典型振动量的上四分位数的平均值。然而，实际值有时变化很大，这取决于许多因素，包括操作者、工作任务以及插入工具或消耗品等。机器本身的保养状况可能也很重要。在真实工作状态下操作者和操作程序对低幅振动量的影响尤其严重。因此，低于 $2.5m/s^2$ 的振动辐射值，在真实工作状态下不推荐评定。在这种情况下，建议用 $2.5\ m/s^2$ 的振动量值来直接评估机器的振动。

如果特定工作场所要求精确值，那么有必要在此工作状况下按 ISO 5349 的规定进行测量。在实际工作条件下实测的振动值可能比用 GB/T 26548 的本部分获得的值高，也可能低。

在实际工况下，由于使用了过度不平衡的插入工具、重量不符的磨光垫、磨损的衬垫或是弯曲的输出轴等原因，都容易产生较高的振动值。

手持便携式动力工具 振动试验方法 第3部分:抛光机,回转式、滑板式和复式磨光机

1 范围

GB/T 26548 的本部分规定了手持便携式动力驱动用于表面处理工序而非去除材料的抛光机,回转式、滑板式和复式磨光机手柄部位手传振动辐射测量的试验方法,确定了型式试验状态下操作机器时手柄握持部位振动量的型式检验程序。其测得的结果用于比较相同型式不同型号机器的振动量。

本部分适用于由气动或其他动力驱动的手持式机器(见第5章)。

本部分不适用于安装砂轮的直柄式砂轮机或砂带式磨光机。

注:为避免混淆“动力工具”和“插入工具”,本部分通篇采用“机器”代替“动力工具”。

2 规范性引用文件

下列文件对于本文件的应用是必不可少的。凡是注日期的引用文件,仅注日期的版本适用于本文件。凡是不注日期的引用文件,其最新版本(包括所有的修改单)适用于本文件。

GB/T 6247.2—2013 凿岩机械与便携式动力工具 术语 第2部分:液压工具(ISO 17066:2007,IDT)

GB/T 25631—2010 机械振动 手持式和手导式机械 振动评价规则(ISO 20643:2005,IDT)

ISO 630:1995 结构钢 钢板、钢带、型钢(Structural steels—Plates、wide flats、bars、sections and profiles)

ISO 2787:1984 回转和冲击式气动工具 性能试验(Rotary and percussive pneumatic tools—Performance tests)

ISO 5349:2001(所有部分) 机械振动 人体暴露于手传振动的测量和评定(Mechanical vibration—Measurement and evaluation of human exposure to hand-transmitted vibration)

ISO 5391:2003 气动工具和机械 词汇(Pneumatic tools and machines—Vocabulary)

EN 12096:1997 机械振动 振动辐射值的标示和验证(Mechanical vibration—Declaration and verification of vibration emission values)

3 术语、定义和符号

GB/T 6247.2—2013、GB/T 25631—2010 和 ISO 5391:2003 界定的以及下列术语、定义和符号适用于本文件。

3.1 术语和定义

3.1.1

抛光机 polisher

装有柔性垫和羊皮或是毛毡用于做表面抛光的机器。

注:改写 ISO 5391:2003,定义 2.1.4.6。

3.1.2

磨光机 sander

安装有配备了纤维材质圆盘或砂纸的柔性垫,用于磨光的机器。

注:改写 ISO 5391:2003,定义 2.1.4。

3.1.3

滑板式磨光机 orbital sander

驱动矩形垫做轨道运动的磨光机。

注:改写 ISO 5391:2003,定义 2.1.4.2。

3.1.4

手掌式磨光机 palm sander

手掌型复式磨光机 palm-type random orbital sander

驱动衬垫做复式运动或轨道运动的磨光机。

3.1.5

复式磨光机 random orbital sander

驱动旋转的圆形垫在做轨道运动的同时又能自转的磨光机。

[ISO 5391:2003,定义 2.1.4.3]

3.1.6

回转式磨光机 rotary sander

驱动一个圆形柔性垫做单纯回转运动的磨光机。

[改写 ISO 5391:2003,定义 2.1.4.1]

3.1.7

端面式磨光机 vertical rotary sander

马达和输出轴在一条轴线上的磨光机。

3.1.8

角式磨光机 angle rotary sander

输出轴与马达成一定角度的磨光机。

3.2 符号

下列量和单位符号适用于本文件。

符号	说 明	单位
a_{hw}	频率计权手传振动的均方根(r.m.s)单轴向加速度值	m/s^2
a_{hv}	频率计权均方根加速度的总振动值,是 a_{hw} 在 x、y、z 轴上分量的平方和的根	m/s^2
$\overline{a_{hv}}$	同一名操作者在同一握持位置的 a_{hv} 值的算术平均值	m/s^2
a_h	所有操作者在同一个握持位置的 $\overline{a_{hv}}$ 值的算术平均值	m/s^2
$\overline{a_h}$	多台机器上对于同一个握持位置的 a_h 值的算术平均值	m/s^2
a_{hd}	标示的振动辐射值	m/s^2
s_{n-1}	一组试验的标准偏差(针对于一件样品,s)	m/s^2
σ_R	可复现性标准偏差(针对于一个统计总体,σ)	m/s^2
C_v	一组试验的变异系数	—
K	不确定度	m/s^2

4 基本准则和振动试验方法

本部分以 GB/T 25631 的要求为基础,其结构除附录外在条款标题和编号等方面都与 GB/T 25631 相对应。

附录 A 提供了试验报告的样式,附录 B 是不确定度 K 的确定方法。

5 机器种类的描述

本部分适用于以表面处理为目的而非以去除材料为目的的手持式机器。

图 1～图 7 所示为本部分所涵盖的典型抛光机和磨光机实例。

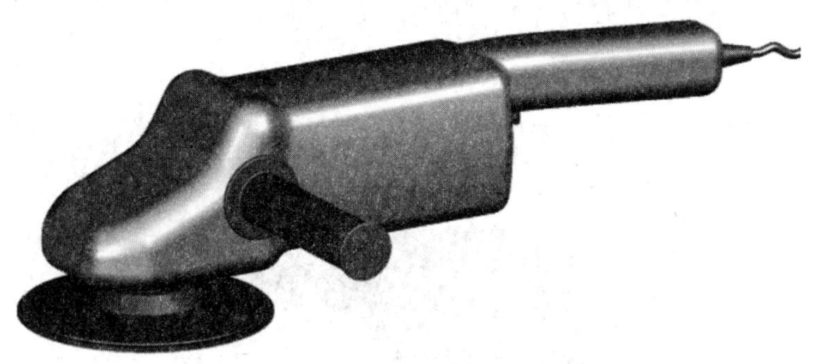

图 1 具有单独主柄的角式磨光机/抛光机

图 2 马达作为主柄的角式磨光机/抛光机

图 3 端面式磨光机/抛光机

图 4 单手操作的角式磨光机/抛光机

图 5 复式磨光机

图 6　手掌式磨光机

图 7　滑板式磨光机

6　振动特性描述

6.1　测量方向

手传振动应在正交坐标系的 3 个方向上测量并记录。每个手握位置的振动都应在如图 8～图 14 所示的 3 个方向上同时测量。

6.2　测量位置

测量应在操作者通常握持机器并施加推力的位置上进行。对于单手操作的机器只需在一个点上测量即可。

规定的传感器位置应尽可能靠近手的拇指和食指之间。这个位置也适用于正常操作中用两手握持机器的位置。只要有可能,测量都应在此规定的位置上进行。

传感器的补充位置规定在手柄端内侧,尽可能靠近规定位置的侧面上。如果传感器的规定位置无法使用,则应使用补充位置。

在减振手柄上也应使用传感器的规定位置和补充位置。

针对此类不同型式机器通常所采用的握持位置，图 8～图 14 给出了传感器的规定位置与补充位置及测量方向。

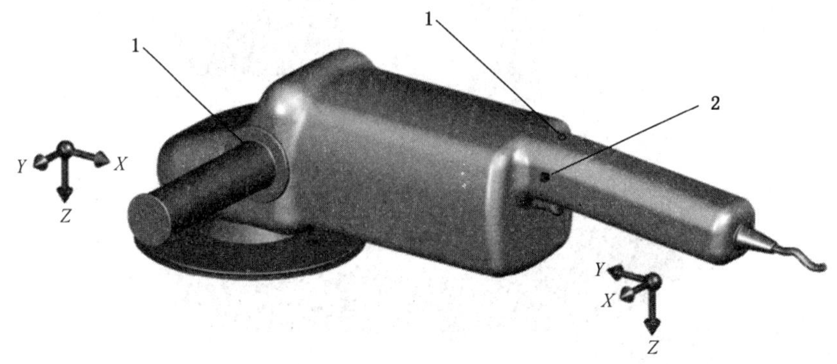

说明：

1——传感器的规定位置；

2——传感器的补充位置。

图 8　具有单独主柄的角式磨光机/抛光机测量位置

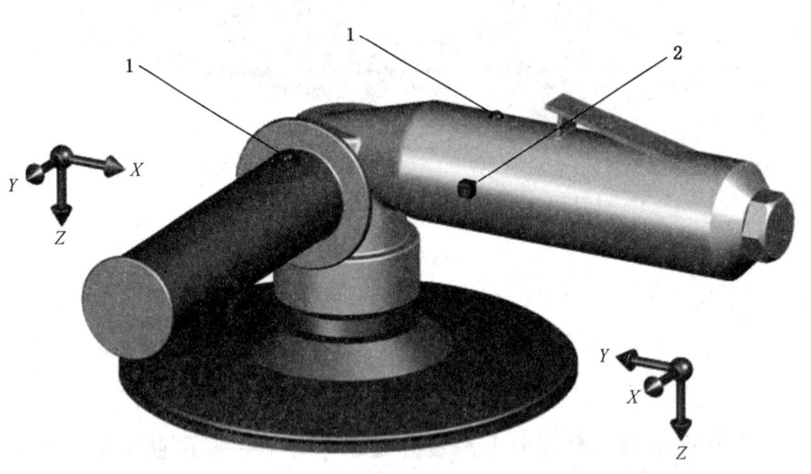

说明：

1——传感器的规定位置；

2——传感器的补充位置。

图 9　马达作为主柄的角式磨光机/抛光机的测量位置

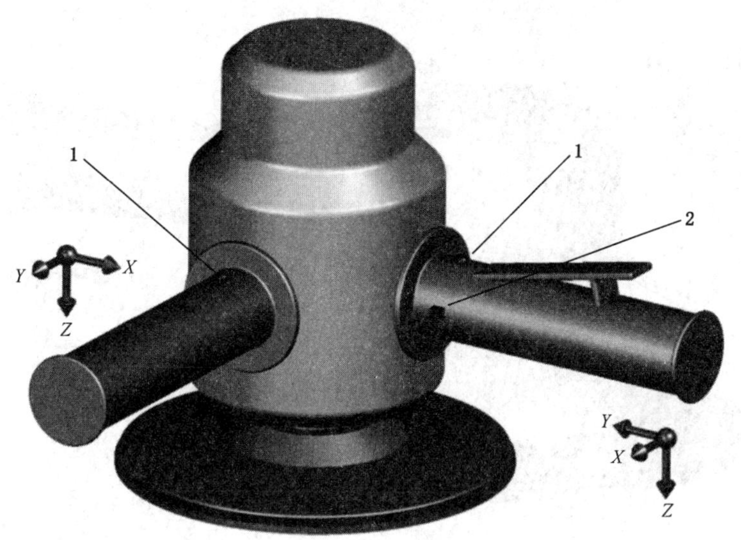

说明：

1——传感器的规定位置；

2——传感器的补充位置。

图 10 端面式磨光机/抛光机的测量位置

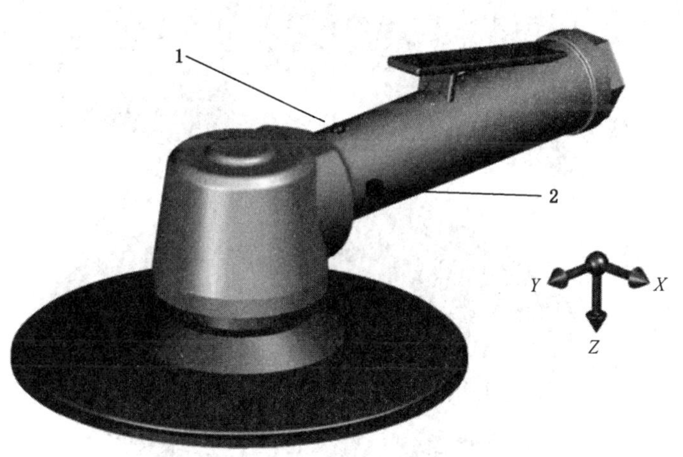

说明：

1——传感器的规定位置；

2——传感器的补充位置。

图 11 单手操作角式磨光机/抛光机的测量位置

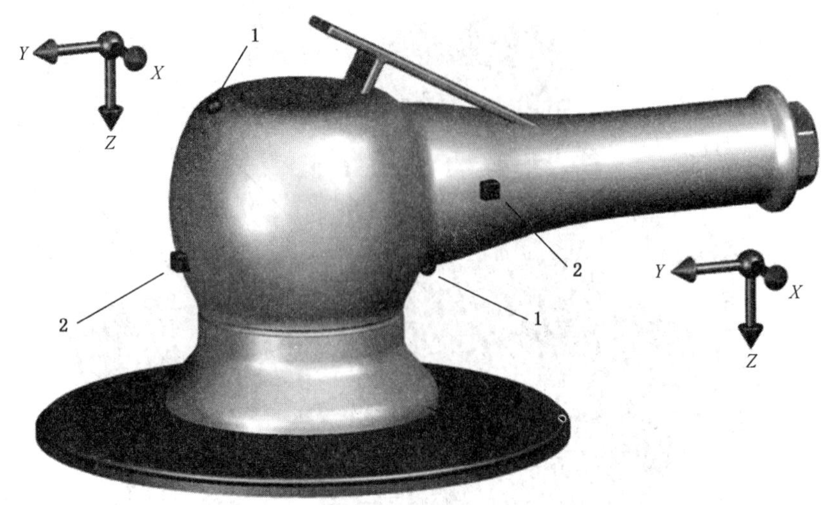

说明：

1——传感器的规定位置；

2——传感器的补充位置。

图 12　复式磨光机的测量位置

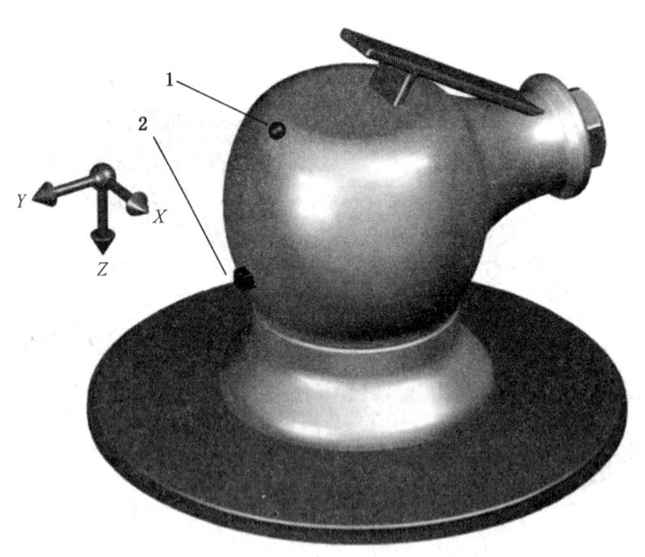

说明：

1——传感器的规定位置；

2——传感器的补充位置。

图 13　手掌式磨光机的测量位置

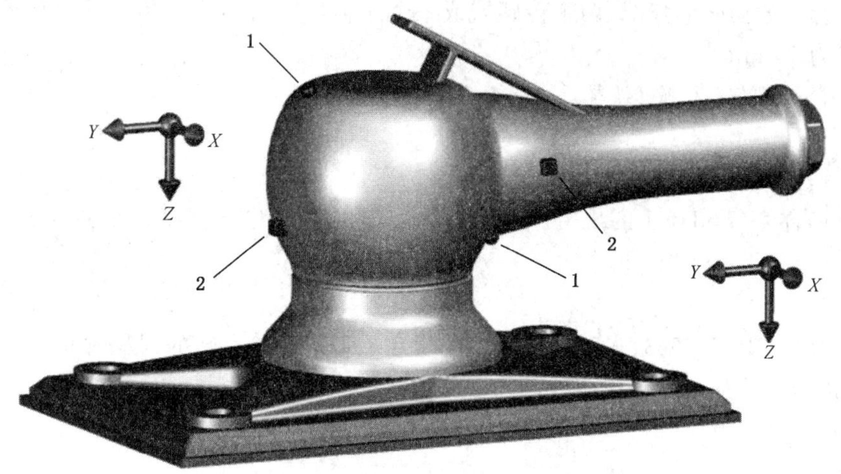

说明：
1——传感器的规定位置；
2——传感器的补充位置。

图 14 滑板式磨光机的测量位置

6.3 振动的量

振动的量应符合 GB/T 25631—2010 中 6.3 的规定。

6.4 振动方向的合成

对于采用的两个握持位置，都应按 GB/T 25631—2010 中 6.4 的规定记录所获得的总振动值。容许在具有最高读数的握持位置上进行记录和试验。在此握持位置的总振动值应至少比其他位置高出 30%。这个结果可在初次测试时，由一名操作者进行 5 次试验获得。

为了获得每次试验运转的总振动值 a_{hv}，应将每个方向上的测量结果按式(1)进行合成。

$$a_{\mathrm{hv}}=\sqrt{a_{\mathrm{hw}x}{}^{2}+a_{\mathrm{hw}y}{}^{2}+a_{\mathrm{hw}z}{}^{2}} \quad \cdots\cdots(1)$$

7 仪表要求

7.1 总则

试验用仪器仪表应符合 GB/T 25631—2010 中 7.1 的规定。

7.2 传感器的安装

7.2.1 传感器的技术要求

GB/T 25631—2010 中 7.2.1 给出的传感器技术要求适用于本部分。

传感器及其固定装置的总重量与机器、手柄等的重量相比应尽可能小到不至于影响测量结果。这一点对于轻质塑料手柄尤为重要(见 ISO 5349-2)。

7.2.2 传感器的连接

传感器或所使用的固定块应刚性地连接到手柄表面。

如果使用了 3 个单轴传感器，它们应分别连接在固定块的 3 个侧面。

对于两轴平行于振动面的情况,两个传感器或一个三轴传感器的两个传感元件的测量轴与振动表面的最大距离应为 10 mm。

注:通常测量时不需要使用机械滤波器。

7.3 频率计权滤波器

频率计权应符合 ISO 5349-1 的规定。

7.4 累积时间

累积时间应符合 GB/T 25631—2010 中 7.4 的规定。每次试验运转的累积时间应不少于 16 s,以便与 8.4.3 规定的机器运转持续时间相一致。

7.5 辅助设备

对于气动机器,其供气压力应采用精度等于或优于 0.01 MPa 的压力表来测量。

对于液压机器,其流量应采用精度等于或优于 0.25 L/min 的流量计来测量。

对于电动机械,其电压应采用精度等于或优于有效值的 3%的伏特表来测量。

推力应采用精度优于 1 N——如供操作者站立的测力秤来测量。

7.6 校准

校准的技术要求应符合 GB/T 25631—2010 中 7.6 的规定。

8 机器的试验和运转条件

8.1 总则

应对润滑良好、运转正常的新制机器进行测量。试验期间应以类似于正常磨光和抛光使用时的方式来安装和握持机器。对于有些类型的机器,如果制造商规定了预热时间,应保证在试验开始之前先预热机器。

抛光机和磨光机的测试,通过执行在一水平钢制平面上进行磨光和抛光作业的实际工作任务来进行。机器以 8 字型模式移动时,对其施加的推力应测量并记录。为了获得较好的测量结果复现性,要严格按照 8.4 规定的试验程序进行测试。

单手操作的机器在试验期间应只用单手握持。测量只在实际握持位置的一个测点上进行。测量期间不应安装辅助手柄。

试验期间供给机器的动力源应在制造企业规定的额定工况下,而且机器的运转应平稳。

8.2 运转条件

8.2.1 气动机器

进行试验时,机器应按照制造企业的技术要求,在额定气压下运转。机器的运转应平稳,并应测量和记录气压。

应采用制造企业推荐直径的软管对机器供气。试验软管应通过螺纹管接头连接到机器上,最好采用随机提供的螺纹管接头。试验软管的长度应为 3 m。试验软管应用管箍夹紧,不应使用快换接头,因为快换接头的质量会影响振动量的大小。

气动机器的供气压力应按 ISO 2787:1984 的规定进行测量,并保持在制造企业规定的压力值上。试验时,在软管前直接测定的气压,比制造企业推荐压力值的压降不应超出 0.02 MPa。

8.2.2 液压机器

试验时机器应在额定功率(即额定流量)下运转,并应按制造企业的技术要求予以使用,运转应平稳。测量开始前应使机器预热约 10 min。应测量并记录流量。

8.2.3 电动机器

试验时机器应在额定电压下运转,并应按制造企业的技术要求予以使用。运转应平稳,应测量并记录电压。

8.3 其他参数的规定

应测量并记录推力。

8.4 附加设备、工件和任务

8.4.1 附加设备

抛光机应使用制造企业推荐的抛光垫进行试验。

滑板式磨光机和复式磨光机应使用制造企业推荐的用于钢制品的支承垫进行试验。研磨材料应采用制造企业推荐的晶粒度为 180,适用于钢制品的研磨材料。对于一般不使用晶粒度为 180 研磨材料的机型,应采用该机型最常用的晶粒度材料。研磨材料应是全新的,并在测量开始之前应先预磨约 1 min。当砂纸有磨损迹象时应更换。

回转式磨光机应使用制造企业推荐的用于钢制品的支承垫进行试验。研磨材料应适用于钢制品,其晶粒度应为磨光机通常试验时使用的专用型号。

对于为特殊用途设计的磨光机,应在其执行特殊作业时进行测量并记录。

8.4.2 工件

工件应是一块符合 ISO 630:1995 规定,类似于 E235 型号的低碳钢板,将其水平安装在一个稳定的基座上,钢板尺寸应不小于 400 mm×300 mm×20 mm。

对于滑板式磨光机和复式磨光机来说,在试验准备阶段应先将工件表面预处理到表面粗糙度 Ra 小于或等于 8.0 μm,并通过试验程序予以维护。

安装好的工件不应有在手臂振动频率范围内的任何共振,以免影响试验结果。

8.4.3 试验程序

通过磨光和抛光作业进行试验,机器应在工件表面以 8 字型匀速移动(见图 15),每走一个 8 字用时约 4 s,整个试验时间应足够长,以满足机器平稳运转 16 s 的累计时间。

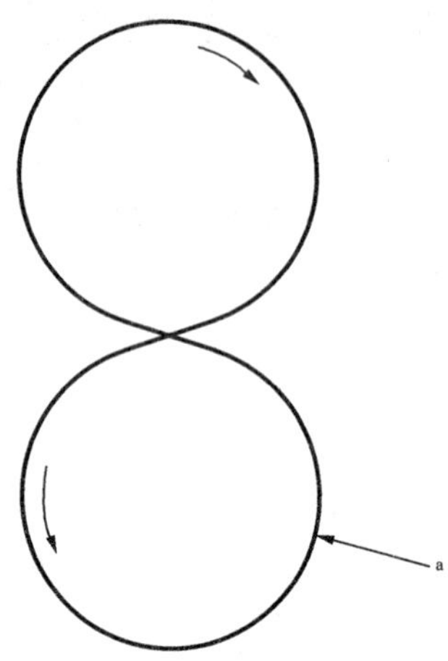

[a] 半径约 50 mm。

图 15 机器的移动模式

除机器本身的重量外，施加的垂直推力应确保机器以其正常性能水平稳定运转。垂直推力的大小除机器本身的重量外应符合表 1 的规定。推力由操作者施加并控制(如操作者站在可以显示数值的测力秤上进行试验)，应测量并记录推力。

表 1 推力

机重 kg	推力 N
<1.5	30±5
⩾1.5	50±5

表 1 中规定的推力或是为获得额定输出功率而应达到的力，两者之间选择较低的数值。

工件的高度应调整到使操作者能够以常规姿势操纵机器为准(见图 16)。

双手柄的抛光机、滑板式磨光机和复式磨光机应用双手握持操作。

单手柄的机器应一手握持机器手柄另一只手按在机壳(或机头)上操作。

没有手柄的抛光机和磨光机应单手按握在机壳上操作。

用单手握持使用的机器，在试验期间应用单手握持操作。

对于双手柄的抛光机和磨光机，应在手柄上施加推力，且施加的推力应垂直于工作面并平行于衬垫的回转轴。

对于单手柄或没有手柄用单手按握在机壳上操作的抛光机和磨光机，推力应施加在机器的机壳上，且施加的推力应垂直于工作面并接近于衬垫的回转轴。

施加于手柄上的推力和扭矩会影响到振动，因此把握手柄上推力和扭矩的大小要近似于实际工况下的操作经验值，这一点非常重要。

图 16　操作者的工作状态

8.5　操作者

试验期间应由 3 名不同的操作者操纵机器。操作者对机器的振动会产生影响，所以，操作者应能熟练正确地握持并操纵机器。

9　测量规程和测量的有效性

9.1　振动值的记录

对每台试验机器，应完成 3 组、每组 5 次的连续测量，每组试验用一名不同的操作者。

测得的振动值(见 6.4)宜按附录 A 进行记录。

应计算出 3 位操作者的每个手持位置的变异系数(C_v)和标准偏差(s_{n-1})。一组试验的变异系数(C_v)等于该组试验的标准偏差(s_{n-1})与试验平均值的比值：

$$C_v = \frac{s_{n-1}}{\overline{a_{hv}}} \qquad \cdots\cdots(2)$$

由于 s_{n-1} 等同于 s_{rec}(见附录 B)，式中第 i 个 a_{hvi} 值的标准偏差为：

$$s_{n-1} = \sqrt{\frac{1}{n-1}\sum_{i=1}^{n}(a_{hvi} - \overline{a_{hv}})^2} \qquad \cdots\cdots(3)$$

式中：

$\overline{a_{hv}}$——一组试验的平均值，单位为米每二次方秒(m/s²)；

n ——测量值的个数，$n=5$。

如果 C_v 大于 0.15 或 s_{n-1} 大于 0.3 m/s²，那么在接受测量数据前应检查测量过程的误差。

9.2　振动值的标示和验证

应计算出每位操作者 5 次试验运转的 a_{hv} 值的算术平均值 $\overline{a_{hv}}$。

宜计算出 3 名操作者在每个握持位置上获得的 3 个 $\overline{a_{hv}}$ 值的算术平均值 a_h。

仅对一台机器进行的试验,标示值 a_{hd} 为对两个握持位置所记录的 a_h 值中的最高值。

对 3 台或更多机器进行的试验,应计算出不同机器每个握持位置上的 a_h 值的算术平均值 $\overline{a_h}$。标示值 a_{hd} 为对两个握持位置所记录的 $\overline{a_h}$ 值中的最高值。

a_{hd} 和不确定度 K 均应按 EN 12096:1997 确定的精度表示。a_{hd} 要给出单位 m/s^2,并对以 1 开始的 a_{hd} 的数值用 3 位有效数字表示,其中末位只精确到前一位的半个单位值(如:1.20 m/s^2、14.5 m/s^2);a_{hd} 的其他数值则用两位有效数字表示就足够了(如 0.93 m/s^2、8.9 m/s^2)。K 值应采用与 a_{hd} 相同的小数位数表示。

不确定度 K 应以可复现性标准偏差 σ_R 为基础,按 EN 12096:1997 的规定予以确定。K 值应按附录 B 的要求计算。

10 测试报告

在试验报告中应给出以下信息:

a) 参照 GB/T 26548 的本部分(即 GB/T 26548.3);

b) 测量实验室名称;

c) 测量日期和试验负责人姓名;

d) 手持式机器的详细说明(生产企业、型号、产品编号等);

e) 标示的振动辐射值 a_{hd} 和不确定度 K;

f) 附加的或插入的工具;

g) 动力源(提供的气压、输入电压等);

h) 仪器(加速度计、记录仪器、硬件、软件等);

i) 传感器的位置和固定方式、测量方向及各方向上的每个振动值;

j) 运转状态及 8.2 和 8.3 规定的其他量值;

k) 详述试验结果(参见附录 A);

l) 滑板式磨光机和复式磨光机所用衬垫的重量。

如果使用了不同于本部分规定的其他传感器位置或测量方法,就应详细说明并应将改变传感器位置的理由写入试验报告。

附　录　A
（资料性附录）
抛光机和磨光机振动试验报告格式

振动试验报告格式见表 A.1 和表 A.2。

表 A.1　通用信息和结果报告

<table>
<tr><td colspan="2">根据 GB/T 26548.3《手持便携式动力工具　振动试验方法　第 3 部分：抛光机，回转式、滑板式和复式磨光机》的规定，进行了本次试验</td></tr>
<tr><td colspan="2">试验机构</td></tr>
<tr><td>检测单位(公司/实验室)：</td><td>试 验 者：
报 告 人：
试验日期：</td></tr>
<tr><td colspan="2">试验对象和标示值</td></tr>
<tr><td>试验的机器(动力源和机器型式、制造企业、机器型号和名称、额定空转转速)：</td><td>标示的振动值 a_{hd} 和不确定度 K：</td></tr>
<tr><td colspan="2">测量设备</td></tr>
<tr><td colspan="2">传感器(制造企业、型号、位置、固定方法、图片和使用的机械滤波器)：</td></tr>
<tr><td>振动测量仪器：</td><td>辅助设备：</td></tr>
<tr><td colspan="2">操作和试验条件及测量结果</td></tr>
<tr><td colspan="2">试验条件(衬垫型号和重量、磨削材料、工件、握持位置、图片)：</td></tr>
<tr><td>测量时的推力：</td><td>动力源(气压、液压流量、电压)：</td></tr>
<tr><td colspan="2">其他量值的记录：</td></tr>
</table>

表 A.2 一台机器的测量结果

日期： 年 月 日			机器型号：				机器编号：				
试验序号	操作者编号	试验次数	主柄(握持位置 1)								
			a_{hwx}	a_{hwy}	a_{hwz}	a_{hv}	操作者统计值			a_h	s_R
							$\overline{a_{hv}}$	s_{n-1}	C_v		
1	1	1									
2		2									
3		3									
4		4									
5		5									
6	2	1									
7		2									
8		3									
9		4									
10		5									
11	3	1									
12		2									
13		3									
14		4									
15		5									
试验序号	操作者编号	试验次数	辅助主柄(握持位置 2)								
			a_{hwx}	a_{hwy}	a_{hwz}	a_{hv}	操作者统计值			a_h	s_R
							$\overline{a_{hv}}$	s_{n-1}	C_v		
1	1	1									
2		2									
3		3									
4		4									
5		5									
6	2	1									
7		2									
8		3									
9		4									
10		5									
11	3	1									
12		2									
13		3									
14		4									
15		5									
注：a_{hv}和$\overline{a_{hv}}$按 6.4 和 9.2 计算，s_{n-1}和 C_v 按 9.1 计算，s_R 按附录 B 计算。											

附 录 B
（规范性附录）
不确定度的确定

B.1 总则

不确定度值 K 表示标示的振动辐射值 a_{hd} 的不确定度。就每一个批次的机器而言，K 值表示该批机器振动值的偏差，单位为 m/s²。

a_{hd} 和 K 的和表示单台机器振动值的范围，和/或一个批次新制机器大部分振动值应处的范围。

B.2 对单台机器的试验

仅对一台机器进行的试验，不确定度 K 应按式(B.1)给出：

$$K = 1.65\sigma_R \quad \cdots\cdots (B.1)$$

式中：

σ_R——用式(B.2)或式(B.3)给出的 s_R 值估算出的可复现性标准偏差。

$$s_R = \sqrt{\overline{s_{rec}}^2 + s_{op}^2} \quad \cdots\cdots (B.2)$$

$$s_R = 0.06a_{hd} + 0.3 \quad \cdots\cdots (B.3)$$

以上两个公式哪个数值大用哪个。

注 1：式(B.3)是基于经验给出较低范围 s_R 的经验公式。

计算只对给出 a_h 最高值的握持位置进行，式(B.2)中的 $\overline{s_{rec}}^2$ 是 5 次试验结果标准偏差的算术平均值。对于第 j 个操作者，依据 9.2 的规定，s_{recj} 等同于 s_{n-1}，所以每位操作者的 s_{recj}^2 值用式(B.4)计算：

$$s_{recj}^2 = \frac{1}{n-1}\sum_{i=1}^{n}(a_{hvji} - \overline{a_{hvj}})^2 \quad \cdots\cdots (B.4)$$

式中：

n ——测量值的个数，$n=5$；

a_{hvij}——第 j 个操作者第 i 次试验的总振动值；

$\overline{a_{hvj}}$——第 j 个操作者测量的平均总振动值；

s_{op} ——3 名操作者测量结果的标准偏差，即：

$$s_{op}^2 = \frac{1}{m-1}\sum_{j=1}^{m}(\overline{a_{hvj}} - a_h)^2 \quad \cdots\cdots (B.5)$$

式中：

m ——操作者人数，$m=3$；

$\overline{a_{hvj}}$ ——第 j 位操作者的平均振动值(5 次试验的平均值)；

a_h ——3 名操作者的平均振动值；

a_{hd} ——对两个握持位置所记录的 a_h 的最高值。

注 2：s_R 是在不同试验中心进行试验的可复现性标准偏差的一个估计值。对于本部分所规定的试验，由于目前缺乏本部分所规定试验的可复现性的资料，所以，s_R 的值是按照 EN 12096 的规定，基于对单个测试对象和不同测试对象所进行的试验的可重复性得到的。

B.3　对成批机器的试验

对于3台或更多数量机器的试验，应按式(B.6)给出不确定度K：

$$K=1.5\sigma_t \tag{B.6}$$

式(B.6)中的σ_t通过s_t来估算，s_t由式(B.7)或式(B.8)给出：

$$s_t=\sqrt{\overline{s_R^{\ 2}}+s_b^{\ 2}} \tag{B.7}$$

$$s_t=0.06a_{hd}+0.3 \tag{B.8}$$

以上两个公式哪个数值大用哪个。

计算只对给出$\overline{a_h}$最高值的握持位置进行。

在式(B.7)中，$\overline{s_R^{\ 2}}$是同批次不同机器s_R^2的平均值，每台机器的s_R值用式(B.2)计算；s_b是每台机器试验结果的标准偏差，即：

$$s_b^{\ 2}=\frac{1}{p-1}\sum_{l=1}^{p}(a_{hl}-\overline{a_h})^2 \tag{B.9}$$

式中：

a_{hl}——第l台机器同一握持位置的振动值；

$\overline{a_h}$——不同机器在同一握持位置上的振动值a_h的平均值；

a_{hd}——对两个握持位置记录的$\overline{a_h}$的最高值；

p——试验机器的数量(≥3)。

参 考 文 献

[1] GB/T 15706 机械安全 设计通则 风险评估与风险减小(GB/T 15706—2012,ISO 12100:2010,IDT)

[2] IEC 60745(所有部分) 手持式电机驱动的电动工具 安全

ICS 13.160;25.140.10
J 48

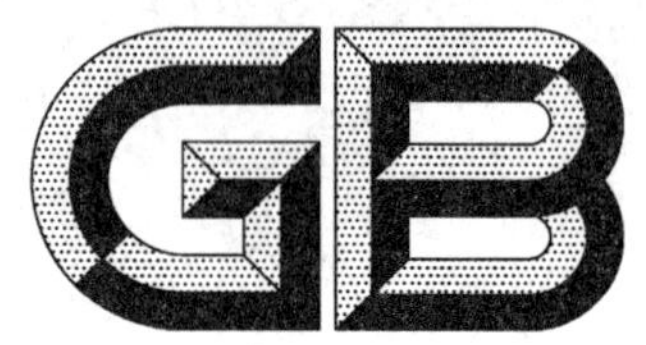

中华人民共和国国家标准

GB/T 26548.5—2017/ISO 28927-5:2009

手持便携式动力工具　振动试验方法　第5部分:钻和冲击钻

Hand-held portable power tools—Test methods for evaluation of vibration emission—Part 5:Drills and impact drills

(ISO 28927-5:2009,IDT)

2017-05-12 发布　　　　2017-12-01 实施

中华人民共和国国家质量监督检验检疫总局
中国国家标准化管理委员会　发布

前　　言

GB/T 26548《手持便携式动力工具　振动试验方法》分为以下几部分：

——第 1 部分：角式和端面式砂轮机；

——第 2 部分：气扳机、螺母扳手和螺丝刀；

——第 3 部分：抛光机，回转式、滑板式和复式磨光机；

——第 4 部分：直柄式砂轮机；

——第 5 部分：钻和冲击钻；

——第 6 部分：夯实机；

——第 7 部分：冲剪机和剪刀；

——第 8 部分：往复式锯、抛光机和锉刀以及摆式或回转式锯；

——第 9 部分：除锈锤和针束除锈器；

——第 10 部分：冲击式凿岩机、锤和破碎机；

——第 11 部分：石锤；

——第 12 部分：模具砂轮机。

本部分为 GB/T 26548 的第 5 部分。

本部分按照 GB/T 1.1—2009 给出的规则起草。

本部分使用翻译法等同采用 ISO 28927-5:2009《手持便携式动力工具　振动试验方法　第 5 部分：钻和冲击钻》。

与本部分中规范性引用的国际文件有一致性对应关系的我国文件如下：

——GB/T 9439—2010　灰铸铁件(ISO 185:2005,MOD)

——GB/T 700—2006　碳素结构钢(ISO 630:1995,NEQ)

——GB/T 5621—2008　凿岩机械与气动工具　性能试验方法(ISO 2787:1984,MOD)

——GB/T 6247.1—2013　凿岩机械与便携式动力工具　术语　第 1 部分：凿岩机械、气动工具和气动机械(ISO 5391:2003,MOD)

——GB/T 14790(所有部分)　机械振动　人体暴露于手传振动的测量与评价[ISO 5349(所有部分)]

本部分做了下列编辑性修改：

——将国际标准中的“bar”换算成“MPa”(1 bar=0.1 MPa)；

——改正了国际标准 8.4.2 中的印刷错误，“图 13”改为“图 15”，“200 m”改为“200 mm”；

——将国际标准中的转速单位“min^{-1}”改为“r/min”。

本部分由中国机械工业联合会提出。

本部分由全国凿岩机械与气动工具标准化技术委员会(SAC/TC 173)归口。

本部分起草单位：深圳市凯强力科技有限公司、天水凿岩机械气动工具研究所、浙江瑞丰五福气动工具有限公司。

本部分主要起草人：方莹、朱洵慧、潘灵钢、孔玉霞、李贵杰、蔡超善、李永刚。

引 言

本文件是GB/T 15706中规定的C类标准。

对于按照C类标准的要求设计和制造的机器,当C类标准的要求不同于A类或B类标准中的要求时,C类标准中的要求要优于其他类标准。

GB/T 25631中给出了手持式和手导式机械振动辐射测量的通用技术条件,GB/T 26548以该标准为基础,给出了手持便携式机器的振动试验方法,规定了机器在型式试验条件下的运行及对型式试验性能的其他要求。其标准结构和章的编号与GB/T 25631一致。

GB/T 26548的本部分采用了欧洲系列标准EN 60745中首次采用的传感器基本定位方法,由于延续性的原因在描述上与GB/T 25631不一致。传感器首选放置在靠近手的拇指和食指之间的区域,因为这个位置对操作者握持机器的干扰最小。

人们发现通常钻在使用时产生的振动相差很大。对于冲击钻来说,冲击作用是振动产生的主要来源,同时测量结果的改变也受钻头质量、作业工件和操作人员技能的影响。对于不带冲击功能的钻来说,钻夹和插入工具的不平衡,以及钻夹的不同心都会造成测量结果的改变。有些钻孔操作,钻头和作业工件间的相互作用也能引起振动。

本部分采用了一种真实的工作过程用于试验。为了提供一个可给出较好的可复现性测量结果的试验方法,选择的试验程序所产生的振动值要尽可能符合GB/T 25631的要求,并严格遵守GB/T 25631对试验细节描述的要求。工作场所振动暴露的评定要采用ISO 5349的程序。

所获得的值是型式试验值,用来表示机器在实际使用中典型振动量的上四分位数的平均值。然而,实际值有时变化很大,这取决于许多因素,包括操作者、工作任务以及插入工具或消耗品等。机器本身的保养状况可能也很重要。在真实工作状态下操作者和操作程序对低幅振动量的影响尤其重要。因此,低于2.5 m/s^2的振动辐射值,在真实工作状态下不推荐评定。在这种情况下,建议用2.5 m/s^2的振动量值来直接评估机器的振动。

如果特定工作场所要求精确值,那么有必要在此工作状况下按ISO 5349的规定进行测量。在实际工作条件下实测的振动值可能比用GB/T 26548的本部分获得的值高,也可能低。

在实际工况下,由于使用了磨损或弯曲的钻头、磨损或不平衡的钻夹、或是钻进动力、钻头尺寸和推力不匹配等原因都容易产生较高的振动值。

手持便携式动力工具 振动试验方法 第5部分:钻和冲击钻

1 范围

GB/T 26548 的本部分规定了手持式动力驱动的钻和冲击钻手柄部位手传振动辐射测量的试验方法,确定了安装有钻头的钻,其手柄握持部位振动量的型式检验程序。其测得的结果用于比较相同型式不同型号的机器。

本部分适用于由气动或其他动力驱动的,通过回转和冲击作用在各种材料上钻孔的直柄式钻、枪柄式钻和角式钻(见第5章)。

本部分不适用于以丝杆推进的重型钻或是以内燃机驱动的钻。

注:为避免混淆“动力工具”和“插入工具”,本部分通篇采用“机器”代替“动力工具”。

2 规范性引用文件

下列文件对于本文件的应用是必不可少的。凡是注日期的引用文件,仅注日期的版本适用于本文件。凡是不注日期的引用文件,其最新版本(包括所有的修改单)适用于本文件。

GB/T 6247.2—2013 凿岩机械与便携式动力工具 术语 第2部分:液压工具(ISO 17066:2007,IDT)

GB/T 25631—2010 机械振动 手持式和手导式机械 振动评价规则(ISO 20643:2005,IDT)

ISO 185:2005 灰铸铁 分类(Grey cast irons—Classification)

ISO 630:1995 结构钢 板材、宽带材、棒材、截面和剖面(Structural steels—Plates、wide flats、bars、sections and profiles)

ISO 679:2009 水泥 试验方法 强度测定(Cemen—Test methods—Determination of strength)

ISO 2787:1984 回转和冲击式气动工具 性能试验(Rotary and percussive pneumatic tools—Performance tests)

ISO 5349:2001(所有部分) 机械振动 人体手传振动的测量与评估(Mechanical vibration—Measurement and evaluation of human exposure to hand-transmitted vibration)

ISO 5391:2003 气动工具和机械 词汇(Pneumatic tools and machines—Vocabulary)

EN 12096:1997 机械振动 振动辐射值的标示和验证(Mechanical vibration—Declaration and verification of vibration emission values)

3 术语、定义和符号

GB/T 6247.2—2013、GB/T 25631—2010 和 ISO 5391:2003 界定的以及下列术语、定义和符号适用于本文件。

3.1 术语和定义

3.1.1

钻 drill

通过齿轮减速器驱动输出轴的回转式机器。

注 1：通常输出轴装有钻夹，或装有带莫氏锥度或其他锥度的套管，使其便于在金属、木材和其他材料上通过钻进、铰削和管道扩孔的方式成孔。

注 2：改写 ISO 5391:2003，定义 2.1.1。

3.1.2

直柄式钻 straight drill

手柄、马达与输出轴同轴的钻。

注：改写 ISO 5391:2003，定义 2.1.1.1。

3.1.3

角式钻 angle drill

输出轴与手柄、马达轴线成一定角度的钻。

注：改写 ISO 5391:2003，定义 2.1.1.3。

3.1.4

枪柄式钻 drill with pistol grip; pistol-grip drill

工具手柄安装在马达和输出轴侧面的钻。

[ISO 5391:2003，定义 2.1.1.2]

3.1.5

冲击钻 impact drill

内部安装有冲击系统对回转输出轴产生轴向冲击运动的钻。

3.1.6

加载装置 loading device

用于获得机器输出轴稳定的转速并吸收机器输出能量的装置。

3.2 符号

下列量和单位符号适用于本文件。

符号	说明	单位
a_{hw}	频率计权手传振动的均方根(r.m.s)单轴向加速度值	m/s^2
a_{hv}	频率计权均方根加速度的总振动值，是 a_{hw} 在 X、Y、Z 轴上分量的平方和的根	m/s^2
$\overline{a_{hv}}$	同一名操作者在同一握持位置的 a_{hv} 值的算术平均值	m/s^2
a_h	所有操作者在同一个握持位置的 $\overline{a_{hv}}$ 值的算术平均值	m/s^2
$\overline{a_h}$	多台机器上对于同一个握持位置的 a_h 值的算术平均值	m/s^2
a_{hd}	标示的振动辐射值	m/s^2
s_{n-1}	一组试验的标准偏差(针对于一件样品，s)	m/s^2
σ_R	可复现性标准偏差(针对于一个统计总体，σ)	m/s^2
C_v	一组试验的变异系数	—
K	不确定度	m/s^2

4 基本准则和振动试验方法

本部分以 GB/T 25631 的要求为基础，其结构除附录外在条款标题和编号等方面都与 GB/T 25631 相对应。

附录 A 提供了试验报告的样式，附录 B 是不确定度 K 的确定方法。

5 机器种类的描述

本部分适用于通过回转和冲击作用在各种材料上钻孔的手持式机器。

图 1～图 7 所示为 GB/T 26548 的本部分所涵盖的典型钻实例。

图 1 直柄式钻

图 2 带辅助手柄的直柄式钻

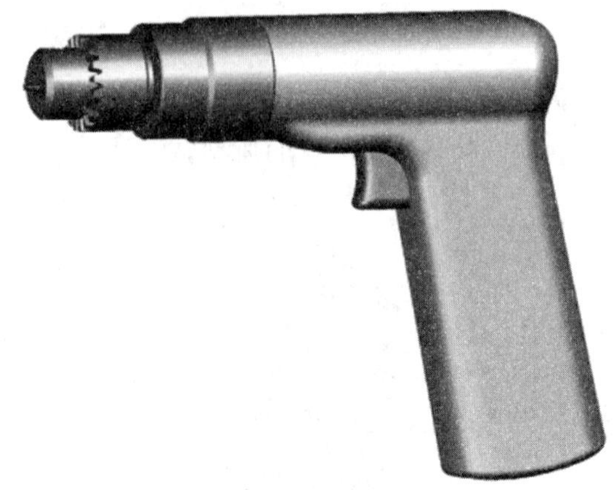

图 3 枪柄式钻

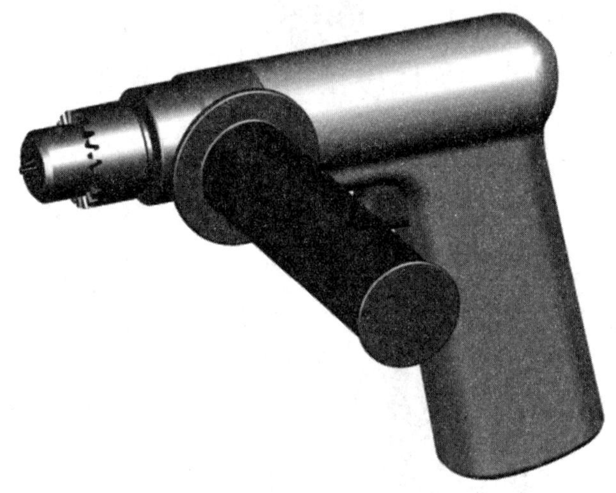

图 4 带辅助手柄的枪柄式钻

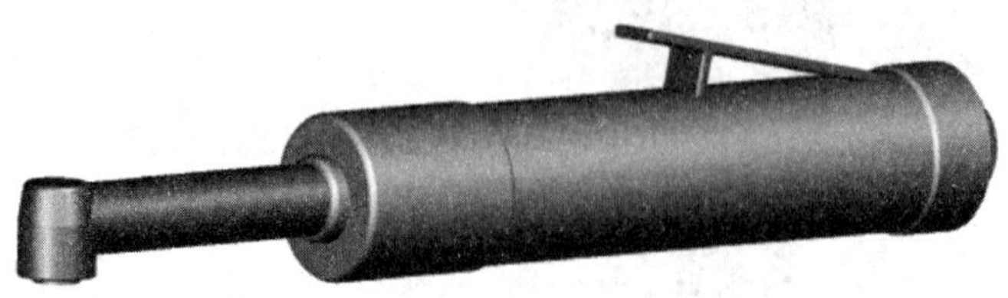

图 5 角式钻

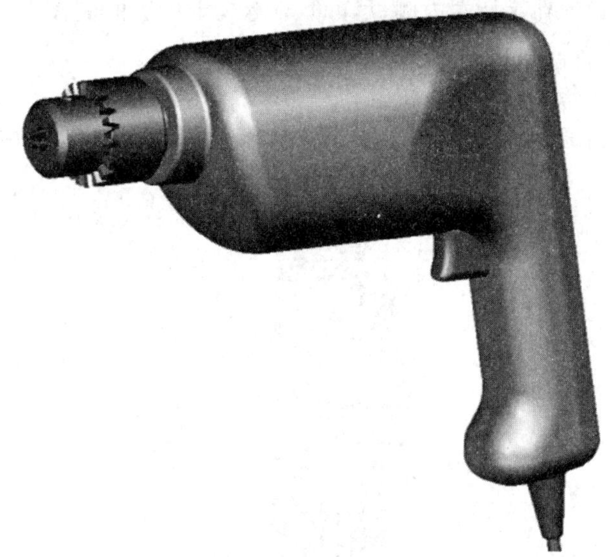

图 6 冲击钻

图 7 带辅助手柄的冲击钻

6 振动特性描述

6.1 测量方向

手传振动应在正交坐标系的 3 个方向上测量并记录。每个手握位置的振动都应在如图 8～图 14 所示的 3 个方向上同时测量。

6.2 测量位置

测量应在操作者通常握持机器并施加推力的位置上进行。对于单手操作的机器只需在一个点上测量即可。

规定的传感器位置应尽可能靠近手的拇指和食指之间。这个位置也适用于正常操作中用两手握持机器的位置。只要有可能，测量都应在此规定的位置上进行。

传感器的补充位置被规定在手柄端内侧，尽可能靠近规定位置的侧面上。如果传感器的规定位置无法使用，则应使用补充位置。

在减振手柄上也应使用传感器的规定位置和补充位置。

针对此类不同型式机器通常所采用的握持位置，图 8～图 14 给出了传感器的规定位置与补充位置及测量方向。

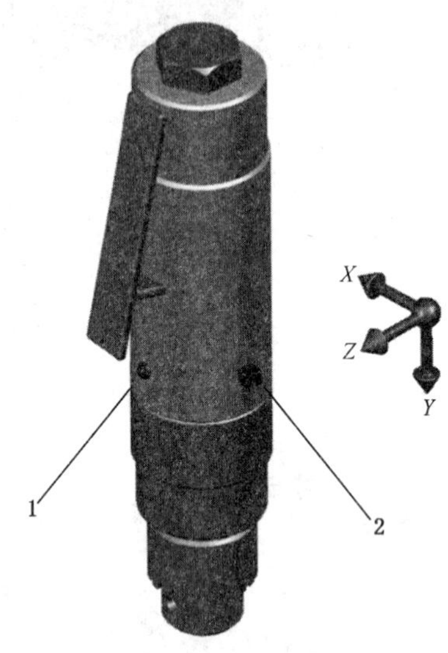

说明：

1——传感器的规定位置；

2——传感器的补充位置。

图 8　直柄式钻的测量位置

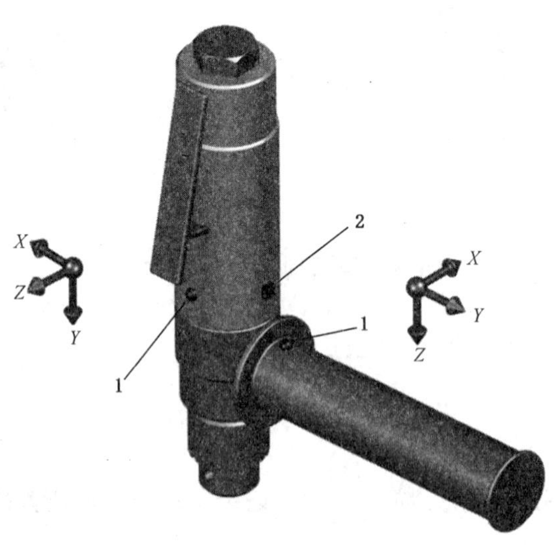

说明：

1——传感器的规定位置；

2——传感器的补充位置。

图 9　带辅助手柄的直柄式钻的测量位置

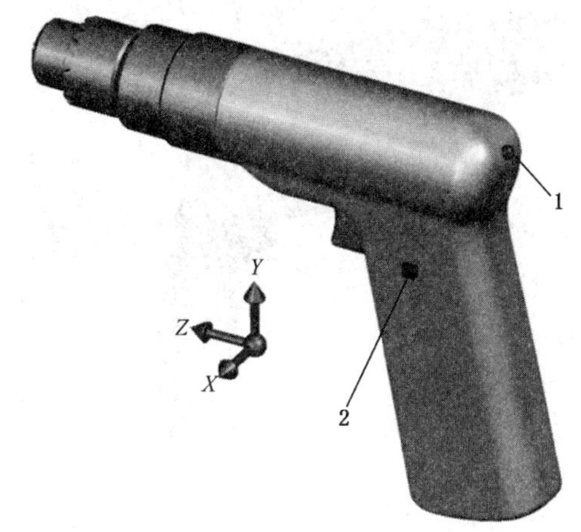

说明：

1——传感器的规定位置；

2——传感器的补充位置。

图 10 枪柄式钻的测量位置

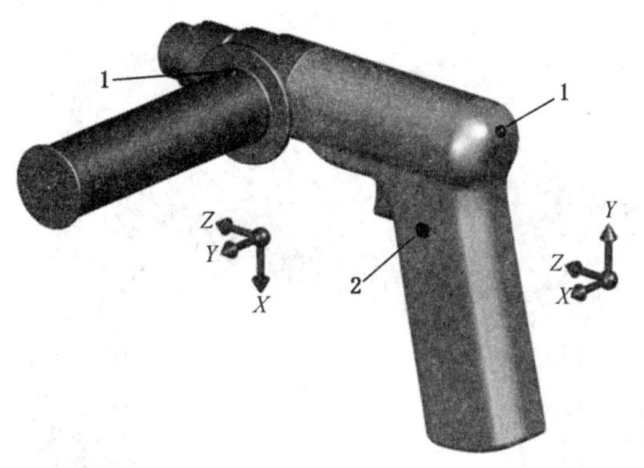

说明：

1——传感器的规定位置；

2——传感器的补充位置。

图 11 带辅助手柄的枪柄式钻的测量位置

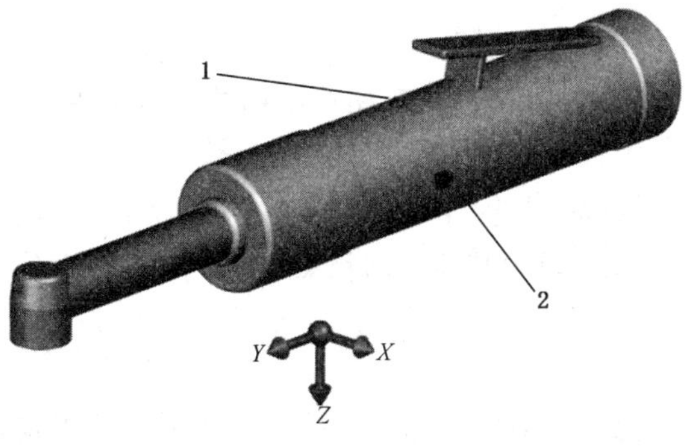

说明：

1——传感器的规定位置；

2——传感器的补充位置。

图 12 角式钻的测量位置

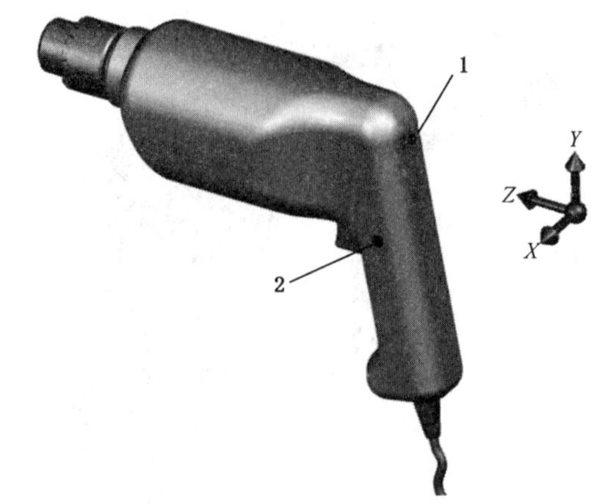

说明：

1——传感器的规定位置；

2——传感器的补充位置。

图 13 冲击钻的测量位置

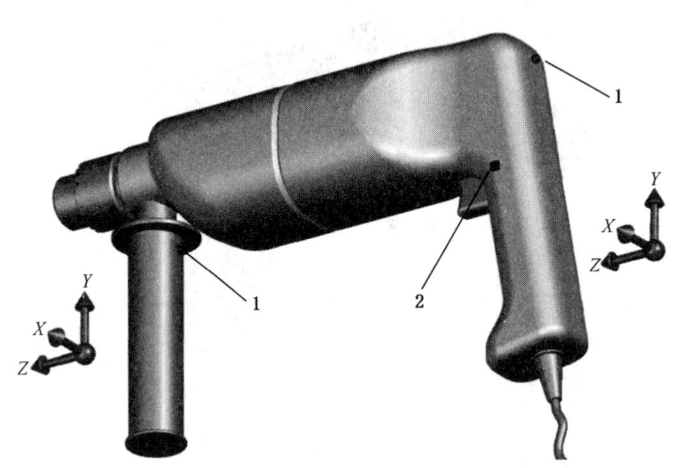

说明：

1——传感器的规定位置；

2——传感器的补充位置。

图 14 带辅助手柄冲击钻的测量位置

6.3 振动的量

振动的量应符合 GB/T 25631—2010 中 6.3 的规定。

6.4 振动方向的合成

对于采用的两个握持位置，都应按 GB/T 25631—2010 中 6.4 的规定记录所获得的总振动值。容许在具有最高读数的握持位置上进行记录和试验。在此握持位置的总振动值应至少比其他位置高出 30%。这个结果可在初次测试时，由一名操作者进行 5 次试验获得。

为了获得每次试验运转的总振动值 a_{hv}，应将每个方向上的测量结果按式(1)进行合成：

$$a_{hv}=\sqrt{a_{hwx}^2+a_{hwy}^2+a_{hwz}^2} \qquad \cdots\cdots(1)$$

7 仪表要求

7.1 总则

试验用仪器仪表应符合 GB/T 25631—2010 中 7.1 的规定。

7.2 传感器的安装

7.2.1 传感器的技术要求

GB/T 25631—2010 中 7.2.1 给出的传感器技术要求适用于本部分。

传感器及其固定装置的总重量与机器、手柄等的重量相比应尽可能小到不至于影响测量结果。这一点对于轻质塑料手柄尤为重要(见 ISO 5349-2)。

7.2.2 传感器的连接

传感器或所使用的固定块应刚性地连接到手柄表面。

如果使用了 3 个单轴传感器,它们应分别连接在固定块的 3 个侧面。

对于两轴平行于振动面的情况,两个传感器或一个三轴传感器的两个传感元件的测量轴与振动表面的最大距离应为 10 mm。

测量冲击钻时强烈建议使用机械滤波器。

7.3 频率计权滤波器

频率计权滤波器应符合 ISO 5349-1 的规定。

7.4 累积时间

累积时间应符合 GB/T 25631—2010 中 7.4 的规定。每次试验运转的累积时间应不少于 8 s,以便与 8.4 规定的机器运转持续时间相一致。

7.5 辅助设备

对于气动机器,其供气压力应采用精度等于或优于 0.01 MPa 的压力表来测量。

对于液压机器,其流量应采用精度等于或优于 0.25 L/min 的流量计来测量。

对于电动机械,其电压应采用精度等于或优于有效值的 3%的伏特表来测量。

推力应采用精度优于 1 N——如供操作者站立的测力秤来测量。

7.6 校准

校准的技术要求应符合 GB/T 25631—2010 中 7.6 的规定。

8 机器的试验和运转条件

8.1 总则

应对润滑良好、运转正常的新制机器进行测量。试验期间应以类似于进行正常钻孔时所采用的方式来安装和握持机器。对于有些类型的机器,如果制造商规定了预热时间,应保证在试验开始之前先预热机器。

单手操作的机器在试验期间应只用单手握持。测量只在实际握持位置的一个测点上进行。测量期间不应安装辅助手柄。

不带冲击功能的钻在灰铸铁上做钻孔试验，带冲击功能的钻在混凝土板上做钻孔试验(见 8.4)。

试验期间供给机器的动力源应在制造企业规定的额定工况下，而且机器的运转应平稳。

8.2 运转条件

8.2.1 气动机器

进行试验时，机器应按照制造企业的技术要求，在额定气压下运转。机器的运转应平稳，并应测量和记录气压。

应采用制造企业推荐直径的软管对机器供气。试验软管应通过螺纹管接头连接到机器上，最好采用随机提供的螺纹管接头。试验软管的长度应为 3 m。试验软管应用管箍夹紧，不应使用快换接头，因为快换接头的质量会影响振动量的大小。

气动机器的供气压力应按 ISO 2787:1984 的规定进行测量，并保持在制造企业规定的压力值上。试验时，在软管前直接测定的气压，比制造企业推荐压力值的压降不应超过 0.02 MPa。

8.2.2 液压机器

试验时机器应在额定功率(即额定流量)下运转，并应按制造企业的技术要求予以使用，运转应平稳。测量开始前应使机器预热约 10 min。应测量并记录流量。

8.2.3 电动机器

试验时机器应在额定电压下运转，并按制造企业的技术要求予以使用。操作应平稳，应测量并记录电压。

8.3 其他参数的规定

应测量并记录推力。

8.4 附加设备、工件和任务

8.4.1 不带冲击功能的钻

不带冲击功能的钻应安装适配于机器转速的标准钻头，钻头直径与表 1 一致。带变速的机器应以其最高速度运转，并安装与该速度相匹配的钻头。

试验应使用全新或是刚磨制过的钻头，在厚度为 20 mm 的灰铸铁(ISO 185:2005 中牌号 ISO 185/JL/250)或低碳钢(类似于 ISO 630:1995 中牌号 E235)上钻孔，试验台架不应有在手臂振动频率范围内的任何共振，以免影响测量结果。

对于转速低于 10 000 r/min 的机器，在灰铸铁或低碳钢上钻孔测量时，向下施加的推力为表 1 中规定的推力加上机重。工件应夹紧或牢固固定在木板上，其高度要适合操作者操纵机器。从钻头触及金属板时开始测量，8 s 后或是孔刚好钻通前停止。一组试验钻 5 个孔，直径 10 mm 的钻头应在孔径为 3 mm 的预制孔上运转测量。

对于转速高于或等于 10 000 r/min 的机器，钻孔过程对振动值的影响要比旋转部件失衡小的多。因此这些机器应安装直径 1.5 mm 的钻头进行空转试验，每组试验运转 5 次，每次运转时间为 8 s。

施加在手柄上的推力和扭矩会影响到振动，因此分配在手柄上的推力和扭矩要等同于实际工况下施加在手柄上的推力和扭矩，这一点很重要。

表 1　不带冲击功能钻的试验参数

转速 r/min	钻头直径 mm	直柄和枪柄式钻		角式钻	
		推力 N	允许误差 N	推力 N	允许误差 N
>10 000	1.5	0	0	0	0
5 500～10 000	1.5	50	±10	50	±10
3 100～5 499	3	100	±15	100	±15
1 000～3 099	6	150	±30	100	±15
<1 000	10	200	±30	100	±15

8.4.2　冲击钻

对于冲击钻应按制造企业的推荐设定速度，选用直径 8 mm 的钻头钻进混凝土块。

每次试验应使用新钻头，采用适合钻进混凝土，直径 8 mm 刃部长约 100 mm 的钻头钻凿混凝土块。

冲击钻的负载试验如图 15 所示，操作者持机器垂直向下钻凿尺寸至少为 500 mm×500 mm×200 mm(高)无钢筋矩形混凝土块(加载装置)，矩形混凝土块要支承在弹性材料上，其材料配比见表 2。混凝土块要符合 ISO 679:2009 的规定，抗压强度应至少为 40 MPa(浇注 28 d 后，见表 2)。为弥补表面的不平衡，混凝土块应放置在阻尼材料(如沙子、隔振垫或厚木板)上。安装好的试验用矩形混凝土块，不应有在手臂振动频率范围内的任何共振，以免影响试验结果。

除去钻的自重，施加的推力应为 150 N±30 N。

当钻头接触到混凝土块时开始测量，持续钻进 8 s 或是钻进深度达到 80 mm 时停止测量。这两个条件无论哪一个先达到都将停止测量。

表 2　每立方米混凝土材料配比

水泥[a] kg	水 m^3	粒料[b](1 450 kg)	
		颗粒规格 mm	百分率 %
450	0.22	0～0.25	12±3
		0～0.50	50±5
		0～1.00	80±5
		0～4.00	100
矩形混凝土块浇注 28 d 后，抗压强度应为 40 N/mm^2。			
[a] 水/水泥的质量比应为 0.49±0.02(为了确保本地水泥能够达到混凝土块的抗压强度，水或水泥的质量可向上浮动 10%)。 [b] 不应使用像燧石或花岗岩之类的过硬粒料，也不应使用像石灰石之类的过软粒料。			

施加在手柄上的推力和扭矩会影响到振动，因此把握手柄上的推力和扭矩的大小要和实际工况相同，这一点很重要。

[a] 操作者站在测力称上。

图 15 试验冲击钻时操作者的工作位置

8.5 操作者

试验期间应由 3 名不同的操作者操纵机器。操作者对机器的振动会产生影响，所以，操作者应能熟练正确的握持并操纵机器。

9 测量规程和测量的有效性

9.1 振动值的记录

对每台试验机器，应完成 3 组、每组 5 次的连续测量，每组试验用一名不同的操作者。

测得的振动值(见 6.4)宜按附录 A 所示进行记录。

应计算出 3 位操作者的每个手持位置的变异系数(C_v)和标准偏差(s_{n-1})。一组试验的变异系数(C_v)等于该组试验的标准偏差(s_{n-1})与试验平均值的比值：

$$C_v = \frac{s_{n-1}}{\overline{a_{hv}}} \quad \cdots\cdots(2)$$

由于 s_{n-1} 等同于 s_{rec} (见附录 B)，式中第 i 个 a_{hvi} 值的标准偏差为：

$$s_{n-1} = \sqrt{\frac{1}{n-1}\sum_{i=1}^{n}(a_{hvi} - \overline{a_{hv}})^2} \quad \cdots\cdots(3)$$

式中：

$\overline{a_{hv}}$ ——一组试验的平均值，单位为米每二次方秒(m/s²)；

n ——测量值的个数，$n=5$。

如果 C_v 大于 0.15 或 s_{n-1} 大于 0.3 m/s²，那么在接受测量数据前应检查测量过程的误差。

9.2 振动值的标示和验证

应计算出每位操作者5次试验运转的 a_{hv} 值的算术平均值 $\overline{a_{hv}}$ 。

应计算出3名操作者在每个握持位置上获得的3个 $\overline{a_{hv}}$ 值的算术平均值 a_h 。

仅对一台机器进行的试验，标示值 a_{hd} 为对两个握持位置所记录的 a_h 值中的最高值。

对三台或更多机器进行的试验，应计算出不同机器每个握持位置上的 a_h 值的算术平均值 $\overline{a_h}$ 。标示值 a_{hd} 为对两个握持位置所记录的 a_h 值中的最高值。

a_{hd} 和不确定度 K 均应按 EN 12096:1997 确定的精度表示。a_{hd} 要给出单位 m/s²，并对以1开始的 a_{hd} 的数值用3位有效数字表示，其中末位只精确到前一位的半个单位值(如1.20 m/s²、14.5 m/s²)；a_{hd} 的其他数值则用两位有效数字表示就足够了(如0.93 m/s²、8.9 m/s²)。K 值应采用与 a_{hd} 相同的小数位数表示。

不确定度 K 应以可复现性标准偏差 σ_R 为基础，按 EN 12096 的规定予以确定。K 值应按附录B的要求计算。

10 测试报告

在试验报告中应给出以下信息：

a) 参照 GB/T 26548 的本部分(即 GB/T 26548.5)；
b) 测量实验室名称；
c) 测量日期和试验负责人姓名；
d) 手持式机器的详细说明(生产企业、型号、产品编号等)；
e) 标示的振动辐射值 a_{hd} 和不确定度 K；
f) 附加工具或插入工具；
g) 动力源(提供的气压、输入电压等)；
h) 仪器(加速度计、记录仪器、硬件、软件等)；
i) 传感器的位置和固定方式、测量方向及各方向上的每个振动值；
j) 运转状态及8.2和8.3规定的其他量值；
k) 详述试验结果(参见附录A)。

如果使用了不同于本部分规定的其他传感器位置或测量方法，就应详细说明并应将改变传感器位置的理由写入试验报告。

附 录 A
（资料性附录）
钻和冲击钻振动试验报告格式

钻和冲击钻的振动试验报告格式见表 A.1 和表 A.2。

表 A.1 通用信息和结果报告

<table>
<tr><td colspan="2">根据 GB/T 26548.5《手持便携式动力工具 振动试验方法 第 5 部分：钻和冲击钻》的规定，进行了本次试验。</td></tr>
<tr><td colspan="2">试验机构</td></tr>
<tr><td>检测单位(公司/实验室)：</td><td>试 验 者：
报 告 人：
试验日期：</td></tr>
<tr><td colspan="2">试验对象和标示值</td></tr>
<tr><td>试验的机器(动力源和机器型式、制造商、机器型号和名称、额定空转转速)：</td><td>标示的振动值 a_{hd} 和不确定度 K：</td></tr>
<tr><td colspan="2">测量设备</td></tr>
<tr><td colspan="2">传感器(制造商、型号、位置、固定方法、图片和使用的机械滤波器)：</td></tr>
<tr><td>振动测量仪器：</td><td>辅助设备：</td></tr>
<tr><td colspan="2">操作和试验条件及测量结果</td></tr>
<tr><td colspan="2">试验条件(钻头的直径和长度、工件、操作者的操作姿势和握持位置、图片)：</td></tr>
<tr><td>测量时的推力：</td><td>动力源(气压、液压流量、电压)：</td></tr>
<tr><td>其他量值的记录：</td><td>设定速度：</td></tr>
</table>

表 A.2 一台机器的测量结果

<table>
<tr><td colspan="3">日期： 年 月 日</td><td colspan="4">机器型号：</td><td colspan="5">机器编号：</td></tr>
<tr><td rowspan="3">试验序号</td><td rowspan="3">操作者编 号</td><td rowspan="3">试验次数</td><td colspan="9">主柄(握持位置 1)</td></tr>
<tr><td rowspan="2">a_{hwx}</td><td rowspan="2">a_{hwy}</td><td rowspan="2">a_{hwz}</td><td rowspan="2">a_{hv}</td><td colspan="3">操作者统计值</td><td rowspan="2">a_h</td><td rowspan="2">s_R</td></tr>
<tr><td>$\overline{a_{hv}}$</td><td>s_{n-1}</td><td>C_v</td></tr>
<tr><td>1</td><td rowspan="5">1</td><td>1</td><td></td><td></td><td></td><td></td><td rowspan="5"></td><td rowspan="5"></td><td rowspan="5"></td><td rowspan="15"></td><td rowspan="15"></td></tr>
<tr><td>2</td><td>2</td><td></td><td></td><td></td><td></td></tr>
<tr><td>3</td><td>3</td><td></td><td></td><td></td><td></td></tr>
<tr><td>4</td><td>4</td><td></td><td></td><td></td><td></td></tr>
<tr><td>5</td><td>5</td><td></td><td></td><td></td><td></td></tr>
<tr><td>6</td><td rowspan="5">2</td><td>1</td><td></td><td></td><td></td><td></td><td rowspan="5"></td><td rowspan="5"></td><td rowspan="5"></td></tr>
<tr><td>7</td><td>2</td><td></td><td></td><td></td><td></td></tr>
<tr><td>8</td><td>3</td><td></td><td></td><td></td><td></td></tr>
<tr><td>9</td><td>4</td><td></td><td></td><td></td><td></td></tr>
<tr><td>10</td><td>5</td><td></td><td></td><td></td><td></td></tr>
<tr><td>11</td><td rowspan="5">3</td><td>1</td><td></td><td></td><td></td><td></td><td rowspan="5"></td><td rowspan="5"></td><td rowspan="5"></td></tr>
<tr><td>12</td><td>2</td><td></td><td></td><td></td><td></td></tr>
<tr><td>13</td><td>3</td><td></td><td></td><td></td><td></td></tr>
<tr><td>14</td><td>4</td><td></td><td></td><td></td><td></td></tr>
<tr><td>15</td><td>5</td><td></td><td></td><td></td><td></td></tr>
<tr><td rowspan="3">试验序号</td><td rowspan="3">操作者编 号</td><td rowspan="3">试验次数</td><td colspan="9">辅助手柄(握持位置 2)</td></tr>
<tr><td rowspan="2">a_{hwx}</td><td rowspan="2">a_{hwy}</td><td rowspan="2">a_{hwz}</td><td rowspan="2">a_{hv}</td><td colspan="3">操作者统计值</td><td rowspan="2">a_h</td><td rowspan="2">s_R</td></tr>
<tr><td>$\overline{a_{hv}}$</td><td>s_{n-1}</td><td>C_v</td></tr>
<tr><td>1</td><td rowspan="5">1</td><td>1</td><td></td><td></td><td></td><td></td><td rowspan="5"></td><td rowspan="5"></td><td rowspan="5"></td><td rowspan="15"></td><td rowspan="15"></td></tr>
<tr><td>2</td><td>2</td><td></td><td></td><td></td><td></td></tr>
<tr><td>3</td><td>3</td><td></td><td></td><td></td><td></td></tr>
<tr><td>4</td><td>4</td><td></td><td></td><td></td><td></td></tr>
<tr><td>5</td><td>5</td><td></td><td></td><td></td><td></td></tr>
<tr><td>6</td><td rowspan="5">2</td><td>1</td><td></td><td></td><td></td><td></td><td rowspan="5"></td><td rowspan="5"></td><td rowspan="5"></td></tr>
<tr><td>7</td><td>2</td><td></td><td></td><td></td><td></td></tr>
<tr><td>8</td><td>3</td><td></td><td></td><td></td><td></td></tr>
<tr><td>9</td><td>4</td><td></td><td></td><td></td><td></td></tr>
<tr><td>10</td><td>5</td><td></td><td></td><td></td><td></td></tr>
<tr><td>11</td><td rowspan="5">3</td><td>1</td><td></td><td></td><td></td><td></td><td rowspan="5"></td><td rowspan="5"></td><td rowspan="5"></td></tr>
<tr><td>12</td><td>2</td><td></td><td></td><td></td><td></td></tr>
<tr><td>13</td><td>3</td><td></td><td></td><td></td><td></td></tr>
<tr><td>14</td><td>4</td><td></td><td></td><td></td><td></td></tr>
<tr><td>15</td><td>5</td><td></td><td></td><td></td><td></td></tr>
<tr><td colspan="12">注：a_{hv} 和 $\overline{a_{hv}}$ 值按 6.4 和 9.2 计算，s_{n-1} 和 C_v 按 9.1 计算，s_R 按附录 B 计算。</td></tr>
</table>

附 录 B
（规范性附录）
不确定度的确定

B.1 总则

不确定度值 K 表示标示的振动值 a_{hd} 的不确定度。就每一个批次的机器而言，K 值表示该批机器振动值的偏差，单位为 m/s^2。

a_{hd} 和 K 的和表示单台机器振动值的范围，和/或一个批次新制机器大部分振动值应处的范围。

B.2 对单台机器的试验

仅对一台机器进行的试验，不确定度 K 应按式(B.1)给出：

$$K = 1.65\sigma_R \qquad \cdots\cdots\cdots (B.1)$$

式中：

σ_R ——可复现性标准偏差，用式(B.2)或式(B.3)给出的 s_R 值估算。

$$s_R = \sqrt{\overline{s_{rec}^{\ 2}} + s_{op}^{\ 2}} \qquad \cdots\cdots\cdots (B.2)$$

$$s_R = 0.06a_{hd} + 0.3 \qquad \cdots\cdots\cdots (B.3)$$

式(B.2)或式(B.3)给出的 s_R 值，哪个数值大用哪个。

注 1：式(B.3)是基于经验给出较低范围 s_R 的经验公式。

计算只对给出 a_h 最高值的握持位置进行，式(B.2)中的 $\overline{s_{rec}^{\ 2}}$ 是 5 次试验结果标准偏差的算术平均值。对于第 j 个操作者，依据 9.2 的规定，s_{recj} 等于 s_{n-1}，所以每位操作者的 $s_{recj}^{\ 2}$ 值用式(B.4)计算：

$$s_{recj}^{\ 2} = \frac{1}{n-1}\sum_{i=1}^{n}(a_{hvji} - \overline{a_{hvj}})^2 \qquad \cdots\cdots\cdots (B.4)$$

式中：

n ——测量值的个数，$n=5$；

a_{hvij} ——第 j 个操作者第 i 次试验的总振动值；

$\overline{a_{hvj}}$ ——第 j 个操作者测量的平均振动总值；

s_{op} ——3 名操作者测量结果的标准偏差，即：

$$s_{op}^{\ 2} = \frac{1}{m-1}\sum_{j=1}^{m}(\overline{a_{hvj}} - a_h)^2 \qquad \cdots\cdots\cdots (B.5)$$

式中：

m ——操作者人数，$m=3$；

$\overline{a_{hvj}}$ ——第 j 位操作者的平均振动值(5 次试验的平均值)；

a_h ——3 名操作者的平均振动值；

a_{hd} ——对两个握持位置所记录的 a_h 的最高值。

注 2：s_R 是在不同试验中心进行试验的可复现性标准偏差的一个估计值。由于目前缺乏本部分所规定试验的可复现性的资料，所以，s_R 的值是按照 EN 12096 的规定，基于对单个测试对象和不同测试对象所进行的试验的可重复性得到的。

B.3 对成批机器的试验

对于三台或更多数量机器的试验，应按式(B.6)给出不确定度 K：

$$K = 1.5\sigma_t \tag{B.6}$$

式中的 σ_t 通过 s_t 来估算，s_t 由式(B.7)或式(B.8)给出：

$$s_t = \sqrt{\overline{s_R^2} + s_b^2} \tag{B.7}$$

$$s_t = 0.06a_{hd} + 0.3 \tag{B.8}$$

式(B.7)或式(B.8)给出的 s_t 值，哪个数值大用哪个。

计算只对给出 $\overline{a_h}$ 最高值的握持位置进行。

在式(B.7)中，$\overline{s_R^2}$ 是同批次不同机器 s_R^2 的平均值，每台机器的 s_R 值用式(B.2)计算；s_b 是每台机器试验结果的标准偏差，即：

$$s_b^2 = \frac{1}{p-1}\sum_{l=1}^{p}(a_{hl} - \overline{a_h})^2 \tag{B.9}$$

式中：

a_{hl} ——第 l 台机器同一握持位置的振动值；

$\overline{a_h}$ ——不同机器在同一握持位置上的振动值 a_h 的平均值；

a_{hd} ——对两个握持位置记录的 $\overline{a_h}$ 的最高值；

p ——试验机器的数量(≥3)。

参 考 文 献

[1] GB/T 15706 机械安全 设计通则 风险评估与风险减少(GB/T 15706—2012,ISO 12100:2010,IDT)

[2] IEC 60745(所有部分) 手持式电机驱动的电动工具 安全

ICS 13.160;25.140.10
J 48

中华人民共和国国家标准

GB/T 26548.9—2017/ISO 28927-9:2009

手持便携式动力工具　振动试验方法 第9部分:除锈锤和针束除锈器

Hand-held portable power tools—Test methods for evaluation of vibration emission—Part 9:Scaling hammers and needle scalers

(ISO 28927-9:2009,IDT)

2017-05-12 发布　　2017-12-01 实施

中华人民共和国国家质量监督检验检疫总局
中国国家标准化管理委员会　发布

前　言

GB/T 26548《手持便携式动力工具　振动试验方法》分为以下几部分：

——第1部分：角式和端面式砂轮机；

——第2部分：气扳机、螺母扳手和螺丝刀；

——第3部分：抛光机，回转式、滑板式和复式磨光机；

——第4部分：直柄式砂轮机；

——第5部分：钻和冲击钻；

——第6部分：夯实机；

——第7部分：冲剪机和剪刀；

——第8部分：往复式锯、抛光机和锉刀以及摆式或回转式锯；

——第9部分：除锈锤和针束除锈器；

——第10部分：冲击式凿岩机、锤和破碎机；

——第11部分：石锤；

——第12部分：模具砂轮机。

本部分为GB/T 26548的第9部分。

本部分按照GB/T 1.1—2009给出的规则起草。

本部分使用翻译法等同采用ISO 28927-9:2009《手持便携式动力工具　振动试验方法　第9部分：除锈锤和针束除锈器》。

与本部分中规范性引用的国际文件有一致性对应关系的我国文件如下：

——GB/T 700—2006　碳素结构钢（ISO 630:1995，NEQ）

——GB/T 5621—2008　凿岩机械与气动工具　性能试验方法（ISO 2787:1984，MOD）

——GB/T 6247.1—2013　凿岩机械与便携式动力工具　术语　第1部分：凿岩机械、气动工具和气动机械（ISO 5391:2003，MOD）

——GB/T 14790（所有部分）　机械振动　人体暴露于手传振动的测量与评定[ISO 5349（所有部分）]

本部分做了下列编辑性修改：

——将国际标准中的“bar”换算成“MPa”（1 bar＝0.1 MPa）；

——改正了国际标准图4的图题错误，将“枪柄式除锈锤”改为“枪柄式针束除锈器”；

——改正了国际标准图9的图题错误，将“枪柄式除锈锤测量位置”改为“枪柄式针束除锈器测量位置”。

本部分由中国机械工业联合会提出。

本部分由全国凿岩机械与气动工具标准化技术委员会（SAC/TC 173）归口。

本部分起草单位：国家气动产品质量监督检验中心、天水凿岩机械气动工具研究所。

本部分主要起草人：惠伟安、王建祖、路波、李贵杰。

引　言

本文件是GB/T 15706中规定的C类标准。

对于按照C类标准的要求设计和制造的机器，当C类标准的要求不同于A类或B类标准中的要求时，C类标准中的要求要优于其他类标准。

GB/T 25631中给出了手持式和手导式机械振动辐射测量的通用技术条件，GB/T 26548以该标准为基础，给出了手持便携式机器的振动试验方法，规定了机器在型式试验条件下的运行及对型式试验性能的其他要求。其标准结构和章的编号与GB/T 25631一致。

GB/T 26548的本部分采用了欧洲系列标准EN 60745中首次采用的传感器基本定位方法，由于延续性的原因在描述上与GB/T 25631不一致。传感器首选放置在靠近手的拇指和食指之间的区域，因为这个位置对操作者握持机器的干扰最小。

人们发现通常除锈锤和针束除锈器在使用时产生的振动变化很大。振动的主要来源是冲击作用，振动变化大是由机器操作的变化和所处理材料的特性造成的。不同的支撑材料也会引起振动上的差异。

本部分采用的试验程序是机器在钢制或混凝土表面作业。为了实现较好的测量结果复现性，被处理材料的稳定支撑和插入工具使用时的良好状态是非常重要的。工作场所振动暴露的评定采用ISO 5349的程序。

所获得的值是型式试验值，用来表示机器在实际使用中典型振动量的上四分位数的平均值。然而，实际值有时变化很大，这取决于许多因素，包括操作者、工作任务以及插入工具或消耗品等。机器本身的保养状况可能也很重要。在真实工作状态下操作者和操作程序对低幅振动量的影响尤其重要。因此，低于2.5 m/s^2的振动辐射值，在真实工作状态下不推荐评定。在这种情况下，建议用2.5 m/s^2的振动量值来直接评估机器的振动。

如果特定工作场所要求精确值，那么有必要在此工作状况下按ISO 5349的规定进行测量。在实际工作条件下实测的振动值可能比用GB/T 26548的本部分获得的值高，也可能低。

手持便携式动力工具　振动试验方法 第9部分:除锈锤和针束除锈器

1　范围

GB/T 26548的本部分规定了手持式动力驱动除锈锤和针束除锈器手柄部位手传振动辐射测量的试验方法,确定了在规定的试验条件下操作机器时手柄握持部位振动大小的型式检验程序。其测得的结果用来比较相同型式不同型号机器的振动量。

本部分适用于以压缩空气或其他动力驱动,借助于往复作业工具或针束在各种材料上进行去除油漆、锈斑或氧化皮作业的雕刻笔、凿毛机、除锈锤和针束除锈器(见第5章)。

注:为避免混淆“动力工具”和“插入工具”,本部分通篇采用“机器”代替“动力工具”。

2　规范性引用文件

下列文件对于本文件的应用是必不可少的。凡是注日期的引用文件,仅注日期的版本适用于本文件。凡是不注日期的引用文件,其最新版本(包括所有的修改单)适用于本文件。

GB/T 6247.2—2013　凿岩机械与便携式动力工具　术语　第2部分:液压工具(ISO 17066:2007,IDT)

GB/T 25631—2010　机械振动　手持式和手导式机械　振动评价规则(ISO 20643:2005,IDT)

ISO 630:1995　结构钢　钢板、钢带、型钢(Structural steels—Plates, wide flats, bars, sections and profiles)

ISO 2787:1984　回转和冲击式气动工具　性能试验(Rotary and percussive pneumatic tools—Performance tests)

ISO 5349:2001(所有部分)　机械振动　人体暴露于手传振动的测量和评定(Mechanical vibration—Measurement and evaluation of human exposure to hand-transmitted vibration)

ISO 5391:2003　气动工具和机械　词汇(Pneumatic tools and machines—Vocabulary)

EN 12096:1997　机械振动　振动辐射值的标示和验证(Mechanical vibration—Declaration and verification of vibration emission values)

3　术语、定义和符号

GB/T 6247.2—2013、GB/T 25631—2010和ISO 5391:2003界定的以及下列术语、定义和符号适用于本文件。

3.1　术语和定义

3.1.1

针束除锈器　needle scaler

装有做往复运动的金属针束用于去除锈斑和氧化皮的机器。

注:改写ISO 5391:2003,定义2.2.3。

3.1.2

除锈锤　scaling hammer

通过单个或多个做往复运动的作业工具进行清除锈斑、氧化皮、油漆等作业的机器。

注：改写 ISO 5391:2003，定义 2.2.2。

3.1.3

凿毛机　scabbler

用于光滑混凝土层面的剔除，以便新层面牢固附着，或用于金属表面处理，插入工具是一个做往复运动的活塞。

3.1.4

雕刻笔　engraving pen

装有高速做往复运动的金属针，用于刻标记的冲击式机器。

[ISO 5391:2003，定义 2.2.4]

3.2　符号

下列量和单位符号适用于本文件。

符号	说　明	单位
a_{hw}	频率计权手传振动的均方根(r.m.s)单轴向加速度值	m/s²
a_{hv}	频率计权均方根加速度的总振动值，是 a_{hw} 在 X、Y、Z 轴上分量的平方和的根	m/s²
$\overline{a_{hv}}$	同一名操作者在同一握持位置的 a_{hv} 值的算术平均值	m/s²
a_h	所有操作者在同一个握持位置的$\overline{a_{hv}}$值的算术平均值	m/s²
$\overline{a_h}$	多台机器上对于同一个握持位置的 a_h 值的算术平均值	m/s²
a_{hd}	标示的振动辐射值	m/s²
s_{n-1}	一组试验的标准偏差(针对于一件样品，s)	m/s²
σ_R	可复现性标准偏差(针对于一个统计总体，σ)	m/s²
C_v	一组试验的变异系数	
K	不确定度	m/s²

4　基本准则和振动试验方法

本部分以 GB/T 25631 的要求为基础，其结构除附录外在条款标题和编号等方面都与 GB/T 25631 相对应。

附录 A 提供了试验报告的样式，附录 B 是不确定度 K 的确定方法。

5　机器种类的描述

本部分适用于借助往复运动的作业工具或针束，去除各种材料上的油漆、锈斑或氧化皮的手持式机器。

图 1～图 5 所示为本部分所涵盖的典型除锈锤和针束除锈器实例。

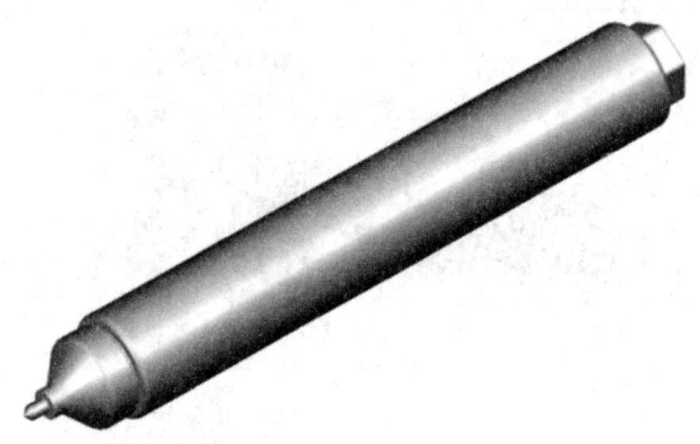

图 1 雕刻笔

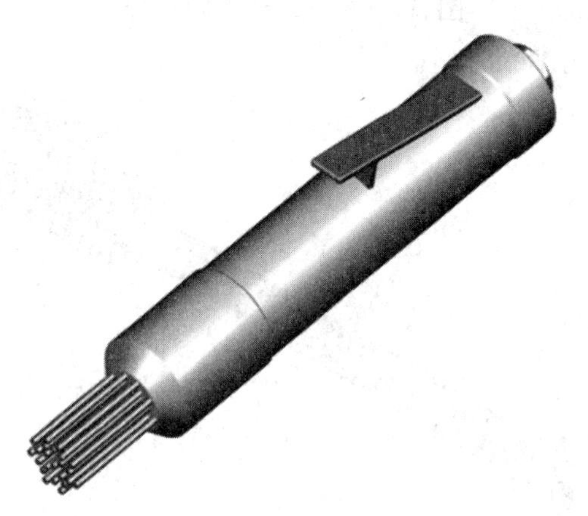

图 2 直柄式针束除锈器

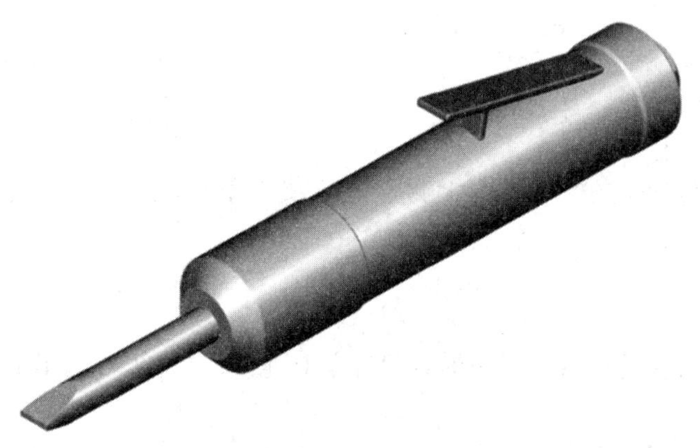

图 3 直柄式除锈锤

图 4　枪柄式针束除锈器

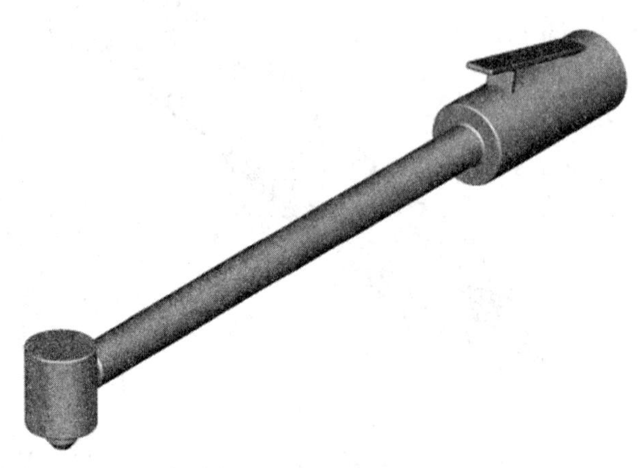

图 5　角式除锈锤(凿毛机)

6　振动特性描述

6.1　测量方向

手传振动应在正交坐标系的 3 个方向上测量并记录。每个手握位置的振动都应在如图 6～图 10 所示的 3 个方向上同时测量。

6.2　测量位置

测量应在操作者通常握持机器并施加推力的位置上进行。对于单手操作的机器只需在一个点上测量即可。

规定的传感器位置应尽可能靠近手的拇指和食指之间。这个位置也适用于正常操作中用两手握持机器的位置。只要有可能,测量都应在此规定的位置上进行。

传感器的补充位置规定在手柄端内端尽可能靠近规定位置的侧面上。如果传感器的规定位置无法使用,则应使用补充位置。

在减振手柄上也应使用传感器的规定位置和补充位置。

针对此类不同型式机器通常所采用的握持位置,图 6～图 10 给出了传感器的规定位置与补充位置及测量方向。

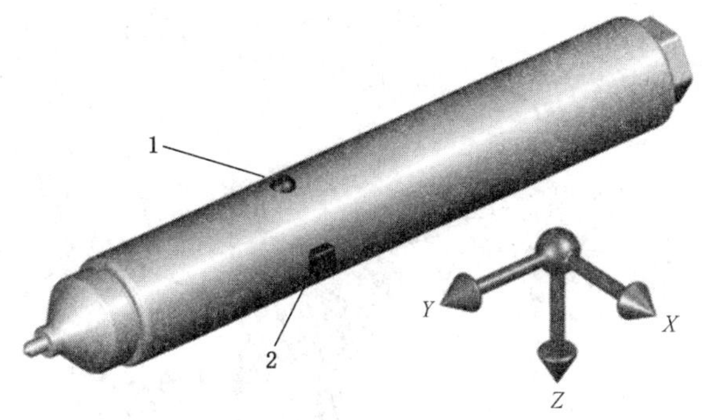

说明：

1——传感器的规定位置；

2——传感器的补充位置。

图 6　雕刻笔测量的位置

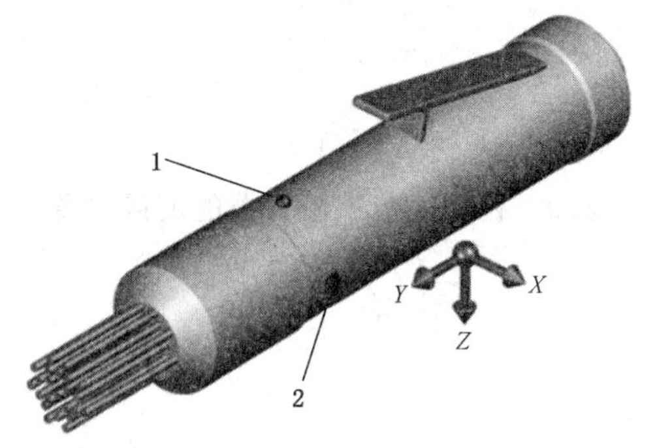

说明：

1——传感器的规定位置；

2——传感器的补充位置。

图 7　直柄式针束除锈器的测量位置

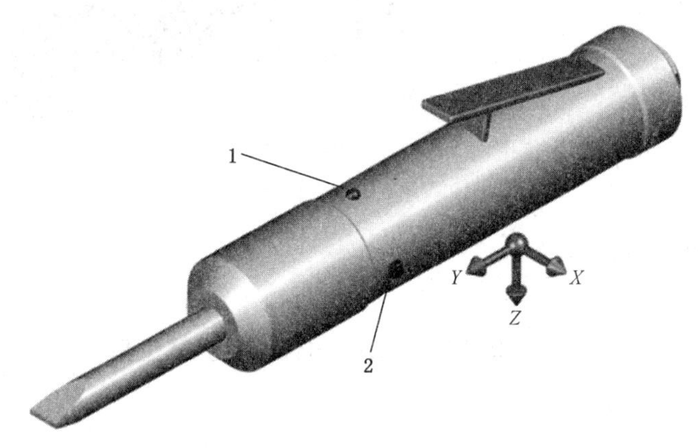

说明：

1——传感器的规定位置；

2——传感器的补充位置。

图 8　直柄式除锈锤的测量位置

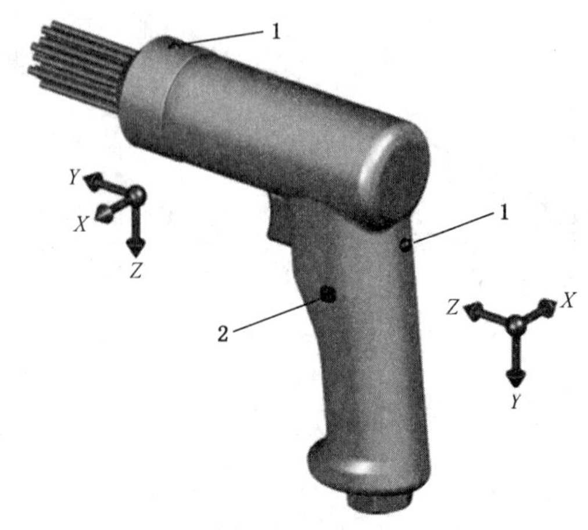

说明：

1——传感器的规定位置；

2——传感器的补充位置。

图 9 枪柄式针束除锈器的测量位置

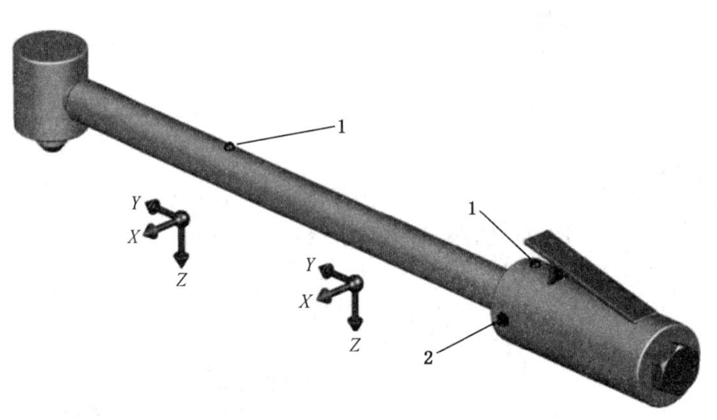

说明：

1——传感器的规定位置；

2——传感器的补充位置。

图 10 角式除锈锤(凿毛机)的测量位置

6.3 振动的量

振动的量应符合 GB/T 25631—2010 中 6.3 的规定。

6.4 振动方向的合成

对于采用的两个握持位置，都应按 GB/T 25631—2010 中 6.4 的规定记录所获得的总振动值。容许在具有最高读数的握持位置上进行记录和试验。在此握持位置的总振动值应至少比其他位置高出

30%。这个结果可在初次测试时由一名操作者进行5次试验获得。

为了获得每次试验运转的总振动值a_{hv},应将每个方向上的测量结果按式(1)进行合成:

$$a_{hv}=\sqrt{a_{hwx}{}^2+a_{hwy}{}^2+a_{hwz}{}^2} \quad \cdots\cdots(1)$$

7 仪表要求

7.1 总则

试验用仪器仪表应符合GB/T 25631—2010中7.1的规定。

7.2 传感器的安装

7.2.1 传感器的技术要求

GB/T 25631—2010中7.2.1给出的传感器技术要求适用于本部分。

传感器及其固定装置的总重量与机器、手柄等的重量相比应尽可能小到不至于影响测量结果。这一点对于轻质塑料手柄尤为重要(见ISO 5349-2)。

7.2.2 传感器的连接

传感器或所使用的固定块应刚性地连接到手柄表面。

如果使用了3个单轴传感器,它们应分别连接在固定块的3个侧面。

对于两轴平行于振动面的情况,两个传感器或一个三轴传感器的两个传感元件的测量轴与振动表面的最大距离应为10 mm。

通常测量时有必要使用机械滤波器,以防止直流漂移。

注:截至目前,我们始终认为使用3个加速度计比较好,每个振动方向用安装在连接块上并配有各自机械滤波器的加速度计进行测量。但是有些三轴加速度计可能也是适用的。实践证明关注冲击频率下测量信号的低频部分也是比较好的,这部分信号在高频范围时常显示直流漂移和过载的早期迹象。

7.3 频率计权滤波器

频率计权滤波器应符合ISO 5349-1的规定。

7.4 累积时间

累积时间应符合GB/T 25631—2010中7.4的规定。每次试验运转的累积时间应不少于16 s,以便与8.4规定的机器运转持续时间相一致。

7.5 辅助设备

对于气动机器,其供气压力应采用精度等于或优于0.01 MPa的压力表来测量。

对于液压机器,其流量应采用精度等于或优于0.25 L/min的流量计来测量。

对于电动机械,其电压应采用精度等于或优于有效值的3%的伏特表来测量。

推力应采用精度优于1 N——如供操作者站立的测力秤来测量。

7.6 校准

校准的技术要求应符合GB/T 25631—2010中7.6的规定。

8 机器的试验和运转条件

8.1 总则

应对润滑良好、运转正常的新制机器进行测量。试验期间应以执行类似于正常工作任务时的方式来安装和握持机器。对于有些类型的机器，如果制造商规定了预热时间，应保证在试验开始之前先预热机器。

除锈锤、针束除锈器和雕刻笔在低碳钢上进行试验操作，凿毛机在混凝土上进行试验操作。机器应使用规定材料类型的凿子和针束进行试验。

试验期间施加的推力应确保机器运转平稳(见8.4)，机器应按照制造企业规定的额定条件供给动力。

8.2 运转条件

8.2.1 气动机器

进行试验时，机器应按照制造企业的技术要求，在额定气压下运转。机器的运转应平稳，并应测量和记录气压。

应采用制造企业推荐直径的软管对机器供气。试验软管应通过螺纹管接头连接到机器上，最好采用随机提供的螺纹管接头。试验软管的长度应为3 m。试验软管应用管箍夹紧，不应使用快换接头，因为快换接头的质量会影响振动量的大小。

气动机器的供气压力应按ISO 2787:1984的规定进行测量，并保持在制造企业规定的压力值上。试验时，在软管前直接测定的气压，比制造企业推荐压力值的压降不应超过0.02 MPa。

8.2.2 液压机器

试验期间机器应在额定功率(即额定流量)下运转，并应按制造企业的技术要求予以使用，运转应平稳。测量开始前应使机器预热约10 min。应测量并记录流量。

8.2.3 电动机器

试验期间机器应在额定电压下运转，并按制造企业的技术要求予以使用。操作应平稳，应测量并记录电压。

8.3 其他参数的规定

应测量并记录推力。

8.4 附加设备、工件和任务

8.4.1 试验设备和程序

用于在钢制材料上工作的除锈锤、针束除锈器和雕刻笔应在符合ISO 630:1995规定，类似E235型号的钢板上进行试验。

用于在混凝土上工作的凿毛机应在符合表1规定的水平混凝土矩形块表面上进行试验。

在开始试验时应使用新的插入工具，试验开始前应先试用至少30 s，以便去除插入工具表面的飞边毛刺。

表 1 凿毛机用混凝土材料的配比(每立方米)

水泥[a] kg	水 m^3	粒料[b](1 450 kg)	
		颗粒规格 mm	百分率 %
450	0.22	0～0.25	12±3
		0～0.50	50±5
		0～1.00	80±5
		0～4.00	100
矩形混凝土块浇注 28 d 后,抗压强度应为 40 N/mm^2。			
[a] 水/水泥的质量比应为 0.49±0.02(为了确保本地水泥能够达到混凝土块的抗压强度,水或水泥的质量可向上浮动 10%)。 [b] 不应使用像燧石或花岗岩之类的过硬粒料,也不应使用像石灰石之类的过软粒料。			

混凝土块的尺寸至少应为 500 mm×500 mm×200 mm。

试验期间,低碳钢板或混凝土块的布置应使操作者能够直立并以垂直向下的姿势操作机器。为弥补表面的不平整,钢板或混凝土块应放置在阻尼材料(如沙子、隔振垫或厚木板)上。安装好的钢板和试验用混凝土块不应有在手臂振动频率范围内的任何共振,以免影响试验结果。

每次试验,在确认机器运转平稳后,测试时间应不少于 16 s。

8.4.2 推力

除机器本身的重量外,所施加的推力应确保机器以正常性能水平运转。也就是说平稳运转时活塞不会打击机器前端而引起过多的振动冲击。

施加于手柄的力和扭矩都会影响振动。因此把握手柄上的推力和扭矩的大小要和实际工况下相同,这一点很重要。

对于振动可控制的机器,制造企业应说明其最佳推力范围,应选择最佳推力范围的中间值进行测量。

如果除锈锤配传统凿子使用,并且在预期使用中接触操作者的手,测量凿子或套筒上的振动是不可取的,因为手位上的振动很可能比在除锈锤上测得的振动要大的多。在这种情况下,高于 30 m/s^2 的振动辐射值应被标识,但不要求测量。

8.5 操作者

试验期间应由 3 名不同的操作者操纵机器。操作者对机器的振动会产生影响,所以,操作者应能熟练正确的握持并操纵机器。

9 测量规程和测量的有效性

9.1 振动值的记录

对每台试验机器,应完成 3 组、每组 5 次的连续测量,每组试验用一名不同的操作者。

测得的振动值(见 6.4)宜按附录 A 进行记录。

应计算出 3 位操作者的每个手持位置的变异系数(C_v)和标准偏差(s_{n-1})。一组试验的变异系数(C_v)等于该组试验的标准偏差(s_{n-1})与试验平均值的比值:

$$C_{\mathrm{v}}=\frac{s_{n-1}}{\overline{a_{\mathrm{hv}}}} \qquad \cdots\cdots(2)$$

由于 s_{n-1} 等于 s_{rec}(见附录 B),式中第 i 个 $a_{\mathrm{hv}i}$ 值的标准偏差为:

$$s_{n-1}=\sqrt{\frac{1}{n-1}\sum_{i=1}^{n}(a_{\mathrm{hv}i}-\overline{a_{\mathrm{hv}}})^{2}} \qquad \cdots\cdots(3)$$

式中:

$\overline{a_{\mathrm{hv}}}$——一组试验的平均值,单位为米每二次方秒($\mathrm{m/s^2}$);

n ——测量值的个数,$n=5$。

如果 C_{v} 大于 0.15 或 s_{n-1} 大于 0.3 $\mathrm{m/s^2}$,那么在接受测量数据前应检查测量过程的误差。

9.2 振动值的标示和验证

应计算出每位操作者 5 次试验运转的 a_{hv} 值的算术平均值 $\overline{a_{\mathrm{hv}}}$。

宜计算出 3 名操作者在每个握持位置上获得的 3 个 $\overline{a_{\mathrm{hv}}}$ 值的算术平均值 a_{h}。

仅对一台机器进行的试验,标示值 a_{hd} 为对两个握持位置所记录的 a_{h} 值中的最高值。

对 3 台或更多机器进行的试验,应计算出不同机器每个握持位置上的 a_{h} 值的算术平均值 $\overline{a_{\mathrm{h}}}$。标示值 a_{hd} 为对两个握持位置所记录的 $\overline{a_{\mathrm{h}}}$ 值中的最高值。

a_{hd} 和不确定度 K 均应按 EN 12096:1997 确定的精度表示。a_{hd} 要给出单位 $\mathrm{m/s^2}$,并对以 1 开始的 a_{hd} 的数值用 3 位有效数字表示,其中末位只精确到前一位的半个单位值(如 1.20 $\mathrm{m/s^2}$、14.5 $\mathrm{m/s^2}$);a_{hd} 的其他数值则用两位有效数字表示就足够了(如 0.93 $\mathrm{m/s^2}$、8.9 $\mathrm{m/s^2}$)。K 值应采用与 a_{hd} 相同的小数位数表示。

不确定度 K 应以可复现标准偏差 σ_{R} 为基础,按 EN 12096:1997 的规定予以确定。K 值应按附录 B 的要求计算。

10 测试报告

在试验报告中应给出以下信息:

a) 参照 GB/T 26548 的本部分(即 GB/T 26548.9);

b) 测量实验室名称;

c) 测量日期和试验负责人姓名;

d) 手持式机器的详细说明(生产企业、型号、产品编号等);

e) 标示的振动辐射值 a_{hd} 和不确定度 K;

f) 附加的或插入的工具;

g) 动力源(提供的气压、输入电压等);

h) 仪器(加速度计、记录仪器、硬件、软件等);

i) 传感器的位置和固定方式、测量方向及各方向上的每个振动值;

j) 运转状态及 8.2 和 8.3 规定的其他量值;

k) 详述试验结果(参见附录 A)。

如果使用了不同于本部分规定的传感器位置或其他测量方法,就应详细说明并应将改变传感器位置的理由写入试验报告。

附 录 A
(资料性附录)
除锈锤和针束除锈器试验报告格式

振动试验报告格式见表 A.1 和表 A.2。

表 A.1 通用信息和结果报告

<table>
<tr><td colspan="2">根据 GB/T 26548.9《手持便携式动力工具 振动试验方法 第 9 部分:除锈锤和针束除锈器》的规定,进行了本次试验。</td></tr>
<tr><td colspan="2">试验机构</td></tr>
<tr><td>检测单位(公司/实验室):</td><td>试 验 者:
报 告 人:
试验日期:</td></tr>
<tr><td colspan="2">试验对象和标示值</td></tr>
<tr><td>试验的机器(动力源和机器型式、试验材料的种类、制造企业、机器型号和名称):</td><td>标示的振动值 a_{hd} 和不确定度 K:</td></tr>
<tr><td colspan="2">测量设备</td></tr>
<tr><td colspan="2">传感器(制造企业、型号、位置、固定方法、图片和机械滤波器):</td></tr>
<tr><td>振动测量仪器:</td><td>辅助设备:</td></tr>
<tr><td colspan="2">操作和试验条件及测量结果</td></tr>
<tr><td colspan="2">试验条件(试验方法、试验材料、插入工具型式、操作姿势、握持位置、图片):</td></tr>
<tr><td>动力源(气压、液压流量、电压):</td><td>测量时的推力:</td></tr>
<tr><td colspan="2">其他量值的记录:</td></tr>
</table>

表 A.2 一台机器的测量结果

日期： 年 月 日			机器型号：				机器编号：				
试验序号	操作者编号	试验次数	主柄(握持位置 1)								
			a_{hwx}	a_{hwy}	a_{hwz}	a_{hv}	操作者统计值			a_h	s_R
							$\overline{a_{hv}}$	s_{n-1}	C_v		
1	1	1									
2		2									
3		3									
4		4									
5		5									
6	2	1									
7		2									
8		3									
9		4									
10		5									
11	3	1									
12		2									
13		3									
14		4									
15		5									
试验序号	操作者编号	试验次数	辅助手柄(握持位置 2)								
			a_{hwx}	a_{hwy}	a_{hwz}	a_{hv}	操作者统计值			a_h	s_R
							$\overline{a_{hv}}$	s_{n-1}	C_v		
1	1	1									
2		2									
3		3									
4		4									
5		5									
6	2	1									
7		2									
8		3									
9		4									
10		5									
11	3	1									
12		2									
13		3									
14		4									
15		5									
注：a_{hv} 和 $\overline{a_{hv}}$ 值按 6.4 和 9.2 计算，s_{n-1} 和 C_v 按 9.1 计算，s_R 按附录 B 计算。											

附　录　B
（规范性附录）
不确定度的确定

B.1　总则

不确定度值 K 表示标示的振动值 a_{hd} 的不确定度。就每一个批次的机器而言，K 值表示该批机器振动值的偏差，单位为 m/s^2。

a_{hd} 和 K 的和表示单台机器振动值的范围，和/或一个批次新制机器的大部分振动值的应处范围。

B.2　对单台机器的试验

仅对一台机器进行的试验，不确定度 K 应按式(B.1)给出：

$$K = 1.65\sigma_R \qquad \cdots\cdots(B.1)$$

式中：

σ_R——可复现性标准偏差，用式(B.2)或式(B.3)给出的 s_R 值估算出的。

$$s_R = \sqrt{\overline{s_{rec}}^2 + s_{op}^2} \qquad \cdots\cdots(B.2)$$

$$s_R = 0.06a_{hd} + 0.3 \qquad \cdots\cdots(B.3)$$

式(B.2)或式(B.3)给出的 s_R 值，哪个数值大用哪个。

注 1：式(B.3)是基于经验给出较低范围 s_R 的经验公式。

计算只对给出 a_h 最高值的握持位置进行，式(B.2)中的 $\overline{s_{rec}}^2$ 是 5 次试验结果标准偏差的算术平均值。对于第 j 个操作者，依据 9.2 的规定，s_{recj} 等同于 s_{n-1}，所以每位操作者的 s_{recj}^2 值用式(B.4)计算：

$$s_{recj}^2 = \frac{1}{n-1}\sum_{i=1}^{n}(a_{hvji} - \overline{a_{hvj}})^2 \qquad \cdots\cdots(B.4)$$

式中：

n　——测量值的个数，$n=5$；

a_{hvji}——第 j 个操作者第 i 次试验的总振动值；

$\overline{a_{hvj}}$——第 j 个操作者测量的平均总振动值；

s_{op}　——3 名操作者测量结果的标准偏差，即：

$$s_{op}^2 = \frac{1}{m-1}\sum_{j=1}^{m}(\overline{a_{hvj}} - a_h)^2 \qquad \cdots\cdots(B.5)$$

式中：

m　——操作者人数，$m=3$；

$\overline{a_{hvj}}$——第 j 位操作者的平均振动值(5 次试验的平均值)；

a_h　——3 名操作者的平均振动值；

a_{hd}　——对两个握持位置所记录的 a_h 的最高值。

注 2：s_R 是在不同试验中心进行试验的可复现性标准偏差的一个估计值。对于本部分所规定的试验，由于目前缺乏本部分所规定试验的可复现性的资料，所以，s_R 的值是按照 EN 12096 的规定，基于对单个测试对象和不同测试对象所进行的试验的可重复性得到的。

B.3 对成批机器的试验

对于3台或更多数量机器的试验，应按式(B.6)给出不确定度 K：

$$K = 1.5\sigma_t \qquad \text{(B.6)}$$

式(B.6)中的 σ_t 通过 s_t 来估算，s_t 由式(B.7)或式(B.8)给出：

$$s_t = \sqrt{\overline{s_R^2} + s_b^2} \qquad \text{(B.7)}$$

$$s_t = 0.06a_{hd} + 0.3 \qquad \text{(B.8)}$$

式(B.7)或式(B.8)给出的 s_t 值，哪个数值大用哪个。

计算只对给出 $\overline{a_h}$ 最高值的握持位置进行。

在式(B.7)中，$\overline{s_R^2}$ 是同批次不同机器 s_R^2 的平均值，每台机器的 s_R 值用式(B.2)计算；s_b 是每台机器试验结果的标准偏差，即：

$$s_b^2 = \frac{1}{p-1}\sum_{l=1}^{p}(a_{hl} - \overline{a_h})^2 \qquad \text{(B.9)}$$

式中：

a_{hl}——第 l 台机器同一握持位置的振动值；

$\overline{a_h}$——不同机器在同一握持位置上的振动值 a_h 的平均值；

a_{hd}——对两个握持位置记录的 $\overline{a_h}$ 的最高值；

p——试验机器的数量(≥3)。

参 考 文 献

［1］ GB/T 15706 机械安全 设计通则 风险评估与风险减少(GB/T 15706—2012,ISO 12100:2010,IDT)

［2］ IEC 60745(所有部分) 手持式电机驱动的电动工具 安全

ICS 33.160.25
M 74

中华人民共和国国家标准

GB/T 26683—2017
代替 GB/T 26683—2011

地面数字电视接收器通用规范

General specification for digital terrestrial set-top box

2017-09-07 发布　　2018-04-01 实施

中华人民共和国国家质量监督检验检疫总局
中国国家标准化管理委员会　发布

前　言

本标准按照 GB/T 1.1—2009 给出的规则起草。

本标准代替 GB/T 26683—2011《地面数字电视接收器通用规范》，本标准与 GB/T 26683—2011 相比，除编辑性修改外主要技术改变如下：

——术语、定义、符号和缩略语增加“符号”(见 3.2)；

——射频解调与信道解码要求增加“工作模式 8”、“工作模式 9”和“工作模式 10”(见 5.2.3)；

——射频解调与信道解码要求增加“抑制两径长回波能力”(见 5.2.16)、“抑制三径长回波能力”(见 5.2.17)、“抑制固定接收条件下信道扰动能力 1”(见 5.2.18)、“抑制固定接收条件下信道扰动能力 2”(见 5.2.19)、“抑制单频干扰能力”(见 5.2.20)和“其他多径模型”(见 5.2.21)；

——视频解码特性删除了“接收器应对符合 GB/T 17975.2—2000 或 GB/T 20090.2—2006 中规定的帧频为 25 Hz、4∶3 和 16∶9 幅型比的码流进行解码”的要求(见 2011 年版 5.3.2.1)；增加了“接收器应对符合 GB/T 20090.16 中规定的帧频为 25 Hz、4∶3 和 16∶9 幅型比的码流进行解码并符合 SJ/T 11594.1—2016 的要求”和“接收器可对其他主流视频编码标准规定的视频码流进行正常解码”(见 5.3.2.1)；

——音频解码特性删除了“接收器应具备解码符合 GB/T 17975.3—2002 中 MPEG-1 层Ⅱ或 GB/T 22726—2008 中规定的数字音频流的功能，可具备解码符合 ETSI TS 102 366 中规定的数字音频流或其他数字音频流的功能”的要求(见 2011 年版 5.3.2.2)；增加了“接收器应对符合 GB/T 22726 中规定的数字音频流进行解码并符合 SJ/T 11594.2—2016 的要求”和“接收器可对其他主流音频编码标准规定的音频码流进行正常解码。”(见 5.3.2.2)；

——删除了“条件接收”(见 2011 年版的 5.3.6)；

——删除了“数字内容保护要求”(见 2011 年版的 5.4)；

——删除了附录 G(资料性附录)条件接收接口(见 2011 年版的附录 G)；

——增加了附录 B(资料性附录)广播电视 VHF 和 UHF 频段频率划分表(见附录 B)、附录 C(规范性附录)多径信道模型(见附录 C)、附录 D(资料性附录)其他多径信道模型(见附录 D)。

请注意本文件的某些内容可能涉及专利。本文件的发布机构不承担识别这些专利的责任。

本标准由中华人民共和国工业和信息化部提出。

本标准由全国音频、视频及多媒体系统与设备标准化技术委员会(SAC/TC 242)归口。

本标准主要起草单位：中国电子技术标准化研究院、国家数字音视频及多媒体产品质量监督检验中心、深圳数字电视国家工程实验室股份有限公司、四川长虹电器股份有限公司、青岛海信电器股份有限公司、青岛海尔电子有限公司、TCL 集团股份有限公司、深圳创维—RGB 电子有限公司、京东方科技集团股份有限公司、南京熊猫电子股份有限公司、清华大学、高拓讯达(北京)科技有限公司、上海高清数字科技产业有限公司、北京海尔集成电路设计有限公司、北京中天联科科技有限公司、杭州国芯科技股份有限公司、深圳市力合微电子股份有限公司、广州广晟数码技术有限公司、深圳芯科科技有限公司、恩智浦半导体(上海)有限公司、锐迪科创微电子(北京)有限公司、迈凌(上海)微电子有限公司、广州视源电子科技股份有限公司、江苏银河电子股份有限公司、国家广播电视产品质量监督检验中心、工业和信息化部电子第五研究所、上海数字电视国家工程研究中心有限公司、北京数字电视工程实验室有限公司、北京泰合志远科技有限公司、深圳市海思半导体有限公司、江苏省电子信息产品质量监督检验研究院、晨星软件研发(深圳)有限公司、乐金电子研究开发中心有限公司、天津三星电子有限公司、南京夏普电子有限公司、山东松下电子信息有限公司、上海索广映像有限公司、联发科技(合肥)有限公司、三星通信技术研究有限公司、罗德与施瓦茨(中国)科技有限公司。

本标准主要起草人:胡鹏、陈仁伟、常林、唐礼、王伟、李怡宁、张林娟、韩秋峰、吴伟、李绚、孙润宇、潘长勇、贾珂、梁伟强、强辉、杨光、冯向辉、陈丽恒、许憬、钮肖如、郭先城、韩文泉、王红欣、张敬平、钟志阳、陆国兵、贾凯、程杨、朱县亮、殷惠清、房海东、史兢、万民永、韩文芳、林伟峰、曹宇、杨星、卢刚、苏玉坤、刘毅、刘安生、胡海宁、张熠。

本标准所代替标准的历次版本发布情况为:

——GB/T 26683—2011。

地面数字电视接收器通用规范

1 范围

本标准规定了支持 GB 20600—2006 地面数字电视接收功能的地面数字电视接收器(以下简称接收器)的功能和性能要求、测量方法、检验规则、标志、包装、运输、贮存等。

本标准适用于地面数字电视接收器,是产品设计、生产定型、检验的主要依据。

2 规范性引用文件

下列文件对于本文件的应用是必不可少的。凡是注日期的引用文件,仅注日期的版本适用于本文件。凡是不注日期的引用文件,其最新版本(包括所有的修改单)适用于本文件。

GB/T 191 包装储运图示标志

GB/T 2312—1980 信息交换用汉字编码字符集 基本集

GB/T 2828.1—2012 计数抽样检验程序 第1部分:按接收质量限(AQL)检索的逐批检验抽样计划

GB/T 2829—2002 周期检验计数抽样程序及表(适用于对过程稳定性的检验)

GB/T 5465.2 电气设备用图形符号 第2部分:图形符号

GB 8898 音频、视频及类似电子设备 安全要求

GB/T 9383 声音和电视广播接收机及有关设备抗扰度 限值和测量方法

GB/T 13000—2010 信息技术 通用多八位编码字符集(UCS)

GB/T 13837 声音和电视广播接收机及有关设备 无线电骚扰特性 限值和测量方法

GB/T 14960—1994 电视广播接收机用红外遥控发射器技术要求和测量方法

GB 17625.1 电磁兼容 限值 谐波电流发射限值(设备每相输入电流≤16 A)

GB/T 17975.1 信息技术 运动图像及其伴音信息的通用编码 第1部分:系统

GB/T 20090.16 信息技术 先进音视频编码 第16部分:广播电视视频

GB 20600—2006 数字电视地面广播传输系统帧结构、信道编码和调制

GB/T 22122—2008 数字电视环绕声伴音测量方法

GB/T 22726 多声道数字音频编解码技术规范

GB 25957 数字电视接收器(机顶盒)能效限定值及能效等级

GB/T 26684—2017 地面数字电视接收器测量方法

GB/T 26685—2017 地面数字电视接收机测量方法

GB/T 26686—2017 地面数字电视接收机通用规范

GB/T 28160—2011 数字电视广播电子节目指南规范

SJ/T 10514—1994 电视广播接收机红外遥控部分的技术要求和测量方法

SJ/T 10919—1996 彩色电视广播接收机包装

SJ/T 11324—2006 数字电视接收设备术语

SJ/T 11325—2006 数字电视接收及显示设备可靠性试验方法

SJ/T 11326 数字电视接收及显示设备环境试验方法

SJ/T 11327—2006 数字电视接收设备接口规范 第1部分:射频信号接口

SJ/T 11329—2006 数字电视接收设备接口规范 第3部分:复合视频信号接口
SJ/T 11330—2006 数字电视接收设备接口规范 第4部分:亮度、色度分离视频信号接口
SJ/T 11331—2006 数字电视接收设备接口规范 第5部分:模拟音频信号接口
SJ/T 11332—2006 数字电视接收设备接口规范 第6部分:RGB模拟基色视频信号接口
SJ/T 11333—2006 数字电视接收设备接口规范 第7部分:YP_BP_R模拟分量视频信号接口
SJ/T 11594.1—2016 数字电视接收终端音视频解码技术要求及测量方法 第1部分:视频(AVS+)
SJ/T 11594.2—2016 数字电视接收终端音视频解码技术要求及测量方法 第2部分:音频(DRA)

3 术语和定义、符号、缩略语

3.1 术语和定义

SJ/T 11324—2006界定的以及下列术语和定义适用于本文件。

3.1.1

可接受误码 acceptable error free

信号接收时规定时间内未纠正误码事件少于某一门限。

3.2 符号

$t_{D,MAX}$:本标准规定接收器应能抵抗的0 dB最大回波时延。

3.3 缩略语

下列缩略语适用于本文件。

AEF:可接受误码(Acceptable Error Free)
C/N:载噪比(Carrier-Noise ratio)
ECM:授权控制信息(Entitement Control Message)
EIT:事件信息表(Event Information Table)
EIT p/f:EIT当前/后续事件表(EIT present/following)
EMM:授权管理信息(Entitlement Management Message)
EPG:电子节目指南(Electronic Program Guide)
FS:满刻度(Full Scale)
HDTV:高清晰度电视(High Definition Television)
LFE:低频增强声道(Low Frequency Enhancement)
MPEG:运动图像专家组(Moving Pictute Experts Group)
PID:包识别符(Packet Identifier)
PSI:节目专用信息(Program Specific Information)
QAM:正交调幅(Quadrature Amplitude Modulation)
RF:射频(Radio Frequency)
SDTV:标准清晰度电视(Standard Definition Television)
SI:业务信息(Service Information)
UHF:特高频(Ultra High Frequence)
VHF:甚高频(Very High Frequence)
Y/C:亮度/色度(Luminance/Chrominance)

4 一般要求

4.1 正常使用条件

正常使用条件应满足下列要求：

环境温度：5 ℃～35 ℃；

相对湿度：25%～80%；

大气压力：86 kPa～106 kPa；

电源：220 $V^{+10\%}_{-20\%}$，[50×(1±2%)]Hz。

4.2 设备用图形符号

图形符号应符合 GB/T 5465.2 的有关规定。

在 GB/T 5465.2 中未定义的图形符号，由产品规范规定。

4.3 外观和结构要求

接收器外观应整洁，表面不应有凹凸痕、划伤、裂缝、毛刺、霉斑等缺陷，表面涂镀层不应起泡、龟裂、脱落等。

金属零件不应有锈蚀及其他机械损伤，灌注物不应外溢。

开关、按键、旋钮的操作应灵活可靠，零部件应紧固无松动。整机应具有足够的机械稳定性。

说明功能的文字和图形符号的标志应正确、清晰、端正、牢固，指示应正确。

4.4 接口要求

接口要求见表 1。

表 1

序号	接口类型	要求	接口的技术要求
1	射频输入	必备	按 SJ/T 11327—2006 的要求
2	射频环路输出	可选	按 SJ/T 11327—2006 的要求
3	复合视频信号输出	必备	按 SJ/T 11329—2006 的要求
	Y/C 输出	可选	按 SJ/T 11330—2006 的要求
	Y、P_B、P_R 输出	HDTV 必备，SDTV 可选	按 SJ/T 11333—2006 的要求
	R、G、B 输出	可选	按 SJ/T 11332—2006 的要求
4	音频输出(双声道)	必备	按 SJ/T 11331—2006 的要求
5	小 D 形 15 针 VGA 输出	可选	按 SJ/T 11332—2006 的要求
6	数字视频接口	可选	待定
7	数字音频接口	可选	待定

5 技术要求

5.1 概述

地面数字电视接收器原理框图如图 1 所示。

地面数字电视接收器完成从射频信号输入到终端音视频信号输出的转换。输入射频信号经过解调、信道解码，将输出的传送流送至解复用模块进行解复用，同时输出业务信息/节目专用信息(SI/PSI)、电子节目指南(EPG)等信息，而输出的基本流送至音视频解码模块，解码后送至基带音视频输出。

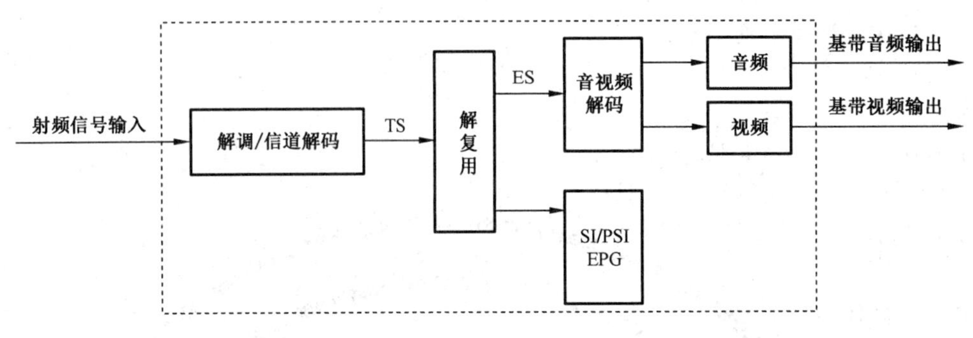

图 1

5.2 射频解调与信道解码要求

5.2.1 概述

本条所规定的性能要求和功能要求是指在可接受误码(AEF)情况下的要求。有关 AEF 的规定见附录 A。

5.2.2 频率

5.2.2.1 频率范围

接收器应能接收当地甚高频(VHF)和特高频(UHF)频段内所有频道上的射频信号，VHF 和 UHF 频段频率划分表参见附录 B。

5.2.2.2 信号带宽

每个频道带宽为 8 MHz。

5.2.2.3 频率捕捉范围

接收器应能正常接收频偏不超出±150 kHz 的射频信号。

5.2.3 工作模式

接收器应至少能接收并正确解调表 2 所列出的工作模式 1～工作模式 7，应用于单频网条件下的接收器还应支持工作模式 8～工作模式 10。本标准中各项性能参数要求依据表 2 中的模式进行规定。

表 2

工作模式	载波数	前向纠错码率	符号星座映射	帧头模式	帧头相位变化	符号交织选项	双导频插入	净码率 Mbit/s
1	C=3 780	0.4	16QAM	PN945	变化	720	—	9.626
2	C=1	0.8	4QAM	PN595	—	720	不插入	10.396
3	C=3 780	0.6	16QAM	PN945	变化	720	—	14.438

表 2（续）

工作模式	载波数	前向纠错码率	符号星座映射	帧头模式	帧头相位变化	符号交织选项	双导频插入	净码率 Mbit/s
4	$C=1$	0.8	16QAM	PN595	—	720	不插入	20.791
5	$C=3\ 780$	0.8	16QAM	PN420	变化	720	—	21.658
6	$C=3\ 780$	0.6	64QAM	PN420	变化	720	—	24.365
7	$C=1$	0.8	32QAM	PN595	—	720	不插入	25.989
8	$C=3\ 780$	0.8	16QAM	PN945	变化	720	—	19.251
9	$C=3\ 780$	0.6	64QAM	PN945	变化	720	—	21.658
10	$C=3\ 780$	0.8	64QAM	PN420	变化	720	—	32.486

5.2.4 射频输入端口

接收器应至少有一个符合 SJ/T 11327—2006 中 VHF/UHF 频段射频输入接口技术要求的射频输入端口。该端口连接器阻抗为 75 Ω，反射损耗应大于或等于 5 dB。

5.2.5 射频环路输出端口

作为可选项，接收器可有一个符合 SJ/T 11327—2006 中 VHF/UHF 频段射频环路输出接口技术要求的射频环路输出端口。该端口连接器阻抗为 75 Ω。

环路输出的射频信号增益应在 −1 dB～+3 dB 之间。信号环路输出应与接收器接收状态无关。

5.2.6 C/N 性能要求

接收器 C/N 门限应满足表 3 中工作模式 1～工作模式 7 的要求，应用于单频网条件下的接收器还应满足表 3 中工作模式 8～工作模式 10 的要求。

表 3

工作模式	1	2	3	4	5	6	7	8	9	10
高斯信道(C/N)/dB	≤8.0	≤6.0	≤10.7	≤12.6	≤13.2	≤15.7	≤15.8	≤13.4	≤15.9	≤18.9
莱斯信道(C/N)/dB	≤8.7	≤6.5	≤11.2	≤13.3	≤14.0	≤16.6	≤16.6	≤14.3	≤16.6	≤19.8
瑞利信道(C/N)/dB	≤10.0	≤8.4	≤13.4	≤16.6	≤18.0	≤18.8	≤20.8	≤18.3	≤18.8	≤24.5

莱斯信道模型和瑞利信道模型见附录 C。

5.2.7 最小接收信号功率

接收器在可接收的频率范围内，最小接收信号功率应满足表 4 中工作模式 1～工作模式 7 的要求，应用于单频网条件下的接收器还应满足表 4 中工作模式 8～工作模式 10 的要求。

表 4

工作模式	1	2	3	4	5	6	7	8	9	10
最小接收信号功率 dBm	≤−90	≤−91	≤−87	≤−85	≤−84	≤−82	≤−82	≤−84	≤−82	≤−79

5.2.8 最大接收信号功率

接收器应在接收到不小于−10 dBm 射频信号时正常工作。

5.2.9 抑制模拟电视邻频干扰能力

规定在可接受误码接收情况下,预接收地面数字电视信号功率与从邻频道来的模拟电视信号功率之比为 C/I。接收器对邻频($N\pm1$)模拟电视信号干扰的抑制能力应满足表 5 中工作模式 1～工作模式 7 的要求,应用于单频网条件下的接收器还应满足表 5 中工作模式 8～工作模式 9 的要求。

表 5

工作模式	1	2	3	4	5	6	7	8	9	10
(C/I)/dB	≤−46	≤−44	≤−45	≤−41	≤−42	≤−41	≤−40	≤−42	≤−41	—

5.2.10 抑制模拟电视同频干扰能力

规定在可接受误码接收情况下,预接收地面数字电视信号功率与从同频道来的模拟电视信号功率之比为 C/I。接收器对同频模拟电视信号干扰的抑制能力应满足表 6 中工作模式 1～工作模式 7 的要求,应用于单频网条件下的接收器还应满足表 6 中工作模式 8～工作模式 9 的要求。

表 6

工作模式	1	2	3	4	5	6	7	8	9	10
(C/I)/dB	≤−14	≤−14	≤−10	≤−5	≤−3	≤−4	≤0	≤−3	≤−4	—

5.2.11 抑制数字电视邻频干扰能力

规定在可接受误码接收情况下,预接收地面数字电视信号功率与从邻频道来的地面数字电视信号功率之比为 C/I。接收器对邻频数字电视信号干扰的抑制能力应满足表 7 中工作模式 1～工作模式 7 的要求,应用于单频网条件下的接收器还应满足表 7 中工作模式 8～工作模式 9 的要求。

表 7

工作模式	1	2	3	4	5	6	7	8	9	10
(C/I)/dB	≤−40	≤−41	≤−38	≤−36	≤−36	≤−35	≤−34	≤−36	≤−35	—

5.2.12 抑制数字电视同频干扰能力

规定在可接受误码接收情况下,预接收地面数字电视信号功率与从同频道来的地面数字电视信号功率之比为 C/I。接收器对同频数字电视信号干扰的抑制能力应满足表 8 中工作模式 1～工作模式 7 的要求,应用于单频网条件下的接收器还应满足表 8 中工作模式 8～工作模式 9 的要求。

表 8

工作模式	1	2	3	4	5	6	7	8	9	10
(C/I)/dB	≤8.5	≤7.0	≤11.0	≤13.5	≤13.5	≤16.0	≤16.6	≤13.8	≤16.4	—

5.2.13 抑制 0 dB 回波能力

当接收器接收两径静态 0 dB 回波射频信号时，接收器应能抵抗的回波最大时延应满足表 9 中工作模式 1～工作模式 7 的要求，应用于单频网条件下的接收器还应满足表 9 中工作模式 8～工作模式 9 的要求。在回波时延为 30 μs 时，接收器 C/N 应满足表 9 中工作模式 1～工作模式 7 的要求，应用于单频网条件下的接收器还应满足表 9 中工作模式 8～工作模式 9 的要求。0 dB 回波信道模型见 C.3。

表 9

工作模式	1	2	3	4	5	6	7	8	9	10
0 dB 最大回波时延 μs	≥110	≥70	≥110	≥70	≥50	≥50	≥70	≥110	≥110	—
(C/N)/dB	≤10.5	≤8.9	≤14.0	≤17.5	≤20.5	≤18.9	≤22.5	≤20.7	≤19.4	—

5.2.14 抑制动态多径能力

接收器应至少能在最大多普勒频移设置为 70 Hz 的动态多径信道模型条件下，满足表 10 的 C/N 要求。当载噪比为 C/N＋3 dB 时，可对抗的最大多普勒频移应满足表 10 的要求。动态多径信道模型见 C.4。

表 10

工作模式	1	2	3	4	5	6	7	8	9	10
莱斯类型(C/N)/dB	≤12.0	≤10.7	≤15.9	—	—	—	—	—	—	—
瑞利类型(C/N)/dB	≤12.9	≤11.4	≤16.5	—	—	—	—	—	—	—
莱斯类型最大多普勒频移 Hz	≥130	≥120	≥115	—	—	—	—	—	—	—
瑞利类型最大多普勒频移 Hz	≥130	≥120	≥115	—	—	—	—	—	—	—

5.2.15 抑制脉冲干扰能力

当接收器接收到幅度为 $C/I=-3$ dB、重复周期为 10 ms 的脉冲噪声时，其脉冲持续时长(t_p)抑制能力应满足表 11 中工作模式 1～工作模式 7 的要求，应用于单频网条件下的接收器还应满足表 11 中工作模式 8～工作模式 9 的要求。

表 11

工作模式	1	2	3	4	5	6	7	8	9	10
t_p/μs	≥100	≥70	≥50	≥35	≥25	≥25	≥25	≥25	≥25	—

5.2.16 抑制两径长回波能力

接收器接收两径长回波射频信号时，C/N 门限应满足表 12 的要求。两径长回波信道模型见 C.5。

表 12

工作模式	1	2	3	4	5	6	7	8	9	10
(C/N)/dB	≤11.3	≤8.7	≤14.7	≤17.5	≤22.0	≤20.4	≤22.7	≤21.9	≤21.6	—

5.2.17 抑制三径长回波能力

接收器接收三径长回波射频信号时，C/N 门限应满足表 13 的要求。三径长回波信道模型见 C.6。

表 13

工作模式	1	2	3	4	5	6	7	8	9	10
信道模型 1(C/N)/dB	≤11.5	≤9.1	≤14.9	≤17.9	≤18.8	≤19.7	≤22.1	≤19.9	≤20.5	—
信道模型 2(C/N)/dB	≤11.7	≤9.5	≤14.9	≤18.3	≤19.0	≤19.4	≤22.8	≤19.3	≤20.4	
信道模型 3(C/N)/dB	≤13.6	≤10.7	≤16.4	≤18.4	≤21.3	≤21.9	≤23.6	≤23.2	≤22.8	

5.2.18 抑制固定接收条件下信道扰动能力 1

接收器在固定接收条件下接收信道扰动回波射频信号时，C/N 门限应满足表 14 的要求。固定接收条件扰动信道 1 模型见 C.7。

表 14

工作模式	1	2	3	4	5	6	7	8	9	10
信道模型 1(C/N)/dB	≤10.9	≤7.6	≤13.4	≤15.1	≤16.2	≤18.1	≤19.0	≤17.2	≤19.1	—
信道模型 2(C/N)/dB	≤11.6	≤8.7	≤14.8	≤17.5	≤18.7	≤19.3	≤22.7	≤19.7	≤20.5	
信道模型 3(C/N)/dB	≤11.3	≤8.7	≤14.5	≤17.4	≤18.3	≤19.3	≤22.5	≤19.3	≤20.5	

5.2.19 抑制固定接收条件下信道扰动能力 2

接收器在固定接收条件下接收信道扰动回波射频信号时，C/I 门限应满足表 15 的要求。固定接收条件扰动信道 2 模型见 C.8。

表 15

工作模式	1	2	3	4	5	6	7	8	9	10
信道模型 1(C/I)/dB	≤0	≤0	≤0	≤1.0	≤1.0	≤1.0	≤1.0	≤1.0	≤1.0	—
信道模型 2(C/I)/dB	≤0	≤0	≤0	≤1.0	≤1.0	≤1.0	≤1.0	≤1.0	≤1.0	
信道模型 3(C/I)/dB	≤0	≤0	≤0	≤1.0	≤1.0	≤1.0	≤1.0	≤1.0	≤1.0	
信道模型 4(C/I)/dB	≤0	≤0	≤0	≤1.0	≤1.0	≤1.0	≤1.0	≤1.0	≤1.0	

5.2.20 抑制单频干扰能力

规定在可接受误码接收情况下，欲接收地面数字电视信号功率与同频道的单频信号功率之比为

C/I。接收器对单频信号干扰的抑制能力应满足表 16 中工作模式 1～工作模式 7 的要求，应用于单频网条件下的接收器还应满足表 16 中工作模式 8～工作模式 9 的要求。

表 16

工作模式	1	2	3	4	5	6	7	8	9	10
(C/N)/dB	≤5	≤5	≤5	≤5	≤5	≤5	≤5	≤5	≤5	—

5.2.21 其他多径模型

接收器可参考附录 D 中其他多径模型进行性能测试。

5.3 传送流解码要求

5.3.1 解复用特性

对于符合 GB/T 17975.1 规定的传送流，接收器应能进行正确解复用。

解复用特性具体要求见 GB/T 26686—2017 中 5.3 的规定。

5.3.2 音视频解码特性

5.3.2.1 视频解码特性

接收器应对符合 GB/T 20090.16 中规定的帧频为 25 Hz、4∶3 和 16∶9 幅型比的码流进行解码并符合 SJ/T 11594.1—2016 的要求，视频参数见表 17。

表 17

图像格式	SDTV	HDTV
档次和等级	广播类(profile_id 的值 0x48)@ 级 4.0.2.08.60(level_id 的值 0x2A)	广播类(profile_id 的值 0x48)@ 级 6.0.1.08.60(level_id 的值 0x41)
帧率	25 Hz	25 Hz
幅型比	4∶3	16∶9
分辨力	720×576	1 920×1 080
色度参数	4∶2∶0	4∶2∶0

接收器可对其他主流视频编码标准规定的视频码流进行正常解码。

5.3.2.2 音频解码特性

接收器应能识别一个节目中复用的多个音频流，并能选择其中任一音频流解码输出。

接收器应对符合 GB/T 22726 中规定的数字音频流进行解码并符合 SJ/T 11594.2—2016 的要求。

接收器可对其他主流音频编码标准规定的音频码流进行正常解码。

具备多声道音频解码功能的接收器，应能够将多声道音频信号向下混合为 Lt/Rt 矩阵环绕编码的立体声或 Lo/Ro 普通的立体声输出。

具有数字音频输出接口的接收器，能具备输出解码的两通道 PCM 数字音频的功能，也能具备透明输出未解码的数字音频的功能。

5.3.3 业务和节目信息

见 GB/T 26686—2017 中 5.4.1 的规定。

5.3.4 电子节目指南(EPG)

接收器应能接收并正确处理数字电视广播的基本 EPG 信息的内容格式,以及应用于交换的扩展 EPG 信息,具体要求见 GB/T 28160—2011 的规定。

在 EPG 信息的处理中,如果某个业务没有提供对应的 EIT 信息,则 EPG 显示不应报错,并在指出发生时间栏中给出空白显示。

接收器应支持 EPG 基本要求见表 18。

表 18

序号	测量项目	技术要求	要求
1	EPG 显示的内容	节目播出时间表	必备
		当前播出节目信息和即将播出节目信息	必备
		当前时间显示	必备
		支持节目简介	必备
2	EPG 内容的显示方式	按节目频道浏览	必备
		按照节目播出的时间顺序浏览	可选
		按照节目类型进行浏览(至少支持当天)	可选
3	EPG 的操作方式	通过菜单进入 EPG 浏览	二选一 必备
		通过遥控器的快捷键进入 EPG 浏览	
4	EPG 的接收能力	至少支持 50 套节目,每套节目至少 7 天的节目时间表信息,支持每个节目不少于 255 个字节的节目简介	必备
5	支持 Linkage 描述符	能够通过 Linkage 描述符链接到包含网络的总的 EPG 信息业务	可选
6	EPG 的更新	支持 EPG 内容的自动实时更新	必备

5.3.5 字幕

若传送流中含有合法字幕信息,接收器应能正常接收并处理,允许用户进行如下设置:

a) 用户首选语言的指定;

b) 用户对字幕模式的指定应该可以“打开”或“关闭”,并可以选择其他可用的字幕语言。

5.4 基带视频输出性能要求

5.4.1 图像输出格式

接收器图像输出格式应支持表 19 中首选项的一种,应向下兼容。

表 19

图像格式	视频信号格式参数描述				
	隔行比	扫描行数	行频/kHz	场频/Hz	幅型比
720×576 I[a]	2∶1	625	15.625	50	4∶3
720×576 P	1∶1	625	31.25	50	4∶3
1 280×720 P	1∶1	750	45	60	16∶9
1 280×720 P	1∶1	750	37.50	50	16∶9
1 920×1 080 I[a]	2∶1	1125	28.125	50	16∶9
1 920×1 080 I	2∶1	1125	33.75	60	16∶9
[a] 为首选项。					

5.4.2 接收标准清晰度电视信号要求

接收标准清晰度电视(SDTV)信号时，基带视频输出信号(复合视频信号，Y/C，$Y/P_B/P_R$ 与 R/G/B)性能要求见表 20。

表 20

序号	项目	单位	性能参数
复合视频信号			
1	视频信号输出电平	$V_{p\text{-}p}$	1.0±10%(包括同步信号)
2	视频信号幅频响应	dB	±0.8(0.5 MHz～4.8 MHz) +1～−3(4.8 MHz～6 MHz)
3	亮度信噪比(加权)	dB	≥56
4	微分增益(P-P)	%	≤5
5	微分相位(P-P)	(°)	≤5
6	亮度信号的非线性失真	%	≤3
7	亮度通道的线性响应(*K* 系数)	%	≤3
8	色度/亮度信号的时延差	ns	不劣于±30
9	色度/亮度信号的增益差	%	不劣于±5
Y/C 信号			
10	Y 通道输出信号电平	$V_{p\text{-}p}$	1.0±10%(包括同步信号)
11	C 通道输出信号电平	V	±0.35±10%(以消隐电平为 0 V)
12	Y 通道幅频响应	dB	±0.5(0.5 MHz～4.8 MHz) +0.5～−3(4.8 MHz～6 MHz)
13	Y 通道非线性失真	%	≤3
14	Y 通道线性响应(*K* 系数)	%	≤3
15	Y 通道信噪比(加权)	dB	≥56
16	Y/C 时延差	ns	不劣于±30

表 20（续）

序号	项目	单位	性能参数
$Y/P_B/P_R$ 信号			
17	Y 通道输出信号电平	$V_{p\text{-}p}$	1.0±10%(包括同步信号)
18	P_R 通道输出信号电平	V	±0.35±10%(以消隐电平为 0 V)
19	P_B 通道输出信号电平	V	±0.35±10%(以消隐电平为 0 V)
20	Y 通道幅频响应	dB	±0.5(0.5 MHz～4.8 MHz) +0.5～－3(4.8 MHz～6 MHz)
21	Y 通道非线性失真	%	≤3
22	Y 通道线性响应(K 系数)	%	≤3
23	Y 通道信噪比(加权)	dB	≥56
24	Y/P_B、Y/P_R 时延差	ns	不劣于±30
R/G/B 信号			
25	R、G、B 通道输出信号电平	$V_{p\text{-}p}$	1.0±10%(包括同步信号)
26	R、G、B 通道幅频响应	dB	±0.5(0.5 MHz～4.8 MHz) +0.5～－3(4.8 MHz～6 MHz)
27	R、G、B 信号的非线性失真	%	≤5
28	R、G、B 的线性波形响应(K 系数)	%	≤3
29	R、G、B 通道信噪比(加权)	dB	≥56
30	G/R、G/B 时延差	ns	不劣于±30
同步信号			
31	同步脉冲电平	$mV_{p\text{-}p}$	负极性:300±10%(以消隐电平为 0 V)
32	色同步信号电平	$mV_{p\text{-}p}$	300±10%
33	色同步信号持续时间	μs	2.25±0.30(50%色同步信号功率)
34	行同步信号脉冲宽度	μs	4.7±0.4(50%行同步信号脉冲宽度)
35	行同步脉冲前沿抖动	ns	≤20

5.4.3 接收高清晰度电视信号要求

接收高清晰度电视(HDTV)信号时，基带视频输出信号($Y/P_B/P_R$ 与 R/G/B)性能要求见表 21。

表 21

序号	项目	单位	性能参数
$Y/P_B/P_R$ 信号			
1	Y 通道输出信号电平	$V_{p\text{-}p}$	1.0±10%(包括同步信号)
2	P_R 通道输出信号电平	V	±0.35±10%(以消隐电平为 0 V)
3	P_B 通道输出信号电平	V	±0.35±10%(以消隐电平为 0 V)

表 21（续）

序号	项目	单位	性能参数
4	Y 通道幅频响应	dB	±0.5(0 MHz～24 MHz) +0.5～−3(24 MHz～27 MHz) +0.5～−6(27 MHz～30 MHz)
5	Y 信号非线性失真	%	≤5
6	Y 通道的线性波形响应(K 系数)	%	≤3
7	Y 通道信噪比(加权)	dB	≥56
8	Y/P_B、Y/P_R 时延差	ns	不劣于±15
R/G/B 信号			
9	R、G、B 通道输出信号电平	V_{p-p}	1.0±10%(包括同步信号)
10	R、G、B 通道幅频响应	dB	+0.5(0 MHz～24 MHz) +0.5～−3(24 MHz～27 MHz) +0.5～−6(27 MHz～30 MHz)
11	R、G、B 信号的非线性失真	%	≤5
12	R、G、B 的线性波形响应(K 系数)	%	≤3
13	R、G、B 通道信噪比(加权)	dB	≥56
14	G/R、G/B 时延差	ns	不劣于±15
同步信号			
15	行同步脉冲幅度	mV_{p-p}	正极性:300±10%(以消隐电平为 0 V) 负极性:300±10%(以消隐电平为 0 V)
16	行同步脉冲前沿抖动	ns	≤10

5.5 基带音频输出性能要求

接收数字电视信号的两通道及多通道音频输出性能要求分别见表 22、表 23。

表 22

序号	项目	单位	通道	性能要求
1	音频输出电平[a]	Vrms	AV 输出端	0.775±10%
2	音频幅频响应	dB	AV 输出端	±2(20 Hz～20 kHz)
3	音频信噪比[b]	dB	AV 输出端	≥70
4	音频失真加噪声[c]	%	AV 输出端	≤1
5	左右声道增益差	dB	AV 输出端	≤0.5
6	左右声道相位差	(°)	AV 输出端	≤5
7	左右声道的串扰	dB	AV 输出端	≤−60
8	左右声道动态范围	dB	AV 输出端	≥63

[a] 负载阻抗 600 Ω,用 997 Hz 测试;幅度为 0 dB FS。

[b] 测试条件:用 997 Hz、幅度为 0 dB FS。

[c] 幅度为−20 dB FS。

表 23

序号	项目	单位	通道	性能要求
1	音频输出电平[a]	Vrms	L、C、R、Ls、Rs、LFE	0.775±10%
2	音频幅频响应	dB	L、C、R、Ls、Rs	±2(20 Hz～20 kHz)
			LFE	±2(20 Hz～120 Hz)
3	音频信噪比[b]	dB	L、C、R、Ls、Rs	≥70
4	音频失真加噪声[c]	%	L、C、R、Ls、Rs	≤1
5	声道间增益差	dB	L、C、R、Ls、Rs	≤0.5
			LFE	≤0.5
6	声道间相位差	(°)	L、C、R、Ls、Rs	≤5
7	声道动态范围	dB	L、C、R、Ls、Rs	≥63

[a] 负载阻抗 600 Ω,左声道(L)、中央声道(C)、右声道(R)、左环绕声道(Ls)、右环绕声道(Rs)用 997 Hz 测试、低声道(LFE)用 30 Hz;幅度为 0 dB FS。

[b] 测试条件:用 997 Hz、幅度为 0 dB FS。

[c] 幅度为−20 dB FS。

5.6 数字音频输出性能要求

接收数字电视信号数字音频输出性能要求见表 24。

表 24

序号	项目	单位	通道	性能要求	测量方法
1	抖动	UI[a]	同轴或光纤	≤0.17	GB/T 22122—2008 中 9.3.1

[a] UI 单位间隔是与接口速率相关的测量时间,是数字音频信号中最短的时间间隔,一个 UI 为 128 倍采样频率的周期,如采样频率为 48 kHz,1 UI=1/(128×48 000)=163 ns。

5.7 功能要求

接收器应支持表 25 中功能要求。

表 25

序号	项目	要求
1	软件版本更新	必备,见 GB/T 26686—2017 中 5.7.2
2	中文图形操作界面	必备,见 GB/T 26686—2017 中 5.7.3
3	GB/T 2312—1980 中文字库	必备
4	GB/T 13000—2010 中文字库	可选
5	节目搜索与调谐	必备,见 GB/T 26686—2017 中 5.2.4
6	业务选择列表	必备,见 GB/T 26686—2017 中 5.7.4

表 25（续）

序号	项目	要求
7	状态条	必备，见 GB/T 26686—2017 中 5.7.5
8	用户参数设置和存储	必备，见 GB/T 26686—2017 中 5.7.6
9	断电记忆	必备，见 GB/T 26686—2017 中 5.7.7
10	恢复工厂设置	必备，见 GB/T 26686—2017 中 5.7.8
11	实时钟	必备，见 GB/T 26686—2017 中 5.7.9

5.8 遥控性能和遥控发射器性能要求

5.8.1 遥控性能要求

遥控性能要求见表 26。

表 26

序号	项目		单位	性能要求
1	遥控接收距离		m	≥8
2	受控角	上	(°)	≥15
		下		≥15
		左		≥30
		右		≥30
3	抗环境光干扰 在各种环境光大于或等于 2 000 lx 时遥控距离		m	5
4	抗外界电器干扰		—	不受外界电器使用时的干扰

5.8.2 遥控发射器要求

所使用的红外遥控发射器的功能要求参见附录 E，性能要求应符合 GB/T 14960—1994 的规定。具有其他形式的遥控发射器的性能要求待定。

5.9 电源适应性要求

电源适应性要求见表 27。

表 27

序号	项目	单位	性能要求
1	电源电压变化适应性	V	$220^{+10\%}_{-20\%}$
2	电源频率变化适应性	Hz	50±2%
3	整机消耗功率	W	由产品规范规定
4	待机消耗功率	W	≤1
5	能效限定值	—	按 GB 25957 有关规定

5.10 电磁兼容特性限值

干扰特性限值应符合 GB/T 13837 的有关要求，抗扰度限值应符合 GB/T 9383 的有关要求，谐波电流限值应符合 GB 17625.1 的有关要求。

5.11 安全性要求

接收器的安全要求应符合 GB 8898 的有关规定。

5.12 可靠性要求

平均故障间隔时间(MTBF)的下限应不小于 15 000 h。

5.13 环境试验要求

环境试验要求应符合 SJ/T 11326 的有关规定。

5.14 开箱检验要求

开箱检验的内容和不合格判据，应符合附录 F 的规定。

5.15 工艺装配检验要求

工艺装配检验的内容和不合格判据，应符合附录 G 的规定。

6 测量方法

6.1 设备用图形符号、外观和结构、接口检验方法

设备用图形符号、接口用目测进行检验。

外观和结构用目测或手感进行检验。

6.2 射频解调与信道解码测量方法

射频解调与信道解码测量方法见表 28。

表 28

序号	项目	测量方法
1	频率范围	GB/T 26684—2017 中 5.2.3
2	频率捕捉范围	GB/T 26684—2017 中 5.2.4
3	工作模式与调制参数改变	GB/T 26684—2017 中 5.2.2
4	节目搜索与调谐	GB/T 26685—2017 中 5.10.9
5	射频环路输出增益	GB/T 26684—2017 中 5.2.23
6	射频输入端口反射损耗	GB/T 26684—2017 中 5.2.5
7	高斯信道载噪比门限	GB/T 26684—2017 中 5.2.6
8	莱斯信道与瑞利信道载噪比门限	GB/T 26684—2017 中 5.2.7
9	最小接收信号功率	GB/T 26684—2017 中 5.2.8

表 28（续）

序号	项目	测量方法
10	最大接收信号功率	GB/T 26684—2017 中 5.2.8
11	抑制模拟电视邻频干扰能力	GB/T 26684—2017 中 5.2.9
12	抑制模拟电视同频干扰能力	GB/T 26684—2017 中 5.2.10
13	抑制数字电视邻频干扰能力	GB/T 26684—2017 中 5.2.11
14	抑制数字电视同频干扰能力	GB/T 26684—2017 中 5.2.12
15	抑制 0 dB 回波能力	GB/T 26684—2017 中 5.2.13
16	抑制动态多径能力	GB/T 26684—2017 中 5.2.14
17	抑制脉冲干扰能力	GB/T 26684—2017 中 5.2.15
18	抑制两径长回波能力	GB/T 26684—2017 中 5.2.16
19	抑制三径长回波能力	GB/T 26684—2017 中 5.2.17
20	固定接收条件下抑制信道扰动能力 1	GB/T 26684—2017 中 5.2.18
21	固定接收条件下抑制信道扰动能力 2	GB/T 26684—2017 中 5.2.19
22	抑制单频干扰能力	GB/T 26684—2017 中 5.2.20
23	其他多径模型	GB/T 26684—2017 中 5.2.21

6.3 传送流解码特性测量方法

6.3.1 解复用特性测量方法

解复用特性测量方法见 GB/T 26684—2017 中 5.3.1。

6.3.2 音视频解码特性测量方法

音视频解码特性测量方法见 GB/T 26684—2017 中 5.3.2。

6.3.3 业务和节目信息测量方法

业务和节目信息测量方法见 GB/T 26684—2017 中 5.3.3。

6.3.4 EPG 测量方法

EPG 测量方法见 GB/T 26684—2017 中 5.3.4。

6.3.5 字幕测量方法

字幕测量方法见 GB/T 26684—2017 中 5.3.5。

6.4 基带视频输出特性测量方法

6.4.1 图像输出格式测量方法

图像输出格式测量方法见 GB/T 26684—2017 中 5.4.1。

6.4.2 接收 SDTV 信号测量方法

接收 SDTV 信号时，基带视频输出信号(复合视频信号，Y/C，$Y/P_B/P_R$ 与 R/G/B)测量方法见表 29。

表 29

序号	项目	测量方法
复合视频信号		
1	视频信号输出电平	GB/T 26684—2017 中 5.4.2
2	视频信号幅频响应	GB/T 26684—2017 中 5.4.3
3	亮度信噪比(加权)	GB/T 26684—2017 中 5.4.4
4	微分增益(P-P)	GB/T 26684—2017 中 5.4.5
5	微分相位(P-P)	GB/T 26684—2017 中 5.4.6
6	亮度信号的非线性失真	GB/T 26684—2017 中 5.4.7
7	亮度通道的线性响应(K 系数)	GB/T 26684—2017 中 5.4.8
8	色度/亮度信号的时延差	GB/T 26684—2017 中 5.4.9
9	色度/亮度信号的增益差	GB/T 26684—2017 中 5.4.10
Y/C 信号		
10	Y 通道输出信号电平	GB/T 26684—2017 中 5.4.12
11	C 通道输出信号电平	GB/T 26684—2017 中 5.4.13
12	Y 通道幅频响应	GB/T 26684—2017 中 5.4.14
13	Y 通道非线性失真	GB/T 26684—2017 中 5.4.15
14	Y 通道线性响应(K 系数)	GB/T 26684—2017 中 5.4.16
15	Y 通道信噪比(加权)	GB/T 26684—2017 中 5.4.17
16	Y/C 时延差	GB/T 26684—2017 中 5.4.18
$Y/P_B/P_R$ 信号		
17	Y 通道输出信号电平	GB/T 26684—2017 中 5.4.19
18	P_R 通道输出信号电平	GB/T 26684—2017 中 5.4.19
19	P_B 通道输出信号电平	GB/T 26684—2017 中 5.4.19
20	Y 通道幅频响应	GB/T 26684—2017 中 5.4.20
21	Y 通道非线性失真	GB/T 26684—2017 中 5.4.21
22	Y 通道线性响应(K 系数)	GB/T 26684—2017 中 5.4.22
23	Y 通道信噪比(加权)	GB/T 26684—2017 中 5.4.23
24	Y/P_B、Y/P_R 时延差	GB/T 26684—2017 中 5.4.24
R/G/B 信号		
25	R、G、B 通道输出信号电平	GB/T 26684—2017 中 5.4.25
26	R、G、B 通道幅频响应	GB/T 26684—2017 中 5.4.26
27	R、G、B 信号的非线性失真	GB/T 26684—2017 中 5.4.27
28	R、G、B 的线性波形响应(K 系数)	GB/T 26684—2017 中 5.4.28
29	R、G、B 通道信噪比(加权)	GB/T 26684—2017 中 5.4.29
30	G/R、G/B 时延差	GB/T 26684—2017 中 5.4.30

表 29（续）

序号	项目	测量方法
同步信号		
31	同步脉冲电平	GB/T 26684—2017 中 5.4.31
32	色同步信号电平	GB/T 26684—2017 中 5.4.31
33	色同步信号持续时间	GB/T 26684—2017 中 5.4.31
34	行同步信号脉冲宽度	GB/T 26684—2017 中 5.4.31
35	行同步脉冲前沿抖动	GB/T 26684—2017 中 5.4.11

6.4.3 接收 HDTV 信号测量方法

接收 HDTV 信号时，基带视频输出信号(复合视频信号，Y/C，$Y/P_B/P_R$ 与 R/G/B)测量方法见表 30。

表 30

序号	项目	测量方法
$Y/P_B/P_R$ 信号		
1	Y 通道输出信号电平	GB/T 26684—2017 中 5.4.19
2	P_R 通道输出信号电平	GB/T 26684—2017 中 5.4.19
3	P_B 通道输出信号电平	GB/T 26684—2017 中 5.4.19
4	Y 通道幅频响应	GB/T 26684—2017 中 5.4.20
5	Y 信号非线性失真	GB/T 26684—2017 中 5.4.21
6	Y 通道的线性波形响应(*K* 系数)	GB/T 26684—2017 中 5.4.22
7	Y 通道信噪比(加权)	GB/T 26684—2017 中 5.4.23
8	Y/P_B、Y/P_R 时延差	GB/T 26684—2017 中 5.4.24
R/G/B 信号		
9	R、G、B 通道输出信号电平	GB/T 26684—2017 中 5.4.25
10	R、G、B 通道幅频响应	GB/T 26684—2017 中 5.4.26
11	R、G、B 信号的非线性失真	GB/T 26684—2017 中 5.4.27
12	R、G、B 的线性波形响应(*K* 系数)	GB/T 26684—2017 中 5.4.28
13	R、G、B 通道信噪比(加权)	GB/T 26684—2017 中 5.4.29
14	G/R、G/B 时延差	GB/T 26684—2017 中 5.4.30
同步信号		
15	行同步脉冲幅度	GB/T 26684—2017 中 5.4.32
16	行同步脉冲前沿抖动	GB/T 26684—2017 中 5.4.32

6.5 基带音频输出特性测量方法

两通道及多通道基带音频输出电性能测量方法分别见表 31、表 32。

表 31

序号	项目	测量方法
1	音频输出电平	GB/T 26684—2017 中 5.5.1.2
2	音频幅频响应	GB/T 22122—2008 中 9.2.2
3	音频信噪比	GB/T 22122—2008 中 9.2.3
4	音频失真加噪声	GB/T 22122—2008 中 9.2.4
5	左右声道增益差	GB/T 22122—2008 中 9.2.5
6	左右声道相位差	GB/T 22122—2008 中 9.2.6
7	立体声模式左右声道的串扰	GB/T 22122—2008 中 9.2.7
8	左右声道动态范围	GB/T 22122—2008 中 9.2.8

表 32

序号	项目	测量方法
1	音频输出电平	GB/T 26684—2017 中 5.5.1.3
2	音频幅频响应	GB/T 22122—2008 中 9.1.2
3	音频信噪比	GB/T 22122—2008 中 9.1.3
4	音频失真加噪声	GB/T 22122—2008 中 9.1.4
5	声道间增益差	GB/T 22122—2008 中 9.1.5
6	声道间相位差	GB/T 22122—2008 中 9.1.6
7	声道动态范围	GB/T 22122—2008 中 9.1.7

6.6 数字音频输出特性测量方法

数字音频输出抖动性能测量方法见 GB/T 22122—2008 中 9.3.2。

6.7 功能测量方法

功能测量方法见 GB/T 26684—2017 中 5.6。

6.8 遥控性能和遥控发射器测量方法

6.8.1 遥控性能测量方法

遥控性能测量方法见表 33。

表 33

序号	项目	测量方法
1	遥控接收距离	SJ/T 10514—1994 中 5.2
2	受控角	SJ/T 10514—1994 中 5.3
3	抗环境光干扰	SJ/T 10514—1994 中 5.14
4	抗外界电器干扰	SJ/T 10514—1994 中 5.15

6.8.2 遥控发射器测量方法

接收器用遥控发射器性能按 GB/T 14960—1994 的有关规定进行。

6.9 电源适应性测量方法

电源适应性测量方法见表 34。

表 34

序号	项目	测量方法
1	电源电压变化适应性	GB/T 26684—2017 中 5.7.3.1
2	电源频率变化适应性	GB/T 26684—2017 中 5.7.3.2
3	整机消耗功率	GB/T 26684—2017 中 5.8
4	待机消耗功率	GB/T 26684—2017 中 5.9
5	能效限定值	GB 25957

6.10 电磁兼容特性限值测量方法

干扰特性限值、抗扰度限值和谐波电流限值分别按 GB/T 13837、GB/T 9383 和 GB 17625.1 中有关规定进行。

6.11 安全性检验方法

按 GB 8898 中有关规定进行。

6.12 可靠性试验方法

按 SJ/T 11325—2006 中有关规定进行。

6.13 环境试验方法

按 SJ/T 11326 的有关规定进行。

6.14 开箱检验方法

在使用条件下用主观法逐台进行检验。

用相应的信号源和显示器，对其输出的信号进行检验。

抗电强度和绝缘电阻按 6.12 给出的方法进行检验。

6.15 工艺装配检验方法

经过开箱检验合格的样本，打开后盖，用目测法进行检验。

7 检验规则

检验包括：定型检验、交收检验、例行检验。

7.1 定型检验

7.1.1 检验项目

定型检验项目见表 35。

表 35

序号	检验项目	性能要求章条号	试验方法章条号
1	外观和结构、接口	4.3～4.4	6.1
2	常温性能[a]	5.2～5.9	6.2～6.9
3	遥控发生器	5.8	6.8
4	电磁兼容特性限值	5.10	6.10
5	安全性	5.11	6.11
6	可靠性	5.12	6.12
7	环境试验	5.13	6.13
[a] 常温性能包括射频与信道解码、传送流解码、基带视频输出、基带音频输出、数字音频输出、功能、遥控性能、电源适应性。			

7.1.2 **样本的抽取和数量**

定型检验的样本，应从定型批量产品中随机抽取，各检验项目的样本量见表 36。

表 36

序号	检验项目	样本数
1	外观和结构、接口	2 台
2	常温性能	6 台(分两组，每组 3 台)
3	遥控发生器	2 台
4	电磁兼容特性限值	3 台
5	安全性	1 台
6	可靠性	由试验方法决定
7	环境试验	6 台(分两组，每组 3 台)

7.1.3 **不合格的分类与判据**

7.1.3.1 **不合格的分类**

接收器以质量特性不符合的严重程度分为安全不合格(用字符 Z 表示)、A 类、B 类和 C 类不合格。

7.1.3.2 **不合格品的分类**

有一个或一个以上不合格项目的单位产品，称为不合格品。按不合格类型分为安全不合格品，A 类、B 类、C 类不合格品。

7.1.3.3 **不合格的判据**

不合格的判据如下：

a) 外观和结构、接口：按附录 F 中 F4、F7 的规定；

b) 常温性能：按附录 H 的规定；

c) 遥控发射器:参照附录E的规定;
d) 安全性:不符合5.11的均判为安全不合格;
e) 电磁兼容特性限值:按5.10的规定;
f) 环境试验:按附录I的规定;
g) 可靠性:按5.12和6.12的规定。

7.1.4 合格与不合格的判定

7.1.4.1 外观和结构

检验结果按附录F中F4的规定,不允许出现Z类和A类不合格品,B类不合格品数不大于3,C类不合格数不大于4,判为合格,否则为不合格。

7.1.4.2 常温性能

检验结果符合以下两条判为合格,否则判为不合格。
a) 第一组3台测试全部通过;
b) 第一组测试出现不合格品,用第二组再测试后,两组总的A类不合格品数不大于1,B类不合格品数不大于3。

7.1.4.3 接口

测试中出现A类的不合格品数不大于1。

7.1.4.4 环境试验

检验结果符合以下两条判为合格,否则判为不合格。
a) 第一组3台试验全部通过;
b) 第一组试验出现不合格品,用第二组再试验后,两组总的A类不合格品数不大于1,B类不合格品数不大于3,C类不合格品数不大于4。

7.1.4.5 电磁兼容特性限值

样本为3台,试验出现不合格项,即判为不合格。

7.1.4.6 检验结果的处理

对于造成定型检验不合格的项目,应及时查明原因,提出改进措施,并重新进行该项目及相关项目的试验,直至合格。

若检验项目合格,则判为定型合格。

7.2 交收检验

7.2.1 检验项目

7.2.1.1 开箱检验

检验内容和方法按5.14和6.14。

7.2.1.2 工艺装配检验

检验内容和方法按5.15和6.15。

7.2.1.3 主要常温性能检验

主要常温性能检验项目如下：

a) 频率范围；

b) 最小接收信号功率；

c) 反射损耗；

d) 载噪比门限；

e) 复合视频信号输出电平；

f) 复合视频信号同步特性；

g) 音频输出电平；

h) 音频信噪比；

i) 遥控距离。

7.2.2 抽样方案

抽样方案按 GB/T 2828.1—2012，采用一次抽样方案，开箱检验还可选用二次抽样方案，具体规定见表 37。

表 37

序号	检查项目	检查水平	接收质量限		
			A 类不合格品	B 类不合格品	C 类不合格品
1	开箱检查	一般检查水平 Ⅰ	1.5	2.5	6.5
2	工艺装配检查	特殊检查水平 S-Ⅰ	4.0	4.0	6.5
3	主要常温性能	特殊检查水平 S-Ⅰ	4.0	—	—

7.2.3 不合格分类与判据

7.2.3.1 不合格和不合格品的分类

按 7.1.3.1 和 7.1.3.2 的分类。

7.2.3.2 不合格判据

不合格判据如下：

a) 开箱检查：按附录 F 的规定；

b) 工艺装配检查：按附录 G 的规定；

c) 主要常温性能检查：出现不合格均为 A 类不合格。

7.2.4 交收检验的判定

交收检验的全部检验项目按所规定抽样方案检验合格，则判定检查批交收检验合格。否则判定该检查批不合格。

7.2.5 检验结果的处理

7.2.5.1 合格批

对于检验合格的批，收方应接收该批产品。

7.2.5.2 不合格批

对于有安全不合格而判为不合格的批，收方应对该不合格批拒收。交方应对该批产品返工，并进行100%的检验，再重新对该批提交批检验。若还出现安全不合格，则暂停检验。暂停检验后，交方应采取有效措施，才能恢复检验。

对于因其他不合格而判为不合格的批，收方可对该不合格批拒收。交方应对该批产品进行返工，再重新提交抽检。如仍拒收，则再返工，直到被合格接收。

7.3 例行检验

7.3.1 检验周期

连续生产的产品，各检验项目的检验周期，每年不少于一次，具体由产品规范规定。

断续生产的产品，在间隔时间大于半年，恢复生产时应进行例行检验。

当产品的主要设计、工艺及原材料改变时，应进行表35中相关项目的检验。

7.3.2 检验项目

例行检验项目见表38。

表 38

序号	检验项目	要求与试验方法
1	接口	4.4 和 6.1
2	常温性能	5.2～5.15 和 6.2～6.15
3	安全性	按 GB 8898 中有关规定
4	电磁兼容特性限值	5.10 和 6.10
5	可靠性	5.12 和 6.12
6	环境试验	5.13 和 6.13

7.3.3 抽样方案

常温性能和环境试验按 GB/T 2829—2002，判别水平Ⅰ，二次抽样方案进行。其样本大小，不合格质量水平(RQL)及对应的判定组数见表39。

表 39

序号	检验项目	样本大小	RQL 及判定数组		
			A类不合格品	B类不合格品	C类不合格品
1	常温性能	$N_1=3$ $N_2=3$	$40\begin{bmatrix}0 & 2\\1 & 2\end{bmatrix}$	$65\begin{bmatrix}0 & 3\\3 & 4\end{bmatrix}$	—
2	环境试验	$N_1=3$ $N_2=3$	$40\begin{bmatrix}0 & 2\\1 & 2\end{bmatrix}$	$65\begin{bmatrix}0 & 3\\3 & 4\end{bmatrix}$	$80\begin{bmatrix}1 & 3\\4 & 5\end{bmatrix}$

电磁兼容特性限值试验，样本数为三台，检验中出现不合格项，即判该批为不合格批。

可靠性试验按5.12和6.12规定。

安全性试验样本数一台，检验中出现一个安全不合格，即判该批为不合格批。

7.3.4 不合格分类与判据

按7.1.3规定。

7.3.5 样本的抽取

例行检验的样本应从交收检验的合格批中抽取，二次抽样方案的第二样本应一次抽齐。

7.3.6 例行检验的判定

当本周期内所有试验组例行检查都合格，则本周期检查合格，否则就判为例行检验不合格。

7.3.7 检验结果的处理

7.3.7.1 合格批

例行检验通过。

7.3.7.2 不合格批

例行检验不合格的产品应暂停交收检验，已生产的产品和已交付的产品由交收双方协商解决。

交方应立刻采取改进措施，在改进后，从新生产的产品中重新抽样，对不合格的检验项目和相关检验项目进行检验，在得到合格结论后才能恢复正常生产和检验。

8 标志、包装、运输、贮存

8.1 标志

8.1.1 本体标志

接收器的本体上应标有生产厂的名称、商标、型号和产品编号。

接收器的本体上应有电源的性质、额定电压、电源频率、功耗以及警告用户防止触电等标记。

接收器的本体上应有中国国家强制认证(CCC)的标志。

8.1.2 包装箱标志

包装箱上应有下列标记：

a) 产品名称、型号、生产企业的名称、地址；

b) 商标名称及注册商标图案；

c) 生产日期：年、月、日；

d) 包装质量：kg；

e) 产品标准编号；

f) 包装件最大外型尺寸：$l \times b \times h$，cm；

g) 机壳颜色标记；

h) 怕雨、向上、易碎物品、堆码层数极限等标记，应符合GB/T 191的规定。

8.2 包装

应符合SJ/T 10919—1996的规定。

8.3 运输

包装完整的接收器可用正常的陆、海、空交通工具运输，运输过程中应按包装标记规定，避免雪、雨直接淋袭。

8.4 贮存

包装完整的接收器应贮存在环境温度为－25 ℃～＋55 ℃，相对湿度不大于93％，周围无酸碱及其他腐蚀性气体和污染物等有害物体的库房中，贮存期为1 a。超过1 a的产品应开箱检验，经复检合格后，方可进入流通领域。

附 录 A
（规范性附录）
可接受误码

可接受误码是指：在规定的测试时间内，观察接收机视频解码输出到显示屏幕上的视频图像，图像不出现可察觉差错。

——对于除动态信道外的性能试验，主观的测量周期为 60 s。

——对于动态信道性能试验，主观的测量周期为 2 min。

——对于功能试验，主观的测量周期为 15 s。

动态信道是指信道模型中至少有 1 条路径的多普勒类别为莱斯类型、瑞利类型或 1 Hz（含）以上纯多普勒，包括三径长回波信道模型 2、动态多径信道、固定接收条件扰动信道。

附　录　B
（资料性附录）
广播电视 VHF 和 UHF 频段频率划分表

广播电视 VHF 和 UHF 频段频率划分见表 B.1。

表 B.1

中国内地		中国香港		中国澳门	
频率范围 MHz	中心频率 MHz	频率范围 MHz	中心频率 MHz	频率范围 MHz	中心频率 MHz
48.5～56.5	52.5	—	—	—	—
56.5～64.5	60.5	—	—	—	—
64.5～72.5	68.5	—	—	—	—
76～84	80	—	—	—	—
167～175	171	—	—	—	—
175～183	179	—	—	—	—
183～191	187	—	—	—	—
191～199	195	—	—	—	—
199～207	203	—	—	—	—
207～215	211	—	—	—	—
215～223	219	—	—	—	—
470～478	474	470～478	474	470～478	474
478～486	482	478～486	482	478～486	482
486～494	490	486～494	490	486～494	490
494～502	498	494～502	498	494～502	498
502～510	506	502～510	506	502～510	506
510～518	514	510～518	514	510～518	514
518～526	522	518～526	522	518～526	522
526～534	530	526～534	530	526～534	530
534～542	538	534～542	538	534～542	538
542～550	546	542～550	546	542～550	546
550～558	554	550～558	554	550～558	554
558～566	562	558～566	562	558～566	562
—	—	566～574	570	566～574	570
—	—	574～582	578	574～582	578
—	—	582～590	586	582～590	586
—	—	590～598	594	590～598	594

表 B.1（续）

中国内地		中国香港		中国澳门	
频率范围 MHz	中心频率 MHz	频率范围 MHz	中心频率 MHz	频率范围 MHz	中心频率 MHz
—	—	598～606	602	598～606	602
606～614	610	606～614	610	606～614	610
614～622	618	614～622	618	614～622	618
622～630	626	622～630	626	622～630	626
630～638	634	630～638	634	630～638	634
638～646	642	638～646	642	638～646	642
646～654	650	646～654	650	646～654	650
654～662	658	654～662	658	654～662	658
662～670	666	662～670	666	662～670	666
670～678	674	670～678	674	670～678	674
678～686	682	678～686	682	678～686	682
686～694	690	686～694	690	686～694	690
694～702	698	694～702	698	694～702	698
702～710	706	702～710	706	702～710	706
710～718	714	710～718	714	710～718	714
718～726	722	718～726	722	718～726	722
726～734	730	726～734	730	726～734	730
734～742	738	734～742	738	734～742	738
742～750	746	742～750	746	742～750	746
750～758	754	750～758	754	750～758	754
758～766	762	758～766	762	758～766	762
766～774	770	766～774	770	766～774	770
774～782	778	774～782	778	774～782	778
782～790	786	782～790	786	782～790	786
790～798	794	790～798	794	790～798	794
798～806	802	798～806	802	—	—

附　录　C
（规范性附录）
多径信道模型

C.1　瑞利信道模型

瑞利信道模型(静态)见表 C.1。

表 C.1

路径	幅度 dB	延时 μs	相位 (°)
回波 1	−7.8	0.518 650	336.0
回波 2	−24.8	1.003 019	278.2
回波 3	−15.0	5.422 091	195.9
回波 4	−10.4	2.751 772	127.0
回波 5	−11.7	0.602 895	215.3
回波 6	−24.2	1.016 585	311.1
回波 7	−16.5	0.143 556	226.4
回波 8	−25.8	0.153 832	62.7
回波 9	−14.7	3.324 886	330.9
回波 10	−7.9	1.935 570	8.8
回波 11	−10.6	0.429 948	339.7
回波 12	−9.1	3.228 872	174.9
回波 13	−11.6	0.848 831	36.0
回波 14	−12.9	0.073 883	122.0
回波 15	−15.3	0.203 952	63.0
回波 16	−16.5	0.194 207	198.4
回波 17	−12.4	0.924 450	210.0
回波 18	−18.7	1.381 320	162.4
回波 19	−13.1	0.640 512	191.0
回波 20	−11.7	1.368 671	22.6

C.2　莱斯信道模型

莱斯信道模型(静态)见表 C.2。

表 C.2

路径	幅度 dB	延时 μs	相位 (°)
主径	0	0	0
回波 1	−19.2	0.518 650	336.0
回波 2	−36.2	1.003 019	278.2
回波 3	−26.4	5.422 091	195.9
回波 4	−21.8	2.751 772	127.0
回波 5	−23.1	0.602 895	215.3
回波 6	−35.6	1.016 585	311.1
回波 7	−27.9	0.143 556	226.4
回波 8	−26.1	3.324 886	330.9
回波 9	−19.3	1.935 570	8.8
回波 10	−22.0	0.429 948	339.7
回波 11	−20.5	3.228 872	174.9
回波 12	−23.0	0.848 831	36.0
回波 13	−24.3	0.073 883	122.0
回波 14	−26.7	0.203 952	63.0
回波 15	−27.9	0.194 207	198.4
回波 16	−23.8	0.924 450	210.0
回波 17	−30.1	1.381 320	162.4
回波 18	−24.5	0.640 512	191.0
回波 19	−23.1	1.368 671	22.6

C.3 0 dB 回波信道模型

0 dB 回波信道模型见表 C.3。

表 C.3

路径	幅度 dB	延时 μs	相位 (°)	多普勒类别
主径	0	0	0	静态
回波	0	30	0	静态

C.4 动态多径信道模型

动态多径信道模型见表 C.4 和表 C.5。

表 C.4

路径	幅度 dB	延时 μs	多普勒类别	多普勒移动方向 (°)
回波 1	−3	0	莱斯(莱斯比为 4 dB)	0[a]
回波 2	0	0.2	莱斯(莱斯比为 4 dB)	0[a]
回波 3	−2	0.5	莱斯(莱斯比为 4 dB)	0[a]
回波 4	−6	1.6	莱斯(莱斯比为 4 dB)	0[a]
回波 5	−8	2.3	莱斯(莱斯比为 4 dB)	0[a]
回波 6	−10	5	莱斯(莱斯比为 4 dB)	0[a]
[a] 以发射塔到接收机的射线方向为 0°。				

表 C.5

路径	幅度 dB	延时 μs	多普勒类别
回波 1	−3	0	瑞利
回波 2	0	0.2	瑞利
回波 3	−2	0.5	瑞利
回波 4	−6	1.6	瑞利
回波 5	−8	2.3	瑞利
回波 6	−10	5	瑞利

C.5 两径长回波信道模型

两径长回波信道模型见表 C.6。

表 C.6

路径	幅度 dB	延时 μs	相位 (°)	多普勒类别	多普勒频移 Hz	多普勒移动方向 (°)
主径	0	0	0	静态	—	—
回波 1	0	$t_{\mathrm{D,MAX}}$	0	纯多普勒	0.1	0[a]
[a] 以发射塔到接收机的射线方向为 0°。						

C.6 三径长回波信道模型

三径长回波信道模型 1 见表 C.7。

表 C.7

路径	幅度 dB	延时 μs	相位 (°)	多普勒类别
回波 1	−3	$-t_D+0.1$	0	静态
主径	0	0	0	静态
回波 2	−3	$t_D=t_{D,MAX}/2$	0	静态

三径长回波信道模型 2 见表 C.8。

表 C.8

路径	幅度 dB	延时 μs	相位 (°)	多普勒类别	多普勒频移 Hz	多普勒移动方向 (°)
回波 1	−3	$-t_D+0.1$	0	纯多普勒	1	180[a]
主径	0	0	0	静态	0	—
回波 2	−3	$t_D=t_{D,MAX}/4$	0	纯多普勒	1	0[a]
[a] 以发射塔到接收机的射线方向为 0°。						

三径长回波信道模型 3 见表 C.9。

表 C.9

路径	幅度 dB	延时 μs	相位 (°)	多普勒类别	多普勒频移 Hz	多普勒移动方向 (°)
主径	0	0	0	静态	—	—
回波 1	0	$t_{D,MAX}$	0	静态	—	—
回波 2	−1	$t_{D,MAX}$	0	纯多普勒	0.1	0[a]
[a] 以发射塔到接收机的射线方向为 0°。						

C.7 固定接收条件扰动信道 1 模型

固定接收条件下扰动信道 1 信道模型 1 见表 C.10。

表 C.10

路径	幅度 dB	延时 μs	相位 (°)	多普勒类别	多普勒频移 Hz	多普勒移动方向 (°)
主径	0	0	0	静态	—	—
回波 1	−15	−1.8	125	静态	—	—
回波 2	−15	0.15	80	静态	—	—

表 C.10（续）

路径	幅度 dB	延时 μs	相位 (°)	多普勒类别	多普勒频移 Hz	多普勒移动方向 (°)
回波 3	−7	1.8	45	静态	—	—
回波 4	−7	5.7	0	纯多普勒	5	0[a]
回波 5	−15	$t_{D,MAX}-1.8$	90	静态	—	—

[a] 以发射塔到接收机的射线方向为 0°。

固定接收条件下扰动信道 1 信道模型 2 见表 C.11。

表 C.11

路径	幅度 dB	延时 μs	相位 (°)	多普勒类别	多普勒频移 Hz	多普勒移动方向 (°)
主径	0	0	0	静态	—	—
回波 1	−8	−1.8	125	静态	—	—
回波 2	−3	0.15	80	静态	—	—
回波 3	−4	1.8	45	静态	—	—
回波 4	−3	5.7	0	纯多普勒	5	0[a]
回波 5	−12	$t_{D,MAX}-1.8$	90	静态	—	—

[a] 以发射塔到接收机的射线方向为 0°。

固定接收条件下扰动信道 1 信道模型 3 见表 C.12。

表 C.12

路径	幅度 dB	延时 μs	相位 (°)	多普勒类别	多普勒频移 Hz	多普勒移动方向 (°)
主径	0	0	0	静态	—	—
回波 1	−3	−1.8	125	静态	—	—
回波 2	−1	0.15	80	静态	—	—
回波 3	−1	1.8	45	静态	—	—
回波 4	−3	5.7	0	纯多普勒	5	0[a]
回波 5	−9	$t_{D,MAX}-1.8$	90	静态	—	—

[a] 以发射塔到接收机的射线方向为 0°。

C.8 固定接收条件扰动信道 2 模型

固定接收条件扰动信道 2 信道模型 1 见表 C.13。

表 C.13

路径	幅度 dB	延时 μs	相位 (°)	多普勒类别	多普勒频移 Hz	多普勒移动方向 (°)
主径	0	0	0	静态	—	—
回波 1	−20	−1.8	125	静态	—	—
回波 2	−20	0.15	80	静态	—	—
回波 3	−10	1.8	45	静态	—	—
回波 4	待测试	5.7	0	纯多普勒	5	0[a]
回波 5	−18	35	90	静态	—	—
[a] 以发射塔到接收机的射线方向为 0°。						

固定接收条件扰动信道 2 信道模型 2 见表 C.14。

表 C.14

路径	幅度 dB	延时 μs	相位 (°)	多普勒类别	多普勒频移 Hz	多普勒移动方向 (°)
主径	0	0	0	静态	—	—
回波 1	−17	−1.8	125	静态	—	—
回波 2	−17	0.15	80	静态	—	—
回波 3	−7	1.8	45	静态	—	—
回波 4	待测试	5.7	0	纯多普勒	5	0[a]
回波 5	−15	35	90	静态	—	—
[a] 以发射塔到接收机的射线方向为 0°。						

固定接收条件扰动信道 2 信道模型 3 见表 C.15。

表 C.15

路径	幅度 dB	延时 μs	相位 (°)	多普勒类别	多普勒频移 Hz	多普勒移动方向 (°)
主径	0	0	0	静态	—	—
回波 1	−14	−1.8	125	静态	—	—
回波 2	−14	0.15	80	静态	—	—
回波 3	−4	1.8	45	静态	—	—
回波 4	待测试	5.7	0	纯多普勒	5	0[a]
回波 5	−12	35	90	静态	—	—
[a] 以发射塔到接收机的射线方向为 0°。						

固定接收条件扰动信道 2 信道模型 4 见表 C.16。

表 C.16

路径	幅度 dB	延时 μs	相位 (°)	多普勒类别	多普勒频移 Hz	多普勒移动方向 (°)
主径	−0	0	0	静态	—	—
回波 1	−11	−1.8	125	静态	—	—
回波 2	−11	0.15	80	静态	—	—
回波 3	−1	1.8	45	静态	—	—
回波 4	待测试	5.7	0	纯多普勒	5	0[a]
回波 5	−9	35	90	静态	—	—

[a] 以发射塔到接收机的射线方向为 0°。

附 录 D
(资料性附录)
其他多径信道模型

D.1 信道模型 1

信道模型 1 见表 D.1。

表 D.1

路径	幅度 dB	延时 μs	相位 (°)	多普勒类别	多普勒频移 Hz	多普勒移动方向 (°)
回波 1	0	7.672 0	346.644 9	莱斯(莱斯比为 23 dB)	20 Hz	0
回波 2	−0.451 4	1.190 5	44.460 1			
回波 3	−0.883 7	0.793 7	54.196 1			
回波 4	−3.653 1	0.661 4	48.287 7			
回波 5	−3.901 9	1.322 8	191.322 3			
回波 6	−4.221 5	1.058 2	48.741 1			
回波 7	−4.584 8	7.539 7	314.399 2			
回波 8	−6.693 2	0.264 6	34.106 9			
回波 9	−8.516 9	0.132 3	103.844 5			
回波 10	−8.821 9	0	126.166 9			
回波 11	−10.919 6	6.613 8	281.681 1			
回波 12	−11.016 1	11.111 1	317.050 2			
回波 13	−11.766 1	7.010 6	308.661 9			
回波 14	−12.007 3	10.185 2	165.026 6			
回波 15	−12.442 5	6.878 3	285.676 2			
回波 16	−13.297 1	1.455 0	174.922 4			
回波 17	−13.364 7	0.925 9	359.793 3			
回波 18	−13.737 6	0.396 8	57.074 1			
回波 19	−14.489 2	6.349 2	183.391 7			
回波 20	−14.877 9	1.719 6	353.415 7			

D.2 信道模型 2

信道模型 2 见表 D.2。

表 D.2

路径	幅度 dB	延时 μs	相位 (°)	多普勒类别	多普勒频移 Hz	多普勒移动方向 (°)
回波 1	0	0	329.384 2	莱斯(莱斯比为 23 dB)	50 Hz	0
回波 2	−0.034 0	0.529 1	6.010 6			
回波 3	−1.809 2	0.264 6	172.586 7			
回波 4	−4.020 2	0.793 7	130.564 9			
回波 5	−4.365 5	0.132 3	24.599 2			
回波 6	−4.633 2	1.719 6	122.582 8			
回波 7	−5.082 5	2.116 4	290.146 1			
回波 8	−5.269 7	2.248 7	221.399 5			
回波 9	−5.904 4	0.661 4	22.036 9			
回波 10	−8.601 3	1.984 1	78.463 6			
回波 11	−8.987 6	1.190 5	22.980 0			
回波 12	−9.352 7	0.396 8	232.572 8			
回波 13	−9.836 4	1.058 2	176.402 1			
回波 14	−9.905 3	1.322 8	319.551 8			
回波 15	−11.539 2	2.777 8	235.563 5			
回波 16	−11.622 3	1.587 3	6.012 4			
回波 17	−11.809 2	4.894 2	216.126 0			
回波 18	−12.092 5	1.455 0	7.536 5			
回波 19	−13.922 0	1.851 9	248.023 8			
回波 20	−16.416 3	0.925 9	325.951 3			

D.3 信道模型 3

信道模型 3 见表 D.3。

表 D.3

路径	幅度 dB	延时 μs	相位 (°)	多普勒类别
回波 1	0	17.857 1	272.3	静态
回波 2	−18.09	18.121 7	336.27	
回波 3	−20.14	86.640 2	313.37	
回波 4	−17.81	89.021 2	81.86	
回波 5	−18.48	89.153 4	71.68	

表 D.3（续）

路径	幅度 dB	延时 μs	相位 (°)	多普勒类别
回波 6	−20.03	89.285 7	311.87	静态
回波 7	−19.44	89.418 0	57.83	
回波 8	−18.92	90.476 2	67.51	
回波 9	−10.27	91.269 8	323.39	
回波 10	−19.68	91.798 9	299.16	
回波 11	−20.63	101.984 1	55.46	
回波 12	−14.82	102.248 7	271.21	
回波 13	−3.65	102.381 0	77.29	
回波 14	−8.40	102.513 2	88.6	
回波 15	−14.96	102.645 5	71.26	
回波 16	−19.43	102.777 8	73.81	
回波 17	−18.94	102.910 1	89.25	
回波 18	−18.61	103.042 3	51.85	
回波 19	−18.83	103.174 6	63.33	
回波 20	−19.99	104.894 2	30.28	

附 录 E
（资料性附录）
遥控发射器功能

E.1 数字键

接收器的遥控发射器应包括10个数字键，标号0～9。

E.2 基本TV功能

接收器遥控发射器宜包括下列用于基本TV功能键(这些键应当总是保持它原有的功能，即，建议它们不能被配置为用于任何其他目的的任何数据应用)：

a) 电源通/断——将接收器电源接通及断开；
b) 节目 上/下——节目之间转换功能；
c) 音量 上/下——调整音量输出级的功能；
d) TV——将接收器直接进入一般电视状态，即，仅有音频、视频及字幕。

E.3 数字TV功能

接收器的遥控发射器应包括数字式TV功能的下列键：

a) 菜单：此功能进入中文操作界面；
b) 确认(OK)——选择或认可现在的选择的功能；
c) 电子节目指南(EPG)——此功能进入电子节目指南操作界面；
d) 返回——此功能从现有菜单或“页”退出，回到以前的状态。

附 录 F
（规范性附录）
开箱检验内容及不合格判据

开箱检验内容及不合格判据见表F.1。

表F.1

序号	检 验 内 容	不合格类别
F1	标记	
F1.1	包装箱标记	
F1.1.1	产品名称、型号、生产厂名称，其中之一缺或错	A
F1.1.2	商标名称、注册商标图案，其中之一缺或错	A
F1.1.3	所采用的产品标准编号缺或错或难以辨认	A
F1.1.4	贮运标志(怕雨、向上、易碎物品、堆码层数极限、包装箱最大外形尺寸、机壳颜色标记等)其中之一缺或错	
F1.1.4.1	——可能使产品受损	B
F1.1.4.2	——不可能使产品受损	C
F1.1.5	生产日期缺或错	B
F1.1.6	生产地址缺或错	B
F1.1.7	以上标志不清楚但仍可辨认	C
F1.2	产品标志	
F1.2.1	无中国国家强制认证(CCC)的标志	A
F1.2.2	产品生产编号缺或错	A
F1.2.3	产品商标、型号、名称、生产厂名称，其中之一缺或错	A
F1.2.4	警告用户安全使用的标记缺或错	A
F1.2.5	以上标记固定不牢或不清楚但仍可辨认	C
F1.2.6	功能符号标记不规范	C
F2	包装箱	
F2.1	包装箱损伤、受潮、胶带或打钉质量差，其中之一	
F2.1.1	——可能使产品受损	B
F2.1.2	——不可能使产品受损	C
F2.2	包装箱上不应有的涂写	C
F2.3	衬垫或缓冲物缺或损伤	
F2.3.1	——可能使产品受损	B
F2.3.2	——不可能使产品受损	C
F2.4	箱内有异物	
F2.4.1	——可能使产品受损	A
F2.4.2	——不可能使产品受损	C
F2.5	产品倒装	B

表 F.1（续）

序号	检 验 内 容	不合格类别
F2.6 F2.6.1 F2.6.2	产品、附件、衬垫等，其中之一放置不正确 ——可能使产品受损 ——不可能使产品受损	 B C
F3	附件	
F3.1	合格证、产品说明书、遥控器，其中之一缺或与产品不符	A
F3.2	产品说明书有严重错误，可能会使用户误操作而损坏产品	A
F3.3	产品说明书规定的附件缺或错或失效	B
F3.4	附件多于产品说明书规定	C
F3.5	附件外观受损或脏	C
F4	产品外观和结构	
F4.1	严重开裂或严重损伤	A
F4.2 F4.2.1 F4.2.2	表面有损(裂纹、变形、划伤、毛刺、脱漆、缩痕、缝隙等) ——明显 ——不明显	 B C
F4.3 F4.3.1 F4.3.2	颜色、质地(纹理)有差异 ——明显 ——不明显	 B C
F4.4 F4.4.1 F4.4.2	有可见的污垢 ——不能用软布擦掉且令人讨厌 ——可以用软布擦掉	 B C
F4.5	装饰件及紧固件缺或脱落或安装不规范	B
F4.6	指示灯、旋钮、按键安装不规范	B
F4.7 F4.7.1 F4.7.2 F4.7.3	边缘棱角突起 ——会伤害人体 ——会伤害衣服和家具 ——手感不适	 Z A C
F4.8 F4.8.1 F4.8.2 F4.8.3 F4.8.4 F4.8.5	功能控制件 按键、旋钮、开关等，其中任一功能缺损、失灵或脱落 Y/C 输出，P_B、P_R 输出，R、G、B 输出，RF 输入/输出等接口的插接件失灵或接触不良 功能控制件调谐时，干扰图像或声音，但不影响收看 指示灯不亮 功能调整有其他缺陷，但不影响正常使用	 A A B C C
F5	安全性	
F5.1	可触及件危险带电(接触电流超过限定值)	Z
F5.2 F5.2.1 F5.2.2	电源线或电源插头绝缘破损 ——内部带电体裸露 ——仅绝缘层外表受损	 Z A

表 F.1（续）

序号	检验内容	不合格类别
F5.3 F5.3.1 F5.3.2	电压设定装置档位错误 ——会损伤产品 ——不会损伤产品	 A B
F5.4	绝缘 Ⅰ类设备： ——接地电阻>0.1 Ω； ——绝缘电阻<2 MΩ； ——抗电强度 1 500 Vrms(或 2 120 VDC)1 min,击穿或飞弧 Ⅱ类设备： ——绝缘电阻<4 MΩ； ——抗电强度 3 000 Vrms(或 4 240 VDC)1 min,击穿或飞弧	 Z Z Z Z Z
F5.5	可触及的边缘棱角不光滑 ——会损伤人体 ——手感不适	 Z C
F6	遥控器及遥控性能	
F6.1 F6.1.1 F6.1.2 F6.1.3 F6.1.4 F6.1.5	遥控器一般要求 外壳严重开裂、变形 外壳有明显划伤、变形、变色等,但不影响正常使用 一般划伤或变形,但不影响正常使用 标记错、漏或文字、图形符号与功能不符 其他	 A B C A C
F7	接口	
F7.1	必备接口缺一者	A
F8	功能	
F8.1	必备功能缺一者	A
F9	图像输出格式	
F9.1	图像输出格式错或不能向下兼容	A
F10	其他	
F10.1 F10.2	缺少产品包装箱上标出的功能或与其标出的功能不符 缺少产品说明书中标出的功能或与其标出的功能不符	A A

附　录　G
（规范性附录）
工艺装配检验内容及不合格判据

工艺装配检验内容及不合格判据见表 G.1。

表 G.1

序号	检验内容	不合格类别
G1	装配工艺	
G1.1	装配松动或缺少固定螺钉	B
G2	支架结构件缺少，但不影响正常工作	C
G3	面板、面罩安装松动或缺少紧固件	B
G4	底板安装松动或缺少紧固件，配合间隙大	B
G5	电源变压器安装松动或缺少紧固件	A
G6	印制线路板	
G6.1 G6.2	断裂 安装不牢	A B
G7	异物	
G7.1 G7.2	机内有金属异物 机内有非金属异物	A B
G8	导线与套管	
G8.1 G8.2	未按工艺扎线，安装不固定 缺少应装套管	B C
G9	假焊或未按工艺要求焊接	A
G10	表面处理	
G10.1 G10.2	机芯结构件等有严重锈蚀 机芯结构件等有一般锈蚀	B C

附 录 H
（规范性附录）
常温性能检验内容及不合格判据

常温性能检验内容及不合格判据见表 H.1。

表 H.1

序号	检验内容	不合格类别
H1	射频解调与信道解码	
H1.1	频率范围	A
H1.2	频率捕捉范围	B
H1.3	工作模式与调制参数改变	A
H1.4	节目搜索与调谐	A
H1.5	射频环路输出增益	A
H1.6	射频输入端口反射损耗	B
H1.7	高斯信道载噪比门限	A
H1.8	莱斯信道与瑞利信道载噪比门限	A
H1.9	最小接收信号功率	A
H1.10	最大接收信号功率	A
H1.11	抑制模拟电视邻频干扰能力	A
H1.12	抑制模拟电视同频干扰能力	A
H1.13	抑制数字电视邻频干扰能力	A
H1.14	抑制数字电视同频干扰能力	B
H1.15	抑制 0 dB 回波能力	A
H1.16	抑制动态多径能力	B
H1.17	抑制脉冲干扰能力	B
H1.18	抑制两径长回波能力	A
H1.19	抑制三径长回波能力	A
H1.20	固定接收条件下抑制信道扰动能力 1	A
H1.21	固定接收条件下抑制信道扰动能力 2	A
H1.22	抑制单频干扰能力	A
H1.23	其他	B
H2	基带视频信号输出	
H2.1	视频信号输出电平	A
H2.2	视频信号幅频响应	A
H2.3	亮度信噪比(加权)	A
H2.4	同步脉冲电平	A
H2.5	行同步信号脉冲宽度	A
H2.6	其他	B
H3	音频输出	
H3.1	音频输出电平	A
H3.2	音频信噪比	A
H3.3	音频幅频响应	A
H3.4	音频失真加噪声	A
H3.5	其他	B

表 H.1（续）

序号	检验内容	不合格类别
H4	遥控性能	
H4.1 H4.2 H4.3	遥控接收距离 受控角 其他	A A B
H5	功能	
H5.1 H5.2 H5.3 H5.4 H5.5 H5.6 H5.7 H5.8 H5.9 H5.10	GB/T 2312—1980 中文字库 中文图形操作界面 节目搜索与调谐 业务选择列表 状态条 用户参数设置和存储 断电记忆 恢复工厂设置 实时钟 其他	A A A A A A A A A B
H6	传送流解码	
H6.1 H6.2 H6.3 H6.4 H6.5 H6.6	解复用 视频解码 音频解码 业务和节目信息 电子节目指南 其他	A A A A A B
H7	电源适应性	
H7.1 H7.2 H7.3 H7.4 H7.5	电源电压变化 整机消耗功率 待机消耗功耗 能效限定值 其他	A A A A B

附 录 I
(规范性附录)
环境试验内容及不合格判据

环境试验内容及不合格判据见表 I.1。

表 I.1

序号	检验内容	不合格类别
I1	外观	
I1.1 I1.2 I1.3 I1.4 I1.5	外壳严重凹陷、歪曲、翘起,屏幕表面有明显划痕 表面漆层裂纹:≥100 mm 表面漆层脱落面积(任一方向上的尺寸):≥100 mm^2 壳体少量变形,表面漆层少量明显变色 装饰件、标牌明显变色、变形、开裂、松动或脱落;标牌上的标记模糊不清,难以辨认	A B B C B
I2	表面处理	
I2.1 I2.2	结构件金属处理表面严重锈蚀 结构件金属处理表面轻微锈蚀	B C
I3	结构件、元器件	
I3.1 I3.2 I3.3 I3.4 I3.5 I3.6 I3.7 I3.8 I3.9 I3.10 I3.11 I3.12 I3.13	印制板脱落、断裂 电源变压器脱落 功能控制件失灵 含液体元部件的液体漏/溢出 元器件灌封物溢出 熔断器盖/盒、屏蔽盒盖、旋/按钮脱落 紧固件、结构件脱落或断裂 机内金属脱落物(任一方向上的尺寸):≥3 mm 机内金属脱落物(任一方向上的尺寸):<3 mm 机内导线折断、脱焊或元部件断脚 变压器浸渍严重剥落 接插件等可拆装件脱落 不影响收听收看的小型元器件插脚脱焊、脱落	A A A A A B A A B A B B B
I4	遥控性能和遥控发射器	同附录 F 中的 F6 与附录 H 中 H4
I5	安全性	
I5.1 I5.2 I5.3	可触及件危险带电(接触电流超过限定值) 电源线或插头绝缘破损 ——有裸露带电件 ——仅绝缘层外表受损 电源电压选择器档位错误 ——会损伤产品 ——不会损伤产品	Z Z A A C

表 I.1（续）

序号	检验内容	不合格类别
I5.4	绝缘	
	Ⅰ类设备：	
	——接地电阻：>0.1 Ω；	Z
	——绝缘电阻：<2 MΩ；	Z
	——抗电强度 1 500 Vrms(或 2 120 VDC)1 min,击穿或飞弧	Z
	Ⅱ类设备：	
	——绝缘电阻：<4 MΩ；	Z
	——抗电强度 3 000 Vrms(或 4 240 VDC)1 min,击穿或飞弧	Z
I5.5	外壳损坏,且会损伤人体	Z

ICS 33.160.25
M 74

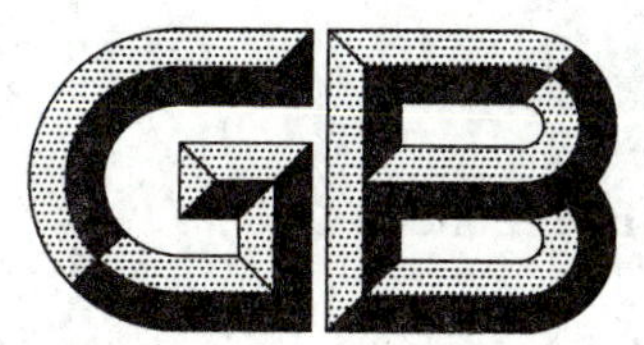

中华人民共和国国家标准

GB/T 26684—2017
代替 GB/T 26684—2011

地面数字电视接收器测量方法

Methods of measurement for digital terrestrial set-top box

2017-09-07 发布

2018-04-01 实施

中华人民共和国国家质量监督检验检疫总局
中国国家标准化管理委员会 发布

前　　言

本标准按照 GB/T 1.1—2009 给出的规则起草。

本标准代替 GB/T 26684—2011《地面数字电视接收器测量方法》，本标准与 GB/T 26684—2011 相比，除编辑性修改外主要技术改变如下：

——术语、定义、符号和缩略语增加“符号”(见 3.2)；

——测量基本要求增加“测量工作模式”(见 4.3)；

——射频解调与信道解码要求增加“工作模式与调制参数改变”(见 5.2.2)、“抑制两径长回波能力”(见 5.2.16)、“抑制三径长回波能力”(见 5.2.17)、“抑制固定接收条件下信道扰动能力 1”(见 5.2.18)、“抑制固定接收条件下信道扰动能力 2”(见 5.2.19)、“抑制其他多径信道性能”(见 5.2.21)“抑制保护间隔外回波能力”(见 5.2.22)和“射频环路输出增益”(见 5.2.23)；

——增加了附录 C(资料性附录)其他多径信道模型(见附录 C)。

请注意本文件的某些内容可能涉及专利。本文件的发布机构不承担识别这些专利的责任。

本标准由中华人民共和国工业和信息化部提出。

本标准由全国音频、视频及多媒体系统与设备标准化技术委员会(SAC/TC 242)归口。

本标准主要起草单位：中国电子技术标准化研究院、国家数字音视频及多媒体产品质量监督检验中心、深圳数字电视国家工程实验室股份有限公司、四川长虹电器股份有限公司、青岛海信电器股份有限公司、青岛海尔电子有限公司、TCL 集团股份有限公司、深圳创维—RGB 电子有限公司、京东方科技集团股份有限公司、南京熊猫电子股份有限公司、清华大学、高拓讯达(北京)科技有限公司、上海高清数字科技产业有限公司、北京海尔集成电路设计有限公司、北京中天联科科技有限公司、杭州国芯科技股份有限公司、深圳市力合微电子股份有限公司、广州广晟数码技术有限公司、深圳芯科科技有限公司、恩智浦半导体(上海)有限公司、锐迪科创微电子(北京)有限公司、迈凌(上海)微电子有限公司、广州视源电子科技股份有限公司、江苏银河电子股份有限公司、国家广播电视产品质量监督检验中心、工业和信息化部电子第五研究所、上海数字电视国家工程研究中心有限公司、北京数字电视工程实验室有限公司、北京泰合志远科技有限公司、深圳市海思半导体有限公司、江苏省电子信息产品质量监督检验研究院、晨星软件研发(深圳)有限公司、乐金电子研究开发中心有限公司、天津三星电子有限公司、南京夏普电子有限公司、山东松下电子信息有限公司、上海索广映像有限公司、联发科技(合肥)有限公司、三星通信技术研究有限公司、罗德与施瓦茨(中国)科技有限公司。

本标准主要起草人：胡鹏、陈仁伟、常林、王平松、王伟、李怡宁、张林娟、韩秋峰、吴伟、李绚、孙润宇、潘长勇、贾珂、梁伟强、强辉、杨光、冯向辉、陈丽恒、许憬、钮肖如、郭先城、韩文泉、王红欣、张敬平、钟志阳、陆国兵、贾凯、程杨、朱县亮、殷惠清、房海东、史兢、万民永、韩文芳、林伟峰、曹宇、杨星、卢刚、苏玉坤、刘毅、刘安生、胡海宁、张熠。

本标准所代替标准的历次版本发布情况为：

——GB/T 26684—2011。

地面数字电视接收器测量方法

1 范围

本标准规定了支持GB 20600—2006地面数字电视接收功能的地面数字电视接收器(以下简称接收器)的测量条件、电性能测量项目和测量方法。

本标准适用于支持GB 20600—2006地面数字电视接收功能的标准清晰度和高清晰度地面数字电视接收器。

2 规范性引用文件

下列文件对于本文件的应用是必不可少的。凡是注日期的引用文件,仅注日期的版本适用于本文件。凡是不注日期的引用文件,其最新版本(包括所有的修改单)适用于本文件。

GB 3174 PAL-D 制电视广播技术规范

GB 20600—2006 数字电视地面广播传输系统帧结构、信道编码和调制

GB/T 22122—2008 数字电视环绕声伴音测量方法

GB/T 26270—2010 数字电视接收设备标准测试信号

GB/T 26681—2011 地面数字电视标准测试发射机技术要求和测量方法

GB/T 26683—2017 地面数字电视接收器通用规范

GB/T 26685—2017 地面数字电视接收机测量方法

SJ/T 11324—2006 数字电视接收设备术语

3 术语和定义、符号、缩略语

3.1 术语和定义

SJ/T 11324—2006界定的以及下列术语和定义适用于本文件。

3.1.1

可接受误码 acceptable error free

信号接收时规定时间内未纠正误码事件少于某一门限。

3.2 符号

$t_{D,MAX}$:GB/T 26683—2017中规定的接收器应能抵抗的0 dB最大回波时延。

3.3 缩略语

下列缩略语适用于本文件。

AEF:可接受误码(Acceptable Error Free)

EPG:电子节目指南(Electronic Program Guide)

PSI:节目专用信息(Program Specific Information)

SI:业务信息(Service Information)

UHF:特高频(Ultra High Frequence)

VHF:甚高频(Very High Frequence)

4 测量基本要求

4.1 一般说明

4.1.1 工作条件

除非另有规定,在测试接收器时应按4.5规定的标准测量条件进行。

4.1.2 测量场地

测量应在不受来自外界的射频和低频电磁场干扰的室内进行,若外界电磁干扰影响测量结果,则测量应在屏蔽室进行。

4.1.3 测量环境条件

4.1.3.1 测量条件

测量条件应满足下列要求:
环境温度:15 ℃~35 ℃;
相对湿度:25%~75%;
大气压力:86 kPa~106 kPa;
电源:[220×(1±5%)]V,[50×(1±2%)]Hz。

4.1.3.2 仲裁条件

仲裁条件应满足下列要求:
环境温度:20 ℃±2 ℃;
相对湿度:60%~70%;
大气压力:86 kPa~106 kPa;
电源:[220×(1±2%)]V,[50×(1±1%)]Hz;
电源谐波:0~5%。

4.1.4 稳定时间

为保证在测量开始后接收器性能不随时间明显变化,接收器应在标准测量条件下稳定工作至少15 min。

4.2 测试信号

见GB/T 26270—2010。

4.3 测量工作模式

测量工作模式见表1,其中工作模式11仅适用于"工作模式与调制参数改变"。

表 1

工作模式	载波数	前向纠错码率	符号星座映射	帧头模式	帧头相位变化	符号交织选项	双导频插入	净码率 Mbps
1	C=3 780	0.4	16QAM	PN945	变化	720	—	9.626
2	C=1	0.8	4QAM	PN595	—	720	不插入	10.396
3	C=3 780	0.6	16QAM	PN945	变化	720	—	14.438
4	C=1	0.8	16QAM	PN595	—	720	不插入	20.791
5	C=3 780	0.8	16QAM	PN420	变化	720	—	21.658
6	C=3 780	0.6	64QAM	PN420	变化	720	—	24.365
7	C=1	0.8	32QAM	PN595	—	720	不插入	25.989
8	C=3 780	0.8	16QAM	PN945	变化	720	—	19.251
9	C=3 780	0.6	64QAM	PN945	变化	720	—	21.658
10	C=3 780	0.8	64QAM	PN420	变化	720	—	32.486
11	C=1	0.8	4QAM-NR	PN945	不变化	240	插入	4.813

4.4 测量系统和测试仪器

具体要求见表 2。

表 2

序号	设备名称	要求
1	数字电视测试发射机	符合 GB/T 26681—2011 的有关要求,MER≥36 dB
2	模拟电视测试发射机	载波频率范围:40 MHz~1 GHz、幅度:≥−10 dBm,邻频道内无用发射功率小于载波功率:≥50 dB
3	频谱分析仪	频率范围:40 MHz~1 GHz,平均噪声电平:≤150 dBc/Hz
4	网络分析仪	频率范围:40 MHz~1 GHz,反射损耗测量精度:≤0.1 dB,阻抗:75 Ω
5	视频分析仪	测量基带视频信号电平、频率、时延、相差等,带宽:≥6 MHz
6	高清晰度视频分析仪	分析、测量基带视频信号电平、频率、时延、相差等,带宽:≥30 MHz
7	音频分析仪	实现音频测量放大器、失真仪等功能,且有 1 kHz、1/3 oct 带通滤波器、符合 O 型容差的 A 计权滤波器
8	电源功率计	测量精度 0.1 W
9	码流发生器	输出测试所需码流
10	高斯噪声发生器	噪声带宽:≥20 MHz;射频输出功率(8 MHz 带宽):≥−50 dBm
11	信道模拟器	模拟信道:≥20 径,各信道的多普勒类型、时延、幅度、多普勒频移、相位独立可调
12	复用器	将多路输入码流信号经数字复用处理,输出为多节目传送流
13	SI 发生器	编辑并产生业务信息
14	混合器	频率范围:30 MHz~1 GHz
15	彩色监视器	符合接收器显示要求
16	示波器	带宽:≥30 MHz

4.5 标准测量条件

4.5.1 测量频道

最小接收信号功率应在 VHF 和 UHF 所有频道上测量工作模式 7 性能，以最差结果为该项目工作模式 7 的测量结果。

反射损耗、抑制模拟电视邻频干扰能力、抑制数字电视邻频干扰能力在 14 频道(482 MHz)、31 频道(658 MHz)、47 频道(786 MHz)进行测量。

其他项目在 31 频道(658 MHz)进行测量。

4.5.2 标准射频输入信号功率

输入到接收器的射频信号用频道内(8 MHz)的平均功率表示。

射频电视信号的标准有用输入信号功率在射频输入端应为－60 dBm。

4.5.3 模拟电视信号

干扰用模拟电视信号采用 PAL-D 射频信号，其所调制视频信号为 100/0/75/0 彩条信号，音频信号为 1 kHz 信号，其他要求应符合 GB 3174 的规定。模拟电视信号功率以频道内(8 MHz)的峰值功率表示。

4.5.4 高斯噪声

高斯噪声应覆盖被干扰频道。高斯噪声功率以被干扰频道内(8 MHz)的平均功率表示。

4.5.5 脉冲噪声

脉冲噪声发生原理见图 1。

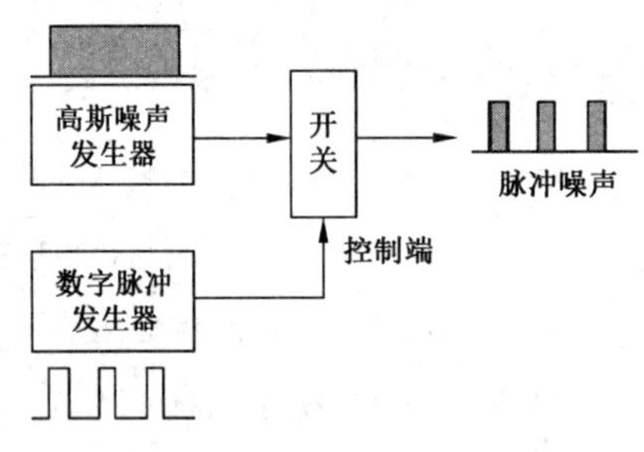

图 1

脉冲噪声功率以高斯噪声发生器所发高斯噪声在被干扰频道内(8 MHz)的平均功率表示。

4.5.6 多径信道

多径信道模型见附录 A。

4.5.7 标准码流

测试码流节目时间长度应不少于 1 min，至少包含一路视频节目和一路音频节目。视频节目应为活动图像序列。

在测试评价系统净荷数据率大于 14 Mbps 的工作模式时，测试用码流中包含的视频节目应至少包含一套基本流数据率大于 8 Mbps 的高清节目，帧频为 25 Hz，幅型比为 16：9，分辨率为 1 920×1 080，色度参数为4∶2∶0。

测试用码流中若包含标清节目，帧频为25 Hz，幅型比为4∶3，分辨率为720×576，色度参数为4∶2∶0。

5 测量项目和方法

5.1 系统框图

系统框图见图2。

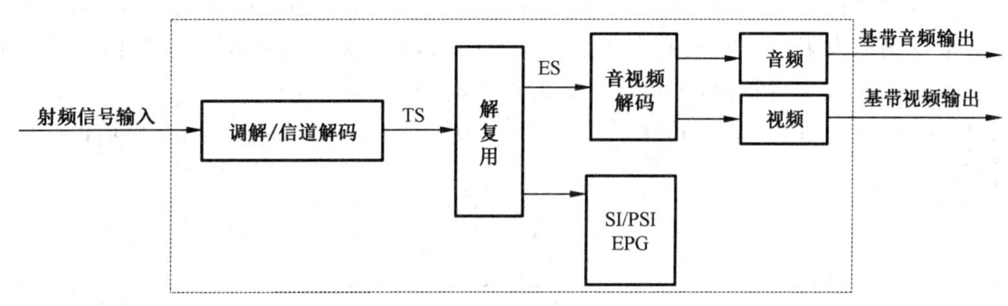

图2

5.2 射频解调与信道道解码要求

5.2.1 概述

本条以可接受误码接收为接收判定门限。有关可接受误码的规定见附录B。

5.2.2 工作模式与调制参数改变

5.2.2.1 特征说明

检查接收器是否支持GB 20600—2006中规定的全部工作模式，以及调制参数改变时接收器自动切换时间。自动切换时间单位为秒(s)。

5.2.2.2 测试框图

测试框图见图3。

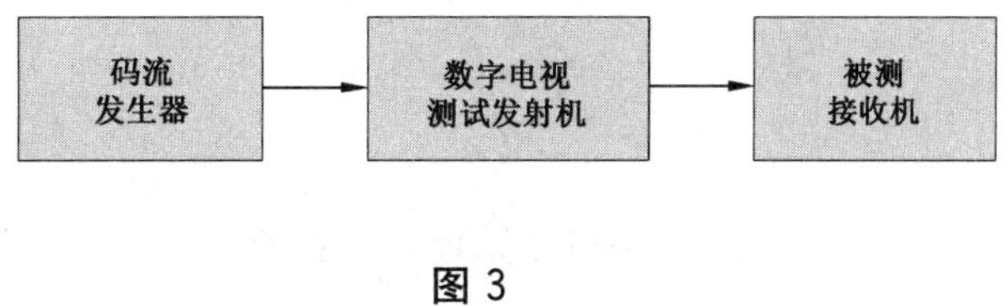

图3

5.2.2.3 测量方法

测量步骤如下：

a) 按图3连接测试系统，码流发生器输出标准活动图像序列(标准码流数据率小于或等于4.813 Mbps)，调整数字电视测试发射机输出功率，使被测接收器输入功率为标准输入功率；
b) 设置数字电视测试发射机频率为典型频道频率，按表1中工作模式1设置数字电视测试发射机工作模式参数；

c) 调整被测接收器接收频率与数字电视测试发射机频率一致，观察屏幕显示图像是否正常并将接收情况记入表 3；

d) 在工作模式 $i(i=2\sim11)$ 重复步骤 b)～c)依次验证被测接收器接收情况；

e) 被测接收器工作模式 1 验证完毕后，关闭数字电视测试发射机射频输出；

f) 数字电视测试发射机工作模式 2 参数设置完毕后，打开数字电视测试发射机射频输出，利用秒表记录工作模式 1 切换至工作模式 2 的切换时间 T_{1-2}；

g) 在工作模式 $i(i=2\sim10)$ 重复步骤 e)依次测量切换时间 T_{2-3}、T_{3-4}、T_{4-5}、T_{5-6}、T_{6-7}、T_{7-8}、T_{8-9}、T_{9-10}、T_{10-11}；

h) 被测接收器工作模式 11 验证完毕后，关闭数字电视测试发射机射频输出；

i) 数字电视测试发射机工作模式 1 参数设置完毕后，打开数字电视测试发射机射频输出，利用秒表记录工作模式 11 切换至工作模式 1 的切换时间 T_{11-1}；

j) 取 T_{1-2}、T_{2-3}、T_{3-4}、T_{4-5}、T_{5-6}、T_{6-7}、T_{7-8}、T_{8-9}、T_{9-10}、T_{10-11}、T_{11-1} 平均值记为自动切换时间。

表 3

序号	工作模式	接收情况	切换时间	
1	1	□支持　□不支持	—	
2	2	□支持　□不支持	T_{1-2}	
3	3	□支持　□不支持	T_{2-3}	
4	4	□支持　□不支持	T_{3-4}	
5	5	□支持　□不支持	T_{4-5}	
6	6	□支持　□不支持	T_{5-6}	
7	7	□支持　□不支持	T_{6-7}	
8	8	□支持　□不支持	T_{7-8}	
9	9	□支持　□不支持	T_{8-9}	
10	10	□支持　□不支持	T_{9-10}	
11	11	□支持　□不支持	T_{10-11}	
12	1	—	T_{11-1}	

5.2.3 频率范围

5.2.3.1 特征说明

检查接收器是否能够在 VHF、UHF 频率段范围内正常接收。

5.2.3.2 测试框图

测试框图见图 4。

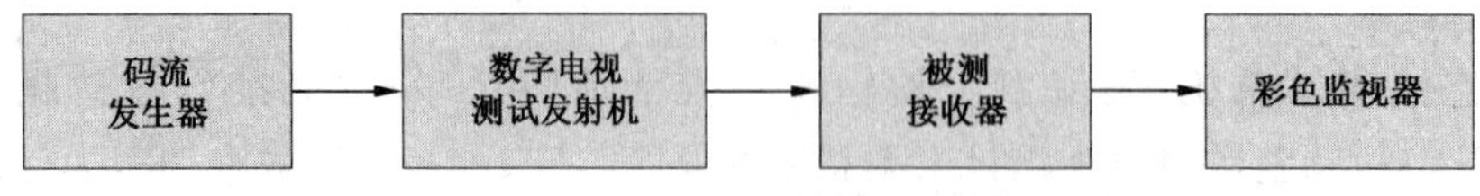

图 4

5.2.3.3 测量方法

测量步骤如下：

a) 按图4连接测试系统，码流发生器输出标准活动图像序列，设置数字电视测试发射机为工作模式7，调整数字电视测试发射机输出功率，使被测接收器输入功率为标准输入功率；

b) 设置数字电视测试发射机频率为被测频道中心频率；

c) 调整被测接收器接收频率与数字电视测试发射机频率一致，观察屏幕显示图像是否正常；

d) 若正常接收，则记录被测接收器支持该频道，否则记录不支持；

e) 在UHF和VHF所有频道重复步骤b)～d)，并记录测试情况。

5.2.4 频率捕捉范围

5.2.4.1 特征说明

检查接收器对载波频率偏差的适应能力，单位为千赫兹(kHz)。

5.2.4.2 测试框图

测试框图见图4。

5.2.4.3 测量方法

测量步骤如下：

a) 按图4连接测试系统，码流发生器输出标准活动图像序列，调整数字电视测试发射机输出功率，使被测接收器输入功率为标准输入功率；

b) 调整被测接收器使彩色监视器显示正常图像，记录此时数字电视测试发射机载波频率为 f；

c) 逐渐减小数字电视测试发射机载波频率，直至被测接收器不能正常工作，再逐渐增加数字电视测试发射机载波频率直至可接受误码接收，记录此时载波频率 f_1，计算 $\Delta f_1 = f_1 - f$；

d) 逐渐增大数字电视测试发射机载波频率，直至被测接收器不能正常工作，再逐渐减小数字电视测试发射机载波频率直至可接受误码接收，记录此时载波频率 f_2，计算 $\Delta f_2 = f_2 - f$；

e) 记录被测接收器频率捕捉范围为 $\Delta f_2 \sim \Delta f_1$。

5.2.5 反射损耗

5.2.5.1 特征说明

检查接收器射频输入端阻抗匹配情况，单位为分贝(dB)。

5.2.5.2 测试框图

测试框图见图5。

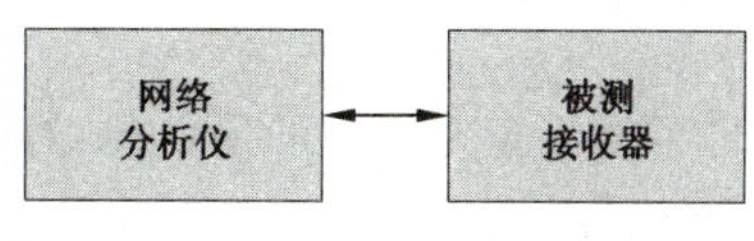

图5

5.2.5.3 测量方法

测量步骤如下：

a) 设置网络分析仪中心频率为被测频道中心频率，电平为 0 dBm，带宽为 8 MHz，测量项目为反射损耗测试；
b) 分别用短路器、开路器和 75 Ω 标准负载校准网络分析仪；
c) 按图 4 连接测试系统，码流发生器输出标准活动图像序列，设置数字电视测试发射机频率为被测频道中心频率，调整输出功率使被测接收器输入功率为标准输入功率；
d) 调整被测接收器使屏幕显示正常图像；
e) 按图 5 连接测试系统，将网络分析仪接到被测接收器输入端；
f) 记录 8 MHz 带宽内反射最强点的结果为被测接收器该频道的反射损耗。

5.2.6 高斯载噪比门限

5.2.6.1 特征说明

检查接收器在高斯信道条件下能够正常工作的最低载噪比，单位为分贝(dB)。

5.2.6.2 测试框图

测试框图见图 6。

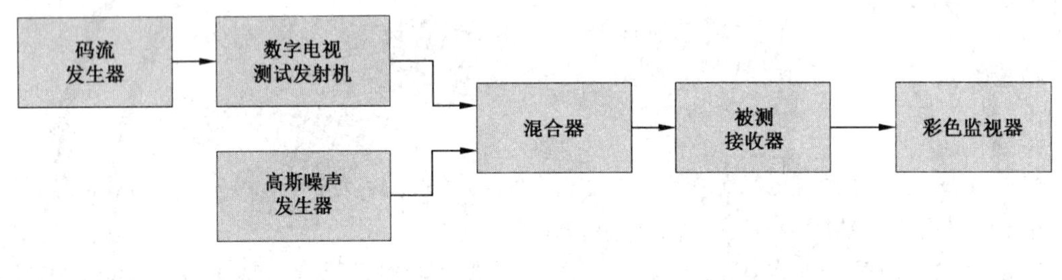

图 6

5.2.6.3 测量方法

测量步骤如下：
a) 按图 6 连接测试系统，码流发生器输出标准活动图像序列，调整数字电视测试发射机输出功率，使被测接收器输入功率为标准输入功率；
b) 调整被测接收器使彩色监视器显示正常图像；
c) 接通高斯噪声发生器，增大噪声功率，使被测接收器不能正常工作；
d) 逐渐减小噪声功率，直至可接受误码接收；
e) 记录被测接收器高斯载噪比门限为此时载波功率与噪声功率的比值。

5.2.7 静态多径载噪比门限

5.2.7.1 特征说明

检查接收器在静态多径信道条件下能够正常工作的最低载噪比，单位为分贝(dB)。

5.2.7.2 测试框图

测试框图见图 7。

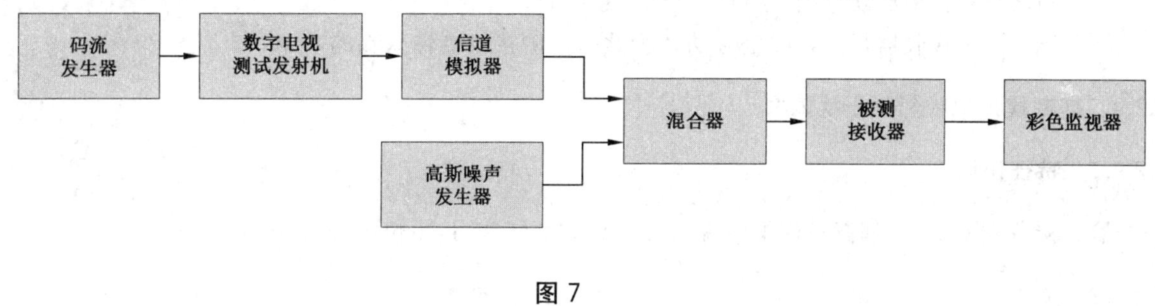

图 7

5.2.7.3 测量方法

测量步骤如下：

a） 按图 7 连接测试系统，码流发生器输出标准活动图像序列，调整数字电视测试发射机输出功率，使被测接收器输入功率为标准输入功率；

b） 调整被测接收器使彩色监视器显示正常图像；

c） 按附录 A 中多径信道模型设置信道模拟器，测量莱斯信道载噪比门限时按 A.2 设置，测量瑞利信道载噪比门限时按 A.1 设置；

d） 接通高斯噪声发生器，增大噪声功率，使被测接收器不能正常工作；

e） 逐渐减小噪声功率，直至可接受误码接收；

f） 记录被测接收器静态多径载噪比门限为此时载波功率与噪声功率的比值。

5.2.8 接收信号功率范围

5.2.8.1 特征说明

检查接收器能够正常工作的接收信号功率范围，单位为分贝毫瓦(dBm)。

5.2.8.2 测量框图

测试框图见图 8。

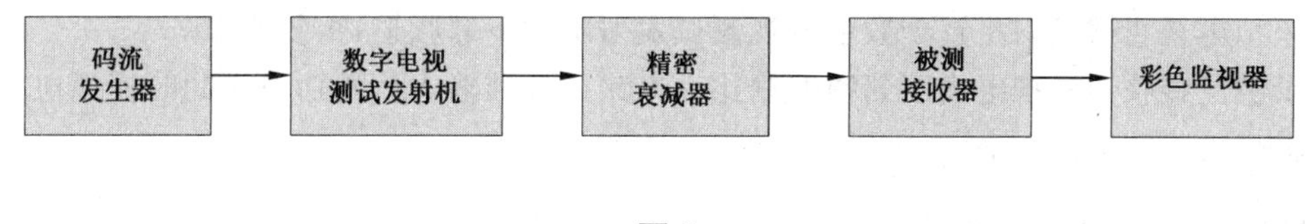

图 8

5.2.8.3 测量方法

测量步骤如下：

a） 按图 8 连接测试系统，码流发生器输出标准活动图像序列，调整数字电视测试发射机输出功率，使被测接收器输入功率为标准输入功率；

b） 调整被测接收器使彩色监视器显示正常图像；

c） 逐渐减小数字电视测试发射机输出功率，直至被测接收器不能正常工作，再逐渐增加数字电视测试发射机输出功率，直至可接受误码接收；

d） 记录被测接收器最小接收信号功率为此时被测接收器输入端的功率；

e） 逐渐增加数字电视测试发射机输出功率，直至被测接收器不能正常工作，再逐渐减小数字电视

测试发射机输出功率,直至可接受误码接收;

f) 记录被测接收器最大接收信号功率为此时被测接收器输入端的功率。

5.2.9 抑制模拟电视邻频干扰能力

5.2.9.1 特征说明

检查接收器对上/下邻频道模拟电视信号干扰的抑制能力,单位为分贝(dB)。

5.2.9.2 测试框图

测试框图见图 9。

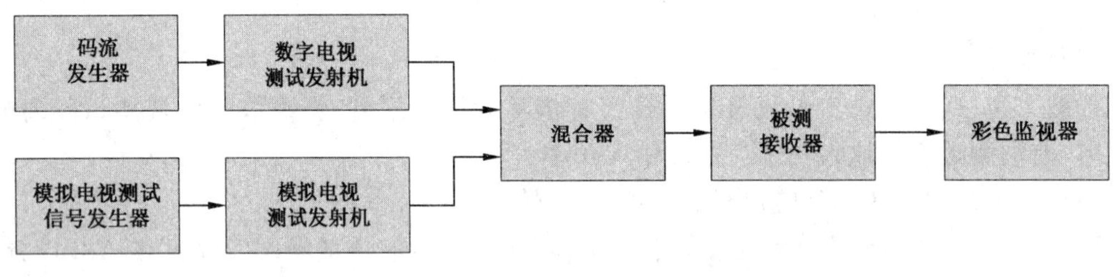

图 9

5.2.9.3 测量方法

测量步骤如下:

a) 按图 9 连接测试系统,码流发生器输出标准活动图像序列,调整数字电视测试发射机输出功率,使被测接收器输入功率为标准输入功率;

b) 调整被测接收器使彩色监视器显示正常图像;

c) 接通模拟电视测试发射机,将其置于数字电视测试发射机的上邻频道,增大模拟电视测试发射机输出功率至被测接收器不能正常工作,逐步减少输出功率,直至可接受误码接收;

d) 记录被测接收器模拟电视上邻频抑制比为本频道标准输入信号功率与此时模拟电视测试发射机输出功率的比值;

e) 将模拟电视测试发射机置于数字电视测试发射机的下邻频道,重复步骤 c);

f) 记录被测接收器模拟电视下邻频抑制比为本频道标准输入信号功率与此时模拟电视测试发射机输出功率的比值。

5.2.10 抑制模拟电视同频干扰能力

5.2.10.1 特征说明

检查接收器对同频道模拟电视信号干扰的抑制能力,单位为分贝(dB)。

5.2.10.2 测试框图

测试框图见图 10。

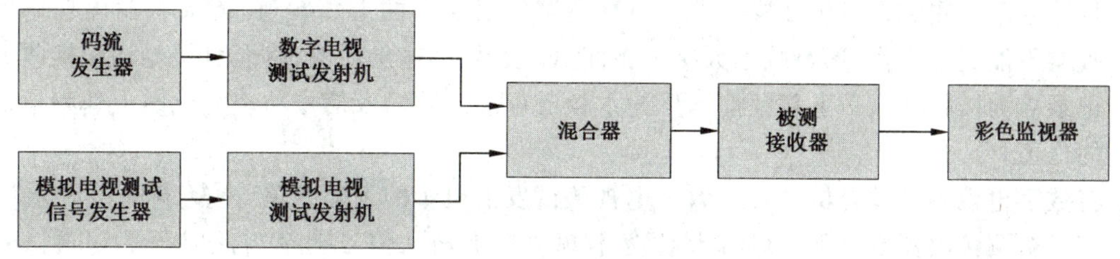

图 10

5.2.10.3 **测量方法**

测量步骤如下：

a) 按图 10 连接测试系统，码流发生器输出标准活动图像序列，调整数字电视测试发射机输出功率，使被测接收器输入功率为标准输入功率；

b) 调整被测接收器使彩色监视器显示正常图像；

c) 接通模拟电视测试发射机，将其置于数字电视测试发射机的同频道，增大模拟电视测试发射机输出功率至被测接收器不能正常工作，逐步减少输出功率，直至可接受误码接收；

d) 记录被测接收器模拟电视同频抑制比为本频道标准输入信号功率与此时模拟电视测试发射机输出功率的比值。

5.2.11 **抑制数字电视邻频干扰能力**

5.2.11.1 **特征说明**

检查接收器对上/下邻频道数字电视信号干扰的抑制能力，单位为分贝(dB)。

5.2.11.2 **测试框图**

测试框图见图 11。

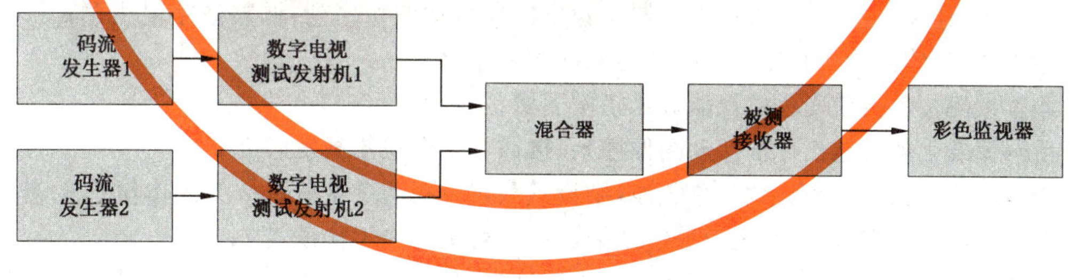

图 11

5.2.11.3 **测量方法**

测量步骤如下：

a) 按图 11 连接测试系统，码流发生器 1 输出标准活动图像序列，调整数字电视测试发射机 1 的输出功率，使被测接收器输入功率为标准输入功率；

b) 调整被测接收器使彩色监视器显示正常图像；

c) 码流发生器 2 输出标准活动图像序列，接通数字电视测试发射机 2；

d) 若被测工作模式的载波数为单载波，则设置数字电视测试发射机 2 为工作模式 6；若被测工作模式的载波数为多载波，则设置数字电视测试发射机 2 为工作模式 7；

e) 将数字电视测试发射机 2 置于数字电视测试发射机 1 的上邻频道，增大其输出功率使被测接收器不能正常工作，逐渐减小数字电视测试发射机 2 输出功率，直至可接受误码接收；

f) 记录被测接收器数字上邻频抑制比为本频道标准射频输入信号功率与此时上邻频道信号功率的比值；

g) 将数字电视测试发射机 2 置于数字电视测试发射机 1 的下邻频道，重复步骤 e)～f)；

h) 记录被测接收器数字下邻频抑制比为本频道标准输入信号功率与此时下邻频道信号功率的比值。

5.2.12 抑制数字电视同频干扰能力

5.2.12.1 特征说明

检查接收器对同频道数字电视信号干扰的抑制能力，单位为分贝(dB)。

5.2.12.2 测试框图

测试框图见图 12。

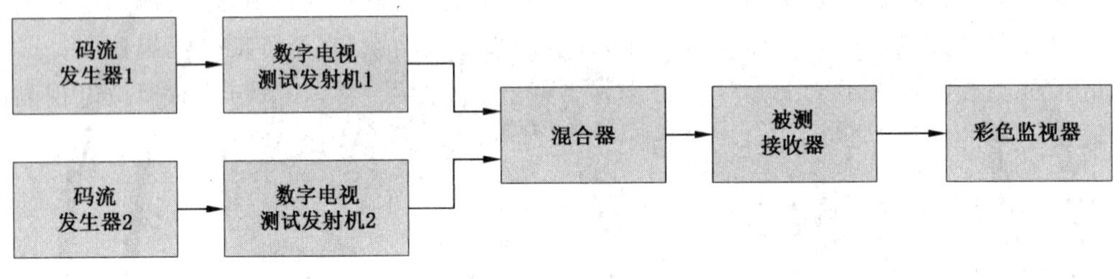

图 12

5.2.12.3 测量方法

测量步骤如下：

a) 按图 12 连接测试系统，码流发生器 1 输出标准活动图像序列，调整数字电视测试发射机 1 的输出功率，使被测接收器输入功率为标准输入功率；

b) 调整被测接收器使彩色监视器显示正常图像；

c) 使码流发生器 2 输出标准活动图像序列，接通数字电视测试发射机 2；

d) 若被测工作模式为载波数为单载波，则设置数字电视测试发射机 2 为工作模式 6；若被测工作模式载波数为多载波，则设置数字电视测试发射机 2 为工作模式 7；

e) 将数字电视测试发射机 2 置于数字电视测试发射机 1 的同频道，增大其输出功率使被测接收器不能正常工作，逐渐减小数字电视测试发射机 2 输出功率，直至可接受误码接收；

f) 记录被测接收器数字电视同频抑制比为本频道标准输入信号功率与此时同频道干扰信号功率的比值。

5.2.13 抑制 0 dB 回波能力

5.2.13.1 特征说明

检查接收器接收两径静态 0 dB 回波射频信号的能力。载噪比单位为分贝(dB)，回波时延单位为微秒(μs)。

5.2.13.2 测试框图

测试框图见图 13。

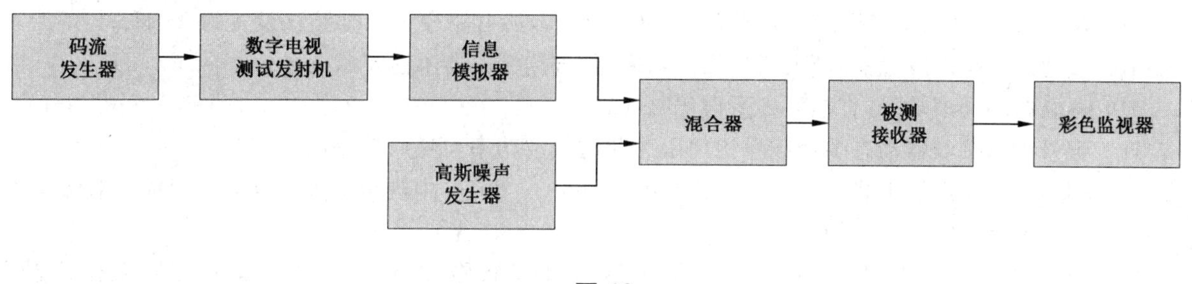

图 13

5.2.13.3 测量方法

测量步骤如下：

a) 按图 13 连接测试系统，码流发生器输出标准活动图像序列，调整数字电视测试发射机输出功率，使被测接收器输入功率为标准输入功率；

b) 调整被测接收器使屏幕显示正常图像；

c) 按附录 A 中 A.3 多径信道模型设置信道模拟器；

d) 接通高斯噪声发生器，调整高斯噪声发生器功率使载噪比为 30 dB；

e) 以 1 μs 为步进按以下顺序改变从径时延，直至 $(t+1)$ μs 时被测接收器不能可接受误码接收：1 μs→500 μs→2 μs→500 μs→……→t μs→500 μs→$(t+1)$ μs；

f) 记录被测接收器 0 dB 回波时延为 t μs；

g) 设置从径时延为 30 μs，增大高斯噪声功率，使被测接收器不能正常工作；

h) 逐渐减小噪声功率，直至可接受误码接收；

i) 记录被测接收器 0 dB 回波载噪比为此时载波功率与噪声功率的比值。

5.2.14 抑制动态多径能力

5.2.14.1 特征说明

检查接收器适应动态多径信道的能力。载噪比单位为分贝(dB)，多普勒频移单位为赫兹(Hz)。

5.2.14.2 测试框图

测试框图见图 14。

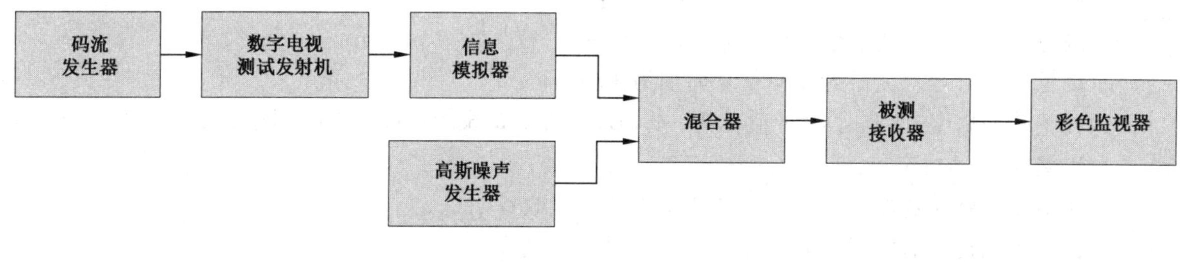

图 14

5.2.14.3 测量方法

测量步骤如下：

a) 按图 14 连接测试系统，码流发生器输出标准活动图像序列，调整数字电视测试发射机输出功率，使被测接收器输入功率为标准输入功率；
b) 调整被测接收器使彩色监视器显示正常图像；
c) 按附录 A 中 A.4 多径信道模型设置多径模拟器，所有路径多普勒频移设置为 70 Hz；
d) 接通高斯噪声发生器，增大高斯噪声功率，使被测接收器不能正常工作；
e) 逐渐减小噪声功率，直至可接受误码接收；
f) 记录被测接收器动态多径载噪比门限为此时载波功率与噪声功率的比值；
g) 调整高斯噪声发生器功率使载噪比 GB/T 26683—201× 中规定的抑制动态多径能力载噪比最大值高 3 dB；
h) 以 5 Hz 为步进按以下顺序改变所有路径的多普勒频移，直至(f+5)Hz 时被测接收器不能可接受误码接收：10 Hz→500 Hz→15 Hz→500 Hz→……→f Hz→500 Hz→(f+5)Hz；
i) 记录被测接收器动态多径最大多普勒频移为此时多普勒频移。

5.2.15 抑制脉冲干扰能力

5.2.15.1 特征说明

检查接收器抵抗脉冲干扰的能力，单位为微秒(μs)。

5.2.15.2 测试框图

测试框图见图 15。

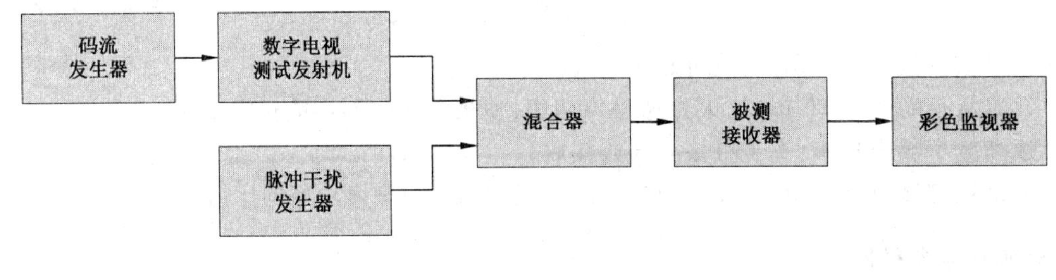

图 15

5.2.15.3 测量方法

测量步骤如下：
a) 按图 15 连接测试系统，码流发生器输出标准活动图像序列，调整数字电视测试发射机输出功率，使被测接收器输入功率为标准输入功率；
b) 调整被测接收器使彩色监视器显示正常图像；
c) 设置脉冲信号发生器的脉冲重复周期为 10 ms；
d) 调整脉冲幅度，使此时 C/I 值比为－3 dB，逐渐增大脉冲宽度，直至被测接收器不能可接受误码接收；
e) 逐渐减小脉冲宽度至被测接收器可接受误码接收；
f) 记录被测接收器抑制脉冲干扰宽度为此时脉冲宽度。

5.2.16 抑制两径长回波能力

5.2.16.1 特征说明

检查接收器适应两径长回波信道条件下能够正常工作的最低载噪比，单位为分贝(dB)。

5.2.16.2 **测试框图**

测试框图见图16。

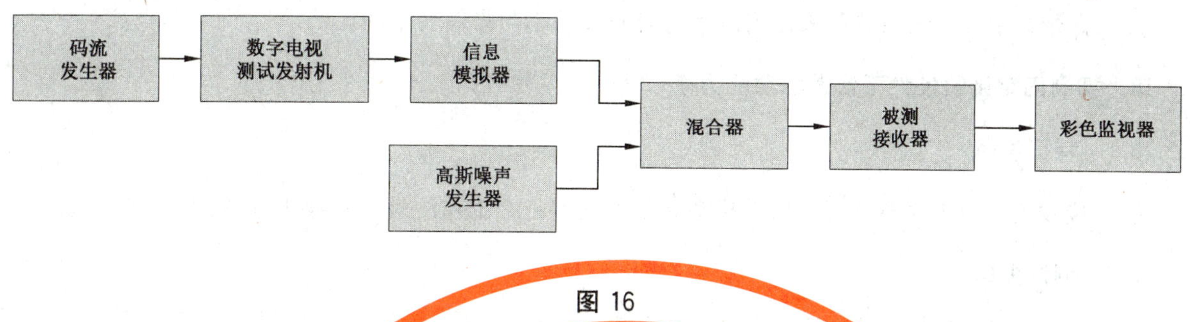

图16

5.2.16.3 **测量方法**

测量步骤如下：

a) 按图16连接测试系统，码流发生器输出标准活动图像序列，调整数字电视测试发射机输出功率，使被测接收器输入功率为标准输入功率；
b) 调整被测接收器使屏幕显示正常图像；
c) 按附录A中A.5多径信道模型设置信道模拟器；
d) 接通高斯噪声发生器增大噪声功率，使被测接收器不能正常工作；
e) 逐渐减小噪声功率，直至可接受误码接收；
f) 记录抑制两径长回波载噪比门限为此时载波功率与噪声功率的比值。

5.2.17 **抑制三径长回波能力**

5.2.17.1 **特征说明**

检查接收器在三径长回波信道条件下能够正常工作的最低载噪比，单位为分贝(dB)。

5.2.17.2 **测试框图**

测试框图见图17。

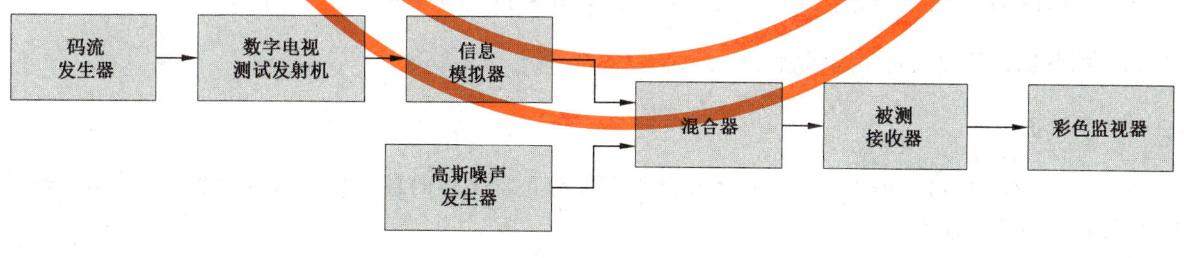

图17

5.2.17.3 **测量方法**

测量步骤如下：

a) 按图17连接测试系统，码流发生器输出标准活动图像序列，调整数字电视测试发射机输出功率，使被测接收器输入功率为标准输入功率；
b) 调整被测接收器使屏幕显示正常图像；

c) 按附录 A 中 A.6 多径信道模型设置信道模拟器；
d) 接通高斯噪声发生器，增大噪声功率，使被测接收器不能正常工作；
e) 逐渐减小噪声功率，直至可接受误码接收；
f) 记录抑制三径长回波载噪比门限为此时载波功率与噪声功率的比值。

5.2.18 抑制固定接收条件下信道扰动能力 1

5.2.18.1 特征说明

检查接收器固定接收条件下在信道扰动条件下能够正常工作的最低载噪比，单位为分贝(dB)。

5.2.18.2 测试框图

测试框图见图 18。

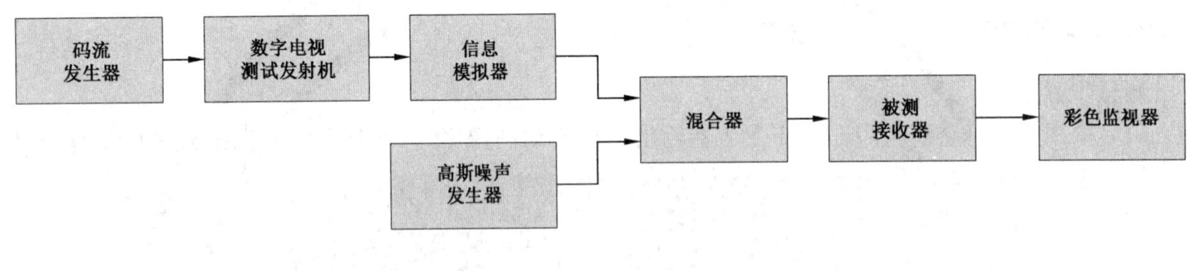

图 18

5.2.18.3 测量方法

测量步骤如下：
a) 按图 18 连接测试系统，码流发生器输出标准活动图像序列，调整数字电视测试发射机输出功率，使被测接收器输入功率为标准输入功率；
b) 调整被测接收器使屏幕显示正常图像；
c) 按附录 A 中 A.7 多径信道模型设置信道模拟器；
d) 接通高斯噪声发生器，增大噪声功率，使被测接收器不能正常工作；
e) 逐渐减小噪声功率，直至可接受误码接收；
f) 记录被测接收器静态多径载噪比门限为此时载波功率与噪声功率的比值。

5.2.19 抑制固定接收条件下信道扰动能力 2

5.2.19.1 特征说明

检查接收器固定接收条件下在信道扰动条件下能够正常工作的最大扰动信道功率与主径信道的功率比，单位为分贝(dB)。

5.2.19.2 测试框图

测试框图见图 19。

图 19

5.2.19.3 测量方法

测量步骤如下：

a) 按图 19 连接测试系统，码流发生器输出标准活动图像序列，调整数字电视测试发射机输出功率，使被测接收器输入功率为标准输入功率；
b) 调整被测接收器使屏幕显示正常图像；
c) 按附录 A 中 A.8 多径信道模型设置信道模拟器；
d) 减小路径 4 衰落，使被测接收器不能正常工作；
e) 逐渐增大路径 4 衰落，直至可接受误码接收；
f) 记录最大扰动信道功率与主径信道的功率比为此时路径 4 衰落，若步骤 d)中路径 4 衰落减小为 0 dB 仍然可以可接受误码接收，则最大扰动信道功率与主径信道的功率比记为 0 dB。

5.2.20 抑制单频干扰能力

5.2.20.1 特征说明

检查接收器抵抗单频干扰的能力，单位为分贝(dB)。

5.2.20.2 测量框图

测试框图见图 20。

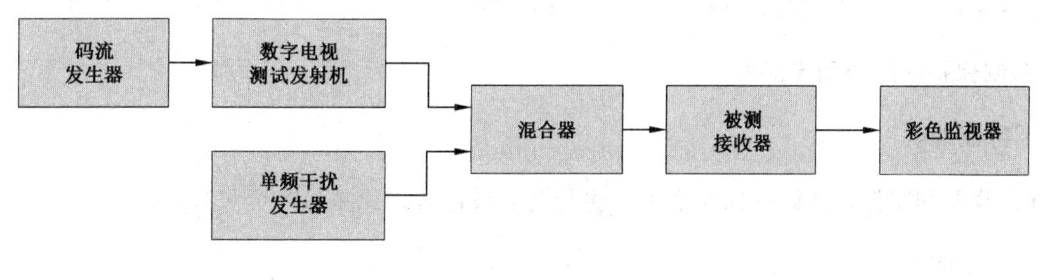

图 20

5.2.20.3 测量方法

测量步骤如下：

a) 按图 20 连接测试系统，码流发生器输出标准活动图像序列，调整数字电视测试发射机输出功率，使被测接收器输入功率为标准输入功率；
b) 调整被测接收器使彩色监视器显示正常图像；
c) 接通单频信号发生器，设置单频干扰信号频率为待测频率：f-1 MHz、f MHz 或 f+1 MHz (f 为被测频道中心频率)，增大单频信号功率，使被测接收器不能正常工作；
d) 逐渐减小单频信号功率，直至可接受误码接收；
e) 记录被测接收器单频抑制比为标准输入信号功率与此时单频干扰信号功率的比值。

5.2.21 抑制其他多径信道性能

5.2.21.1 特征说明

检查接收器抵抗其他多径信道的能力。

5.2.21.2 **测试框图**

测试框图见图21。

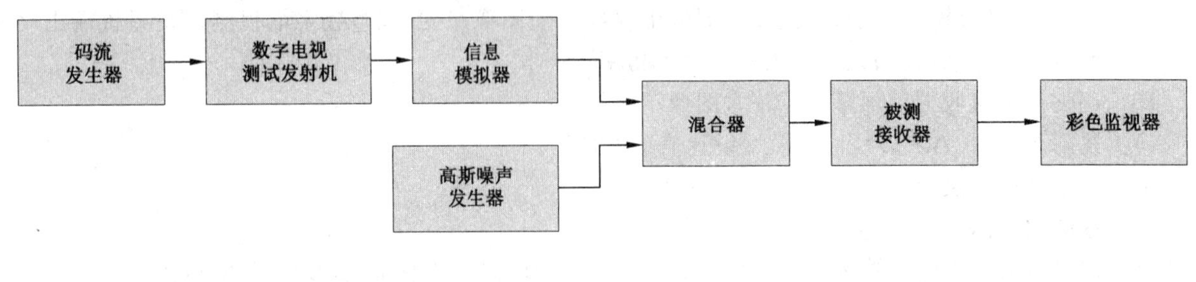

图21

5.2.21.3 **测量方法**

测量步骤如下：

a) 按图21连接测试系统，码流发生器输出标准活动图像序列，调整数字电视测试发射机输出功率，使被测接收器输入功率为标准输入功率；

b) 调整被测接收器使屏幕显示正常图像；

c) 参照附录C设置信道模拟器；

d) 参照5.2.7、5.2.13和5.2.14测试接收器相关性能。

5.2.22 **抑制保护间隔外回波能力**

5.2.22.1 **特征说明**

检查接收器抑制保护间隔外回波能力。主径与回波能量之比单位为分贝(dB)。

5.2.22.2 **测试框图**

测试框图见图22。

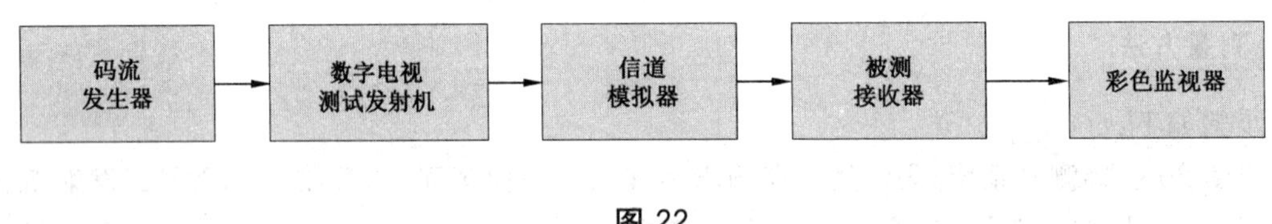

图22

5.2.22.3 **测量方法**

测量步骤如下：

a) 按图22连接测试系统，码流发生器输出标准活动图像序列，调整数字电视测试发射机输出功率，使被测接收器输入功率为标准输入功率；

b) 调整被测接收器使屏幕显示正常图像；

c) 参照A.3中多径信道模型设置信道模拟器，回波时延按表4设置；

d) 减小回波衰落，使被测接收器不能正常工作；

e) 逐渐增大回波衰落，直至可接受误码接收；

f) 记录抑制保护间隔外回波能力为此时回波衰落，若步骤d)中路径4衰落减小为0 dB仍然可以可接受误码接收，则抑制保护间隔外回波能力记为0 dB。

表 4

工作模式	回波时延 μs
1	±260、±130、±80、±60
2	±260、±130、±80
3	±260、±130、±80、±60
4	±260、±130、±80
5	±260、±130
6	±260、±130
7	±260、±130、±80
8	±260、±130、±80、±60
9	±260、±130、±80、±60

5.2.23 射频环路输出增益

5.2.23.1 特征说明

检查接收器射频环路输出增益，单位为分贝(dB)。

5.2.23.2 测试框图

测试框图见图 23。

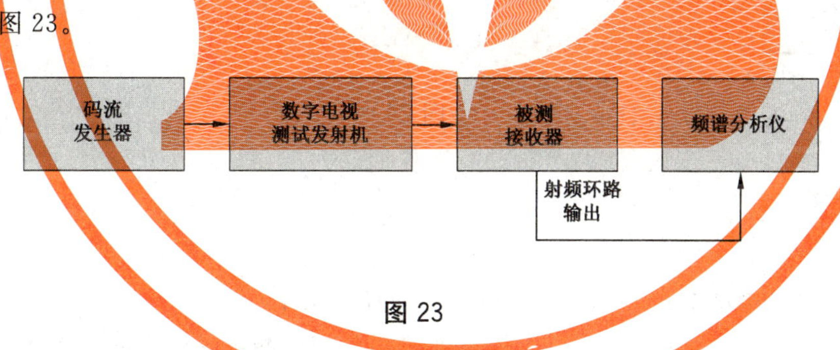

图 23

5.2.23.3 测量方法

测量步骤如下：

a) 按图 23 连接测试系统，码流发生器输出标准活动图像序列，调整数字电视测试发射机输出功率，使被测接收器输入功率为标准输入功率 P_0；

b) 被测接收器开机；

c) 从频谱分析仪读出射频环路输出功率 P_1；

d) 记录射频环路输出增益为 $A=P_1-P_0$。

5.3 传送流解码特性要求

5.3.1 解复用特性

解复用特性测量方法按照 GB/T 26685—2017 中 5.3。

5.3.2 音视频解码特性

5.3.2.1 视频解码特性

视频解码特性测量方法按照 GB/T 26685—2017 中 5.5.1。

5.3.2.2 音频解码特性

音频解码特性测量方法按照 GB/T 26685—2017 中 5.6.1。

5.3.3 业务和节目信息

业务和节目信息的测量方法按照 GB/T 26685—2017 中 5.4.1。

5.3.4 电子节目指南

5.3.4.1 特征说明

检查接收器是否支持电子节目指南(EPG)信息处理能力。

5.3.4.2 测试框图

测试框图见图 24。

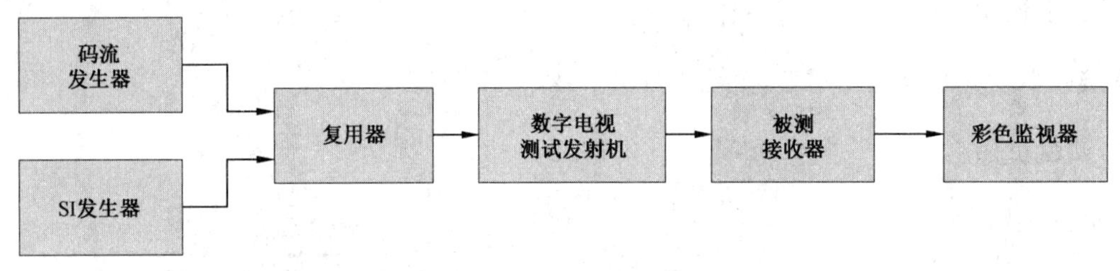

图 24

5.3.4.3 测量方法

测量步骤如下：

a) 按图 24 连接测试系统，构成具有 EPG 信息的传送流；
b) 码流发生器输出步骤 a)产生的传送流，调整数字电视测试发射机输出功率，使被测接收器输入功率为标准输入功率；
c) 对被测接收器复位，使业务选择列表为空，进行频道搜索；
d) 按电子节目指南按键，启动电子节目指南；
e) 验证被测接收器电子节目指南的节目时间表能否列出测试传送流中完整信息；
f) 记录被测接收器支持 EPG 处理能力情况。

5.3.5 字幕

5.3.5.1 特征说明

检查接收器是否支持字幕处理能力。

5.3.5.2 测试框图

测试框图见图 25。

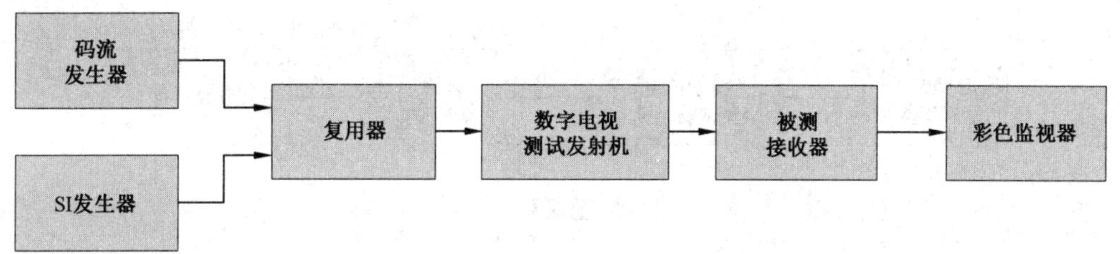

图 25

5.3.5.3 测量方法

测量步骤如下：

a) 按图 25 连接测试系统，构成具有字幕信息的传送流；

b) 码流发生器输出步骤 a)产生的传送流，调整数字电视测试发射机输出功率，使被测接收器输入功率为标准输入功率；

c) 验证被测接收器能否正常接收并处理字幕信息；

d) 记录被测接收器支持字幕信息处理能力情况。

5.4 基带视频输出性能要求

5.4.1 图像输出格式

5.4.1.1 特征说明

检查接收器能否接收并输出正确图像格式。

5.4.1.2 测试框图

测试框图见图 26。

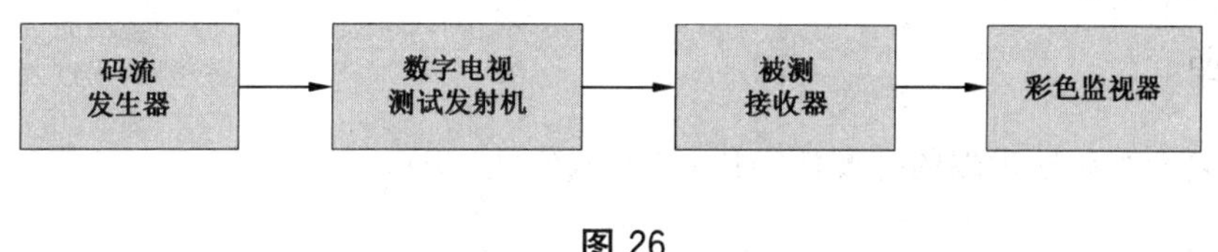

图 26

5.4.1.3 测量方法

测量步骤如下：

a) 按图 26 连接测试系统，码流发生器输出所需测试图像格式彩条信号的传送流；

b) 用彩色监视器观察显示的图像是否正常，若正常则记录为支持，不正常则记录为不支持。

5.4.2 复合视频信号输出电平

5.4.2.1 特征说明

检查接收器复合视频输出口输出的视频信号幅度，以峰-峰值表示，单位为伏(V)。

5.4.2.2 测试框图

测试框图见图 27。

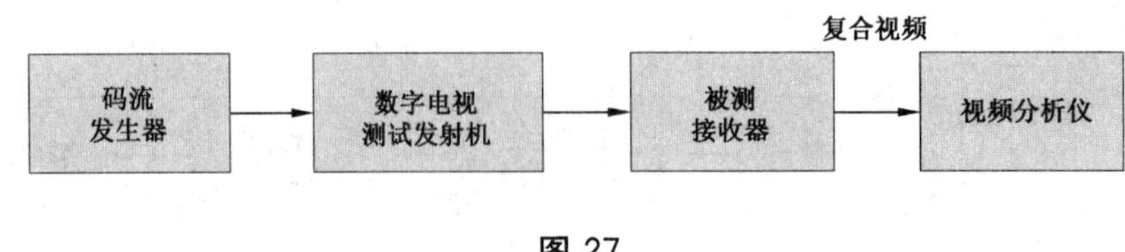

图 27

5.4.2.3 测量方法

测量步骤如下：

a) 按图 27 连接测试系统，码流发生器输出 100%平场信号的传送流；

b) 用视频分析仪读出视频输出白电平和同步电平之间的峰-峰值，并记录为复合视频图像输出电平。

5.4.3 复合视频信号幅频响应

5.4.3.1 特征说明

检查接收器复合视频输出通道的幅频特性，单位为分贝(dB)。

5.4.3.2 测试框图

测试框图见图 27。

5.4.3.3 测量方法

测量步骤如下：

a) 按图 27 连接测试系统，码流发生器输出 $\sin X/X$ 信号的传送流；

b) 用视频分析仪读出视频带内幅度随频率变化的曲线，并记录为复合视频信号幅频响应曲线。

5.4.4 复合视频信号亮度信噪比

5.4.4.1 特征说明

检查接收器复合视频输出端的亮度信噪比，单位为分贝(dB)。

5.4.4.2 测试框图

测试框图见图 27。

5.4.4.3 测量方法

测量步骤如下：

a) 按图 27 连接测试系统，码流发生器输出亮度小斜坡信号的传送流；

b) 用视频分析仪读出亮度信噪比，测量时加 100 kHz 高通滤波器、6 MHz 低通滤波器、色度副载波陷波器、倾斜补偿和统一加权网络，并记录为复合视频信号亮度信噪比。

5.4.5 复合视频信号微分增益

5.4.5.1 特征说明

检查接收器复合视频输出因视频信号中的亮度信号电平的变化引起的色度副载波信号的幅度变化，以%计。

5.4.5.2 测试框图

测试框图见图27。

5.4.5.3 测量方法

测量步骤如下：

a) 按图27连接测试系统，码流发生器输出彩色阶梯信号的传送流；

b) 用视频分析仪读出微分增益，并记录为复合视频信号微分增益。

5.4.6 复合视频信号微分相位

5.4.6.1 特征说明

检查接收器复合视频输出因视频信号中的亮度信号电平的变化引起的色度副载波信号的相位漂移，单位为度(°)。

5.4.6.2 测试框图

测试框图见图27。

5.4.6.3 测量方法

测量步骤如下：

a) 按图27连接测试系统，码流发生器输出彩色阶梯信号的传送流；

b) 用视频分析仪读出微分相位，并记录为复合视频信号微分相位。

5.4.7 复合视频信号亮度信号非线性失真

5.4.7.1 特征说明

检查接收器复合视频输出的亮度通道的行期间的非线性失真，以%计。

5.4.7.2 测试框图

测试框图见图27。

5.4.7.3 测量方法

测量步骤如下：

a) 按图27连接测试系统，码流发生器输出亮度五阶梯信号的传送流；

b) 用视频分析仪读出亮度信号非线性失真，并记录为复合视频信号亮度信号非线性失真。

5.4.8 复合视频信号 *K* 系数

5.4.8.1 特征说明

检查接收器的复合视频输出的亮度通道的线性波形响应，以%计。

5.4.8.2 测试框图

测试框图见图27。

5.4.8.3 测量方法

测量步骤如下：

a) 按图 27 连接测试系统，码流发生器输出 2 T 脉冲、调制的 20 T 脉冲和条信号的传送流；

b) 用视频分析仪读出 K_b、K_{pb}、K_p，取三者中绝对值最大者记录为复合视频信号 K 系数。

5.4.9 复合视频信号亮度-色度时延差

5.4.9.1 特征说明

检查接收器复合视频输出信号亮度和色度重合时到达的时间差，单位为纳秒(ns)。

5.4.9.2 测试框图

测试框图见图 27。

5.4.9.3 测量方法

测量步骤如下：

a) 按图 27 连接测试系统，码流发生器输出 2 T 脉冲、调制的 20 T 脉冲和条信号的传送流；

b) 用视频分析仪读出亮度-色度时延差，并记录为复合视频信号亮度-色度时延差。

5.4.10 复合视频信号亮度-色度增益差

5.4.10.1 特征说明

检查接收器复合视频输出信号的亮度和色度重合时的幅度差，以%计。

5.4.10.2 测试框图

测试框图见图 27。

5.4.10.3 测量方法

测量步骤如下：

a) 按图 27 连接测试系统，码流发生器输出 2 T 脉冲、调制的 20 T 脉冲和条信号的传送流；

b) 用视频分析仪读出亮度-色度增益差，并记录为复合视频信号亮度-色度增益差。

5.4.11 复合视频信号行同步前沿抖动

5.4.11.1 特征说明

检查接收器复合视频输出信号水平同步定时的变化，单位为纳秒(ns)。

5.4.11.2 测试框图

测试框图见图 27。

5.4.11.3 测量方法

测量步骤如下：

a) 按图 27 连接测试系统，码流发生器输出任一视频测试信号的传送流；

b) 用视频分析仪读出行长时间同步前沿抖动的最大值，并记录为复合视频信号行同步前沿抖动。

5.4.12 S端子Y通道输出信号电平

5.4.12.1 特征说明

检查接收器S端子Y通道的输出幅度,以峰-峰值表示,单位为伏(V)。

5.4.12.2 测试框图

测试框图见图28。

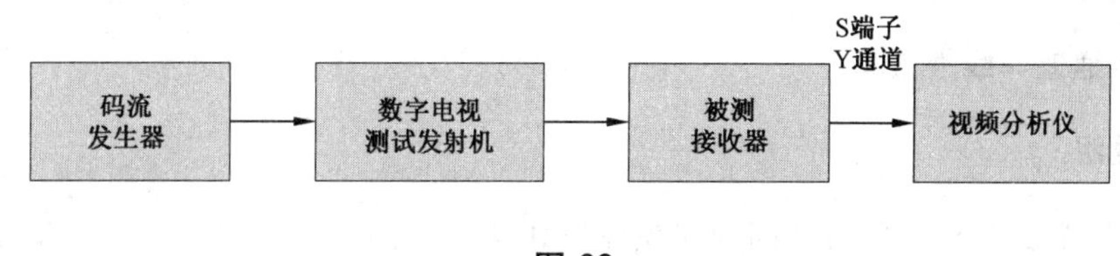

图28

5.4.12.3 测量方法

测量步骤如下:

a) 按图28连接测试系统,码流发生器输出100%彩条信号的传送流;

b) 用视频分析仪读出白峰电平和消隐电平之间的峰-峰值,并记录为S端子Y通道输出信号电平。

5.4.13 S端子C通道输出信号电平

5.4.13.1 特征说明

检查接收器S端子C通道的输出幅度,以峰-峰值表示,单位为伏(V)。

5.4.13.2 测试框图

测试框图见图29。

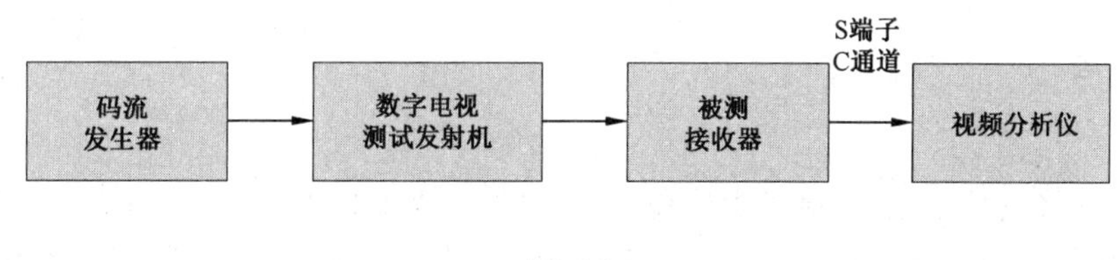

图29

5.4.13.3 测量方法

测量步骤如下:

a) 按图29连接测试系统,码流发生器输出100%彩条信号的传送流;

b) 用视频分析仪读出被测接收器的红信号输出电平V_C,并记录为S端子C通道输出信号电平。

5.4.14 S端子Y通道幅频响应

5.4.14.1 特征说明

检查接收器S端子Y通道的幅频特性,单位为分贝(dB)。

5.4.14.2 **测试框图**

测试框图见图 28。

5.4.14.3 **测量方法**

测量步骤如下：

a） 按图 28 连接测试系统，码流发生器输出 sinX/X 信号的传送流；

b） 用视频分析仪视频带内幅度随频率变化的曲线，并记录为 S 端子 Y 通道幅频响应曲线。

5.4.15 **S 端子 Y 通道非线性失真**

5.4.15.1 **特征说明**

检查接收器 S 端子 Y 通道的行期间的非线性失真，以％计。

5.4.15.2 **测试框图**

测试框图见图 28。

5.4.15.3 **测量方法**

测量步骤如下：

a） 按图 28 连接测试系统，码流发生器输出亮度五阶梯信号的传送流；

b） 用视频分析仪读出非线性失真，并记录为 S 端子 Y 通道非线性失真。

5.4.16 **S 端子 Y 通道 K 系数**

5.4.16.1 **特征说明**

检查接收器 S 端子 Y 通道的线性波形响应，以％计。

5.4.16.2 **测试框图**

测试框图见图 28。

5.4.16.3 **测量方法**

测量步骤如下：

a） 按图 28 连接测试系统，码流发生器输出 2 T 脉冲、调制的 20 T 脉冲和条信号的传送流；

b） 用视频分析仪读出 K_b、K_{pb}、K_p，取三者中绝对值最大者记录为 S 端子 Y 通道 K 系数。

5.4.17 **S 端子 Y 通道信噪比**

5.4.17.1 **特征说明**

检查接收器 S 端子输出 Y 通道的噪声特性，单位为分贝(dB)。

5.4.17.2 **测试框图**

测试框图见图 28。

5.4.17.3 **测量方法**

测量步骤如下：

a) 按图 28 连接测试系统，码流发生器输出亮度小斜坡信号的传送流；

b) 用视频分析仪读出亮度信号的信噪比，测量时加 100 kHz 高通滤波器、6 MHz 低通滤波器、倾斜补偿和统一加权网络，并记录为 S 端子 Y 通道信噪比。

5.4.18 S 端子 Y/C 时延差

5.4.18.1 特征说明

检查表示被测接收器 S 端子亮度信号 Y 和色度信号 C 重合时的时间差，单位为纳秒(ns)。

5.4.18.2 测试框图

测试框图见图 30。

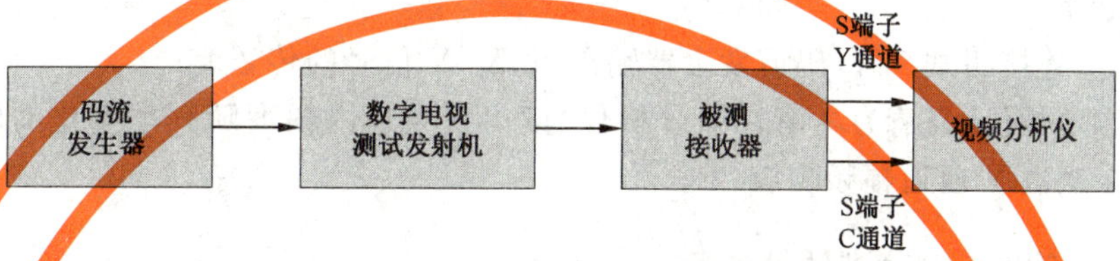

码流发生器

数字电视测试发射机

被测接收器

S端子Y通道

S端子C通道

视频分析仪

图 30

5.4.18.3 测量方法

测量步骤如下：

a) 按图 30 连接测试系统，码流发生器输出 2 T 脉冲、调制的 20 T 脉冲和条信号的传送流；

b) 用视频分析仪读出 Y/C 时延差，并记录为 S 端子 Y/C 时延差。

5.4.19 Y/Pb/Pr 输出信号电平

5.4.19.1 特性说明

检查接收器 Y/Pb/Pr 输出的亮度通道(Y)和色差通道(Pb、Pr)的输出幅度，以峰-峰值表示，单位为伏(V)。

5.4.19.2 测试框图

测试框图见图 31。

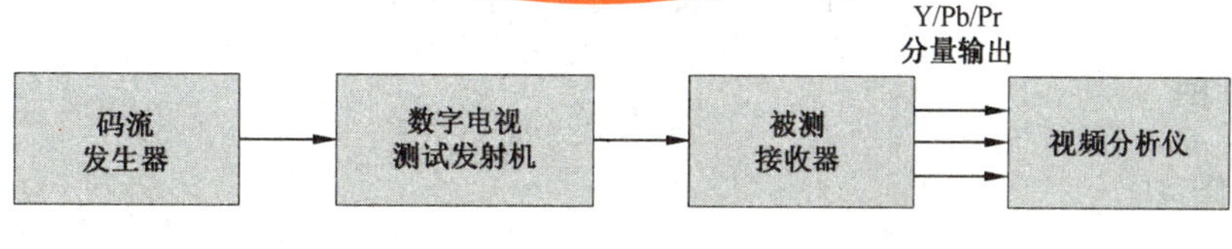

图 31

5.4.19.3 测量方法

测量步骤如下：

a) 按图 31 连接测试系统，码流发生器输出 100%彩条信号的传送流；

b) 用视频分析仪(高清为高清视频分析仪)分别读出 Y、Pb、Pr 输出电平峰峰值，并记录为 Y/Pb/

Pr 输出信号电平。

5.4.20 Y/Pb/Pr 输出 Y 通道幅频响应

5.4.20.1 特征说明

检查接收器 Y/Pb/Pr 输出 Y 通道的幅频特性,单位为分贝(dB)。

5.4.20.2 测试框图

测试框图见图 31。

5.4.20.3 测量方法

测量步骤如下:

a) 按图 31 连接测试系统,码流发生器输出 $\sin X/X$ 信号的传送流;
b) 用视频分析仪(高清为高清视频分析仪)读出视频带内幅度随频率变化的曲线,并记录为 Y/Pb/Pr 输出 Y 通道幅频响应。

5.4.21 Y/Pb/Pr 输出 Y 通道非线性失真

5.4.21.1 特征说明

检查接收器 Y/Pb/Pr 输出 Y 通道行期间的非线性失真,以%计。

5.4.21.2 测试框图

测试框图见图 31。

5.4.21.3 测量方法

测量步骤如下:

a) 按图 31 连接测试系统,码流发生器输出亮度阶梯信号的传送流;
b) 用视频分析仪(高清为高清视频分析仪)读出 Y 的非线性失真,并记录为 Y/Pb/Pr 输出 Y 通道非线性失真。

5.4.22 Y/Pb/Pr 输出 Y 通道线性波形响应

5.4.22.1 特征说明

检查接收器 Y/Pb/Pr 输出 Y 通道的线性波形响应,以%计。

5.4.22.2 测试框图

测试框图见图 31。

5.4.22.3 测量方法

测量步骤如下:

a) 按图 31 连接测试系统,码流发生器输出 2 T 脉冲和条信号的传送流;
b) 用视频分析仪(高清为高清视频分析仪)读出 Y 通道的 K_b、K_{pb}、K_p,取三者中绝对值最大者记录为 Y/Pb/Pr 输出 Y 通道线性波形响应。

5.4.23 Y/Pb/Pr 输出 Y 通道信噪比

5.4.23.1 特征说明

检查接收器 Y/Pb/Pr 输出 Y 通道的信噪比,单位为分贝(dB)。

5.4.23.2 测试框图

测试框图见图 31。

5.4.23.3 测量方法

测量步骤如下:

a) 按图 31 连接测试系统,码流发生器输出亮度小斜坡信号的传送流;
b) 用视频分析仪(高清为高清视频分析仪)测量亮度信号的信噪比,测量时加 100 kHz 高通滤波器、6 MHz 低通滤波器(高清为 30 MHz 低通滤波器)、倾斜补偿和统一加权网络,并记录为 Y/Pb/Pr 输出 Y 通道信噪比。

5.4.24 Y/Pb/Pr 输出 Y/Pb、Y/Pr 时延差

5.4.24.1 特征说明

表示被测接收器 Y/Pb/Pr 输出的 Y 信号与 Pb、Pr 信号重合的时间差,单位为纳秒(ns)。

5.4.24.2 测试框图

测试框图见图 31。

5.4.24.3 测量方法

测量步骤如下:

a) 按图 31 连接测试系统,码流发生器输出 100%彩条信号的传送流;
b) 用视频分析仪(高清为高清视频分析仪)读出 Y/Pb、Y/Pr 时延差,并记录为 Y/Pb/Pr 输出 Y/Pb、Y/Pr时延差。

5.4.25 R/G/B 输出信号电平

5.4.25.1 特性说明

检查接收器 R/G/B 输出的红色通道(R)、绿色通道(G)、蓝色通道(B)的输出幅度,以峰-峰值表示,单位为伏(V)。

5.4.25.2 测试框图

测试框图见图 32。

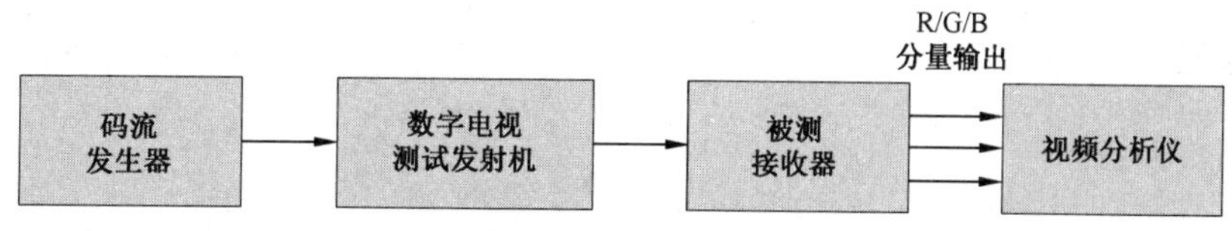

图 32

5.4.25.3 测量方法

测量步骤如下：

a) 按图 32 连接测试系统，码流发生器输出 100%彩条信号的传送流；

b) 用视频分析仪(高清为高清视频分析仪)分别读出 R、G、B 信号输出电平峰峰值，并记录为 R/G/B 输出信号电平。

5.4.26 R/G/B 输出幅频响应

5.4.26.1 特性说明

检查接收器 R/G/B 的 R、G、B 三个通道各自的幅频特性，单位为分贝(dB)表示。

5.4.26.2 测试框图

测试框图见图 32。

5.4.26.3 测量方法

测量步骤如下：

a) 按图 32 连接测试系统，码流发生器输出 $\sin X/X$ 信号的传送流；

b) 用视频分析仪(高清为高清视频分析仪)分别读出 R、G、B 通道的幅频响应曲线，并记录为 R/G/B 输出幅频响应。

5.4.27 R/G/B 输出非线性失真

5.4.27.1 特征说明

检查接收器 R/G/B 的非线性失真，以%计。

5.4.27.2 测试框图

测试框图见图 32。

5.4.27.3 测量方法

测量步骤如下：

a) 按图 32 连接测试系统，码流发生器输出五阶梯信号的传送流；

b) 用视频分析仪(高清为高清视频分析仪)分别读出 Y、Pb、Pr 的非线性失真，并记录为 R/G/B 输出非线性失真。

5.4.28 R/G/B 输出线性波形响应

5.4.28.1 特征说明

检查接收器 R/G/B 的线性波形响应，以%计。

5.4.28.2 测试框图

测试框图见图 32。

5.4.28.3 测量方法

测量步骤如下：

a) 按图 32 连接测试系统,码流发生器输出 2 T 脉冲和条信号的传送流;
b) 用视频分析仪分别在 R、G、B 通道读出 K_b、K_{pb}、K_p,取三者中绝对值最大者记录为 R/G/B 输出线性波形响应。

5.4.29 R/G/B 输出信噪比

5.4.29.1 特征说明

检查接收器 R/G/B 的 R、G、B 三个通道输出的信噪声比,单位为分贝(dB)。

5.4.29.2 测试框图

测试框图见图 32。

5.4.29.3 测量方法

测量步骤如下:
a) 按图 32 连接测试系统,码流发生器输出亮度小斜坡信号的传送流;
b) 用视频分析仪(高清为高清视频分析仪)分别读出 R、G、B 信号的信噪比,测量时加 100 kHz 高通滤波器、6 MHz 低通滤波器(高清为 30 MHz 低通滤波器)、倾斜补偿和统一加权网络,并记录为 R/G/B 输出信噪比。

5.4.30 R/G/B 输出的 R/G、B/G 时延差

5.4.30.1 特征说明

表示被测接收器 R/G/B 的 R、B 和 G 通道信号重合的时间差,单位为纳秒(ns)。

5.4.30.2 测试框图

测试框图见图 32。

5.4.30.3 测量方法

测量步骤如下:
a) 按图 32 连接测试系统,码流发生器输出阶梯信号的传送流;
b) 用视频分析仪(高清为高清视频分析仪)读出 R/G、B/G 时延差,并记录为 R/G/B 输出的 R/G、B/G 时延差。

5.4.31 标准清晰度输出同步信号特性

5.4.31.1 特征说明

检查接收器输出标准清晰度视频信号的同步特性。

5.4.31.2 测试框图

测试框图见图 27。

5.4.31.3 测量方法

测量步骤如下:
a) 按图 27 连接测试系统,码流发生器输出 100%彩条信号的传送流;

b） 如图 33 所示，用视频分析仪或示波器读出视频输出同步特性参数，并记录。

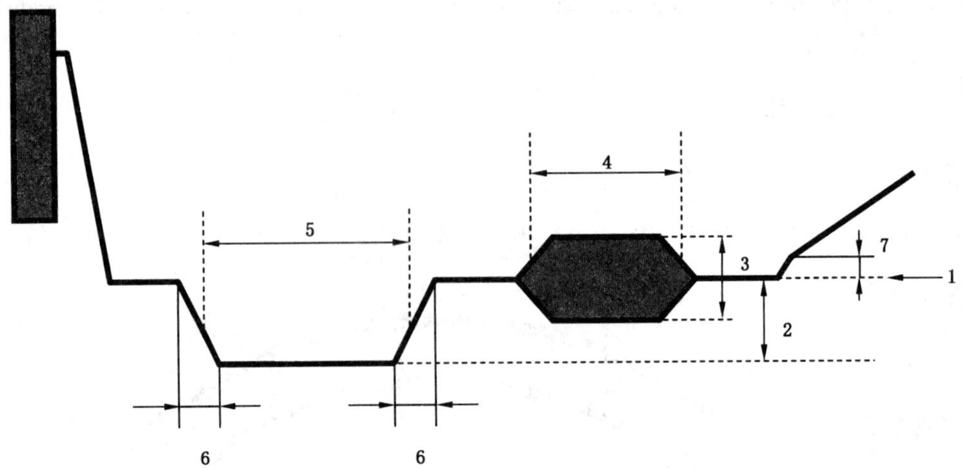

说明：
1——消隐电平；
2——同步脉冲电平；
3——色同步信号电平；
4——色同步信号持续时间；
5——行同步信号脉冲宽度；
6——行同步信号脉冲边沿建立时间；
7——黑电平与消隐电平之差。

图 33

5.4.32 高清晰度输出同步信号特性

5.4.32.1 特征说明

检查接收器输出高清晰度电视信号的同步特性。

5.4.32.2 测试框图

测试框图见图 31。

5.4.32.3 测量方法

测量步骤如下：

a） 按图 31 连接测试系统，码流发生器输出 100%彩条信号的传送流；

b） 如图 34 所示，用高清晰度视频分析仪或示波器读出视频输出同步特性参数，并记录。

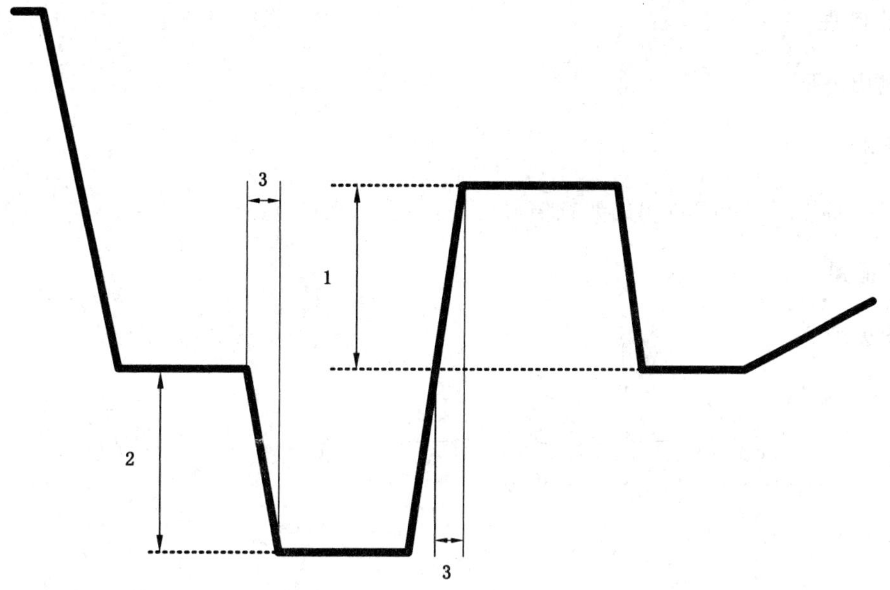

说明：

1——正同步脉冲电平；

2——负同步脉冲电平；

3——上升/下降时间。

图 34

5.4.33 视频反射损耗

5.4.33.1 特征说明

检查接收器视频输出端阻抗匹配情况，单位为分贝(dB)。

5.4.33.2 测试框图

测试框图见图 35。

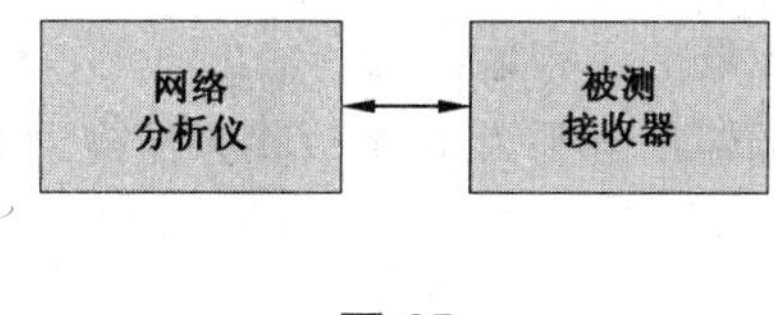

图 35

5.4.33.3 测量方法

测量步骤如下：

a) 设置网络分析仪扫描频段为被测频率范围(标清为 0 MHz～6 MHz，高清为 0 MHz～30 MHz)内，选择反射损耗测试；

b) 按图 35 连接测试系统，将网络分析仪接到被测接收器视频输出端；

c) 记录视频反射损耗为整个扫描频段中反射最强点的结果。

5.5 音频输出特性

5.5.1 音频输出电平

5.5.1.1 特征说明

检查接收器的音频输出口输出的音频信号电平,单位为伏(V)。

5.5.1.2 测试框图

测试框图见图36。

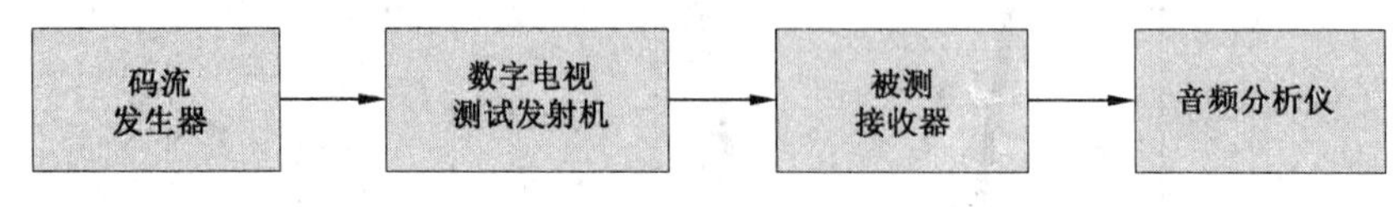

图36

5.5.1.3 两通道音频输出电平测量方法

测量步骤如下:

a) 按图36连接测试系统,码流发生器输出左(L)、右(R):997 Hz,0 dBFS正弦波音频测试信号的传送流;
b) 将被测接收器音量置于最大;
c) 用音频分析仪测量被测接收器的音频输出端的输出电平;
d) 记录被测接收器两通道音频输出电平为步骤c)状态下输出电平。

5.5.1.4 多通道音频输出电平测量方法

测量步骤如下:

a) 按图36连接测试系统,码流发生器输出左(L)、中(C)、右(R)、左后(Ls)、右后(Rs):997 Hz(0 dBFS);重低音(LFE):30 Hz(0 dBFs)正弦波音频测试信号的传送流;
b) 将被测接收器音量置于最大;
c) 用音频分析仪测量被测接收器的音频输出端的输出电平;
d) 记录被测接收器多通道音频输出电平为步骤c)状态下输出电平。

5.5.2 音频幅频响应

两通道音频幅频响应测量按照GB/T 22122—2008中9.2.2。

多通道音频幅频响应测量按照GB/T 22122—2008中9.1.2。

5.5.3 音频信噪比

两通道音频信噪比特性测量按照GB/T 22122—2008中9.2.3。

多通道音频信噪比特性测量按照GB/T 22122—2008中9.1.3。

5.5.4 音频失真加噪声

两通道音频失真加噪声测量按照GB/T 22122—2008中9.2.4。

多通道音频失真加噪声测量按照GB/T 22122—2008中9.1.4。

5.5.5 声道间增益差

两通道音频声道间增益差测量按照 GB/T 22122—2008 中 9.2.5。

多通道音频声道间增益差测量按照 GB/T 22122—2008 中 9.1.5。

5.5.6 左右声道相位差

两通道音频声道相位差测量按照 GB/T 22122—2008 中 9.2.6。

多通道音频声道相位差测量按照 GB/T 22122—2008 中 9.1.6。

5.5.7 左右声道串扰

左右声道串扰测量按照 GB/T 22122—2008 中 9.2.7。

5.5.8 声道动态范围

两通道音频声道动态范围测量按照 GB/T 22122—2008 中 9.2.8。

多通道音频声道动态范围测量按照 GB/T 22122—2008 中 9.1.7。

5.5.9 数字音频输出端抖动范围

数字音频输出端抖动测量按照 GB/T 22122—2008 中 9.3.2。

5.6 功能要求

功能测量方法按照 GB/T 26685—2017 中 5.10。

5.7 电源适应性要求

5.7.1 特征说明

检查接收器适应电源电压或频率偏差的能力。

5.7.2 测试框图

测试框图见图 37。

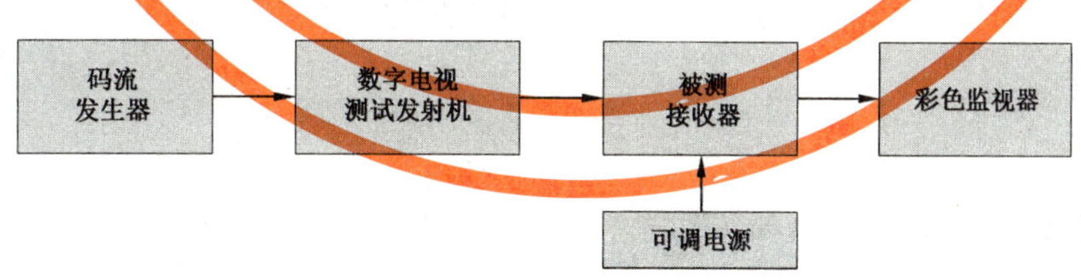

图 37

5.7.3 测量方法

5.7.3.1 电源电压变化适应性

测量步骤如下：

a) 按图 37 连接测试系统，码流发生器输出标准活动图像序列，调压器电压设置为 220 V、50 Hz，调整被测接收器使彩色监视器显示正常图像；

b) 调压器电压置 220 V、50 Hz，调整被测接收器使彩色监视器显示正常图像；

c) 在 176 V～242 V 电压条件范围调节电源电压，鉴别被测接收器能否正常工作；

d) 记录被测接收器电源电压变化为步骤 c)状态下的电压范围。

5.7.3.2 电源频率变化适应性

测量步骤如下：

a) 按图 37 连接测试系统，码流发生器输出标准活动图像序列，电源模拟器电压设置为 220 V、50 Hz，调整被测接收器使彩色监视器显示正常图像；

b) 在 49 Hz～51 Hz 频率条件范围调节电源频率，鉴别被测接收器能否正常工作；

c) 记录被测接收器电源频率变化为步骤 b)状态下的频率范围。

5.8 消耗功率

5.8.1 特征说明

检查接收器在标准测量状态下的整机总耗散功率。

5.8.2 测试框图

测试框图见图 38。

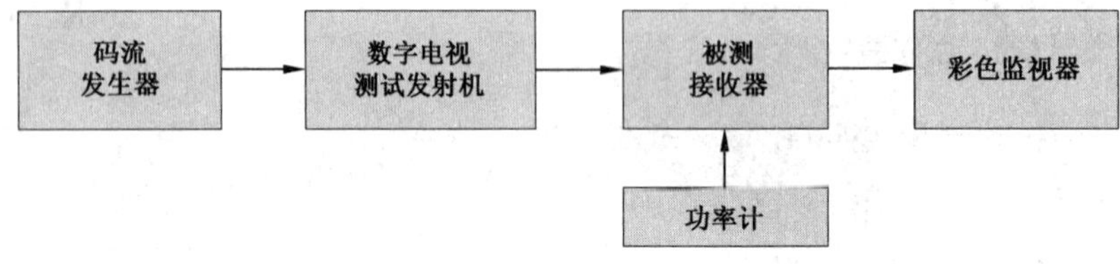

图 38

5.8.3 测量方法

测量步骤如下：

a) 按图 38 连接系统，码流发生器输出标准活动图像序列，调整数字电视测试发射机输出功率，使被测接收器输入功率为标准输入功率；

b) 系统调至标准测量条件，调整被测接收器正常工作；

c) 用电源功率计读出被测接收器的消耗功率；

d) 记录被测接收器整机消耗功率为步骤 c)状态下的消耗功率。

5.9 待机消耗功率

5.9.1 特征说明

检查接收器处于待机状态时的消耗功率。

5.9.2 测试框图

测试框图见图 38。

5.9.3 测量方法

测量步骤如下：

a) 按图 38 连接测试系统；

b) 关闭被测接收器所有附加功能；

c) 使被测接收器处于待机状态时，用功率计读取消耗功率；

d) 记录被测接收器待机消耗功率为步骤 c)状态下的消耗功率。

附 录 A
（规范性附录）
多径信道模型

A.1 瑞利信道模型

瑞利信道模型（静态）见表 A.1。

表 A.1

路径	幅度 dB	延时 μs	相位 (°)
回波 1	−7.8	0.518 650	336.0
回波 2	−24.8	1.003 019	278.2
回波 3	−15.0	5.422 091	195.9
回波 4	−10.4	2.751 772	127.0
回波 5	−11.7	0.602 895	215.3
回波 6	−24.2	1.016 585	311.1
回波 7	−16.5	0.143 556	226.4
回波 8	−25.8	0.153 832	62.7
回波 9	−14.7	3.324 886	330.9
回波 10	−7.9	1.935 570	8.8
回波 11	−10.6	0.429 948	339.7
回波 12	−9.1	3.228 872	174.9
回波 13	−11.6	0.848 831	36.0
回波 14	−12.9	0.073 883	122.0
回波 15	−15.3	0.203 952	63.0
回波 16	−16.5	0.194 207	198.4
回波 17	−12.4	0.924 450	210.0
回波 18	−18.7	1.381 320	162.4
回波 19	−13.1	0.640 512	191.0
回波 20	−11.7	1.368 671	22.6

A.2 莱斯信道模型

莱斯信道模型（静态）见表 A.2。

表 A.2

路径	幅度 dB	延时 μs	相位 (°)
主径	0	0	0
回波 1	−19.2	0.518 650	336.0
回波 2	−36.2	1.003 019	278.2
回波 3	−26.4	5.422 091	195.9
回波 4	−21.8	2.751 772	127.0
回波 5	−23.1	0.602 895	215.3
回波 6	−35.6	1.016 585	311.1
回波 7	−27.9	0.143 556	226.4
回波 8	−26.1	3.324 886	330.9
回波 9	−19.3	1.935 570	8.8
回波 10	−22.0	0.429 948	339.7
回波 11	−20.5	3.228 872	174.9
回波 12	−23.0	0.848 831	36.0
回波 13	−24.3	0.073 883	122.0
回波 14	−26.7	0.203 952	63.0
回波 15	−27.9	0.194 207	198.4
回波 16	−23.8	0.924 450	210.0
回波 17	−30.1	1.381 320	162.4
回波 18	−24.5	0.640 512	191.0
回波 19	−23.1	1.368 671	22.6

A.3 0 dB 回波信道模型

0 dB 回波信道模型见表 A.3。

表 A.3

路径	幅度 dB	延时 μs	相位 (°)	多普勒类别
主径	0	0	0	静态
回波	0	30	0	静态

A.4 动态多径信道模型

动态多径信道模型见表 A.4 和表 A.5。

表 A.4

路径	幅度 dB	延时 μs	多普勒类别	多普勒移动方向 (°)
回波 1	−3	0	莱斯	0[a]
回波 2	0	0.2	莱斯	0[a]
回波 3	−2	0.5	莱斯	0[a]
回波 4	−6	1.6	莱斯	0[a]
回波 5	−8	2.3	莱斯	0[a]
回波 6	−10	5	莱斯	0[a]
[a] 以发射塔到接收器的射线方向为 0°。				

表 A.5

路径	幅度 dB	延时 μs	多普勒类别
回波 1	−3	0	瑞利
回波 2	0	0.2	瑞利
回波 3	−2	0.5	瑞利
回波 4	−6	1.6	瑞利
回波 5	−8	2.3	瑞利
回波 6	−10	5	瑞利

A.5 两径长回波信道模型

两径长回波信道模型见表 A.6。

表 A.6

路径	幅度 dB	延时 μs	相位 (°)	多普勒类别	多普勒频移 Hz	多普勒移动方向(°)
主径	0	0	0	静态	—	—
回波 1	0	$t_{D,MAX}$	0	纯多普勒	0.1	0[a]
[a] 以发射塔到接收器的射线方向为 0°。						

A.6 三径长回波信道模型 1

三径长回波信道模型 1 见表 A.7。

表 A.7

路径	幅度 dB	延时 μs	相位 (°)	多普勒类别
回波 1	−3	$-t_D+0.1$	0	静态
主径	0	0	0	静态
回波 2	−3	$t_D=t_{D,MAX}/2$	0	静态

三径长回波信道模型 2 见表 A.8。

表 A.8

路径	幅度 dB	延时 μs	相位 (°)	多普勒类别	多普勒频移 Hz	多普勒移动方向 (°)
回波 1	−3	$-t_D+0.1$	0	纯多普勒	1	180[a]
主径	0	0	0	静态	0	—
回波 2	−3	$t_D=t_{D,MAX}/4$	0	纯多普勒	1	0[a]
[a] 以发射塔到接收器的射线方向为 0°。						

三径长回波信道模型 3 见表 A.9。

表 A.9

路径	幅度 dB	延时 μs	相位 (°)	多普勒类别	多普勒频移 Hz	多普勒移动方向 (°)
主径	0	0	0	静态	—	—
回波 1	0	$t_{D,MAX}$	0	静态	—	—
回波 2	−1	$t_{D,MAX}$	0	纯多普勒	0.1	0[a]
[a] 以发射塔到接收机的射线方向为 0°。						

A.7 固定接收条件扰动信道 1 模型

固定接收条件下扰动信道 1 信道模型 1 见表 A.10。

表 A.10

路径	幅度 dB	延时 μs	相位 (°)	多普勒类别	多普勒频移 Hz	多普勒移动方向 (°)
主径	0	0	0	静态	—	—
回波 1	−15	−1.8	125	静态	—	—
回波 2	−15	0.15	80	静态	—	—
回波 3	−7	1.8	45	静态	—	—
回波 4	−7	5.7	0	纯多普勒	5	0[a]
回波 5	−15	$t_{D,MAX}-1.8$	90	静态	—	—
[a] 以发射塔到接收器的射线方向为 0°。						

固定接收条件下扰动信道 1 信道模型 2 见表 A.11。

表 A.11

路径	幅度 dB	延时 μs	相位 (°)	多普勒类别	多普勒频移 Hz	多普勒移动方向 (°)
主径	0	0	0	静态	—	—
回波 1	−8	−1.8	125	静态	—	—
回波 2	−3	0.15	80	静态	—	—
回波 3	−4	1.8	45	静态	—	—
回波 4	−3	5.7	0	纯多普勒	5	0[a]
回波 5	−12	$t_{D,MAX}-1.8$	90	静态	—	—
[a] 以发射塔到接收器的射线方向为 0°。						

固定接收条件下扰动信道 1 信道模型 3 见表 A.12。

表 A.12

路径	幅度 dB	延时 μs	相位 (°)	多普勒类别	多普勒频移 Hz	多普勒移动方向 (°)
主径	0	0	0	静态	—	—
回波 1	−3	−1.8	125	静态	—	—
回波 2	−1	0.15	80	静态	—	—
回波 3	−1	1.8	45	静态	—	—
回波 4	−3	5.7	0	纯多普勒	5	0[a]
回波 5	−9	$t_{D,MAX}-1.8$	90	静态	—	—
[a] 以发射塔到接收器的射线方向为 0°。						

A.8 固定接收条件扰动信道 2 模型

固定接收条件扰动信道 2 信道模型 1 见表 A.13。

表 A.13

路径	幅度 dB	延时 μs	相位 (°)	多普勒类别	多普勒频移 Hz	多普勒移动方向 (°)
主径	0	0	0	静态	—	—
回波 1	−20	−1.8	125	静态	—	—
回波 2	−20	0.15	80	静态	—	—
回波 3	−10	1.8	45	静态	—	—
回波 4	待测试	5.7	0	纯多普勒	5	0[a]
回波 5	−18	35	90	静态	—	—
[a] 以发射塔到接收器的射线方向为 0°。						

固定接收条件扰动信道 2 信道模型 2 见表 A.14。

表 A.14

路径	幅度 dB	延时 μs	相位 (°)	多普勒类别	多普勒频移 Hz	多普勒移动方向 (°)
主径	0	0	0	静态	—	—
回波 1	−17	−1.8	125	静态	—	—
回波 2	−17	0.15	80	静态	—	—
回波 3	−7	1.8	45	静态	—	—
回波 4	待测试	5.7	0	纯多普勒	5	0[a]
回波 5	−15	35	90	静态	—	—
[a] 以发射塔到接收器的射线方向为 0°。						

固定接收条件扰动信道 2 信道模型 3 见表 A.15。

表 A.15

路径	幅度 dB	延时 μs	相位 (°)	多普勒类别	多普勒频移 Hz	多普勒移动方向 (°)
主径	0	0	0	静态	—	—
回波 1	−14	−1.8	125	静态	—	—
回波 2	−14	0.15	80	静态	—	—
回波 3	−4	1.8	45	静态	—	—
回波 4	待测试	5.7	0	纯多普勒	5	0[a]
回波 5	−12	35	90	静态	—	—
[a] 以发射塔到接收器的射线方向为 0°。						

固定接收条件扰动信道 2 信道模型 4 见表 A.16。

表 A.16

路径	幅度 dB	延时 μs	相位 (°)	多普勒类别	多普勒频移 Hz	多普勒移动方向 (°)
主径	0	0	0	静态	—	—
回波 1	−11	−1.8	125	静态	—	—
回波 2	−11	0.15	80	静态	—	—
回波 3	−1	1.8	45	静态	—	—
回波 4	待测试	5.7	0	纯多普勒	5	0[a]
回波 5	−9	35	90	静态	—	—

[a] 以发射塔到接收器的射线方向为 0°。

附 录 B
（规范性附录）
可接受误码

可接受误码是指：在规定的测试时间内，观察接收器视频解码输出到显示屏幕上的视频图像，图像不出现可察觉差错。

——对于除动态信道外的性能试验，主观的测量周期为 60 s。

——对于动态信道性能试验，主观的测量周期为 2 min。

——对于功能试验，主观的测量周期为 15 s。

动态信道是指信道模型中至少有 1 条路径的多普勒类别为莱斯类型、瑞利类型或 1 Hz(含)以上纯多普勒类型，包括三径长回波信道模型 2、动态多径信道、固定接收条件扰动信道。

附　录　C
（资料性附录）
其他多径信道模型

C.1　信道模型 1

信道模型 1 见表 C.1。

表 C.1

路径	幅度 dB	延时 μs	相位 (°)	多普勒类别	多普勒频移 Hz	多普勒移动方向 (°)
回波 1	0	7.672 0	346.644 9	莱斯(莱斯比为 23 dB)	20 Hz	0
回波 2	−0.451 4	1.190 5	44.460 1			
回波 3	−0.883 7	0.793 7	54.196 1			
回波 4	−3.653 1	0.661 4	48.287 7			
回波 5	−3.901 9	1.322 8	191.322 3			
回波 6	−4.221 5	1.058 2	48.741 1			
回波 7	−4.584 8	7.539 7	314.399 2			
回波 8	−6.693 2	0.264 6	34.106 9			
回波 9	−8.516 9	0.132 3	103.844 5			
回波 10	−8.821 9	0	126.166 9			
回波 11	−10.919 6	6.613 8	281.681 1			
回波 12	−11.016 1	11.111 1	317.050 2			
回波 13	−11.766 1	7.010 6	308.661 9			
回波 14	−12.007 3	10.185 2	165.026 6			
回波 15	−12.442 5	6.878 3	285.676 2			
回波 16	−13.297 1	1.455 0	174.922 4			
回波 17	−13.364 7	0.925 9	359.793 3			
回波 18	−13.737 6	0.396 8	57.074 1			
回波 19	−14.489 2	6.349 2	183.391 7			
回波 20	−14.877 9	1.719 6	353.415 7			

C.2　信道模型 2

信道模型 2 见表 C.2。

表 C.2

路径	幅度 dB	延时 μs	相位 (°)	多普勒类别	多普勒频移 Hz	多普勒移动方向 (°)
回波 1	0	0	329.384 2	莱斯(莱斯比为 23 dB)	50 Hz	0
回波 2	−0.034 0	0.529 1	6.010 6			
回波 3	−1.809 2	0.264 6	172.586 7			
回波 4	−4.020 2	0.793 7	130.564 9			
回波 5	−4.365 5	0.132 3	24.599 2			
回波 6	−4.633 2	1.719 6	122.582 8			
回波 7	−5.082 5	2.116 4	290.146 1			
回波 8	−5.269 7	2.248 7	221.399 5			
回波 9	−5.904 4	0.661 4	22.036 9			
回波 10	−8.601 3	1.984 1	78.463 6			
回波 11	−8.987 6	1.190 5	22.980 0			
回波 12	−9.352 7	0.396 8	232.572 8			
回波 13	−9.836 4	1.058 2	176.402 1			
回波 14	−9.905 3	1.322 8	319.551 8			
回波 15	−11.539 2	2.777 8	235.563 5			
回波 16	−11.622 3	1.587 3	6.012 4			
回波 17	−11.809 2	4.894 2	216.126 0			
回波 18	−12.092 5	1.455 0	7.536 5			
回波 19	−13.922 0	1.851 9	248.023 8			
回波 20	−16.416 3	0.925 9	325.951 3			

C.3 信道模型 3

信道模型 3 见表 C.3。

表 C.3

路径	幅度 dB	延时 μs	相位 (°)	多普勒类别
回波 1	0	17.857 1	272.30	静态
回波 2	−18.09	18.121 7	336.27	
回波 3	−20.14	86.640 2	313.37	
回波 4	−17.81	89.021 2	81.86	
回波 5	−18.48	89.153 4	71.68	

表 C.3（续）

路径	幅度 dB	延时 μs	相位 (°)	多普勒类别
回波 6	−20.03	89.285 7	311.87	静态
回波 7	−19.44	89.418 0	57.83	
回波 8	−18.92	90.476 2	67.51	
回波 9	−10.27	91.269 8	323.39	
回波 10	−19.68	91.798 9	299.16	
回波 11	−20.63	101.984 1	55.46	
回波 12	−14.82	102.248 7	271.21	
回波 13	−3.65	102.381 0	77.29	
回波 14	−8.40	102.513 2	88.60	
回波 15	−14.96	102.645 5	71.26	
回波 16	−19.43	102.777 8	73.81	
回波 17	−18.94	102.910 1	89.25	
回波 18	−18.61	103.042 3	51.85	
回波 19	−18.83	103.174 6	63.33	
回波 20	−19.99	104.894 2	30.28	

C.4 信道模型 4

信道模型 4 见表 C.4。

表 C.4

路径	幅度 dB	延时 μs	相位 (°)	多普勒类别
回波 1	0	1.058 2	153.72	静态
回波 2	−8.10	1.322 8	78.54	
回波 3	−10.04	0.661 4	217.74	
回波 4	−10.35	0.396 8	251.53	
回波 5	−11.51	0.925 9	234.17	
回波 6	−11.85	0.529 1	342.80	
回波 7	−12.68	1.190 5	151.80	
回波 8	−13.60	1.719 6	340.43	
回波 9	−14.77	2.381 0	120.96	
回波 10	−15.18	1.455 0	309.81	

表 C.4（续）

路径	幅度 dB	延时 μs	相位 (°)	多普勒类别
回波 11	−16.30	2.248 7	318.55	静态
回波 12	−16.43	0.264 6	27.23	
回波 13	−17.54	1.851 9	155.63	
回波 14	−18.16	1.587 3	80.48	
回波 15	−18.56	0.132 3	195.83	
回波 16	−19.71	2.116 4	142.47	
回波 17	−20.02	1.984 1	342.56	
回波 18	−20.40	0	9.16	
回波 19	−20.83	4.761 9	175.94	
回波 20	−20.98	4.497 4	123.40	

C.5 信道模型 5

信道模型见表 C.5。

表 C.5

路径	幅度 dB	延时 μs	相位 (°)	多普勒类别
回波 1	0	0.661 4	180.73	静态
回波 2	−6.38	0.396 8	262.96	
回波 3	−7.04	0.793 7	97.41	
回波 4	−7.34	0.925 9	54.53	
回波 5	−8.41	0.529 1	239.20	
回波 6	−9.69	0.132 3	93.26	
回波 7	−9.97	0	338.81	
回波 8	−11.36	2.116 4	244.70	
回波 9	−12.71	0.264 6	143.66	
回波 10	−13.11	1.322 8	225.87	
回波 11	−14.90	2.248 7	96.65	
回波 12	−15.02	5.158 7	163.62	
回波 13	−15.61	1.587 3	297.67	
回波 14	−16.70	2.381 0	151.50	
回波 15	−16.72	4.497 4	280.46	
回波 16	−17.46	1.455 0	195.16	

表 C.5（续）

路径	幅度 dB	延时 μs	相位 (°)	多普勒类别
回波 17	−17.98	2.910 1	241.50	静态
回波 18	−18.43	4.232 8	300.29	
回波 19	−18.91	1.058 2	290.10	
回波 20	−19.29	14.418 0	145.08	

C.6 信道模型 6

信道模型见表 C.6。

表 C.6

路径	幅度 dB	延时 μs	相位 (°)	多普勒类别
回波 1	0	0.264 6	75.80	静态
回波 2	−4.76	0.529 1	183.33	
回波 3	−5.82	0.396 8	11.05	
回波 4	−11.97	0.793 7	237.32	
回波 5	−12.20	0.132 3	127.90	
回波 6	−15.21	0.661 4	64.52	
回波 7	−16.58	0.925 9	73.52	
回波 8	−19.55	1.058 2	281.30	
回波 9	−20.94	1.190 5	67.19	
回波 10	−22.87	1.587 3	266.58	
回波 11	−23.70	1.455 0	99.17	
回波 12	−23.98	9.656 1	11.63	
回波 13	−24.28	1.322 8	269.28	
回波 14	−24.33	1.851 9	287.07	
回波 15	−25.89	2.381 0	269.33	
回波 16	−27.31	0	102.43	
回波 17	−27.33	2.645 5	298.14	
回波 18	−27.78	9.523 8	51.50	
回波 19	−27.91	2.248 7	62.87	
回波 20	−28.26	4.761 9	256.53	

ICS 33.160.25
M 74

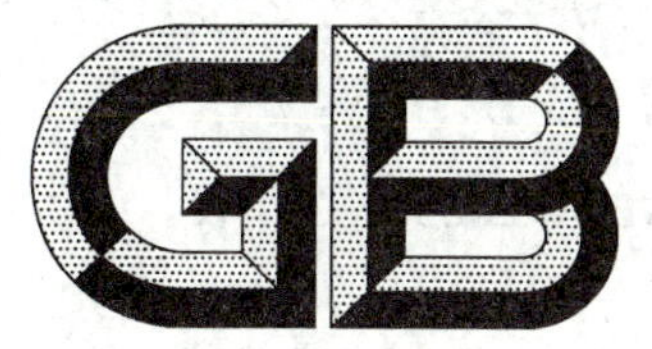

中华人民共和国国家标准

GB/T 26685—2017
代替 GB/T 26685—2011

地面数字电视接收机测量方法

Methods of measurement for digital terrestrial television receiver

2017-09-07 发布　　　　2018-04-01 实施

中华人民共和国国家质量监督检验检疫总局
中国国家标准化管理委员会　发布

前　言

本标准按照 GB/T 1.1—2009 给出的规则起草。

本标准代替 GB/T 26685—2011《地面数字电视接收机测量方法》，本标准与 GB/T 26685—2011 相比，除编辑性修改外主要技术改变如下：

——术语、定义、符号和缩略语增加“符号”(见 3.2)；

——测量基本要求增加“测量工作模式”(见 4.3)；

——射频解调与信道解码要求增加“工作模式与调制参数改变”(见 5.2.2)、“抑制两径长回波能力”(见 5.2.16)、“抑制三径长回波能力”(见 5.2.17)、“抑制固定接收条件下信道扰动能力 1”(见 5.2.18)、“抑制固定接收条件下信道扰动能力 2”(见 5.2.19)、“其他多径信道”(见 5.2.21)“抑制保护间隔外回波能力”(见 5.2.22)和“射频环路输出增益”(见 5.2.23)；

——增加了附录 C(资料性附录)其他多径信道模型(见附录 C)。

请注意本文件的某些内容有可能涉及专利。本文件的发布机构不承担识别这些专利的责任。

本标准由中华人民共和国工业和信息化部提出。

本标准由全国音频、视频及多媒体系统与设备标准化技术委员会(SAC/TC 242)归口。

本标准主要起草单位：中国电子技术标准化研究院、深圳数字电视国家工程实验室股份有限公司、国家数字音视频及多媒体产品质量监督检验中心、TCL 集团股份有限公司、四川长虹电器股份有限公司、青岛海信电器股份有限公司、青岛海尔电子有限公司、深圳创维—RGB 电子有限公司、京东方科技集团股份有限公司、南京熊猫电子股份有限公司、清华大学、高拓讯达(北京)科技有限公司、上海高清数字科技产业有限公司、北京海尔集成电路设计有限公司、北京中天联科科技有限公司、杭州国芯科技股份有限公司、深圳市力合微电子股份有限公司、广州广晟数码技术有限公司、深圳芯科科技有限公司、恩智浦半导体(上海)有限公司、锐迪科创微电子(北京)有限公司、迈凌(上海)微电子有限公司、广州视源电子科技股份有限公司、江苏银河电子股份有限公司、国家广播电视产品质量监督检验中心、工业和信息化部电子第五研究所、上海数字电视国家工程研究中心有限公司、北京数字电视工程实验室有限公司、北京泰合志远科技有限公司、深圳市海思半导体有限公司、江苏省电子信息产品质量监督检验研究院、晨星软件研发(深圳)有限公司、乐金电子研究开发中心有限公司、天津三星电子有限公司、南京夏普电子有限公司、山东松下电子信息有限公司、上海索广映像有限公司、联发科技(合肥)有限公司、三星通信技术研究有限公司、罗德与施瓦茨(中国)科技有限公司。

本标准主要起草人：胡鹏、陈仁伟、常林、韩秋峰、王平松、王伟、李怡宁、张林娟、吴伟、李绚、孙润宇、潘长勇、贾珂、梁伟强、强辉、杨光、冯向辉、陈丽恒、许憬、钮肖如、郭先城、韩文泉、王红欣、张敬平、钟志阳、陆国兵、贾凯、程杨、朱县亮、殷惠清、房海东、史兢、万民永、韩文芳、林伟峰、曹宇、杨星、卢刚、苏玉坤、刘毅、刘安生、胡海宁、张熠。

本标准所代替标准的历次版本发布情况为：

——GB/T 26685—2011。

地面数字电视接收机测量方法

1 范围

本标准规定了支持GB 20600—2006地面数字电视接收功能的地面数字电视接收机(以下简称接收机)的性能测量项目、测量条件和测量方法。

本标准适用于支持GB 20600—2006地面数字电视接收功能的标准清晰度和高清晰度地面数字电视接收机。

2 规范性引用文件

下列文件对于本文件的应用是必不可少的。凡是注日期的引用文件,仅注日期的版本适用于本文件。凡是不注日期的引用文件,其最新版本(包括所有的修改单)适用于本文件。

GB 3174 PAL-D制电视广播技术规范

GB/T 20090.16 信息技术 先进音视频编码 第16部分:广播电视视频

GB 20600—2006 数字电视地面广播传输系统帧结构、信道编码和调制

GB/T 22726 多声道数字音频编解码技术规范

GB/T 26270—2010 数字电视接收设备标准测试信号

GB/T 26681—2011 地面数字电视标准测试发射机技术要求和测量方法

GB/T 26686—2017 地面数字电视接收机通用规范

SJ/T 11157.2 电视广播接收机测量方法 第2部分:音频通道的电性能和声性能测量方法

SJ/T 11324—2006 数字电视接收设备术语

3 术语、定义、符号和缩略语

3.1 术语和定义

SJ/T 11324—2006界定的以及下列术语和定义适用于本文件。

3.1.1

可接受误码 acceptable error free

信号接收时规定时间内未纠正误码事件少于某一门限。

3.2 符号

下列符号适用于本文件。

$t_{D,MAX}$:GB/T 26686—2017中规定的接收机应能抵抗的0 dB最大回波时延。

3.3 缩略语

下列缩略语适用于本文件。

AEF——可接受误码(Acceptable Error Free);

EIT——事件信息表(Event Information Table);

EIT p/f——当前/后续事件表(EIT present/following);

EPG——电子节目指南(Electronic Program Guide);
MPEG——运动图像专家组(Moving Pictute Experts Group);
NIT——网络信息表(Network Information Table);
PCR——节目时钟基准(Program Clock Reference);
PID——包识别符(Packet Identifier);
PMT——节目映射表(Program Map Table);
PSI——节目专用信息(Program Specific Information);
SDT——业务描述表(Service Description Table);
SI——业务信息(Service Information);
TDT——时间和日期表(Time and Date Table);
TOT——时间偏移表(Time Offset Table);
UHF——特高频(Ultra High Frequence);
UTC——世界协调时(Universal Time Co-ordinated);
VHF——甚高频(Very High Frequence)。

4 测量基本要求

4.1 一般说明

4.1.1 工作条件

除非另有规定,在测试接收机时应在4.5规定的标准测量条件进行。

4.1.2 测量场地

测量应在不受来自外界的射频和低频电磁场干扰的室内进行,若外界电磁干扰影响测量结果,则测量应在屏蔽室进行。

测量光、色等性能参数时应在暗室中进行,杂散光照度小于或等于1 lx。

测量声学性能应在消声室中进行,消声室符合SJ/T 11157.2的有关规定。

4.1.3 测量环境条件

4.1.3.1 测量条件

测量条件应满足下列要求:
环境温度:15 ℃~35 ℃;
相对湿度:25%~75%;
大气压力:86 kPa~106 kPa;
电源:220×(1±5%)V,50×(1±2%)Hz。

4.1.3.2 仲裁条件

仲裁条件应满足下列要求:
环境温度:20 ℃±2 ℃;
相对湿度:60%~70%;
大气压力:86 kPa~106 kPa;
电源:220×(1±2%)V,50×(1±1%)Hz;
电源谐波:0~5%。

4.1.4 稳定时间

为保证在测量开始后接收机性能不随时间明显变化，接收机应在标准测量条件下稳定工作至少15 min。

4.2 测试信号

见 GB/T 26270—2010。

4.3 测量工作模式

测量工作模式见表1，其中工作模式11仅适用于"工作模式与调制参数改变"。

表 1

工作模式	载波数	前向纠错码率	符号星座映射	帧头模式	帧头相位变化	符号交织选项	双导频插入	净码率 Mbps
1	$C=3\ 780$	0.4	16QAM	PN945	变化	720	—	9.626
2	$C=1$	0.8	4QAM	PN595	—	720	不插入	10.396
3	$C=3\ 780$	0.6	16QAM	PN945	变化	720	—	14.438
4	$C=1$	0.8	16QAM	PN595	—	720	不插入	20.791
5	$C=3\ 780$	0.8	16QAM	PN420	变化	720	—	21.658
6	$C=3\ 780$	0.6	64QAM	PN420	变化	720	—	24.365
7	$C=1$	0.8	32QAM	PN595	—	720	不插入	25.989
8	$C=3\ 780$	0.8	16QAM	PN945	变化	720	—	19.251
9	$C=3\ 780$	0.6	64QAM	PN945	变化	720	—	21.658
10	$C=3\ 780$	0.8	64QAM	PN420	变化	720	—	32.486
11	$C=1$	0.8	4QAM-NR	PN945	不变化	240	插入	4.813

4.4 测量系统和测试仪器

具体要求见表2。

表 2

序号	设备名称	要求
1	数字电视测试发射机	符合 GB/T 26681—2011 的有关要求，MER≥36 dB
2	模拟电视测试发射机	载波频率范围：40 MHz～1 GHz、幅度：≥−10 dBm，邻频道内无用发射功率小于载波功率：≥50 dB
3	频谱分析仪	频率范围：40 MHz～1 GHz，平均噪声电平：≤150 dBc/Hz
4	网络分析仪	频率范围：40 MHz～1 GHz，反射损耗测量精度：≤0.1 dB，阻抗：75 Ω
5	电源功率计	测量精度：0.1 W
6	码流发生器	输出测试所需码流

表 2(续)

序号	设备名称	要求
7	高斯噪声发生器	噪声带宽:≥20 MHz;射频输出功率(8 MHz 带宽):≥−50 dBm
8	信道模拟器	模拟信道:≥20 径,各信道的多普勒类型、时延、幅度、多普勒频移、相位独立可调
9	复用器	将多路输入码流信号经数字复用处理,输出为多节目传送流
10	SI 发生器	编辑并产生业务信息
11	混合器	频率范围:30 MHz～1 GHz

4.5 标准测量条件

4.5.1 测量频道

最小接收信号功率应在 VHF 和 UHF 所有频道上测量工作模式 7 性能,以最差结果为该项目工作模式 7 的测量结果。

反射损耗、抑制模拟电视邻频干扰能力、抑制数字电视邻频干扰能力在 14 频道(482 MHz)、31 频道(658 MHz)、47 频道(786 MHz)进行测量。

其他项目在 31 频道(658 MHz)进行测量。

4.5.2 标准射频输入信号功率

输入到接收机的射频信号用频道内(8 MHz)的平均功率表示。

射频电视信号的标准有用输入信号功率在射频输入端应为−60 dBm。

4.5.3 模拟电视信号

干扰用模拟电视信号采用 PAL-D 射频信号,其所调制视频信号为 100/0/75/0 彩条信号,音频信号为 1 kHz 信号,其他要求应符合 GB 3174 的规定。模拟电视信号功率以频道内(8 MHz)峰值功率表示。

4.5.4 高斯噪声

高斯噪声应覆盖被干扰频道。高斯噪声功率以被干扰频道内(8 MHz)的平均功率表示。

4.5.5 脉冲噪声

脉冲噪声发生原理见图 1。

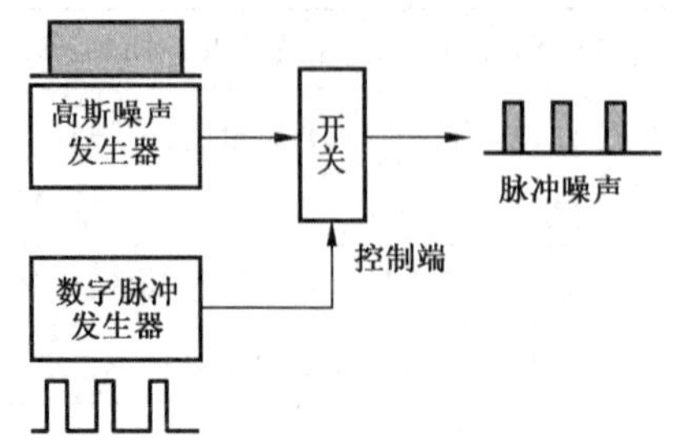

图 1

脉冲噪声功率以高斯噪声发生器所发高斯噪声在被干扰频道内(8 MHz)平均功率表示。

4.5.6 多径信道

多径信道模型见附录 A。

4.5.7 标准码流

测试码流节目时间长度应不少于 1 min,至少包含一路视频节目和一路音频节目。视频节目应为活动图像序列。

在测试评价系统净荷数据率大于 14 Mbps 的工作模式时,测试用码流中包含的视频节目应至少包含一套基本流数据率大于 8 Mbps 的高清节目,帧频为 25 Hz,幅型比为 16∶9,分辨率为 1 920×1 080,色度参数为 4∶2∶0。

测试用码流中若包含标清节目,帧频为 25 Hz,幅型比为 4∶3,分辨率为 720×576,色度参数为 4∶2∶0。

5 测量项目和方法

5.1 系统框图

系统框图见图 2。

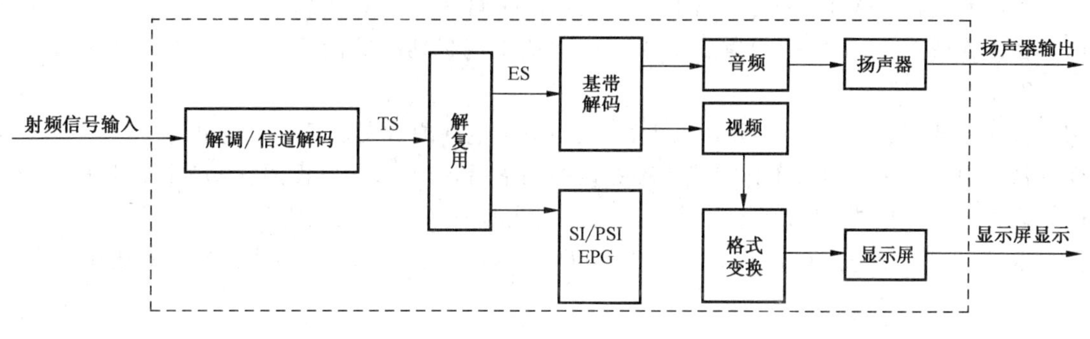

图 2

5.2 射频解调与信道解码要求

5.2.1 概述

本条以可接受误码接收为接收判定门限。有关可接受误码的规定见附录 B。

5.2.2 工作模式与调制参数改变

5.2.2.1 特征说明

检查接收机是否支持 GB 20600—2006 中规定的全部工作模式,以及调制参数改变时接收机自动切换时间。自动切换时间单位为秒(s)。

5.2.2.2 测试框图

测试框图见图 3。

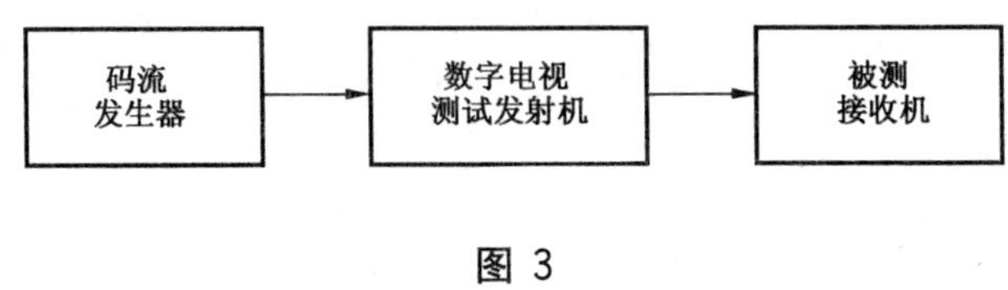

图 3

5.2.2.3 测量方法

测量步骤如下：

a) 按图 3 连接测试系统，码流发生器输出标准活动图像序列（标准码流数据率小于或等于 4.813 Mbps），调整数字电视测试发射机输出功率，使被测接收机输入功率为标准射频输入信号功率；

b) 设置数字电视测试发射机频率为被测频道频率，按表 1 中工作模式 1 设置数字电视测试发射机工作模式参数；

c) 调整被测接收机接收频率与数字电视测试发射机频率一致，观察屏幕显示图像是否正常并将接收情况记入表 3；

d) 在工作模式 i(i=2～11) 重复步骤 b)～c) 依次验证被测接收机接收情况；

e) 被测接收机工作模式 1 验证完毕后，关闭数字电视测试发射机射频输出；

f) 数字电视测试发射机工作模式 2 参数设置完毕后，打开数字电视测试发射机射频输出，利用秒表记录工作模式 1 切换至工作模式 2 的切换时间 $T_{1\text{-}2}$；

g) 在工作模式 i(i=2～10) 重复步骤 e)～f) 依次测量切换时间 $T_{2\text{-}3}$、$T_{3\text{-}4}$、$T_{4\text{-}5}$、$T_{5\text{-}6}$、$T_{6\text{-}7}$、$T_{7\text{-}8}$、$T_{8\text{-}9}$、$T_{9\text{-}10}$、$T_{10\text{-}11}$；

h) 被测接收机工作模式 11 验证完毕后，关闭数字电视测试发射机射频输出；

i) 数字电视测试发射机工作模式 1 参数设置完毕后，打开数字电视测试发射机射频输出，利用秒表记录工作模式 11 切换至工作模式 1 的切换时间 $T_{11\text{-}1}$；

j) 取 $T_{1\text{-}2}$、$T_{2\text{-}3}$、$T_{3\text{-}4}$、$T_{4\text{-}5}$、$T_{5\text{-}6}$、$T_{6\text{-}7}$、$T_{7\text{-}8}$、$T_{8\text{-}9}$、$T_{9\text{-}10}$、$T_{10\text{-}11}$、$T_{11\text{-}1}$ 平均值记为自动切换时间。

表 3

序号	工作模式	接收情况	切换时间	
1	1	□支持 □不支持	—	
2	2	□支持 □不支持	$T_{1\text{-}2}$	
3	3	□支持 □不支持	$T_{2\text{-}3}$	
4	4	□支持 □不支持	$T_{3\text{-}4}$	
5	5	□支持 □不支持	$T_{4\text{-}5}$	
6	6	□支持 □不支持	$T_{5\text{-}6}$	
7	7	□支持 □不支持	$T_{6\text{-}7}$	
8	8	□支持 □不支持	$T_{7\text{-}8}$	
9	9	□支持 □不支持	$T_{8\text{-}9}$	
10	10	□支持 □不支持	$T_{9\text{-}10}$	
11	11	□支持 □不支持	$T_{10\text{-}11}$	
12	1	—	$T_{11\text{-}1}$	

5.2.3 频率范围

5.2.3.1 特征说明

检查接收机是否能够在 VHF、UHF 频率段范围内正常接收。

5.2.3.2 测试框图

测试框图见图 4。

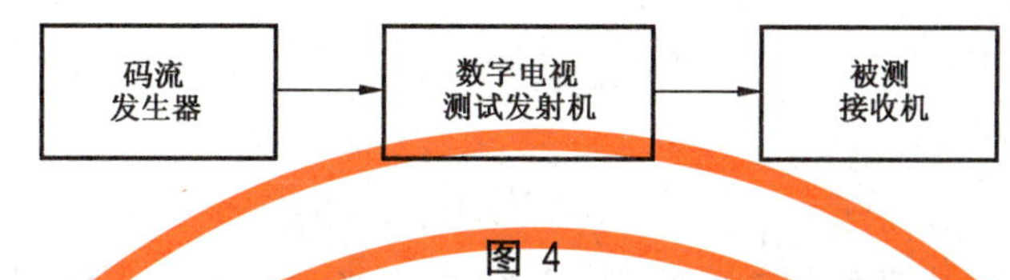

图 4

5.2.3.3 测量方法

测量步骤如下：

a) 按图 4 连接测试系统，码流发生器输出标准活动图像序列，设置数字电视测试发射机为工作模式 7，调整数字电视测试发射机输出功率，使被测接收机输入功率为标准射频输入信号功率；

b) 设置数字电视测试发射机频率为被测频道中心频率；

c) 调整被测接收机接收频率与数字电视测试发射机频率一致，观察屏幕显示图像是否正常；

d) 若正常接收，则记录被测接收机支持该频道，否则记录不支持；

e) 在 UHF 和 VHF 所有频道重复步骤 b)～d)，并记录测量情况。

5.2.4 频率捕捉范围

5.2.4.1 特征说明

检查接收机对载波频率偏差的适应能力，单位为千赫兹(kHz)。

5.2.4.2 测试框图

测试框图见图 4。

5.2.4.3 测量方法

测量步骤如下：

a) 按图 4 连接测试系统，码流发生器输出标准活动图像序列，调整数字电视测试发射机输出功率，使被测接收机输入功率为标准射频输入信号功率；

b) 调整被测接收机使屏幕显示正常图像，记录此时数字电视测试发射机载波频率为 f；

c) 逐渐减小数字电视测试发射机载波频率，直至被测接收机不能正常工作，再逐渐增加数字电视测试发射机载波频率直至可接受误码接收，记录此时载波频率 f_1，计算 $\Delta f_1 = f_1 - f$；

d) 逐渐增大数字电视测试发射机载波频率，直至被测接收机不能正常工作，再逐渐减小数字电视测试发射机载波频率直至可接受误码接收，记录此时载波频率 f_2，计算 $\Delta f_2 = f_2 - f$；

e) 记录被测接收机频率捕捉范围为 $\Delta f_2 \sim \Delta f_1$。

5.2.5 反射损耗

5.2.5.1 特征说明

检查接收机射频输入端阻抗匹配情况，单位为分贝(dB)。

5.2.5.2 **测试框图**

测试框图见图5。

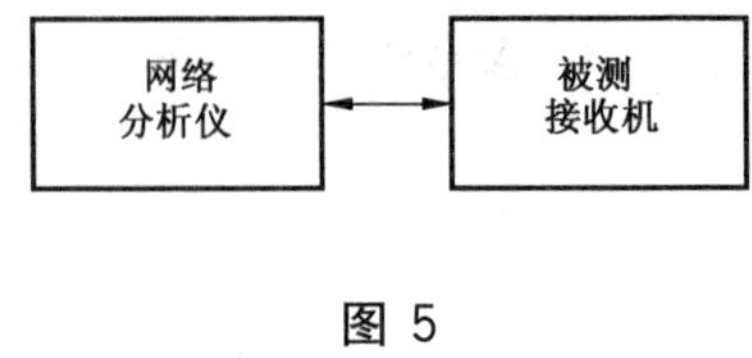

图5

5.2.5.3 **测量方法**

测量步骤如下：

a) 设置网络分析仪中心频率为被测频道中心频率，电平为0 dBm，带宽为8 MHz，测量项目为反射损耗测试；
b) 分别用短路器、开路器和75 Ω标准负载校准网络分析仪；
c) 按图4连接测试系统，码流发生器输出标准活动图像序列，设置数字电视测试发射机频率为被测频道中心频率，调整输出功率使被测接收机输入功率为标准射频输入信号功率；
d) 调整被测接收机使屏幕显示正常图像；
e) 按图5连接测试系统，将网络分析仪接到被测接收机射频输入端；
f) 记录8 MHz带宽内反射最强点的结果为被测接收机该频道的反射损耗。

5.2.6 **高斯载噪比门限**

5.2.6.1 **特征说明**

检查接收机在高斯信道条件下能够正常工作的最低载噪比，单位为分贝(dB)。

5.2.6.2 **测试框图**

测试框图见图6。

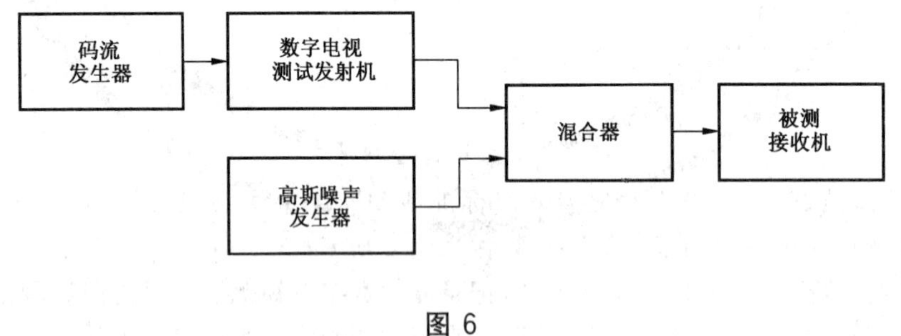

图6

5.2.6.3 **测量方法**

测量步骤如下：

a) 按图6连接测试系统，码流发生器输出标准活动图像序列，调整数字电视测试发射机输出功率，使被测接收机输入功率为标准射频输入信号功率；
b) 调整被测接收机使屏幕显示正常图像；
c) 接通高斯噪声发生器，增大噪声功率，使被测接收机不能正常工作；
d) 逐渐减小噪声功率，直至可接受误码接收；

e） 记录被测接收机高斯载噪比门限为此时载波功率与噪声功率的比值。

5.2.7 静态多径载噪比门限

5.2.7.1 特征说明

检查接收机在静态多径信道条件下能够正常工作的最低载噪比，单位为分贝(dB)。

5.2.7.2 测试框图

测试框图见图7。

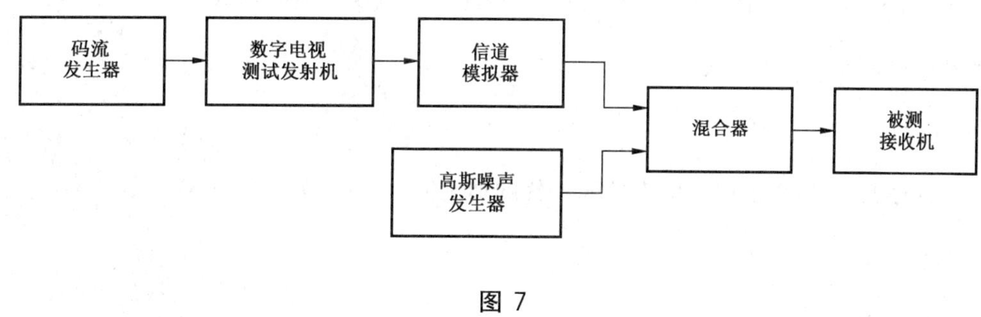

图 7

5.2.7.3 测量方法

测量步骤如下：

a） 按图7连接测试系统，码流发生器输出标准活动图像序列，调整数字电视测试发射机输出功率，使被测接收机输入功率为标准射频输入信号功率；
b） 调整被测接收机使屏幕显示正常图像；
c） 按附录A中多径信道模型设置信道模拟器，测量莱斯信道载噪比门限时按A.2设置，测量瑞利信道载噪比门限时按A.1设置；
d） 接通高斯噪声发生器，增大噪声功率，使被测接收机不能正常工作；
e） 逐渐减小噪声功率，直至可接受误码接收；
f） 记录被测接收机静态多径载噪比门限为此时载波功率与噪声功率的比值。

5.2.8 接收信号功率范围

5.2.8.1 特征说明

检查接收机能够正常工作的接收信号功率范围，单位为分贝毫瓦(dBm)。

5.2.8.2 测试框图

测试框图见图8。

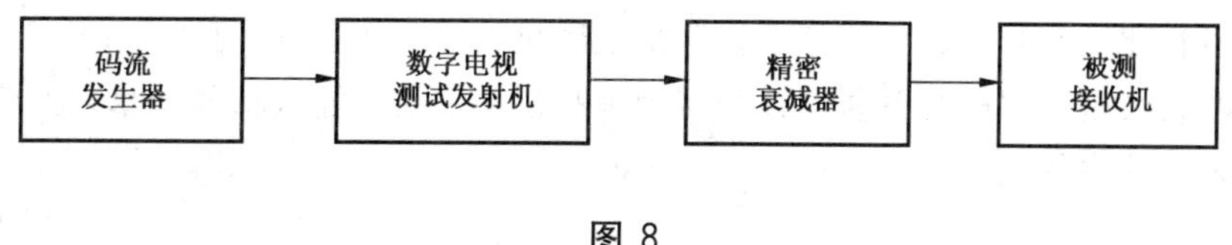

图 8

5.2.8.3 测量方法

测量步骤如下：

a) 按图 8 连接测试系统，码流发生器输出标准活动图像序列，调整数字电视测试发射机输出功率，使被测接收机输入功率为标准射频输入信号功率；

b) 调整接收机使屏幕显示正常图像；

c) 逐渐减小数字电视测试发射机输出功率，直至被测接收机不能正常工作，再逐渐增加数字电视测试发射机输出功率，直至可接受误码接收；

d) 记录被测接收机最小接收信号功率为此时被测接收机输入端的功率；

e) 逐渐增加数字电视测试发射机输出功率，直至被测接收机不能正常工作，再逐渐减小数字电视测试发射机输出功率，直至可接受误码接收；

f) 记录被测接收机最大接收信号功率为此时被测接收机输入端的功率。

5.2.9 抑制模拟电视邻频干扰能力

5.2.9.1 特征说明

检查接收机对上/下邻频道模拟电视信号干扰的抑制能力，单位为分贝(dB)。

5.2.9.2 测试框图

测试框图见图 9。

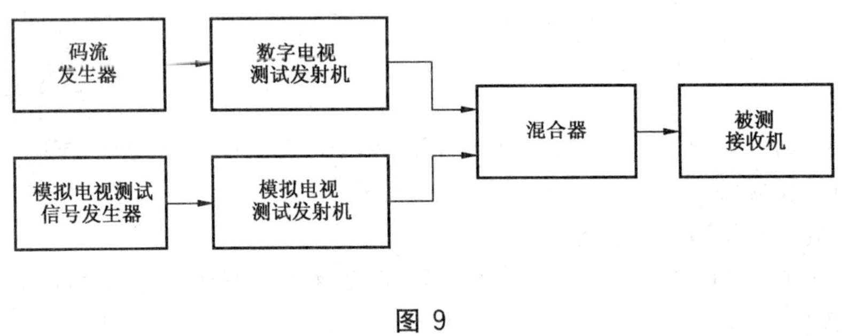

图 9

5.2.9.3 测量方法

测量步骤如下：

a) 按图 9 连接测试系统，码流发生器输出标准活动图像序列，调整数字电视测试发射机输出功率，使被测接收机输入功率为标准射频输入信号功率；

b) 调整被测接收机使屏幕显示正常图像；

c) 接通模拟电视测试发射机，将其置于数字电视测试发射机的上邻频道，增大模拟电视测试发射机输出功率至被测接收机不能正常工作，逐步减小输出功率，直至可接受误码接收；

d) 记录被测接收机模拟电视上邻频抑制比为本频道标准射频输入信号功率与此时模拟电视测试发射机输出功率的比值；

e) 将模拟电视测试发射机置于数字电视测试发射机的下邻频道，重复步骤 c)；

f) 记录被测接收机模拟电视下邻频抑制比为本频道标准射频输入信号功率与此时模拟电视测试发射机输出功率的比值。

5.2.10 抑制模拟电视同频干扰能力

5.2.10.1 特征说明

检查接收机对同频道模拟电视信号干扰的抑制能力，单位为分贝(dB)。

5.2.10.2 测试框图

测试框图见图9。

5.2.10.3 测量方法

测量步骤如下：

a） 按图9连接测试系统，码流发生器输出标准活动图像序列，调整数字电视测试发射机输出功率，使被测接收机输入功率为标准射频输入信号功率；

b） 调整被测接收机使屏幕显示正常图像；

c） 接通模拟电视测试发射机，将其置于数字电视测试发射机的同频道，增大模拟电视测试发射机输出功率至被测接收机不能正常工作，逐步减小输出功率，直至可接受误码接收；

d） 记录被测接收机模拟电视同频抑制比为本频道标准射频输入信号功率与此时模拟电视测试发射机输出功率的比值。

5.2.11 抑制数字电视邻频干扰能力

5.2.11.1 特征说明

检查接收机对上/下邻频道数字电视信号干扰的抑制能力，单位为分贝(dB)。

5.2.11.2 测试框图

测试框图见图10。

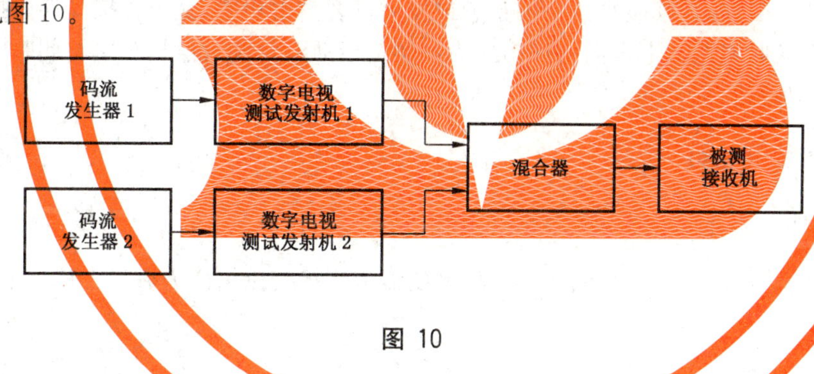

图 10

5.2.11.3 测量方法

测量步骤如下：

a） 按图10连接测试系统，码流发生器1输出标准活动图像序列，调整数字电视测试发射机1的输出功率，使被测接收机输入功率为标准射频输入信号功率；

b） 调整被测接收机使屏幕显示正常图像；

c） 码流发生器2输出标准活动图像序列，接通数字电视测试发射机2；

d） 若被测工作模式载波数为 $C=1$，则设置数字电视测试发射机2为工作模式6；若被测工作模式载波数为 $C=3\ 780$，则设置数字电视测试发射机2为工作模式7；

e） 将数字电视测试发射机2置于数字电视测试发射机1的上邻频道；增大其输出功率使被测接收机不能正常工作，逐渐减小数字电视测试发射机2输出功率，直至可接受误码接收；

f） 记录被测接收机数字上邻频抑制比为本频道标准射频输入信号功率与此时上邻频道信号功率的比值；

g） 将数字电视测试发射机2置于数字电视测试发射机1的下邻频道，重复步骤e)～f)；

h) 记录被测接收机数字下邻频抑制比为本频道标准射频输入信号功率与此时下邻频道信号功率的比值。

5.2.12 抑制数字电视同频干扰能力

5.2.12.1 特征说明

检查接收机对同频道数字电视信号干扰的抑制能力,单位为分贝(dB)。

5.2.12.2 测试框图

测试框图见图10。

5.2.12.3 测量方法

测量步骤如下:

a) 按图10连接测试系统,码流发生器1输出标准活动图像序列,调整数字电视测试发射机1的输出功率,使被测接收机输入功率为标准射频输入信号功率;
b) 调整被测接收机使屏幕显示正常图像;
c) 使码流发生器2输出标准活动图像序列,接通数字电视测试发射机2;
d) 若被测工作模式载波数为$C=1$,则设置数字电视测试发射机2为工作模式6;若被测工作模式载波数为$C=3\ 780$,则设置数字电视测试发射机2为工作模式7;
e) 将数字电视测试发射机2置于数字电视测试发射机1的同频道,增大其输出功率使被测接收机不能正常工作,逐渐减小数字电视测试发射机2输出功率,直至可接受误码接收;
f) 记录被测接收机数字电视同频抑制比为本频道标准射频输入信号功率与此时同频道干扰信号功率的比值。

5.2.13 抑制0 dB回波能力

5.2.13.1 特征说明

检查接收机接收两径静态0 dB回波射频信号的能力。载噪比单位为分贝(dB),回波时延单位为微秒(μs)。

5.2.13.2 测试框图

测试框图见图7。

5.2.13.3 测量方法

测量步骤如下:

a) 按图7连接测试系统,码流发生器输出标准活动图像序列,调整数字电视测试发射机输出功率,使被测接收机输入功率为标准射频输入信号功率;
b) 调整被测接收机使屏幕显示正常图像;
c) 按A.3多径信道模型设置信道模拟器;
d) 接通高斯噪声发生器,调整高斯噪声发生器功率使载噪比为30 dB;
e) 以1 μs为步进按以下顺序改变从径时延,直至$(t+1)$μs时被测接收机不能可接受误码接收:
1 μs→500 μs→2 μs→500 μs→……→t μs→500 μs→$(t+1)$μs;
f) 记录被测接收机0 dB最大回波时延为t μs;
g) 设置从径时延为30 μs,增大高斯噪声功率,使被测接收机不能正常工作;

h) 逐渐减小噪声功率,直至可接受误码接收;

i) 记录被测接收机 0 dB 回波载噪比为此时载波功率与噪声功率的比值。

5.2.14 抑制动态多径能力

5.2.14.1 特征说明

检查接收机适应动态多径信道的能力。载噪比单位为分贝(dB),多普勒频移单位为赫兹(Hz)。

5.2.14.2 测试框图

测试框图见图 7。

5.2.14.3 测量方法

测量步骤如下:

a) 按图 7 连接测试系统,码流发生器输出标准活动图像序列,调整数字电视测试发射机输出功率,使被测接收机输入功率为标准射频输入信号功率;

b) 调整被测接收机使屏幕显示正常图像;

c) 按 A.4 多径信道模型设置信道模拟器,所有路径多普勒频移设置为 70 Hz;

d) 接通高斯噪声发生器,增大高斯噪声功率,使被测接收机不能正常工作;

e) 逐渐减小噪声功率,直至可接受误码接收;

f) 记录被测接收机动态多径载噪比门限为此时载波功率与噪声功率的比值;

g) 调整高斯噪声发生器功率使载噪比比 GB/T 26686—2017 中规定的抑制动态多径能力载噪比最大值高 3 dB;

h) 以 5 Hz 为步进按以下顺序改变所有路径的多普勒频移,直至(f+5)Hz 时被测接收机不能可接受误码接收:10 Hz→500 Hz→15 Hz→500 Hz→……→f Hz→500 Hz→(f+5)Hz;

i) 记录被测接收机动态多径最大多普勒频移为 f Hz。

5.2.15 抑制脉冲干扰能力

5.2.15.1 特征说明

检查接收机抵抗脉冲干扰的能力,单位为微秒(μs)。

5.2.15.2 测试框图

测试框图见图 11。

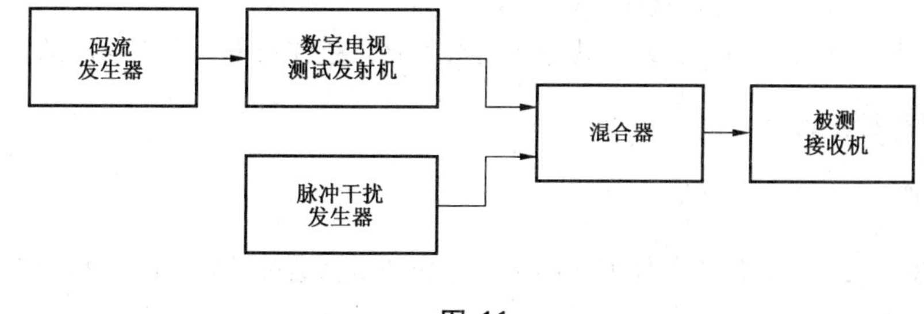

图 11

5.2.15.3 测量方法

测量步骤如下:

a) 按图 11 连接测试系统,码流发生器输出标准活动图像序列,调整数字电视测试发射机输出功率,使被测接收机输入功率为标准射频输入信号功率;
b) 调整被测接收机使屏幕显示正常图像;
c) 设置脉冲信号发生器的脉冲重复周期为 10 ms;
d) 调整脉冲幅度,使此时 C/I 值比为 −3 dB,逐渐增大脉冲宽度,直至被测接收器不能可接受误码接收;
e) 逐渐减小脉冲宽度至被测接收器可接受误码接收;
f) 记录被测接收机抑制脉冲干扰宽度为此时脉冲宽度。

5.2.16 抑制两径长回波能力

5.2.16.1 特征说明

检查接收机适应两径长回波信道条件下能够正常工作的最低载噪比,单位为分贝(dB)。

5.2.16.2 测试框图

测试框图见图 12。

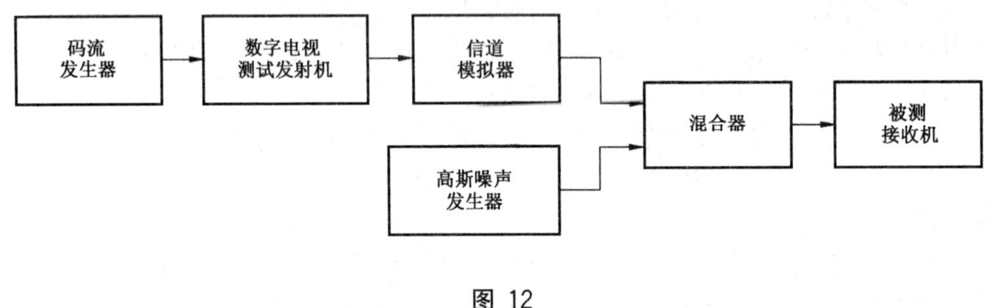

图 12

5.2.16.3 测量方法

测量步骤如下:

a) 按图 12 连接测试系统,码流发生器输出标准活动图像序列,调整数字电视测试发射机输出功率,使被测接收机输入功率为标准射频输入信号功率;
b) 调整被测接收机使屏幕显示正常图像;
c) 按 A.5 多径信道模型设置信道模拟器;
d) 接通高斯噪声发生器,增大噪声功率,使被测接收机不能正常工作;
e) 逐渐减小噪声功率,直至可接受误码接收;
f) 记录被测接收机抑制两径长回波载噪比门限为此时载波功率与噪声功率的比值。

5.2.17 抑制三径长回波能力

5.2.17.1 特征说明

检查接收机在三径长回波信道条件下能够正常工作的最低载噪比,单位为分贝(dB)。

5.2.17.2 测试框图

测试框图见图 13。

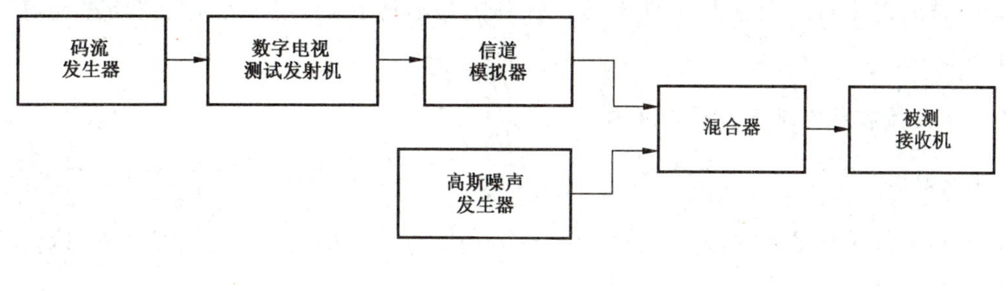

图 13

5.2.17.3 测量方法

测量步骤如下：

a) 按图 13 连接测试系统，码流发生器输出标准活动图像序列，调整数字电视测试发射机输出功率，使被测接收机输入功率为标准射频输入信号功率；

b) 调整被测接收机使屏幕显示正常图像；

c) 按 A.6 多径信道模型设置信道模拟器；

d) 接通高斯噪声发生器，增大噪声功率，使被测接收机不能正常工作；

e) 逐渐减小噪声功率，直至可接受误码接收；

f) 记录被测接收机抑制三径长回波噪比门限为此时载波功率与噪声功率的比值。

5.2.18 抑制固定接收条件下信道扰动能力 1

5.2.18.1 特征说明

检查接收机固定接收条件下在信道扰动条件下能够正常工作的最低载噪比，单位为分贝(dB)。

5.2.18.2 测试框图

测试框图见图 14。

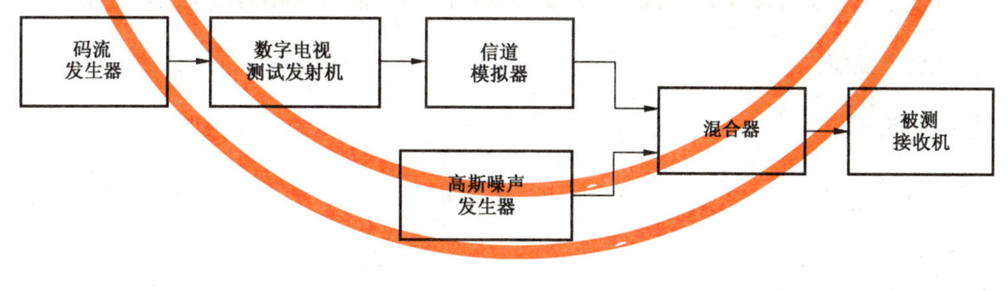

图 14

5.2.18.3 测量方法

测量步骤如下：

a) 按图 14 连接测试系统，码流发生器输出标准活动图像序列，调整数字电视测试发射机输出功率，使被测接收机输入功率为标准射频输入信号功率；

b) 调整被测接收机使屏幕显示正常图像；

c) 按 A.7 多径信道模型设置信道模拟器；

d) 接通高斯噪声发生器，增大噪声功率，使被测接收机不能正常工作；

e) 逐渐减小噪声功率，直至可接受误码接收；

f) 记录被测接收机固定接收条件下信道扰动能力载噪比门限为此时载波功率与噪声功率的比值。

5.2.19 抑制固定接收条件下信道扰动能力 2

5.2.19.1 特征说明

检查接收机固定接收条件下在信道扰动条件下能够正常工作的最大扰动信道功率与主径信道的功率比,单位为分贝(dB)。

5.2.19.2 测试框图

测试框图见图 15。

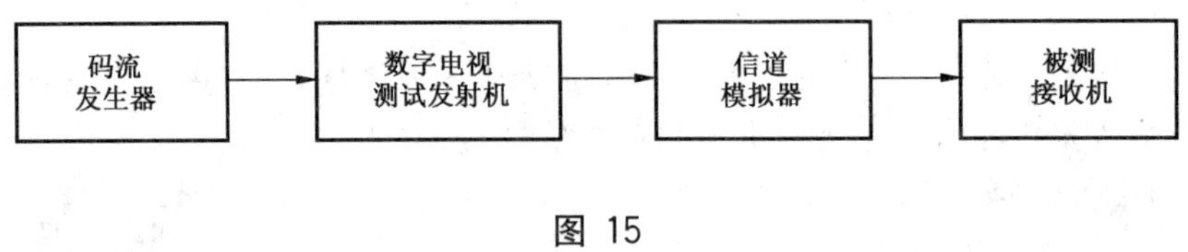

图 15

5.2.19.3 测量方法

测量步骤如下:

a) 按图 15 连接测试系统,码流发生器输出标准活动图像序列,调整数字电视测试发射机输出功率,使被测接收机输入功率为标准射频输入信号功率;
b) 调整被测接收机使屏幕显示正常图像;
c) 按 A.8 多径信道模型设置信道模拟器;
d) 减小路径 4 衰落,使被测接收机不能正常工作;
e) 逐渐增大路径 4 衰落,直至可接受误码接收;
f) 记录最大扰动信道功率与主径信道的功率比为此时路径 4 衰落,若步骤 d)中路径 4 衰落减小为 0 dB 仍然可以可接受误码接收,则最大扰动信道功率与主径信道的功率比记为 0 dB。

5.2.20 抑制单频干扰能力

5.2.20.1 特征说明

检查接收机抵抗单频干扰的能力,单位为分贝(dB)。

5.2.20.2 测试框图

测试框图见图 16。

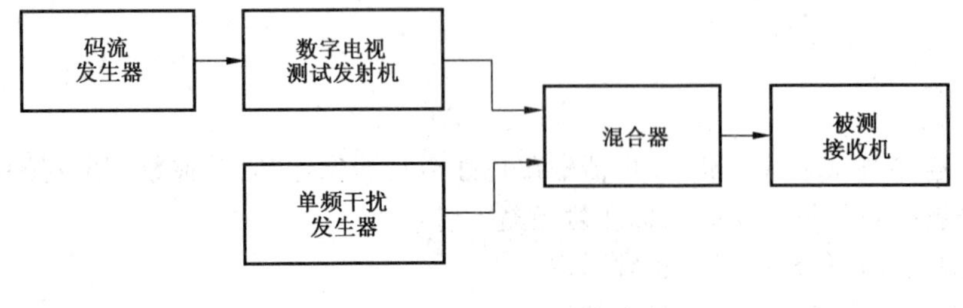

图 16

5.2.20.3 测量方法

测量步骤如下：

a) 按图16连接测试系统，码流发生器输出标准活动图像序列，调整数字电视测试发射机输出功率，使被测接收机输入功率为标准射频输入信号功率；

b) 调整被测接收机使屏幕显示正常图像；

c) 接通单频信号发生器，设置单频干扰信号频率为待测频率：$f-1$ MHz、f MHz 或 $f+1$ MHz（f 为被测频道中心频率），增大单频信号功率，使被测接收机不能正常工作；

d) 逐渐减小单频信号功率，直至可接受误码接收；

e) 记录被测接收机单频抑制比为标准射频输入信号功率与此时单频干扰信号功率的比值。

5.2.21 其他多径信道

5.2.21.1 特征说明

检查接收机抵抗其他多径信道的能力。

5.2.21.2 测试框图

测试框图见图17。

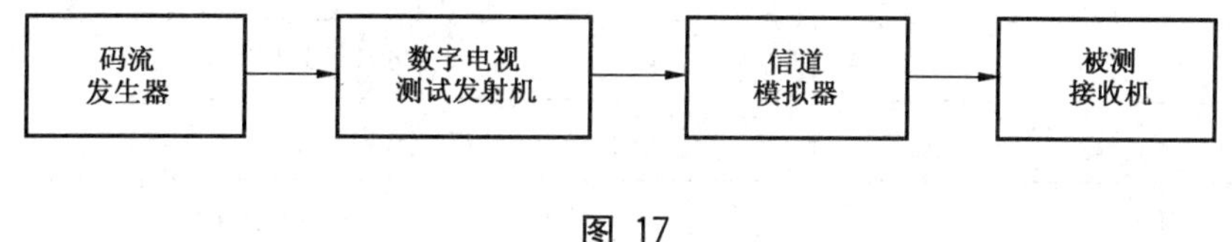

图 17

5.2.21.3 测量方法

测量步骤如下：

a) 按图17连接测试系统，码流发生器输出标准活动图像序列，调整数字电视测试发射机输出功率，使被测接收机输入功率为标准射频输入信号功率；

b) 调整被测接收机使屏幕显示正常图像；

c) 参照附录C中多径信道模型设置信道模拟器；

d) 参照5.2.7、5.2.13和5.2.14测试接收机相关性能。

5.2.22 抑制保护间隔外回波能力

5.2.22.1 特征说明

检查接收机抑制保护间隔外回波能力。主径与回波能量之比单位为分贝(dB)。

5.2.22.2 测试框图

测试框图见图18。

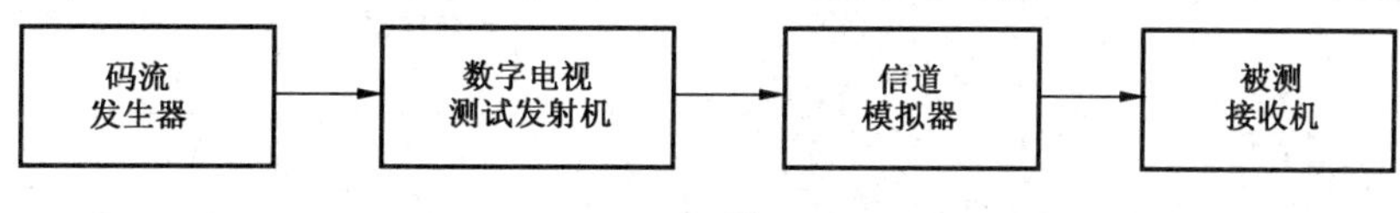

图 18

5.2.22.3 测量方法

测量步骤如下：

a) 按图 18 连接测试系统，码流发生器输出标准活动图像序列，调整数字电视测试发射机输出功率，使被测接收机输入功率为标准射频输入信号功率；

b) 调整被测接收机使屏幕显示正常图像；

c) 按 A.3 多径信道模型设置信道模拟器，回波延时按表 4 设置；

d) 减小回波衰落，使被测接收机不能正常工作；

e) 逐渐增大回波衰落，直至可接受误码接收；

f) 记录抑制保护间隔外回波能力为此时回波衰落，若步骤 d)中回波衰落减小为 0 dB 仍然可以可接受误码接收，则抑制保护间隔外回波能力记为 0 dB。

表 4

工作模式	回波时延 μs
1	±260,±130,±80,±60
2	±260,±130,±80
3	±260,±130,±80,±60
4	±260,±130,±80
5	±260,±130
6	±260,±130
7	±260,±130,±80
8	±260,±130,±80,±60
9	±260,±130,±80,±60

5.2.23 射频环路输出增益

5.2.23.1 特征说明

检查接收机射频环路输出增益，单位为分贝(dB)。

5.2.23.2 测试框图

测试框图见图 19。

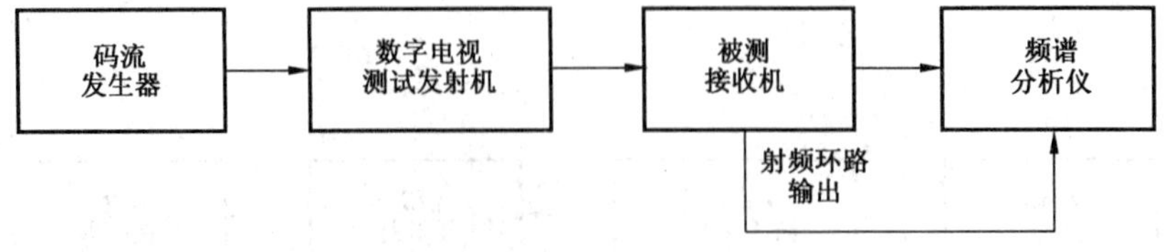

图 19

5.2.23.3 测量方法

测量步骤如下：

a) 按图19连接测试系统，码流发生器输出标准活动图像序列，调整数字电视测试发射机输出功率，使被测接收机输入功率为标准射频输入信号功率 P_0；

b) 被测接收机开机；

c) 从频谱分析仪读出射频环路输出功率 P_1；

d) 记录射频环路输出增益为 $A = P_1 - P_0$。

5.3 解复用要求

5.3.1 传送流数据率

5.3.1.1 特征说明

检查接收机可接收的传送流数据率，单位为兆比特每秒(Mbps)。

5.3.1.2 测试框图

测试框图见图20。

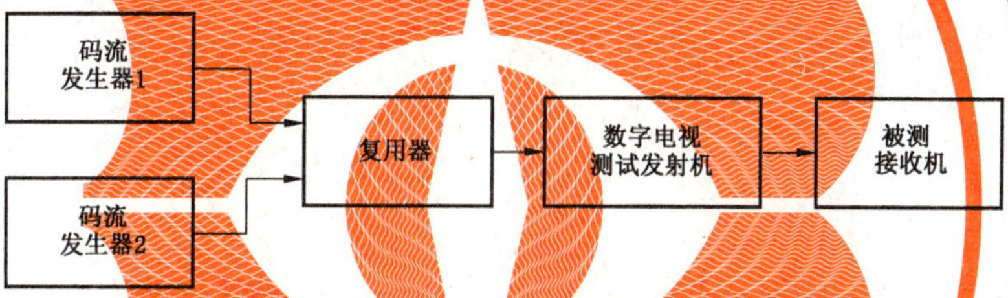

图 20

5.3.1.3 测量方法

测量步骤如下：

a) 按图20连接测试系统，分别构成不同数据率的传送流；

b) 码流发生器输出步骤a)产生的传送流，调整数字电视测试发射机输出功率，使被测接收机输入功率为标准射频输入信号功率；

c) 调整被测接收机使屏幕显示正常图像；

d) 验证传送流数据率自小到大过程中传送流中业务能否可接受误码接收；

e) 记录被测接收机传送流数据率为步骤d)状态下最大传送流数据率。

5.3.2 系统时钟恢复

5.3.2.1 特征说明

检查接收机在传送流PCR抖动±500 ns情况下，恢复系统时钟的能力。

5.3.2.2 测试框图

测试框图见图21。

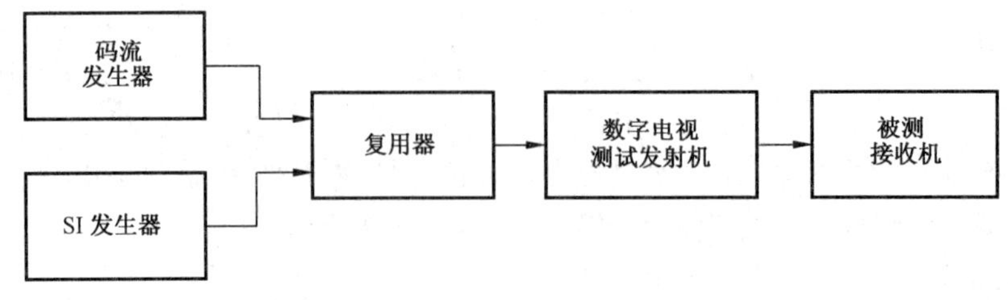

图 21

5.3.2.3 测试方法

测量步骤如下：

a) 按图 21 连接测试系统，码流发生器输出由两个视频业务构成的传送流，调整数字电视测试发射机输出功率，使被测接收机输入功率为标准射频输入信号功率；

b) 设置被测接收机处于静音状态；

c) 将随机的、抖动幅度为±500 ns 的扰动加入传送流 PCR 中；

d) 把被测接收机调谐到包含 PCR 抖动的传送流上；

e) 观察被测接收机屏幕上的视频图像，验证被测接收机能否可接受误码接收；

f) 记录被测接收机系统时钟恢复情况。

5.3.3 差错控制

5.3.3.1 特征说明

检查接收机是否支持差错控制能力。

5.3.3.2 测试框图

测试框图见图 21。

5.3.3.3 测量方法

测量步骤如下：

a) 按图 21 连接测试系统，构成具有部分差错包的传送流；

b) 码流发生器输出步骤 a)产生的传送流，调整数字电视测试发射机输出功率，使被测接收机输入功率为标准射频输入信号功率；

c) 调整被测接收机使屏幕显示正常图像；

d) 验证被测接收机能否可接受误码接收；

e) 记录被测接收机支持差错控制情况。

5.3.4 PID 过滤

5.3.4.1 特征说明

检查接收机是否支持 PID 过滤能力。

5.3.4.2 测试框图

测试框图见图 21。

5.3.4.3 测量方法

测量步骤如下：

a) 按图 21 连接测试系统，构成具有 32 个 PID 的传送流；

b) 码流发生器输出步骤 a)产生的传送流，调整数字电视测试发射机输出功率，使被测接收机输入功率为标准射频输入信号功率；

c) 调整被测接收机使屏幕显示正常图像；

d) 验证被测接收机能否可接受误码接收；

e) 若能正常显示，逐步增加传送流中 PID 数，重复步骤 d)，直至不能可接受误码接收；

f) 若不能正常显示，逐步减少传送流中 PID 数，重复步骤 d)，直至能可接受误码接收；

g) 记录被测接收机支持的最大 PID 滤波包数。

5.3.5 多成分节目处理

5.3.5.1 特征说明

检查接收机是否支持多成分节目处理能力。

5.3.5.2 测试框图

测试框图见图 21。

5.3.5.3 测量方法

测量步骤如下：

a) 按图 21 连接测试系统，构成具有兼容视图及不兼容视图的传送流；

b) 码流发生器输出步骤 a)产生的传送流，调整数字电视测试发射机输出功率，使被测接收机输入功率为标准射频输入信号功率；

c) 验证被测接收机能否可接受误码接收并呈现各成分内容；

d) 记录被测接收机支持多成分节目处理情况。

5.4 传送流解码要求

5.4.1 业务和节目信息

5.4.1.1 特征说明

检查接收机是否支持业务和节目信息处理能力。

5.4.1.2 测试框图

测试框图见图 21。

5.4.1.3 测量方法

测量步骤如下：

a) 按图 21 连接测试系统，构成具有 NIT、SDT、EIT、TDT 信息的传送流；

b) 码流发生器输出步骤 a)产生的传送流，调整数字电视测试发射机输出功率，使被测接收机输入功率为标准射频输入信号功率；

c) 验证被测接收机能否可接受误码接收并处理 NIT、SDT、EIT、TDT 信息；

d) 记录接收机支持业务和节目信息处理情况。

5.4.2 电子节目指南

5.4.2.1 特征说明

检查接收机是否支持电子节目指南(EPG)信息处理能力。

5.4.2.2 测试框图

测试框图见图21。

5.4.2.2.1 测量方法

测量步骤如下：

a) 按图21连接测试系统,构成具有EPG信息的传送流；
b) 码流发生器输出步骤a)产生的传送流,调整数字电视测试发射机输出功率,使被测接收机输入功率为标准射频输入信号功率；
c) 对被测接收机复位,使业务选择列表为空,进行频道搜索；
d) 按电子节目指南按键,启动电子节目指南；
e) 验证被测接收机电子节目指南的节目时间表能否列出测试传送流中完整信息；
f) 记录被测接收机支持EPG处理能力情况。

5.4.3 字幕

5.4.3.1 特征说明

检查接收机是否支持字幕处理能力。

5.4.3.2 测试框图

测试框图见图21。

5.4.3.3 测量方法

测量步骤如下：

a) 按图21连接测试系统,构成具有字幕信息的传送流；
b) 码流发生器输出步骤a)产生的传送流,调整数字电视测试发射机输出功率,使被测接收机输入功率为标准射频输入信号功率；
c) 验证被测接收机能否可接受误码接收并处理字幕信息；
d) 记录被测接收机支持字幕信息处理能力情况。

5.5 视频特性要求

5.5.1 数字视频解码

5.5.1.1 特征说明

检查接收机视频解码是否符合GB/T 20090.16有关要求。

5.5.1.2 测试框图

测试框图见图20。

5.5.1.3 测试方法

测量步骤如下：

a) 按图 20 连接测试系统，构成包含有符合 GB/T 20090.16 的有关视频编码规定的传送流；

b) 码流发生器输出步骤 a)产生的传送流，调整数字电视测试发射机输出功率，使被测接收机输入功率为标准射频输入信号功率；

c) 将被测接收机调谐到测量频道，检查被测接收机能否可接受误码接收；

d) 记录被测接收机支持数字视频解码能力情况。

5.5.2 快速信道捕获

5.5.2.1 特征说明

检查接收机是否支持快速信道捕获能力。

5.5.2.2 测试框图

测试框图见图 20。

5.5.2.3 测量方法

测量步骤如下：

a) 按图 20 连接测试系统，构成具有支持快速信道捕获信息的传送流；

b) 码流发生器输出步骤 a)产生的传送流，调整数字电视测试发射机输出功率，使被测接收机输入功率为标准射频输入信号功率；

c) 验证被测接收机能否快速捕获并可接受误码接收；

d) 记录被测接收机支持快速信道捕获处理能力情况。

5.5.3 静止图像支持

5.5.3.1 特征说明

检查接收机是否具有支持静止图像处理的能力。

5.5.3.2 测试框图

测试框图见图 20。

5.5.3.3 测量方法

测量步骤如下：

a) 按图 20 连接测试系统，构成具有静止图像的视频传送流；

b) 码流发生器输出步骤 a)产生的传送流，调整数字电视测试发射机输出功率，使被测接收机输入功率为标准射频输入信号功率；

c) 验证被测接收机能否可接受误码接收；

d) 记录被测接收机支持静态图像处理能力情况。

5.5.4 视频显示特性

5.5.4.1 特征说明

检查接收机的视频显示特性。

信号输入为射频信号，经过测试发射机调制后输出给接收机。

5.5.4.2 测试框图

测试框图见图22。

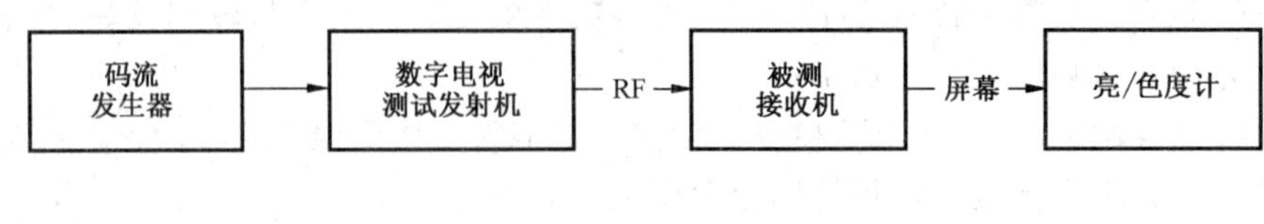

图 22

5.5.4.3 测试方法

测量步骤如下：

a) 按图22连接测试系统，构成具有所需测试信号的传送流；

b) 码流发生器输出步骤a)产生的传送流，调整数字电视测试发射机输出功率，使被测接收机输入功率为标准射频输入信号功率；

c) 显示方式为LCD、PDP、CRT显示方式的地面数字电视接收机，其视频显示特性测量方法分别参见SJ/T 11348—2016、SJ/T 11348—2016、SJ/T 11345—2006；

d) 记录被测接收机视频显示特性数据。

5.6 音频特性要求

5.6.1 数字音频解码

5.6.1.1 特征说明

检查接收机音频解码是否符合GB/T 22726有关要求。

5.6.1.2 测试框图

测试框图见图20。

5.6.1.3 测试方法

测量步骤如下：

a) 按图12连接测试系统，构成包含有符合GB/T 22726音频，以及多声道音频的传送流；

b) 码流发生器输出步骤a)产生的传送流，调整数字电视测试发射机输出功率，使被测接收机输入功率为标准射频输入信号功率；

c) 检查被测接收机能否正确解码数字音频码流；

d) 记录被测接收机处理数字音频解码能力情况。

5.6.2 音频输出电平

5.6.2.1 特征说明

检查接收机的音频输出口输出的音频信号电平，单位为伏(V)。

5.6.2.2 测试框图

测试框图见图23。

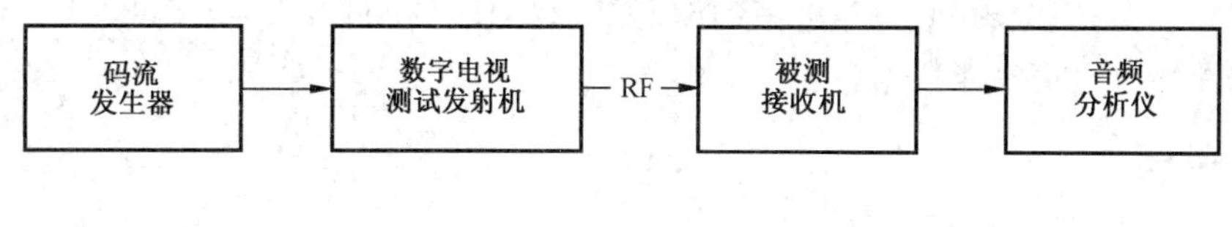

图 23

5.6.2.3 两通道音频输出电平测量方法

测量步骤如下：

a) 按图 23 连接测试系统，构成包含音频 L、R：997 Hz(0 dBFS 正弦波音频测试信号)的传送流；
b) 码流发生器输出步骤 a)产生的传送流，调整数字电视测试发射机输出功率，使被测接收机输入功率为标准射频输入信号功率；
c) 用音频分析仪测量接收机音频输出端的输出电平；
d) 记录被测接收机两通道音频输出功率为步骤 c)状态下输出电平。

5.6.2.4 多通道音频输出电平测量方法

测量步骤如下：

a) 按图 23 连接测试系统，构成包含 L、C、R、Ls、Rs：997 Hz(0 dBFs)；LFE：30 Hz(0 dBFs)正弦波音频的传送流；
b) 码流发生器输出步骤 a)产生的传送流，调整数字电视测试发射机输出功率，使被测接收机输入功率为标准射频输入信号功率；
c) 用音频分析仪测量接收机音频输出端的输出电平；
d) 记录被测接收机多通道音频输出功率为步骤 c)状态下输出电平。

5.6.3 声性能要求

5.6.3.1 特征说明

检查接收机的声音输出特性。

信号输入为射频信号，经过测试发射机调制后输出给接收机。

5.6.3.2 测试框图

测试框图见图 24。

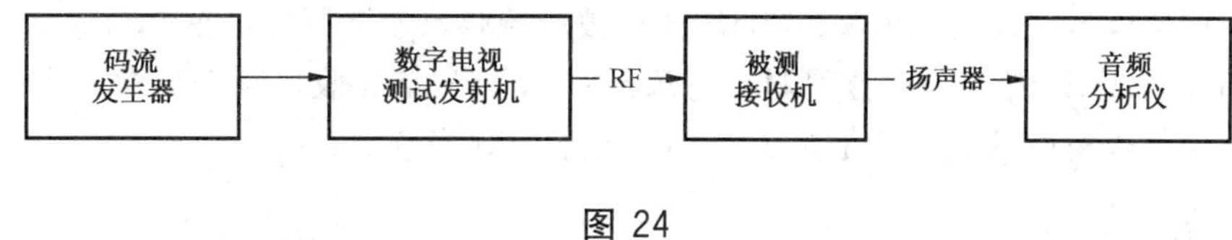

图 24

5.6.3.3 测试方法

测量步骤如下：

a) 按图 24 连接测试系统，构成具有所需测试信号的传送流；
b) 码流发生器输出步骤 a)产生的传送流，调整数字电视测试发射机输出功率，使被测接收机输入功率为标准射频输入信号功率；
c) 显示方式为 LCD、PDP、CRT 显示方式的地面数字电视接收机，其声性能测量方法分别参见

SJ/T 11348—2016、SJ/T 11348—2016、SJ/T 11345—2006；

d) 记录被测接收机声性能数据。

5.7 电源适应性要求

5.7.1 特征说明

检查接收机适应电源电压或频率出现偏差的能力。

5.7.2 测试框图

测试框图见图25。

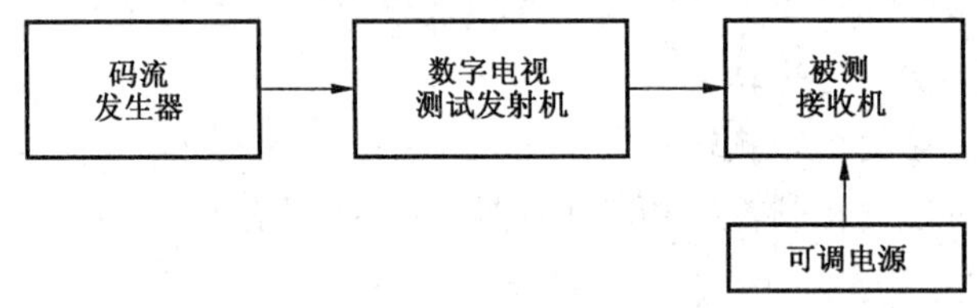

图 25

5.7.3 测量方法

5.7.3.1 电源电压变化适应性

测量步骤如下：

a) 按图25连接测试系统，码流发生器输出标准活动图像序列，调整数字电视测试发射机输出功率，使被测接收机输入功率为标准射频输入信号功率；

b) 调压器电压设置为220 V、50 Hz，调整被测接收机使屏幕显示正常图像；

c) 在176 V～242 V电压条件范围调节电源电压，鉴别被测接收机能否正常工作；

d) 记录被测接收机电源电压变化为步骤c)状态下的电压范围。

5.7.3.2 电源频率变化适应性

测量步骤如下：

a) 按图25连接测试系统，码流发生器输出标准活动图像序列，调整数字电视测试发射机输出功率，使被测接收机输入功率为标准射频输入信号功率；

b) 电源模拟器电压设置为220 V、50 Hz，调整被测接收机使屏幕显示正常图像；

c) 在49 Hz～51 Hz频率条件范围调节电源频率，鉴别被测接收机能否正常工作；

d) 记录被测接收机电源频率变化为步骤c)状态下的频率范围。

5.8 整机消耗功率

5.8.1 特征说明

检查接收机在标准测量状态下的整机总耗散功率。

5.8.2 测试框图

测试框图见图26。

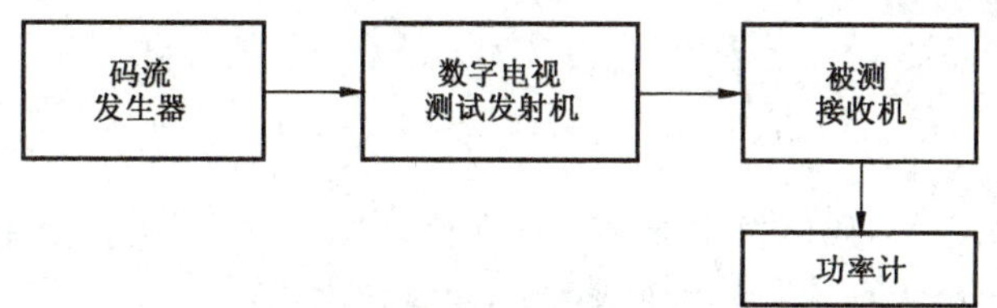

图 26

5.8.3 测量方法

测量步骤如下：

a) 按图 26 连接测试系统，码流发生器输出标准活动图像序列，调整数字电视测试发射机输出功率，使被测接收机输入功率为标准射频输入信号功率；
b) 测试系统调至标准测量条件，调整被测接收机正常工作；
c) 用电源功率计读出被测接收机的消耗功率；
d) 记录被测接收机整机消耗功率为步骤 c)状态下的消耗功率。

5.9 待机消耗功率

5.9.1 特征说明

检查接收机处于待机状态时的消耗功率。

5.9.2 测试框图

测试框图见图 26。

5.9.3 测量方法

测量步骤如下：

a) 按图 26 连接测试系统，码流发生器输出标准活动图像序列，调整数字电视测试发射机输出功率，使被测接收机输入功率为标准射频输入信号功率；
b) 关闭被测接收机所有附加功能；
c) 被测接收机调至待机状态；
d) 用电源功率计读出被测接收机的消耗功率；
e) 记录被测接收机待机消耗功率为步骤 c)状态下的消耗功率。

5.10 功能要求

5.10.1 软件版本更新

待定。

5.10.2 中文图形操作界面

5.10.2.1 特征说明

检查接收机是否支持图形化操作界面。

5.10.2.2 测试框图

测试框图见图 20。

5.10.2.3 测量方法

测量步骤如下：

a) 按图 20 连接测试系统，码流发生器输出标准活动图像序列，调整数字电视测试发射机输出功率，使被测接收机输入功率为标准射频输入信号功率；

b) 检查被测接收机是否具有图形操作界面；

c) 记录被测接收机支持中文图形操作界面情况。

5.10.3 业务选择列表

5.10.3.1 特征说明

检查接收机是否实现一个图形化用户界面，提供网络中播出的业务名称列表。

5.10.3.2 业务选择列表建立

5.10.3.2.1 特征说明

检查接收机能否利用 NIT 和 SDT 提供的信息建立业务选择列表。

5.10.3.2.2 测试框图

测试框图见图 27。

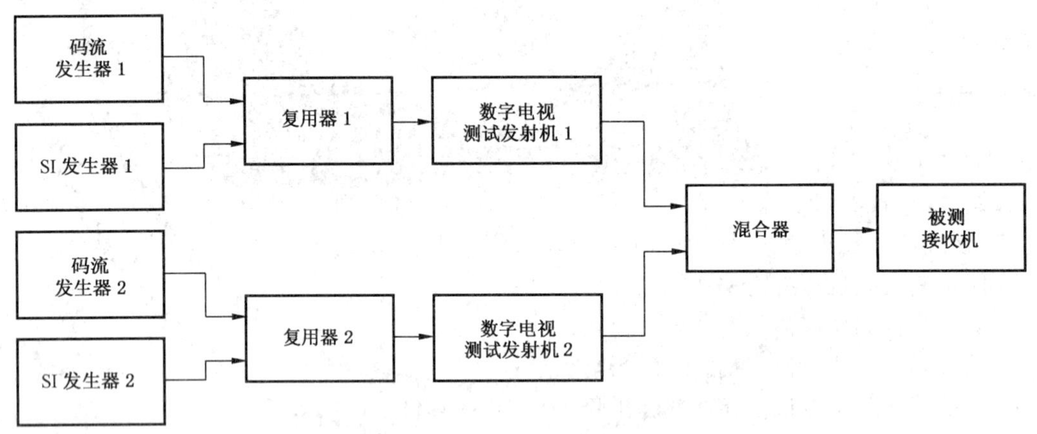

图 27

5.10.3.2.3 测试方法

测量步骤如下：

a) 按图 27 连接测试系统，码流发生器输出标准活动图像序列，调整数字电视测试发射机 1 输出功率，使被测接收机输入功率为标准射频输入信号功率；

b) 按照表 5 设置业务选择列表建立测试所需的业务信息。其中在 NIT_actual 和 NIT_other 中设置 service_list_descriptor，在 SDT_actual 和 SDT_other 中设置 service_descriptor，至少设置两个不同的 service_list_descriptor；

表 5

	业务 1	业务 2
复用器 1 TS_id 1 Network_id 1	SID 1100 S_name Test 11 PMT PID 1100 V PID 1109 A PID 1108	SID 1200 S_name Test 12 PMT PID 1200 V PID 1209 A PID 1208
复用器 2 TS_id 2 Network_id 2	SID 2100 S_name Test 21 PMT PID 2100 V PID 2109 A PID 2108	

c) 确认复用器 1 的传送流中存在 NIT_actual 和 NIT_other，将数字电视测试发射机 2 输出信号功率降低到不能正常接收，利用 NIT 进行频道搜索；
d) 进入业务选择列表，查看是否出现复用器 1 中提供的业务项；
e) 将数字电视发射机 2 输出信号功率增加到可正常接收；
f) 将业务选择列表中的业务项全部删除，利用 NIT 进行频道搜索；
g) 进入业务选择列表，查看是否出现复用器 1 和复用器 2 提供的业务项；
h) 记录被测接收机在步骤 d)状态下是否呈现复用器 1 提供的所有业务，在步骤 g)状态下是否呈现复用器 1 和复用器 2 提供的所有业务；
i) 记录被测接收机支持业务选择列表建立功能情况。

5.10.3.3 业务选择列表编辑

5.10.3.3.1 特征说明

检查接收机业务选择列表的编辑操作功能。

5.10.3.3.2 测试框图

测试框图见图 27。

5.10.3.3.3 测量方法

测量步骤如下：
a) 按图 27 连接测试系统，码流发生器输出标准活动图像序列，调整数字电视测试发射机输出功率，使被测接收机输入功率为标准射频输入信号功率；
b) 检查被测接收机业务选择列表是否具备业务项的排序功能，以及产品规范指定的编辑功能；
c) 记录被测接收机支持业务列表编辑功能情况。

5.10.3.4 业务选择列表更新

5.10.3.4.1 特征说明

检查接收机的业务选择列表是否能够随网络业务数据变化而更新。

5.10.3.4.2 测试框图

测试框图见图 27。

5.10.3.4.3 测量方法

测量步骤如下：

a) 按图 27 连接测试系统，码流发生器输出标准活动图像序列，调整数字电视测试发射机 1 和 2 输出信号功率，使被测接收机输入功率为标准射频输入信号功率；

b) 按照表 6 设置业务选择列表更新测试所需的业务信息；

表 6

	业务 1	业务 2
复用器 1 TS_id 1 Network_id 1	SID 1100 S_name Test 11 PMT PID 1100 V PID 1109 A PID 1108	SID 1200 S_name Test 12 PMT PID 1200 V PID 1209 A PID 1208
复用器 2 TS_id 2 Network_id 2	SID 2100 S_name Test 21 PMT PID 2100 V PID 2109 A PID 2108	

c) 从复用器 1 传送流中去除一个业务，检查被测接收机在未经过用户确认情况下，该业务项是否从业务选择列表中消除；

d) 从复用器 1 中去除整个传送流，检查被测接收机业务选择列表中，复用器 1 提供的业务项是否被消除；

e) 在复用器 1 中加入新传送流，即在原传送流中再增加一个新业务，检查当被测接收机加电，或者进入业务选择列表时，被测接收机是否给出用户提示信息，指出有新业务加入；

f) 记录被测接收机支持业务选择列表更新功能情况。

5.10.3.5 业务选择列表删除

5.10.3.5.1 特征说明

检查接收机的业务列表删除功能。

5.10.3.5.2 测试框图

测试框图见图 27。

5.10.3.5.3 测量方法

测量步骤如下：

a) 按图 27 连接测试系统，码流发生器输出标准活动图像序列，调整数字电视测试发射机输出功率，使被测接收机输入功率为标准射频输入信号功率；

b） 检查业务选择列表是否具备单个业务项的删除功能，以及删除全部业务项的功能；

c） 记录被测接收机支持业务选择列表删除功能情况。

5.10.4 状态条

5.10.4.1 特征说明

检查接收机状态条能否显示当前节目名称和该节目的持续时间，以及后续节目名称和该节目的起始时间。

5.10.4.2 状态条显示和更新

5.10.4.2.1 特征说明

检查 EIT p/f 中描述符：短事件描述符（Short_event_descriptor）、扩展事件描述符（Extended_event_descriptor）、内容描述符（Content_descriptor）。

5.10.4.2.2 测试框图

测试框图见图 27。

5.10.4.2.3 测试方法

测量步骤如下：

a） 按图 27 连接测试系统，码流发生器输出标准活动图像序列，调整数字电视测试发射机输出功率，使被测接收机输入功率为标准射频输入信号功率；

b） 按照表 7 设置状态条显示所需业务信息，并构造 EIT actual and other p/f；

表 7

	业务 1	业务 2
复用器 1 TS_id 1 Network_id 1	SID 1100 S_name Test 11 PMT PID 1100 V PID 1109 A PID 1108	SID 1200 S_name Test 12 PMT PID 1200 V PID 1209 A PID 1208
复用器 2 TS_id 2 Network_id 2	SID 2100 S_name Test 21 PMT PID 2100 V PID 2109 A PID 2108	

c） 选择并收看一个具有表 7 中 EIT 描述符的业务，观察被测接收机状态条；

d） 检查状态条显示信息是否正确（此时的状态条信息来自当前流，即 EIT actual p/f）；

e） 从业务选择列表中选择一个处于另一传送流中的业务，但并不转换至此业务，即保持在原频道；

f） 检查状态条能否显示其他传送流中业务时间信息，记录被测接收机对 EIT other p/f 的处理能力；

g） 改变内容描述符参数值，检查状态条信息是否正确地更新；

h） 记录被测接收机支持状态条显示和更新功能情况。

5.10.4.3 状态条显示容错能力

5.10.4.3.1 特征说明

检查接收机对 EIT p/f 中内容描述符和组件描述符处理能力。

5.10.4.3.2 测试框图

测试框图见图 27。

5.10.4.3.3 测试方法

测量步骤如下：

a） 按图 27 连接测试系统，码流发生器输出标准活动图像序列，调整数字电视测试发射机输出功率，使被测接收机输入功率为标准射频输入信号功率；

b） 按照表 8 设置状态条容错测试所需业务信息，并设置如表 9 中的内容描述符和组件描述符参数；

表 8

	业务 1	业务 2
复用器 1 TS_id 1 Network_id 1	SID 1100 S_name Test 11 PMT PID 1100 V PID 1109 A PID 1108	SID 1200 S_name Test 12 PMT PID 1200 V PID 1209 A PID 1208
复用器 2 TS_id 2 Network_id 2	SID 2100 S_name Test 21 PMT PID 2100 V PID 2109 A PID 2108	

表 9

Content_descriptor	Component_descriptor	内容格式
0x01	0x01	video，4 ∶ 3 aspect ratio
0x01	0x03	video，16 ∶ 9 aspect ratio without pan vectors
0x02	0x03	audio stereo(2 channel)

c） 选择一个业务，检查被测接收机对于不具备解码内容和组件描述符指定的内容是否死机，对于可以解释的内容和组件描述符是否能正常显示图像及播出声音；

d） 检查状态条显示；

e) 记录被测接收机支持状态条显示容错能力情况。

5.10.5 用户参数设置和存储

5.10.5.1 特征说明

检查接收机是否具有参数存储功能。

5.10.5.2 测试框图

测试框图见图 21。

5.10.5.3 测试方法

测量步骤如下：

a) 按图 21 连接测试系统，码流发生器输出标准活动图像序列，调整数字电视测试发射机输出功率，使被测接收机输入功率为标准射频输入信号功率；
b) 检查被测接收机以下用户参数设置功能是否正常：
   1) 视频显示主要参数——亮度、色饱和度、对比度、色温；
   2) 音频显示主要参数——高音、低音、单声道、立体声、左右声道均衡、音量控制；
   3) 多语种选择；
   4) 业务选择列表的相关数据；
c) 记录被测接收机支持用户参数设置和存储功能情况。

5.10.6 断电记忆

5.10.6.1 特征说明

检查接收机的断电记忆功能。

5.10.6.2 测试框图

测试框图见图 21。

5.10.6.3 测试方法

测量步骤如下：

a) 按图 21 连接测试系统，码流发生器输出标准活动图像序列，调整数字电视测试发射机输出功率，使被测接收机输入功率为标准射频输入信号功率；
b) 断电后重新开机，检查接收机是否能够恢复断电前的功能状态；
c) 记录被测接收机支持断电记忆功能情况。

5.10.7 恢复工厂设置

5.10.7.1 特征说明

检查接收机能否应提供一种功能，即把所有参数选择恢复到出厂时的设置状态，因此而取消掉所有业务选择列表、用户参数设置等。在复位后，接收机应进入初始安装状态。

5.10.7.2 测试框图

测试框图见图 21。

5.10.7.3 **测试方法**

测量步骤如下：

a) 按图 21 连接测试系统，码流发生器输出标准活动图像序列，调整数字电视测试发射机输出功率，使被测接收机输入功率为标准射频输入信号功率；

b) 断电后重新开机，检查被测接收机是否能够恢复断电前的功能状态；

c) 找到被测接收机的复位功能，并初始化被测接收机；

d) 记录被测接收机支持恢复工厂设置功能情况。

5.10.8 **实时钟**

5.10.8.1 **特征说明**

检查接收机的实时钟是否可显示年、月、日和时间，以及接收机是否可根据时间日期表 TDT 和时间偏移表 TOT，对实时钟显示更新。

5.10.8.2 **实时钟运行**

5.10.8.2.1 **测试框图**

测试框图见图 28。

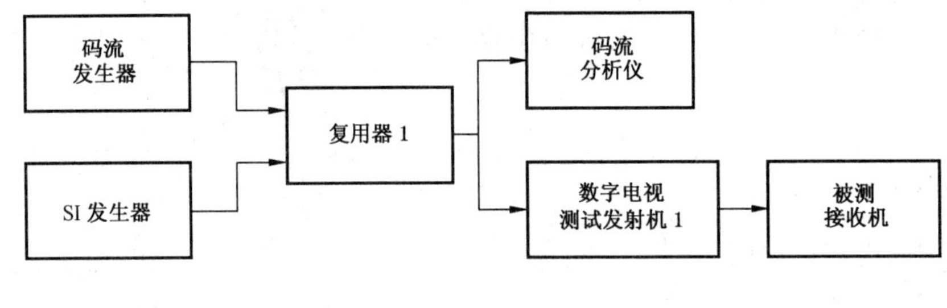

图 28

5.10.8.2.2 **测量方法**

测量步骤如下：

a) 按图 28 连接测试系统，码流发生器输出标准活动图像序列，调整数字电视测试发射机输出功率，使被测接收机输入功率为标准射频输入信号功率；

b) 用码流分析仪测试并确认传送流中是否存在 TDT 和 TOT；

c) 连接被测接收机，导出时间和日期显示界面；

d) 检查显示日期是否与 TDT 时间相同，检查显示时间是否连续改变；

e) 记录被测接收机支持实时钟运行功能情况。

5.10.8.3 **实时钟更新**

5.10.8.3.1 **测试框图**

测试框图见图 28。

5.10.8.3.2 **测量方法**

测量步骤如下：

a) 按图 28 连接测试系统，码流发生器输出标准活动图像序列，调整数字电视测试发射机输出功率，使被测接收机输入功率为标准射频输入信号功率；

b) 确认传送流中包含 TDT 和 TOT，设置不带 local_time_offset_descriptor 的 TOT，设置 TDT，其日期和时间参数按照表 10 设定；

TOT 中本地时间偏移描述符指出本地时间和 UTC 时间的偏移量，以及日期信息。该描述符中的时间变化(time of change)是根据实际时间改变的参数项。本例中，时间设置为 2005-12-31，23:57:00。

表 10

描述符标签 Descriptor tag		0x58
描述符长度 Descriptor length		
国家代码 Country code	CHN	0x43484E
国家区域标识 Country region id	只有一个时区	000000(bin)
Reserved		0(bin)
本地时间偏移极性 Local time offset polarity	正时间偏移	0(bin)
本地时间偏移 Local time offset	8 h，北京时间	0x0800
时间变化 Time of change	2005-12-31 23:57:00	? ? ?
下一时间偏移 Next time offset	0 h	0x0000

c) 连接被测接收机，等待 TDT 的年份发生变化，导出时间和日期显示界面；

d) 检查被测接收机所显示的日期和时间；

e) 将测试结果填入表 11；

表 11

测试结果 时间	测试结果 日期	预期结果 时间	预期结果 日期	时间 Y 或 N	日期 Y 或 N
		约为 23:57	2005-12-31		
		约为 00:01	2006-01-01		
		约为 07:57	2006-01-01		
		约为 08:01	2006-01-01		

f) 关闭被测接收机，设置 TOT 的 local_time_offset_descriptor，在 TDT 和 TOT 中设置相同的 UTC 时间，见表 12；

表 12

测试日期和时间	TDT 中的日期和时间　MJD+UTC(BCD)格式
2005-12-31	

g) 接通被测接收机，查看被测接收机显示的时间和日期；

h) 将测试结果填入表 11；

i) 记录被测接收机支持实时钟更新功能情况。

5.10.9 频道搜索

5.10.9.1 特征说明

检查接收自动频道搜索和利用 NIT 频道搜索功能。

5.10.9.2 自动频道搜索

5.10.9.2.1 测试框图

测试框图见图 29。

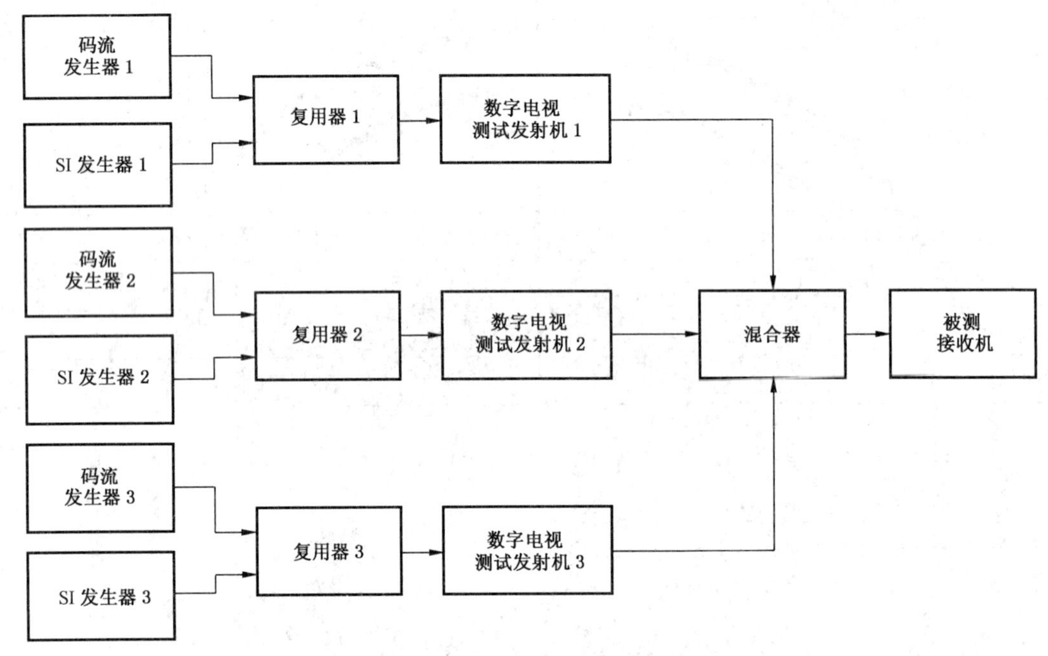

图 29

5.10.9.2.2 测量方法

测量步骤如下：

a） 按图 29 连接测试系统，码流发生器输出标准活动图像序列，调整数字电视测试发射机 1、2、3 输出信号功率，使被测接收机输入功率为标准射频输入信号功率；

b） 将数字测试发射机 1、2、3 的工作频点分别设置为：4 频道（80 MHz）；16 频道（498 MHz）；49 频道（802 MHz）；

c） 将 SI 发生器 NIT 和 SDT 取消，对接收机初始化，或清除业务选择列表中所有业务；

d） 被测接收机进行频道搜索；

e） 检查业务选择列表，是否能找到网络中存在的所有数字业务；

f） 记录被测接收机搜索结果，及完成频道搜索所需时间。

5.10.9.3 利用 NIT 进行频道搜索

5.10.9.3.1 测试框图

测试框图见图 29。

5.10.9.3.2 测量方法

测量步骤如下：

a) 按图29连接测试系统，码流发生器输出标准活动图像序列，调整数字电视测试发射机1、2、3输出信号功率，使被测接收机输入功率为标准射频输入信号功率；

b) 将数字测试发射机1、2、3的工作频点分别设置为：4频道（80 MHz）；16频道（498 MHz）；49频道（802 MHz）；

c) 设置SI发生器的NIT表和SDT表，包括设定的3个频点中所有数字业务；

d) 被测接收机进行初始化，或清除业务选择列表中所有的业务；

e) 被测接收机进行频道搜索；

f) 检查业务选择列表，是否能找到网络中存在的所有数字业务；

g) 记录被测接收机搜索结果，及完成频道搜索所需时间。

5.10.10 内部时钟

5.10.10.1 特征说明

检查接收机是否具有内部时钟，用来定时转换待机模式和工作模式，或定时触发某种功能。以及内部时钟定时器是否可以由用户设定。

5.10.10.2 测试框图

测试框图见图29。

5.10.10.3 测试方法

测量步骤如下：

a) 按图29连接测试系统，码流发生器输出标准活动图像序列，调整数字电视测试发射机1、2、3输出信号功率，使被测接收机输入功率为标准射频输入信号功率；

b) 将数字测试发射机1、2、3的工作频点分别设置为：4频道（80 MHz）；16频道（498 MHz）；49频道（802 MHz）；

c) 确认被测接收机可以在3个工作频点上转换业务；

d) 将被测接收机调谐到某个给定业务：

   1) 设置被测接收机定时器功能；

   2) 设置被测接收机定时器，比当前的接收机时间多5 min；

   3) 设置被测接收机处于待机状态；

e) 针对不同业务，重复测试过程，把测试结果填入表13；

表13

开始时间	接收机关机前的业务	接收机唤醒的时间	接收机唤醒后收到的业务	是否正常

f) 记录被测接收机支持内部实时钟功能情况。

附　录　A
（规范性附录）
多径信道模型

A.1　瑞利信道模型

瑞利信道模型(静态)见表 A.1。

表 A.1

路径	幅度 dB	延时 μs	相位 (°)
回波 1	−7.8	0.518 650	336.0
回波 2	−24.8	1.003 019	278.2
回波 3	−15.0	5.422 091	195.9
回波 4	−10.4	2.751 772	127.0
回波 5	−11.7	0.602 895	215.3
回波 6	−24.2	1.016 585	311.1
回波 7	−16.5	0.143 556	226.4
回波 8	−25.8	0.153 832	62.7
回波 9	−14.7	3.324 886	330.9
回波 10	−7.9	1.935 570	8.8
回波 11	−10.6	0.429 948	339.7
回波 12	−9.1	3.228 872	174.9
回波 13	−11.6	0.848 831	36.0
回波 14	−12.9	0.073 883	122.0
回波 15	−15.3	0.203 952	63.0
回波 16	−16.5	0.194 207	198.4
回波 17	−12.4	0.924 450	210.0
回波 18	−18.7	1.381 320	162.4
回波 19	−13.1	0.640 512	191.0
回波 20	−11.7	1.368 671	22.6

A.2　莱斯信道模型

莱斯信道模型(静态)见表 A.2。

表 A.2

路径	幅度 dB	延时 μs	相位 (°)
主径	0	0	0
回波 1	−19.2	0.518 650	336.0
回波 2	−36.2	1.003 019	278.2
回波 3	−26.4	5.422 091	195.9
回波 4	−21.8	2.751 772	127.0
回波 5	−23.1	0.602 895	215.3
回波 6	−35.6	1.016 585	311.1
回波 7	−27.9	0.143 556	226.4
回波 8	−26.1	3.324 886	330.9
回波 9	−19.3	1.935 570	8.8
回波 10	−22.0	0.429 948	339.7
回波 11	−20.5	3.228 872	174.9
回波 12	−23.0	0.848 831	36.0
回波 13	−24.3	0.073 883	122.0
回波 14	−26.7	0.203 952	63.0
回波 15	−27.9	0.194 207	198.4
回波 16	−23.8	0.924 450	210.0
回波 17	−30.1	1.381 320	162.4
回波 18	−24.5	0.640 512	191.0
回波 19	−23.1	1.368 671	22.6

A.3 0 dB 回波信道模型

0 dB 回波信道模型见表 A.3。

表 A.3

路径	幅度 dB	延时 μs	相位 (°)	多普勒类别
主径	0	0	0	静态
回波	0	30	0	静态

A.4 动态多径信道模型

动态多径信道模型见表 A.4 和表 A.5。

表 A.4

路径	幅度 dB	延时 μs	多普勒类别	多普勒移动方向 (°)
回波 1	−3	0	莱斯(莱斯比为 4 dB)	0[a]
回波 2	0	0.2	莱斯(莱斯比为 4 dB)	0[a]
回波 3	−2	0.5	莱斯(莱斯比为 4 dB)	0[a]
回波 4	−6	1.6	莱斯(莱斯比为 4 dB)	0[a]
回波 5	−8	2.3	莱斯(莱斯比为 4 dB)	0[a]
回波 6	−10	5	莱斯(莱斯比为 4 dB)	0[a]
[a] 以发射塔到接收机的射线方向为 0°。				

表 A.5

路径	幅度 dB	延时 μs	多普勒类别
回波 1	−3	0	瑞利
回波 2	0	0.2	瑞利
回波 3	−2	0.5	瑞利
回波 4	−6	1.6	瑞利
回波 5	−8	2.3	瑞利
回波 6	−10	5	瑞利

A.5 两径长回波信道模型

两径长回波信道模型见表 A.6。

表 A.6

路径	幅度 dB	延时 μs	相位 (°)	多普勒类别	多普勒频移 Hz	多普勒移动方向 (°)
主径	0	0	0	静态	—	—
回波 1	0	$t_{D,MAX}$	0	纯多普勒	0.1	0[a]
[a] 以发射塔到接收机的射线方向为 0°。						

A.6 三径长回波信道模型

三径长回波信道模型 1 见表 A.7。

表 A.7

路径	幅度 dB	延时 μs	相位 (°)	多普勒类别
回波 1	−3	$-t_D+0.1$	0	静态
主径	0	0	0	静态
回波 2	−3	$t_D=t_{D,MAX}/2$	0	静态

三径长回波信道模型 2 见表 A.8。

表 A.8

路径	幅度 dB	延时 μs	相位 (°)	多普勒类别	多普勒频移 Hz	多普勒移动方向 (°)
回波 1	−3	$-t_D+0.1$	0	纯多普勒	1	180[a]
主径	0	0	0	静态	0	—
回波 2	−3	$t_D=t_{D,MAX}/4$	0	纯多普勒	1	0[a]
[a] 以发射塔到接收机的射线方向为 0°。						

三径长回波信道模型 3 见表 A.9。

表 A.9

路径	幅度 dB	延时 μs	相位 (°)	多普勒类别	多普勒频移 Hz	多普勒移动方向 (°)
主径	0	0	0	静态	—	—
回波 1	0	$t_{D,MAX}$	0	静态	—	—
回波 2	−1	$t_{D,MAX}$	0	纯多普勒	0.1	0[a]
[a] 以发射塔到接收机的射线方向为 0°。						

A.7 固定接收条件扰动信道 1 模型

固定接收条件下扰动信道 1 信道模型 1 见表 A.10。

表 A.10

路径	幅度 dB	延时 μs	相位 (°)	多普勒类别	多普勒频移 Hz	多普勒移动方向 (°)
主径	0	0	0	静态	—	—
回波 1	−15	−1.8	125	静态	—	—
回波 2	−15	0.15	80	静态	—	—
回波 3	−7	1.8	45	静态	—	—
回波 4	−7	5.7	0	纯多普勒	5	0[a]
回波 5	−15	$t_{D,MAX}-1.8$	90	静态	—	—
[a] 以发射塔到接收机的射线方向为 0°。						

固定接收条件下扰动信道 1 信道模型 2 见表 A.11。

表 A.11

路径	幅度 dB	延时 μs	相位 (°)	多普勒类别	多普勒频移 Hz	多普勒移动方向 (°)
主径	0	0	0	静态	—	—
回波 1	−8	−1.8	125	静态	—	—
回波 2	−3	0.15	80	静态	—	—
回波 3	−4	1.8	45	静态	—	—
回波 4	−3	5.7	0	纯多普勒	5	0[a]
回波 5	−12	$t_{D,MAX}-1.8$	90	静态	—	—
[a] 以发射塔到接收机的射线方向为 0°。						

固定接收条件下扰动信道 1 信道模型 3 见表 A.12。

表 A.12

路径	幅度 dB	延时 μs	相位 (°)	多普勒类别	多普勒频移 Hz	多普勒移动方向 (°)
主径	0	0	0	静态	—	—
回波 1	−3	−1.8	125	静态	—	—
回波 2	−1	0.15	80	静态	—	—
回波 3	−1	1.8	45	静态	—	—
回波 4	−3	5.7	0	纯多普勒	5	0[a]
回波 5	−9	$t_{D,MAX}-1.8$	90	静态	—	—
[a] 以发射塔到接收机的射线方向为 0°。						

A.8 固定接收条件扰动信道 2 模型

固定接收条件下扰动信道 2 信道模型 1 见表 A.13。

表 A.13

路径	幅度 dB	延时 μs	相位 (°)	多普勒类别	多普勒频移 Hz	多普勒移动方向 (°)
主径	0	0	0	静态	—	—
回波 1	−20	−1.8	125	静态	—	—
回波 2	−20	0.15	80	静态	—	—
回波 3	−10	1.8	45	静态	—	—
回波 4	待测试	5.7	0	纯多普勒	5	0[a]
回波 5	−18	35	90	静态	—	—
[a] 以发射塔到接收机的射线方向为 0°。						

固定接收条件下扰动信道 2 信道模型 2 见表 A.14。

表 A.14

路径	幅度 dB	延时 μs	相位 (°)	多普勒类别	多普勒频移 Hz	多普勒移动方向 (°)
主径	0	0	0	静态	—	—
回波 1	−17	−1.8	125	静态	—	—
回波 2	−17	0.15	80	静态	—	—
回波 3	−7	1.8	45	静态	—	—
回波 4	待测试	5.7	0	纯多普勒	5	0[a]
回波 5	−15	35	90	静态	—	—
[a] 以发射塔到接收机的射线方向为 0°。						

固定接收条件下扰动信道 2 信道模型 3 见表 A.15。

表 A.15

路径	幅度 dB	延时 μs	相位 (°)	多普勒类别	多普勒频移 Hz	多普勒移动方向 (°)
主径	0	0	0	静态	—	—
回波 1	−14	−1.8	125	静态	—	—
回波 2	−14	0.15	80	静态	—	—
回波 3	−4	1.8	45	静态	—	—
回波 4	待测试	5.7	0	纯多普勒	5	0[a]
回波 5	−12	35	90	静态	—	—
[a] 以发射塔到接收机的射线方向为 0°。						

固定接收条件下扰动信道 2 信道模型 4 见表 A.16。

表 A.16

路径	幅度 dB	延时 μs	相位 (°)	多普勒类别	多普勒频移 Hz	多普勒移动方向 (°)
主径	0	0	0	静态	—	—
回波 1	−11	−1.8	125	静态	—	—
回波 2	−11	0.15	80	静态	—	—
回波 3	−1	1.8	45	静态	—	—
回波 4	待测试	5.7	0	纯多普勒	5	0[a]
回波 5	−9	35	90	静态	—	—

[a] 以发射塔到接收机的射线方向为 0°。

附　录　B
（规范性附录）
可接受误码

B.1　可接受误码

可接受误码是指：在规定的测试时间内，观察接收机视频解码输出到显示屏幕上的视频图像，图像不出现可察觉差错。

——对于除动态信道外的性能试验，主观的测量周期为 60 s。

——对于动态信道性能试验，主观的测量周期为 2 min。

——对于功能试验，主观的测量周期为 15 s。

B.2　动态信道

动态信道是指信道模型中至少有 1 条路径的多普勒类别为莱斯类型、瑞利类型或 1 Hz(含)以上纯多普勒类型，包括三径长回波信道模型 2、动态多径信道、固定接收条件扰动信道。

附　录　C
（资料性附录）
其他多径信道模型

C.1　信道模型 1

信道模型 1 见表 C.1。

表 C.1

路径	幅度 dB	延时 μs	相位 (°)	多普勒类别	多普勒频移 Hz	多普勒移动方向 (°)
回波 1	0	7.672 0	346.644 9	莱斯(莱斯比为 23 dB)	20 Hz	0
回波 2	−0.451 4	1.190 5	44.460 1			
回波 3	−0.883 7	0.793 7	54.196 1			
回波 4	−3.653 1	0.661 4	48.287 7			
回波 5	−3.901 9	1.322 8	191.322 3			
回波 6	−4.221 5	1.058 2	48.741 1			
回波 7	−4.584 8	7.539 7	314.399 2			
回波 8	−6.693 2	0.264 6	34.106 9			
回波 9	−8.516 9	0.132 3	103.844 5			
回波 10	−8.821 9	0	126.166 9			
回波 11	−10.919 6	6.613 8	281.681 1			
回波 12	−11.016 1	11.111 1	317.050 2			
回波 13	−11.766 1	7.010 6	308.661 9			
回波 14	−12.007 3	10.185 2	165.026 6			
回波 15	−12.442 5	6.878 3	285.676 2			
回波 16	−13.297 1	1.455 0	174.922 4			
回波 17	−13.364 7	0.925 9	359.793 3			
回波 18	−13.737 6	0.396 8	57.074 1			
回波 19	−14.489 2	6.349 2	183.391 7			
回波 20	−14.877 9	1.719 6	353.415 7			

C.2　信道模型 2

信道模型 2 见表 C.2。

表 C.2

路径	幅度 dB	延时 μs	相位 (°)	多普勒类别	多普勒频移 Hz	多普勒移动方向 (°)
回波 1	0	0	329.384 2	莱斯(莱斯比为 23 dB)	50 Hz	0
回波 2	−0.034 0	0.529 1	6.010 6			
回波 3	−1.809 2	0.264 6	172.586 7			
回波 4	−4.020 2	0.793 7	130.564 9			
回波 5	−4.365 5	0.132 3	24.599 2			
回波 6	−4.633 2	1.719 6	122.582 8			
回波 7	−5.082 5	2.116 4	290.146 1			
回波 8	−5.269 7	2.248 7	221.399 5			
回波 9	−5.904 4	0.661 4	22.036 9			
回波 10	−8.601 3	1.984 1	78.463 6			
回波 11	−8.987 6	1.190 5	22.980 0			
回波 12	−9.352 7	0.396 8	232.572 8			
回波 13	−9.836 4	1.058 2	176.402 1			
回波 14	−9.905 3	1.322 8	319.551 8			
回波 15	−11.539 2	2.777 8	235.563 5			
回波 16	−11.622 3	1.587 3	6.012 4			
回波 17	−11.809 2	4.894 2	216.126 0			
回波 18	−12.092 5	1.455 0	7.536 5			
回波 19	−13.922 0	1.851 9	248.023 8			
回波 20	−16.416 3	0.925 9	325.951 3			

C.3 信道模型 3

信道模型 3 见表 C.3。

表 C.3

路径	幅度 dB	延时 μs	相位 (°)	多普勒类别
回波 1	0	17.857 1	272.3	静态
回波 2	−18.09	18.121 7	336.27	
回波 3	−20.14	86.640 2	313.37	
回波 4	−17.81	89.021 2	81.86	
回波 5	−18.48	89.153 4	71.68	

表 C.3（续）

路径	幅度 dB	延时 μs	相位 (°)	多普勒类别
回波 6	−20.03	89.285 7	311.87	静态
回波 7	−19.44	89.418 0	57.83	
回波 8	−18.92	90.476 2	67.51	
回波 9	−10.27	91.269 8	323.39	
回波 10	−19.68	91.798 9	299.16	
回波 11	−20.63	101.984 1	55.46	
回波 12	−14.82	102.248 7	271.21	
回波 13	−3.65	102.381 0	77.29	
回波 14	−8.4	102.513 2	88.6	
回波 15	−14.96	102.645 5	71.26	
回波 16	−19.43	102.777 8	73.81	
回波 17	−18.94	102.910 1	89.25	
回波 18	−18.61	103.042 3	51.85	
回波 19	−18.83	103.174 6	63.33	
回波 20	−19.99	104.894 2	30.28	

C.4 信道模型 4

信道模型 4 见表 C.4。

表 C.4

路径	幅度 dB	延时 μs	相位 (°)	多普勒类别
回波 1	0.00	1.058 2	153.72	静态
回波 2	−8.10	1.322 8	78.54	
回波 3	−10.04	0.661 4	217.74	
回波 4	−10.35	0.396 8	251.53	
回波 5	−11.51	0.925 9	234.17	
回波 6	−11.85	0.529 1	342.80	
回波 7	−12.68	1.190 5	151.80	
回波 8	−13.60	1.719 6	340.43	
回波 9	−14.77	2.381 0	120.96	
回波 10	−15.18	1.455 0	309.81	

表 C.4（续）

路径	幅度 dB	延时 μs	相位 (°)	多普勒类别
回波 11	−16.30	2.248 7	318.55	静态
回波 12	−16.43	0.264 6	27.23	
回波 13	−17.54	1.851 9	155.63	
回波 14	−18.16	1.587 3	80.48	
回波 15	−18.56	0.132 3	195.83	
回波 16	−19.71	2.116 4	142.47	
回波 17	−20.02	1.984 1	342.56	
回波 18	−20.40	0	9.16	
回波 19	−20.83	4.761 9	175.94	
回波 20	−20.98	4.497 4	123.40	

C.5 信道模型 5

信道模型 5 见表 C.5。

表 C.5

路径	幅度 dB	延时 μs	相位 (°)	多普勒类别
回波 1	0.00	0.661 4	180.73	静态
回波 2	−6.38	0.396 8	262.96	
回波 3	−7.04	0.793 7	97.41	
回波 4	−7.34	0.925 9	54.53	
回波 5	−8.41	0.529 1	239.20	
回波 6	−9.69	0.132 3	93.26	
回波 7	−9.97	0	338.81	
回波 8	−11.36	2.116 4	244.70	
回波 9	−12.71	0.264 6	143.66	
回波 10	−13.11	1.322 8	225.87	
回波 11	−14.90	2.248 7	96.65	
回波 12	−15.02	5.158 7	163.62	
回波 13	−15.61	1.587 3	297.67	
回波 14	−16.70	2.381 0	151.50	
回波 15	−16.72	4.497 4	280.46	

表 C.5（续）

路径	幅度 dB	延时 μs	相位 (°)	多普勒类别
回波 16	−17.46	1.455 0	195.16	
回波 17	−17.98	2.910 1	241.50	
回波 18	−18.43	4.232 8	300.29	静态
回波 19	−18.91	1.058 2	290.10	
回波 20	−19.29	14.418 0	145.08	

C.6 信道模型 6

信道模型 6 见表 C.6。

表 C.6

路径	幅度 dB	延时 μs	相位 (°)	多普勒类别
回波 1	0	0.264 6	75.80	
回波 2	−4.76	0.529 1	183.33	
回波 3	−5.82	0.396 8	11.05	
回波 4	−11.97	0.793 7	237.32	
回波 5	−12.20	0.132 3	127.90	
回波 6	−15.21	0.661 4	64.52	
回波 7	−16.58	0.925 9	73.52	
回波 8	−19.55	1.058 2	281.30	静态
回波 9	−20.94	1.190 5	67.19	
回波 10	−22.87	1.587 3	266.58	
回波 11	−23.70	1.455 0	99.17	
回波 12	−23.98	9.656 1	11.63	
回波 13	−24.28	1.322 8	269.28	
回波 14	−24.33	1.851 9	287.07	
回波 15	−25.89	2.381 0	269.33	
回波 18	−27.78	9.523 8	51.50	
回波 19	−27.91	2.248 7	62.87	
回波 20	−28.26	4.761 9	256.53	

参 考 文 献

[1] SJ/T 11345—2006 数字电视阴极射线管显示器测量方法
[2] SJ/T 11348—2016 平板电视显示性能测量方法

ICS 33.160.25
M 74

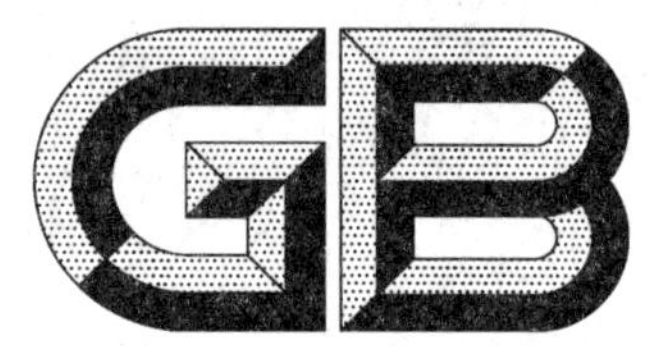

中华人民共和国国家标准

GB/T 26686—2017
代替 GB/T 26686—2011

地面数字电视接收机通用规范

General specification for digital terrestrial television receiver

2017-09-07 发布 2018-04-01 实施

中华人民共和国国家质量监督检验检疫总局
中国国家标准化管理委员会 发布

前　言

本标准按照 GB/T 1.1—2009 给出的规则起草。

本标准代替 GB/T 26686—2011《地面数字电视接收机通用规范》，本标准与 GB/T 26686—2011 相比，除编辑性修改外主要技术改变如下：

——术语和定义、符号、缩略语增加“符号”(见 3.2)；

——射频解调与信道解码要求增加“工作模式 8”、“工作模式 9”和“工作模式 10”(见 5.2.3)；

——射频解调与信道解码要求增加“抑制两径长回波能力”(见 5.2.16)、“抑制三径长回波能力”(见 5.2.17)、“抑制固定接收条件下信道扰动能力 1”(见 5.2.18)、“抑制固定接收条件下信道扰动能力 2”(见 5.2.19)、“抑制单频干扰能力”(见 5.2.20)和“其他多径模型”(见 5.2.21)；

——视频解码基本要求删除了“接收机应对符合 GB/T 17975.2—2000 或 GB/T 20090.2—2006 中规定的帧频为 25 Hz、4∶3 和 16∶9 幅型比的码流进行解码”的要求(见 2011 年版 5.5.1.1.1)；增加了“接收机应对符合 GB/T 20090.16 中规定的帧频为 25 Hz、4∶3 和 16∶9 幅型比的码流进行解码并符合 SJ/T 11594.1—2016 的要求”和“接收机可对其他主流视频编码标准规定的视频码流进行正常解码”(见 5.5.1.1.1)；

——音频解码基本要求删除了“接收机应具备解码符合 GB/T 17975.3—2002 中 MPEG-1 层Ⅱ或 GB/T 22726—2008 中规定的数字音频流的功能，可具备解码符合 ETSI TS 102 366 中规定的数字音频流或其他数字音频流的功能”的要求(见 2011 年版 5.5.2.1)；增加了“接收机应对符合 GB/T 22726 中规定的数字音频流进行解码并符合 SJ/T 11594.2—2016 的要求”和“接收机可对其他主流音频编码标准规定的音频码流进行正常解码”(见 5.5.2.1)；

——删除了“条件接收及数字内容保护”(见 2011 年版的 5.4.4)；

——删除了视频显示特性要求中表 20、表 21 和表 22(见 2011 年版的 5.5.1.2.2)；

——删除了附录 C(资料性附录)条件接收接口(见 2011 年版的附录 C)；

——增加了附录 B(资料性附录)广播电视 VHF 和 UHF 频段频率划分表(见附录 B)、附录 C(规范性附录)多径信道模型(见附录 C)、附录 D(资料性附录)其他多径信道模型(见附录 D)。

请注意本文件的某些内容有可能涉及专利。本文件的发布机构不承担识别这些专利的责任。

本标准由中华人民共和国工业和信息化部提出。

本标准由全国音频、视频及多媒体系统与设备标准化技术委员会(SAC/TC 242)归口。

本标准主要起草单位：中国电子技术标准化研究院、国家数字音视频及多媒体产品质量监督检验中心、深圳数字电视国家工程实验室股份有限公司、TCL 集团股份有限公司、四川长虹电器股份有限公司、青岛海信电器股份有限公司、青岛海尔电子有限公司、深圳创维—RGB 电子有限公司、京东方科技集团股份有限公司、南京熊猫电子股份有限公司、清华大学、高拓讯达(北京)科技有限公司、上海高清数字科技产业有限公司、北京海尔集成电路设计有限公司、北京中天联科科技有限公司、杭州国芯科技股份有限公司、深圳市力合微电子股份有限公司、广州广晟数码技术有限公司、深圳芯科科技有限公司、恩智浦半导体(上海)有限公司、锐迪科创微电子(北京)有限公司、迈凌(上海)微电子有限公司、广州视源电子科技股份有限公司、江苏银河电子股份有限公司、国家广播电视产品质量监督检验中心、工业和信息化部电子第五研究所、上海数字电视国家工程研究中心有限公司、北京数字电视工程实验室有限公司、北京泰合志远科技有限公司、深圳市海思半导体有限公司、江苏省电子信息产品质量监督检验研究院、晨星软件研发(深圳)有限公司、乐金电子研究开发中心有限公司、天津三星电子有限公司、南京夏普电子有限公司、山东松下电子信息有限公司、上海索广映像有限公司、联发科技(合肥)有限公司、三星通信技术研究有限公司、罗德与施瓦茨(中国)科技有限公司。

本标准主要起草人:胡鹏、陈仁伟、常林、韩秋峰、万冬、王伟、李怡宁、张林娟、吴伟、李绚、孙润宇、潘长勇、贾珂、梁伟强、强辉、杨光、冯向辉、陈丽恒、许憬、钮肖如、郭先城、韩文泉、王红欣、张敬平、钟志阳、陆国兵、贾凯、程杨、朱县亮、殷惠清、房海东、史兢、万民永、韩文芳、林伟峰、曹宇、杨星、卢刚、苏玉坤、刘毅、刘安生、胡海宁、张熠。

本标准所代替标准的历次版本发布情况为:

——GB/T 26686—2011。

地面数字电视接收机通用规范

1 范围

本标准规定了支持 GB 20600—2006 地面数字电视接收功能的地面数字电视接收机(以下简称接收机)的功能和性能要求、测量方法、检验规则、标志、包装、运输、贮存等。

本标准适用于 66 cm(26 in)以上地面数字电视接收机,66 cm(26 in)及以下接收机参照使用,是产品设计、生产定型、检验的主要依据。

2 规范性引用文件

下列文件对于本文件的应用是必不可少的。凡是注日期的引用文件,仅注日期的版本适用于本文件。凡是不注日期的引用文件,其最新版本(包括所有的修改单)适用于本文件。

GB/T 191 包装储运图示标志

GB/T 2828.1—2012 计数抽样检验程序 第1部分:按接收质量限(AQL)检索的逐批检验抽样计划

GB/T 2829—2002 周期检验计数抽样程序及表(适用于对过程稳定性的检验)

GB/T 5465.2 电气设备用图形符号 第2部分:图形符号

GB 8898 音频、视频及类似电子设备 安全要求

GB/T 9383 声音和电视广播接收机及有关设备抗扰度 限值和测量方法

GB/T 13000—2010 信息技术 通用多八位编码字符集(UCS)

GB/T 13837 声音和电视广播接收机及有关设备 无线电骚扰特性 限值和测量方法

GB/T 14960 电视广播接收机用红外遥控发射器技术要求和测量方法

GB 17625.1 电磁兼容 限值 谐波电流发射限值(设备每相输入电流≤16 A)

GB/T 17975.1 信息技术 运动图像及其伴音信息的通用编码 第1部分:系统

GB/T 20090.16 信息技术 先进音视频编码 第16部分:广播电视视频

GB 20600—2006 数字电视地面广播传输系统帧结构、信道编码和调制

GB/T 22122—2008 数字电视环绕声伴音测量方法

GB/T 22726 多声道数字音频编解码技术规范

GB 24850 平板电视能效限定值及能效等级

GB/T 26685—2017 地面数字电视接收机测量方法

GB/T 28160—2011 数字电视广播电子节目指南规范

GB/T 28161—2011 数字电视广播业务信息规范

SJ/T 10514—1994 电视广播接收机红外遥控部分的技术要求和测量方法

SJ/T 10919—1996 彩色电视广播接收机包装

SJ/T 11324—2006 数字电视接收设备术语

SJ/T 11325 数字电视接收及显示设备可靠性试验方法

SJ/T 11326 数字电视接收及显示设备环境试验方法

SJ/T 11327—2006 数字电视接收设备接口规范 第1部分:射频信号接口

SJ/T 11329—2006 数字电视接收设备接口规范 第3部分:复合视频信号接口

SJ/T 11330—2006 数字电视接收设备接口规范 第4部分:亮度、色度分离视频信号接口

SJ/T 11331—2006 数字电视接收设备接口规范 第5部分:模拟音频信号接口

SJ/T 11332—2006 数字电视接收设备接口规范 第6部分:RGB模拟基色视频信号接口

SJ/T 11333—2006 数字电视接收设备接口规范 第7部分:YP_BP_R模拟分量视频信号接口

SJ/T 11594.1—2016 数字电视接收终端音视频解码技术要求及测量方法 第1部分:视频(AVS+)

SJ/T 11594.2—2016 数字电视接收终端音视频解码技术要求及测量方法 第2部分:音频(DRA)

3 术语和定义、符号、缩略语

3.1 术语和定义

SJ/T 11324—2006界定的以及下列术语和定义适用于本文件。

3.1.1

可接受误码 acceptableerror free

信号接收时规定时间内未纠正误码事件少于某一门限。

3.2 符号

下列符号适用于本文件。

$t_{D,MAX}$:本标准规定接收机应能抵抗的0 dB最大回波时延。

3.3 缩略语

下列缩略语适用于本文件:

AEF——可接受误码(Acceptable Error Free);

C/N——载噪比(Carrier-Noise ratio);

EIT——事件信息表(Event Information Table);

EIT p/f——当前/后续事件表(EIT present/following);

EPG——电子节目指南(Electronic Program Guide);

ES——基本码流(Elementary Stream);

FS——满刻度(Full Scale);

HDTV——高清晰度电视(High Definition Television);

ID——识别(Identification);

LFE——低频增强声道(Low Frequency Enhancement);

NIT——网络信息表(Network Information Table);

PAT——节目关联表(Program Association Table);

PCM——脉冲编码调制(Pulse Code Modulation);

PCR——节目时钟基准(Program Clock Reference);

PES——分组基本码流(Packetized Elementary Stream);

PID——包识别符(Packet Identifier);

PMT——节目映射表(Program Map Table);

PSI——节目专用信息(Program Specific Information);

PTS——显示时间标志(Presentation Time Stamp);

QAM——正交调幅(Quadrature Amplitude Modulation);

RF——射频(Radio Frequency);
SDT——业务描述表(Service Description Table);
SDTV——标准清晰度电视(Standard Definition Television);
SI——业务信息(Service Information);
STC——系统时钟(System Time Clock);
TDT——时间和日期表(Time and Date Table);
TOT——时间偏移表(Time Offset Table);
UHF——特高频(Ultra High Frequency);
UTC——世界协调时(Universal Time Co-ordinated);
VHF——甚高频(Very High Frequency);
Y/C——亮度/色度(Luminance/Chrominance)。

4 一般要求

4.1 正常使用条件

正常使用条件应满足下列要求:
环境温度:5 ℃~35 ℃;
相对湿度:25%~80%;
大气压力:86 kPa~106 kPa;
电源:220 $V^{+10\%}_{-20\%}$,50×(1±2%)Hz。

4.2 设备用图形符号

图形符号应符合 GB/T 5465.2 的有关规定。
在 GB/T 5465.2 中未定义的图形符号,由产品标准规定。

4.3 外观和结构要求

接收机外观应整洁,表面不应有凹凸痕、划伤、裂缝、毛刺、霉斑等缺陷,表面涂镀层不应起泡、龟裂、脱落等。

金属零件不应有锈蚀及其他机械损伤,灌注物不应外溢。

开关、按键、旋钮的操作应灵活可靠,零部件应紧固无松动。整机应具有足够的机械稳定性。

说明功能的文字和图形符号的标志应正确、清晰、端正、牢固,指示应正确。

4.4 接口要求

接口要求见表 1。

表 1

序号	接口类型	要求	接口技术要求
1	射频输入	必备	按 SJ/T 11327—2006 的要求
2	射频环路输出	可选	按 SJ/T 11327—2006 的要求
3	复合视频信号输入	可选	按 SJ/T 11329—2006 的要求
	Y/C 输入	可选	按 SJ/T 11330—2006 的要求

表 1（续）

序号	接口类型	要求	接口技术要求
3	Y、P_B、P_R 输入	可选	按 SJ/T 11333—2006 的要求
	R、G、B 输入	可选	按 SJ/T 11332—2006 的要求
4	音频输入/输出（双声道）	可选	按 SJ/T 11331—2006 的要求
5	小 D 形 15 针 VGA 输入	可选	按 SJ/T 11332—2006 的要求
6	数字视频接口	可选	待定
7	数字音频接口	可选	待定

5 技术要求

5.1 概述

地面数字电视接收机原理框图如图 1 所示。

地面数字电视接收机完成从射频信号输入到终端音频信号输出、视频信号显示的转换。输入射频信号经过解调、信道解码，将输出的传送流送至解复用模块进行解复用，同时输出业务信息/节目专用信息（SI/PSI）、电子节目指南（EPG）等信息，而输出的基本流送至音视频解码模块，解码后音频送至扬声器输出，视频信号经过格式变换后送至显示屏显示。

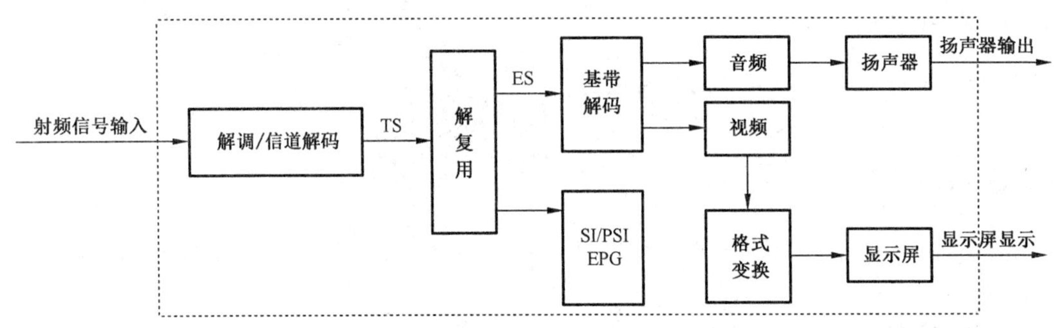

图 1

5.2 射频解调与信道解码要求

5.2.1 概述

本条所规定的性能要求和功能要求是指在可接受误码（AEF）情况下的要求。有关 AEF 的规定见附录 A。

5.2.2 频率

5.2.2.1 频率范围

接收机应能接收当地甚高频（VHF）和特高频（UHF）频段内所有频道上的射频信号，VHF 和 UHF 频段的频率划分表参见附录 B。

5.2.2.2 信号带宽

每个频道带宽为 8 MHz。

5.2.2.3 频率捕捉范围

接收机应能正常接收频偏不超出±150 kHz 的射频信号。

5.2.3 工作模式

接收机应支持 GB 20600—2006 中规定的全部工作模式。

本标准中各项性能参数要求依据表 2 中的工作模式进行规定。

表 2

工作模式	载波数	前向纠错码率	符号星座映射	帧头模式	帧头相位变化	符号交织选项	双导频插入	净码率 Mbit/s
1	$C=3\ 780$	0.4	16QAM	PN945	变化	720	—	9.626
2	$C=1$	0.8	4QAM	PN595	—	720	不插入	10.396
3	$C=3\ 780$	0.6	16QAM	PN945	变化	720	—	14.438
4	$C=1$	0.8	16QAM	PN595	—	720	不插入	20.791
5	$C=3\ 780$	0.8	16QAM	PN420	变化	720	—	21.658
6	$C=3\ 780$	0.6	64QAM	PN420	变化	720	—	24.365
7	$C=1$	0.8	32QAM	PN595	—	720	不插入	25.989
8	$C=3\ 780$	0.8	16QAM	PN945	变化	720	—	19.251
9	$C=3\ 780$	0.6	64QAM	PN945	变化	720	—	21.658
10	$C=3\ 780$	0.8	64QAM	PN420	变化	720	—	32.486

5.2.4 节目搜索与调谐

5.2.4.1 基本要求

接收机应能支持自动搜索和手动搜索两种节目搜索方式。接收机应能对接收质量进行显示。

5.2.4.2 自动搜索

接收机应具有全频道节目自动搜索功能。搜索完成后，接收机应将搜索到的节目信息保存为节目列表，并按一定顺序(如：频率或其他)排列。在搜索到新频道后可将原来频道列表清空，同时按新搜索到节目制定频道列表。

接收机在搜索过程中应有搜索进度指示。

5.2.4.3 手动搜索

接收机应具有手动搜索功能，该功能使用户可通过手动输入频道号或频率来搜索节目。若搜到节目在节目列表中已经存在，可提示用户进行替换。

5.2.4.4 接收质量显示

接收机应能对接收状态包括所选节目接收信息进行显示。这些信息应包括中心频率和信号指示，其中信号指示可基于信号强度或信号质量。

5.2.4.5 调制参数改变

若发射端仅调制参数改变(发射频率和传送流均不变)，接收机应能自动检测到调制模式改变，并在5 s内自动转换到新工作模式下正常接收。

5.2.5 射频端口

5.2.5.1 射频输入端口

接收机应至少有一个符合SJ/T 11327—2006中VHF/UHF频段射频输入接口技术要求的射频输入端口。该端口连接器阻抗为75 Ω，反射损耗应大于或等于5 dB。

5.2.5.2 射频环路输出端口

作为可选项，接收机可有一个符合SJ/T 11327—2006中VHF/UHF频段射频环路输出接口技术要求的射频环路输出端口。该端口连接器阻抗为75 Ω。

射频环路输出的射频信号增益应在－1 dB～＋3 dB之间。信号环路输出应与接收机接收状态无关。

5.2.6 载噪比(*C/N*)门限

接收机 C/N 门限要求见表3。

表3

工作模式	1	2	3	4	5	6	7	8	9	10
高斯信道(C/N)/dB	≤8.0	≤6.0	≤10.7	≤12.6	≤13.2	≤15.7	≤15.8	≤13.4	≤15.9	≤18.9
莱斯信道(C/N)/dB	≤8.7	≤6.5	≤11.2	≤13.3	≤14.0	≤16.6	≤16.6	≤14.3	≤16.6	≤19.8
瑞利信道(C/N)/dB	≤10.0	≤8.4	≤13.4	≤16.6	≤18.0	≤18.8	≤20.8	≤18.3	≤18.8	≤24.5

瑞利信道模型见C.1，莱斯信道模型见C.2。

5.2.7 最小接收信号功率

接收机在可接收的频率范围内，最小接收信号功率要求见表4。

表4

工作模式	1	2	3	4	5	6	7	8	9	10
最小接收信号功率/dBm	≤－90	≤－91	≤－87	≤－85	≤－84	≤－82	≤－82	≤－84	≤－82	≤－79

5.2.8 最大接收信号功率

接收机应在接收到不小于－10 dBm射频信号时正常工作。

5.2.9 抑制模拟电视邻频干扰能力

规定在可接受误码接收情况下，欲接收地面数字电视信号功率与从邻频道来的模拟电视信号功率之比为 C/I。接收机对邻频($N\pm1$)模拟电视信号干扰的抑制能力要求见表 5。

表 5

工作模式	1	2	3	4	5	6	7	8	9	10
(C/I)/dB	≤−46	≤−44	≤−45	≤−41	≤−42	≤−41	≤−40	≤−42	≤−41	—

5.2.10 抑制模拟电视同频干扰能力

规定在可接受误码接收情况下，欲接收地面数字电视信号功率与从同频道来的模拟电视信号功率之比为 C/I。接收机对同频模拟电视信号干扰的抑制能力要求见表 6。

表 6

工作模式	1	2	3	4	5	6	7	8	9	10
(C/I)/dB	≤−14	≤−14	≤−10	≤−5	≤−3	≤−4	≤0	≤−3	≤−4	—

5.2.11 抑制数字电视邻频干扰能力

规定在可接受误码接收情况下，欲接收地面数字电视信号功率与从邻频道来的地面数字电视信号功率之比为 C/I。接收机对邻频($N\pm1$)数字电视信号干扰的抑制能力要求见表 7。

表 7

工作模式	1	2	3	4	5	6	7	8	9	10
(C/I)/dB	≤−40	≤−41	≤−38	≤−36	≤−36	≤−35	≤−34	≤−36	≤−35	—

5.2.12 抑制数字电视同频干扰能力

规定在可接受误码接收情况下，欲接收地面数字电视信号功率与从同频道来的地面数字电视信号功率之比为 C/I。接收机对同频数字电视信号干扰的抑制能力要求见表 8。

表 8

工作模式	1	2	3	4	5	6	7	8	9	10
(C/I)/dB	≤8.5	≤7.0	≤11.0	≤13.5	≤13.5	≤16.0	≤16.6	≤13.8	≤16.4	—

5.2.13 抑制 0 dB 回波能力

当接收机接收两径静态 0 dB 回波射频信号时，接收机能抵抗的最大回波时延应满足表 9 中工作模式 1～工作模式 9 要求。在回波时延 30 μs 时，接收机 C/N 要求见表 9。

表 9

工作模式	1	2	3	4	5	6	7	8	9	10
0 dB 最大回波时延/μs	≥110	≥70	≥110	≥70	≥50	≥50	≥70	≥110	≥110	—
(C/N)/dB	≤10.5	≤8.9	≤14.0	≤17.5	≤20.5	≤18.9	≤22.5	≤20.7	≤19.4	—

5.2.14 抑制动态多径能力

接收机应至少能在多普勒频移设置为 70 Hz 的动态多径信道模型条件下，达到表 10 的 C/N 要求。当载噪比为表 10 中要求的最大载噪比 $C/N+3$ dB 时，可对抗的最大多普勒频移应符合表 10 的要求。

表 10

工作模式	1	2	3	4	5	6	7	8	9	10
莱斯类型(C/N)/dB	≤12.0	≤10.7	≤15.9	—	—	—	—	—	—	—
瑞利类型(C/N)/dB	≤12.9	≤11.4	≤16.5	—	—	—	—	—	—	—
莱斯类型最大多普勒频移/Hz	≥130	≥120	≥115	—	—	—	—	—	—	—
瑞利类型最大多普勒频移/Hz	≥130	≥120	≥115	—	—	—	—	—	—	—

动态多径信道模型见 C.4。

5.2.15 抑制脉冲干扰能力

当接收机接收到幅度为 $C/I=-3$ dB、重复周期为 10 ms 的脉冲噪声时，其脉冲持续时长(tp)抑制能力应满足表 11 的要求。

表 11

工作模式	1	2	3	4	5	6	7	8	9	10
tp/μs	≥100	≥70	≥50	≥35	≥25	≥25	≥25	≥25	≥25	—

5.2.16 抑制两径长回波能力

当接收机接收两径长回波射频信号时，接收机 C/N 门限应满足表 12 的要求。

表 12

工作模式	1	2	3	4	5	6	7	8	9	10
(C/N)/dB	≤11.3	≤8.7	≤14.7	≤17.5	≤22.0	≤20.4	≤22.7	≤21.9	≤21.6	—

两点长回波信道模型见 C.5。

5.2.17 抑制三径长回波能力

当接收机接收三径长回波射频信号时，接收机 C/N 门限应满足表 13 的要求。

表 13

工作模式	1	2	3	4	5	6	7	8	9	10
信道模型 1(*C*/*N*)/dB	≤11.5	≤9.1	≤14.9	≤17.9	≤18.8	≤19.7	≤22.1	≤19.9	≤20.5	—
信道模型 2(*C*/*N*)/dB	≤11.7	≤9.5	≤14.9	≤18.3	≤19.0	≤19.4	≤22.8	≤19.3	≤20.4	
信道模型 3(*C*/*N*)/dB	≤13.6	≤10.7	≤16.4	≤18.4	≤21.3	≤21.9	≤23.6	≤23.2	≤22.8	

多点长回波信道模型见 C.6。

5.2.18 抑制固定接收条件下信道扰动能力 1

当接收机在固定接收条件下接收信道扰动回波射频信号时，接收机 *C*/*N* 门限应满足表 14 的要求。

表 14

工作模式	1	2	3	4	5	6	7	8	9	10
信道模型 1(*C*/*N*)/dB	≤10.9	≤7.6	≤13.4	≤15.1	≤16.2	≤18.1	≤19.0	≤17.2	≤19.1	—
信道模型 2(*C*/*N*)/dB	≤11.6	≤8.7	≤14.8	≤17.5	≤18.7	≤19.3	≤22.7	≤19.7	≤20.5	
信道模型 3(*C*/*N*)/dB	≤11.3	≤8.7	≤14.5	≤17.4	≤18.3	≤19.3	≤22.5	≤19.3	≤20.5	

固定接收条件扰动信道 1 模型见 C.7。

5.2.19 抑制固定接收条件下信道扰动能力 2

当接收机在固定接收条件下接收信道扰动回波射频信号时，接收机 *C*/*I* 门限应满足表 15 的要求。

表 15

工作模式	1	2	3	4	5	6	7	8	9	10
信道模型 1(*C*/*I*)/dB	≤0	≤0	≤0	≤1.0	≤1.0	≤1.0	≤1.0	≤1.0	≤1.0	—
信道模型 2(*C*/*I*)/dB	≤0	≤0	≤0	≤1.0	≤1.0	≤1.0	≤1.0	≤1.0	≤1.0	
信道模型 3(*C*/*I*)/dB	≤0	≤0	≤0	≤1.0	≤1.0	≤1.0	≤1.0	≤1.0	≤1.0	
信道模型 4(*C*/*I*)/dB	≤0	≤0	≤0	≤1.0	≤1.0	≤1.0	≤1.0	≤1.0	≤1.0	

固定接收条件扰动信道 2 模型见 C.8。

5.2.20 抑制单频干扰能力

规定在可接受误码接收情况下，欲接收地面数字电视信号功率与同频道的单频信号功率之比为 *C*/*I*。接收机对单频信号干扰的抑制能力应满足表 16 的要求。

表 16

工作模式	1	2	3	4	5	6	7	8	9	10
(*C*/*N*)/dB	≤5	≤5	≤5	≤5	≤5	≤5	≤5	≤5	≤5	—

5.2.21 其他多径模型

接收机可参考附录 D 中其他多径模型进行性能测试。

5.3 解复用要求

5.3.1 基本要求

对于符合 GB/T 17975.1 规定的传送流，接收机应能进行正确解复用。

5.3.2 传送流数据率

接收机应至少能将 32.486 Mbit/s 数据率的传送流进行解复用。

5.3.3 系统时钟(STC)恢复

在 STC 捕获过程中，音频和视频应处于静默状态(音频保持静音、图像保持静止或黑屏。即要求在用户转换频道时，接收机状态转换平稳)。对每个业务，解复用器通过提取接收到的节目时钟基准(PCR)，并将其送到锁相环，来恢复源时钟。

接收机应能够用 PCR 来恢复 STC，PCR 抖动不劣于±500 ns。

5.3.4 差错控制

接收机宜实现一种适当的差错隐藏或差错恢复机制，以处理接收传送包的错误。

5.3.5 PID 过滤

接收机应能够同时对至少含有 32 个不同 PID 的传送流进行解复用，并接收任何一个 PID 指向的数据包。

5.3.6 多成分节目处理

5.3.6.1 兼容视图

当节目映射表(PMT)为一个节目携带多个音频或视频基本流时，接收机可为同一类型节目提供可供选择的但是兼容的视图。接收机应向观众提供选择，可具有对多于一个的视频或音频成分分别解码的能力。

注：视图应含有视频和音频。

5.3.6.2 不兼容视图

接收机可对传送流中存在的一种可选的不兼容的视图进行处理。接收机应将其作为一个独立的节目或服务，而不是作为同一类型节目中的可选视图。

5.4 传送流解码要求

5.4.1 业务和节目信息

5.4.1.1 概述

接收机应能识别并处理一些至关重要的 SI 和 PSI 信息，包括 PSI 表中的节目关联表(PAT)、节目映射表(PMT)，以及 SI 表中的网络信息表(NIT)、业务描述表(SDT)、事件信息表(EIT)、时间日期表(TDT)等，并能正确工作。具体要求见 GB/T 28161—2011。

当射频信号太弱时，接收机应有提示信息。

5.4.1.2 基本要求

5.4.1.2.1 网络信息表

接收机应利用可供使用的所有 NIT_actual(描述现行网络中所包含的所有传送流以及这些传送流

对应的 RF 调谐参数)和 NIT_other(描述其他网络所包含的传送流)表中的业务选择列表描述符 service_list_descriptor。

当接收机已获取一个特定的网络 ID,相应于在 NIT 其他表中描述的有关网络组态时,接收机业务选择列表应仅显示该网络相应 service_list_descriptor 中可提供的业务项,而不应显示指定用于其他网络类型 NIT 表 service_list_descriptor 中所描述的业务项。

接收机应能识别和处理 NIT 携带的如表 17 中的 NIT 描述符。

表 17

网络名称描述符:network_name_descriptor
业务列表描述符:service_list_descriptor
地面传送系统描述符:terrestrial_delivery_system_descriptor
链接描述符:linkage_descriptor

5.4.1.2.2 业务描述表

接收机应使用从 SDT_actual 及 SDT_other 表中提取的 service_descriptor 来更新业务选择列表。SDT_actual 指定当前传送流中携带的业务名称等信息,SDT_other 则指定其他传送流中携带的业务名称等信息。在一个传送流中,只有一个 SDT_actual,而可能有多个 SDT_other。

接收机应能识别和处理 SDT 携带的如表 18 中的 SDT 描述符:

表 18

业务描述符:service_descriptor

5.4.1.2.3 事件信息表

接收机应能接收和处理四种事件信息表 EIT:

EIT p/f actual:描述当前传送流中当前/后续事件的事件信息表,其 table_id=0x4E;

EIT p/f other:描述其他传送流中当前/后续事件的事件信息表,其 table_id=0x4F;

EIT schedule actual:描述当前传送流中事件发生时间的事件信息表,其 table_id=0x50~5F;

EIT schedule other:描述其他传送流中事件发生时间的事件信息表,其 table_id=0x60~6F。

当接收机处于某个频道时,它不仅能够接收并处理当前频道传送流的业务事件信息,也能够在不转换频道时,接收并处理网络中提供的其他传送流的业务事件信息。

接收机应能识别和处理 EIT 携带的如表 19 中 EIT 的描述符:

表 19

短事件描述符:Short_event_descriptor
扩展事件描述符:Extended_event_descriptor
组件描述符:Component_descriptor
内容描述符:Content_descriptor

5.4.1.2.4 时间日期表

接收机应基于 TDT、TOT 来显示正确的事件时间,可利用 TDT 所传送的并由 TOT 所提供的偏移量，对显示时间进行调整。TDT 包含 UTC 时间，但无描述符。

5.4.1.3 利用 NIT 和 SDT 建立业务选择列表

接收机应能通过 NIT 和 SDT 来建立业务选择列表。

业务选择列表的建立基于 NIT 中携带的业务列表描述符 service_list_descriptor 和 SDT 中携带的业务描述符 service_descriptor。其中，在 service_list_descriptor 中提供某特定网络的全部传送流中携带的 service_ID，但没有提供业务名称 service_name，所以，接收机还需要从 SDT 携带的 service_descriptor 去寻找相应的业务名称。由于一个传送流中 SDT_actual 只有当前传送流携带的业务名称，所以要搜寻某特定网络中由 SI 指定的所有业务，接收机还必须解析当前传送流中的 SDT_other，由此找出特定网络中由 SI 指定的全部业务。

对“actual”和“other”表的处理：接收机可处理 NIT_actual、SDT_actual、SDT_other，在不转换频道情况下，将当前传送流和其他传送流中的业务名称提取出来，构成业务选择列表。

5.4.1.4 利用链接描述符

接收机可解析链接描述符并完成特定的操作。

5.4.1.5 未定义数据结构的处理

接收机在收到不能识别的 SI 数据结构时，应跳过该数据结构，继续处理后续的 SI 信息，而不应造成软件工作的不正常。

5.4.1.6 SI 更新

接收机可跟随“准静态”和“动态”的 PSI/SI 数据变化而更新。

“准静态”的 SI 指 NIT 和 SDT。接收机从待机状态到工作状态转变时，应跟随已发生变化的数据。通常这种情况反映在“业务选择列表”上，“业务选择列表”信息存放在接收机永久存储器中，工作状态通常是不改变的。为适应“准静态”SI 信息的变化，要求接收机至少从待机进入工作状态时，检查 SI 是否发生变化。

“动态”的 SI 指 PMT、TDT，SDT 中的运行状态 running status。接收机应跟随接收到的“动态”数据，当收到“动态”变化的 SI 信息后，应能做出响应。

5.4.2 电子节目指南(EPG)

接收机应能接收并正确处理数字电视广播的基本 EPG 信息的内容格式，以及应用于交换的扩展 EPG 信息，具体要求见 GB/T 28160—2011 的规定。

在 EPG 信息的处理中，如果某个业务没有提供对应的 EIT 信息，则 EPG 显示不应报错，并在指出发生时间栏中给出空白显示。

接收机应支持的 EPG 基本要求见表 20。

表 20

序号	项目	技术要求	要求
1	EPG 显示的内容	节目播出时间表	必备
		当前播出节目信息和即将播出节目信息	必备
		当前时间显示	必备
		支持节目简介	必备

表 20（续）

序号	项目	技术要求	要求
2	EPG 内容的显示方式	按节目频道浏览	必备
		按照节目播出的时间顺序浏览	可选
		按照节目类型进行浏览（至少支持当天）	可选
3	EPG 的操作方式	通过菜单进入 EPG 浏览	二选一必备
		通过遥控器的快捷键进入 EPG 浏览	
4	EPG 的接收能力	至少支持 50 套节目，每套节目至少 7 天的节目时间表信息，支持每个节目不少于 255 个字节的节目简介	必备
5	支持 Linkage 描述符	能够通过 Linkage 描述符链接到包含网络的总的 EPG 信息业务	可选
6	EPG 的更新	支持 EPG 内容的自动实时更新	必备

5.4.3 字幕

若传送流中含有合法字幕信息，接收机应该能正常接收并处理，允许用户进行如下设置：

a） 用户首选语言的设置；

b） 用户对字幕模式的设置应该可以“打开”或“关闭”，并可以选择其他可用的字幕语言。

5.5 音视频特性要求

5.5.1 视频特性要求

5.5.1.1 视频解码

5.5.1.1.1 基本要求

接收机应对符合 GB/T 20090.16 中规定的帧频为 25 Hz、4∶3 和 16∶9 幅型比的码流进行解码并符合 SJ/T 11594.1—2016 的要求，视频参数见表 21。

表 21

图像格式	SDTV	HDTV
档次和等级	广播类（profile_id 的值 0x48）@级 4.0.2.08.60（level_id 的值 0x2A）	广播类（profile_id 的值 0x48）@级 6.0.1.08.60（level_id 的值 0x41）
帧率	25 Hz	25 Hz
幅型比	4∶3	16∶9
分辨力	720×576	1 920×1 080
色度参数	4∶2∶0	4∶2∶0

接收机可对其他主流视频编码标准规定的视频码流进行正常解码。

5.5.1.1.2 快速捕获

为了减少对新节目或服务的解码时间，对于满足以下要求的码流接收机应支持快速捕获功能。

每个视频基本码流包含一个序列头及相关联图像组头，并且二者的时间间隔不大于0.5 s。每个序列头优于携带PTS信息的PES包头。对于在PES包头中设置数据队列指针标志和广播服务在PMT表中包含与视频基本码流相关的数据流队列指针未做要求。如果视频基本码流中包含数据队列指针，则其队列类型表示为“04”。

5.5.1.1.3 静止图像

接收机应支持静止图像的解码和显示。

静止图像是指仅包含一个帧内编码图像的视频序列。这种视频流可能会造成数据缓冲器下溢。在解码过程持续检查数据缓冲器时，与解码器相关联的显示处理应重复显示前一个图像，以保证数据缓冲器恢复正常工作。

5.5.1.2 视频显示

5.5.1.2.1 基带输入视频图像格式

接收机图像输入格式应支持表22中首选项的一种，应向下兼容。

表22

图像格式	视频信号格式参数描述				
	隔行比	扫描行数	行频 kHz	场频 Hz	幅型比
720×576I[a]	2∶1	625	15.625	50	4∶3
720×576P	1∶1	625	31.25	50	4∶3
1 280×720P	1∶1	750	45	60	16∶9
1 280×720P	1∶1	750	37.50	50	16∶9
1 920×1 080I[a]	2∶1	1 125	28.125	50	16∶9
1 920×1 080I	2∶1	1 125	33.75	60	16∶9
[a] 为首选项。					

5.5.1.2.2 视频显示特性要求

接收机射频输入端口状态下，液晶电视接收机视频显示特性要求参见SJ/T 11343—2015中5.5.1的有关规定，等离子体电视接收机视频显示特性要求参见SJ/T 11339—2015中5.5.1的有关规定，阴极射线管电视接收机视频显示特性要求参见SJ/T 11342—2006中5.4.1的有关规定。

5.5.2 音频特性要求

5.5.2.1 音频解码

接收机应能识别一个节目中复用的多个音频流，并能选择其中任一音频流解码输出。

接收机应对符合GB/T 22726中规定的数字音频流进行解码并符合SJ/T 11594.2—2016的要求。

接收机可对其他主流音频编码标准规定的音频码流进行正常解码。

具备多声道音频解码功能的接收机，应能够将多声道音频信号向下混合为Lt/Rt矩阵环绕编码的立体声或Lo/Ro普通的立体声输出。

具有数字音频输出接口的接收机，能具备输出解码的两通道PCM数字音频的功能，也能具备透明输出未解码的数字音频的功能。

5.5.2.2 音频输出

5.5.2.2.1 基带音频输出电性能要求

接收数字电视信号的两通道及多通道基带音频输出电性能要求分别见表 23、表 24。

表 23

序号	项目	单位	通道	性能要求
1	音频输出电平[a]	V(r.m.s)	AV 输出端	0.775±10%
2	音频幅频响应	dB	AV 输出端	±2(20 Hz～20 kHz)
3	音频信噪比[b]	dB	AV 输出端	≥70
4	音频失真加噪声[c]	%	AV 输出端	≤1
5	左右声道增益差	dB	AV 输出端	≤0.5
6	左右声道相位差	(°)	AV 输出端	≤5
7	立体声模式左右声道的串扰	dB	AV 输出端	≤－60
8	左右声道动态范围	dB	AV 输出端	≥63

[a] 负载阻抗 600 Ω,用 997 Hz 测试;幅度为 0 dB FS。
[b] 测试条件:用 997 Hz,幅度为 0 dB FS。
[c] 幅度为－20 dB FS。

表 24

序号	项目	单位	通道	性能要求
1	音频输出电平[a]	V(r.m.s)	L、C、R、Ls、Rs、LFE	0.775±10%
2	音频幅频响应	dB	L、C、R、Ls、Rs	±2(20 Hz～20 kHz)
			LFE	±2(20 Hz～120 Hz)
3	音频信噪比[b]	dB	L、C、R、Ls、Rs	≥70
4	音频失真加噪声[c]	%	L、C、R、Ls、Rs	≤1
5	声道间增益差	dB	L、C、R、Ls、Rs	≤0.5
			LFE	≤0.5
6	声道间相位差	(°)	L、C、R、Ls、Rs	≤5
7	声道动态范围	dB	L、C、R、Ls、Rs	≥63

[a] 负载阻抗 600 Ω,左声道(L)、中央声道(C)、右声道(R)、左环绕声道(Ls)、右环绕声道(Rs)用 997 Hz 测试、低声道(LFE)用 30 Hz;幅度为 0 dB FS。
[b] 测试条件:用 997 Hz,幅度为 0 dB FS。
[c] 幅度为－20 dB FS。

5.5.2.2.2 数字音频输出性能要求

接收数字电视信号的数字音频输出性能要求见表 25。

表 25

序号	项目	单位	通道	性能要求
1	抖动	UI[a]	同轴或光纤	≤0.17
[a] UI 单位间隔是与接口速率相关的测量时间，是数字音频信号中最短的时间间隔，一个 UI 为 128 倍采样频率的周期，如采样频率为 48 kHz，1 UI=1/(128×48 000)=163 ns。				

5.5.2.2.3 声性能要求

接收机射频输入端口状态下，液晶电视接收机的扬声器输出声性能要求参见 SJ/T 11343—2015 中 5.5.3 的有关规定，等离子体电视接收机的扬声器输出声性能要求参见 SJ/T 11339—2015 中 5.5.3 的有关规定，阴极射线管电视接收机的扬声器输出声性能要求参见 SJ/T 11342—2006 中 5.4.1 的有关规定。

5.6 电源适应性要求

电源适应性要求见表 26。

表 26

序号	项目	单位	性能要求
1	电源电压变化适应性	V	$220^{+10\%}_{-20\%}$
2	电源频率变化适应性	Hz	50±2%
3	整机消耗功率	W	由产品规范规定
4	待机消耗功率	W	≤0.5
5	能效限定值	—	按 GB 24850 有关规定

5.7 功能要求

5.7.1 概述

接收机应支持表 27 中功能。

表 27

序号	项目	要求
1	软件版本更新	必备
2	中文图形操作界面	必备
3	GB/T 13000—2010 中文字库	必备
4	节目搜索与调谐	必备
5	业务选择列表	必备
6	状态条	必备
7	用户参数设置和存储	必备

表 27（续）

序号	项目	要求
8	断电记忆	必备
9	恢复工厂设置	必备
10	实时钟	必备

5.7.2 软件版本更新

待定。

5.7.3 中文图形操作界面

接收机应提供一个图形化的中文用户操作界面，为用户提供一种可以存取接收机信息的方法，并允许用户控制接收机。

5.7.4 业务选择列表

5.7.4.1 概述

接收机应实现一个图形化用户界面，提供网络中播出的业务名称列表。

业务选择列表基于业务信息(SI)来产生。用户可以通过业务选择列表来选择并接收网络提供的业务。当选中某个业务后，该业务应立即向用户呈现。

5.7.4.2 业务选择列表的建立

业务选择列表由网络中存在的地面数字电视业务项构成，这些业务项有两个来源：

a) 由 NIT 业务选择列表中指出的当前网络中的地面数字电视业务；

b) 网络中存在的，但 NIT 业务选择列表中不存在的地面数字电视业务。

对于 a)，接收机根据 NIT 提供的频率进行频道搜索，对符合接收机信号捕获条件的业务，接收机结合 NIT 的业务选择列表描述符与 SDT 的业务名称描述符信息，放入业务选择列表。

对于 b)，由用户通过频道搜索(不利用 NIT 方式)，找到此类地面数字业务后，加入业务选择列表。

业务选择列表的功能要求如下：

——业务选择列表应包括网络中存在并符合 GB/T 28161—2011 规范中规定的传送数字业务项；

——业务选择列表应能够对数字业务进行分类，例如视频类业务、音频类业务、数据类业务；

——业务选择列表应包括数字业务名称和相应的提供网络的名称。当只有一个网络提供业务时，网络的名称可以不显示；

——业务选择列表中应保证业务的存储数量不少于 150 个。

5.7.4.3 业务选择列表的编辑

用户应能对业务选择列表进行编辑操作，例如排序。如果网络运营商对于在业务选择列表中属于它的部分发生了改变，则建议接收机在业务选择列表的末尾放上新加入的条目。

5.7.4.4 业务选择列表的更新

接收机应能跟随网络中业务数据的变化，即当网络运营商调整播出业务时，业务选择列表能及时反映这种变化,实现业务选择列表的更新。而这种依据业务信息 SI 发生业务改变的更新只对那些由 NIT 业务选择列表指定的数字业务项进行更新。此时发生的业务选择列表更新应不会影响到那些不由 NIT 指定的数字业务项在业务选择列表中存在。

业务选择列表更新行为的发生至少应在以下情况下进行:

a) 接收机由待机状态转入工作状态;

b) 操作进入业务选择列表时。

在上述两种情况下如发生针对业务项状态的变化,接收机宜向用户发出提示信息,由用户确认业务选择列表的更新。

5.7.4.5 业务选择列表的删除

接收机应提供全部和部分删除业务选择列表中数字业务项的功能,并且这种删除行为不应影响其他的用户参数设置。

5.7.5 状态条

状态条应至少能用来显示某个业务的当前事件(节目)状态。接收机应当从 EIT p/f actual 及 EIT p/f other 表来建立状态条。状态条应显示当前节目名称和该节目的持续时间,可显示后续节目名称和该节目的起始时间。

如果某个业务没有提供对应的 EIT 信息,则状态条显示不应报错,而应在显示事件(节目)名称和时间的地方中给出空白显示。

如果接收机不能解码和呈现 EIT 表中由内容描述符(content_descriptor)和组件描述符(component_descriptor)指定的内容时,不应造成接收机损坏,或软件死机。当接收机可以解码和呈现内容和组件描述符指定的内容时,应能正确地显示图像,播放声音。

5.7.6 用户参数设置和存储

建议用户能在可写的永久性存储器中保存优选的如下参数:

a) 视频显示主要参数——亮度、色饱和度、对比度、色温;

b) 音频显示主要参数——高音、低音、单声道、立体声、左右声道均衡、音量控制;

c) 多语种选择;

d) 业务选择列表的相关数据。

5.7.7 断电记忆

接收机应具备断电记忆能力。

当接收机正常断电时,应保存接收机当前的用户参数设置,以及当前的接收业务频道。在下一次开机,或从待机状态进入工作状态时,接收机选择接收断电前的业务。

5.7.8 恢复工厂设置

接收机应提供一种功能把所有的用户参数选择恢复到出厂时的设置状态,因此而取消掉所有的业务选择列表、用户参数设置等。在恢复工厂设置后,接收机应处于初始安装状态。

5.7.9 实时钟

接收机应能根据接收到的 TDT 进行实时更新。实时钟显示为北京时间。

5.8 遥控性能与遥控发射器要求

5.8.1 遥控性能要求

遥控性能要求见表 28。

表 28

序号	项目		单位	性能要求
1	遥控接收距离		m	≥8
2	受控角	上	(°)	≥15
		下		≥15
		左		≥30
		右		≥30
3	抗环境光干扰 在各种环境光大于或等于 2 000 lx 时遥控距离		m	5
4	抗外界电器干扰			不受外界电器使用时的干扰

5.8.2 遥控发射器要求

所使用的红外遥控发射器功能要求见附录 E，性能要求应符合 GB/T 14960 的规定。

具有其他形式的遥控发射器性能要求待定。

5.9 电磁兼容特性限值

干扰特性限值应符合 GB/T 13837 的有关要求，抗扰度限值应符合 GB/T 9383 的有关要求，谐波电流限值应符合 GB 17625.1 的有关要求。

5.10 安全性要求

接收机安全性要求应符合 GB 8898 的有关规定。

5.11 可靠性要求

接收机平均故障间隔时间(MTBF)的下限值应不小于 15 000 h。

5.12 环境试验要求

环境试验要求应符合 SJ/T 11326 的有关规定。

5.13 开箱检验要求

开箱检验的内容和不合格判据，应符合附录 F 的规定。

5.14 工艺装配检验要求

工艺装配检验的内容和不合格判据，应符合附录 G 的规定。

6 测量方法

6.1 设备用图形符号、外观和结构、接口检验方法

设备用图形符号、接口用目测进行检验。

外观和结构用目测或手感进行检验。

6.2 射频解调与信道解码测量方法

射频解调与信道解码测量方法见表29。

表 29

序号	项目	测量方法
1	频率范围	GB/T 26685—2017 中 5.2.3
2	频率捕捉范围	GB/T 26685—2017 中 5.2.4
3	工作模式与调制参数改变	GB/T 26685—2017 中 5.2.2
4	节目搜索与调谐	GB/T 26685—2017 中 5.10.9
5	射频输入端口反射损耗	GB/T 26685—2017 中 5.2.5
6	射频环路输出增益	GB/T 26685—2017 中 5.2.23
7	高斯信道载噪比门限	GB/T 26685—2017 中 5.2.6
8	莱斯信道载噪比门限、瑞利信道载噪比门限	GB/T 26685—2017 中 5.2.7
9	最小接收信号功率	GB/T 26685—2017 中 5.2.8
10	最大接收信号功率	GB/T 26685—2017 中 5.2.8
11	抑制模拟电视邻频干扰能力	GB/T 26685—2017 中 5.2.9
12	抑制模拟电视同频干扰能力	GB/T 26685—2017 中 5.2.10
13	抑制数字电视邻频干扰能力	GB/T 26685—2017 中 5.2.11
14	抑制数字电视同频干扰能力	GB/T 26685—2017 中 5.2.12
15	抑制 0 dB 回波能力	GB/T 26685—2017 中 5.2.13
16	抑制动态多径能力	GB/T 26685—2017 中 5.2.14
17	抑制脉冲干扰能力	GB/T 26685—2017 中 5.2.15
18	抑制两径长回波能力	GB/T 26685—2017 中 5.2.16
19	抑制三径长回波能力	GB/T 26685—2017 中 5.2.17
20	抑制固定接收条件下抑制信道扰动能力 1	GB/T 26685—2017 中 5.2.18
21	抑制固定接收条件下抑制信道扰动能力 2	GB/T 26685—2017 中 5.2.19
22	抑制单频干扰能力	GB/T 26685—2017 中 5.2.20
23	其他多径模型	GB/T 26685—2017 中 5.2.21

6.3 解复用测量方法

解复用测量方法见表30。

表 30

序号	项目	测量方法
1	传送流数据率	GB/T 26685—2017 中 5.3.1
2	STC 恢复	GB/T 26685—2017 中 5.3.2
3	差错控制	GB/T 26685—2017 中 5.3.3
4	PID 过滤	GB/T 26685—2017 中 5.3.4
5	多成分节目处理	GB/T 26685—2017 中 5.3.5

6.4 传送流解码测量方法

解复用测量方法见表 31。

表 31

序号	项目	测量方法
1	业务和节目信息	GB/T 26685—2017 中 5.4.1
2	EPG	GB/T 26685—2017 中 5.4.2
3	字幕	GB/T 26685—2017 中 5.4.3

6.5 音视频特性测量方法

6.5.1 视频解码测量方法

视频解码测量方法见表 32。

表 32

序号	项目		测量方法
1	视频解码	功能性验证	GB/T 26685—2017 中 5.5.1
		标准符合性检测	接收机对符合 GB/T 20090.16 中规定的帧频为 25 Hz、4∶3 和 16∶9 幅型比的码流解码按 SJ/T 11594.1—2016 规定进行测量
2	快速捕获		GB/T 26685—2017 中 5.5.2
3	静止图像		GB/T 26685—2017 中 5.5.3

6.5.2 视频显示测量方法

视频显示测量方法见 GB/T 26685—2017 中 5.5.4，其中液晶、等离子接收机清晰度测试在水平及垂直重显率 100％状态下测量。

6.5.3 音频解码测量方法

音频解码功能性验证的测量方法见 GB/T 26685—2017 中 5.6.1。

接收机对符合 GB/T 22726 规定的数字音频流解码的标准符合性检测按 SJ/T 11594.2—2016 的规定进行测量。

6.5.4 基带音频输出电性能测量方法

两通道及多通道基带音频输出电性能测量方法分别见表 33、表 34。

表 33

序号	项目	测量方法
1	音频输出电平	GB/T 26685—2017 中 5.6.2.3
2	音频幅频响应	GB/T 22122—2008 中 9.2.1
3	音频信噪比	GB/T 22122—2008 中 9.2.2
4	音频失真加噪声	GB/T 22122—2008 中 9.2.3
5	左右声道增益差	GB/T 22122—2008 中 9.2.4
6	左右声道相位差	GB/T 22122—2008 中 9.2.5
7	立体声模式左右声道的串扰	GB/T 22122—2008 中 9.2.6
8	左右声道动态范围	GB/T 22122—2008 中 9.2.7

表 34

序号	项目	测量方法
1	音频输出电平	GB/T 26685—2017 中 5.6.2.4
2	音频幅频响应	GB/T 22122—2008 中 9.1.1
3	音频信噪比	GB/T 22122—2008 中 9.1.2
4	音频失真加噪声	GB/T 22122—2008 中 9.1.3
5	声道间增益差	GB/T 22122—2008 中 9.1.4
6	声道间相位差	GB/T 22122—2008 中 9.1.5
7	声道动态范围	GB/T 22122—2008 中 9.1.6

6.5.5 数字音频输出性能测量方法

数字音频输出抖动性能测量方法见 GB/T 22122—2008 中 9.3.1。

6.5.6 声性能测量方法

声性能测量方法见 GB/T 26685—2017 中 5.6.3。

6.6 电源适应性测量方法

电源适应性测量方法见表 35。

表 35

序号	项目	测量方法
1	电源电压变化适应性	GB/T 26685—2017 中 5.7.3.1
2	电源频率变化适应性	GB/T 26685—2017 中 5.7.3.2
3	整机消耗功率	GB/T 26685—2017 中 5.8
4	待机消耗功率	GB/T 26685—2017 中 5.9
5	能效限定值	GB 24850

6.7 功能测量方法

功能测量方法见表 36。

表 36

序号	项目	测量方法
1	软件版本更新	待定
2	中文图形操作界面	GB/T 26685—2017 中 5.10.2
3	GB/T 13000—2010 中文字库	目测
4	节目搜索与调谐	GB/T 26685—2017 中 5.10.9
5	业务选择列表	GB/T 26685—2017 中 5.10.3
6	状态条	GB/T 26685—2017 中 5.10.4
7	用户参数设置和存储	GB/T 26685—2017 中 5.10.5
8	断电记忆	GB/T 26685—2017 中 5.10.6
9	恢复工厂设置	GB/T 26685—2017 中 5.10.7
10	实时钟	GB/T 26685—2017 中 5.10.8

6.8 遥控性能和遥控发射器的测量方法

6.8.1 遥控性能测量方法

遥控性能测量方法见表 37。

表 37

序号	项目	测量方法
1	遥控接收距离	SJ/T 10514—1994 中 5.2
2	受控角	SJ/T 10514—1994 中 5.3
3	抗环境光干扰	SJ/T 10514—1994 中 5.14
4	抗外界电器干扰	SJ/T 10514—1994 中 5.15

6.8.2 遥控发射器性能测量方法

接收机用遥控发射器性能按 GB/T 14960 中有关规定进行。

6.9 电磁兼容特性限值测量方法

干扰特性限值、抗扰度限值和谐波电流限值分别按 GB/T 13837、GB/T 9383 和 GB 17625.1 中有关规定进行。

6.10 安全性检验方法

按 GB 8898 中有关规定进行。

6.11 可靠性试验方法

按 SJ/T 11325 中有关规定进行，可靠性试验前后电性能检查，按 GB/T 26685—2017 中有关要求进行。

6.12 环境试验方法

按 SJ/T 11326 中有关规定进行，环境试验前后电性能检查，按 GB/T 26685—2017 中有关要求进行。

6.13 开箱检验方法

在使用条件下用主观法逐台进行检验。

图像和声音质量用相应的射频信号发生器作为信号源进行检验。

抗电强度和绝缘电阻按 6.10 给出的方法进行检验。

6.14 工艺装配检验方法

经过开箱检验合格的样本，打开后盖，用目测法进行检验。

7 检验规则

检验包括：定型检验、交收检验、例行检验。

7.1 定型检验

7.1.1 检验项目

定型检验项目见表 38。

表 38

序号	检验项目	性能要求章条号	试验方法章条号
1	外观和结构、接口	按 4.3～4.4	按 6.1
2	常温性能[a]	按 5.2～5.8	按 6.2～6.8
3	遥控发射器	按 5.8	按 6.8
4	电磁兼容特性限值	按 5.9	按 6.9

表 38（续）

序号	检验项目	性能要求章条号	试验方法章条号
5	安全性	按 5.10	按 6.10
6	可靠性	按 5.11	按 6.11
7	环境试验	按 5.12	按 6.12
[a] 常温性能包括射频及信道解码、解复用、传送流解码、音视频特性、电源适应性、功能、遥控性能。			

7.1.2 样本的抽取和数量

定型检验的样本，应从定型批量产品中随机抽取，各检验项目的样本量见表 39。

表 39

序号	检验项目	样本数
1	外观和结构、接口	2 台
2	常温性能	6 台(分两组，每组 3 台)
3	遥控发射器	2 台
4	电磁兼容特性限值	3 台
5	环境试验	6 台(分两组，每组 3 台)
6	可靠性	由试验方法决定
7	安全性	1 台

7.1.3 不合格的分类与判据

7.1.3.1 不合格的分类

接收机以质量特性不符合的严重程度分为安全不合格(用字符 Z 表示)、A 类、B 类和 C 类不合格。

7.1.3.2 不合格品的分类

有一个或一个以上不合格项目的单位产品，称为不合格品。按不合格类型分为安全不合格品，A 类、B 类、C 类不合格品。

7.1.3.3 不合格的判据

不合格的判据如下：

a) 外观和结构、接口：按附录 F 中 F4、F7 的规定；
b) 常温性能：按附录 H 的规定；
c) 遥控发射器：按附录 F 中 F6 的规定；
d) 安全性：不符合 5.10 的均判为安全不合格；
e) 电磁兼容特性限值：按 5.9 的规定；
f) 环境试验：按附录 I 的规定；
g) 可靠性：按 5.11 和 6.11 的规定。

7.1.4 合格与不合格的判定

7.1.4.1 外观和结构

检验结果按附录F中F4的规定，不允许出现Z类和A类不合格品，B类不合格品数不大于3，C类不合格数不大于4，判为合格，否则为不合格。

7.1.4.2 常温性能

检验结果符合以下两条判为合格，否则判为不合格。

a) 第一组3台测试全部通过；
b) 第一组测试出现不合格品，用第二组再测试后，两组总的A类不合格品数不大于1，B类不合格品数不大于3。

7.1.4.3 接口

测式中出现A类不合格品数不大于1。

7.1.4.4 环境试验

检验结果符合以下两条判为合格，否则判为不合格。

a) 第一组3台试验全部通过；
b) 第一组试验出现不合格品，用第二组再试验后，两组总的A类不合格品数不大于1，B类不合格品数不大于3，C类不合格品数不大于4。

7.1.4.5 电磁兼容特性限值

样本为3台，试验出现不合格项，即判为不合格。

7.1.4.6 检验结果的处理

对于造成定型检验不合格的项目，应及时查明原因，提出改进措施，并重新进行该项目及相关项目的试验，直至合格。

若检验项目合格，则判为定型合格。

7.2 交收检验

7.2.1 检验项目

7.2.1.1 开箱检验

检验内容和方法按5.13和6.13。

7.2.1.2 工艺装配检验

检验内容和方法，按5.14和6.14。

7.2.1.3 主要常温性能检验

主要常温性能检验项目如下：

a) 频率范围；
b) 最小接收信号功率；

c) 射频输入端口反射损耗；
d) 载噪比门限；
e) 亮度；
f) 对比度；
g) 色域覆盖率；
h) 清晰度；
i) 音频输出电平；
j) 音频信噪比；
k) 遥控接收距离；
l) 受控角。

7.2.2 抽样方案

抽样方案按 GB/T 2828.1—2012，采用一次抽样方案，开箱检验还可选用二次抽样方案，具体规定见表 40。

表 40

序号	检查项目	检查水平	接收质量限		
			A 类不合格品	B 类不合格品	C 类不合格品
1	开箱检查	一般检查水平 I	1.5	2.5	6.5
2	工艺装配检查	特殊检查水平 S-I	4.0	4.0	6.5
3	主要常温性能	特殊检查水平 S-I	4.0	—	—

7.2.3 不合格分类与判据

7.2.3.1 不合格和不合格品的分类

按 7.1.3.1 和 7.1.3.2 的分类。

7.2.3.2 不合格判据

不合格判据如下：
a) 开箱检查：按附录 F 的规定；
b) 工艺装配检查：按附录 G 的规定；
c) 主要常温性能检查：出现不合格均为 A 类不合格。

7.2.4 交收检验的判定

交收检验的全部检验项目按所规定抽样方案检验合格，则判定检查批交收检验合格。否则判定该检查批不合格。

7.2.5 检验结果的处理

7.2.5.1 合格批

对于检验合格的批，收方应接收该批产品。

7.2.5.2 不合格批

对于有安全不合格而判为不合格的批，收方应对该不合格批拒收。交方应对该批产品返工，并进行100%的检验，再重新对该批提交批检验。若还出现安全不合格，则暂停检验。暂停检验后，交方必须采取有效措施，才能恢复检验。

对于因其他不合格而判为不合格的批，收方可对该不合格批拒收。交方应对该批产品进行返工，再重新提交抽检。如仍拒收，则再返工，直到被合格接收。

7.3 例行检验

7.3.1 检验周期

连续生产的产品，各检验项目的检验周期，每年不少于一次，具体由产品规范规定。

断续生产的产品，在间隔时间大于半年，恢复生产时应进行例行检验。

当产品的主要设计、工艺及原材料改变时，应进行表41中相关项目的检验。

7.3.2 检验项目

例行检验项目见表41。

表 41

序号	检验项目	要求与试验方法
1	接口	按4.4和6.1
2	常温性能	按5.2～5.8和6.2～6.8
3	安全性	按GB 8898中有关规定
4	电磁兼容特性限值	按5.9和6.9中
5	可靠性	按5.11和6.11
6	环境试验	按5.12和6.12

7.3.3 抽样方案

常温性能和环境试验按GB/T 2829—2002，判别水平Ⅰ，二次抽样方案进行。其样本大小，不合格质量水平(RQL)及对应的判定组数见表42。

表 42

序号	检验项目	样本大小	RQL及判定数组		
			A类不合格品	B类不合格品	C类不合格品
1	常温性能	$N_1=3$ $N_2=3$	$40\begin{bmatrix}0 & 2\\1 & 2\end{bmatrix}$	$65\begin{bmatrix}0 & 3\\3 & 4\end{bmatrix}$	—
2	环境试验	$N_1=3$ $N_2=3$	$40\begin{bmatrix}0 & 2\\1 & 2\end{bmatrix}$	$65\begin{bmatrix}0 & 3\\3 & 4\end{bmatrix}$	$80\begin{bmatrix}1 & 3\\4 & 5\end{bmatrix}$

电磁兼容特性限值试验，样本数量为3台，检验中出现不合格项，即判该批为不合格批。

可靠性试验按5.11和6.11规定。

安全性试验样本数量为一台，检验中出现一个安全不合格，即判该批为不合格批。

7.3.4 不合格分类与判据

按7.1.3规定。

7.3.5 样本的抽取

例行检验的样本应从交收检验的合格批中抽取，二次抽样方案的第二样本应一次抽齐。

7.3.6 例行检验的判定

当本周期内所有试验组例行检查都合格，则本周期检查合格，否则就判为例行检验不合格。

7.3.7 检验结果的处理

7.3.7.1 合格批

例行检验通过。

7.3.7.2 不合格批

例行检验不合格的产品应暂停交收检验，已生产的产品和已交付的产品由交收双方协商解决。

交方应立刻采取改进措施，在改进后，从新生产的产品中重新抽样，对不合格的检验项目和相关检验项目进行检验，在得到合格结论后才能恢复正常生产和检验。

8 标志、包装、运输、贮存

8.1 标志

8.1.1 本体标志

接收机的本体上应标有生产厂的名称、商标、型号和产品编号。

接收机的本体上应有电源的性质、额定电压、电源频率、功耗以及警告用户防止触电等标记。

接收机的本体上应有中国国家强制认证(CCC)的标志。

8.1.2 包装箱标志

包装箱上应有下列标记：

a) 产品名称、型号、生产企业的名称、地址；
b) 商标名称及注册商标图案；
c) 生产日期：年、月、日；
d) 包装质量：kg；
e) 产品标准编号；
f) 包装件最大外型尺寸：$l \times b \times h$，cm；
g) 机壳颜色标记；
h) 怕雨、向上、易碎物品、堆码层数极限等标记，应符合GB/T 191的规定。

8.2 包装

应符合SJ/T 10919—1996规定。

8.3 运输

包装完整的接收机可用正常的陆、海、空交通工具运输，运输过程中应按包装标记规定，避免雪、雨直接淋袭。

8.4 贮存

包装完整的接收机应贮存在环境温度为−25 ℃～+55 ℃，相对湿度不大于93%，周围无酸碱及其他腐蚀性气体和污染物等有害物体的库房中，贮存期为1 a。超过1 a的产品应开箱检验，经复检合格后，方可进入流通领域。

附 录 A
(规范性附录)
可接受误码

A.1 可接受误码

可接受误码是指:在规定的测试时间内,观察接收机视频解码输出到显示屏幕上的视频图像,图像不出现可察觉差错。

——对于除动态信道外的性能试验,主观的测量周期为 60 s。

——对于动态信道性能试验,主观的测量周期为 2 min。

——对于功能试验,主观的测量周期为 15 s。

A.2 动态信道

动态信道是指:信道模型中至少有 1 条路径的多普勒类别为莱斯类型、瑞利类型或 1 Hz(含)以上纯多普勒,包括三径长回波信道模型 2、动态多径信道、固定接收条件扰动信道。

附　录　B
（资料性附录）
广播电视 VHF 和 UHF 频段频率划分表

广播电视 VHF 和 UHF 频段频率划分表见表 B.1。

表 B.1

中国内地		中国香港		中国澳门	
频率范围 MHz	中心频率 MHz	频率范围 MHz	中心频率 MHz	频率范围 MHz	中心频率 MHz
48.5～56.5	52.5	—	—	—	—
56.5～64.5	60.5	—	—	—	—
64.5～72.5	68.5	—	—	—	—
76～84	80	—	—	—	—
167～175	171	—	—	—	—
175～183	179	—	—	—	—
183～191	187	—	—	—	—
191～199	195	—	—	—	—
199～207	203	—	—	—	—
207～215	211	—	—	—	—
215～223	219	—	—	—	—
470～478	474	470～478	474	470～478	474
478～486	482	478～486	482	478～486	482
486～494	490	486～494	490	486～494	490
494～502	498	494～502	498	494～502	498
502～510	506	502～510	506	502～510	506
510～518	514	510～518	514	510～518	514
518～526	522	518～526	522	518～526	522
526～534	530	526～534	530	526～534	530
534～542	538	534～542	538	534～542	538
542～550	546	542～550	546	542～550	546
550～558	554	550～558	554	550～558	554
558～566	562	558～566	562	558～566	562
—	—	566～574	570	566～574	570
—	—	574～582	578	574～582	578
—	—	582～590	586	582～590	586
—	—	590～598	594	590～598	594

表 B.1（续）

中国内地		中国香港		中国澳门	
频率范围 MHz	中心频率 MHz	频率范围 MHz	中心频率 MHz	频率范围 MHz	中心频率 MHz
—	—	598～606	602	598～606	602
606～614	610	606～614	610	606～614	610
614～622	618	614～622	618	614～622	618
622～630	626	622～630	626	622～630	626
630～638	634	630～638	634	630～638	634
638～646	642	638～646	642	638～646	642
646～654	650	646～654	650	646～654	650
654～662	658	654～662	658	654～662	658
662～670	666	662～670	666	662～670	666
670～678	674	670～678	674	670～678	674
678～686	682	678～686	682	678～686	682
686～694	690	686～694	690	686～694	690
694～702	698	694～702	698	694～702	698
702～710	706	702～710	706	702～710	706
710～718	714	710～718	714	710～718	714
718～726	722	718～726	722	718～726	722
726～734	730	726～734	730	726～734	730
734～742	738	734～742	738	734～742	738
742～750	746	742～750	746	742～750	746
750～758	754	750～758	754	750～758	754
758～766	762	758～766	762	758～766	762
766～774	770	766～774	770	766～774	770
774～782	778	774～782	778	774～782	778
782～790	786	782～790	786	782～790	786
790～798	794	790～798	794	790～798	794
798～806	802	798～806	802	—	—

附 录 C
（规范性附录）
多径信道模型

C.1 瑞利信道模型

瑞利信道模型（静态）见表C.1。

表 C.1

路径	幅度 dB	延时 μs	相位 (°)
回波 1	−7.8	0.518 650	336.0
回波 2	−24.8	1.003 019	278.2
回波 3	−15.0	5.422 091	195.9
回波 4	−10.4	2.751 772	127.0
回波 5	−11.7	0.602 895	215.3
回波 6	−24.2	1.016 585	311.1
回波 7	−16.5	0.143 556	226.4
回波 8	−25.8	0.153 832	62.7
回波 9	−14.7	3.324 886	330.9
回波 10	−7.9	1.935 570	8.8
回波 11	−10.6	0.429 948	339.7
回波 12	−9.1	3.228 872	174.9
回波 13	−11.6	0.848 831	36.0
回波 14	−12.9	0.073 883	122.0
回波 15	−15.3	0.203 952	63.0
回波 16	−16.5	0.194 207	198.4
回波 17	−12.4	0.924 450	210.0
回波 18	−18.7	1.381 320	162.4
回波 19	−13.1	0.640 512	191.0
回波 20	−11.7	1.368 671	22.6

C.2 莱斯信道模型

莱斯信道模型（静态）见表C.2。

表 C.2

路径	幅度 dB	延时 μs	相位 (°)
主径	0	0	0
回波 1	−19.2	0.518 650	336.0
回波 2	−36.2	1.003 019	278.2
回波 3	−26.4	5.422 091	195.9
回波 4	−21.8	2.751 772	127.0
回波 5	−23.1	0.602 895	215.3
回波 6	−35.6	1.016 585	311.1
回波 7	−27.9	0.143 556	226.4
回波 8	−26.1	3.324 886	330.9
回波 9	−19.3	1.935 570	8.8
回波 10	−22.0	0.429 948	339.7
回波 11	−20.5	3.228 872	174.9
回波 12	−23.0	0.848 831	36.0
回波 13	−24.3	0.073 883	122.0
回波 14	−26.7	0.203 952	63.0
回波 15	−27.9	0.194 207	198.4
回波 16	−23.8	0.924 450	210.0
回波 17	−30.1	1.381 320	162.4
回波 18	−24.5	0.640 512	191.0
回波 19	−23.1	1.368 671	22.6

C.3 0 dB 回波信道模型

0 dB 回波信道模型见表 C.3。

表 C.3

路径	幅度 dB	延时 μs	相位 (°)	多普勒类别
主径	0	0	0	静态
回波	0	30	0	静态

C.4 动态多径信道模型

动态多径信道模型见表 C.4 和表 C.5。

表 C.4

路径	幅度 dB	延时 μs	多普勒类别	多普勒移动方向 (°)
回波 1	−3	0	莱斯(莱斯比为 4 dB)	0[a]
回波 2	0	0.2	莱斯(莱斯比为 4 dB)	0[a]
回波 3	−2	0.5	莱斯(莱斯比为 4 dB)	0[a]
回波 4	−6	1.6	莱斯(莱斯比为 4 dB)	0[a]
回波 5	−8	2.3	莱斯(莱斯比为 4 dB)	0[a]
回波 6	−10	5	莱斯(莱斯比为 4 dB)	0[a]
[a] 以发射塔到接收机的射线方向为 0°。				

表 C.5

路径	幅度 dB	延时 μs	多普勒类别
回波 1	−3	0	瑞利
回波 2	0	0.2	瑞利
回波 3	−2	0.5	瑞利
回波 4	−6	1.6	瑞利
回波 5	−8	2.3	瑞利
回波 6	−10	5	瑞利

C.5 两径长回波信道模型

两径长回波信道模型见表 C.6。

表 C.6

路径	幅度 dB	延时 μs	相位 (°)	多普勒类别	多普勒频移 Hz	多普勒移动方向 (°)
主径	0	0	0	静态	—	—
回波 1	0	$t_{D,MAX}$	0	纯多普勒	0.1	0[a]
[a] 以发射塔到接收机的射线方向为 0°。						

C.6 三径长回波信道模型

三径长回波信道模型 1 见表 C.7。

表 C.7

路径	幅度 dB	延时 μs	相位 (°)	多普勒类别
回波 1	−3	$-t_D+0.1$	0	静态
主径	0	0	0	静态
回波 2	−3	$t_D=t_{D,MAX}/2$	0	静态

三径长回波信道模型 2 见表 C.8。

表 C.8

路径	幅度 dB	延时 μs	相位 (°)	多普勒类别	多普勒频移 Hz	多普勒移动方向 (°)
回波 1	−3	$-t_D+0.1$	0	纯多普勒	1	180[a]
主径	0	0	0	静态	0	—
回波 2	−3	$t_D=t_{D,MAX}/4$	0	纯多普勒	1	0[a]
[a] 以发射塔到接收机的射线方向为 0°。						

三径长回波信道模型 3 见表 C.9。

表 C.9

路径	幅度 dB	延时 μs	相位 (°)	多普勒类别	多普勒频移 Hz	多普勒移动方向 (°)
主径	0	0	0	静态	—	—
回波 1	0	$t_{D,MAX}$	0	静态	—	—
回波 2	−1	$t_{D,MAX}$	0	纯多普勒	0.1	0[a]
[a] 以发射塔到接收机的射线方向为 0°。						

C.7 固定接收条件扰动信道 1 模型

固定接收条件下扰动信道 1 的信道模型 1 见表 C.10。

表 C.10

路径	幅度 dB	延时 μs	相位 (°)	多普勒类别	多普勒频移 Hz	多普勒移动方向 (°)
主径	0	0	0	静态	—	—
回波 1	−15	−1.8	125	静态	—	—

表 C.10(续)

路径	幅度 dB	延时 μs	相位 (°)	多普勒类别	多普勒频移 Hz	多普勒移动方向 (°)
回波 2	−15	0.15	80	静态	—	—
回波 3	−7	1.8	45	静态	—	—
回波 4	−7	5.7	0	纯多普勒	5	0[a]
回波 5	−15	$t_{D.MAX}-1.8$	90	静态	—	—
[a] 以发射塔到接收机的射线方向为0°。						

固定接收条件下扰动信道1的信道模型2见表C.11。

表 C.11

路径	幅度 dB	延时 μs	相位 (°)	多普勒类别	多普勒频移 Hz	多普勒移动方向 (°)
主径	0	0	0	静态	—	—
回波 1	−8	−1.8	125	静态	—	—
回波 2	−3	0.15	80	静态	—	—
回波 3	−4	1.8	45	静态	—	—
回波 4	−3	5.7	0	纯多普勒	5	0[a]
回波 5	−12	$t_{D.MAX}-1.8$	90	静态	—	—
[a] 以发射塔到接收机的射线方向为0°。						

固定接收条件下扰动信道1的信道模型3见表C.12。

表 C.12

路径	幅度 dB	延时 μs	相位 (°)	多普勒类别	多普勒频移 Hz	多普勒移动方向 (°)
主径	0	0	0	静态	—	—
回波 1	−3	−1.8	125	静态	—	—
回波 2	−1	0.15	80	静态	—	—
回波 3	−1	1.8	45	静态	—	—
回波 4	−3	5.7	0	纯多普勒	5	0[a]
回波 5	−9	$t_{D.MAX}-1.8$	90	静态	—	—
[a] 以发射塔到接收机的射线方向为0°。						

C.8 固定接收条件扰动信道2模型

固定接收条件下扰动信道2的信道模型1见表C.13。

表 C.13

路径	幅度 dB	延时 μs	相位 (°)	多普勒类别	多普勒频移 Hz	多普勒移动方向 (°)
主径	0	0	0	静态	—	—
回波 1	−20	−1.8	125	静态	—	—
回波 2	−20	0.15	80	静态	—	—
回波 3	−10	1.8	45	静态	—	—
回波 4	待测试	5.7	0	纯多普勒	5	0[a]
回波 5	−18	35	90	静态	—	—
[a] 以发射塔到接收机的射线方向为 0°。						

固定接收条件下扰动信道 2 的信道模型 2 见表 C.14。

表 C.14

路径	幅度 dB	延时 μs	相位 (°)	多普勒类别	多普勒频移 Hz	多普勒移动方向 (°)
主径	0	0	0	静态	—	—
回波 1	−17	−1.8	125	静态	—	—
回波 2	−17	0.15	80	静态	—	—
回波 3	−7	1.8	45	静态	—	—
回波 4	待测试	5.7	0	纯多普勒	5	0[a]
回波 5	−15	35	90	静态	—	—
[a] 以发射塔到接收机的射线方向为 0°。						

固定接收条件下扰动信道 2 的信道模型 3 见表 C.15。

表 C.15

路径	幅度 dB	延时 μs	相位 (°)	多普勒类别	多普勒频移 Hz	多普勒移动方向 (°)
主径	0	0	0	静态	—	—
回波 1	−14	−1.8	125	静态	—	—
回波 2	−14	0.15	80	静态	—	—
回波 3	−4	1.8	45	静态	—	—
回波 4	待测试	5.7	0	纯多普勒	5	0[a]
回波 5	−12	35	90	静态	—	—
[a] 以发射塔到接收机的射线方向为 0°。						

固定接收条件下扰动信道 2 的信道模型 4 见表 C.16。

表 C.16

路径	幅度 dB	延时 μs	相位 (°)	多普勒类别	多普勒频移 Hz	多普勒移动方向 (°)
主径	0	0	0	静态	—	—
回波 1	−11	−1.8	125	静态	—	—
回波 2	−11	0.15	80	静态	—	—
回波 3	−1	1.8	45	静态	—	—
回波 4	待测试	5.7	0	纯多普勒	5	0[a]
回波 5	−9	35	90	静态	—	—

[a] 以发射塔到接收机的射线方向为 0°。

附 录 D
（资料性附录）
其他多径信道模型

D.1 信道模型 1

信道模型 1 见表 D.1。

表 D.1

路径	幅度 dB	延时 μs	相位 (°)	多普勒类别	多普勒频移 Hz	多普勒移动方向 (°)
回波 1	0	7.672 0	346.644 9	莱斯(莱斯比为 23 dB)	20	0
回波 2	−0.451 4	1.190 5	44.460 1			
回波 3	−0.883 7	0.793 7	54.196 1			
回波 4	−3.653 1	0.661 4	48.287 7			
回波 5	−3.901 9	1.322 8	191.322 3			
回波 6	−4.221 5	1.058 2	48.741 1			
回波 7	−4.584 8	7.539 7	314.399 2			
回波 8	−6.693 2	0.264 6	34.106 9			
回波 9	−8.516 9	0.132 3	103.844 5			
回波 10	−8.821 9	0	126.166 9			
回波 11	−10.919 6	6.613 8	281.681 1			
回波 12	−11.016 1	11.111 1	317.050 2			
回波 13	−11.766 1	7.010 6	308.661 9			
回波 14	−12.007 3	10.185 2	165.026 6			
回波 15	−12.442 5	6.878 3	285.676 2			
回波 16	−13.297 1	1.455 0	174.922 4			
回波 17	−13.364 7	0.925 9	359.793 3			
回波 18	−13.737 6	0.396 8	57.074 1			
回波 19	−14.489 2	6.349 2	183.391 7			
回波 20	−14.877 9	1.719 6	353.415 7			

D.2 信道模型 2

信道模型 2 见表 D.2。

表 D.2

路径	幅度 dB	延时 μs	相位 (°)	多普勒类别	多普勒频移 Hz	多普勒移动方向 (°)
回波 1	0	0	329.384 2	莱斯(莱斯比为 23 dB)	50	0
回波 2	−0.034 0	0.529 1	6.010 6			
回波 3	−1.809 2	0.264 6	172.586 7			
回波 4	−4.020 2	0.793 7	130.564 9			
回波 5	−4.365 5	0.132 3	24.599 2			
回波 6	−4.633 2	1.719 6	122.582 8			
回波 7	−5.082 5	2.116 4	290.146 1			
回波 8	−5.269 7	2.248 7	221.399 5			
回波 9	−5.904 4	0.661 4	22.036 9			
回波 10	−8.601 3	1.984 1	78.463 6			
回波 11	−8.987 6	1.190 5	22.980 0			
回波 12	−9.352 7	0.396 8	232.572 8			
回波 13	−9.836 4	1.058 2	176.402 1			
回波 14	−9.905 3	1.322 8	319.551 8			
回波 15	−11.539 2	2.777 8	235.563 5			
回波 16	−11.622 3	1.587 3	6.012 4			
回波 17	−11.809 2	4.894 2	216.126 0			
回波 18	−12.092 5	1.455 0	7.536 5			
回波 19	−13.922 0	1.851 9	248.023 8			
回波 20	−16.416 3	0.925 9	325.951 3			

D.3 信道模型 3

信道模型 3 见表 D.3。

表 D.3

路径	幅度 dB	延时 μs	相位 (°)	多普勒类别
回波 1	0	17.857 1	272.30	静态
回波 2	−18.09	18.121 7	336.27	
回波 3	−20.14	86.640 2	313.37	
回波 4	−17.81	89.021 2	81.86	
回波 5	−18.48	89.153 4	71.68	

表 D.3（续）

路径	幅度 dB	延时 μs	相位 (°)	多普勒类别
回波 6	−20.03	89.285 7	311.87	静态
回波 7	−19.44	89.418 0	57.83	
回波 8	−18.92	90.476 2	67.51	
回波 9	−10.27	91.269 8	323.39	
回波 10	−19.68	91.798 9	299.16	
回波 11	−20.63	101.984 1	55.46	
回波 12	−14.82	102.248 7	271.21	
回波 13	−3.65	102.381 0	77.29	
回波 14	−8.4	102.513 2	88.60	
回波 15	−14.96	102.645 5	71.26	
回波 16	−19.43	102.777 8	73.81	
回波 17	−18.94	102.910 1	89.25	
回波 18	−18.61	103.042 3	51.85	
回波 19	−18.83	103.174 6	63.33	
回波 20	−19.99	104.894 2	30.28	

D.4 信道模型 4

信道模型 4 见表 D.4。

表 D.4

路径	幅度 dB	延时 μs	相位 (°)	多普勒类别
回波 1	0	1.058 2	153.72	静态
回波 2	−8.10	1.322 8	78.54	
回波 3	−10.04	0.661 4	217.74	
回波 4	−10.35	0.396 8	251.53	
回波 5	−11.51	0.925 9	234.17	
回波 6	−11.85	0.529 1	342.80	
回波 7	−12.68	1.190 5	151.80	
回波 8	−13.60	1.719 6	340.43	
回波 9	−14.77	2.381 0	120.96	
回波 10	−15.18	1.455 0	309.81	

表 D.4（续）

路径	幅度 dB	延时 μs	相位 (°)	多普勒类别
回波 11	−16.30	2.248 7	318.55	静态
回波 12	−16.43	0.264 6	27.23	
回波 13	−17.54	1.851 9	155.63	
回波 14	−18.16	1.587 3	80.48	
回波 15	−18.56	0.132 3	195.83	
回波 16	−19.71	2.116 4	142.47	
回波 17	−20.02	1.984 1	342.56	
回波 18	−20.40	0	9.16	
回波 19	−20.83	4.761 9	175.94	
回波 20	−20.98	4.497 4	123.40	

D.5 信道模型 5

信道模型 5 见表 D.5。

表 D.5

路径	幅度 dB	延时 μs	相位 (°)	多普勒类别
回波 1	0.00	0.661 4	180.73	静态
回波 2	−6.38	0.396 8	262.96	
回波 3	−7.04	0.793 7	97.41	
回波 4	−7.34	0.925 9	54.53	
回波 5	−8.41	0.529 1	239.20	
回波 6	−9.69	0.132 3	93.26	
回波 7	−9.97	0	338.81	
回波 8	−11.36	2.116 4	244.70	
回波 9	−12.71	0.264 6	143.66	
回波 10	−13.11	1.322 8	225.87	
回波 11	−14.90	2.248 7	96.65	
回波 12	−15.02	5.158 7	163.62	
回波 13	−15.61	1.587 3	297.67	
回波 14	−16.70	2.381 0	151.50	
回波 15	−16.72	4.497 4	280.46	

表 D.5（续）

路径	幅度 dB	延时 μs	相位 (°)	多普勒类别
回波 16	−17.46	1.455 0	195.16	静态
回波 17	−17.98	2.910 1	241.50	
回波 18	−18.43	4.232 8	300.29	
回波 19	−18.91	1.058 2	290.10	
回波 20	−19.29	14.418 0	145.08	

D.6 信道模型 6

信道模型 6 见表 D.6。

表 D.6

路径	幅度 dB	延时 μs	相位 (°)	多普勒类别
回波 1	0	0.264 6	75.80	静态
回波 2	−4.76	0.529 1	183.33	
回波 3	−5.82	0.396 8	11.05	
回波 4	−11.97	0.793 7	237.32	
回波 5	−12.20	0.132 3	127.90	
回波 6	−15.21	0.661 4	64.52	
回波 7	−16.58	0.925 9	73.52	
回波 8	−19.55	1.058 2	281.30	
回波 9	−20.94	1.190 5	67.19	
回波 10	−22.87	1.587 3	266.58	
回波 11	−23.70	1.455 0	99.17	
回波 12	−23.98	9.656 1	11.63	
回波 13	−24.28	1.322 8	269.28	
回波 14	−24.33	1.851 9	287.07	
回波 15	−25.89	2.381 0	269.33	
回波 16	−27.31	0	102.43	
回波 17	−27.33	2.645 5	298.14	
回波 18	−27.78	9.523 8	51.50	
回波 19	−27.91	2.248 7	62.87	
回波 20	−28.26	4.761 9	256.53	

附　录　E
（规范性附录）
遥控发射器功能

E.1　数字键

接收机的遥控发射器应包括10个数字键，标号0～9。

E.2　基本TV功能

接收机遥控发射器宜包括下列用于基本TV功能键(这些键应当总是保持它原有的功能，即，建议它们不能被配置为用于任何其他目的的任何数据应用)：

a)　电源通/断——将接收机电源接通及断开；

b)　节目上/下——节目之间转换功能；

c)　音量上/下——调整音量输出级的功能；

d)　TV——将接收机直接进入一般电视状态，即仅有音频、视频及字幕。

E.3　数字TV功能

接收机的遥控发射器应包括数字式TV功能的下列键：

a)　菜单：此功能进入中文操作界面；

b)　确认(OK)——选择或认可现在的选择的功能；

c)　电子节目指南(EPG)——此功能进入EPG操作界面；

d)　返回——此功能从现有菜单或“页”退出，回到以前的状态。

附 录 F
（规范性附录）
开箱检验内容及不合格判据

开箱检验内容及不合格判据见表F.1。

表 F.1

序号	检验内容	不合格类别
F1	标记	
F1.1	包装箱标记	
F1.1.1	产品名称、型号、生产厂名称，其中之一缺或错	A
F1.1.2	商标名称、注册商标图案，其中之一缺或错	A
F1.1.3	所采用的产品标准编号缺或错或难以辨认	A
F1.1.4	贮运标志（怕雨、向上、易碎物品、堆码层数极限、包装箱最大外形尺寸、机壳颜色标记等）其中之一缺或错	
F1.1.4.1	——可能使产品受损	B
F1.1.4.2	——不可能使产品受损	C
F1.1.5	生产日期缺或错	B
F1.1.6	生产地址缺或错	B
F1.1.7	以上标志不清楚但仍可辨认	C
F1.2	产品标志	
F1.2.1	无中国国家强制认证（CCC）的标志和认证标志下产品对应的工厂编码其中之一缺或错	A
F1.2.2	产品生产编号缺或错	A
F1.2.3	产品商标、型号、名称、生产厂名称，其中之一缺或错	A
F1.2.4	警告用户安全使用的标记缺或错	A
F1.2.5	以上标记固定不牢或不清楚但仍可辨认	C
F1.2.6	功能符号标记不规范	C
F2	包装箱	
F2.1	包装箱损伤、受潮、胶带或打钉质量差，其中之一	
F2.1.1	——可能使产品受损	B
F2.1.2	——不可能使产品受损	C
F2.2	包装箱上不应有的涂写	C
F2.3	衬垫或缓冲物缺或损伤	
F2.3.1	——可能使产品受损	B
F2.3.2	——不可能使产品受损	C
F2.4	箱内有异物	
F2.4.1	——可能使产品受损	A
F2.4.2	——不可能使产品受损	C
F2.5	产品倒装	B

表 F.1（续）

序号	检验内容	不合格类别
F2.6 F2.6.1 F2.6.2	产品、附件、衬垫等，其中之一放置不正确 ——可能使产品受损 ——不可能使产品受损	 B C
F3	附件	
F3.1	合格证、产品说明书、遥控器，其中之一缺或与产品不符	A
F3.2	产品说明书有严重错误，可能会使用户误操作而损坏产品	A
F3.3	产品说明书规定的附件缺或错或失效	B
F3.4	附件多于产品说明书规定	C
F3.5	附件外观受损或脏	C
F4	外观和结构	
F4.1	严重开裂或严重损伤	A
F4.2 F4.2.1 F4.2.2	表面有损（裂纹、变形、划伤、毛刺、脱漆、缩痕、缝隙等） ——明显 ——不明显	 B C
F4.3 F4.3.1 F4.3.2	颜色、质地（纹理）有差异 ——明显 ——不明显	 B C
F4.4 F4.4.1 F4.4.2	有可见的污垢 ——不能用软布擦掉且令人讨厌 ——可以用软布擦掉	 B C
F4.5	装饰件及紧固件缺或脱落或安装不规范	B
F4.6	指示灯、旋钮、按键安装不规范	B
F4.7 F4.7.1 F4.7.2 F4.7.3	边缘棱角突起 ——会伤害人体 ——会伤害衣服和家具 ——手感不适	 Z A C
F4.8 F4.8.1 F4.8.2 F4.8.3 F4.8.4 F4.8.5	功能控制件 按键、旋钮、开关等，其中任一功能缺损、失灵或脱落 输入/输出等接口的插接件失灵或接触不良 功能控制件调谐时，干扰图像或声音，但不影响收看 指示灯不亮 功能调整有其他缺陷，但不影响正常使用	 A A B C C
F5	安全性	
F5.1	可触及件危险带电（接触电流超过限定值）	Z
F5.2 F5.2.1 F5.2.2	电源线或电源插头绝缘破损 ——内部带电体裸露 ——仅绝缘层外表受损	 Z A

表 F.1（续）

序号	检验内容	不合格类别
F5.3	电压设定装置挡位错误	
F5.3.1	——会损伤产品	A
F5.3.2	——不会损伤产品	B
F5.4	绝缘	
	H 类设备：	
	——接地电阻>0.1 Ω；	Z
	——绝缘电阻<2 MΩ；	Z
	——抗电强度 1 500 V(r.m.s.)[或 2 120 V(d.c.)]1 min，击穿或飞弧	Z
	HH 类设备：	
	——绝缘电阻<4 MΩ；	Z
	——抗电强度 3 000 V(r.m.s.)[或 4 240 V(d.c.)]1 min，击穿或飞弧	Z
F5.5	可触及的边缘棱角不光滑	
	——会损伤人体	Z
	——手感不适	C
F6	遥控发射器	
F6.1	遥控发射器一般要求	
F6.1.1	外壳严重开裂、变形	A
F6.1.2	外壳有明显划伤、变形、变色等，但不影响正常使用	B
F6.1.3	一般划伤或变形，但不影响正常使用	C
F6.1.4	标记错、漏或文字、图形符号与功能不符	A
F6.1.5	其他	C
F7	接口	
F7.1	必备接口缺一者	A
F8	功能	
F8.1	必备功能缺一者	A
F9	基带输入视频图像格式	
F9.1	基带输入视频图像格式错或不能向下兼容	A
F10	其他	
F10.1	缺少产品包装箱上标出的功能或与其标出的功能不符	A
F10.2	缺少产品说明书中标出的功能或与其标出的功能不符	A

附 录 G
（规范性附录）
工艺装配检验内容及不合格判据

工艺装配检验内容及不合格判据见表G.1。

表 G.1

序号	检验内容	不合格类别
G1	装配工艺	
G1.1	装配松动或缺少固定螺钉	B
G2	支架结构件缺少，但不影响正常工作	C
G3	面板、面罩安装松动或缺少紧固件	B
G4	底板安装松动或缺少紧固件，配合间隙大	B
G5	电源变压器安装松动或缺少紧固件	A
G6	印制线路板	
G6.1 G6.2	断裂 安装不牢	A B
G7	异物	
G7.1 G7.2	机内有金属异物 机内有非金属异物	A B
G8	导线与套管	
G8.1 G8.2	未按工艺扎线，安装不固定 缺少应装套管	B C
G9	假焊或未按工艺要求焊接	A
G10	表面处理	
G10.1 G10.2	机芯结构件等有严重锈蚀 机芯结构件等有一般锈蚀	B C

附　录　H
（规范性附录）
常温性能检验内容及不合格判据

常温性能检验内容及不合格判据见表 H.1。

表 H.1

序号	检验内容	不合格类别
H1	射频解调与信道解码	
H1.1	频率范围	A
H1.2	射频输入端口反射损耗	A
H1.3	载噪比门限	A
H1.4	最小接收信号功率	A
H1.5	抑制数字电视邻频干扰能力	A
H1.6	抑制 0 dB 回波能力	A
H1.7	抑制动态多径能力	A
H1.8	抑制两径长回波能力	A
H1.9	抑制三径长回波能力	A
H1.10	抑制固定接收条件下信道扰动能力 1	A
H1.11	抑制固定接收条件下信道扰动能力 2	A
H1.12	其他	B
H2	解复用	
H2.1	传送流数据率	A
H2.2	PID 过滤	A
H2.3	差错控制	A
H2.4	其他	B
H3	传送流解码	
H3.1	业务信息/节目信息	A
H3.2	电子节目指南	A
H3.3	其他	B
H4	视频特性	
H4.1	亮度	A
H4.2	对比度	A
H4.3	色域覆盖率	A
H4.4	亮度均匀性	A
H4.5	视频解码	A
H4.6	其他	B
H5	音频特性	
H5.1	音频幅频响应	A
H5.2	音频信噪比	A
H5.3	声频率响应范围	A
H5.4	音频解码	A
H5.5	其他	B

表 H.1（续）

序号	检验内容	不合格类别
H6	电源适应性	
H6.1	电源电压变化	A
H6.2	整机消耗功率	A
H6.3	待机消耗功耗	A
H6.4	能效限定值	A
H6.5	其他	B
H7	功能	
H7.1	中文图形操作界面	A
H7.2	业务选择列表	A
H7.3	节目搜索与调谐	A
H7.4	状态条	A
H7.5	用户参数设置与存储	A
H7.6	其他	B
H8	遥控性能	
H8.1	遥控接收距离	A
H8.2	遥控角	A
H8.3	其他	B

附 录 I
（规范性附录）
环境试验内容及不合格判据

环境试验内容及不合格判据见表 I.1。

表 I.1

序号	检验内容	不合格类别
I1	外观	
I1.1	外壳严重凹陷、歪曲、翘起，屏幕表面有明显划痕	A
I1.2	表面漆层裂纹：≥100 mm	B
I1.3	表面漆层脱落面积(任一方向上的尺寸)：≥100 mm^2	B
I1.4	壳体少量变形，表面漆层少量明显变色	C
I1.5	装饰件、标牌明显变色、变形、开裂、松动或脱落；标牌上的标记模糊不清，难以辨认	B
I2	表面处理	
I2.1	结构件金属处理表面严重锈蚀	B
I2.2	结构件金属处理表面轻微锈蚀	C
I3	结构件、元器件	
I3.1	印制板脱落、断裂	A
I3.2	电源变压器脱落	A
I3.3	功能控制件失灵	A
I3.4	含液体元部件的液体漏/溢出	A
I3.5	元器件灌封物溢出	A
I3.6	熔断器盖/盒、屏蔽盒盖、旋/按钮脱落	B
I3.7	紧固件、结构件脱落或断裂	A
I3.8	机内金属脱落物(任一方向上的尺寸)：≥3 mm	A
I3.9	机内金属脱落物(任一方向上的尺寸)：<3 mm	B
I3.10	机内导线折断、脱焊或元部件断脚	A
I3.11	变压器浸渍严重剥落	B
I3.12	接插件等可拆装件脱落	B
I3.13	不影响收听收看的小型元器件插脚脱焊、脱落	B
I4	遥控性能和遥控发射器	同附录 F 中的 F6 与附录 H 中的 H8
I5	安全性	
I5.1	可触及件危险带电(接触电流超过限定值)	Z
I5.2	电源线或插头绝缘破损	
	——有裸露带电件	Z
	——仅绝缘层外表受损	A
I5.3	电源电压选择器档位错误	
	——会损伤产品	A
	——不会损伤产品	C

表 I.1（续）

序号	检验内容	不合格类别
I5.4	绝缘 Ⅰ类设备： ——接地电阻：>0.1 Ω； ——绝缘电阻：<2 MΩ； ——抗电强度 1 500 Vr.m.s.(或 2 120 VDC)1 mHn，击穿或飞弧 Ⅱ类设备： ——绝缘电阻：<4 MΩ； ——抗电强度 3 000 Vr.m.s.(或 4 240 VDC)1 mHn，击穿或飞弧	 Z Z Z Z Z
I5.5	外壳损坏，且会损伤人体	Z

参 考 文 献

［1］ SJ/T 11339—2015 数字电视等离子体显示器通用规范
［2］ SJ/T 11342—2006 数字电视阴极射线管显示器通用规范
［3］ SJ/T 11343—2015 数字电视液晶显示器通用规范

ICS 25.040.40
N 18

中华人民共和国国家标准

GB/T 26802.2—2017

工业控制计算机系统 通用规范 第2部分:工业控制计算机的安全要求

Industrial control computer system—General specification—Part 2:Safety requirements for industrial control computer

2017-12-29 发布 2018-07-01 实施

中华人民共和国国家质量监督检验检疫总局
中国国家标准化管理委员会 发布

前　言

GB/T 26802《工业控制计算机系统　通用规范》分为以下几部分：

——第1部分：通用要求；

——第2部分：工业控制计算机的安全要求；

——第3部分：设备用图形符号；

——第4部分：文字符号；

——第5部分：场地安全要求；

——第6部分：验收大纲。

本部分为GB/T 26802的第2部分。

本部分按照GB/T 1.1—2009给出的规则起草。

本部分由中国机械工业联合会提出。

本部分由全国工业过程测量控制和自动化标准化技术委员会(SAC/TC 124)归口。

本部分起草单位：研祥智能科技股份有限公司、西南大学、厦门安东电子有限公司、北京金立石仪表科技有限公司、厦门宇电自动化科技有限公司、西安东风机电股份有限公司、西安优控科技发展有限责任公司、北京国电智深控制技术有限公司、北京瑞普三元仪表有限公司、济南市大秦机电设备有限公司、江苏杰克仪表有限公司、绵阳市维博电子有限责任公司、杭州盘古自动化系统有限公司、南京优倍电气有限公司、重庆市伟岸测器制造股份有限公司、济南市长清计算机应用公司、重庆宇通系统软件有限公司、罗克韦尔自动化(中国)有限公司。

本部分主要起草人：庞观士、任军民、赵亦欣、张新国、肖国专、宫晓东、周宇、张鹏、张朝辉、胡明、田雨聪、李振中、岳宗龙、闵沛、阮赐元、郭豪杰、董健、唐田、欧文辉、张洪、岳周、华镕、吕春放、冯冬芹、牛小民、陈万林、邓爽、祁虔、钟秀蓉。

工业控制计算机系统　通用规范
第2部分:工业控制计算机的安全要求

1　范围

GB/T 26802 的本部分规定了各种工业生产中设备、测量、监视和控制用计算机的防电击和电灼伤、防机械危险、防火焰从计算机内向外蔓延、防过高温影响的安全要求。本部分也规定了通过检查和型式试验来鉴定设备是否符合本部分要求的方法。

本部分适用于各种工业生产中设备、测量、监视和控制用计算机产品。

本部分不包括与安全无关的设备的功能、性能或其他特性、运输包装的有效性、电磁兼容(EMC)要求、功能安全、对爆炸环境的防护措施、维修(修理)、维修(修理)人员的防护。

2　规范性引用文件

下列文件对于本文件的应用是必不可少的。凡是注日期的引用文件,仅注日期的版本适用于本文件。凡是不注日期的引用文件,其最新版本(包括所有的修改单)适用于本文件。

GB/T 1633—2000　热塑性塑料维卡软化温度(VST)的测定

GB/T 4208—2008　外壳防护等级(IP 代码)

GB 4793.1　测量、控制和实验室用电气设备的安全要求　第1部分:通用要求

GB/T 5013(所有部分)　额定电压 450 V/750 V 及以下橡皮绝缘电缆

GB/T 5023(所有部分)　额定电压 450 V/750 V 及以下聚氯乙烯绝缘电缆

GB/T 11020—2005　固体非金属材料暴露在火焰源时的燃烧性试验方法清单

GB/T 11021—2014　电气绝缘　耐热性和表示方法

GB/T 11918.1　工业用插头插座和耦合器　第1部分:通用要求

GB/T 11918.2　工业用插头插座和耦合器　第2部分:带插销和插套的电器附件的尺寸兼容性和互换性要求

GB/T 14048.1　低压开关设备和控制设备　总则

GB/T 14048.3　低压开关设备和控制设备　第3部分:低压开关 、隔离器、隔离开关及熔断器组合电器

GB/T 15934　电器附件　电线组件和互连电线组件

GB/T 16927(所有部分)　高电压试验技术

IEC 60027　电工用文字符号(Letter symbols to be used in electrical technology)

IEC 60664-3:2010　低压系统的绝缘配合　第3部分:利用涂层以改善印制板系统的绝缘配合(Insulation coordination for equipment within low-voltage systems—Part 3: Use of coating, potting or moulding for protection against pollution)

3　术语和定义

GB 4793.1 界定的术语和定义适用于本文件。

4 试验

4.1 概述

本部分中的所有试验均是在工业控制计算机或零部件的样品上进行的型式试验。这些试验的唯一目的是要检验设计和结构是否能确保符合标准要求。此外，制造厂应对所生产的、同时具有危险带电零部件和可触及导电零部件的工业控制计算机100%的进行附录A的例行试验。

对满足本部分规定的相关标准要求且按这些要求使用的工业控制计算机的分组件，在整个工业控制计算机的型式试验期间不必再重复进行试验。

应通过所有适用的试验来检验是否符合本部分要求，但如果对工业控制计算机的检查确能证明工业控制计算机肯定能通过某项试验，则该项试验可以省略。试验在下面条件下进行：

——基准试验条件(见4.3)；

——故障条件(见4.4)。

注：如果在进行符合性试验时，某个所施加的或测得的量值(如电压)的实际值由于有误差而存在不确定性，则：

——制造厂要确保施加的值至少是规定的试验值；

——试验部门要确保施加的值不大于规定的试验值。

4.2 试验顺序

除非本部分另有规定，试验顺序可以任选。在每项试验后应仔细检查受试工业控制计算机。如果对前面已通过的试验结果有怀疑，而试验顺序又被颠倒了，则应重复前面的试验。如果故障条件下的试验会损坏设备，则这些试验可放在基准试验条件下的试验之后。

4.3 基准试验条件

4.3.1 环境条件

除本部分另有规定者外，试验场所应具有下述环境条件：

a) 温度：15 ℃～35 ℃；

b) 相对湿度：不超过75%；

c) 大气压力：86 kPa～106 kPa；

d) 无霜冻、凝露、渗水、淋雨和日照等。

4.3.2 设备状态

4.3.2.1 设备实验条件

每项试验应在组装好能正常使用的工业控制计算机上，且在4.3.2.2～4.3.2.10规定的最不利的组合条件下进行。

工业控制计算机应按制造厂说明书的规定来进行安装。

4.3.2.2 设备位置

工业控制计算机处于正常使用时的任一位置，且任何通风不受阻挡。

4.3.2.3 附件

由制造厂建议的或提供的、与工业控制计算机一起使用的附件和操作人员可更换的零部件应连接或不连接。

4.3.2.4 盖子和可拆除的零部件

不用工具就能拆除的盖子或零部件应拆除或不拆除。

4.3.2.5 电网电源

电网电源应符合下面的要求：

a) 供电电压应在工业控制计算机能设置的任何额定供电电压的 90%～110%之间；

b) 频率应为任何额定频率，但不必考虑频率的波动范围；

c) 使用直流电源或单相电源的工业控制计算机应分别按正常极性连接和相反极性连接。

4.3.2.6 输入和输出电压

输入和输出电压，包括浮地电压但不包括电网电源电压在内，应可以将其调节到额定电压范围内的任何电压上。

4.3.2.7 接地端子

对保护接地端子，如果有，应接到大地。功能接地端子应接地或不接地。

4.3.2.8 控制件

操作人员能手动调节的控制件应设置在任何位置上，但下列情况除外：

a) 电网电源选择装置应设置在正确值的位置上；

b) 如果标在工业控制计算机上的制造厂的标志禁止组合设置，则不能进行组合设置。

4.3.2.9 连接

工业控制计算机应按其预定用途进行连接或不连接。

4.3.2.10 输出

对于有电输出的工业控制计算机：

a) 工业控制计算机的工作状态应能对额定负载提供额定输出功率；

b) 对任何输出，额定负载阻抗应连接或不连接。

4.4 单一故障条件下的试验

4.4.1 概述

应按下面要求：

a) 检查工业控制计算机及其电路图通常就能判断是否有可能引起危险的和因此是否应施加的故障条件；

b) 除了能证明某个特定的故障条件不可能引起危险外，各项故障试验均应进行，或者选择检验符合性的规定的替换方法来代替故障试验[见 9.1b)和 9.1c)]；

c) 工业控制计算机应在基准试验条件(见 4.3)的最不利的组合条件下工作，对不同的故障，这些组合条件可以有所不同，在进行每一个试验时应记录这些组合条件。

4.4.2 故障条件的施加

4.4.2.1 故障条件

故障条件应包括 4.4.2.2～4.4.2.8 规定的故障条件。这些故障条件一次只能施加一个，并应按任何方便的顺序依次施加，不能同时施加多个故障，除非这些故障是施加某故障后引发的结果。

在每一次施加故障条件后，工业控制计算机或零部件应能通过 4.4.4 的适用的试验。

4.4.2.2 保护阻抗

保护阻抗应按下面要求：

a) 如果保护阻抗是由元器件的组合来组成的，则应将每个元器件短路或开路，选择其中较为不利者。

b) 如果保护阻抗是由基本绝缘和限流或限压装置组合来组成的，则基本绝缘和限流或限压装置这两者均应承受单一故障条件，一次施加一个故障条件。对基本绝缘应进行短路，而对限流或限压装置应进行短路或开路，选择其中较为不利者。

4.4.2.3 保护导体

保护导体应断开，但对永久性连接式设备或使用符合 GB/T 11918.1～GB/T 11918.2 的连接器的工业控制计算机除外。

4.4.2.4 电源变压器

4.4.2.4.1 概述

电源变压器的次级绕组应按照 4.4.2.4.2 的规定将其短路，并按 4.4.2.4.3 的规定使其过载。

在一个试验中损坏的变压器，允许修复或更换后再做下一个试验。

4.4.2.4.2 短路

在正常使用时接负载的每一个不带抽头的输出绕组和带抽头输出绕组的每一部分应依次进行试验，一次试验一个来模拟负载短路。试验中过流保护装置保持在位，所有其他绕组接负载或不接负载，选择正常使用的负载条件中较为不利者。

4.4.2.4.3 过载

每一个不带抽头的输出绕组和带抽头输出绕组的每一部分应依次进行过载试验，一次试验一个。其他绕组接负载或不接负载，选择正常使用的负载条件中较为不利者。如果在 4.4 的故障条件试验时出现任何过载，则次级绕组应承受那些过载。

在绕组上跨接一个可变电阻器来进行过载试验。电阻器尽可能快地进行调节，如有必要，在 1 min 后再次进行调节来保持该适用的过载。以后不允许再做进一步的调节。

如果用电流断路装置来提供过流保护，则过载试验电流为过流保护装置刚好能导通 1 h 的最大电流。试验前，保护装置用可以忽略阻抗的连接来代替。如果该试验电流值不能从保护装置的规范中获得，则要通过试验来确定。

对设计成当达到规定的过载时输出电压即消失的设备，过载要缓慢地增加，达到刚好在引起输出电压消失的该过载点靠前的一个过载点。

在所有的其他情况下，该过载是从变压器能获得的最大输出功率。

4.4.2.5 输出

应将各个输出短路，一次短路一个。

4.4.2.6 电路和零部件之间的绝缘

在电路和零部件之间，对低于针对基本绝缘规定的量值的绝缘应将其短路，以检验是否能防止火焰的蔓延。

注：检验防止火焰蔓延的替换方法见 9.1a)和 b)。

4.4.2.7 风扇

风扇应在完全被激励的情况下使其停转或堵转，选择其中较为不利者。

4.4.2.8 通风口

封闭工业控制计算机的通风孔。

4.4.3 试验持续时间

4.4.3.1 概述

应使工业控制计算机一直工作到由所施加的故障产生的结果不可能再有进一步的变化为止。每项试验一般限制在 1 h 以内，因为单一故障条件引发的二次故障通常就在那段时间内显现出来。如果有迹象表明最终可能产生电击、火焰蔓延或人身伤害的危险，试验应一直继续到出现这些危险为止，或者最长时间为 4 h，除非在此之前出现危险。

4.4.3.2 限流装置

如果为限制能易于触及到的零部件的温度而装有在工作时能切断或限制电流的装置，则不论该装置是否动作，均应测量电源能达到的最高温度。

4.4.3.3 熔断器

如果因熔断器的断开而使某个故障中断，而且如果该熔断器不在约 1 s 内动作，应测量在有关故障条件下流过熔断器的电流。为了确定电流是否达到或超过熔断器的最小动作电流以及更长时间熔断器才动作，应利用熔断器的预飞弧时间/电流特性来进行评定。通过熔断器的电流是会随时间而发生变化。

如果在试验中电流未达到熔断器的最小动作电流，应使电源工作一段对应于最长的熔断时间，或者应使电源连续工作 4.4.3.1 规定的时间。

4.4.4 施加故障条件后的符合性

4.4.4.1 概述

在施加单一故障后，通过下面的测量来检验电击防护是否符合要求：

a) 通过进行 6.3.3 的测量来检验可触及导电零部件是否变成危险带电；
b) 通过对双重绝缘或加强绝缘进行电压试验来检验绝缘是否还有一重保护，电压试验按 6.8 的规定(不进行潮湿预处理)用对应于基本绝缘的试验电压来进行；
c) 如果电气危险防护是通过变压器内的双重绝缘或加强绝缘来实现的，则测量变压器绕组的温度。其温度不能超过表 13 规定的温度。

4.4.4.2 温度

通过测量外壳的外表面或能易于触及到的零部件外表面的温度来检验温度防护是否符合要求。

零部件的温度在环境温度为 40 ℃时，或者如果环境温度更高，则在最高额定环境温度时，不能超过 105 ℃。

该温度是通过测量表面或零部件的温升加上 40 ℃，或者如果高于 40 ℃，则加上最高额定环境温度来确定。

4.4.4.3 火焰蔓延

通过将电源放在白色薄棉纸包裹的软木材表面上，电源上包上纱布来检验着火蔓延的防护是否符合要求。熔融金属、燃烧的绝缘物、带火焰的颗粒等不能滴落到放置设备的表面上，而且棉纸或纱布不能碳化、灼热或起火。如果不可能引发危险，则绝缘材料的熔化应忽略不计。

4.4.4.4 其他危险

按第7章和第8章以及第11章的规定来检验其他危险防护要求是否合格。

5 标志和文件

5.1 标志

5.1.1 概述

工业控制计算机上应标有符合5.1.2～5.2规定的标志。除了内部零部件的标志外，这些标志应从外部就能看见，或者如果盖子或门是预定要由操作人员来拆下或打开的，则在不用工具拆下盖子或打开门后，这些标志应从外部就能看见。适用于整台工业控制计算机的标志不能标在操作者不用工具就能拆卸的零部件上。

量值和单位的文字符号应符合IEC 60027的规定，如果适用，图形符号应符合表1的规定。符号无颜色要求。图形符号应在文件中进行解释。

注1：如果适用可使用IEC和ISO规定的符号。

注2：标志不必标在设备的底部。

通过目视检查来检验是否合格。

5.1.2 标识

工业控制计算机应至少标有下列内容：

制造厂或供应商的名称或商标；

型号、名称或能识别设备的其他方法。如果标有相同识别标志(型号)的工业控制计算机是在一个以上的生产场地制造的，则对每一个生产场地制造的工业控制计算机，其标志应能识别出工业控制计算机的生产场地。

注：工厂地点的标志可以采用代码，而且不必标在工业控制计算机的外部。

通过目视检查来检验是否合格。

5.1.3 电源

工业控制计算机应标有以下信息：

a) 额定电网电源频率或频率范围；

b) 额定电源电压值或额定电源电压范围；

在额定电压范围的最大和最小额定电压之间应有一根横线“-”；当给出多个额定电压或多个额定电压范围时，则应用一根斜线“/”将它们隔开。

注1：额定电压标志举例：

——额定电压范围：交流220 V-240 V。这是指该电源设计成要接到额定电压在220 V和240 V之间的交流电网电源上。

——多个额定电压：交流120/220/240 V。这是指该电源设计成要接到标称电压为120 V或220 V或240 V的交流电网电源上，通常要做电源内部设置好之后再与电源连接。

c) 接上所有附件或插件模块时的最大额定功率，单位 W(有功功率)或单位 V·A(视在功率)，或者最大额定输入电流。如果电源可以使用一个以上的电压范围，则应对每个电压范围分别标出，除非最大值与最小值相差不大于平均值的 20%；

d) 对操作者能设置成使用不同输入电压的电源应装有设置输入电压的指示装置。

使用斜线“/”将各电流或功率的额定值隔开，并能使人明显看出额定电压与相应的额定电流或额定功率之间的对应关系。

注 2：额定电流标记举例：

——对多个额定电压的设备：

120/220 V;2.4/1.2 A

——对具有额定电压范围的设备：

100 V-240 V;2.8 A

100 V-240 V;2.8-1.1 A

200 V-240 V;1.4 A

e) 对操作者能设置成使用不同额定电源电压的电源，应装有设置电源电压的指示装置。如果设备在结构上做成不用工具就能改变电源电压的设置，则在改变电压设置的操作时也能同时改变电压的指示。

通过目视检查，以及通过测量功率或输入电流来检验 c)规定的标志是否合格。测量应在电流达到稳定状态后(通常 1 min 后)进行，以避免计入任何起始冲击电流。设备应处在消耗最大功率的状态。不考虑瞬态值，测得值大于标志值时，不能超过标志值的 10%。

表 1 符号

序号	符号	标准	说明
1		GB/T 5465.2—2008(5031)	直流
2		GB/T 5465.2—2008(5032)	交流
3		GB/T 5465.2—2008(5033)	交直流
4	3	GB/T 5465.2—2008(5032-1)	三相交流
5		GB/T 5465.2—2008(5017)	接地端子
6		GB/T 5465.2—2008(5019)	保护导体端子
7		GB/T 5465.2—2008(5020)	机箱或机架端子
8		GB/T 5465.2—2008(5021)	等电位
9		GB/T 5465.2—2008(5007)	通(电源)

表 1（续）

序号	符号	标准	说明
10		GB/T 5465.2—2008(5008)	断(电源)
11		GB/T 5465.2—2008(5172)	全部由双重绝缘或加强绝缘保护的单元
12			小心，电击危险
13		GB/T 5465.2—2008(5041)	小心，烫伤
14		ISO 7000	小心，危险(见注)
15		GB/T 5465.2—2008(5268)	双位按钮控制的“按入”状态
16		GB/T 5465.2—2008(5269)	双位按钮控制的“弹出”状态
注：要求制造商说明在标有该符号的所有情况下都应查阅文件，见 5.4.1。			

5.1.4 熔断器

对可由操作人员更换的任何熔断器应在其熔断器座旁标上使操作人员能识别正确更换熔断器的标志(见 5.4.5)。

注：通过目视检查来检验是否合格。

5.1.5 端子、连接件和操作装置

如果对安全有必要的话，则对端子、连接器、控制件以及指示器的任何连接件应给出其用途的指示。如果没有足够的空间，可以使用表 1 的符号 14。

注：对多针连接器的各个插针不必进行标志。

下列端子应按下面的规定进行标志：

a) 功能接地端子用表 1 的符号 5；

b) 保护导体端子用表 1 的符号 6；

c) 与可触及导电零部件相连的可触及功能端子，应标上这种连接情况的指示。

通过目视检查来检验是否合格。

5.1.6 开关和断路器

如果电源开关或断路器被用来作为断开装置，则应清楚地标出其“通”位和“断”位。在某些情况下，表 1 的符号 9 和符号 10 也能适合作为该装置的标识(见 6.11.4.2)。仅有指示灯不认为是符合要求的标志。

如果按钮开关被用来作为电源开关，则可以用表 1 的符号 9 和符号 15 来表示“通”位，或可以用表 1 的符号 10 和符号 16 来表示“断”位，并将这一对符号(9 和 15；10 和 16)靠近在一起。

通过目视检查来检验是否合格。

5.1.7 控制装置和指示器

5.1.7.1 标识、位置和标志

除了明显不必要之外，凡影响到安全的指示器、开关和其他控制装置，其标志或安装位置应能明显地表明它们所控制的是哪一种功能。

开关和其他控制装置的标志和说明应标在：该开关或控制装置上或其就近处；或者可以很明显理解为该标志是针对哪个开关和控制器的位置。

对用于这种目的的标志，在可能的情况下，应做到无需语言文字、国家标准等知识就能使人一目了然。

5.1.7.2 颜色

在涉及安全的场合，控制装置和指示器的颜色应符合 IEC 60073 的要求。在不涉及安全的情况下，功能控制装置或指示器允许使用任一颜色，包括红色。

5.1.7.3 符号

在控制装置(例如开关、按键等)上或其附近使用符号来指示“通”和“断”的状态时，应使用表 1 的符号 9 表示“通”状态，使用表 1 的符号 10 表示“断”状态。

对任何一次电源开关或二次电源开关，包括隔离开关，均可使用表 1 的符号 9 和 10 作为“通”和“断”的标记。

5.1.7.4 使用数字的标志

如果使用数字来指示任一控制装置的不同位置，则应使用数字 0 指示“断”位置，而较大数字应用来指示较大的输出、输入等。

5.1.8 用双重绝缘或加强绝缘保护的工业控制计算机

全部用双重绝缘或加强绝缘保护的工业控制计算机应标上表 1 的符号 11，但装有保护接地端子的工业控制计算机除外。

只有局部用双重绝缘或加强绝缘保护的工业控制计算机不能标上表 1 的符号 11。

通过目视检查来检验是否合格。

5.2 警告标志

警告标志在设备准备作正常使用时就能看见。如果某个警告标志适用于工业控制计算机的某个特定部分，则该标志应标在该特定部分上或标在其附近。

警告标志的尺寸应按如下规定：

a) 符号高度至少应为 2.75 mm，文字高度至少应为 1.5 mm，文字在颜色上应与背景颜色形成反差。

b) 在材料上模注、模压或蚀刻的符号或文字的高度至少应为 2.0 mm，如果不打算在颜色上形成反差，则这些符号或文字至少应具有 0.5 mm 的凹陷深度或凸起高度。

如果为了保持工业控制计算机提供的防护而需要责任者或操作人员去查阅说明书，则工业控制计算机应标有表 1 的符号 14，表 1 的符号 14 不需要与在说明书作出解释的符号一起使用。

如果说明书说明，操作人员可以用工具接触在正常条件下可能是危险带电的零部件，则应标有警告

标志，说明在接触前应使工业控制计算机与危险带电电压隔离或断开危险带电电压。

通过目视检查来检验是否合格。

5.3 标志耐久性

符合 5.1.2～5.2 要求的标志应在正常使用条件下保持清晰可辨，并能耐受由制造厂规定的清洁剂的影响。

通过目视检查，以及通过对设备外侧的标志进行下述耐久性试验来检验是否合格。用布沾上规定的清洁剂(或者如果没有规定，则沾上 70%异丙醇)，用手不加过分压力地擦拭 30 s。

在上述处理后，标志仍应清晰可辨，粘贴标牌不能出现松脱或卷边。

5.4 文件

5.4.1 概述

为了安全目的，应随同工业控制计算机提供含有下述内容的文件：

a) 预定用途；

b) 技术规范；

c) 使用说明；

d) 可从其获得技术帮助的制造商或供货商的相关信息；

e) 5.4.2～5.4.5 规定的信息。

如果适用，警告语句和对标在工业控制计算机上的警告符号所做的清楚的解释应在说明书中给出，或者将其永久、清晰地标在工业控制计算机上。

注：如果正常使用涉及对危险材料的处理，则要给出正确使用和安全措施的说明。如果工业控制计算机制造厂规定或提供任何危险材料，则还要给出该危险材料的成分和正确处理的程序。

通过目视检查来检验是否合格。

5.4.2 工业控制计算机额定值

文件应包含下列信息：

a) 输入电压或电压范围，频率或频率范围，以及功率或电流额定值；

b) 所有输入和输出连接的说明；

c) 如果外部电路不可触及时，适用于单一故障条件的外部电路绝缘的额定值(见 6.5.3)；

d) 为工业控制计算机设计给定的环境条件范围的说明；

e) 如果标定了工业控制计算机符合 GB/T 4208—2008 时，其防护等级的说明。

通过目视检查来检验是否合格。

5.4.3 工业控制计算机安装

文件应包括安装和特定的交付使用的说明(下面列出各种例子)，以及如果对安全是必要的话，还应包括在工业控制计算机安装和交付使用过程中可能发生的危险的警告：

a) 装配、定位和安装要求；

b) 保护接地说明；

c) 与输入电源的连接；

d) 对永久性连接式设备：

  1) 输入电源布线要求；

  2) 对任何外部开关或断路器(见 6.11.4.2)和外部过流保护装置(见 9.5)的要求，以及将这些开关或电路断路器设置在工业控制计算机近旁的建议；

e） 通风要求。

通过目视检查来检验是否合格。

5.4.4 工业控制计算机的操作

如果适用，使用说明应包括：

a） 操作控制件及其用于各种操作方式的标志；

b） 与附件和其他设备互连的说明，包括指出适用的附件、可拆卸的零部件；

c） 在工业控制计算机上使用的与安全有关的符号的解释。

在说明书中应说明，如果不按制造厂规定的方法来使用工业控制计算机，则可能会损害工业控制计算机所提供的防护。

通过目视检查来检验是否合格。

5.4.5 工业控制计算机的维护

对责任者为安全目的而需要涉及的预防性维护和检查应给出足够详细的说明。

注：说明书要建议责任者为检验电源是否仍处于安全状态而必需进行的任何试验。说明书还要给出警告，说明重复进行本部分的任何试验有可能损伤电源和降低对危险的防护。

对于使用可更换电池的工业控制计算机，应说明该特定电池的型号。

制造厂应规定出只能由制造厂或其代理机构才能检查或提供的任何零部件。

对可更换的熔断器的额定值和特性应作出说明。

通过目视检查来检验是否合格。

6 防电击

6.1 概述

工业控制计算机在正常条件（见 6.4）和单一故障条件（见 6.5）下均应保持防电击，设备的可触及零部件不能出现危险带电（见 6.3）。

通过按 6.2 的规定来确定是否是可触及的零部件以及测量是否达到 6.3 规定的限值，然后通过 6.4～6.10 的试验来检验是否合格。

6.2 可触及零部件的判定

6.2.1 概述

除能明显看出者外，判定零部件是否可触及应按 6.2.2～6.2.4 的规定来进行。除有规定者外，对试验指（见附录 B）和试验针不能施加作用力。如果用试验指或试验针能接触到这些零部件，或者如果打开不认为是提供适当绝缘（见 6.9.2）的盖子能接触到这些零部件，则认为这些零部件是可触及的。

如果在正常使用时操作人员预定会采取使零部件增加可触及性的任何操作（使用或不使用工具），则应在 6.2.2～6.2.4 的检查前采取这样的操作。这样操作的例子包括：

a） 移开盖子；

b） 打开门；

c） 调节控制件；

d） 更换消耗材料。

工业控制计算机在进行 6.2.2～6.2.4 检查前应按制造厂说明书的规定安装好。

6.2.2 检查

在每一个可能的位置上施加铰接式试验指(见图 B.2)。如果通过加力零部件会成为可触及,则施加刚性试验指(见图 B.1),同时施加 10 N 的力。施加的力要通过试验指的指尖施加,以避免出现楔入或撬开的动作。试验对所有的外部表面进行,包括底部。

6.2.3 危险带电零部件上方的开孔

将长 100 mm、直径 4 mm 的金属试验针插入危险带电零部件上方的任何开孔。试验针应自由悬挂,并允许进入达 100 mm。零部件只是因为本试验是可触及的,因此不需要采取 6.5 单一故障条件的防护的附加安全措施。

本试验对端子不适用。

6.2.4 预调控制件的开孔

将直径 3 mm 的金属试验针插入预定需要用改锥或其他工具来接触预调控制件的孔。试验针以每一个可能的方向插入预调控制件的孔。插入深度不能超过从外壳表面到控制轴距离的三倍或100 mm,取其较小者。

6.3 可触及零部件的允许限值

6.3.1 概述

在可触及零部件与参考试验地之间,电压、电流、电荷不能超过 6.3.2 正常条件下的限值,也不能超过 6.3.3 单一故障条件下的限值。

6.3.2 正常条件下的限值

在正常条件下有关量值大于下列限值即被认为是危险带电。只有当电压值超过 a)的限值时,才采用 b)和 c)的限值。

a) 当电压限值为有效值 33 V 和峰值 46.7 V,或者直流值 70 V。

b) 电流限值(见附录 C)为:

   1) 当用图 C.1 的测量电路测量时,对正弦波电流为有效值 0.5 mA,对非正弦波或混合频率电流为峰值 0.7 mA,或者直流值 2 mA。如果频率不超过 100 Hz,可以用图 C.2 的测量电路。

   2) 当用图 C.3 的测量电路时,有效值 70 mA,这一限值涉及较高频率下可能的灼伤。

c) 电容的电荷限值为 45 μC。

6.3.3 单一故障条件下的限值

在单一故障条件下有关量值大于下列限值即被认为是危险带电。只要电压超过 a)的限值,则还要采用 b)和 c)的限值。

a) 电压限值为有效值 55 V 和峰值 78 V,或者直流 140 V;对瞬时电压,其限值为图 1 的规定值,在 50 kΩ 电阻器上测量。

b) 电流限值(见附录 C)为:

   1) 当用图 C.1 测量电路测量时,对正弦波电流为有效值 3.5 mA,对非正弦波或混合频率电流为峰值 5 mA;或者直流 15 mA。如果频率不超过 100 Hz,可以用图 C.2 测量电路;

   2) 当用图 C.3 的测量电路测量时,有效值 500 mA,这一限值涉及较高频率下可能的灼伤。

c) 电容量限值见图 2 的规定值。

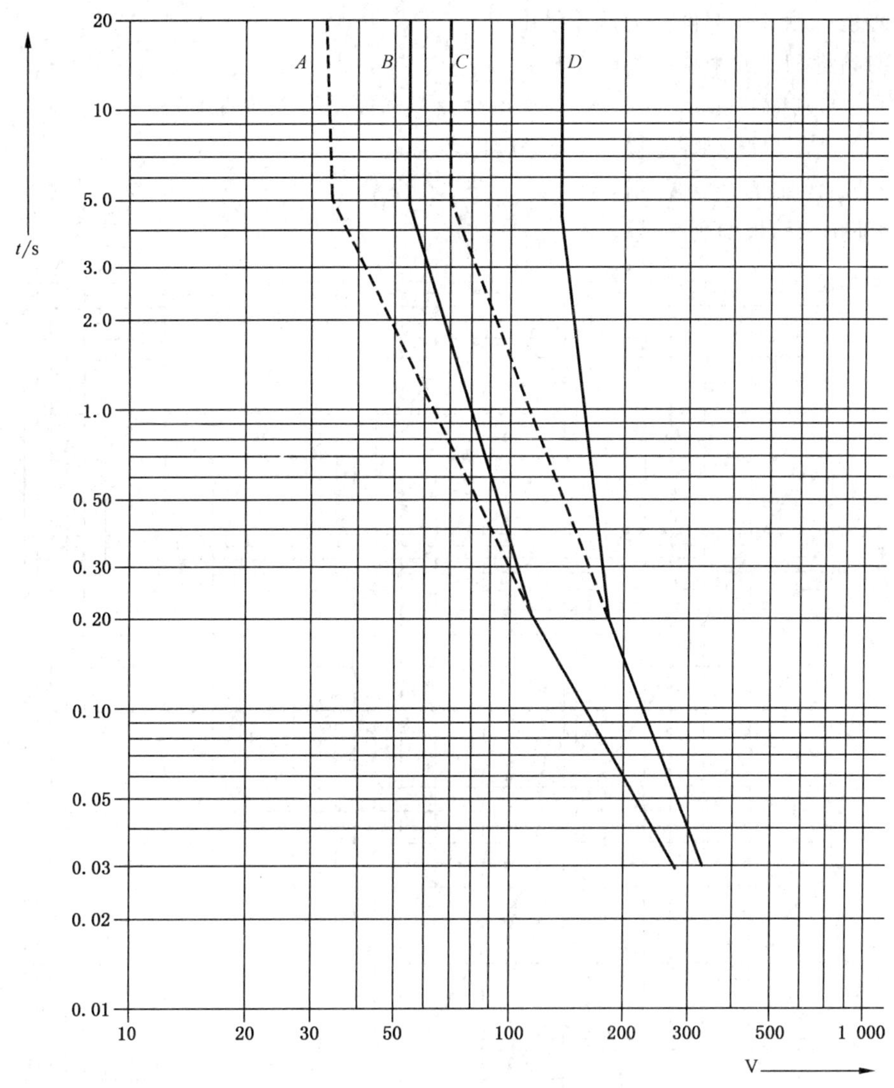

说明：

A——潮湿条件下的交流限值； C——潮湿条件下的直流限值；

B——干燥条件下的交流限值； D——干燥条件下的直流限值。

图1 单一故障条件下瞬时可触及电压的短时最大持续时间

6.4 正常条件下的防护

应采用下面一个或一个以上的措施来防止可触及零部件成为危险带电：

a) 基本绝缘(见附录D)；

b) 外壳或挡板；

c) 阻抗。

外壳或挡板应满足8.2的刚度要求。如果外壳或挡板用绝缘来提供防护，则它们应满足基本绝缘的要求。

可触及零部件与危险带电零部件之间的电气间隙和爬电距离应满足6.7的要求和基本绝缘适用的要求。

可触及零部件和危险带电零部件之间的固体绝缘应能通过6.8对应基本绝缘的电压试验。

如果能通过6.8的介电强度试验，对固体绝缘无最小厚度要求。但是，在机械或热应力条件下，需要考虑第8章、第9章和第10章的要求。固体绝缘的局部放电试验在考虑中。应采用下面一个或一个以上的措施来防止可触及零部件成为危险带电。

通过下面的测量和试验来检验是否合格：

a） 通过6.2的判断与6.3.2的测量，确定可触及零部件是否危险带电；

b） 按6.7的规定检查或测量电气间隙和爬电距离；

c） 6.8的基本绝缘的介电强度试验；

d） 8.2的外壳和挡板的刚性试验。

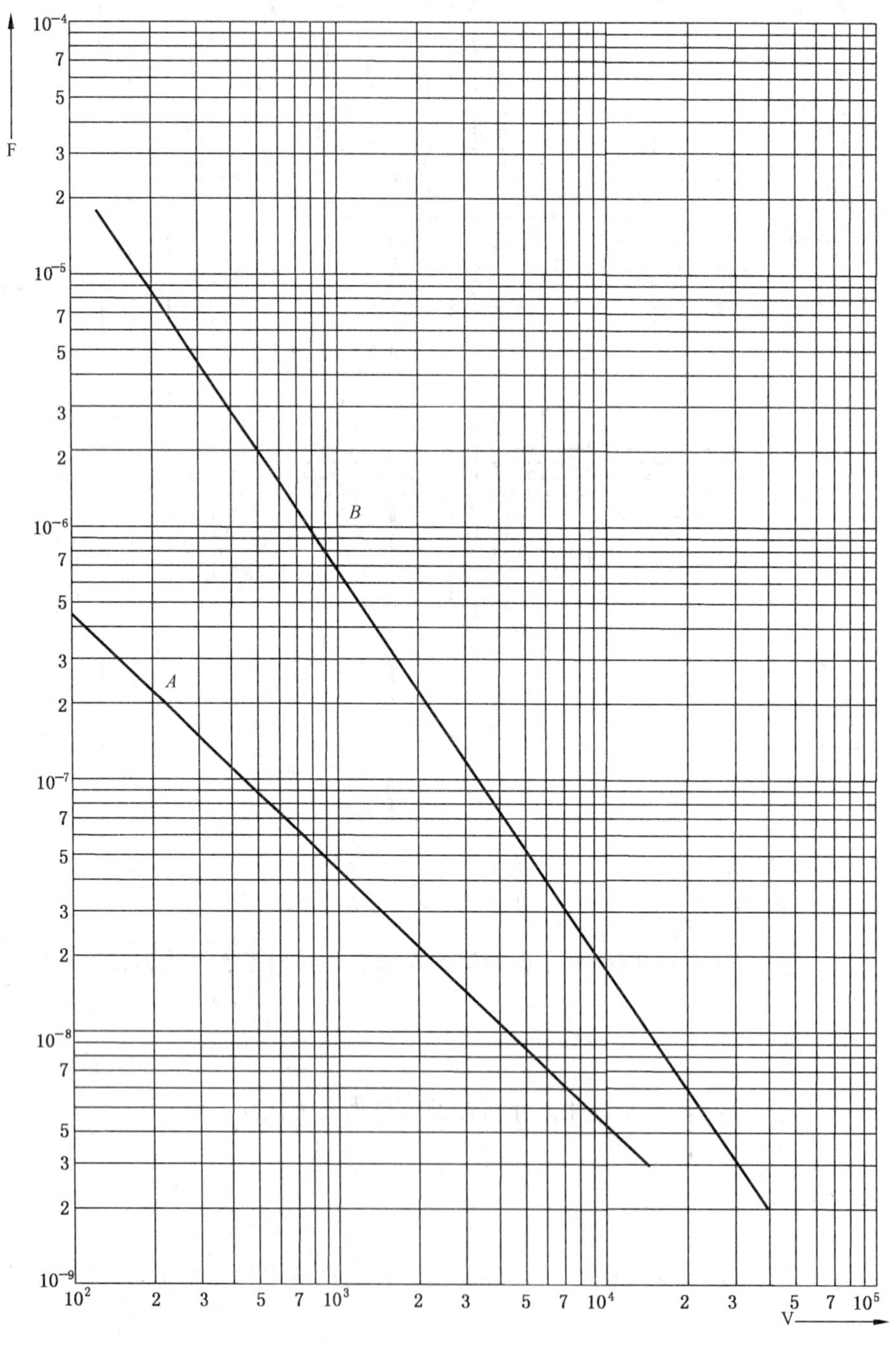

说明：

A——交流限值；

B——直流限值。

图2 正常条件和单一故障条件下充电电容量限值

6.5 单一故障条件下的防护

6.5.1 概述

应提供附加防护，以确保在单一故障条件下防止可触及零部件成为危险带电，该附加防护应由6.5.2～6.5.4 规定的一种或多种防护措施组成，或者在出现故障的情况下自动切断电源(见 6.5.5)。

按 6.5.2～6.5.5 的规定检验是否合格。

6.5.2 保护连接

6.5.2.1 保护连接方法

如果在 6.4 规定的初级保护装置出现单一故障的情况下可触及导电零部件会危险带电，则可触及导电零部件应与保护导体端子相连，另一种方法是应用与保护导体端子相连的导电保护屏或挡板将这些可触及零部件与危险带电的零部件隔离。

注：如果用双重绝缘或加强绝缘将可触及导电零部件与所有危险带电零部件隔离，则可触及导电零部件不必与保护导体端子相连。

按 6.5.2.2～6.5.2.4 的规定检验是否合格。

6.5.2.2 保护连接的完整性

应采用下列措施保证保护连接的完整性：

a) 保护连接应由直接的结构件，或独立的导体或者这二者组成。保护连接应能承受 9.5 规定之一的过流保护装置将工业控制计算机从输入电源上断开之前可能会经受到的所有热应力和电动应力。

b) 对承受机械应力的焊接连接应采用与焊接无关的方法进行机械固定，这种连接不能用于其他目的，例如固定结构件。螺钉连接件应紧固防止松动。

c) 如果工业控制计算机的某一部分可由操作人员来拆除，则不能使工业控制计算机剩余部分的保护连接断开。

d) 可移动的导电的连接件，例如：铰接件、滑销件等，不能成为唯一的保护连接通路，除非将它们专门设计成供电气互连用，并满足 6.5.2.4 的要求。

e) 电缆的外部金属编织物即使与保护导体端子连接也不能认为是保护连接。

f) 保护导体可以是裸导体也可以是绝缘导体，绝缘的颜色应是黄绿相间，但下列情况除外：
   1) 对接地编织线，可以是黄绿相间的也可以是无色透明的；
   2) 对内部保护导体以及和组件中的保护导体端子连接的其他导体，例如带状电缆、汇流条、软印制导线等，如果不可能因保护导体无标识而引起危险，则可以使用任何颜色。黄绿双色组合只能用于识别保护导体，而不能用于其他目的。

g) 使用保护连接的工业控制计算机应装有满足 6.5.2.3 要求的端子并应能适用于保护导体的连接。

通过目视检查来检验是否合格。

6.5.2.3 保护导体端子

保护导体端子应满足下列要求。

a) 接触表面应为金属表面；

注：选择保护连接系统的材料要能使端子与保护导体之间或与端子接触的任何其他金属之间的电化学腐蚀减小到最低限度。

b) 器具输入插座的整体式保护导体连接端应认为是保护导体端子；

c) 对装有可拆线软线的工业控制计算机以及对永久连接式工业控制计算机，其保护导体端子应位于电网电源端子的近旁；

d) 如果工业控制计算机不需要与电网电源相连，但仍然具有需要保护接地的电路或零部件，则保护导体端子应位于需保护接地的该电路端子的附近。如果该电路有外部端子，则保护导体端子也应位于外部；

e) 电网电源电路的保护导体端子其载流能力至少应与电网电源供电端子的载流能力相当；

f) 如果保护导体端子还要用于其他连接目的，则应首先用于连接保护导体，而且固定保护导体应与其他连接无关，保护导体的连接方式应确保不可能由于进行不涉及保护导体的维修而将保护导体拆除，或者应标有警告标志(见 5.2)，说明拆除后需要更换保护导体；

g) 功能接地端子，如果有的话，应提供独立于保护导体连接的连接；

h) 如果保护接地端子是一种连接螺钉，则该螺钉应具有能与连接导体相应的尺寸，但不小于 M4，并至少应能啮合 3 圈螺纹。保护连接所需的接触压力应不会由于构成连接部分的材料的变形而减小。

通过目视检查来检验是否合格。还要通过下列试验来检验是否符合 g)的要求。对金属件上的螺钉或螺母，连同被固定的最不利的接地导体，以及任何配套的导线固定装置的组件，当用表 2 规定的拧紧力矩时，应能承受 3 次装配和拆卸的操作而不发生机械失效。

表 2　螺钉组件的拧紧扭矩

标称螺纹直径 mm	4.0	5.0	6.0	8.0	10.0
拧紧扭矩 N·m	1.2	2.0	3.0	6.0	10.0

6.5.2.4　保护连接阻抗

保护导体端子与规定要采用保护连接的每一个可触及零部件之间的阻抗不能超过 0.1 Ω，电源线的阻抗不构成规定的保护连接阻抗的一部分。

通过施加试验电流 1 min，然后计算阻抗来检验是否合格，试验电流取额定电流的 1.5 倍。

6.5.3　双重绝缘和加强绝缘

组成双重绝缘或加强绝缘(见附录 D)一部分的电气间隙和爬电距离应满足 6.7 的适用的要求，外壳应满足 6.9.2 的要求。

对组成加强绝缘一部分的固体绝缘应能通过 6.8 的加强绝缘的电压值进行电压试验。

按 6.7、6.8 和 6.9.2 的规定来检验是否合格。如果可能的话，双重绝缘的两个部分要分开进行试验，否则要作为加强绝缘来进行试验。安全所需的电气间隙和爬电距离可以通过测量来检验。

6.5.4　保护阻抗

为确保在单一故障条件下可触及导电零部件不会成为危险带电，保护阻抗应是下列规定的一种或一种以上的类型：

a) 元器件的组合；

b） 基本绝缘和电流或电压限制装置的组合。

元器件、导线和连接件的额定值应与正常条件和单一故障条件这两者相适应。

通过目视检查，以及在单一故障条件下（见 4.4.2.1），通过 6.3 的测量来检验是否合格。

6.5.5 工业控制计算机的自动断开

如果工业控制计算机的自动断开被用作单一故障条件下的保护，则该自动断开装置应满足下列所有要求：

a） 自动断开装置应随同设备一起提供，或者安装说明书应规定自动断开要作为设施的一部分来进行安装；

b） 自动断开装置的额定特性应规定成能在图 1 规定的时间范围内断开负载；

c） 自动断开装置的额定值应与设备的最大额定负载条件相适应。

通过目视检查自动断开装置的规范，以及如果适用检查安装说明书来检验是否合格。在有怀疑的情况下，对自动断开装置进行试验来检验其是否在要求的时间范围内断开电源。

6.6 与外部电路的连接

与外部电路的连接应不会：

a） 在正常条件和单一故障条件下使外部电路的可触及零部件变成为危险带电；

b） 或者在正常条件和单一故障条件下使设备的可触及零部件变成为危险带电。

应通过对电路的隔离来实现保护，除非将电路的隔离短路不可能产生危险。

为达到上述的要求，制造商的说明书或设备的标志应按适用的情况对每个外部端子给出以下信息：

a） 端子已设计成的能保持安全工作的额定条件（最大额定输入/输出电压，连接器特定的型号，已设计的用途等）；

b） 为符合正常条件和单一故障条件下端子连接时的电击防护要求，对外部电路要求的绝缘额定值。

按下列方法来检验是否合格：

a） 通过目视检查；

b） 通过 6.2 的判定；

c） 通过 6.3 和 6.7 的测量；

d） 通过 6.8 介电强度试验（但潮湿预处理除外）。

6.7 电气间隙和爬电距离

6.7.1 概述

电气间隙和爬电距离在 6.7.2～6.7.5 中作出规定，以使能承受工业控制计算机预定要接入的系统上出现的过电压。对电气间隙和爬电距离也考虑了额定环境条件和工业控制计算机中安装的或制造商说明书中要求的保护装置。

对内部无空隙的模制零部件，包括对多层印制电路板的内部各层，没有电气间隙和爬电距离的要求。

通过目视检查和测量来检验是否合格。在确定可触及零部件的电气间隙和爬电距离时，绝缘外壳的可触及表面被认为如同在能用标准试验指（见附录 B）触及的该可触及表面任何地方包有金属箔那样是导电的。

6.7.2 一般要求

6.7.2.1 电气间隙

电气间隙被规定成要承受可能在电路中出现的,由外部事件(例如雷击或开关过渡过程)引起的,或者由工业控制计算机运行引起的最大瞬态过电压。如果瞬态过电压不可能发生,则电气间隙按最大工作电压规定。

电气间隙值取决于:

a) 绝缘类型(基本绝缘,加强绝缘等);

b) 电气间隙的微环境污染等级。

在所有情况下,污染等级 2 的最小电气间隙为 0.2 mm。污染等级 3 的最小电气间隙为 0.8 mm。

如果工业控制计算机被规定成能在高于 2 000 m 的海拔高度上工作,则其电气间隙要乘以从表 3 查得的系数,该系数不适用于爬电距离,但是爬电距离始终应至少等于电气间隙的规定值。

表 3 海拔 5 000 m 内的电气间隙倍增系数

额定工作海拔高度 m	倍增系数
≤2 000	1.00
2 001～3 000	1.14
3 001～4 000	1.29
4 001～5 000	1.48

6.7.2.2 爬电距离

对于两电路之间的爬电距离,要使用施加在两个电路之间的绝缘上的实际工作电压。爬电距离采用线性内插值是允许的。爬电距离始终应至少等于电气间隙的规定值,如果计算所得的爬行距离小于电气间隙,则爬电距离应加大到电气间隙的数值。

对其涂层满足 IEC 60664-3 :2010 的 A 类涂层要求的印制线路板,使用污染等级 1 的数值。

对加强绝缘,爬电距离应是基本绝缘规定值的两倍。就本条而言,材料按其 CTI(相比漏电起痕指数)值被分为四个组别,如下:

材料组别Ⅰ 600≤CTI;

材料组别Ⅱ 400≤CTI<600;

材料组别Ⅲ a175≤CTI<400;

材料组别Ⅲ b100≤CTI<175。

上面的 CTI 值是指按 GB/T 4207 的规定,在为此目的专门制备的样品上,用溶液 A 来试验所获得的数值。

对玻璃、陶瓷或其他不产生漏电起痕的无机绝缘材料,爬电距离无需大于其相关的电气间隙。

附录 E 的表 E.1 规定了能用于减小污染等级的方法。

爬电距离按附录 F 的规定测量。

6.7.3 电网电源电路

电气间隙和爬电距离应满足表 4 的规定值:

表 4　电网电源电路的电气间隙和爬电距离

相线-中线电压交流有效值或直流值 V	电气间隙数值（见注 1）mm	爬电距离数值 mm								
		污染等级 1		污染等级 2				污染等级 3		
		印制线路板 CTI≥100	所有材料组别 CTI≥100	印制线路板 CTI≥100	材料组别 Ⅰ CTI≥600	材料组别 Ⅱ CTI≥400	材料组别 Ⅲ CTI≥100	材料组别 Ⅰ CTI≥600	材料组别 Ⅱ CTI≥400	材料组别 Ⅲ CTI≥100
50<U≤100	0.1	0.1	0.25	0.16	0.71	1.0	1.4	1.8	2.0	2.2
100<U≤150	0.5	0.5	0.5	0.5	0.8	1.1	1.6	2.0	2.2	2.5
150<U≤300	1.5	1.5	1.5	1.5	1.5	2.1	3.0	3.8	4.1	4.7

注 1：不同污染等级的最小电气间隙数值是：
污染等级 2：0.2 mm；
污染等级 3：0.8 mm。

注 2：所规定的数值是针对基本绝缘或附加绝缘的，对加强绝缘的数值是两倍基本绝缘的数值。

6.7.4　除电网电源电路以外的电路

6.7.4.1　电气间隙数值

对由电网电源供电的电路，其电气间隙应符合表 5 规定的数值。

表 5　由电网电源供电的电路的电气间隙

工作电压 V	电气间隙 mm		
交流有效值或直流值	电网电源电压 U≤100 V 额定脉冲电压 500 V	电网电源电压 100 V<U≤150 V 额定脉冲电压 800 V	电网电源电压 150 V<U≤300 V 额定脉冲电压 1 500 V
50	0.05	0.12	0.53
100	0.07	0.13	0.61
150	0.10	0.16	0.69
300	0.24	0.39	0.94
600	0.79	1.01	1.61
1 000	1.66	1.92	2.52

6.7.4.2　爬电距离数值

表 6 给出与工作电压有关的爬电距离值。

表6 爬电距离

工作电压,有效值或直流	基本绝缘或附加绝缘								
	印制线路板上		其他电路						
	污染等级		污染等级						
	1	2	1	2			3		
	材料组别			材料组别			材料组别		
	Ⅲb	Ⅲa		Ⅰ	Ⅱ	Ⅲa-b	Ⅰ	Ⅱ	Ⅲa-b(见注)
V	mm	mm	mm	mm	mm	mm	mm	mm	mm
10	0.025	0.04	0.08	0.40	0.40	0.40	1.00	1.00	1.00
12.5	0.025	0.04	0.09	0.42	0.42	0.42	1.05	1.05	1.05
16	0.025	0.04	0.10	0.45	0.45	0.45	1.10	1.10	1.10
20	0.025	0.04	0.11	0.48	0.48	0.48	1.20	1.20	1.20
25	0.025	0.04	0.125	0.50	0.50	0.50	1.25	1.25	1.25
32	0.025	0.04	0.14	0.53	0.53	0.53	1.3	1.3	1.3
40	0.025	0.04	0.16	0.56	0.80	1.10	1.4	1.6	1.8
50	0.025	0.04	0.18	0.60	0.85	1.20	1.5	1.7	1.9
63	0.040	0.063	0.20	0.63	0.90	1.25	1.6	1.8	2.0
80	0.063	0.10	0.22	0.67	0.95	1.3	1.7	1.9	2.1
100	0.10	0.16	0.25	0.71	1.00	1.4	1.8	2.0	2.2
125	0.16	0.25	0.28	0.75	1.05	1.5	1.9	2.1	2.4
160	0.25	0.40	0.32	0.80	1.1	1.6	2.0	2.2	2.5
200	0.40	0.63	0.42	1.00	1.4	2.0	2.5	2.8	3.2
250	0.56	1.0	0.56	1.25	1.8	2.5	3.2	3.6	4.0
320	0.75	1.6	0.75	1.60	2.2	3.2	4.0	4.5	5.0
注:允许使用爬电距离的内插值。									

6.8 介电强度试验程序

6.8.1 参考试验地

参考试验地是电压试验的参考点,它是下面的一个或一个以上的零部件,如果是一个以上的零部件则要将它们连接在一起:

a) 任何保护导体端子或功能接地端子;

b) 任何可触及导电零部件,但对因未超过6.3.2的规定值而允许触及的任何带电零部件除外。这种带电零部件要连接在一起,但不构成参考试验地的一部分。对6.2.1的例外允许危险带电的可触及导电零部件也不包括在内;

c) 外壳的任何可触及绝缘部分,在除端子以外的每一个地方要包上金属箔。对试验电压小于或等于交流峰值10 kV或直流10 kV时,从金属箔到端子的距离要不大于20 mm,对于更高的电压,该距离要达到能防止飞弧的最小值;

d) 控制件上由绝缘材料制成的可触及零部件,包上金属箔或压上软导电材料。

6.8.2 潮湿预处理

为确保设备在潮湿条件下不会产生危险，在6.8.4的电压试验前，设备要进行潮湿预处理，在预处理期间设备不工作。

如果6.8.1要求包上金属箔，则要在完成潮湿预处理和恢复后包上金属箔。

能手动拆除的电气元器件、盖子及其他零部件要拆除，并与主机一起进行潮湿预处理。

预处理要在潮湿箱中进行，箱内空气相对湿度为92.5%±2.5%。箱内空气温度保持在40 ℃±2 ℃。

在加湿之前，设备要处在42 ℃±2 ℃环境中。通常在进行潮湿预处理前，将其保持在该温度下至少4 h。

箱内的空气要搅动，且箱子的设计要使得凝露不致滴落在设备上。

设备在箱内保持48 h，取出设备后使其在4.3.1规定的环境条件下恢复2 h，非通风设备的盖子要打开。

6.8.3 试验的实施

规定的试验要在潮湿处理后恢复时间结束时的1 h内进行和完成。试验期间设备不工作。

如果在两个电路之间或某个电路与某个可触及导电零部件之间彼此是连接在一起的，或彼此是不隔离的，则在它们之间不进行电压试验。

与被试绝缘并联的保护阻抗和限压装置要断开。

在组合使用两个或两个以上保护装置的情况下(见6.4和6.5.1)，对双重绝缘和加强绝缘所规定的电压就可能会加在不必承受这些电压的电路零部件上。为了避免出现这种情况，这样的零部件在试验期间可以断开，或者对要求双重绝缘或加强绝缘的电路零部件可以分开进行试验。

6.8.4 电压试验

进行电压试验要采用表7的规定值，不能出现击穿或重复飞弧。电晕效应和类似现象可忽略不计。

对固体绝缘，交流试验和直流试验是可任选其一的试验方法。绝缘只要通过这两种试验之一即可。在进行试验时，电压要在5 s或5 s以内逐渐升高到规定值，使电压不出现明显的跳变，然后保持5 s。

脉冲试验是GB/T 16927规定的1.2/50 μs的试验，每一极性至少三个脉冲，间隔时间至少1 s。如果是选择交流试验或直流试验，则对交流试验，试验的持续时间至少应为三个周期，或者对直流试验，则应为每一极性10 ms持续时间的三倍。

双重绝缘或加强绝缘的试验值是表7中对基本绝缘试验值的1.6倍。

注1：在对电路进行试验时，可能难以将电气间隙的试验和独一固体绝缘的试验分开进行。

注2：试验数显表的最大试验电流通常要加以限制，以避免由于试验而发生危险以及由于试验不合格而损坏数显表。

注3：设法观察绝缘材料内部的局部放电也许是有用的(见IEC 60270)。

注4：试验后要注意释放储存的能量。

表 7 基本绝缘的试验电压

电气间隙	脉冲试验的峰值电压	交流电压有效值 (50 Hz/60 Hz)	交流电压峰值(50 Hz/60 Hz)或直流电压
mm	V	V	V
0.010	330	230	330
0.025	440	310	440
0.040	520	370	520
0.063	600	420	600
0.1	806	500	700
0.2	1 140	620	880
0.3	1 310	710	1 010
0.5	1 550	840	1 200
1.0	1 950	1 060	1 500
1.4	2 440	1 330	1 880
2.0	3 100	1 690	2 400
2.5	3 600	1 960	2 770

6.9 防电击保护的结构要求

6.9.1 概述

如果发生故障时可能会导致危险,则应采取下列措施:

a) 对承受机械应力的导线连接的固定不能仅依靠焊接;

b) 对固定可拆卸的盖子的螺钉,若其长度已确定可触及导电零部件与危险带电零部件间的电气间隙或爬电距离,则该螺钉应是不脱落的螺钉;

c) 导线、螺钉等的意外松动或脱落不能使可触及零部件成为危险带电。

下列材料不能用来作为安全目的的绝缘:

a) 容易受到损坏的材料(如漆,氧化层,阳极氧化膜);

b) 未浸渍的吸湿性材料(如纸,纤维制品和纤维材料)。

通过目视检查来检验是否合格。

6.9.2 双重绝缘或加强绝缘设备的外壳

全部用双重绝缘或加强绝缘防护的工业控制计算机应有一个包围所有金属零部件的外壳,如果诸如铭牌、螺钉或铆钉之类的小金属零件已用加强绝缘或等效方法与危险带电零部件隔离,则这一要求不适用。

由绝缘材料制成的外壳或外壳零部件应满足双重绝缘或加强绝缘的要求。

由金属制成的外壳或外壳零部件,除使用了保护阻抗的零部件外,应对其采用下述的措施之一:

a) 在外壳的内侧提供绝缘涂层或挡板,该涂层或挡板应包围所有的金属零部件,以及包围当危险带电零部件松脱可能会使其接触到外壳的金属零部件的所有空间;

b) 确保外壳与危险带电零部件之间的电气间隙和爬电距离不会因为零部件或导线的松脱而减小到小于对基本绝缘的规定值。

对具有锁紧垫圈的螺钉或螺母不认为是易于发生松动的,对用机械方法进行固定的而不只是单独用焊接方法固定的导线也不认为是易于发生松动的。

通过目视检查和测量以及通过6.8的试验来检验是否合格。

6.10 与供电电源的连接

6.10.1 电源线

下列要求适用于不可拆卸的电源线和随同工业控制计算机一起提供的可拆卸的电源线：

a) 电源线的额定值应与工业控制计算机的最大电流相适应，且所用的缆线应符合GB/T 5023或GB/T 5013。经某个认可的检测机构认证或批准的电源线被认为符合这一要求；

b) 如果电源线有可能与设备外部的发热零部件接触，则该电源线应采用合适的耐热材料来制造；

c) 如果电源线是可拆卸的，则电源线和器具输入插座至少应具有这两个部件之一的最高温度；

注：对电源线和器具输入插座这两者要求具有同样的温度额定值是为了确保不可能无意中使用低温度额定值的电源线组件。

d) 与保护导体端子连接的只能使用具有黄绿双色外皮的导线；

e) 带符合GB 17465的连接器的可拆卸的电源线应满足GB/T 15934的要求，或者其额定值至少应与装在电源线上的电源连接器的电源额定值相一致。

电源线术语在图3中给出。

通过目视检查，以及如有必要，通过测量来检验是否合格。

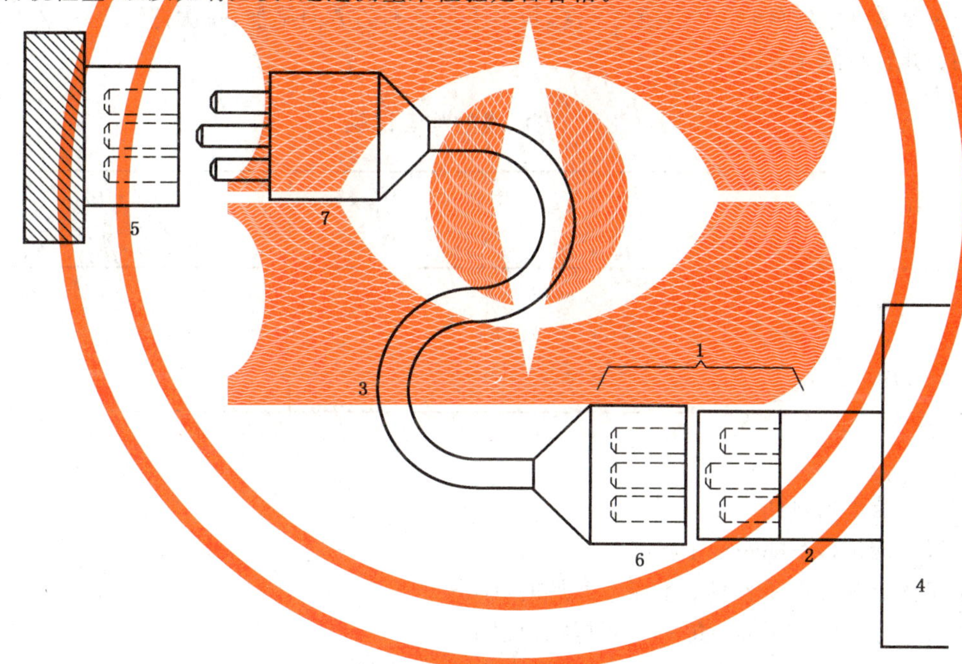

说明：

1——器具耦合器；
2——器具输入插座；
3——可拆卸电源线；
4——设备；
5——固定式电源插座；
6——电源连接器；
7——电源插头。

图3 可拆卸电源线和连接

6.10.2 不可拆卸的电源线的安装

应采取下面的措施之一来防止电源线在电线进线口处发生磨损和锐弯：

a) 采用具有光滑倒圆开孔的进线口和套管；

b) 采用由绝缘材料制成的能可靠固定的软线护套，护套伸出进线口处至少为能安装的最大截面积电线的外径的5倍。对于扁平软线，要取其外形截面的大尺寸作为软线的外径。

通过目视检查，以及如有必要，通过测量尺寸来检验是否合格。

软线固定装置应能使工业控制计算机内连接软线处软线的导线免受应力，包括扭力，并应能防止导线的绝缘受到磨损。如果软线在其固定装置中滑脱，则其保护接地导体，如果有的话，应最后承受到应力。

软线固定装置应符合下列要求：

a) 不能用螺钉直接压在软线上来夹紧软线；
b) 不能采取在软线上打结；
c) 应不可能将软线推入工业控制计算机内达到可能引起危险的程度；
d) 在具有金属零部件的软线固定装置内，软线绝缘的损坏不能使可触及导电零部件变成危险带电；
e) 紧缩套管不能作为软线固定装置来使用，除非紧缩套管具有能夹紧符合6.10.1要求的所有型号和尺寸的电源线，且适合与所提供的端子相连接，或者该套管已设计成能端接有护套的电源线；
f) 软线固定装置的设计应保证软线的更换不会引起危险，且采用消除应力的方法应是明显的。

通过目视检查和下述的推拉力试验来检验是否合格：手动将软线尽可能地推入工业控制计算机内，然后软线使承受表8规定的稳定拉力值25次，拉力沿最不利的方向施加，每次持续1 s。然后立即承受表8规定的力矩值持续1 min。

表8 电源线的物理试验

设备质量，M kg	拉力 N	力矩 N·m
$M \leqslant 1$	30	0.10
$1 < M \leqslant 4$	60	0.35
$M > 4$	100	0.35

试验后：

a) 软线不能出现损伤；
b) 软线纵向位移不能超过2 mm；
c) 位于固定装置夹紧软线处不能有变形的迹象；
d) 电气间隙和爬电距离不能减小到规定值以下；
e) 电源线应能通过6.8的电压试验（但不进行潮湿预处理）。

6.10.3 插头和连接器

a) 将工业控制计算机连接到电源上的插头和连接器，包括用来连接可拆卸的电源线的器具耦合器，均应符合插头、插座和连接器的相关规范；
b) 如果软线连接的工业控制计算机，其设计上应保证在交流电网电源外部断接处，尽量减小因接在一次电路中的电容器贮存有电荷而产生的电击危险，则在断开电源后5 s，断接处不能危险带电；

通过目视检查来检验是否合格。对从内部电容器接收电荷的插头，要进行6.3规定的测量，以此来确定是否超过6.3.2c)的规定值。

6.11 输入电源的断开

6.11.1 概述

除 6.11.2 的规定外，不论在工业控制计算机的内部还是外部，应装有使工业控制计算机能从每一个供给能量的输入电源上断开的断开装置。断开装置应断开所有载流导体。

注：设备也可以装有用于功能目的开关或其他断开装置。

按 6.11.2～6.11.4 的规定来检验是否合格。

6.11.2 例外

如果短路或过载不会引起危险，则不需要断开装置。不需要断开装置的例子有：

a) 预定仅连接到有阻抗保护的输入电源上的工业控制计算机。这种输入电源是其阻抗值能确保一旦工业控制计算机出现过载或短路，工业控制计算机的供电条件不会超过其额定供电条件且工业控制计算机不会发生危险的一种输入电源。

b) 构成阻抗保护负载的电源。这种负载是非分立的过流或热保护的元器件，而且其阻抗能确保一旦该元器件所在的电路出现过载或短路，电路不会超过其额定值的一种元器件。

通过目视检查来检验是否合格，如有怀疑，则设置短路或过载来检验是否会发生危险。

6.11.3 按电源的类型规定的要求

6.11.3.1 永久连接式电源

对永久连接式电源应采用开关或断路器作为断开装置。如果开关不是作为电源的一部分，则电源的安装文件应规定：

a) 开关或断路器应包含在建筑物的设施中；

b) 开关应靠近电源，而且应是在操作人员易于达到的地方；

c) 开关或断路器的标志应标成是该电源用的断开装置。

通过目视检查来检验是否合格。

6.11.3.2 软线连接的电源

软线连接的电源应装有下列之一的断开装置：

a) 开关或断路器；

b) 不用工具就能断开的器具耦合器；

c) 无锁紧装置的、能与建筑物上的插座相配的可分离的插头。

通过目视检查来检验是否合格。

6.11.4 断开装置

6.11.4.1 概述

如果断开装置是作为电源的一部分，则断开装置在电路上应尽可能靠近输入电源。对产生功耗的元器件在电路上不能置于输入电源和断开装置之间。

对电磁干扰抑制电路允许置于断开装置的输入电源侧。

通过目视检查来检验是否合格。

6.11.4.2 开关和断路器

用作断开装置的设备开关或断路器应符合 GB/T 14048.1 和 GB/T 14048.3 的有关要求，并应能适用于其适用场合。

如果开关或断路器用作断开装置,则其标志应能表示出这种功能。如果仅有一个装置(一个开关或一个断路器),则用表1的符号9和符号10即可。

开关不能装在电源线上。

开关或断路器不能断开保护接地导体。

具有作断开用的触点和具有作其他目的用的触点的开关或断路器应符合6.6和6.7对电路之间的隔离的要求。

通过目视检查来检验是否合格。

6.11.4.3 器具耦合器和插头

如果器具耦合器或可分离插头用作断开装置,则应使操作人员能很快识别,而且应能很容易达到。器具耦合器的保护接地导体应在供电导体连接前先行连接,而在供电导体断开后再行断开。

通过目视检查来检验是否合格。

7 防机械危险

在正常条件下或单一故障条件下操作不能导致机械危险。

设备外壳上所有易于接触到的边缘、凸起物、拐角、开孔、挡板、把手等应光滑圆润,应避免在正常使用设备时造成伤害。

通过目视检查来检验是否合格。

8 耐机械冲击和撞击

8.1 概述

当工业控制计算机承受在正常使用时可能遇到的冲击和碰撞时不能引起危险。工业控制计算机应具有足够的机械强度,元器件应可靠地固定且电气连接应是牢固的。

通过进行8.1的试验来检验是否合格。试验期间电源不工作。对不构成外壳一部分的零部件不进行8.1的试验。

试验完成后,工业控制计算机应能通过6.8的电压试验(但不进行潮湿预处理),并且用目视检查来检验:

a) 危险带电零部件是否变成可触及;

b) 外壳是否出现可能会引起危险的裂纹;

c) 电气间隙是否小于允许值,内部导线的绝缘是否受到损伤;

d) 挡板是否损坏或松动;

e) 是否出现可能会引起火焰蔓延的损坏。

饰面的损坏,不会使爬电距离或电气间隙减小到小于本部分规定值的小凹痕,以及对防电击或防潮不会带来不利影响的小缺口可忽略不计。对不构成外壳一部分的任何零部件的损坏可忽略不计。

8.2 外壳的刚性试验

8.2.1 静态试验

工业控制计算机要牢固地固定在刚性支撑面上并承受30 N的力,力通过直径12 mm硬棒上的半球面端部来施加。该硬棒应施加在当准备使用设备时其可触及的以及其变形可能会引起危险的外壳的每一部分。

如果对非金属外壳在高温下是否能通过本试验有怀疑，则工业控制计算机要在 40 ℃的温度下，或在最高额定温度下(如果该温度更高)工作，直至达到稳定状态后再进行本试验。在进行本试验前要先断开工业控制计算机的输入电源。

8.2.2 动态试验

预定要由操作人员来拆除和更换的底座、盖子等要用在正常使用时可能施加的力矩将其固定螺钉拧紧。工业控制计算机要牢固地固定在刚性支撑面上，试验要在正常使用时可能触及的以及如果损坏可能会引起危险的表面的任何位置进行。

对具有非金属外壳的工业控制计算机，如果额定最低环境温度低于 2 ℃，则使工业控制计算机冷却到最低额定环境温度，然后在 10 min 内完成试验。

试验使用钢球，最多试验三个点。试验能量为 5 J。

撞击元件为直径 50 mm、质量 500 g±25 g 的钢球。

试验按图 4 所示进行。对 5 J 的能量，高度 X 为 1 m。

另一种可供选择的方法是，工业控制计算机可以固定在相对于其正常位置 90°的位置上，用撞击元件来进行试验。

试验后，在已明显损坏的窗口或显示屏后面的危险带电零部件不能变成可触及，而且外壳的其他部分应符合基本绝缘的要求。

不构成外壳一部分的零部件和窗口不进行本试验。

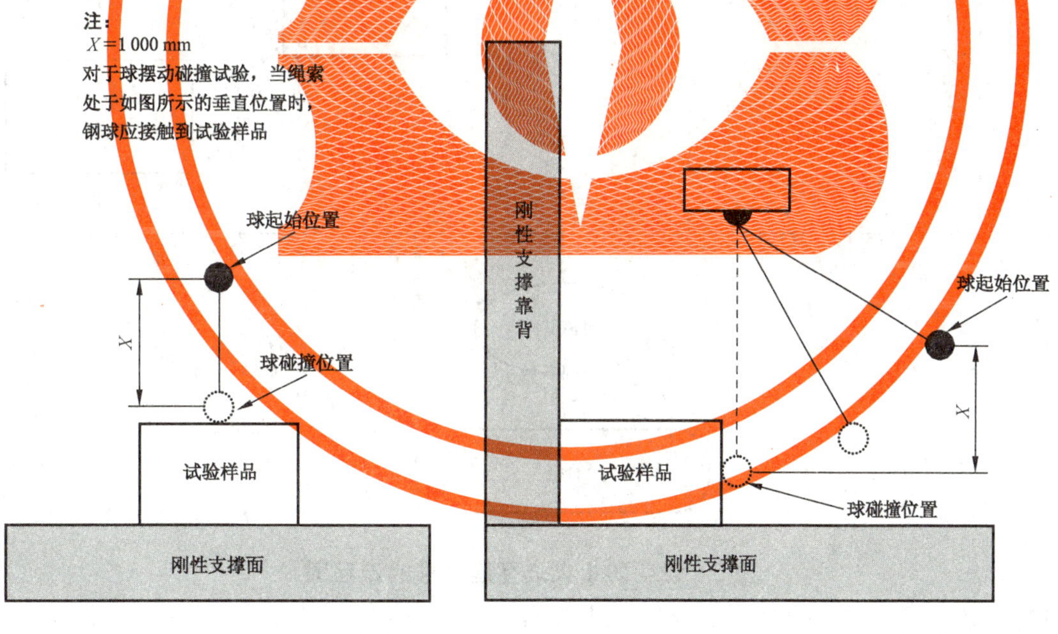

图 4 使用钢球的撞击试验

9 防止火焰蔓延

9.1 概述

在正常条件下或单一故障条件下，火焰不能蔓延到工业控制计算机的外面。图 5 是说明符合性检验方法的流程图。

至少采用下列的一种方法来检验是否合格。

a) 进行可能会导致火焰蔓延到设备外面的单一故障条件(见 4.4)下的试验。试验结果应满足 4.4.4.3的符合性判据;

b) 按 9.2 的规定检验是否消除或减少设备内的引燃源;

c) 按 9.3 的规定检验能否在一旦出现着火,火焰被控制在设备内。

注:方法 b)和 c)是基于执行了规定的设计准则,相反,方法 a)则是完全依靠单一故障条件下的试验。

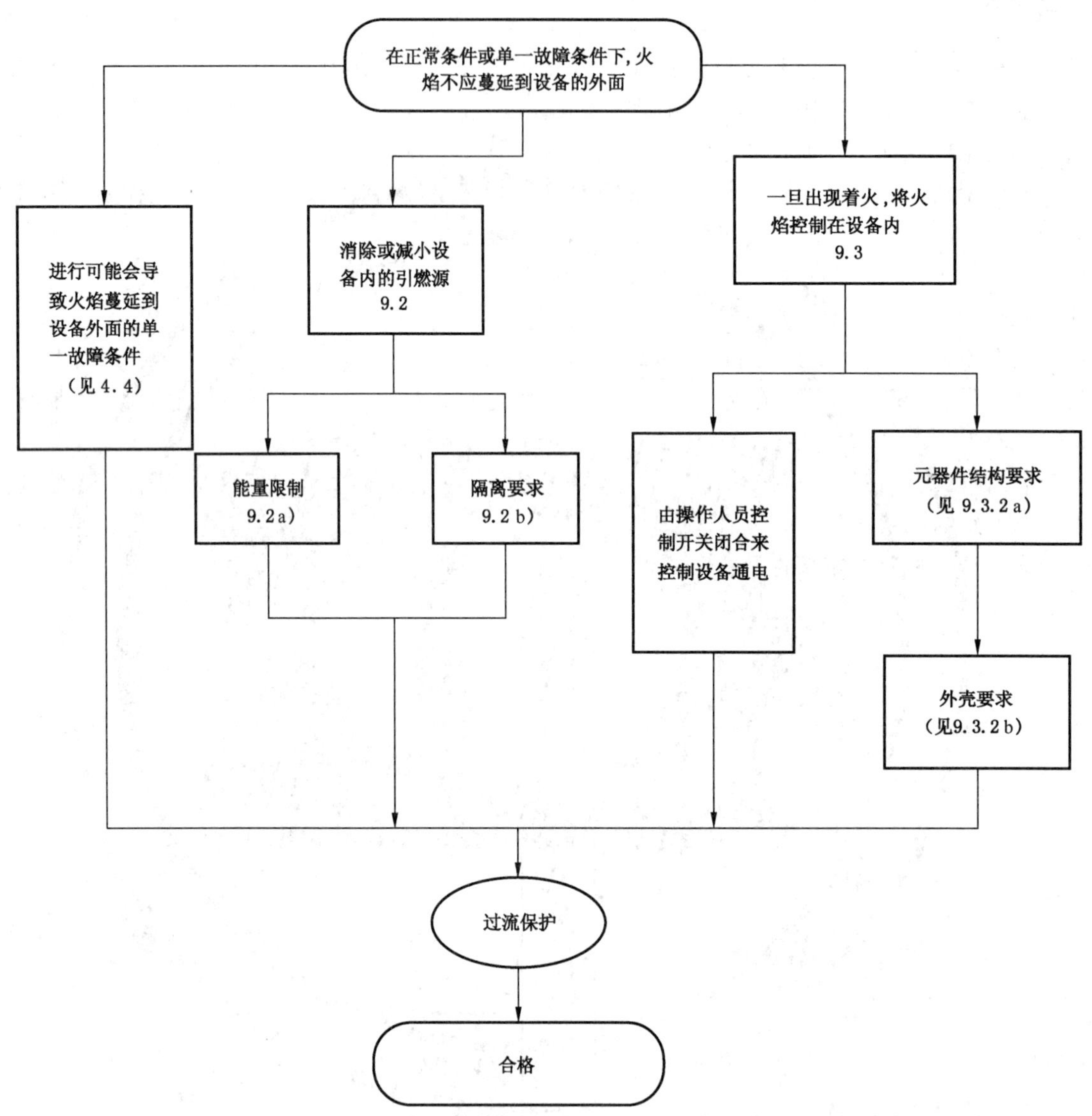

图 5 说明防止火焰蔓延要求的流程图

9.2 消除或减少设备内的引燃源

注:对设备中不能被划分成限能电路(见 9.4)的所有电路被认为是着火的引燃源,在这种情况下采用 9.1a)方法或 9.1c)方法。

就每一个引燃源的引燃危险而言,如果满足下列要求,则认为引燃危险和着火出现率已被减小到允许的水平。

采取 a)或者 b)的方法:

a) 按 9.4 的规定,限制工业控制计算机的电路或零部件可获得的电压、电流和功率。按 9.4 的规定,通过测量受限制的能量值来检验是否合格。

b) 不同电位的零部件之间的绝缘满足基本绝缘的要求，或能证明桥接绝缘不会导致引燃。通过目视检查，如有怀疑，通过试验来检验是否合格。

通过进行 4.4 的相关试验，采用 4.4.4.3 的判据来检验是否合格。

9.3 一旦出现着火，将火焰控制在设备内

9.3.1 概述

如果工业控制计算机满足下列的结构要求，则认为火焰蔓延到工业控制计算机外面的危险已被减小到允许的水平。

工业控制计算机和工业控制计算机的外壳符合 9.3.2 的结构要求。

通过目视检查以及按 9.3.2 的规定来检验是否合格。

9.3.2 结构要求

应符合下列结构要求。

a) 绝缘导线应具有相当于 GB/T 11020—2005 规定的 V-1 或更优的可燃性等级。连接器和安装元器件的绝缘材料应具有 GB/T 11020—2005 规定的 V-2 或更优的可燃性等级。

通过检查有关材料的数据，或对相关零部件的三个样品进行 GB/T 11020—2005 规定的 FV 试验，来检验是否合格。样品可以是下列规定的任何一种样品：

1) 整个零部件；

2) 零部件的截取部分，要包含有壁厚最薄的和有任何通风孔的部分；

3) 符合 GB/T 11020—2005 的样品。

b) 外壳应符合下列要求：

1) 外壳底部应无开孔，或应在图 7 规定的范围内装有符合图 6 规定的挡板，或应用金属材料制成，开孔符合表 9 的规定，或应是金属隔离网，其网眼中心距不超过 2 mm×2 mm，金属丝直径至少为 0.45 mm；

2) 外壳侧面包含在图 7 斜线 C 区域范围不能开孔；

3) 外壳以及任何挡板或挡火板应用金属（镁除外）材料制成，或者用可燃性等级为 GB/T 11020—2005 规定的 V-1 或更优的非金属材料制成；

4) 外壳以及任何挡板或挡火板应具有足够的刚性。

通过目视检查检验是否合格。如有怀疑，要求 b)3)的可燃性等级按照 a)中的要求进行检验。

表 9 外壳底部允许的开孔

最小厚度 mm	开孔的最大直径 mm	开孔的最小中心距 mm
0.66	1.14	1.70(233 个孔/645 mm^2)
0.66	1.19	2.36
0.76	1.15	1.70
0.76	1.19	2.36
0.81	1.91	3.18(72 个孔/645 mm^2)
0.89	1.90	3.18
0.91	1.60	2.77
0.91	1.98	3.18
1.00	1.60	2.77
1.00	2.00	3.00

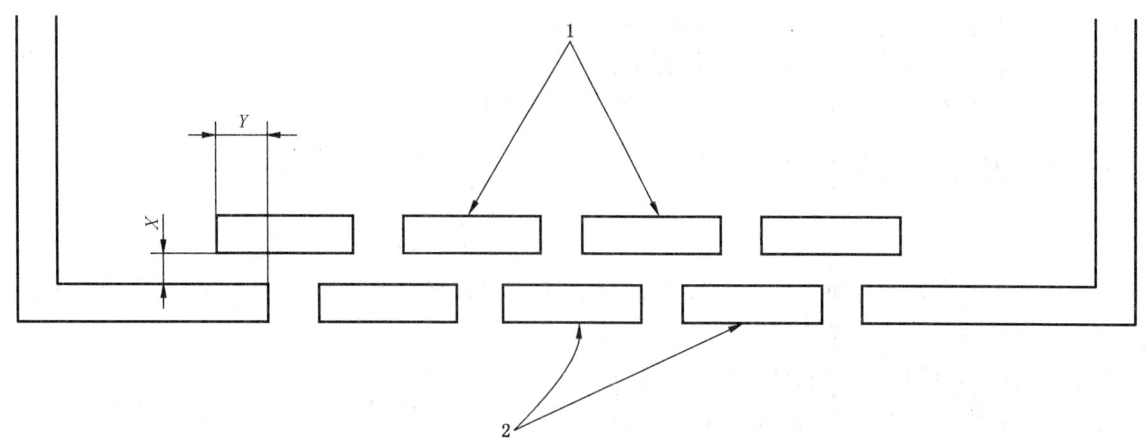

说明：

$Y=2X$，但不小于 25 mm；

1——挡板（可以位于外壳底部的下面）；

2——外壳底部。

图 6　挡板

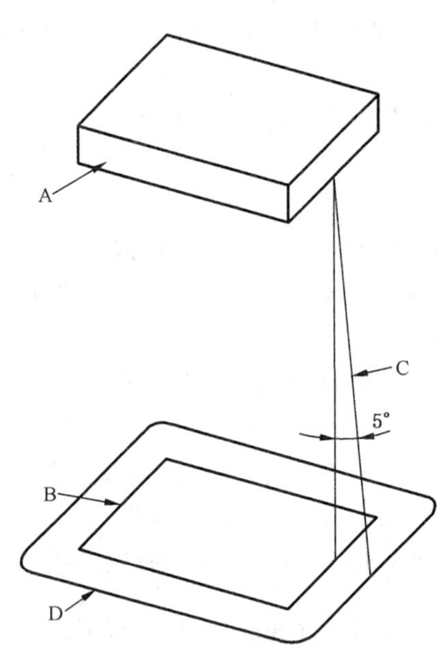

说明：

A——被认为是危险着火源的控制仪表的零部件和元器件。如果它是未另外防护的，或者是用其外壳进行局部防护的元器件的未防护部分，则该零部件和元器件包括控制仪表的整个零部件和元器件。

B——A 的轮廓线在水平面上的投影。

C——斜线，用来划出结构要符合 9.3.2b)1）和 9.3.2b)2）规定的外壳底部和侧面的最小区域。该斜线围绕 A 的周边的每一点，以及相对于垂线呈 5°夹角投射，其取向要确保能划出最大的面积。

D——结构要符合 9.3.2b)1）规定的底部的最小区域。

图 7　结构要符合 9.3.2b)1）规定的外壳底部的区域

9.4　限能电路

限能电路是符合下列所有判据的电路：

a） 出现在电路中的电位不大于 30 V 有效值和 42.4 V 峰值，或者直流 60 V。

b） 用下列之一的方法来限制能出现在电路中的电流：

1） 由自身限制或用阻抗限制最大可获得电流，使其不会超过表 10 的相关规定值；

2） 用符合表 11 规定的过流保护装置限制电流；

3） 用调节网络限制最大可获得电流，使其在正常条件下或在调节网络中出现的单一故障条件下不会超过表 14 的相关规定值。

c） 至少采用基本绝缘与会产生超过上述判据 a）和 b）的能量值的其他电路隔离。

如果使用过流保护装置，则该过流保护装置应是某种熔断器或某种不可调的非自复位机电装置。

通过目视检查，以及在下列条件下，通过测量出现在电路中的电位、最大可获得电流来检验是否合格：

1） 在使电压达到最大的负载条件下测量出现在电路中的电位；

2） 加上能产生最大电流值的阻性负载（包括短路），在工作 60 s 后测量输出电流。

表 10 最大可获得电流值的限值

开路输出电压（U 或者 $\hat{U}$） V			最大可获得电流 A
交流有效值	直流	峰值[a]	交流有效值或直流
$U\leqslant2$	$U\leqslant2$	$\hat{U}\leqslant2.8$	50
$2<U\leqslant12.5$	$2<U\leqslant12.5$	$2.8<\hat{U}\leqslant17.6$	$100/U$
$12.5<U\leqslant18.7$	$12.5<U\leqslant18.7$	$17.6<\hat{U}\leqslant26.4$	8
$18.7<U\leqslant30$	$18.7<U\leqslant60$	$26.4<\hat{U}\leqslant42.4$	$150/U$

[a] 峰值（$\hat{U}$）是为方便使用而提供，适用于非正弦波形的交流电和纹波超过 10% 的直流电。由于电流的有效值与发热相关，故应确定最大可获得电流的有效值。

表 11 过流保护装置的值

出现在电路中的电位（U 或者 $\hat{U}$） V			过流保护装置在不大于 120 s 后断开的电流[b,c] A
交流有效值	直流	峰值[a]	交流有效值或直流
$U\leqslant2$	$U\leqslant2$	$\hat{U}\leqslant2.8$	62.5
$2<U\leqslant12.5$	$2<U\leqslant12.5$	$2.8<\hat{U}\leqslant17.6$	$125/U$
$12.5<U\leqslant18.7$	$12.5<U\leqslant18.7$	$17.6<\hat{U}\leqslant26.4$	10
$18.7<U\leqslant30$	$18.7<U\leqslant60$	$26.4<\hat{U}\leqslant42.4$	$200/U$

[a] 峰值（$\hat{U}$）是为方便使用而提供，适用于非正弦波形的交流电和纹波超过 10% 的直流电。由于电流的有效值与发热相关，故应确定最大可获得电流的有效值。

[b] 该评估值是基于所规定的保护装置的时间－电流分断特性，与额定分断电流是有区别的（例如 ANSI/UL 248-14 的 5 A 熔断器，规定为 10 A 在 120 s 或更短时间熔断，而 IEC 60127 的 T 型 4 A 熔断器，规定为 8.4 A 在 120 s 或更短时间熔断）。

[c] 熔断器的分断电流与温度有关，如果熔断器临近的周围温度明显高于室温，则温度的影响应加以考虑。

9.5 过流保护

预定要由电网电源供电的或要与电网电源连接的工业控制计算机应用熔断器、断路器、热切断器、阻抗限制电路或类似装置来进行保护，防止设备出现故障时从电网获得过大的能量。这种保护是要限制故障的进一步发展以及着火和火焰蔓延的可能性。过流保护装置也能在故障情况下提供防电击保护。

过流保护装置不能装在保护导线上。

过流保护装置(例如熔断器)最好要装在所有供电导线上。如果使用多个熔断器作过流保护装置，则熔断器座应彼此靠近安装，这些熔断器应具有相同的额定值和特性。过流保护装置，包括电源开关最好要装在工业控制计算机中的输入电源电路的供电一侧。已认识到，在产生高频的设备中，还需要在电网电源与过流保护装置之间装上干扰抑制元件。

注：在某些工业控制计算机中，可能需要对过流保护装置的动作进行检测和指示。

工业控制计算机中的过流保护装置是可以任选的，如果不安装过流保护装置，则制造商说明书应规定在工业控制计算机预期使用的装置中要求提供过流保护装置。

如果采用过流保护装置，则应装在工业控制计算机内部。

通过目视检查来检验是否合格。

10 设备的温度限值和耐热

10.1 对防灼伤的表面温度限值

在 40 ℃的环境温度或最高额定环境温度下(如果温度更高)，易接触表面的温度在正常条件下不能超过表 12 的规定值，或在单一故障条件下不能超过 105 ℃。

表 12 正常条件下的表面温度限值

零部件	限值/ ℃
1. 外壳的外表面	
a) 金属的	70
b) 非金属的	80
c) 正常使用是不可能被接触的小区域	100
2. 旋钮和手柄	
a) 金属的	55
b) 非金属的	70
c) 在正常使用时仅被短时间抓握的非金属零部件	85

在正常使用条件下和在 4.4.2 的适用的单一条件下，以及在由于温度过高可能导致危险的任何其他单一故障条件下，按 10.4 的规定通过测量，以及通过目视检查防护装置是否能防止意外接触表面，温度是否超过表 12 的规定值和是否不用工具就不能拆除来检验是否合格。

10.2 绕组的温度

如果因温度过高可能导致危险，则绕组绝缘材料的温度在正常条件下或单一故障条件下不能超过表 13 的规定值。

注：对内部无空隙的模制零部件，则按照 10.1 规定执行。

表 13　绕组绝缘材料的最高温度

绝缘等级 (见 GB/T 11021—2014)	正常条件 ℃	单一故障条件 ℃
A	105	150
B	130	175
E	120	165
F	155	190
H	180	210

10.3　其他温度的测量

就其他条款而言，如果适用，则要进行下列其他温度的测量。除另有规定者外，试验要在正常条件下进行。

a)　在进行 10.5.1 的试验时，测量非金属外壳的温度(建立供 10.5.2 的试验用的基础温度)。

b)　用来支撑与电网电源连接的，且用绝缘材料制成的零部件的温度(建立供 10.5.3 的试验用的温度)。

10.4　温度试验的实施

工业控制计算机应在基准试验条件下进行试验。除了另行规定特殊的单一故障条件外，要遵守制造厂说明书有关通风等规定。

最高温度可以通过在基准试验条件下测量温升，然后将该温升值加上 40 ℃，或加上最高额定环境温度(如果温度更高)来确定。

绕组绝缘材料的温度通过测量绕组线的温度和与绝缘材料接触的铁心片的温度来确定。可以采用电阻法来测量温度，也可以采用温度传感器来测量温度，温度传感器的选择和放置要使其对绕组温度的影响可忽略不计。如果绕组是不均匀的，或者测量电阻有困难，则要采用后者的测量方法。

温度要在达到稳定时测量。

10.5　耐热

10.5.1　电气间隙和爬电距离的完整性

当工业控制计算机在环境温度 40 ℃或最高额定环境温度(如果温度更高)下工作时，其电气间隙和爬电距离应符合 6.7 的要求。

如果对工业控制计算机是否产生大量的热量有怀疑，则要使工业控制计算机在 4.3 的基准试验条件下，但环境温度为 40 ℃或最高额定环境温度(如果温度更高)，通过工业控制计算机工作来进行检验。在本试验后，电气间隙和爬电距离不能减小到小于 6.7 的要求值。

如果外壳是非金属材料的，则要在上述为 10.5.2 的目的而进行试验时测量外壳零部件的温度。

10.5.2　非金属外壳

非金属材料的外壳应能耐高温。

在经过下列之一的处理后，通过试验来检验是否合格。

a)　非工作处理。工业控制计算机不通电，在 70 ℃±2 ℃或在比 10.5.1 的试验时测得的温度高 10 ℃±2 ℃的温度下(取其较高的温度)贮存 7 h。如果工业控制计算机装有用这种处理方法可能会受到损坏的元件，则可以对空外壳进行处理，然后在处理结束时装好设备。

b） 工作处理。工业控制计算机在4.3的基准试验条件下工作，但环境温度要比40 ℃高20 ℃±2 ℃，或比最高额定环境温度(如果高于40 ℃)高20 ℃±2 ℃。

在经过处理后，危险带电零部件不能成为可触及，工业控制计算机应能通过8.2的试验，以及如有怀疑，则再另外进行6.8的试验(但不进行潮湿预处理)。

10.5.3 绝缘材料

绝缘材料应有适当的耐热能力。

a） 对用来支撑与电网电源连接的且用绝缘材料制成的零部件，应采用工业控制计算机内一旦发生短路而不会导致危险的绝缘材料制成。

b） 如果在正常使用时，端子承载电流超过0.5 A，以及如果在不良接触的情况下散发大量的热量，则支撑这些端子的绝缘件应采用其软化程度不会达到可能导致危险或进一步短路的材料来制成。

在有怀疑的情况下，通过检查材料的数据来检验是否合格。如果材料数据不能令人确信，则要进行下列之一的试验：

a） 采用至少2.5 mm厚的绝缘材料样品，用图8的试验装置来进行球压试验。试验在加热箱内进行，箱内温度为按10.3b)或10.3c)的规定测得的温度±2 ℃，或125 ℃±2 ℃，取其较高的温度。对被试零部件的支撑要确保使其上表面呈水平状态，然后使试验装置的球面部分以20 N的力压在该表面上。1 h后取下试验装置，并将样品浸入冷水中，使样品在10 s内冷却到接近室温。由球体引起的压痕的直径不能超过2 mm。

注1：如有必要，可以使用零部件的两个或多个截取部分来获得所要求的厚度。

注2：对骨架，仅支撑或保持端子在位的那些部分才需要进行该试验。

b） GB/T 1633—2000的方法A的维卡软化试验。维卡软化温度至少应为130 ℃。

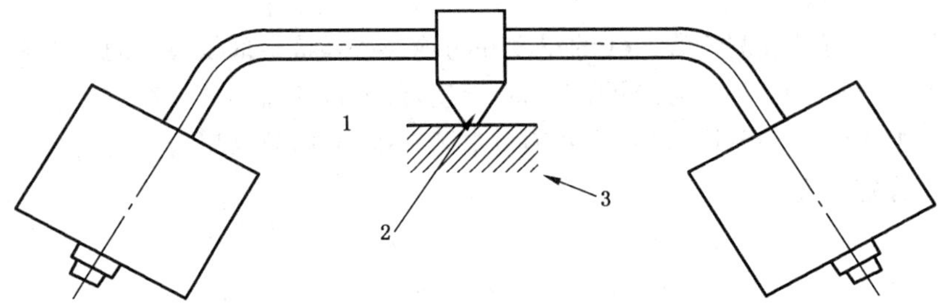

说明：

1——被试部分；

2——试验装置的球形部分；

3——支撑件。

图8 球压试验装置

11 元器件

11.1 概述

如果涉及安全，则元器件应按其规定的额定值使用，除非已作出特定的例外规定。元器件应符合下列之一的要求：

a） 某个相关的GB或IEC标准的适用的安全要求，不要求符合该元器件标准的其他要求。如果对应用有必要，则元器件应承受本部分的试验，但不需要再进行已在检验元器件标准符合性时完成的等同或等效的试验；

b) 本部分的要求，以及如果对应用有必要，相关的 GB 或 IEC 元器件标准任何附加的适用的安全要求；

c) 本部分的要求，如果无相关的 GB 或 IEC 标准；

d) 某个非 GB 或 IEC 标准的适用的安全要求。这些适用的安全要求至少要与相关的 GB 或 IEC 标准的适用的安全要求相当，只要该元器件已由经认可的检测机构按该非 GB 或 IEC 标准获得批准即可。

注：即使试验采用非 GB 或 IEC 标准，只要试验已由经认可的检测机构完成并确认符合适用的安全要求就无需重新进行试验。

11.2 风扇

当将风扇停转或堵转(见 4.4.2.7)时，会出现电击危险、温度危险或着火危险，则应采用符合 11.4 要求的过温保护装置或热保护装置来进行保护。

在 4.4.2.7 的故障条件下，按 10.2 的规定，测量单一故障条件下的温度来检验是否合格。

11.3 电池

电池的安装应确保使电池电解液的泄漏不会损害安全。通过目视检查来检验是否合格。

电池不能由于过度充电、放电或由于电池安装时极性不正确而引起爆炸或出现着火危险。如果有必要，设备中应提供防护，除非制造厂的说明书规定，该设备只能使用具有内部保护的电池。

如果由于装上错误型号的电池(例如，如果规定要装具有内部保护的电池)可能会引起爆炸或着火危险，则应在电池舱、安装支架上或在其近旁标上警告标记，而且还应在制造厂说明书中给出警告语句。可接受的标志是表 1 的符号 14。

如果设备具有能对可充电电池充电的装置，且如果不可充电电池有可能被安装和连接在电池舱内，则应在电池舱内或其近旁标上标志(见 5.2)。该标志应给出警告，防止对不可充电电池充电，同时还应标出能与充电电路一起使用的可充电电池的型号。可接受的标志是表 1 的符号 14。

电池舱的设计应做到不可能因可燃性气体的积聚而引起爆炸和着火。

为确认某一元器件失效不会导致爆炸或着火危险，通过目视检查，包括检查电池数据来检验是否合格。如有必要，在其失效有可能导致这种危险的任何一个元器件上(电池本身除外)进行短路或开路试验。

对预定要由操作人员来更换的电池，试着反极性安装一块电池，应无危险发生。

11.4 过温保护装置

过温保护装置是在单一故障条件下动作的装置，应符合下列所有要求：

a) 在结构上应做到能保证功能可靠；

b) 规定成能切断使用它们的电路中最大的电压和电流；

c) 在正常条件下不动作。

通过研究过温保护装置的动作原理，以及使电源在单一故障条件下工作时，通过下列试验来检验是否合格。动作次数如下：

a) 对自复位过温保护装置使其动作 200 次；

b) 对非自复位过温保护装置，除热熔断器外，每次动作后要复位，因此要使其这样动作 10 次；

c) 对不能复位的过温保护装置使其动作一次。

试验期间，在每次施加单一故障条件后复位装置应动作，而非复位装置应动作一次。试验后，复位装置不能出现会在下一次单一故障条件下阻碍其动作的损坏迹象。

11.5 熔断器座

对装有预定要由操作人员来更换熔断器的熔断器座在更换熔断器时应不能触及到危险带电零部件。

通过用铰接式试验指(见图 B.2)在不施加力的情况下进行试验来检验是否合格。

11.6 电网电源电压选择装置

电网电源电压选择装置在结构上应做到不会意外发生将一个电压转换到另一个电压。电压选择装置的标志在 5.1.3d)中作出规定。

通过目视检查和手动试验检验是否合格。

11.7 在设备外部试验的电源变压器

如果电源变压器在设备外部进行试验(见 4.4.2.4)可能会影响试验结果,则应在和设备内存在的相同的条件下来进行试验。

通过 4.4.2.4 规定的短路和过载试验,然后通过 4.4.4.1b)和 c)的试验来检验是否合格。如果对变压器安装在设备内能否通过 4.4.4 和 10.2 的其他试验有任何怀疑,则要重新对安装在电源内部的变压器进行试验。

11.8 印制线路板

印制线路板应采用可燃性等级为 GB/T 11020—2005 的 FV-1 或更优的材料。

本要求不适用于包含有符合 9.3 要求的限能电路的薄膜挠性印制线路板。

通过检查材料的数据来检验可燃性额定值是否合格。另一种可供选择的方法是,在三个相关零部件的样品上,通过进行 GB/T 11020—2005 规定的 FV 试验来检验是否合格。样品可以是下列规定的任一种样品:

a) 完整的印制线路板;

b) 印制线路板的截取部分;

c) 符合 GB/T 11020—2005 规定的样品。

11.9 用作瞬态过压限制装置的电路和元器件

如果在工业控制计算机内采取对瞬态过压进行抑制的措施,则任何过压限制元器件或电路应承受表 14 中适用的脉冲承受电压,10 个正极性脉冲和 10 个负极性脉冲,脉冲间隔时间最长为 1 min,脉冲由 1.2/50 μs 脉冲发生器(见 GB/T 16927)产生。该脉冲发生器应产生 1.2/50 μs 的开路电压波形和 8/20 μs的短路电流波形,且输出阻抗(峰值开路电压除以峰值短路电流)应符合表 15 的规定。

对测量电路,试验电压在表 14 中作出规定。对其他电路,试验电压与测量类别Ⅱ的规定值相同。

表 14 脉冲承受电压

电网电源标称相线-中线电压 (交流或直流) V	规定的脉冲承受电压 V		
	测量类别		
	Ⅱ	Ⅲ	Ⅳ
50	500	800	1 500
100	800	1 500	2 500

表 14（续）

电网电源标称相线-中线电压 （交流或直流） V	规定的脉冲承受电压 V		
	测量类别		
	Ⅱ	Ⅲ	Ⅳ
150	1 500	2 500	4 000
300	2 500	4 000	6 000
600	4 000	6 000	8 000
1 000	6 000	8 000	12 000

表 15　脉冲发生器的输出阻抗

测量类别	输出阻抗 Ω
Ⅲ和 IV Ⅱ	2 12（见注）
注：可以在较低阻抗的发生器上串联电阻，使阻抗增加到该相应的数值。	

通过上面的试验来检验是否合格，试验后应没有过载迹象，或者不能出现元器件性能的劣变。

注：用来抑制在 GB 16895.11 中所规定的瞬态过压的电路或元件不能采用上述的试验方法来进行试验。

附 录 A
（规范性附录）
例 行 试 验

A.1 概述

制造商对其生产的带有危险带电零部件和可触及导电零部件的设备应 100％的进行 A.2～A.4 的试验。

除非能清楚地表明其试验结果在后续的制造阶段是有效的，否则应使用完全组装好的设备来进行试验。进行试验时不能拆掉设备电线、改装或拆开设备，但是如果扣式盖子和摩擦紧固的旋钮对试验有影响，则应将其拆下。设备在试验期间不能通电，但其电源开关应置于通位。

设备不需要包上金属箔，也不需要进行潮湿预处理。

A.2 保护接地

在一端为器具输入插座的接地插销或插头连接式设备的电源插头的接地插销、或者永久性连接式设备的保护导体端子，以及另一端为 6.5.2 要求与保护导体端子相连的所有可触及导电零部件之间进行接地连续性试验。

注：对试验电流值不作规定。

A.3 电网电源电路

在一端为连接在一起的电网电源端子，以及另一端为连接在一起的所有可触及导电零部件之间，施加 6.8 规定的（进行潮湿预处理）对应于基本绝缘的试验电压。就本标准而言，预定要与其他设备的非带电的电路相连的任何输出端子的接触件被认为是可触及导电零部件。

试验电压应在 2 s 内升至规定值，并至少保持 2 s。

不能出现击穿或重复的飞弧，不考虑电晕效应和类似现象。

A.4 其他电路

在一端为连接在一起的在正常工作时能成为危险带电的浮地输入电路的端子，以及另一端为连接在一起的可触及导电零部件之间施加试验电压。

还要在一端为连接在一起的在正常使用时能成为带电的浮地输出电路的端子，以及另一端为连接在一起的可触及导电零部件之间施加试验电压。

对每一种情况施加的电压值为工作电压的 1.5 倍。如果电压限制（箝位）装置在低于 1.5 倍的工作电压下动作，则施加的电压值为 0.9 倍的箝位电压，但不小于工作电压。

注：在具有与保护导体端子相连的可触及导电零部件的设备中，可触及导电零部件是能与器具输入插座的接地插销或电源插头的接地插销相连的，在进行试验时，要将设备与任何外部接地装置进行电气隔离。

不能出现击穿或重复的飞弧，不考虑电晕效应和类似现象。

附　录　B
(规范性附录)
标准试验指

单位为毫米

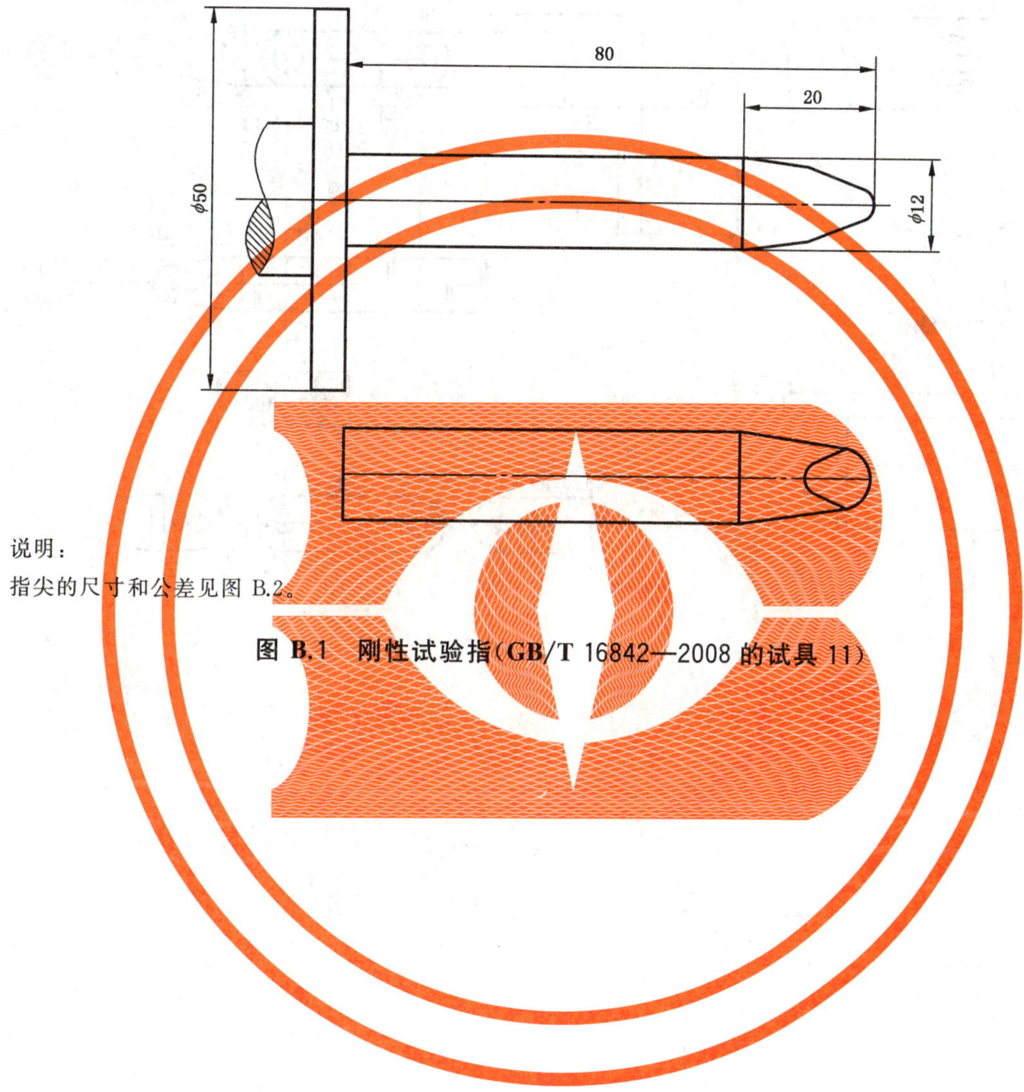

说明：
指尖的尺寸和公差见图 B.2。

图 B.1　刚性试验指(GB/T 16842—2008 的试具 11)

单位为毫米

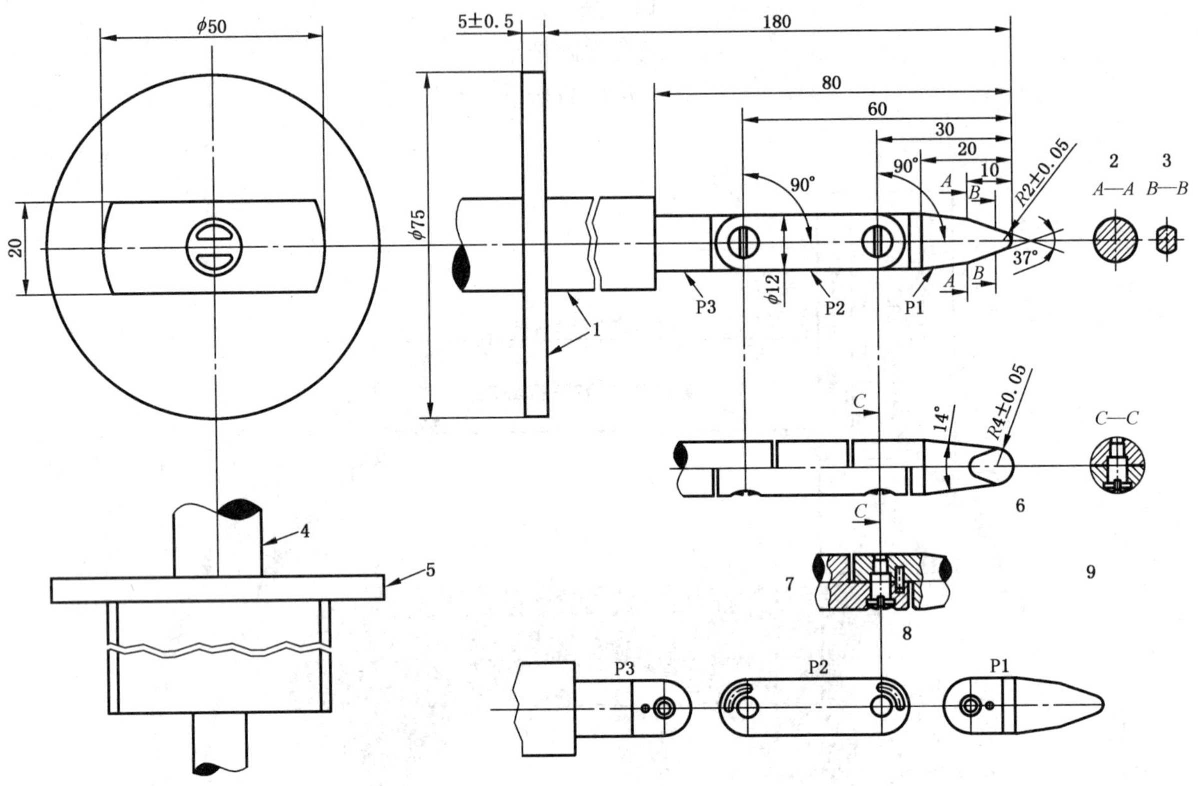

说明：

1——绝缘材料；

2——*A-A* 剖面；

3——*B-B* 剖面；

4——手柄；

5——挡板；

6——球形；

7——细节 X(示例)；

8——侧视图；

9——所有边缘倒角；

未规定公差的尺寸的公差为：

——对角度：$_{-10'}^{0'}$；

——对线性尺寸：

≤25 mm 时：$_{-0.05}^{0}$ mm；

>25 mm 时：±0.2 mm。

试验指材料：经过热处理的钢材等。

该试验指的两个关节可以弯曲($90°{}_{0°}^{+10°}$)但是只可以在同一平面内弯曲。

为了使弯曲角度限制在 90°，采用销和槽的解决办法仅仅是各种可能解决的途径之一。由于这一原因，所以图中未给出这些细节的尺寸和公差。实际设计应保证($90°{}_{0°}^{+10°}$)的弯曲角。

图 B.2 铰接式试验指(GB/T 16842—2008 的试具 B)

附 录 C
（规范性附录）
接触电流的测量电路

注：本附录是以 GB/T 12113—2003 规定的测量接触电流的程序为基础的，该标准也规定了测试电压表的特性。

C.1 频率小于或等于 1 MHz 的交流和直流的测量电路

用图 C.1 的电路测量电流，并用下面公式计算：

$$I=\frac{U}{500}$$

式中：

I ——电流，单位为安培(A)；

U——电压表指示的电压，单位为伏特(V)。

该电路代表人体阻抗和补偿人体生理反应随频率的变化。

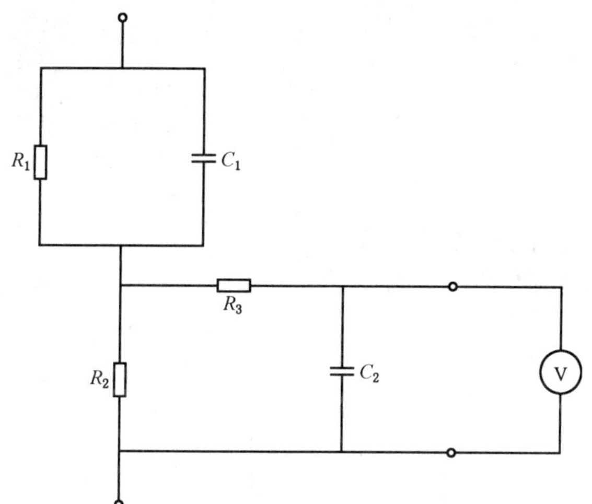

$R_1=1\ 500\ \Omega$

$R_2=500\ \Omega$

$R_3=10\ k\Omega$

$C_1=0.22\ \mu F$

$C_2=0.022\ \mu F$

图 C.1 频率小于或等于 1 MHz 的交流和直流测量电路

C.2 频率小于或等于 100 Hz 的正弦交流和直流的测量电路

当频率不超过 100 Hz 时，用图 C.2 的任一电路测量电流，当用电压表时，电流由下式计算：

$$I=\frac{U}{2\ 000}$$

式中：

I ——电流，单位为安培(A)；

U——电压表指示的电压，单位为伏特(V)。

该电路代表频率不超过 100 Hz 时的人体阻抗。

注：2 000 Ω 的阻值包括测量仪表的阻抗。

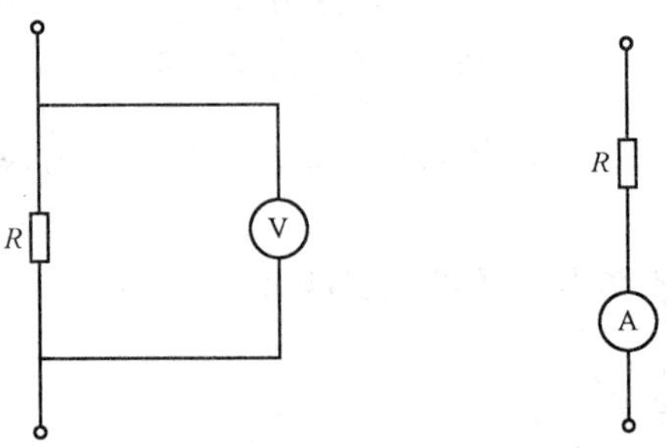

$R=2\ 000\ \Omega$

图 C.2 频率小于或等于 100 Hz 的正弦交流和直流测量电路

C.3 高频电灼伤电流的测量电路

用图 C.3 的电路测量电流，并按下式计算：

$$I=\frac{U}{500}$$

式中：

I——电流，单位为安培(A)；

U——电压表指示的电压，单位为伏特(V)。

该电路补偿高频对人体生理反应的影响。

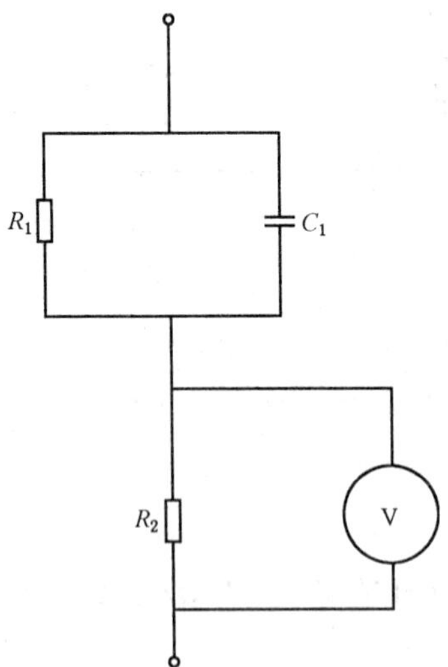

$R_1=1\ 500\ \Omega$

$R_2=500\ \Omega$

$C_1=0.22\ \mu F$

图 C.3 电灼伤电流测量电路

C.4 潮湿接触电流的测量电路

用图 C.4 的电路测量潮湿接触电流,并按下式计算:

$$I=\frac{U}{500}$$

式中:

I——电流,单位为安培(A);

U——电压表指示的电压,单位为伏特(V)。

该电路代表无皮肤接触电阻的人体阻抗。

$R_1=375\ \Omega$

$R_2=500\ \Omega$

$C_1=0.22\ \mu F$

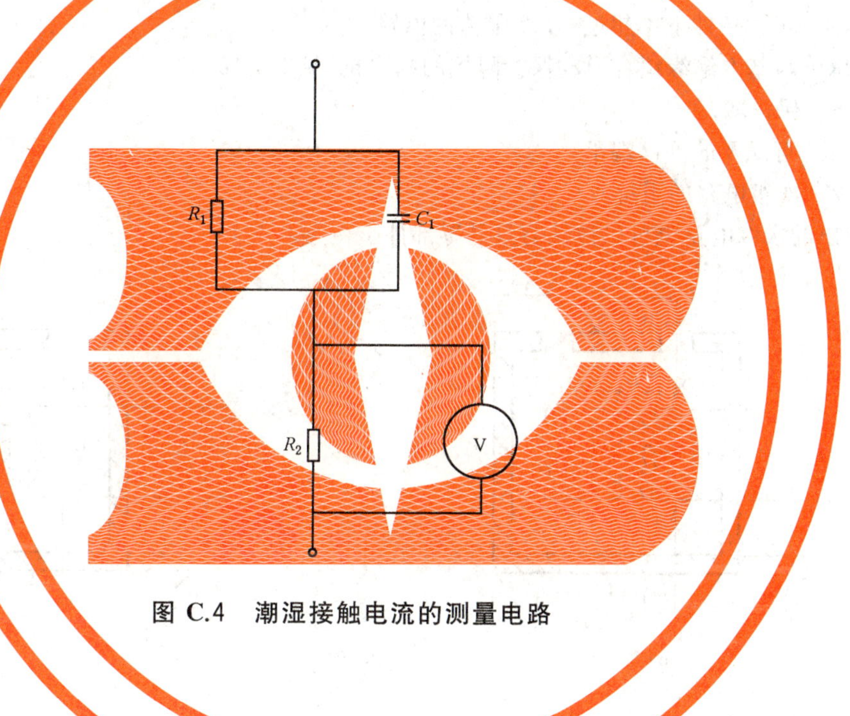

图 C.4 潮湿接触电流的测量电路

附　录　D
（规范性附录）
其间规定绝缘要求的零部件

下列符号在图 D.1～图 D.3 中用来表示：

a）要求：

B　要求基本绝缘；

D　要求双重绝缘和加强绝缘。

b）电路和零部件：

A　与保护导体端子不连接的可触及零部件；

H　正常条件下是危险带电的电路；

N　正常条件下不超过 6.3.2 限值的电路；

R　与基本绝缘组合形成保护阻抗的高阻抗[见 6.5.4b)]；

S　保护屏；

T　可触及的外部端子；

Z　次级电路的阻抗。

所给出的次级电路也可以被认为只是零部件。

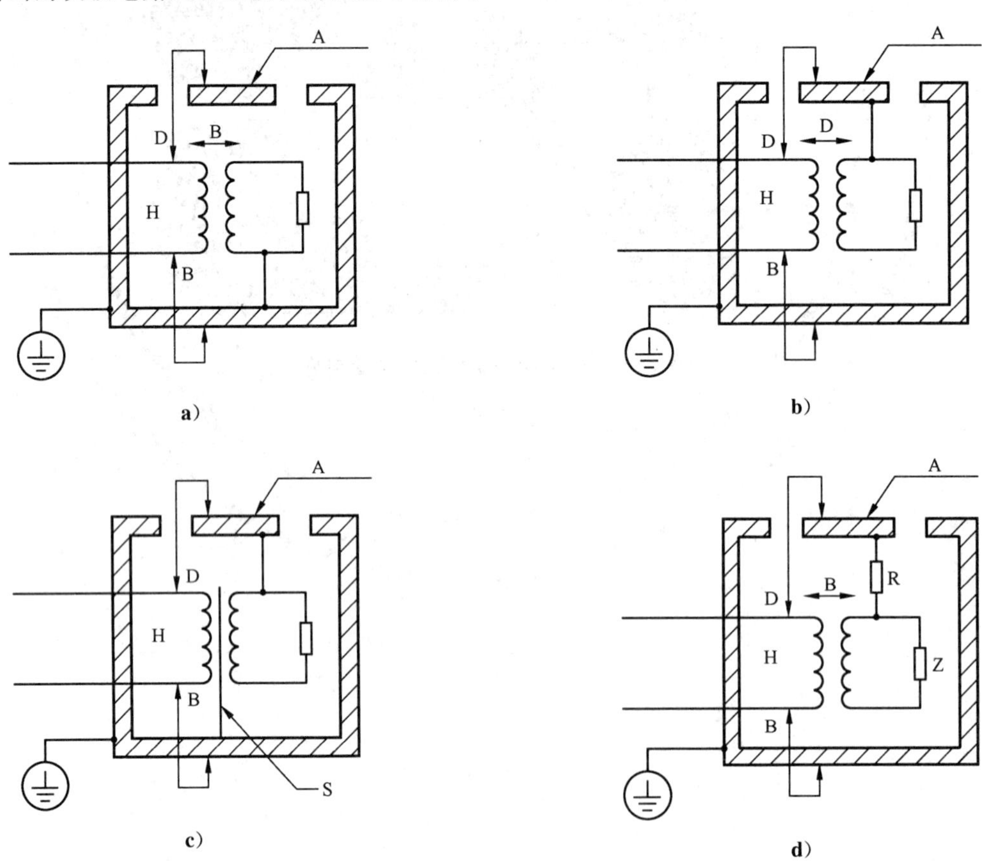

图 D.1　a）～d）危险带电电路与正常条件下不超过 6.3.2 限值且具有可触及零部件的外部端子的电路之间的防护

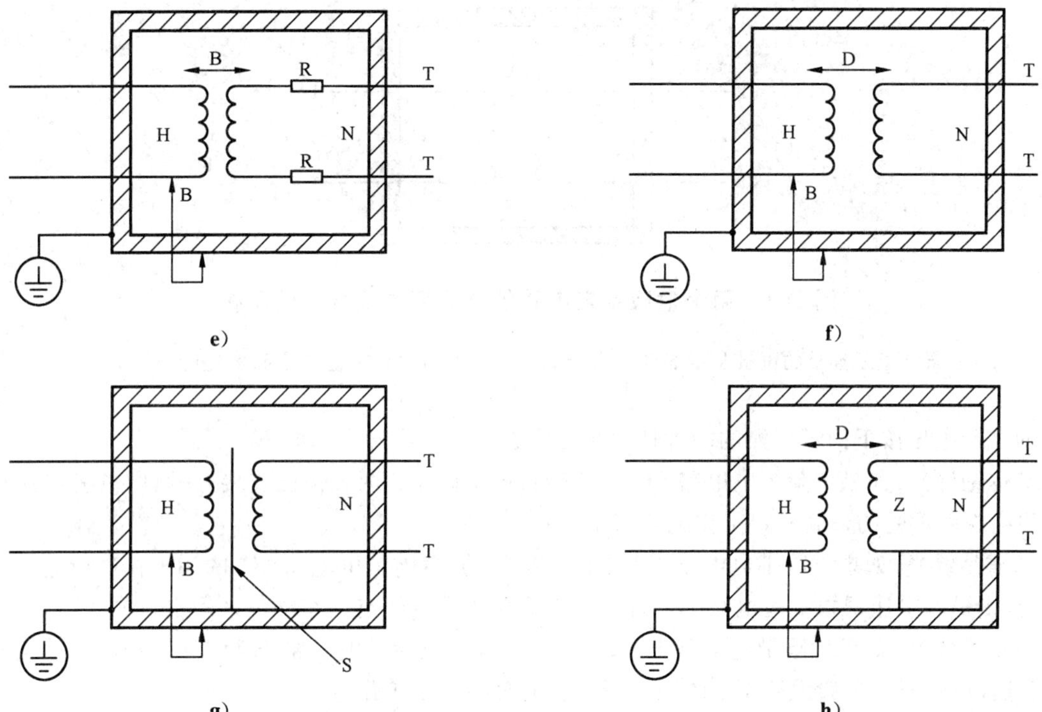

图 D.1　e)～h)危险带电电路与正常条件下不超过 6.3.2 限值且具有外部端子的其他电路之间的防护

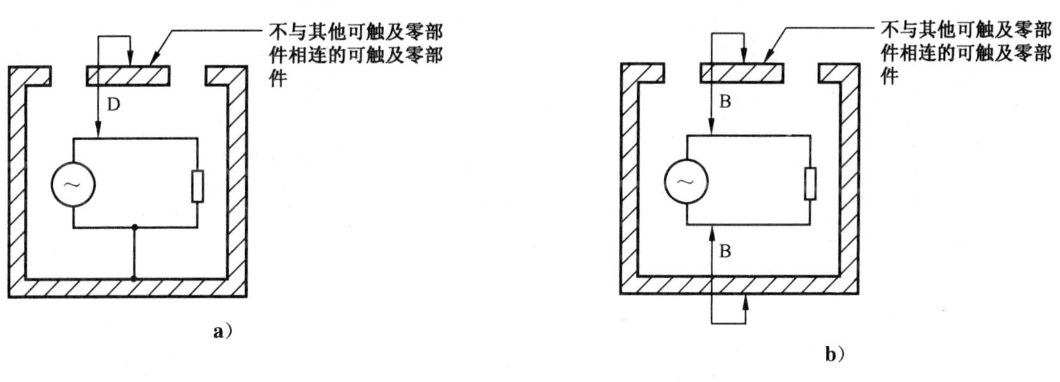

图 D.2　a)和 b)不与其他可触及零部件相连的可触及件对内部危险带电电路的防护

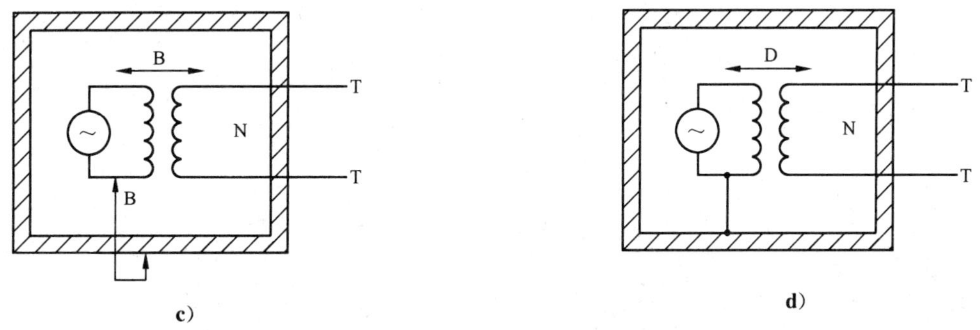

图 D.2　c)和 d)正常条件下不超过 6.3.2 限值的次级电路的可触及端子对初级危险带电电路的防护

注：图 D.2c)和 D.2d)所示的电路也可以有其他防护措施，例如保护屏、电路保护连接(见 6.5.2)和保护阻抗(见 6.5.4)。

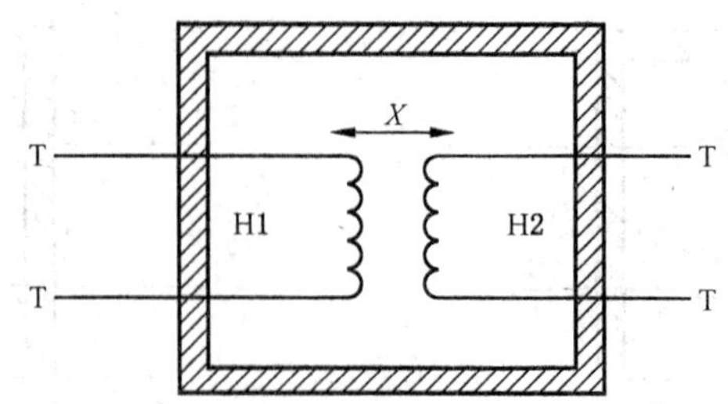

图 D.3 两个危险带电电路的外部可触及端子的防护

注：未与保护导体端子连接的可触及零部件和两个危险带电电路中任一电路之间的绝缘要求如图 D.1a)～D.1d)所示。

X 的试验电压按下面最严酷的一种情况来确定：

B(基本绝缘)—如果危险带电电路 H1 和危险带电电路 H2 两者是已连接好的，则试验电压根据电路之间的绝缘所承受的最高额定工作电压来确定；

D(双重绝缘)—如果危险带电电路 H1 是已连接好的，危险带电电路 H2 的端子在进行连接时又是可触及的，则试验电压根据危险电路 H1 的绝缘所承受的最高额定工作电压来确定；

D(双重绝缘)—如果危险带电电路 H2 是已连接好的，危险带电电路 H1 的端子在进行连接时是可触及，则试验电压根据危险电路 H2 的绝缘所承受的最高额定工作电压来确定。

附　录　E
（规范性附录）
污染等级的降低

表 E.1　给出了通过采用附加防护使内部环境污染等级的降低

附加防护	从外部环境污染等级 2 降至	从外部环境污染等级 3 降至
采用 GB/T 4208—2008 的 IPX4 外壳	2	2
采用 GB/T 4208—2008 的 IPX5 或 IPX6 外壳	2	2
采用 GB/T 4208—2008 的 IPX7 或 IPX8 外壳	2[a]	2[a]
采用气密密封的外壳	1	1
采用连续加热	1	1
采用密封	1	1
采用使用涂层	1	2

[a] 如果设备制造时已确保其内部是低湿度的，且说明书又规定，在打开外壳后再次合上外壳时，应在湿度受控的环境中进行或者应使用干燥剂，则污染等级就能降至 1 级。

附 录 F
（规范性附录）
电气间隙和爬电距离的测量

图 F.1 中例 1～例 11 中规定的、适用于各种实例的沟槽宽度 X 按不同的污染等级规定如下。

下面的例子中规定的尺寸 X 有一个最小值，取决于表 F.1 给出的污染等级。

表 F.1 污染登记表

污染等级	尺寸 X 最小值 mm
1	0.25
2	1.0
3	1.5

如果所涉及的电气间隙小于 3 mm，则最小尺寸 X 可减小到该电气间隙的三分之一。

测量电气间隙和爬电距离的方法在图 F.1 的例 1～例 11 中说明。这些例子不区分裂缝和沟槽也不区分绝缘的类型。

需要做出以下一些假定：

a） 如果跨越沟槽的宽度大于或等于 X，爬电距离要沿沟槽的轮廓线进行测量（见例 2）。

b） 假定任何凹槽桥接有一段长度等于 X 的绝缘连杆，而且桥接在最不利的位置（见例 3）。

c） 在相互间能处于不同位置的零部件之间测量电气间隙和爬电距离时，要在这些零部件处于最不利的位置测量。

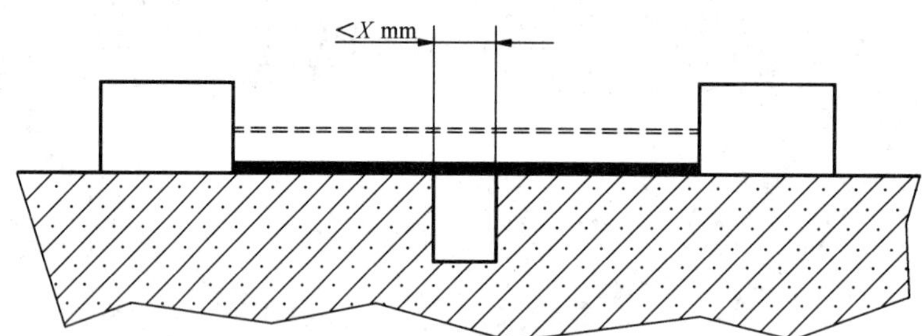

例 1 所测量的路径包含一条任意深度，宽度小于 X、槽壁平行或收敛的沟槽。

直接跨沟槽测量爬电距离和电气间隙。

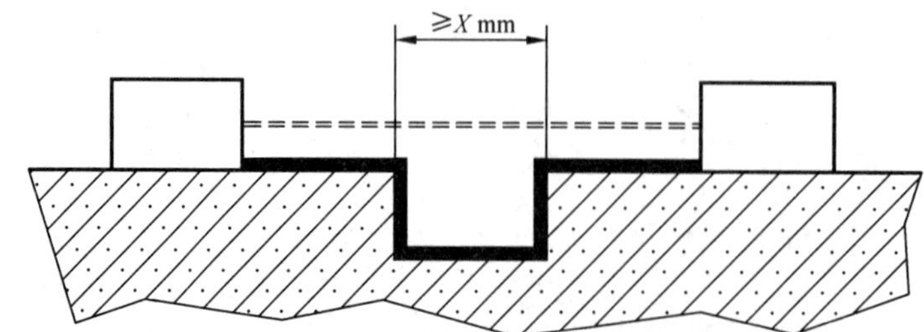

例 2 所测量的路径包含一条任意深度，宽度等于或大于 X、槽壁平行的沟槽。

电气间隙就是“视线”距离。爬电距离是沿沟槽轮廓线伸展的通路。

图 F.1 电气间隙和爬电距离测量方法的例子

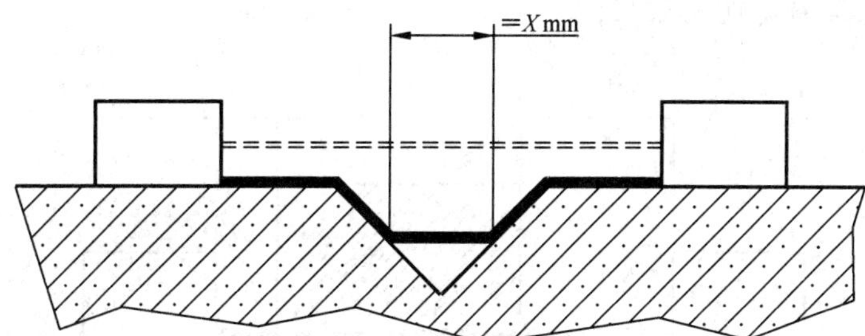

例 3 所测量的路径包含一条宽度大于 X 的 V 形沟槽。

电气间隙就是“视线”距离。

爬电距离是沿沟槽轮廓线伸展的通路，但沟槽底部用长度为 X 的连杆“短接”。

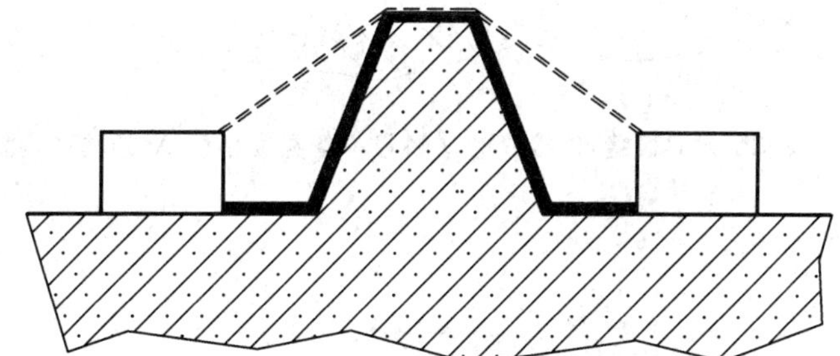

例 4 所测量的路径包含一根肋条。

电气间隙是越过肋条顶部最短直达空间通路。爬电距离是沿肋条轮廓线伸展的通路。

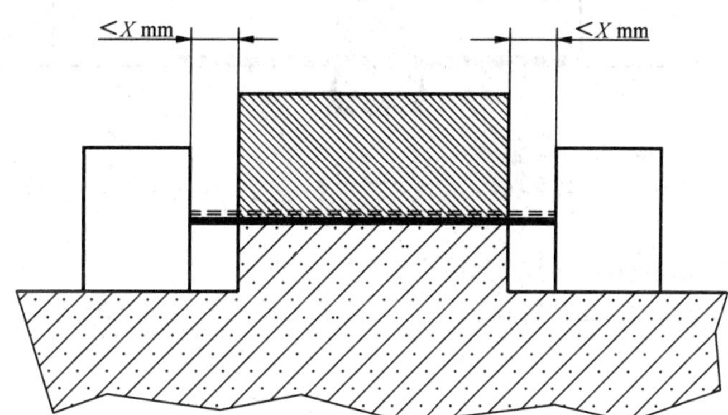

例 5 所测量的路径包含一条未粘合的接缝，该接缝的两侧各有一条宽度小于 X 的沟槽。

爬电距离和电气间隙是如图所示的“视线”的距离。

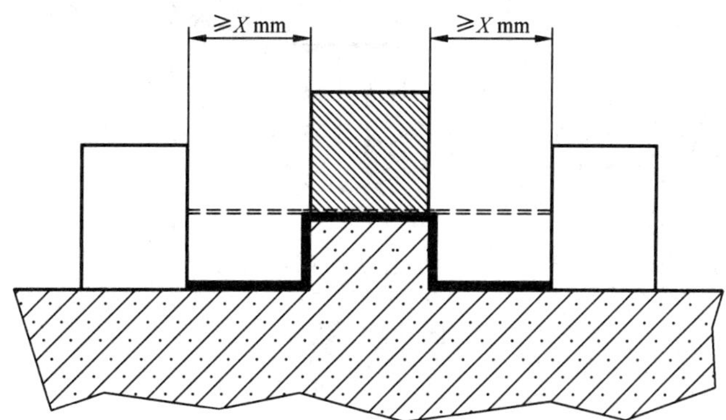

例 6 所测量的路径包含一条未粘合的接缝，该接缝的两侧各有一条宽度大于或等于 X 的沟槽。

电气间隙是“视线”的距离。

图 F.1（续）

爬电距离是沿沟槽轮廓线伸展的通路。

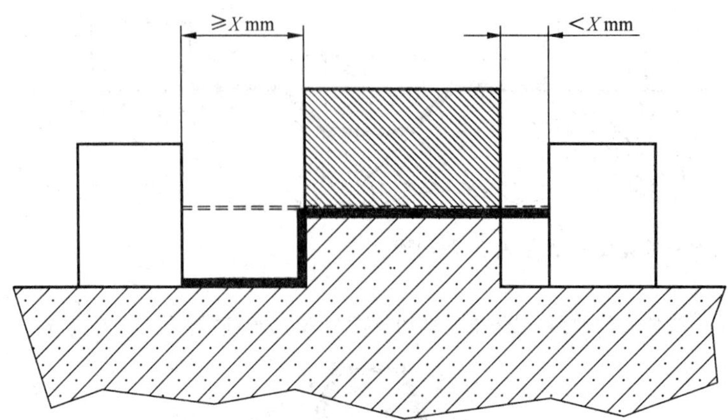

例 7 所测量的路径包含一条未粘合的接缝，该接缝的一侧有一条宽度小于 X 的沟槽，另一侧有一条宽度等于或大于 X 的沟槽。

爬电距离和电气间隙如图所示。

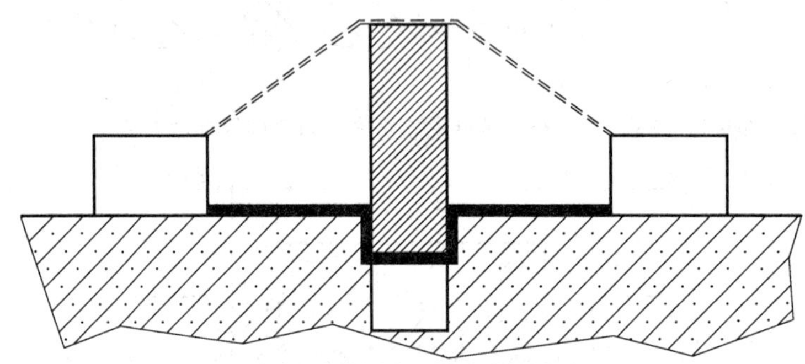

例 8 通过未粘合接缝的爬电距离小于越过挡板的爬电距离。

电气间隙是越过挡板顶部最短直达空间距离。

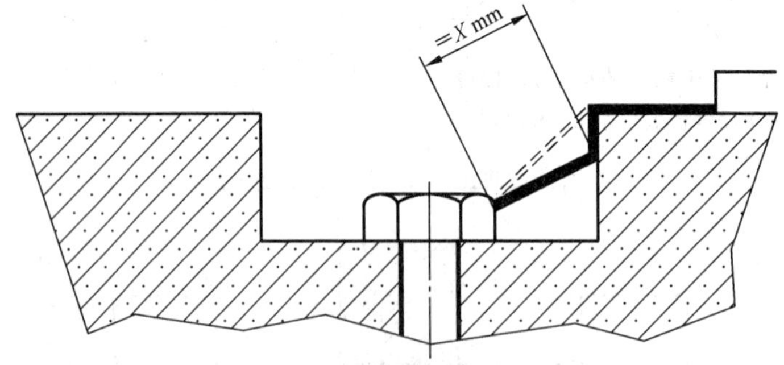

例 9 由于螺钉头与凹槽槽壁之间的空隙太窄，所以不必考虑该空隙。

图 F.1（续）

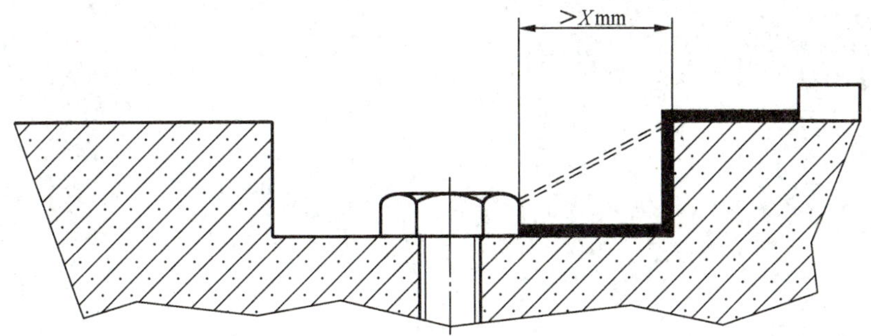

例 10 由于螺钉头与凹槽槽壁之间的空隙足够宽，所以应考虑该空隙。

当该空隙的距离等于 X 时，爬电距离的测量值就是从螺钉到槽壁的距离。

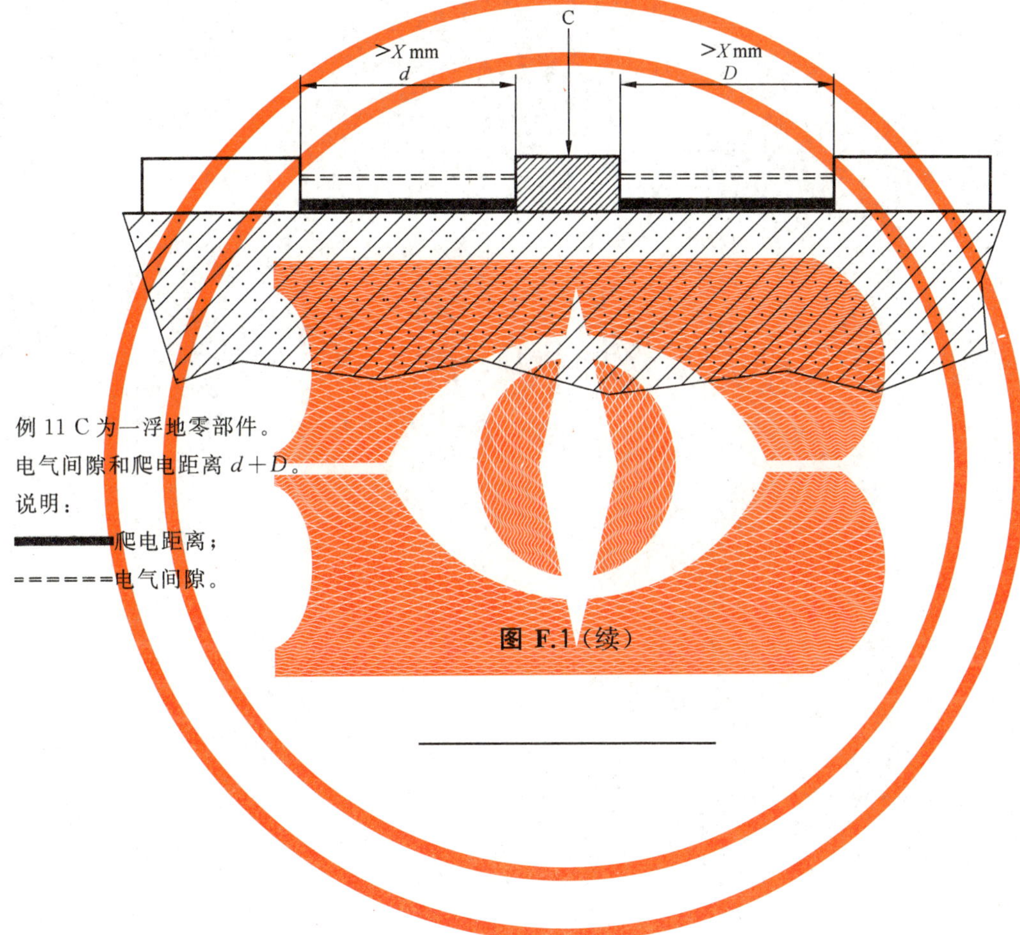

例 11 C 为一浮地零部件。

电气间隙和爬电距离 $d+D$。

说明：

━━━━爬电距离；

======电气间隙。

图 F.1（续）

ICS 25.040.40
N 18

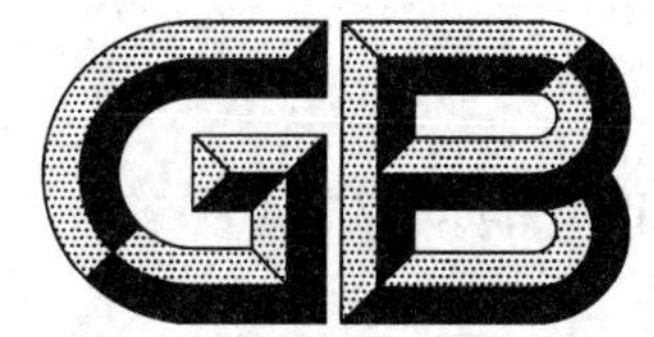

中华人民共和国国家标准

GB/T 26804.7—2017

工业控制计算机系统 功能模块模板 第7部分:视频采集模块通用技术条件及评定方法

Industrial control computer system—Function module—Part 7: General technical conditions and evaluation methods for video capture module

2017-07-12 发布

2018-02-01 实施

中华人民共和国国家质量监督检验检疫总局
中国国家标准化管理委员会 发布

前　言

GB/T 26804《工业控制计算机系统　功能模块模板》分为以下几部分：

——第1部分：处理器模板通用技术条件；

——第3部分：模拟量输入输出通道模板通用技术条件；

——第4部分：模拟量输入输出通道模板性能评定方法；

——第5部分：数字量输入输出通道模板通用技术条件；

——第6部分：数字量输入输出通道模板性能评定方法；

——第7部分：视频采集模块通用技术条件及评定方法。

本部分是GB/T 26804的第7部分。

本部分按照GB/T 1.1—2009给出的规则起草。

本部分由中国机械工业联合会提出。

本部分由全国工业过程测量控制和自动化标准化技术委员会（SAC/TC 124）归口。

本部分起草单位：研祥智能科技股份有限公司、西南大学、厦门安东电子有限公司、杭州盘古自动化系统有限公司、西安东风机电有限公司、南京优倍电气有限公司、重庆市伟岸测器制造股份有限公司、重庆宇通系统软件有限公司、北京研华兴业电子科技有限公司。

本部分主要起草人：庞观士、任军民、潘东波、张新国、肖国专、郭豪杰、邢江林、屈科兵、许宁、董健、唐田、欧文辉、岳周、刘学东、阮赐元、吕春放、卜琰、李振中、祝培军、祁虔。

工业控制计算机系统 功能模块模板 第7部分:视频采集模块 通用技术条件及评定方法

1 范围

GB/T 26804 的本部分规定了工业控制计算机系统功能模块视频采集模块的分类、技术要求、试验方法、检验规则及标志、包装、贮存等。

本部分适用于工业控制计算机系统 功能模块 视频采集模块的设计、制造及验收。

2 规范性引用文件

下列文件对于本文件的应用是必不可少的。凡是注日期的引用文件,仅注日期的版本适用于本文件。凡是不注日期的引用文件,其最新版本(包括所有的修改单)适用于本文件。

GB/T 191 包装储运图示标志

GB/T 2828.1 计数抽样检验程序 第1部分:按接收质量限(AQL)检索的逐批检验抽样计划

GB 3836.15 爆炸性气体环境用电气设备 第15部分:危险场所电气安装(煤矿除外)

GB 3836.16 爆炸性气体环境用电气设备 第16部分:电气装置的检查和维护(煤矿除外)

GB/T 6882 声学 声压法测定噪声源声功率级 消声室和半消声室精密法

GB/T 9254 信息技术设备的无线电骚扰限值和测量方法

GB/T 9969 工业产品使用说明书 总则

GB/T 17212 工业过程测量和控制 术语和定义

GB/T 17214.1—1998 工业过程测量和控制装置的工作条件 第1部分:气候条件

GB/T 17214.3—2000 工业过程测量和控制装置的工作条件 第3部分:机械影响

GB/T 17214.4—2005 工业过程测量和控制装置的工作条件 第4部分:腐蚀和侵蚀影响

GB/T 17626.2—2006 电磁兼容 试验和测量技术 静电放电抗扰度试验

GB/T 17626.3—2006 电磁兼容 试验和测量技术 射频电磁场辐射抗扰度试验

GB/T 17626.4—2008 电磁兼容 试验和测量技术 电快速瞬变脉冲群抗扰度试验

GB/T 17626.5—2008 电磁兼容 试验和测量技术 浪涌(冲击)抗扰度试

GB/T 17626.6—2008 电磁兼容 试验和测量技术 射频场感应的传导骚扰抗扰度

GB/T 17626.8—2006 电磁兼容 试验和测量技术 工频磁场抗扰度试验

GB/T 18271.3 过程测量和控制装置 通用性能评定方法和程序 第3部分:影响量影响的试验

GB 20815—2006 视频安防监控数字录像设备

GB/T 26802.1—2011 工业控制计算机系统 通用规范 第1部分:通用要求

3 术语和定义、符号和缩略语

3.1 术语和定义

GB/T 17212 界定的以及下列术语和定义适用于本文件。为了便于使用,以下列出了 GB 20815—

2006 中的一些术语和定义。

3.1.1

视频采集模块　video capture module

将视频信号或者视频音频混合信号经过采样和解码后，再按要求编码成视频数据输入计算机处理、存储，实现这样功能的电路。

3.1.2

视频采集卡　video capture card

视频采集卡是视频采集模块的特殊载体形式，通过工业标准总线与计算机系统实现连接。

3.1.3

图像质量　video image quality

图像信息的完整性，包括图像帧内对原始信息记录的完整性和图像帧间连续性的完整性。它通常按照如下指标进行扫描：像素构成、信噪比、原始完整性（如色彩还原、位置毗邻关系、运动关系等）。

[GB 20815—2006，定义 3.2]

3.1.4

数字图像格式　video data format

单帧数字图像的像素总数，如 320×240，352×288，640×480，704×576，768×576 等。

[GB 20815—2006，定义 3.3]

3.1.5

分辨率　resolution

分辨率指数字录像设备回放出来的一帧图像能被人眼分辨出的像素数。

[GB 20815—2006，定义 3.4]

3.1.6

图像的连续性　video continuity

符合人眼视觉暂留特性的图像中活动内容的连贯性和流程性。

[GB 20815—2006，定义 3.9]

3.1.7

帧率　frame rate

记录和回放的图像序列中每秒所包含的图像帧数。

[GB 20815—2006，定义 3.10]

3.1.8

压缩比　compression ratio

数字信号压缩处理前后的数据量之比。

[GB 20815—2006，定义 3.11]

3.1.9

码流　data rate

比特率　bit rate

指视频文件在单位时间内使用的数据流量，二进制连续数据流。码流的大小用码率（比特率）来表示，它是指每秒钟通过指定端口的二进制连续数据流的数量。

[GB 20815—2006，定义 3.12]

3.2　符号和缩略语

下列符号和缩略语适用于本文件。

HDMI(High Definition Multimedia Interface)高清晰度多媒体接口

Mini PCI 缩小规格 PCI

PCI (Peripheral Component Interconnect) 局部总线接口

PCI-E(PCI-Express)PCI 扩展总线接口

PC104 工业计算机 104 总线

USB (Universal Serial Bus) 通用串行总线

VGA(Video Graphics Array)视频图形阵列

1394 接口 (Institute of Electrical and Electronics Engineers,IEEE 1394)电气和电子工程师协会,IEEE 1394

4 分类

4.1 按用途分类

可以分为广播级视频采集模块、专业级视频采集模块和民用级视频采集模块。

4.2 按视频信号输入输出接口分类

可分为 1394 视频采集模块、USB 视频采集模块、HDMI 视频采集模块、VGA 视频采集模块、PCI 视频采集模块、PCI-E 视频采集模块、PC104、Mini PCI 等。

4.3 按照视频信号源分类

可分为数字视频采集模块(使用数字接口)和模拟视频采集模块。

4.4 按照视频压缩方式分类

可分为软解压模块(消耗计算机内部资源)和硬解压模块。

4.5 按照安装链接方式分类

可分为外置视频采集模块(盒)和内置式视频采集模块(卡)。

5 工作环境条件

视频采集模块的正常工作环境条件:

温度:0 ℃~60 ℃

相对湿度:20%~95%,非凝露

大气压:86 kPa~106 kPa

其他特殊情况,应由产品标准或产品资料给出。

6 要求

6.1 基本要求

6.1.1 总线

视频模块可采用的总线包括:PCI、PCI-E、PC104 等。本标准不对具体的设计总线做出规定,但产品所采用的总线应在产品标准中明确,并在产品技术文件中明示。

6.1.2 视频信号

视频模块可采用的视频信号包括:标准 PAL、NTSC 等。本标准不对具体的视频信号做出规定,但产品所采用的视频信号应在产品标准中明确,并在产品技术文件中明示。

6.1.3 分辨率

视频模块可采用的分辨率包括:768X576、720X576、720X480、640X480 等。本标准不对具体的分辨率做出规定,但产品所支持的分辨率应在产品标准中明确,并在产品技术文件中明示。

6.1.4 图像格式

视频模块可采用的图像格式包括:RGB32bit、RGB24bit;YUV4∶3∶2;黑白 Y8bit 等。本标准不对具体的图像格式做出规定,但产品所支持的图像格式应在产品标准中明确,并在产品技术文件中明示。

6.1.5 音频输入

视频模块可采用的音频输入包括:S/PDIF、HDMI 等。本标准不对具体的音频输入做出规定,但产品所支持的音频输入应在产品标准中明确,并在产品技术文件中明示。

6.1.6 功耗

视频模块功耗描述方式:12 V 的小于 6 W、3.3 V 的小于 6.6 W、5 V 的小于 5 W、−5 V 的小于 0.2 W 等。本标准不对具体的功耗做出规定,但产品实际功耗应在产品标准中明确,并在产品技术文件中明示。

6.1.7 操作系统

视频模块支持的操作系统包括:Windows/Linux 等。本标准不对具体的操作系统做出规定,但产品所支持的操作系统应在产品标准中明确,并在产品技术文件中明示。

6.2 结构尺寸和外观要求

6.2.1 结构尺寸

视频采集模块的外形尺寸由产品标准确定。总线连接器的规格和引脚排列应符合所采用的总线规范的规定。

6.2.2 外观

外观应符合下列基本要求:

a) 视频采集模块的外观应光洁、无划痕、无断裂、无机械损伤,元器件和固件不应松动和脱落,插件应可靠接触;

b) 视频采集模块表面的型号、文字、符号应字迹清晰,无损伤、无脱字。

6.3 环境适应性要求

6.3.1 环境温度影响

根据视频采集模块安装环境条件,应能承受在 GB/T 17214.1—1998 中表 1 的温度要求,当温度在其范围内变化时,视频采集模块应能正常工作。

6.3.2 相对湿度影响

根据视频采集模块安装环境条件,应能承受在GB/T 17214.1—1998中表1的湿度要求,当湿度在规定的严酷等级下进行测试,视频采集模块应正常工作。

6.3.3 机械振动影响

根据视频采集模块操作环境,按照GB/T 17214.3—2000的第4章中选择振动频率、振动严酷度和振动时间等级,经过三个互相垂直的方向进行振动试验,视频采集模块应能正常工作。

6.3.4 冲击影响

根据视频采集模块操作环境,按照GB/T 17214.3—2000的第5章中选择加速度、持续时间、自由跌落高度、冲击重复率等级的冲击试验后,视频采集模块应能正常工作。

6.4 电磁兼容性要求

6.4.1 电磁兼容无线电骚扰

视频采集模块所产生的电磁场对外部的影响。该要求适用的频率范围为30 MHz～1 000 MHz。对于尚未规定限值的频段,不作要求。

产品的无线电骚扰限值符合GB/T 9254的规定,在产品标准中明确规定选用A级或B级所规定的无线电骚扰限值。

6.4.2 电磁兼容抗扰度

6.4.2.1 射频电磁场辐射抗扰度

在80 MHz～1 000 MHz射频范围内,根据视频采集模块使用的电磁场环境(1级:低电平电磁辐射环境;2级:中等的电磁辐射环境;3级:严重电磁辐射环境;X级:是一个开放的等级,可在产品规范中规定),在GB/T 17626.3—2006的表1中选择试验等级进行试验。

保护(设备)抵抗数字无线电话射频辐射干扰的试验等级,在GB/T 17626.3—2006的表2中选择。

制造商的技术规范中可以规定对视频采集模块的影响哪些可以忽略哪些可以接受。

6.4.2.2 工频磁场抗扰度

根据视频采集模块操作环境,在GB/T 17626.8—2006中选择试验等级(1级:有电子束的敏感装置能使用的环境;2级:保护良好的环境;3级:保护的环境;4级:典型的工业环境;5级:严酷的工业环境;X级:是一个开放的等级,可在产品规范中规定),确定磁场强度。一般工业环境选择4级(稳定持续磁场其磁场强度为30 A/m,1 s～3 s的短时磁场强度为300 A/m),严酷工业环境选择5级(稳定持续磁场其磁场强度为100 A/m,1 s～3 s的短时磁场强度为1 000 A/m)进行试验。

制造商的技术规范中可以规定对视频采集模块的影响哪些可以忽略哪些可以接受。

6.4.2.3 静电放电抗扰度

根据视频采集模块安装环境条件(如相对湿度等)和产品材料,在GB/T 17626.2—2006的表1中选择试验等级进行接触放电或空气放电试验。

制造商的技术规范中可以规定对视频采集模块的影响哪些可以忽略哪些可以接受。

6.4.2.4 电快速瞬变脉冲群抗扰度

根据视频采集模块操作环境(1级:具有保护良好的环境;2级:受保护的环境;3级:典型的工业环

境;4 级:严酷的工业环境;X 级:是一个开放的等级,可在产品规范中规定),在 GB/T 17626.4—2008 的表 1 中选择试验等级,确定开路试验电压和脉冲重复频率进行试验。

制造商的技术规范中可以规定对视频采集模块的影响哪些可以忽略哪些可以接受。

6.4.2.5 浪涌(冲击)抗扰度

根据视频采集模块安装类别(0 类:保护良好的电气环境,常常在一间专用房间内;1 类:有部分保护的电气环境;2 类:电缆隔离良好,甚至短走线也隔离良好的电气环境;3 类:电源电缆和信号电缆平行敷设的电气环境;4 类:互连线按户外电缆沿电源电缆敷设并且这些电缆被作为电子和电气线路的电气环境;5 类:在非人口稠密区电子设备与通信电缆和架空电力线路连接的电气环境;X 类:在产品技术要求中规定的特殊环境),在 GB/T 17626.5—2008 的表 1 中选择试验等级,确定开路试验电压进行试验。

制造商的技术规范中可以规定对视频采集模块的影响哪些可以忽略哪些可以接受。

6.4.2.6 射频场感应的传导骚扰抗扰度

根据视频采集模块操作环境等级如表 3,在 GB/T 17626.6—2008 表 1 中选择试验等级,进行试验。

表 1 操作环境等级

级 别	射频感应的传导骚扰抗扰度
1	低电平电磁辐射环境
2	中等的电磁辐射环境
3	严重电磁辐射环境
X	一个开放的等级

6.5 其他要求

6.5.1 连续运行要求

对视频采集模块进行连续 72 h 通电运行,视频采集模块正常工作。

6.5.2 抗腐蚀性气体影响

应用于腐蚀性气体环境的视频采集模块,应具有在腐蚀性气体环境条件下工作、贮存、运输的能力。其硬件应具有防腐蚀性能,应根据防腐蚀要求进行处理。

6.5.3 运行可靠性要求

视频采集模块运行可靠性满足 GB/T 26802.1—2011 中 6.2.16.2 的要求,具体数值见表 2。

表 2 可靠性 MTBF 指标

可靠性特征量	指 标			
	可靠性等级			
	A1	B1	C1	D1
MTBF(h)	2×10^4	6×10^4	1×10^5	$>1\times10^5$

根据实际情况,也可采用统计方法进行可靠性验证。

本部分规定视频采集模块硬件系统的平均修复时间(MTTR)不应大于 30 min。

6.5.4 噪声

视频采集模块的噪声要求分为四级，见表 3。但对于部分用于特殊场合的产品，其噪声要求在产品标准中另行规定。

表 3 噪声值

等级	1	2	3	4
噪声值(dB)	≤45	46～50	51～55	56～60

7 试验方法

7.1 试验条件

除另有规定外，试验均在下述条件下进行。

温度：15 ℃～35 ℃

相对湿度：25％～75％

大气压：86 kPa～106 kPa

任何试验期间，允许温度最大变化率为 1 ℃/10 min，并在测试报告中注明实际的大气条件。

7.2 基本要求检查

7.2.1 视频输入接口检查

采用标准视频接口连接，应能正常连接，且功能正常。

7.2.2 音频输入接口检查

采用标准音频接头连接，应能正常连接，且功能正常。

7.3 机构尺寸和外观检查

7.3.1 结构尺寸检查

用测量法进行检查。

7.3.2 外观检查

用目测法进行检查。

7.4 环境适应性检查

7.4.1 环境温度影响试验

按 GB/T 18271.3 规定的程序和方法进行试验。

7.4.2 相对湿度影响试验

按 GB/T 18271.3 规定的程序和方法进行试验。

7.4.3 振动影响试验

按 GB/T 18271.3 规定的程序和方法进行试验。

7.4.4 冲击影响试验

按 GB/T 18271.3 规定的程序和方法进行试验。

7.5 电磁兼容性检查

7.5.1 无线电骚扰限值和测量方法

按 GB/T 9254 规定的程序和方法进行试验。

7.5.2 电磁抗扰度试验

7.5.2.1 射频电磁场辐射抗扰度影响试验

按 GB/T 17626.3—2006 规定的程序和方法进行试验。

7.5.2.2 工频磁场抗扰度试验

按 GB/T 17626.8—2006 规定的程序和方法进行试验。

7.5.2.3 静电放电抗扰度试验

按 GB/T 17626.2—2006 规定的程序和方法进行试验。

7.5.2.4 电快速瞬变脉冲群抗扰度试验

按 GB/T 17626.4—2008 规定的程序和方法进行试验。

7.5.2.5 浪涌(冲击)抗扰度试验

按 GB/T 17626.5—2008 规定的程序和方法进行试验。

7.5.2.6 射频场感应的传导骚扰抗扰度试验

按 GB/T 17626.6—2008 规定的程序和方法进行试验。

7.6 其他要求试验

7.6.1 连续运行考核试验

运行考核程序,试验后,受试样品应正常。

7.6.2 抗腐蚀性气体影响检查

由制造商和用户根据操作环境按照 GB/T 17214.4—2005 选择腐蚀环境的分类和环境条件严酷等级,制定检验方法,进行检验。

7.6.3 运行可靠性试验

由国家或行业授权的可靠性试验机构进行试验与评定。

7.6.4 噪声试验

按 GB/T 6882 规定的程序和方法进行试验。

8 检验规则

8.1 检验分类

检验分为:型式检验、出厂检验、随机抽样检验。

8.2 型式检验

8.2.1 总则

有下列情况之一的应进行型式检验:

——新试制的产品定型时;

——正常生产的产品,当结构、材料、工艺有较大改变,可能影响产品性能时;

——连续生产的产品,定期型式检验;

——国家有关部门提出型式检验要求时。

8.2.2 检验样品数

同一型号同一批次任意抽取2台~3台。

8.2.3 型式检验项目

型式检验项目规定如下:

——除非另有规定,产品的型式检验应按本部分规定中,除特殊要求情况下进行检验的项目以外的项目进行检验。

——产品型式检验项目见表4中的“型式检验”。

——可靠性试验,在批量生产阶段另行单独进行。

8.2.4 型式检验合格判定

在型式检验中有两台以上(包括两台)视频采集模块不合格时,则判定该批产品不合格。有一台视频采集模块不合格时,则应加倍抽取该批产品对不合格项进行复检。仍有不合格时,则判定该批产品为不合格;若加倍抽样产品全部合格,则该批产品应判定为合格。

型式试验数量选取应符合GB/T 2828.1的要求。

8.3 出厂检验

每台视频采集模块须经过制造商质量检验部门检验合格后,附产品合格证方能出厂。出厂检验项目见表4中的“出厂检验”。

8.4 随机抽样检验

根据需要可对生产的产品进行随机抽样检验,除非另有规定,随机抽样检验项目按“型式检验”项目进行。抽样台数由制造商与提出抽样检验方协商确定,但不应少于型式检验台数。抽样应符合GB/T 2828.1规定的要求。

表 4 检验项目

检验项目	出厂检验	型式检验	技术要求条文号	检验方法条文号
基本要求	○	○	6.1	7.2
结构尺寸和外观	○	○	6.2	7.3
环境温度影响试验		○	6.3.1	7.4.1
相对湿度影响试验		○	6.3.2	7.4.2
振动影响试验		○	6.3.3	7.4.3
冲击影响试验		○	6.3.4	7.4.4
无线电和测量方法骚扰限值	△	○	6.4.1	7.5.1
射频电磁场辐射抗扰度影响试验		○	6.4.2.1	7.5.2.1
工频磁场抗扰度试验		○	6.4.2.2	7.5.2.2
静电放电抗扰度试验		○	6.4.2.3	7.5.2.3
电快速瞬变脉冲群抗扰度试验		○	6.4.2.4	7.5.2.4
浪涌(冲击)抗扰度试验		○	6.4.2.5	7.5.2.5
射频场感应的传导骚扰抗扰度试验		○	6.4.2.6	7.5.2.6
连续运行考核试验	○	○	6.5.1	7.6.1
抗腐蚀性气体影响检查		△	6.5.2	7.6.2
运行可靠性试验	△	○	6.5.3	7.6.3
噪声试验	○	○	6.5.4	7.6.4
注：表中“○”为需要检验的项目；“△”为特殊要求情况下进行检验的项目。				

9 标志、包装、贮存和使用说明书

9.1 标志

适当位置上，应固定有相应标示：

——型号、名称；

——制造厂名或厂标；

——制造编号；

——制造年月。

9.2 包装

包装应符合防潮、防尘、防震的要求，包装内应有明细表、检验合格证，备附件及有关的随机文件，应符合 GB/T 191。

包装应附带如下随机文件，应符合 GB/T 9969 要求。

——产品安装、使用、维护文档；

——驱动载体可是光盘、软盘等方式提供；

——其他可选文件。

9.3 贮存

产品贮存时应存放在原包装盒(箱)内,仓库环境温度为0 ℃～40 ℃,相对湿度为30%～85%,仓库内不允许有各种有害气体、易燃、易爆的产品及有腐蚀性的化学物品,并且应无强烈的机械振动、冲击和磁场作用。包装箱应垫离地面至少10 cm,距墙壁、热源、冷源、窗口或空气入口至少50 cm。若无其他规定时,贮存期一般应为六个月。若在生产厂存放超过六个月时,则应重新进行逐批检验。

9.4 使用说明书

使用说明书按GB/T 9969的要求进行编制。

其中与安装和维护有关的内容须符合GB 3836.15和GB 3836.16的要求。

ICS 17.220.20
N 22

中华人民共和国国家标准

GB/T 26831.4—2017

社区能源计量抄收系统规范 第4部分:仪表的无线抄读

Specification for reading system of energy metering in community—Part 4: Wireless meter readout

2017-07-12 发布　　　　2018-02-01 实施

中华人民共和国国家质量监督检验检疫总局
中国国家标准化管理委员会　发布

前 言

GB/T 26831《社区能源计量抄收系统规范》由以下6个部分构成：

——第1部分：数据交换；

——第2部分：物理层和链路层；

——第3部分：专用应用层；

——第4部分：仪表的无线抄读；

——第5部分：无线中继；

——第6部分：本地总线。

本部分为GB/T 26831的第4部分。

本部分按照GB/T 1.1—2009给出的规则起草。

请注意本文件的某些内容可能涉及专利。本文件的发布机构不承担识别这些专利的责任。

本部分由中国机械工业联合会提出。

本部分由全国电工仪器仪表标准化技术委员会(SAC/TC 104)归口。

本部分起草的单位：哈尔滨电工仪表研究所、深圳友讯达科技股份有限公司、深圳市航天泰瑞捷电子有限公司、宁波水表股份有限公司、重庆智能水表集团有限公司、威胜集团有限公司、宁波三星医疗电气股份有限公司、浙江万胜智能科技股份有限公司、云南电网有限责任公司电力科学研究院、沈阳航发热计量技术有限公司、杭州西力电能表制造有限公司、江苏林洋能源股份有限公司、华立科技股份有限公司、深圳市科陆电子科技股份有限公司、汇中仪表股份有限公司、成都博高信息技术股份有限公司、代傲表计(济南)有限公司、深圳长城开发科技股份有限公司、江苏麦希通讯技术有限公司、武汉盛帆电子股份有限公司、黑龙江电工仪器仪表工程技术研究中心有限公司、浙江瑞银电子有限公司、安徽和诺智能科技有限公司、浙江晨泰科技股份有限公司。

本部分主要起草人：舒杰红、李万宏、关文举、袁景、姚灵、李勇、王学信、袁志民、邬永强、曹敏、倪志军、杨兴、陆寒熹、朱虹、刘明忠、陈辉、田运强、连敏、卫飞、顶超、潘文斌、胡惜春、李宏伟、杨玉排、孟娟、陈闻新、秦国鑫。

引　言

随着科技进步、经济发展和人们对能源使用管理要求的不断提高，社区（建筑及居住区）计量（水、电、气、热）远程抄收及管理的技术应用进入快速发展阶段，涌现出了一批使用各类通讯技术、涉及各个计量领域的多种产品及技术方案。产品制造方和用户方迫切希望这些产品或系统能够遵循统一的标准。

因而，从1999年开始，国际电工委员会陆续发布了IEC 62056《抄表、费率和负荷控制的数据交换》系列标准；国内参照其内容制定发布了GB/T 19882《自动抄表系统》系列标准。该标准是开放式体系，很好地解决了互连性和互操作性的要求。该标准体系分成相对独立的几个部分制定，从而有利于标准本身的不断发展。这种科学方法及该标准的内容都为GB/T 26831《社区能源计量抄收系统规范》的制定提供了很好的参考。

同时，由于显而易见的原因，社区能源计量抄收系统与自动抄表系统具有很多相似或共通的内容，现实中产品也有互连互通的需求，GB/T 26831《社区能源计量抄收系统规范》的制定考虑了与GB/T 19882《自动抄表系统》的协调。

GB/T 26831正是在上述背景下制定的，认识这一背景情况对理解GB/T 26831的制定思路和理解标准内容都是有益的。

GB/T 26831包含社区能源计量抄收系统中应用管理和底层通信两方面的内容。在应用管理方面，主要内容是COSEM（能源计量配套规范），利用仪表对象标识和接口对象方法建立模型，并进而描述了用于计量仪表和远程抄表的专用应用层。在底层通信方面涉及包括双绞线基带（M-BUS）和短距离无线两种物理层、链路层的规范。

社区能源计量抄收系统规范 第4部分:仪表的无线抄读

1 范围

GB/T 26831 的本部分规定了用于远程无线读表系统的物理层和链路层的参数要求。

本部分适用于使用免许可证的 433 MHz~434 MHz 无线民用频段和 470 MHz~510 MHz 计量频段的“短距设备”(SRD),涵盖便携设备、可移动设备和固定设备。

由于有一个广泛的定义,本部分可用于不同的应用层。

2 规范性引用文件

下列文件对于本文件的应用是必不可少的。凡是注日期的引用文件,仅注日期的版本适用于本文件。凡是不注日期的引用文件,其最新版本(包括所有的修改单)适用于本文件。

GB/T 18657.1 远动设备及系统 第5部分:传输规约 第1篇:传输帧格式

GB/T 18657.2 远动设备及系统 第5部分:传输规约 第2篇:链路传输规则

GB/T 19882.33 自动抄表系统 第3-3部分:应用层数据交换协议 COSEM应用层

GB/T 26831.1 社区能源计量抄收系统规范 第1部分:数据交换

GB/T 26831.3—2012 社区能量计量抄收系统规范 第3部分:专业应用层

GB/T 26831.5—2017 社区能量计量抄收系统规范 第5部分:无线中继

ISO/IEC 646 信息技术 信息交换用七位编码字符集(Information technology—ISO 7-bit coded character set for information interchange)

CEPT/ERC/REC 70-03 E 关于短距设备(SRD)的使用[Relating to the use of short range devices (SRD)]

ETSI EN 300 220-1:2012 电磁兼容性与无线频谱问题(ERM);短距设备(SRD);用于 25 MHz~1 000 MHz 频率范围、最大功率为 500 mW 的无线装置;第1部分:技术特征和测试方法[Electromagnetic compatibility and Radio spectrum Matters (ERM); Short Range Devices (SRD); Radio equipment to be used in the 25 MHz to 1 000 MHz frequency range with power levels ranging up to 500 mW;Part 1: Technical characteristics and test methods]

ETSI EN 300 220-2:2012 电磁兼容性与无线频谱问题(ERM);短距设备(SRD);用于 25 MHz~1 000 MHz 的频率范围、最大功率为 500 mW 的无线装置;第2部分:非一致性目的的辅助参数[Electromagnetic compatibility and Radio spectrum Matters (ERM); Short Range Devices (SRD); Radio equipment to be used in the 25 MHz to 1 000 MHz frequency range with power levels ranging up to 500 mW; Part 2: Harmonized EN covering essential requirements under article 3.2 of the R&TTE Directive]

ETSI EN 301 489-1:2011 电磁兼容和射频谱方法(ERM);无线设备和服务的电磁兼容性(EMC)标准;第1部分:公共技术要求[Electromagnetic compatibility and Radio spectrum Matters (ERM); ElectroMagnetic Compatibility (EMC) standard for radio equipment and services; Part 1: Common technicalrequirements]

3 术语、定义和缩略语

3.1 术语和定义

下列术语和定义适用于本文件。

3.1.1

帧 frame

数据链路层中的数据传输单元。

3.1.2

单个发送时间间隔 individual transmission interval

相邻两个子序列同步之间或定期发送的实际时间间隔，每次发送时，该时间间隔有所不同。

3.1.3

消息 message

应用层中的数据集。

3.1.4

标称发送时间间隔 nominal transmission interval

无线仪表中发送的同步字或定期消息(新、旧或无数据内容)单个发送时间间隔的平均值。

3.1.5

其他设备 other device

与仪表交换信息的端设备。

注：转发器不是其他设备，因它仅透传数据而不交换信息。多公用用途控制器是一种其他设备。物理仪表如支持附加的网络功能可视为其他设备。

3.2 缩略语

下列缩略语适用于本文件。

ACC：接入号(access number)(参见 GB/T 26831.3)

BER：误比特率(bit error rate)

CI：控制信息域(control information field)

Conf.Word：配置字(configuration word)(参见 GB/T 26831.3)

CPS：码片速率(chip per-second)

Device Type：设备类型(仪表地址的一部分)[device type (part of meter address)]

FAC：频繁访问周期(frequent access cycle)

FFSK：滤波频移键控(filtered frequency shift keying)

FSK：频移键控(frequency shift keying)

GFSK：高斯滤波频移键控(gaussian frequency shift keying)

Ident.No：标识号(编号)(仪表地址的一部分)[identification number (serial number) (part of meter address)]

Manuf：制造商首字母缩写(仪表地址的一部分)[manufacturer acronym (part of meter address)]

NRZ：不归零(non-return-to-zero)

PER：误包率(packet error rate)

PN9：九比特伪随机序列(nine bit pseudo-random pattern)，(PN9 需符合 ITU-T Rec O.150)

STS：状态(status)(参见 GB/T 26831.3)

Ver：版本(仪表地址的一部分)[version (part of meter address)]

VHF:甚高频(vertical horizontal filter)

4 概述

4.1 引言

“仪表”可以与“其他”系统设备通讯,例如移动式抄读设备、固定接收器、数据采集器、多功能集中器或者系统网络组件。这些设备在本文件中被称为“其他设备”。对仪表而言,假定不需要人的介入,其通讯功能就能一直正常运转,或者,在其无线部分的整个寿命内只需更换电池。其他组件,比如仪表无线部分的移动抄读装置或固定装置,其电池寿命可能较短,或者因为技术参数或使用的规定,需要外部供电。

本部分定义了多种与仪表通讯的操作模式。这些工作模式的物理层和链路层许多参数是相同的,所以可使用共同的硬件和软件。然而,由于这些模式的操作和技术要求不同,某些参数也会不同。

模式名称由 1 个字母和 1 个数字组成。字母代表模式,数字表明该模式支持单向(=1)或双向(=2)数据传送:

a) “固定模式”,S 模式。用于固定设备和移动设备之间的单/双向通讯。特殊的单发送子模式 S1,为具有长报头的、固定式电池操作的装置而优化,而 S1-m 子模式专门用于移动式接收器。

b) “频繁发送模式”,T 模式。在这种模式中,仪表每隔几秒发送一个极短帧(典型为 3 ms~8 ms),因而可以用于步行式或车载式读表。

   单发送子模式 T1:仪表仅周期地发送识别码(ID)和读出值。

   双向通信子模式 T2:频繁地发送一个至少包含仪表 ID 的短帧,且在每次发送之后,等待极短时间,用于接收应答。一旦收到应答,就打开双向通信通道。

c) “频繁接收模式”,R2 模式。在这种模式中,仪表每隔几秒监听一次移动收发器发出的唤醒信号。一旦收到唤醒信号,设备将同该移动收发器建立几秒的通讯对话。在这种模式中,“多通道接收模式”可以同时抄读多个仪表,每个仪表在不同的频率信道上工作;本模式亦用于固定的“其他设备”。

d) 紧凑模式,C 模式。紧凑模式类似 T 模式,但是在相同能耗和占空比下可以传送更多数据。本模式含有 C1 和 C2 模式分别支持单向、双向通信设备。本模式适合步行式或车载式读表。模式 T 和模式 C 的数据帧可以用同一个接收器来进行接收。

e) 窄带 VHF 模式,N 模式。N 模式最大化利用 470 MHz 频段进行窄带通信,定位于抄表和少量“其他设备”。子模式 N1a-f 单发送,子模式 N2a-f 双向通信。这些子模式可使用转发器扩展通信距离,子模式 N2g 用于但不限于采用多跳转发器的长距离二次通信。

f) 频繁接收与发送模式,F 模式。用于 433 MHz 频段长距离通讯。在其双向通讯子模式 F2-m 中,仪表间隔数秒侦听固定或移动收发器的唤醒消息。在接收到这样的一个唤醒消息后,设备准备与发起唤醒的收发器进行数秒的通信会话。双向子模式 F2 发出一帧,并短暂等待接收响应。该响应将启动双向通讯。

仪表或其他通讯设备可能支持上述一种、多种或所有工作模式。

注 1:附加模式可支持数据转发和路由,在 GB/T 26831.5 中规定。

注 2:广播和多播的详细处理不属于本部分范围。如果没有使用扩展链路层或传输层,发送应理解为多播。

4.2 仪表通讯类型

表 1 描述了每种模式和子模式的主要特点。

表 1 仪表通讯类型

模式	方向数	典型应用	码片-速率 kcps	最大占空比[a]	数据编码 + 报头	说明
S1	单	用于单发送仪表,配合固定式接收装置读表	32.768	0.02%[b]	曼彻斯特码 + 长报头	单发送,每天向固定式接收器发送多次。在占空比为1%的频段发送。由于报头较长,这种模式也适用于电池供电的省电型接收器
S1-m	单	用于单发送仪表,配合移动或固定式装置读表	32.768	0.02%[b]	曼彻斯特码 + 短报头	单发送,以最大每小时0.02%的占空比向移动或固定式接收器发送。在占空比为1%的频段发送。由于报头较短,要求接收器一直激活
S2	双	用于所有类型的仪表,配合固定式装置抄读	32.768	1%	曼彻斯特码 + 短报头或者可选长报头	带接收器仪表,或是一直激活,或是不需要扩展的前同步码唤醒即可同步。亦可用于节点收发器或集中器,可选用长报头
T1	单	用于频繁发送的仪表(短帧仪表)	100	0.1%	3转6 + 短报头	仪表每隔几秒发射一个小于5 ms的数据串,发送位于占空比为0.1%的频段
T2	双	用于频繁发送的仪表(双向通信的短帧仪表)	仪表:TX:100	0.1%	3转6 + 短报头	仪表像T1模式一样定期发射,每次发射后它的接收器会激活一小段时间,这时如果收到一个应答(以32.768 kcps的速率)则锁定在激活状态。 进而在本频段内以0.1%的占空比发送,使用100 kcps(仪表发送)和32.768 kcps(仪表接收)进行双向通讯。 **注**:从仪表到"其他"设备的通讯使用T1模式的物理层,而反方向的物理层参数与S2模式相同
			仪表:Rx:32.768	1%	曼彻斯特码 + 短报头	
R2	双	用于频繁接收的仪表(长距离)	4.8	1%	曼彻斯特码 + 中报头	仪表接收器为了尽可能电池省电,需要扩展的前同步码用于唤醒。另外,它可选用高精度频分多路复用信道,最多可达10信道。仪表使用4.8 kcps速率的唤醒应答,后面紧跟4.8 kcps速率的报头
全部		多模式选项				一个系统设备只要满足每个模式的全部要求,它就能同时、或顺序、或按指令在不止一个模式下工作

表 1（续）

模式	方向数	典型应用	码片-速率 kcps	最大占空比[a]	数据编码＋报头	说明
C1	单	频繁单发送，可用于移动式或固定式仪表抄读	100	0.1%	NRZ＋短报头	单发送，常规短突发数据时长小于22 ms，占空比为0.1%
C2	双	频繁发送，可用于移动式或固定式仪表抄读	仪表至其他设备:100 其他设备至仪表:50	仪表至其他设备:0.1% 其他设备至仪表:10%	NRZ＋短报头	表计类似C1定时发送，发送完短时间置接收状态，如检测到合规的前同步码和同步字后锁定在接收状态。接收到的数据可用于升级和命令
N1f	单	长距离发送，用于固定设备抄读	2.4或4.8	10%[c]	NRZ	单发送，定时发送给一个固定的接收点
N2f	双	长距离双向通信，用于固定设备抄读	2.4或4.8	10%[c]	NRZ	表计类似N1定时发送，发送完短时间置接收状态，如检测到合规的前同步码和同步字后锁定在接受状态。接收到的数据可用于升级和命令
N2g	双	长距离通信	9.6 (19.2 kbps)	10%[c]	NRZ	用于多跳中继转发时转发通信或类似N2a-f模式双向通信
F2-m	双	长距离双向通信	2.4	10%	NRZ	节电型仪表接收器，要求有扩展前同步码用于唤醒
F2	双	用于基站读取的长距离双向通信	2.4	10%	NRZ	仪表单元定期发射，其接收器在每次发射结束后短时间使能。如检测出适合的前同步码与同步字，则锁定接收
所有		多模式操作				一个系统组件可同时、顺序或通过指令运行于一个以上的模式；只要满足每个模式的对应要求即可

[a] 占空比限值应符合所采用频段对应的CEPT/ERC/REC 70-03频段划分规定。

[b] 信道的总占用率应限制在小于10%，这意味着，当传输范围内安装500只仪表时，单个仪表的占空比应限制在每小时0.02%。

[c] 占空比限制基于欧盟委员会2005/928/EC号决议。

图1阐明了在不同的模式和设备之间的操作。

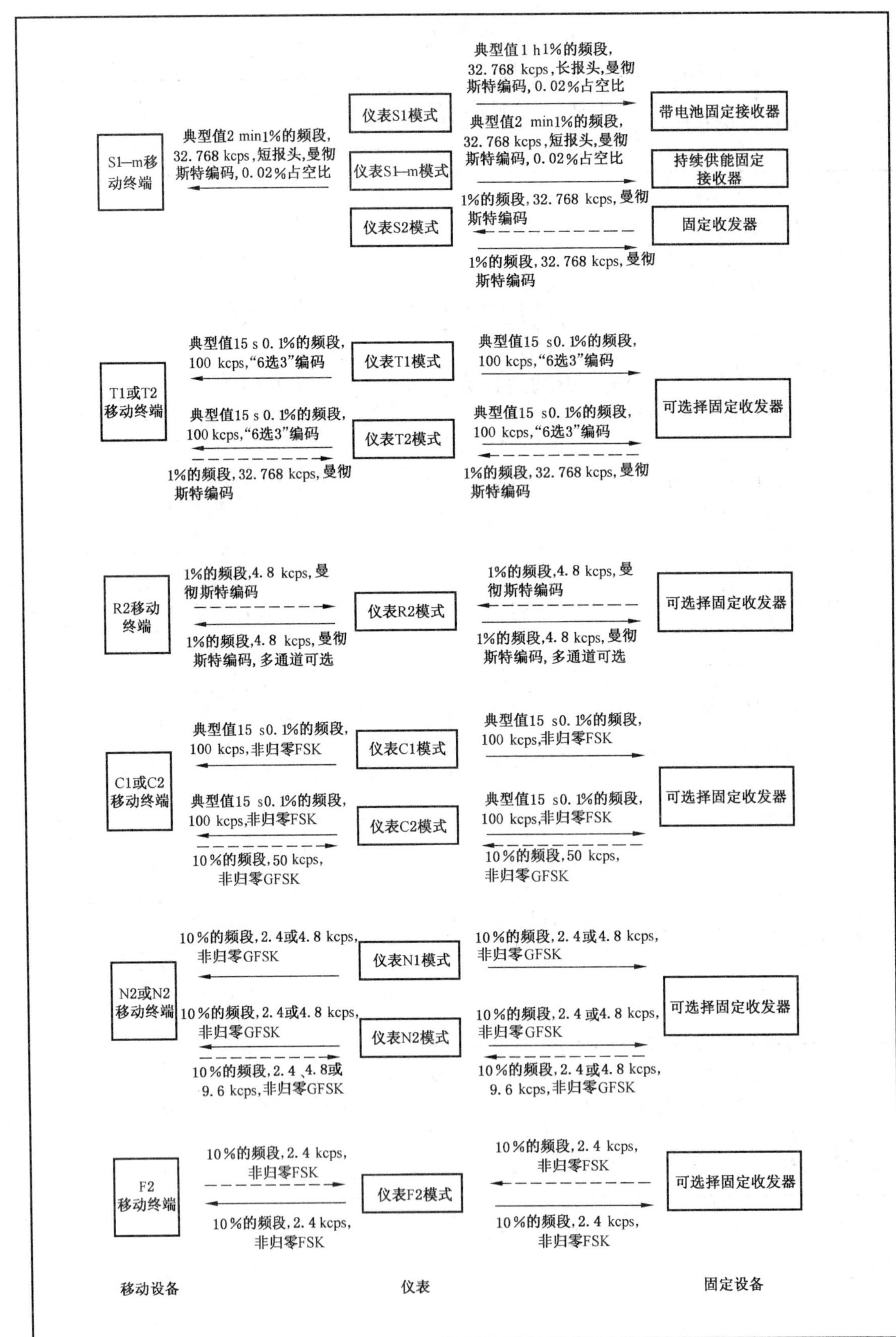

典型值1 h1%的频段，
32.768 kcps，长报头，曼彻
斯特编码，0.02%占空比
仪表S1模式
带电池固定接收器
典型值2 min1%的频段，
32.768 kcps，短报头，曼彻
斯特编码，0.02%占空比
S1—m移
动终端
典型值2 min1%的频段，
32.768 kcps，短报头，曼彻
斯特编码，0.02%占空比
仪表S1—m模式
持续供能固定
接收器
1%的频段，32.768 kcps，曼彻
斯特编码
仪表S2模式
固定收发器
1%的频段，32.768 kcps，曼彻
斯特编码
典型值15 s 0.1%的频段，
100 kcps，"6选3"编码
仪表T1模式
典型值15 s0.1%的频段，
100 kcps，"6选3"编码
T1或T2
移动终端
可选择固定收发器
典型值15 s 0.1%的频段，
100 kcps，"6选3"编码
仪表T2模式
典型值15 s0.1%的频段，
100 kcps，"6选3"编码
1%的频段，32.768 kcps，曼彻
斯特编码
1%的频段，32.768 kcps，曼彻
斯特编码
1%的频段，4.8 kcps，曼
彻斯特编码
R2移动
终端
仪表R2模式
1%的频段，4.8 kcps，曼
彻斯特编码
可选择固定收发器
1%的频段，4.8 kcps，曼彻
斯特编码，多通道可选
1%的频段，4.8 kcps，曼彻
斯特编码，多通道可选
典型值15 s0.1%的频段，
100 kcps，非归零FSK
仪表C1模式
典型值15 s0.1%的频段，
100 kcps，非归零FSK
C1或C2
移动终端
可选择固定收发器
典型值15 s0.1%的频段，
100 kcps，非归零FSK
仪表C2模式
典型值15 s0.1%的频段，
100 kcps，非归零FSK
10%的频段，50 kcps，
非归零GFSK
10%的频段，50 kcps，
非归零GFSK
10%的频段，2.4或4.8 kcps，
非归零GFSK
仪表N1模式
10%的频段，2.4或4.8 kcps，
非归零GFSK
N2或N2
移动终端
可选择固定收发器
10%的频段，2.4或4.8 kcps，
非归零GFSK
仪表N2模式
10%的频段，2.4 或4.8 kcps，
非归零GFSK
10%的频段，2.4、4.8或
9.6 kcps，非归零GFSK
10%的频段，2.4或4.8 kcps，
9.6 kcps，非归零GFSK
10%的频段，2.4 kcps，
非归零FSK
F2
移动终端
仪表F2模式
10%的频段，2.4 kcps，
非归零FSK
可选择固定收发器
10%的频段，2.4 kcps，
非归零FSK
10%的频段，2.4 kcps，
非归零FSK
移动设备
仪表
固定设备

图1 仪表通讯类型

4.3 性能等级

发送器按发射功率分为低功率、中功率、高功率3级(见表2)。

发送器允许的最大发射功率应满足国家无线电管理机构的相关规定。

接收器的灵敏度和阻塞性能分低、中、高3级(见表3)。

发送器和接收器的性能等级可以不同。

发送器和接收器的性能等级确定了功率、灵敏度和选择性。

发射功率应符合附录A的规定,按有效发射功率(erp)来测定。

最大可用灵敏度在传导模式下测定,制造商应说明其天线增益。

表2 发送器性能等级

发送器等级	典型应用	说明	最小发射功率(erp) $P_{erp.}$
L_T	最低性能	受限制的发射功率	−5 dBm(除N模式外的所有模式) 0 dBm(N模式)
M_T	中等性能	中等发射功率	0 dBm(除N模式外的所有模式) 10 dBm(N模式)
H_T	最高性能	最大发射功率	仪表至其他设备+5 dBm(R、S、T、C模式) 仪表至其他设备+3 dBm(F模式) 其他设备至仪表+8 dBm(R、S、T、C模式) 其他设备至仪表+7 dBm(F模式) 其他设备至仪表+20 dBm(N模式)

表3 接收器性能等级

接收器等级	典型应用	说明	最大可用灵敏度 P_o 在(BER<10^{-2})[a]	天线增益 dBi G_a
L_R	最低性能	受限制的灵敏度, 最低阻塞性能	−80 dBm(R、S、T、C模式) −90 dBm(N模式) −105 dBm(F模式)	a
M_R	中等性能	中等的灵敏度, 较好阻塞性能	−90 dBm −100 dBm(N模式) −110 dBm(F模式)	a
H_R	最高性能	最佳的灵敏度, 最好阻塞性能	见表6、表9、 表13、表16、表20和表23	a
注:制造商应说明天线增益。				
[a] 见8.1,对于集成或专用天线,见ETSI EN 300 220-1:2012中E.2。				

5 S模式

5.1 S模式概述

即使某些应用要求扩展的温度或电压范围,仪表无线部分的所有参数也至少应满足ETSI EN 300

220-1 与 ETSI EN 300 220-2 的要求。

频段占空比规定要求见表 4。

表 4 S 模式一般要求

参数	最小值	典型值	最大值	单位
频段	433.05	433.35	433.65	MHz
S2 模式发送占空比[a]		0.02	1	%
S1 和 S1-m 模式发送占空比[b]			0.02	%

[a] 占空比按 ETSI EN 300 220-1 确定。

[b] 占空比被限制在每小时 0.02%，以限制对信道的总占有度，见表 1 脚注 b。

频段和功率的推荐值见附录 A。

5.2 S 模式的发送器

发送器的参数应符合表 5 的要求。

表 5 S 模式发送器

参数	模式	符号	最小值	典型值	最大值	单位	注释
中心频率（单发送仪表，S1 子模式）			433.325	433.35	433.375	MHz	
中心频率（其他仪表，S2 子模式）			433.34	433.350	433.36	MHz	
FSK 频偏			±40	±50	±60	kHz	
码片发送速率		f_{chip}		32.768		kcps	
码片速率容差					±1.5	%	
位抖动[a]					±3	μs	
数据速率（曼彻斯特码）[b]				$f_{chip}\times 1/2$		bps	
包括位/字节同步的前同步码长度，双向	S2，S1-M		48			chips	
包括位/字节同步的前同步码长度	S1	PL	576			chips	S2 为可选
后同步码（报尾）长度[c]			2		8	chips	
响应延迟[d]		t_{RO}	3		50	ms	
FAC 发送延迟[e,f]	S2	t_{TxD}	$N\times 1\ 000-0.5$	$N\times 1\ 000$	$N\times 1\ 000+0.5$	ms	$N=2,3$ 或 5

表 5（续）

参数	模式	符号	最小值	典型值	最大值	单位	注释
FAC 超时[g]	S2	t_{TO}	25		30	s	

[a] 位抖动(bit jitter)应在微控制器或编码器电路的输出端测量。

[b] 每个位(bit)编码成 2 个码片(chip)(曼彻斯特码)。

[c] 后同步码(报尾)包含 $n=1\sim4$ 个"1",例如:码片序列是 $n\times(01)$。

[d] 响应延迟:接收器应在最小响应延迟时间内准备好接收数据,并至少在最大响应延迟时间以内保持接收状态。(前一个发送结束起计时)。

[e] FAC 发送延迟:表明仪表接受其他设备消息后的首次响应相对其上一次发送应延长的时间,在频繁访问周期(Frequent Access Cycle)内,这一延迟也应适用于仪表首次响应与仪表的下一次响应及随后的所有重复的响应之间。参考时间点为仪表发送的前同步码结束(同步序列结束)。时序图参见附录 B。

[f] 在频繁访问周期(FAC)内,选择的时隙 N 应相同。

[g] FAC 超时:FAC 内最后一次成功接收来自其他设备的数据帧时刻和仪表最后一次重复响应应该停止之际(FAC 结束)之间的时长。

5.3 S 模式接收器

接收器的参数应符合表 6 的要求。

表 6 S 模式接收器

参数	等级	符号	最小值	典型值	最大值	单位	注释
灵敏度(BER<10^{-2}) (或误包率<0.8)[a]	H_R	P_o	−100	−105		dBm	
阻塞性能[b]	L_R		3			Category	
阻塞性能[b,c]	M_R		2			Category	
阻塞性能[b,c,d]	H_R		2			Category	
可接受的码片速率误差		D_{fchip}			±2	%	
码片速率(仪表)		f_{chip}		32.768		kcps	

[a] 设定帧长为 20 字节时。

[b] 接收器等级(Category)依据 ETSI EN 300 220-1:2012 中 4.1.1。

[c] M_R 和 H_R 级接收器的补充要求:设备应满足 ETSI EN 301 489-1:2011 中 9.2 规定的抗扰度要求。

[d] H_R 级接收器补充要求:按 ETSI EN 300 220-1:2012 中 8.3 测量时,邻频选择性应>40 dB。

5.4 S 模式数据编码

5.4.1 S 模式的曼彻斯特编码

为了简化编码和解码,并占用较窄的基带,模式 S 使用曼彻斯特编码。"0"bit 位编码为"10"而"1" bit 位编码为"01"。较低的频率对应于码片值"0"。

5.4.2 S 模式的编码数据传送顺序

每个数据字节应首先发送最高位(MSB)。多字节域的发送顺序见 11.2。

5.4.3 S模式的前同步码码片序列

S模式的总前同步码片(报头+同步)序列为 $n\times(01)000111011010010110$：

其中：

在S1子模式(长报头)中，$n\geqslant 279$；

在S2子模式(短报头)中，$n\geqslant 15$；

在S2子模式(可选长报头)中，$n\geqslant 279$。

每个帧的全部码片，包括前、后同步码，应组成一个不可中断的码片序列。在前同步码之后，应跟随格式A帧。

注：在曼彻斯特编码中，码片序列000111是无效的。但是它可以紧跟在报头之后，以便接收器可以检测到一个新的或更强的发送起始。它尤其适用于较弱发送信号的接收。这种捕捉功能，即使信道中存在许多来自广大地域的远而弱的发送者，也能捕捉到近处(较强)的发送者，以保证有效通信。此外，它还可使间歇式接收器可靠的识别是有效帧的开始，还是正在进行的发送过程中意外检测到的同步序列。

6 T模式

6.1 T模式概述

即使在某些应用要求更宽的温度与电压范围的情况下，仪表的无线部分所有参数也至少应满足ETSI EN 300 220-1与ETSI EN 300 220-2的要求。

频段占空比规定要求见表7。

表7 T模式一般要求

参数	模式	最小值	典型值	最大值	单位
频段，由仪表到其他设备[a]	T1、T2	433.75	434.00	434.25	MHz
频段，由其他设备到仪表[a]	T2	433.05	433.35	433.65	MHz
[a] 本部分对433 MHz～434 MHz频段作了优化。但是，只要有一个适当的发射许可证，其他频段，例如470 MHz，也可使用。					

有关频率和功率的推荐值见附录A。

6.2 T模式的发送器

表8列出了发送器参数。

表8 T模式发送器

参数	模式	符号	最小值	典型值	最大值	单位	注释
中心频率 (仪表到其他设备)	T1、T2		433.975	434.0	434.025	MHz	
中心频率 (其他设备到仪表)	T2		433.34	433.35	433.36	MHz	
FSK频偏 (仪表到其他设备)	T1、T2		±40	±50	±60	kHz	

表 8 (续)

参数	模式	符号	最小值	典型值	最大值	单位	注释
FSK 频偏 (其他设备到仪表)	T2		±40	±50	±60	kHz	
码片速率 (仪表到其他设备)	T1、T2	f_{chip2}	90	100	110	kcps	
报头+帧范围 速率偏差(仪表)	T1、T2	D_{fchip}		0	±1	%	
数据速率[a] (仪表到其他设备,6 选 3 编码)	T1、T2	f_{chip2}		$f_{chip2}\times2/3$		bps	
码片发送速率 (其他设备到仪表)	T2			32.768		kcps	
码片速率容差 (其他设备到仪表)	T2				±1.5	%	
位抖动[b]	T2				±3	μs	
数据速率 (其他设备到仪表,曼切斯特编码)	T2			$f_{chip2}\times1/2$		bps	
包括位/字节同步 的前同步码长度	T1、T2	PL	48			chips	
后同步码长度[c]	T1、T2		2		8	chips	
响应延迟[d] (其他设备和表计通信)	T2	t_{RO}	2		3	ms	
FAC 发送延迟[e,f]	T2	t_{TxD}	$N\times1\ 000$ -0.5	$N\times1\ 000$	$N\times1\ 000$ $+0.5$	ms	$N=2,3$ 或 5
FAC 超时[g]	T2	T_{TO}	25		30	s	

[a] 每个半字节(4 位)编码为 6 码片,见表 10。

[b] 位抖动在微处理器或编码器电路的输出端测量。

[c] 后同步码(报尾)至少应包含两个交替码片,如果 CRC 的最后码片为零,那么最小的后同步码为"10",否则为"01"。

[d] 响应延迟:在发送含后同步码的一帧后,接收器应在最小响应延迟时间内准备好接收数据,并至少在最大响应延迟时间以内保持接收状态。(前一个发送结束起计时)。

[e] FAC 发送延迟:表明仪表接受其他设备消息后的首次响应相对其上一次发送应延长的时间,在频繁访问周期(Frequent Access Cycle)内,这一延迟也应适用于仪表首次响应与仪表的下一次响应及随后的所有重复的响应之间。参考时间点为仪表发送的前同步码结束(同步序列结束)。时序图参见附录 B。

[f] 在频繁访问周期(FAC)内,选择的时隙 N 应相同。

[g] FAC 超时:介于 FAC 内最后成功接收来自其他设备数据帧和仪表 FAC 结束之间时长。

6.3 仅有 T2 模式的接收器

接收器参数见表 9。

表 9　仅有 T2 模式的接收器

参数	模式/级别	符号	最小值	典型值	最大值	单位	注释
灵敏度(误码率＜10^{-2})(或误包率＜0.8)[a]	H_R	P_o	−100	−105		dBm	
阻塞性能[b]	L_R		3			Category	
阻塞性能[b,c]	M_R		2			Category	
阻塞性能[b,c,d]	H_R		2			Category	
可接受的报头码片速率范围(其他设备)	T1、T2	f_{chip}	88	100	112	kcps	±12%
可接受的报头＋帧时间内码片速率变化(其他设备)	T1、T2	D_{fchip}		0	±2	%	
码片速率(仪表)	T2	f_{chip}		32.768		kcps	
可接受的码片速率容差(仪表)	T2	D_{fchip2}		0	±2	%	

[a] 一帧包含 20 个字节。
[b] 接收器等级(Category)依据 ETSI EN 300 220-1:2012 中 4.1.1。
[c] M_R 和 H_R 级接收器补充要求:设备应满足 ETSI EN 301 489-1:2011 中 9.2 中规定的抗扰度要求。
[d] H_R 级接收器补充要求:按 ETSI EN 300 220-1:2012 中 8.3 测量时,邻频选择性＞40 dB。

6.4　T 模式的数据编码

6.4.1　概述

在 T1 和 T2 模式中,为了达到最佳的快速发送,数据在从仪表传送到读出设备(其他设备)时,应被编成高效的"6 选 3"码。在 T2 模式中,读出设备可能向仪表发回消息,该消息应被编成曼彻斯特码(见 6.4.3)。

6.4.2　T 模式的仪表发送"6 选 3"数据编码

6.4.2.1　概述

T1 和 T2 模式使用"6 选 3"编码,以使发送效率比曼彻斯特码更高。特定的控制功能如前同步码、消息启始等采用特有的编码,编码应按表 10 的规定进行。

每 4 比特位(半字节)数据被编成一个 6 比特位的字。在 64 种组合中,仅有那些"0"和"1"数量相等的且最小跃迁数为 2 的码字才被选中。

码片值"0"对应较低频率。

表 10　T 模式仪表发送"6 选 3"数据编码

不归零码	十进制	6 比特码	十进制	跃迁数
0000	0	010110	22	4
0001	1	001101	13	3

表 10（续）

不归零码	十进制	6 比特码	十进制	跃迁数
0010	2	001110	14	2
0011	3	001011	11	3
0100	4	011100	28	2
0101	5	011001	25	3
0110	6	011010	26	4
0111	7	010011	19	3
1000	8	101100	44	3
1001	9	100101	37	4
1010	10	100110	38	3
1011	11	100011	35	2
1100	12	110100	52	3
1101	13	110001	49	2
1110	14	110010	50	3
1111	15	101001	41	4

6.4.2.2 T 模式之仪表发送的编码数据发送顺序

“6 选 3”编码发送应为高比特在前[最高位(MSB)＝6 位码中最左位]，高半字节(MSN)在前。

多字节域的发送顺序见 11.2。

6.4.2.3 T 模式之仪表发送的前同步码片序列

T 模式总的前同步码(报头＋同步码)序列为：$n\times(01)0000111101$，$n\geqslant19$。在前同步码之后，应跟随一个格式 A 帧。

码片序列 010101010101 被保留，用作发送的前同步码，以便使接收器能以最大的码片速率开始采样，并由此确定真实的码片速率。同时，这种高位数发送也确保了实际码片速率的最佳探测。在一个数据帧内，连续 0 或 1 的位数最多是 4 位，但是，在“6 选 3”编码中，不会出现“00001111”或“11110000”这样的序列。因此该码型会被用于同步。

正常码片序列中也不会出现 0101010101 序列。因而解码器可以用它判断接收机是否已捕捉到了另一个发送。在这种情况下，接收机应停止对当前帧的分析，转而开始检测新帧。这种“捕捉-检测”特点，在系统出现许多用户时，可增加系统的通信能力。

6.4.3 T2 模式之其他设备的曼彻斯特码发送

6.4.3.1 概述

T2 模式应使用曼切斯特编码，以简化编码和解码并可用于窄基带。“0”bit 位编码为“10”而“1”bit 位编码为“01”。较低的频率对应于码片值“0”。

6.4.3.2 T2 模式之其他设备的编码数据发送顺序

每个数据字节应首先发送最高位(MSB)。

多字节域的发送顺序见 11.2。

6.4.3.3 T2 模式之其他设备发送的前同步码片序列

T2 模式总前同步码(报头+同步码)序列为:n×(01)000111011010010110,n≥15。每个帧的所有码片,包括前、后同步码,应形成一个不可中断序列。

注 1:在曼彻斯特编码中,码片序列 000111 是无效的,但是它可以紧跟在报头之后,以便接收器甚至正在接收较弱信号的时候,也可以检测一个新的,或更强的发送开始。这种捕捉功能,即使信道中存在许多来自广大地域的远而弱的发送者,也能捕捉到近处(较强)的发送者,以保证有效通信。此外,它还可使间歇式接收器可靠地区分是有效帧的开始,还是正在进行的发送过程中意外发生的同步序列。

注 2:这种数据编码与 S 模式和 R 模式使用的编码相同。

7 R2 模式

7.1 概述

即使在某些应用要求更宽的温度与电压范围的情况下,仪表的无线部分所有参数也至少应满足 ETSI EN 300 220-1 与 ETSI EN 300 220-2 的要求。

频段及信道间隔规定要求见表 11。

表 11 R2 模式一般要求

参数	最大值	典型值	最小值	单位
频段[a]	433.05	433.38	433.65	MHz
信道间隔[a]		60		kHz
[a] 本部分对 433 MHz~434 MHz 频段作了优化。				

有关频率和功率的推荐值见附录 A。

7.2 R2 模式的发送器

发送器参数列于表 12。

表 12 R2 模式发送器

参数	符号	最小值	典型值	最大值	单位	注释
中心频率(其他设备)			433.38		MHz	
中心频率(仪表)			433.08+n×0.06		MHz	
频率容限(仪表/其他设备)			0	±8.5	kHz	
FSK 频偏		±4.8	±6	±7.2	kHz	
码片速率(唤醒+通信)			4.8		kcps	
码片速率容差(唤醒+通信)			0	±1.5	%	

表 12（续）

参数	符号	最小值	典型值	最大值	单位	注释
位抖动[a]				±15	μs	
数据速率[b] （曼彻斯特编码）			$F_{chip}\times 1/2$		bps	
前同步码长度 包括位/字节同步	PL	96			chips	
后同步码(报尾)长度[c]		2		8	chips	
响应延迟[d] （其他设备）	t_{RO}	3		50	ms	
响应延迟[d] （仪表）	t_{RM}	10		10 000	ms	
FAC 发送延迟[e,f]	t_{TxD}	$N\times1\ 000$ -1	$N\times1\ 000$	$N\times1\ 000$ $+1$	ms	$N=5,7$ 或 13
FAC 超时[g]	t_{TO}	25		30	s	

[a] 位抖动在微处理器或编码器电路的输出端测量。

[b] 每位(bit)编为两个码片(chip)(曼彻斯特编码)。

[c] 后同步码(报尾)由 $1\leqslant n\leqslant 4$ 个 1 组成，例如：码片序列应为 $n\times(01)$。

[d] 响应延迟：在发送一帧后，接收器应在最小响应延迟时间内准备好接收数据，并至少在最大响应延迟时间以内保持接收状态。(前一个发送结束起计时)。如果收到帧的 CI 域为 81 h，则响应延迟使用 t_{RO}，否则响应延迟使用 t_{RM}。

[e] FAC 发送延迟：表明仪表接受其他设备消息后的首次响应相对其上一次发送应延长的时间，在频繁访问周期(Frequent Access Cycle)内，这一延迟也应适用于仪表首次响应与仪表的下一次响应及随后的所有重复的响应之间。参考时间点为仪表发送的前同步码结束(同步序列结束)。

[f] 在频繁访问周期(FAC)内，选择的时隙 N 应相同。

[g] FAC 超时：介于 FAC 内最后成功接收来自其他设备数据帧和仪表 FAC 结束之间时长。

7.3 R2 模式的接收器

接收参数见表 13。

表 13　R2 模式接收器

参数	级别	符号	最小值	典型值	最大值	单位	注释
灵敏度(误码率$<10^{-2}$) (或误包率<0.8)[a]	H_R	P_o	-105	-110		dBm	
阻塞性能[b]	L_R		3			Category	
阻塞性能[b,c]	M_R		2			Category	
阻塞性能[b,c,d]	H_R		2			Category	
可接受码片速率范围		f_{chip}	4.7	4.8	4.9	kcps	±2%
在报头和帧中， 可接受的码片速率变化		D_{fchip}		0	±0.2	%	

[a] 一帧包含 20 个字节。

[b] 接收器等级(Category)依据 ETSI EN 300 220-1:2012 中 4.1.1。

[c] M_R 级和 H_R 级接收器补充要求：设备应满足 ETSI EN 301 489-1:2011 中 9.2 中规定的抗扰度要求。

[d] H_R 级接收器补充要求：按 ETSI EN 300 220-1:2012 中 8.3 测量时，邻频选择性>40 dB。

7.4 R2 模式的数据编码

7.4.1 R2 模式的曼彻斯特编码

为简化编码和解码并可用于窄基带，模式 R2 应使用曼彻斯特编码。“0”bit 位编码为“10”而“1”bit 位编码为“01”。较低的频率对应于码片值“0”。

7.4.2 R2 模式之编码数据的传送顺序

每个数据字节中应首先发送最高位。

多字节域的发送顺序见 11.2。

7.4.3 R2 模式的前同步码片序列

R2 模式的总前同步(报头＋同步)码片序列是 $n\times(01)000111011010010110$，$n\geqslant39$。

每个帧的所有码片，包括前、后同步码，应形成一个不可中断的码片序列。

注 1：在曼彻斯特编码中，码片序列 000111 是无效的，但是它可以紧跟在报头之后，以便接收器甚至正在接收较弱信号的时候，也可以检测一个新的，或更强的发送开始。这种捕捉功能，即使信道中存在许多来自广大地域的远而弱的发送者，也能捕捉到近处(较强)的发送者，以保证有效通信。此外，它还可使间歇式接收器可靠地区分是有效帧的开始，还是正在进行的发送过程中意外发生的同步序列。

注 2：数据编码与模式 S 和模式 T2 中使用的相同。

8 C 模式

8.1 C 模式概述

即使在某些应用要求更宽的温度与电压范围的情况下，仪表的无线部分所有参数也至少应满足 ETSI EN 300 220-1 与 ETSI EN 300 220-2 的要求。

频段规定要求见表 14。

表 14 C 模式一般要求

参数	模式	最小值	典型值	最大值	单位
频段，由仪表到其他设备[a]	C1、C2	433.75	434.0	434.25	MHz
频段，由其他设备到仪表[a]	C2	434.45	434.575	434.70	MHz
[a] 本部分对 433 MHz～434 MHz 频段作了优化。但是，只要有一个适当的发射许可证，其他频段，例如 470 MHz～510 MHz，也可使用。					

有关频率和功率的推荐值见附录 A。

8.2 C 模式的发送器

表 15 列出了发送器参数。

表 15 C 模式发送器

参数	模式	符号	最小值	典型值	最大值	单位	注释
中心频率 (仪表到其他设备)	C1、C2		433.99	434.0	434.01	MHz	

表 15（续）

参数	模式	符号	最小值	典型值	最大值	单位	注释
中心频率（其他设备到仪表）	C2		434.565	434.575	434.585	MHz	
FSK 频偏[a]（仪表到其他设备）	C1、C2		±33.75	±45	±56.25	kHz	
GFSK 频偏[a]（其他设备到仪表）	C2		±18.75	±25	±31.25	kHz	
GFSK 相对带宽	C2	BT		0.5			
码片速率（仪表到其他设备）	C1、C2	f_{chip}		100		kcps	
码片速率[a]（其他设备到仪表）	C2	f_{chip}		50		kcps	
码片速率容差	C1、C2				±100	ppm	
数据速率[b]	C1、C2			f_{chip}		bps	
前同步码长度	C1、C2	PL	32		32	chips	
同步码长度	C1、C2	SL	32		32	chips	
快速响应延迟[c,d,e]（缺省）（其他设备到表计通信）	C2	t_{RO}	99.5	100	100.5	ms	
慢速响应延迟[c,d,e]（其他设备到表计通信）	C2	t_{RO_slow}	999.5	1 000	1 000.5	ms	
快速响应延迟[c,d]（缺省）（表计到其他设备通信）	C2	t_{RM}	99.5	100	100.5	ms	
慢速响应延迟[c,d]（表计到其他设备通信）	C2	t_{RM_slow}	999.5	1 000	1 000.5	ms	
FAC 发送延迟[f,g]	C2	T_{TxD}	$N\times1\ 000-0.5$	$N\times1\ 000$	$N\times1\ 000+0.5$	ms	$N=2,3$ 或 5
FAC 超时[h]	C2	t_{TO}	25		30	s	

[a] 在发送的 PN9 序列码片的中心测量的标称频偏（频率对应时间的眼图开度）为 75%～125%，其最小/最大值基于方均根偏差值（rms）。

[b] 所有的比特为不归零码。

[c] 收到一响应帧后须延迟指定时间再开始发送同步码。从接收到响应帧的最后一比特开始计算响应延迟时间。时序图参见附录 B。

[d] 使用慢或快响应延迟在扩展链路层“通信控制域”中规定（见 12.2.2）。时序图参见附录 B。若帧中不包含扩展链路层，则其响应延迟时间应使用缺省值。

[e] 如果数据帧是从其他设备转发的（在扩展链路层“通信控制域”规定，见 12.2.2），其设备应使用短于 85 ms 的延迟时间 t_{RR} 或 t_{RR_slow}，而不是相应的 t_{RO} 或 t_{RO_slow}，使得双向通信转发数据通信速度不降低。从仪表到其他设备转发的数据帧转发延迟时间应少于 5 ms（t_{DRF}）。时序图参见附录 B。

[f] FAC 发送延迟：表明仪表接受其他设备消息后的首次响应相对其上一次发送应延长的时间，在频繁访问周期（Frequent Access Cycle）内，这一延迟也应适用于仪表首次响应与仪表的下一次响应及随后的所有重复的响应之间。参考时间点为仪表发送的前同步码结束（同步序列结束）。时序图参见附录 B。

[g] 在频繁访问周期（FAC）内，选择的时隙 N 应相同。

[h] FAC 超时：介于 FAC 内最后成功接收来自其他设备数据帧和仪表 FAC 结束之间时长。

8.3 C模式接收器

接收参数见表16。

表16 C模式接收器

参数	模式/级别	符号	最小值	典型值	最大值	单位
灵敏度(误码率<10^{-2})(或误包率<0.8)[a](其他设备)	H_R	P_o	−100	−105		dBm
灵敏度(误码率<10^{-2})(或误包率<0.8)[a](仪表)	H_R	P_o	−95			dBm
阻塞性能[b]	L_R		3			Category
阻塞性能[b,c]	M_R		2			Category
阻塞性能[b,c,d]	H_R		2			Category

[a] 一帧包含20个字节。

[b] 接收器等级(Category)依据ETSI EN 300 220-1:2012中4.1.1。

[c] M_R和H_R级接收器补充要求:设备应满足ETSI EN 301 489-1:2011中9.2中规定的抗扰度要求。

[d] H_R级接收器补充要求:按ETSI EN 300 220-1:2012中8.3测量时,邻频选择性>40 dB。

8.4 C模式的数据编码

8.4.1 概述

从仪表到其他设备通信采用FSK调制通信。从其他设备到仪表通信采用GFSK调制通信。所有通信编码采用NRZ码,较低的频率对应于二进制“0”。

数据字节发送应为最高比特位在前。

多字节域的发送顺序见11.2。

8.4.2 模式C:前同步码和同步码范例

所有的通信数据应含有以下两组数据中的一种:

a) $n\times$(01)0101010000111101 0101010011001101;

b) $n\times$(01)0101010000111101 0101010000111101,其中$n=16$。

同步字中首16个码片等同于模式T中的前同步码和同步字。这样使得同一接收解码器可以处理模式T和模式C的帧数据。如果是模式C帧数据,接下来的6个码片形成式样“010101”。接收解码器由此可以判断接收帧不属于模式T,因为模式T中使用的“6变3”编码中没有“010101”组合。最后8个码片确定帧格式,如果是“11001101”为格式A,如果是“00111101”为格式B(见11.4)。

当接收到的信号强度骤然增强时,通过检测新的前同步码和同步序列,解码器可检测出接收器已捕获了另一个传输。这时,接收机应停止分析当前的数据帧转而侦测新的数据帧。当系统中存在很多用户时,这种“捕获侦测”功能可提高有大量设备的系统的通信能力。

9 N模式

9.1 N模式概述

即使在某些应用要求更宽的温度与电压范围的情况下,仪表的无线部分所有参数也至少应满足

ETSI EN 300 220-1 与 ETSI EN 300 220-2 的要求。

频段、占用信道间隔与周期规定要求见表 17。

表 17　N 模式一般要求

参数	最小值	典型值	最大值	单位
频段[a]	494.0		495.50	MHz
信道间隔		100/200		kHz
发送器占空比			10	%
[a] 参考国家无线电管理机构对 470 MHz 微功率无线的要求和广播电视频道的频率划分采用本频段。				

9.2　N 模式物理层参数

模式 N 收发信道频率相同，共有 10 个信道，信道列表见表 18。

表 18　模式 N 频率

模式	频道号	中心频率 MHz	频道带宽 kHz	GFSK kbps	4 GFSK kbps	频率容限 $\times10^{-6}$
N1f、N2f	1	494.1	25	4.8		±10
N1f、N2f	2	494.2	25	4.8		±10
N1f、N2f	3	494.3	25	4.8		±10
N1f、N2f	4	494.4	25	4.8		±10
N1f、N2f	5	494.5	25	2.4		±10
N1f、N2f	6	494.6	25	2.4		±10
N2g	7	494.8	50		19.2	±10
N2g	8	495.0	50		19.2	±10
	9[a]	495.2	50			±10
	10[a]	495.4	50			±10
[a] 该频道备用。						

模式 N 的调制和时序参数见表 19。

表 19　N 模式调制和时序

参数	数据速率	符号	最小值	典型值	最大值	单位	注释
GFSK Modulation（调制指数 2.0）	2.4 kbps		±1.68	±2.4	±3.12	kHz	标称偏差 70%～130%[a]
GFSK Modulation（调制指数 1.0）	4.8 kbps		±1.68	±2.4	±3.12	kHz	标称偏差 70%～130%[a]
4GFSK Modulation（调制指数 0.5）	19.2 kbps			−7.2、−2.4、+2.4、+7.2		kHz	
4GFSK 峰值调制	19.2 kbps		±5.04		±9.36	kHz	标称偏差 70%～130%[a]

表 19（续）

参数	数据速率	符号	最小值	典型值	最大值	单位	注释
GFSK/4GFSK 相对带宽	全部	BT		0.5			
Bit/符号率容差	全部				±100	$\times10^{-6}$	
前同步码长度	全部	PL	16		16	比特或符号	
同步码长度	全部	SL	16		16	比特或符号	
后同步码长度	全部			0		比特或符号	
快响应延迟[b] (其他设备到仪表)	全部	t_{RO}	99.5	100	100.5	ms	
慢速响应延迟[b] (其他设备到仪表)	2.4 kbps 4.8 kbps 19.2 kbps	t_{RO_slow}	2 099.5 1 099.5 1 099.5		2 100.5 1 100.5 1 100.5	ms	
FAC 发送延迟[c,d] (N2a 到 N2f)	2.4 kbps 4.8 kbps	t_{TxD}	$N\times1\ 000$ -0.5	$N\times1\ 000$	$N\times1\ 000$ $+0.5$	ms	N=5,7 或 13
FAC 发送延迟[c,d] (仅 N2g)	19.2 kbps	t_{TxD}	$N\times1\ 000$ -0.5	$N\times1\ 000$	$N\times1\ 000$ $+0.5$	ms	N=2,3 或 5
FAC 超时[e]	全部	t_{TO}	25		30	s	

[a] 在发送 9 比特伪随机(PN9)序列码片的中心对标称偏差(频率对应的时间眼图开度)的 75%～125%取值范围进行测量,其最小/最大值基于方均根偏差值(rms)。

[b] 在接收到帧的最后一位后,发送器应在这一时间延迟期内发送前同步码。慢或快响应延迟定义见扩展链路层中“通信控制域”(见 12.2.2)。时序图参见附录 B。如果扩展链路层中没有定义的帧,其响应延迟时间用缺省值。

[c] FAC 发送延迟:表明仪表接受其他设备消息后的首次响应相对其上一次发送应延长的时间,在频繁访问周期(Frequent Access Cycle)内,这一延迟也应适用于仪表首次响应与仪表的下一次响应及随后的所有重复的响应之间。参考时间点为仪表发送的前同步码结束(同步序列结束)。

[d] 在频繁访问周期(FAC)内,选择的时隙 N 应相同。

[e] FAC 超时:介于 FAC 内最后成功接收来自其他设备数据帧和仪表 FAC 结束之间时长。

9.3 N 模式接收器灵敏度

接收器灵敏度和阻塞性能参数见表 20。

表 20 N 模式接收器

参数	模式/级别	符号	最小值	典型值	最大值	单位	注释
灵敏度[(误码率<10^{-2}) (或误包率<0.8)][a](其他设备/仪表)GFSK	H_R	P_o	−115	−123		dBm	2.4 kbps
灵敏度[(误码率<10^{-2}) (或误包率<0.8)][a](其他设备/仪表)GFSK	H_R	P_o	−112	−120			4.8 kbps

表 20（续）

参数	模式/级别	符号	最小值	典型值	最大值	单位	注释
灵敏度[（误码率<10^{-2}）（或误包率<0.8）][a]（其他设备/仪表）4GFSK	H_R	P_o	−104	−107			19.2 kbps
阻塞性能[b]	L_R		3			Category	
阻塞性能[b,c]	M_R		2			Category	
阻塞性能[b,c,d]	H_R		2			Category	

[a] 一帧包含 20 个字节。
[b] 接收器等级(Category)依据 ETSI EN 300 220-1:2012 中 4.1.1。
[c] M_R 和 H_R 级接收器补充要求：设备应满足 ETSI EN 301 489-1:2011 中 9.2 中规定的抗扰度要求。
[d] H_R 级接收器补充要求：按 ETSI EN 300 220-1:2012 中 8.3 测量时，邻频选择性>40 dB。

9.4 N 模式数据编码

9.4.1 概述

采用 GFSK 调制的数据传输应按 NRZ 编码，较低的频率对应于二进制"0"。

采用 4GFSK 调制的数据传输应按 NRZ 编码，较低的频率对应于二进制"01"(符号 A)，第二频率对应于二进制"00"(B)，第三频率对应于二进制"10"(C)，最高频率对应于二进制"11"(D)。

数据字节发送应为最高比特位在前。

多字节域的发送顺序见 11.2。

9.4.2 模式 N：前同步码和同步字的范式

使用 GFSK 的所有发送应以下两组帧中的一种为前导(其中：$n=8$)：

a) $n\times$(01)11110110 10001101(帧格式 A)；

b) $n\times$(01)11110110 01110010(帧格式 B)。

使用 4GFSK 的所有发送应以下两组帧中的一种为前导(其中：$n=8$)：

a) $n\times$(AD) DDDDADDA DAAADDAD (帧格式 A)；

b) $n\times$(AD) DDDDADDA ADDDAADA (帧格式 B)。

注：第一种范式等于比特范式 $n\times$(0111) 1111111101111101 1101010111110111，而第二种范式等于比特范式 $n\times$(0111) 1111111101111101 0111111101011101。

每帧的所有码片，包括前、后同步码，应形成不可中断序列。

当接收到的信号强度突然增加，解码器可侦测与之相伴的前同步码和同步码，从而侦测到接收器已捕获了另一发送信号，在这种情况下接收器可停止分析当前的数据帧转而侦测新的数据帧。这种"捕获侦测"功能可提高有大量设备的系统的通信能力。

10 F 模式

10.1 F 模式：概述

即使在某些应用要求更宽的温度与电压范围的情况下，仪表的无线部分所有参数也至少应满足

ETSI EN 300 220-1 与 ETSI EN 300 220-2 的要求。

频段占空比规定要求见表 21。

表 21 F 模式一般要求

特性	最小	典型	最大	单位
频段[a]	433.05	433.820	434.79	MHz
发射器占空比			10	%

[a] 本部分为 433 MHz 频段进行了优化，但也可用于获得发射许可的其他频段。

10.2 F 模式：物理链路参数

发射器参数如表 22 所示。

表 22 F 模式发射器参数

特性	符号	模式	最小	典型	最大	单位	注释
中心频率		全部	433.813	433.82	433.827	MHz	
FSK 频偏[a]		F2、F2-m	±4.8	±5.5	±7.0	kHz	
数据速率		F2、F2-m		2.4		kcps	
数据速率容差		全部			±100	10^{-6}	
响应延迟[b] （仪表至其他设备）	t_{RM}	F2-m	3	50	4 000	ms	
快速响应延迟[c,d] （其他设备至仪表）	t_{RO}	F2	99.5	100	100.5	ms	
慢速响应延迟[c,d] （其他设备至仪表）	t_{RO_slow}	F2	999.5	1 000	1 000.5	ms	
FAC 发送延迟[e,f]	t_{TxD}	F2	N×1 000 −0.5	N×1 000	N×1 000 +0.5	ms	N=5,7 或 13
FAC 超时[g]	t_{TO}	F2	25		30	s	

[a] 在发送 PN9 序列外层符号的中心(频率对应时间的眼图开度)进行测量，其最小/最大值基于方均根偏差值(rms)。

[b] 仪表应延迟对从其他设备接收消息做响应的时间。

[c] 接收一帧后，响应单元应在规定的响应延迟时间后启动发送前同步码。响应延迟时间自该帧最后一位接收时间计起，时序图参见附录 B。

[d] 慢或快响应延迟定义见扩展链路层中"通信控制域"(见 12.2.2)。时序图参见附录 B。如果帧中不含扩展链路层，其响应延迟时间用缺省值。

[e] FAC 发送延迟：表明仪表接受其他设备消息后的首次响应相对其上一次发送应延长的时间，在频繁访问周期(Frequent Access Cycle)内，这一延迟也应适用于仪表首次响应与仪表的下一次响应及随后的所有转发的响应之间。参考时间点为仪表发送的前同步码结束(同步序列结束)。时序图参见附录 B。

[f] 在频繁访问周期(FAC)内，选择的时隙 N 应相同。

[g] FAC 超时：FAC 内最后成功接收到来自其他设备数据帧起至仪表最终响应停止之际(FAC 结束)之间的时长。如果进行帧转发(在扩展链路层的通信控制域中规定(见 12.2.2)，其他设备应采用比相应的 t_{RO} 或 t_{RO_slow} 短 85 ms的响应延迟(t_{RR} 或 t_{RR_slow})。这使得转发的双向通讯在通信速度上没有损失。从仪表到其他设备的帧转发延迟应小于 5 ms(t_{DRF})。见附录 B 时序图。

10.3 F 模式：接收器灵敏度

接收器灵敏度与阻塞性能见表 23。

表 23 F 模式接收器

特性	分类	符号	最小	典型	最大	单位	注释
灵敏度(BER<10^{-2})(或误包率<0.8)[a]	H_R	P_o	−115	−117		dBm	2.4 kbps
阻塞性能[b]	L_R		3			Category	
阻塞性能[b,c]	M_R		2			Category	
阻塞性能[b,c,d]	H_R		2			Category	

[a] 帧大小为 20 字节时。

[b] 接收器等级(Category)依据 ETSI EN 300 220-1:2012 中 4.1.1。

[c] M_R 与 H_R 级接收器的附加要求：设备应满足 ETSI EN 301 489-1:2011 中 9.2 规定的抗扰度要求。

[d] H_R 级接收器补充要求：按 ETSI EN 300 220-1:2012 中 8.3 测量时，邻频选择性>40 dB。

10.4 F 模式：数据编码

10.4.1 F 模式：概述

采用 FSK 调制的数据发送编码应为不归零(NRZ)编码。低频对应二进制“0”。每个数据字节发送应为最高位先发。

多字节域的顺序见 11.2。

10.4.2 F 模式：前同步码与同步结构

所有发送的数据由前同步码引导。对于数据链路层格式 A 而言，当 $n \geqslant 39$ 时，前同步码为 $n \times$(01) 1111 0110 1000 1101，对于数据链路层格式 B 而言，当 $n \geqslant 39$ 时；前同步码为 $n \times$(01) 1111 0110 0111 0010。

11 数据链路层

11.1 概述

数据链路层紧随在前同步码和同步码(介质访问层)之后。本部分支持两种数据链路层帧格式 A 和格式 B。通过检测前同步码和同步码数据应可判断出帧格式(参见各模式的具体描述)。数据帧被拆分在各数据块中。在这两种格式的第一块都有一个固定长度为 10 字节，包含链路层，其中包括帧长度(L 域)，控制信息(C 域)，和发送者地址(链路层地址)。第二块开始的 CI 域是用来说明跟随的数据结构。跟随的数据在应用层数据(如果有的话)之前有一或几层。这一数据可能是缩短的扩展数据链路/网络层和称之为传输层，网络层(见 GB/T 26831.5)，或延长的链路层(扩展链路层)的应用程序数据头，详细描述如下。该 CI 域也定义了应用协议(如果有的话)。

不管是对于仪表还是其他设备，有多个帧格式可用并不意味着一个设备应同时支持两种帧格式。一个设备可以配置有两种帧格式。而仪表一旦安装后，就不宜再改变其帧格式。

如果模式支持两种帧格式，其他设备在安装仪表的过程中宜侦测这两种帧格式。其他设备在随后的通信中只能与仪表已知的帧格式同步。

11.2 多字节域的顺序

在首个 CI 域之前，任何多字节域应以低字节在前传送。CI 域后的数据 80h、8Ah、8Bh、8Ch、8Dh、8Eh 和 8Fh(见 12.2 和 12.3)的 CI 域之后的多字节域的字节顺序也应以低字节在前传送。其他的多字节域的字节顺序未在本部分中定义。第一个 CI 域后的多字节域应按照其实现层的规定传送，即遵照 GB/T 26831.1 和 GB/T 26831.3 应用层要求。

CRC 校验的字节顺序应以高字节在前进行传送。

11.3 帧格式 A

11.3.1 概述

帧格式 A 兼容 GB/T 18657.1 中的帧格式级别 FT3。起始字节 05h64h 替换为各自模式中的前同步码片序列。数据帧中不同块的格式规定如下。

11.3.2 第一块

第一块格式见图 2。

L-域	C-域	M-域	A-域	CRC-域
1 字节	1 字节	2 字节	6 字节	2 字节

图 2 第一块格式

11.3.3 第二块

第二块格式见图 3。

CI-域	数据域	CRC-域
1 字节	15 字节，若为最后一个块，则为{[($L-9$)模 16]－1}字节	2 字节

图 3 第二块格式

11.3.4 可选块

可选块中任意子序列格式见图 4。

数据域	CRC-域
16 字节，若为最后一个块，则为[($L-9$)模 16]字节	2 字节

图 4 可选块格式

11.4 帧格式 B

11.4.1 概述

帧格式 B 的链路层检查通过对包含 CRC 校验域的最多 128 个字节进行检查来完成。包括 CRC 与 L 域在内的长度达到 128 字节的帧，包含有一个单一的覆盖第一块和第二块的 CRC 域。长度为 131 至 256 字节(最大长度)之间的帧包含二个 CRC 域，第二个 CRC 域包括可选块。数据帧的不同块格式规定如下。

11.4.2 第一块

第一块格式见图 5。

L-域	C-域	M-域	A-域
1 字节	1 字节	2 字节	6 字节

图 5 第一块格式

11.4.3 第二块

第二块格式见图 6。

CI-域	数据域	CRC-域
1 字节	115 字节，或为最后块($L-12$)字节	2 字节

图 6 第二块格式

11.4.4 可选块

可选块中任意子序列格式见图 7。

数据域	CRC-域
($L-129$)字节	2 字节

图 7 可选块格式

11.5 域定义

11.5.1 概述

在下面各条中，将对 GB/T 18657.1(L 域)和 GB/T 18657.2(C 域、M 域和 A 域)中定义的域作详细说明。GB/T 18657.2 的 A 域，相当于这里介绍的 M 域和 A 域的串接。

11.5.2 多数据域

多字节域的处理见 11.2。

11.5.3 长度(L)域

a) 帧格式 A：
第一块的第一个字节是长度域。该域规定了随后的数据的字节数，包括控制和地址字节，但不包括 CRC 字节。如果[($L-9$)模 16]非零，则最后一块包含[($L-9$)模 16]个数据字节+2 个 CRC 字节。除第一块和最后一块外，其余所有块均包含 16 个数据字节+2 个 CRC 字节。

b) 帧格式 B：
第一块中第一个字节是长度域。该域规定了随后的数据字节数，包括 CRC 校验字。

11.5.4 控制(C)域

第一个块的第二个字节是控制域。它规定了帧的类型。

C 域的一般格式，每一比特定义见图 8。

<table>
<tr><td colspan="2">最高位</td><td colspan="3">最低位</td><td></td></tr>
<tr><td rowspan="2">RES</td><td rowspan="2">PRM</td><td>FCB</td><td>FCV</td><td rowspan="2">功能码</td><td>主站到从站</td></tr>
<tr><td>ACD</td><td>DFC</td><td>从站到主站</td></tr>
</table>

图 8　C 域数据格式

说明：

RES——比特位一直为“0”；

PRM——来自主站(发起)时为“1”；来自从站(响应)时为“0”。

FCB、FCV 和 ACD、DFC 的值应遵循 GB/T 18657.2 的规则。

可用的功能码在表 24 和表 25 给出。主站和从站的定义见 GB/T 18657.2。

表 24　主站发出的消息中 C 域的功能码

功能代码	符号名称	方向	功能	确认方	仪表支持模式
0h	SND-NKE[a,b]	到仪表	通信后链路复位，清除 FCB 数据同时结束频繁访问周期。它也可以用来表明有发送了初始化消息的仪表有一无线应用链路	—	S2、T2、C2、R2 和 N2
3h	SND-UD(SND-UD/SND-UD2)[c]	到仪表	发送一命令(发送用户数据)	ACK/RSP-UD	S2、T2、C2、R2 和 N2
4h	SND-NR(SND-NR)[d]	来自仪表	发送不带请求的不定期/定期的数据(发送/不应答)	—	S1、T1、C1 和 N1
6h	SND-IR	来自仪表	发送手动初始化安装数据(发送安装请求)	CNF-IR	可选
7h	ACC-NR	来自仪表	发送不定期/定期的数据给仪表寻找机会接入(包含无应用数据)	—	可选
8h	ACC-DMD	来自仪表	仪表到其他设备接入请求。本消息请求接入到仪表(包括没有应用的数据)	ACK	可选
Ah	REQ-UD1[e]	到仪表	告警请求。(请求级别 1 用户数据)包括没有应用的数据	RSP-UD/ACK	S2、T2、C2、R2 和 N2
Bh	REQ-UD2	到仪表	数据请求。(请求级别 2 用户数据)包括没有应用的数据	RSP-UD	S2、T2、C2、R2 和 N2

[a] FAC 超时(见 10.6.3.3)后 FCB 应自动清除数据。

[b] SND-NKE 命名见 GB/T 26831.2。

[c] SUD-UD 和有效的 FCB(C 域的 53 h 或 73 h)一起使用，并应有带 ACK 消息响应。若仪表接收带有清除 FCV 比特(C 域是 43 h)的功能码 3 h，仪表应承担接收 SUN-UD 及随后的 REQ-UD2。然而它应用相符合的 RSP-UP 替代 ACK 来响应。这种消息被称为 SND-UD2，支持 SND-UD2 是可选的。若仪表不支持 SND-UD2 消息，应用 ACK 替代来响应，不再使用本消息。SND-UD2 不应用于分段消息。见附录 B。

[d] 仪表可以使用频繁发送周期 FTC，例如重复(受限范围内次数)发送相同消息，直至其他设备响应。其他设备应采用 SND-NKE 响应，同时仪表应终止 FTC。例如，日抄读仪表可以每 6 h 重发消息，直至其他设备用带 SND-NKE 代码响应，仪表恢复每 24 h 抄读一次。

[e] 若仪表不支持告警数据，至少应有 ACK 响应。

表 25 从站发出的消息中 C 域的功能码

功能代码	符号名称	方向	功能	发起方	仪表支持模式
0h	ACK	双向	接收 ACC-DMD 或 SND-UD 响应（仅发送响应）	SND-UD/ACC-DMD	S2、T2、C2、R2 和 N2
6h	CNF-IR	到仪表	确定仪表到服务方成功登记（安装上线）（包括没有应用的数据）	SND-IR	可选
8h	RSP-UD	来自仪表	响应来自主站请求的应用数据（响应用户数据）	REQ-UD1/REQ-UD2	S2、T2、C2、R2 和 N2

11.5.5 制造商 ID(M-域)

第一块的第三和第四个字节为仪表的唯一用户/制造商标识 ID。按照 GB/T 26831.3—2012 中5.5 的规定，这两个字节的低 15 比特位由 ISO 646 代码(A～Z)的三字母组成。三字母代码由国家相关机构管理。

如果用户/制造商 ID 的这两个字节的最高比特位是零，则地址 A 是唯一的仪表制造商 6 字节地址(硬代码)。每个制造商对这 6 字节的全球唯一性负责。只要这个 ID 是唯一的，任何类型的编码或编号，包括类型/版本/日期都可以使用。

如果用户/制造商 ID 的这两个字节的最高比特位非零，则地址 A 的 6 字节地址至少在系统最大发送范围内应是唯一的(软地址)。这个地址通常在安装时分配给该设备。只要满足上述的地址唯一性要求，剩余的字节可以用来满足用户的特殊需要。

注：本地址可用于后勤部门来识别仪表的不确定的通信接口。然而制造商需确保不单是无线仪表且所有生产的仪表地址是唯一的。

11.5.6 地址(A-域)

不同于 GB/T 18657.2，地址 A 总是包含有发送方地址。上传时指的是带有无线模块的仪表地址或支持不带有无线模块仪表的无线适配器的地址，下发时指的是其他设备的地址。接收器地址(用于下发)应跟随在扩展数据链路层内(见 12.2)，或跟随在传输层内(见 12.3)。地址应为唯一(见 11.5.5)。每个用户/制造商均应保证这个地址的唯一性。若本协议与 GB/T 26831.3—2012 的传输层或应用层一同使用，则应如 GB/T 26831.3—2012 的 5.4、5.6 和 5.7 中规定的那样，采用下述地址结构：A 域将由 ID 号、版本号和设备类型信息串接，参见附录 C 中的例子。

注：如仪表地址不同于发送方地址，仪表地址将于 CI 域后发送，并采用长传输层。见 12.3 与GB/T 26831.3—2012。

11.5.7 CRC 校验域

循环冗余校验码是根据前面块中的信息计算而得，按照 GB/T 18657.1 中 FT3 级计算生成，其多项式计算公式如下：

$$x^{16}+x^{13}+x^{12}+x^{11}+x^{10}+x^{8}+x^{6}+x^{5}+x^{2}+1$$

初始值为 0，最终的 CRC 值为补码值。

11.5.8 控制信息(CI)域

第二块第一字节是控制信息域。该域规定协议类型，也就规定了其后信息的特点。CI-域可指派应用层、传输层、网络层或扩展链路层。CI-域定义见 12.1。

11.6 时序

11.6.1 安装消息的时序

仪表可支持附加的安装消息。安装消息经手动触发启动(例如按一个按钮)。安装消息应在其后立即启动。

为防止安装消息错失,安装消息(SND-IR)应在 30 s～60 s 内至少发送 6 次。收到手动触发命令后应在 60 min 内停止发送安装消息。

如果其他设备接收到一个安装消息(SND-IR)并最终注册该仪表为恒久接收，应给仪表本身和可选的服务工具回复一个表明成功注册的确认安装消息(CNF-IR)。如果仪表收到此消息,可以停止安装消息的重复发送。服务工具可以利用此消息给服务人员一个关于仪表安装成功的反馈。

如果其他设备接收到一个安装消息(SND-IR)可以给一个服务工具发送一个反馈消息(SND-NKE)。为了避免与另一个设备发送的反馈消息(SND-NKE)碰撞,接收到仪表安装消息后应随机延迟 5 s～25 s 发送。发送的反馈消息(SND-NKE)独立于确认安装消息(CNF-IR)的传输或接收。参见附录 B。

11.6.2 仪表消息的同步发送

为了保证电池效率,其他设备(数据集中器,中继器等)只在预定的短时间窗口打开接收器,仪表应遵循严格的传输时序。使用同步传输方法是可选的。

仪表应在标称发送时间间隔(即平均值)内发送同步消息,见表 26。

表 26 标定传输间隔 t_{NOM} 的最大值

模式	$t_{NOM\,(max)}$
T、C	15 min
S	120 min
R、N、F、H	24 h

同步消息应是 SND-NR、ACC-DMD 或 ACC-NR(C 域 44 h、48 h 或 47 h)形式之一。因为接入号是必需的,同步消息应包含一个长或短的包头或范围从 8Ch 到 8Fh 的 CI 域(见表 28)。ACC-NR 消息可只用于保持同步。SND-NR,ACC-DMD 和 ACC-NR 消息可以混合。

同步消息应在下式给定的单个发送时间间隔(从消息开始到下一消息开始的时间间隔)内发送:

$$t_{ACC}=[1+(|n_{ACC}-128|-64)/2\,048]\times t_{NOM}$$

$$t_{NOM}=n\times 2\ \text{s}$$

式中:

t_{ACC} ——从带有接入号 n_{ACC} 的消息到下一个消息的单个发送时间间隔;

n_{ACC} ——接入号的值(从 0 到 255);

t_{NOM} ——在表 26 给定范围内的标称发送间隔;

n ——一个确定的正整数。

接入号 n_{ACC} 由下述方式决定:

——当帧的 CI-域不在 8Ch 到 8Fh 范围时,见 GB/T 26831.3—2012 中 5.9;

——当帧的 CI-域在 8Ch 到 8Fh 范围时,见 12.2.3。

当且仅当每一次同步发送后,接入号 n_{ACC} 增 1(模 256)。

确切的标称发送时间间隔 t_{NOM} 容差应满足以下要求:

——$^{+110}_{-30}\times10^{-6}$ s，当仪表工作在－15 ℃～＋65 ℃温度范围；

——$^{+230}_{-30}\times10^{-6}$ s，其他温度范围。

由于离散时间量化引起的标称发送间隔的非积累性抖动是允许的，其范围为：

——$t_{\mathrm{NOM}}<300$ s 时，应小于±1 ms；

——$t_{\mathrm{NOM}}\geqslant300$ s 时，应小于±3 ms。

对于 CI-域中不包含从 8Ch 到 8Fh 的消息，所有的同步消息应通过在传输层的配置域设置同步位而被标记。配置域参见 GB/T 26831.3—2012 中 5.12。

对于 CI-域中从 8Ch 到 8Fh 的消息，所有的同步消息应通过在通信控制域中设置同步子域而被标记。通信控制域参见 12.2.2。

根据本部分的定时原则，附加的非同步消息可以被发送(例如双向通信)。非同步消息应通过各自同步子域清除同步位而被标记。

采用 S1 和 S2 模式的仪表应一直发送带长前同步码的同步消息，以支持电池供电通信设备。

为避免系统碰撞，强烈建议仪表制造商采用宽分布随机数初始化不同仪表的接入号和内置发送定时器。

若有高优先级的任务(例如有一不能延后的运算算法)需要立即实施在发送序列中，仪表可以忽略同步数据。出现忽略同步消息的概率每天不超过 6.25%。若所有发送同步都处理完，接入号 n_{ACC} 应加 1。

附录 C 是一个同步发送时间的预测示例。

11.6.3 接入时序

11.6.3.1 概述

在其他设备已成功接入到仪表的条件下，本节描述了其通信时序。

11.6.3.2 模式 R、S、T、C、N 和 F 下对仪表的访问

仅当仪表准备好接收时，R、S、T、C、N 和 F 模式下的其他设备可以接入到 R2、S2、T2、C2、N2 和 F2 模式下的仪表。

在每一次发送时，R、S、T、C、N 和 F 模式的仪表以两种方式之一表明其可访问性：传输层的配置字(见 GB/T 26831.3—2012)，或扩展链路层的通信控制域(见 12.2.2)。其他设备向仪表发送消息前，应在先前从仪表接收的帧中检查该仪表的可访问性。见表 27。

表 27 R、S、T、C、N、F 模式下仪表的可访问性

比特 B[a]	比特 A[b]	仪表可访问性
0	0	无访问—仪表不提供访问窗口(单向仪表)
0	1	暂时无访问—仪表通常支持双向访问，但是在本次发送后无访问窗口(例如为了保证占空比限制或减少能源消耗而暂时无访问)
1	0	限制访问—仪表在本次发送后仅立即提供短时间访问窗口(例如电池供电仪表)
1	1	无限制访问—仪表提供无限制访问至少到下一次发送(例如市电供电仪表)
[a] 比特 B 参见配置字的位 15(见 GB/T 26831.3—2012)，或通信控制域的 Bit 7(见 12.2.2.2)。		
[b] 比特 A 参见配置字的位 14(见 GB/T 26831.3—2012)，或通信控制域的 Bit 2(见 12.2.2.7)。		

示例：

无访问—单向通信仪表(模式 S1、T1、C1 或 N1)从来不接入。

暂时无访问—若双向通信仪表因为耗电限制/占空比限制或其他原因不准备响应，应定义为暂时无访问。

限制访问—电池供电的仪表对功耗限制通常很严格，仅在发送后立即提供短时间访问。在这个时间间隙中其他设备(主)可以发起一次通信到仪表(从)。这样的时隙起始和结束的响应延迟 t_{RO} 见表5、表8、表12、表15和表19。

无限制访问—市电供电仪表没有能耗限制可长时间保持接收状态。因此，其他设备在任何时间都可以发送一个命令或要求，但它是占空比限制。甚至电池供电的设备有可能暂时的无限制访问，只要接收器不断准备接收。

11.6.3.3 频繁访问周期

其他设备可发送/请求若干消息到/来自仪表。如果消息序列中有一消息出错将中断通信。其他设备须等到仪表的常规消息发送出方可继续之前的消息序列。若双向仪表支持可选的频繁访问周期，数据交换将更可靠。

若仪表收到一个对其地址的命令或请求，将切换到频繁访问周期。在频繁访问周期内，仪表应以 t_{TxD}(FAC发送延迟)的周期地转发最后一条消息，直至接收到下一个请求或命令。即使在丢失消息的情况下，它提供其他设备对仪表的快速访问。在仪表最终成功接收到来自同一通信对象(其他设备)的命令或请求之后，频繁访问周期持续到FAC超时(t_{TO})。在通信结束时通过向仪表发送一个SND-NKE消息，其他设备可以提前停止仪表的频繁访问周期。频繁访问周期的时序见附录B。

注：传输延迟需考虑介于其他设备和仪表本身之外的无线网络情况。这样的网络延迟了仪表消息及其他设备的下一个请求。还要注意，在短时间内可有许多读出会话同时进行。为避免不同仪表消息之间发送碰撞，需要考虑传输之间的空档时间。

11.7 转发或重复消息

使用简单转发器可能导致接收重复消息。来自转发器的消息由跳转计数比特标记，并依赖于重复的类型和重复访问比特。这些位来自扩展链路层或传输层配置字。详见GB/T 26831.5。仪表(特别是具有固定接收器的仪表)和其他设备应能够识别和丢弃重复的消息。

12 与更高协议层的连接

12.1 控制信息域(CI-域)

控制信息域(CI-域)表明了下一更高协议层的结构。CI-域是数据链路层后的首字节，消息的其余部分取决于所选的层和所使用的应用协议。

对于本无线通信标准应用层信息的传输，应使用短或长报头的传输层。两种传输层均包含有接入号和配置字。作为替代，可使用扩展链路层。

CI-域的值应如表28中规定。

表28 控制信息域

CI-值	涵义	注释
51h	读出装置向仪表发送数据(无传输层)(待定义)	为兼容GB/T 26831.3的应用层标准
5Ah	读出装置向仪表发送M-Bus数据(短传输层)	为支持GB/T 26831.3组合的传输层和应用层
5Bh	读出装置向仪表发送M-Bus数据(长传输层)	为支持GB/T 26831.3组合的传输层和应用层
60h	读出装置向仪表发送COSEM数据(长传输层)	为支持GB/T 26831.1和GB/T 19882.33组合传输层和应用层

表 28（续）

CI-值	涵义	注释
61h	读出装置向仪表发送 COSEM 数据(短传输层)	为支持 GB/T 26831.1 和 GB/T 19882.33 组合传输层和应用层
64h	保留给读出装置向仪表发送基于 OBIS 的数据(长传输层)	保留给组合的传输层和应用层
65h	保留给读出装置向仪表发送基于 OBIS 的数据(短传输层)	保留给组合的传输层和应用层
69h	具有格式帧的 GB/T 26831.3 应用层(无传输层)	兼容 GB/T 26831.3 的应用层标准
6Ah	具有格式帧的 GB/T 26831.3 应用层(短传输层)	兼容 GB/T 26831.3 的应用层标准
6Bh	具有格式帧的 GB/T 26831.3 应用层(长传输层)	兼容 GB/T 26831.3 的应用层标准
6Ch	时钟同步(绝对)	时间服务
6Dh	时钟同步(相对)	时间服务
6Eh	来自仪表的应用错误(短传输层)	支持 GB/T 26831.3 传输层和应用层的组合
6Fh	来自仪表的应用错误(长传输层)	支持 GB/T 26831.3 传输层和应用层的组合
70h	来自仪表的应用错误(无传输层)	支持 GB/T 26831.3 应用层
71h	来自仪表的告警(无传输层)	支持 GB/T 26831.3 应用层
72h	GB/T 26831.3 应用层(长传输层)	兼容 GB/T 26831.3 传输层和应用层的组合
73h	GB/T 26831.3 应用层(紧凑帧和长传输层)	兼容 GB/T 26831.3 传输层和应用层的组合
74h	来自仪表的告警(短传输层)	
75h	来自仪表的告警(长传输层)	
78h	GB/T 26831.3 应用层(无传输层)	兼容 GB/T 26831.3 传输层和应用层的组合
79h	GB/T 26831.3 应用层(紧凑帧和无传输层)	兼容 GB/T 26831.3 传输层和应用层的组合
7Ah	GB/T 26831.3 应用层(短传输层)	兼容 GB/T 26831.3 传输层和应用层的组合
7Bh	GB/T 26831.3 应用层(紧凑帧和短传输层)	兼容 GB/T 26831.3 传输层和应用层的组合
7Ch	COSEM 应用层(长传输层)	支持 DLMS/COSEM 应用层和 OBIS 标识符(GB/T 19882.33)
7Dh	COSEM 应用层(短传输层)	支持 DLMS/COSEM 应用层和 OBIS 标识符(GB/T 19882.33)
7Eh	保留给基于 OBIS 的应用层(长传输层)	支持传输层和应用层的组合
7Fh	保留给基于 OBIS 的应用层(短传输层)	支持传输层和应用层的组合
80h	从读出装置到仪表的 GB/T 26831.3 传输层(长)	支持 GB/T 26831.3 传输层没有应用层(例如 REQ-UD2)
81h	网络层数据	兼容 GB/T 26831.5 网络层标准
82h	备用	兼容 CENELEC TC 205 标准
83h	网络管理应用	兼容 GB/T 26831.5 网络层标准

表 28（续）

CI-值	涵义	注释
84h	向仪表的传输层(期望 M Bus 紧凑帧)	支持 GB/T 26831.3 无应用层的传输层(例如 REQ-UD2)
85h	向仪表的传输层(期望 M Bus 格式帧)	支持 GB/T 26831.3 无应用层的传输层(例如 REQ-UD2)
89h	保留给网络管理数据 (GB/T 26831.5)	兼容 GB/T 26831.5 网络层标准
8Ah	仪表向读出装置的 GB/T 26831.3 传输层(短)	支持 GB/T 26831.3 无应用层的传输层(例如 ACK)
8Bh	仪表向读出装置的 GB/T 26831.3 传输层(长)	支持 GB/T 26831.3 无应用层的传输层(例如 ACK)
8Ch	扩展链路层Ⅰ(2 字节)	附加链路层可用于有或无应用层的无线消息
8Dh	扩展链路层Ⅱ(8 字节)	附加链路层可用于有或无应用层的无线消息
8Eh	扩展链路层Ⅲ(10 字节)	附加链路层可用于有或无应用层的无线消息
8Fh	扩展链路层Ⅳ(16 字节)	附加链路层可用于有或无应用层的无线消息
A0h-B7h	制造商专有应用层	
注：这是 GB/T 26831.3 的表格摘录，这些值适用于无线通信。术语“读出装置”源于 GB/T 26831.3，它对应于本部分的“其他设备”。		

12.2 扩展链路层的 CI 域

12.2.1 概述

扩展链路层特别为无线通信提供了附加的控制域。表 28 列出的附加层(不含值为 8Ch 到 8Fh 的 CI 域)跟随在扩展链路层之后。

在扩展链路层中，CI 域规定了扩展部分的长度和结构。每种类型的扩展链路层提供不同的服务。

多字节域传输时，应低字节在前。扩展链路层的长度和结构如表 29 所示。

表 29 扩展链路层的 CI-域

CI-值	扩展链路层的长度	扩展链路层的结构	服务
8Ch	2 字节	CC、ACC	通信控制、同步
8Dh	8 字节	CC、ACC、SN、载荷 CRC	通信控制、同步、加密
8Eh	10 字节	CC、ACC、M2、A2	通信控制、同步、目的地地址
8Fh	16 字节	CC、ACC、M2、A2、SN、载荷 CRC	通信控制、同步、目的地地址、加密

不同结构的扩展块示例如附录 D 所示。

12.2.2 通信控制域(CC 域)

12.2.2.1 概述

本域(见图 9)由双向子域、响应延迟子域、同步子域、跳转数子域、优先级子域、可访问性子域、转发访问子域组成。Bit0 保留供将来使用。

双向子域 B	响应延迟子域 D	同步子域 S	跳转计数子域 H	优先级子域 P	可访问子域 A	转发访问子域 R	保留
Bit7	Bit6	Bit5	Bit4	Bit3	Bit2	Bit1	Bit0

图 9 通信控制域

12.2.2.2 双向子域(B 域)

CC 域的 Bit7 是双向子域。B 为 0 表示本帧是单向帧。B 为 1 表明本帧是双向帧,即仪表将要在一个响应延迟后准备接收一个响应。该比特须与 A-域共同使用。该比特的用法与表 27 中的 BitB 相同。

12.2.2.3 响应延迟子域(D 域)

CC 域的 Bit6 位是响应延迟位。D 为 1 表明响应单元应在一个快速响应延迟后应答。D 为 0 表示使用慢速响应延迟应答。

若仪表接收到 D 为 0 的帧,则在从仪表到其他设备下一帧中,应指定 D 为 0。该机制使得其他设备控制通信的速度,从而占有通道。

在没有要求快速响应时间要求的确定网络中,建议从其他设备到仪表的传输帧中,采用 D 为 0。而在所有其他网络中,建议采用 D 为 1。其时序图见附录 B。

12.2.2.4 同步子域(S-域)

CC 域的 Bit5 为同步子域。S 为 1 表明本帧按照 11.6.2 的规定同步。

12.2.2.5 跳转计数子域(H 域)

CC 域的 Bit4 为跳转计数子域。若 H 为 0,本帧的直接源是仪表或者其他设备。若 H 为 1,本帧已被转发器中继,本域为使用转发消息而保留,见 GB/T 26831.5。仪表应始终用 H=0 发送。

12.2.2.6 优先级子域(P-域)

CC 域的 Bit3 为优先级子域。若 P 为 0 ,本帧包含的数据按正常方式处理。若 P 为 1,则本帧数据是优先的,即数据应被尽快转发,且必要时,延迟系统中的其他帧。只有包含告警和不常出现数据的帧应利用该比特。

12.2.2.7 可访问性子域(A 域)

CC 域的 Bit2 为可访问子域。A 为 0 表示对仪表仅有受限的访问。A 为 1 表示至少到仪表的下一次发送前,访问是无限制的。本比特应与 B 域共同使用,其用法与表 27 中 BitA 的用法相同。

12.2.2.8 转发访问子域(R-域)

CC 域的 Bit1 为转发访问子域。本域保留给转发消息使用,见 GB/T 26831.5。仪表应总是置 R 为 0并在接收时忽略本比特。

12.2.3 接入号域(ACC 域)

ACC 域是接入号域。本域用于识别和同步来自仪表的发送,见 11.6.2。更多的规定参见 GB/T 26831.5。

12.2.4 制造商 ID 2 (M2 域)

本帧中的 M2 域应包含目的地的唯一用户/制造商 ID。M2 域的格式应参照 10.5.5 规定的 M 域。M2 域和 A2 域共同组成唯一的地址。

12.2.5 地址 2 (A2 域)

A2 域应与 M2 域一起,包含本帧目的地的唯一地址。A2 域的格式应参照 10.5.6 规定的 A 域。

12.2.6 会话号域 (SN 域)

12.2.6.1 概述

本域(见图 10)由加密子域、时间子域和会话子域组成。会话号规定了与仪表实际的双向通信会话。

会话号在仪表初始发送帧中指明(即"SND-NR"或"ACC-NR"帧)。在与仪表的双向通信会话过程中,会话号不变。会话号域的数值至少应在和仪表每次双向通信会话后改变。该机制保证了和仪表的每次双向通信会话都使用了唯一的会话号域的数值。

在仪表的寿命周期内,会话号永不复用。这使得像 AES-128 计数器加密模式之类的优化加密模式应用成为可能。

加密子域	时间子域	会话子域
Bit31～Bit29	Bit28～Bit4	Bit3～Bit0

图 10 会话号域

12.2.6.2 加密子域

SN 域的 Bit31～Bit29 是加密子域。该域指明了加密的算法,见表 30。

表 30 加密

XXXb	加密选择
000	无加密
001	AES-128 计数器模式加密
010～111	为将来保留

当链路层使用加密的时候,数据帧应在传到上一层之前解密。

12.2.6.3 时间子域

SN 域的 Bit28～Bit4 表示仪表的时间,时间域表示仪表的相对分钟计数。时间表示的最大值约为 64 年。

12.2.6.4 会话子域

SN 域的 Bit3～Bit0 表示时间域所规定的某一相对分钟内的会话。在同一分钟内，最多可以有 16 个相同的双向会话，每分钟的第一个双向通信会话使用会话子域为 0。

12.2.6.5 会话的规定

在仪表发起每一次传输时，即“SND-NR”或“ACC-NR”，仪表都规定了一个新的会话号。会话号的真实值确定了仪表的时间(以分钟计时)和这一分钟内的实际会话。若其他设备响应该帧，一个双向的带有实际会话号的通信会话将建立。在该双向通信会话中，会话号域不变。

其他设备到仪表数据帧的会话号域总是和仪表定义的帧初始会话号域相同。

自仪表的最后一次发送，若帧载荷未变，则该会话号域的值可以被复用。会话号域的值至少应每 300 s 更新一次。

12.2.7 AES-128 计数器加密模式

12.2.7.1 概述

若加密子域 ENC＝001b，应采用 AES-128 计数器模式(CTR)加密算法，见 FIPS PUB 197、NIST SP800-38A 和附录 E。计数器模式加密不需要被加密数据的长度是 16 字节的整倍数，因此不需要在帧的末尾附加额外的填充字节。

加密覆盖从扩展链路层载荷 CRC 域(含)到帧其余部分的所有域(不包含链路层 CRC 域)。

AES-128 计数模式初始计数块由图 11 中的 16 字节组成。

初始的计数块按下列方式：在仪表的使用寿命期内，每一个加密块的初始计数块的值都是唯一的。

M 域	A 域	CC 域	SN 域	FN	BC
2 字节	6 字节	1 字节	4 字节	2 字节	1 字节

图 11 AES-128(CTR)初始计数块

12.2.7.2 制造商 ID 域(M 域)

该值从数据链路层的首块中提取，见 11.5.5。

12.2.7.3 地址域(A 域)

这个值从数据链路层的第一块获得，见 11.5.6。

注：M 位和 A 位包含着发送方的地址，而且不同于上面和下面的链接消息。

12.2.7.4 通信控制域(CC 域)

这个数值从扩展链路层获得，见 12.2.2。

通过中继器处理的通信控制字的这些位(R 域和 H 域)，总是在初始计数块置 0。

12.2.7.5 会话号域(SN 域)

该值从扩展链路层获得，见 12.2.6。

12.2.7.6 帧序号(FN)

在实际的会话中，该域表示帧序号。一个新的会话号复位帧序号。

对于当前会话中的每一帧，帧序号将增累加计数。

由仪表发起的从仪表到其他设备的第一个帧总是以 FN=0 发送。

在频繁访问周期内，如果一帧数据重发，帧数位不改变。见 11.6.3.3。

帧序号用法的例子见附录 B。

12.2.7.7 块计数（BC）

块计数表示一帧内加密块的数量。块计数对每一帧的第一个加密块其 BC 应为 0，并且对本帧的每一个加密块递增。

12.2.8 有效载荷校验域（载荷 CRC 域）

扩展块的最后两个字节是 CRC 校验位（链路层的 CRC 位除外）。

CRC 多项式应为 $x^{16}+x^{13}+x^{12}+x^{11}+x^{10}+x^{8}+x^{6}+x^{5}+x^{2}+1$。

初始值应为 0。

最后的 CRC 应当被补充。

12.3 传输层的控制信息域（CI 域）

12.3.1 一般要求

明文的传输层宜在无应用数据的消息中使用。否则可使用组合的传输层和应用层。多字节域应低字节在前传输。

12.3.2 短传输层

短传输层（CI=8Ah）应用于从仪表到其他设备的通信（例如一条消息的 ACK）。其格式应如图 12 所示。

控制信息域	接入号	状态	配置字
1 字节	1 字节	1 字节	2 字节

图 12 短传输层

12.3.3 长传输层

长传输层（它包括应用层地址，ALA）应被应用在从仪表到其他设备的通信（CI=8Bh；例如一条 ACK 类型的消息）或者从其他设备到仪表的通信（CI=80h；例如一条 REQ-UD2 类型的消息）。其格式应如图 13 所示。

控制信息域	标识号	制造商首字母	版本	设备类型	接入号	状态	配置字
1 字节	4 字节	2 字节	1 字节	1 字节	1 字节	1 字节	2 字节

图 13 长传输层

附 录 A
（规范性附录）
频率分配和频段使用

A.1 通用无线遥控设备

不得用于无线控制玩具：

a） 使用频率：314 MHz～316 MHz，430 MHz～432 MHz，433.00 MHz～434.79 MHz；
发射功率限值：10 mW(erp)；
占用带宽：不大于 400 kHz。

b） 使用频率：779 MHz～787 MHz；
发射功率限值：10 mW(erp)。

A.2 无线传声器和民用无线电计量仪表等类型设备

用于教育、文化部门的视听训练，电影院、音乐厅、会议室等公共场所及残疾人士的听觉辅助使用，在旅游区，作为小型广播设备使用。

在满足传输数据时，其发射机工作时间不超过 5 s 的条件下，470 MHz～510 MHz 频段可作为民用无线电计量仪表使用频段。

若使用频率与当地声音、电视广播电台频率相同时，不得在当地使用；若对当地声音、电视广播接收产生干扰时，应立即停止使用，待消除干扰或调整到无干扰频率后方可重新使用。

为避免对生物医学遥测设备产生干扰，在医院内，不得使用无线传声器。无线传声器生产厂商应在产品说明书中载明这项规定。

a） 使用频率及发射功率：
  1） 使用频率：87 MHz～108 MHz；
  发射功率限值：3 mW(erp)。
  2） 使用频率：75.4 MHz～76.0 MHz，84 MHz～87 MHz；
  发射功率限值：10 mW(erp)。
  3） 使用频率：189.9 MHz～223.0 MHz；
  发射功率限值：10 mW(erp)。
  4） 使用频率：470 MHz～510 MHz，630 MHz～787 MHz；
  发射功率限值：50 mW(erp)。

b） 占用带宽：不大于 200 kHz；

c） 频率容限：100×10^{-6}。

附 录 B
（资料性附录）
时序图

接下来的几页显示安装或数据传输的时序图的例子。图 B.1 是如何读取时序图的解释。图 B.2～图 B.7 提出了通用的定时适用于所有本部分的标准模式。

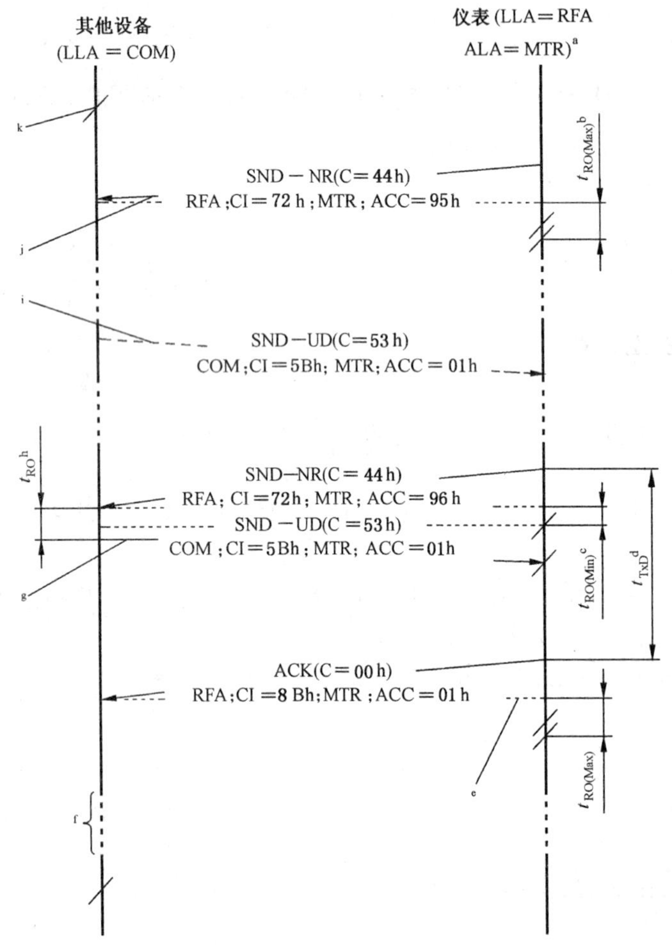

[a] LLA＝链路层地址；ALA＝应用层地址。本例中 LLA 是指来自 RF 适配器“RFA”，仪表应用地址为“MTR”。

[b] 仪表接收窗口紧靠 t_{RO}(max)之后，例如为 3 ms(T 模式)。

[c] 仪表接收窗口在 t_{RO}(min)之后开启，例如为 2 ms(T 模式)。

[d] t_{TxD}延迟时间(秒)。

[e] 虚线指明发送和接收之间的同步事件。例如当发送结束后接收窗口超时起始时间。

[f] 时隙。

[g] 地址为“COM”的其他设备发送了一个类型为“Send User Data”消息给仪表(地址为“MTR”，使用了一个接入计数“1”)。

[h] 其他设备发送带有 t_{RO} 的应答。(T 模式下介于第 2 ms 和第 3 ms 内)。

[i] 虚线箭头意为消息已发送单未接收。

[j] 实线意为消息成功被接收。

[k] 其他设备接收持续打开。

图 B.1　总体时序

其他设备
(LLA ＝COM)
仪表
(LLA＝ ALA＝MTR)
第二个其他设备
或中继器
(LLA＝OMC)
SND－IR(C ＝46h)
MTR；CI＝7Ah；
ACC＝01h
SND－IR(C＝46h)
MTR；CI＝7Ah；
ACC＝01h
$t_{RO(Max)}$
5．．25 s
SND －NKE(C＝ 40h)
OMC；CI＝80h；MTR；
ACC＝42h
30．．60 s
t_{RO}
SND －IR(C＝46h)
MTR；CI＝7Ah；
ACC＝ 01h
$t_{RO(Min)}$
SND－IR(C＝46h)
MTR；CI＝7Ah；
ACC＝01h
CNF－IR(C ＝06h)
COM；CI＝80h；MTR；
ACC＝01h
5．．25 s
5．．25 s
SND－NKE(C＝40 h)
COM；CI＝80h；MTR
ACC＝21h
SND－NKE(C＝40h)
OMC；CI＝80h；MTR；
ACC＝43 h
a 第二个其他设备不接受本仪表。
b 每接收到一来自新安装仪表接入请求后随即延迟必发送一链接复位。此消息表明有一有效的无线链接到可选的服务工具上。
c 若仪表接收指定的接入请求确认，它将停止发送接入请求消息。
d 为统一行动其他设备也将随机延迟后发送一链接复位。
e 其他设备接受仪表，并响应一接入确认信息。可选服务工具可用此消息指示仪表登录通信系统中。
f 其他设备接收仪表失败。
g 在接入模式下仪表发出定时“接入请求”消息，直至接收到接入确认或超时。

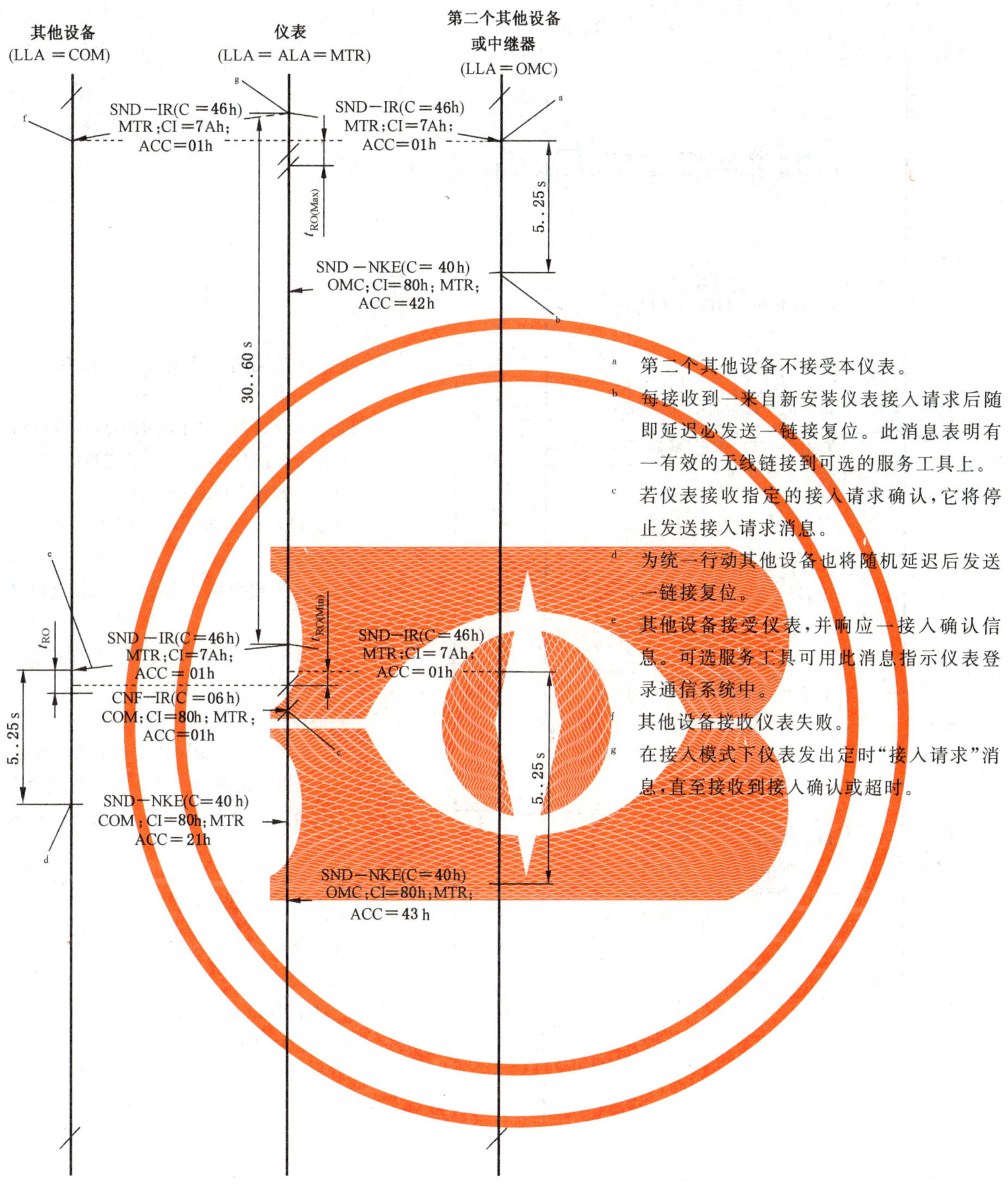

图 B.2 访问时序

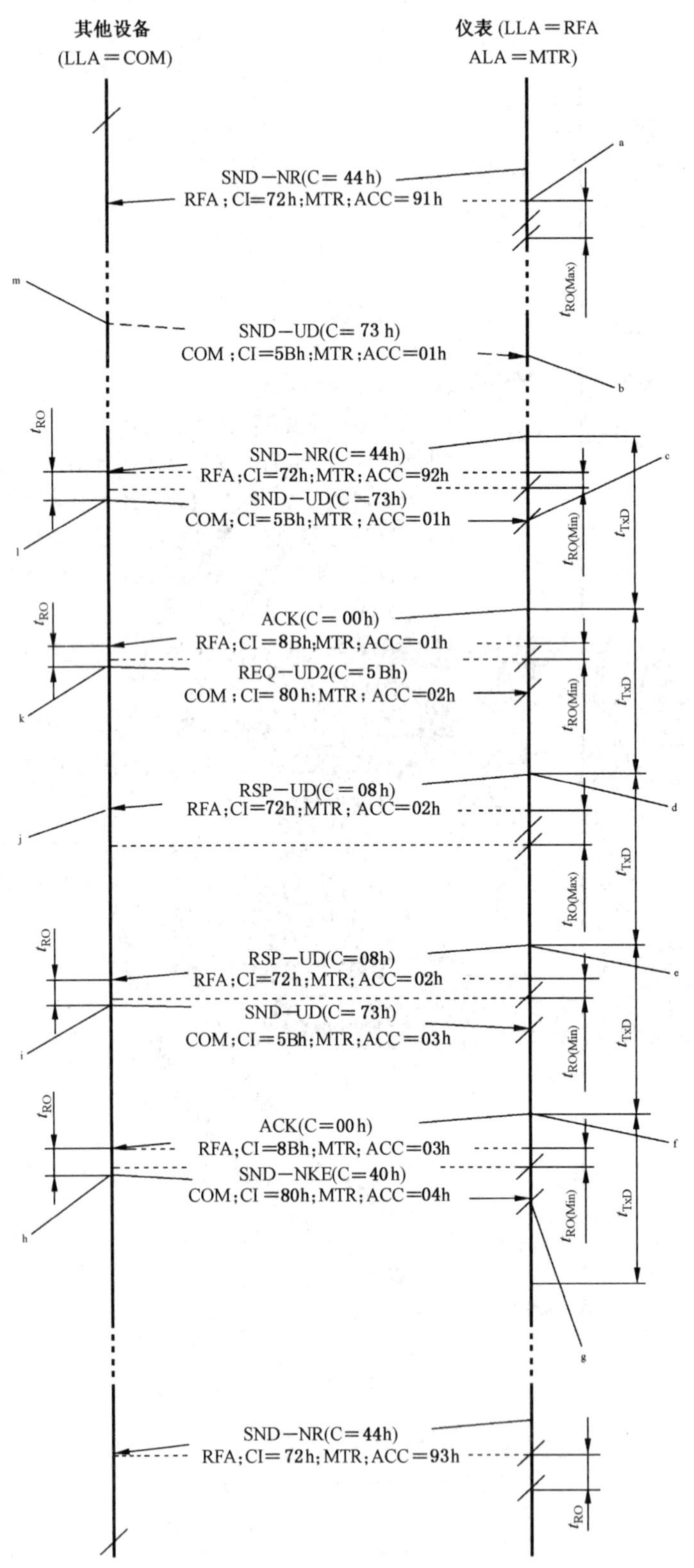

[a] 每次发送后有一短的接收时间窗口。(若配置字 Bit B＝1,Bit A＝0)。

[b] 如果接收没有一直打开,消息将不被接收。

[c] 开始接收消息,预设延时后应答响应。

[d] 仪表在预设延时后产生响应。

[e] 仪表不接收响应,在预设延时后重发最后的消息。

[f] 现在仪表接收新的命令,在预设延时产生应答。

[g] 仪表接收到 SND-NKE(意为最后发送),它将停止频繁接入周期。

[h] 其他设备接收应答,结束会话。

[i] 仪表允许接入其他设备发送第二个命令。

[j] 其他设备处理响应。这是发送第二命令失败原因。其他设备不得不等待下次接入窗口时间。

[k] 其他设备发送请求,读回最后发送命令的反馈。

[l] 当仪表提供接入,其他设备发送一命令给仪表。

[m] 其他设备有新命令,将尽快联系仪表。

图 B.3 连接到长传输层应用

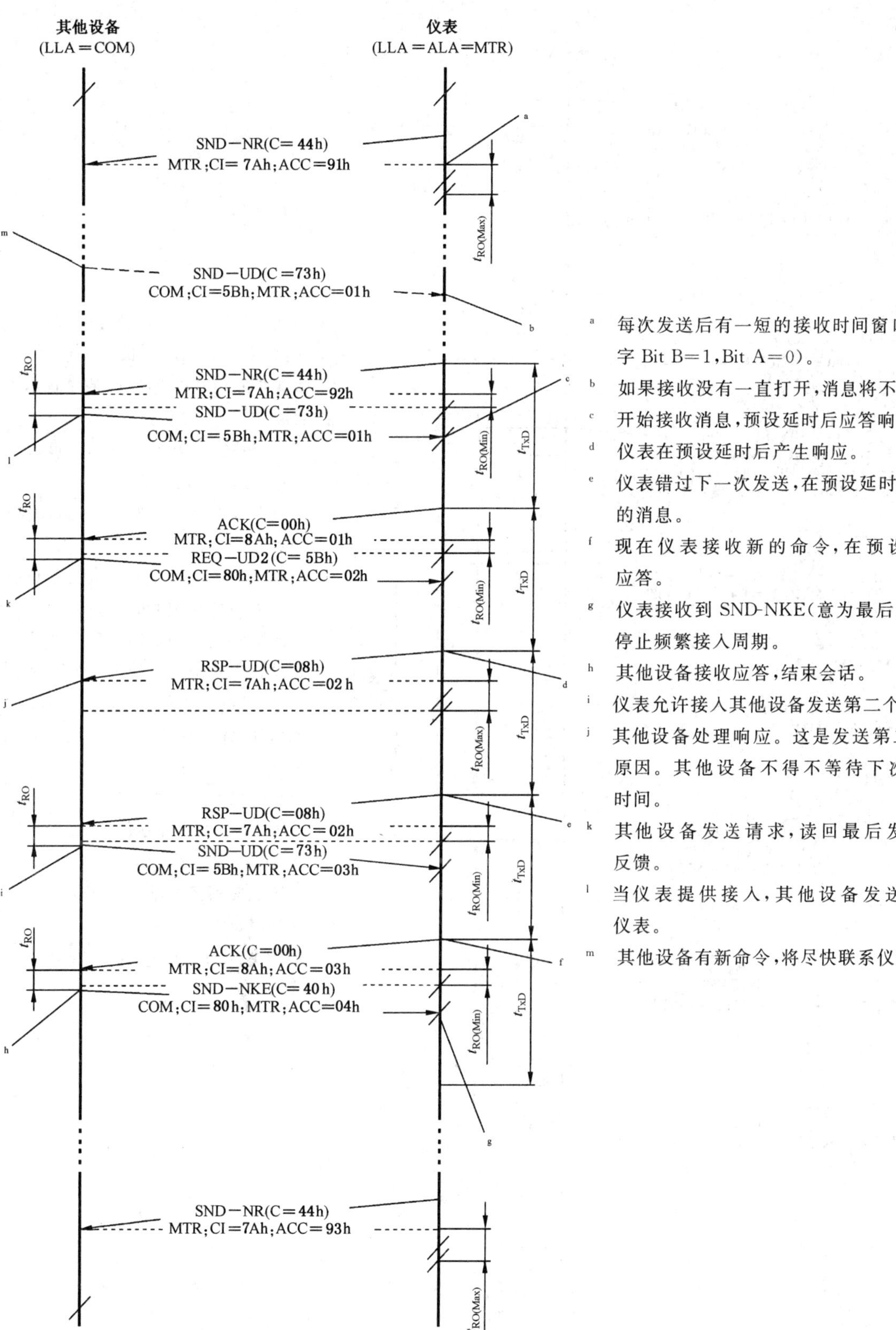

[a] 每次发送后有一短的接收时间窗口。(若配置字 Bit B＝1，Bit A＝0)。

[b] 如果接收没有一直打开，消息将不被接收。

[c] 开始接收消息，预设延时后应答响应。

[d] 仪表在预设延时后产生响应。

[e] 仪表错过下一次发送，在预设延时后重发最后的消息。

[f] 现在仪表接收新的命令，在预设延时产生应答。

[g] 仪表接收到 SND-NKE(意为最后发送)，它将停止频繁接入周期。

[h] 其他设备接收应答，结束会话。

[i] 仪表允许接入其他设备发送第二个命令。

[j] 其他设备处理响应。这是发送第二命令失败原因。其他设备不得不等待下次接入窗口时间。

[k] 其他设备发送请求，读回最后发送命令的反馈。

[l] 当仪表提供接入，其他设备发送一命令给仪表。

[m] 其他设备有新命令，将尽快联系仪表。

图 B.4　连接到短传输层应用

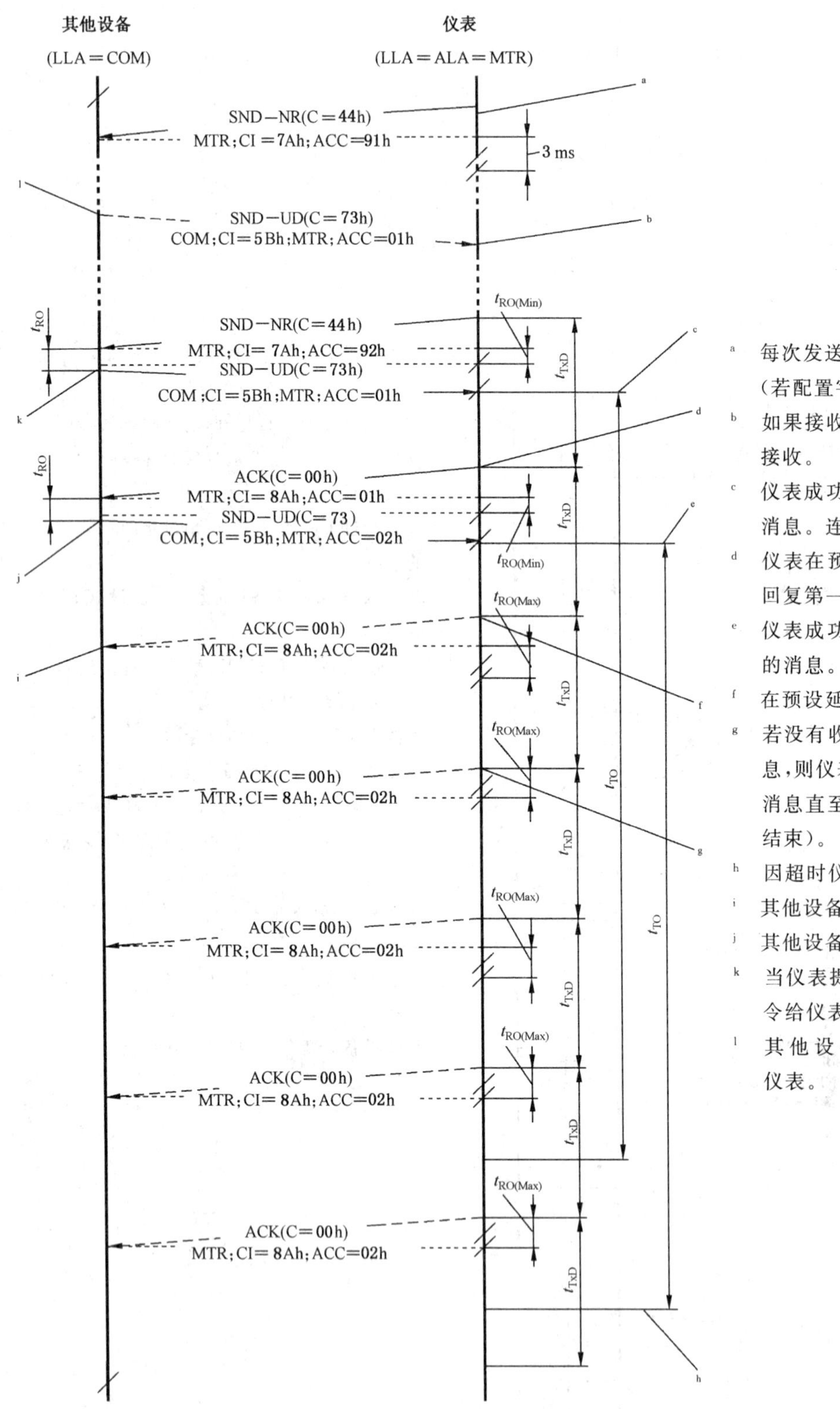

[a] 每次发送后有一短的接收时间窗口。(若配置字 Bit B＝1,Bit A＝0)。

[b] 如果接收没有一直打开,消息将不被接收。

[c] 仪表成功接收首个来自其他设备的消息。连接超时开始。

[d] 仪表在预设延时后发送第一应答以回复第一命令。

[e] 仪表成功接收第二个来自其他设备的消息。连接超时再次重启。

[f] 在预设延时后立即发送第二个应答。

[g] 若没有收到来自其他设备的未来消息,则仪表定时重复发送最后的发出消息直至链接超时;(频繁接入周期结束)。

[h] 因超时仪表停止接收消息。

[i] 其他设备因故停止通信。

[j] 其他设备发送下一命令给仪表。

[k] 当仪表提供接入,其他设备发送一命令给仪表。

[l] 其他设备有新命令,将尽快联系仪表。

图 B.5 超时,频繁接入

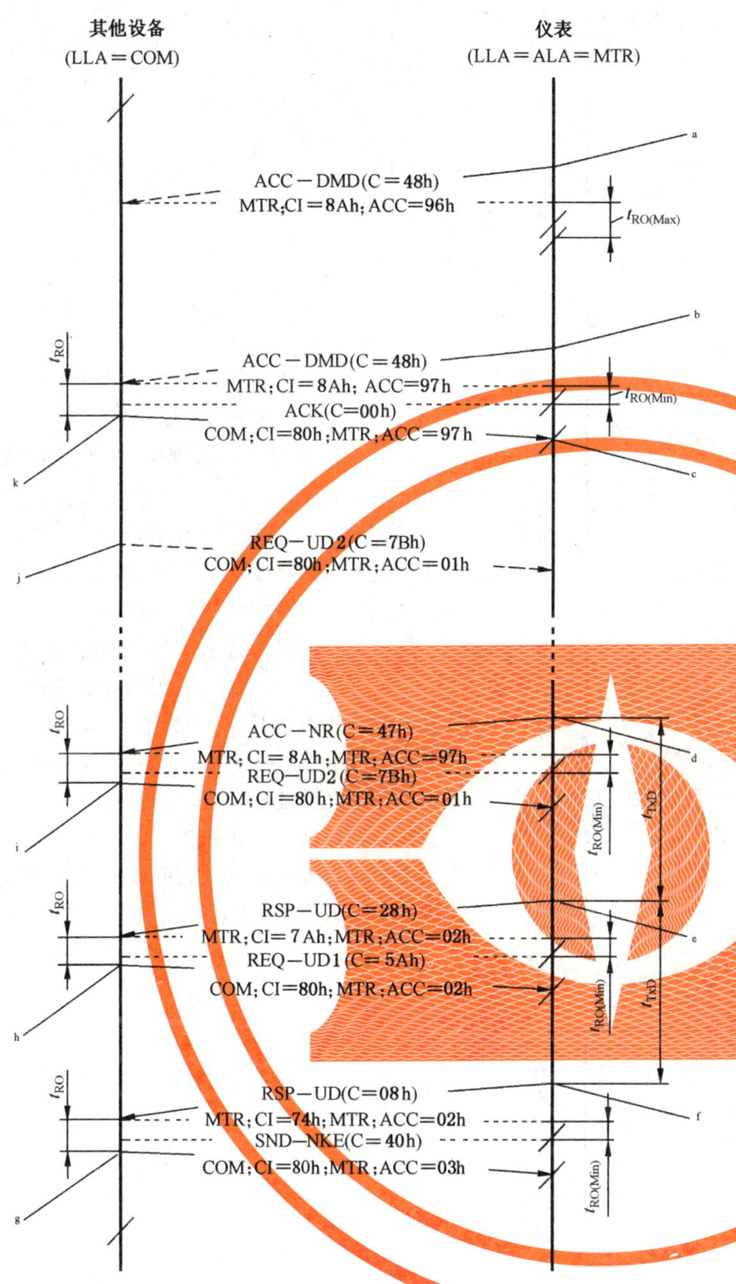

a 仪表有一告警想通知操作人，它将产生一个接入请求。

b 仪表重发接入请求直至其他设备响应它。

c 仪表停止发送接入请求。

d 仪表可以通过定期发送来快速接入。

e 仪表提供状态和一般功耗数据。本例中附加在 C 域中的 ACD 码有通告其他设备有关告警数据(级别 1)。

f 仪表响应告警信息。明确的 ACD 码信号中没有有效的告警数据。

g 其他设备结束通信。

h 在下一次仪表主动发送中，ACD 码触发其他设备将请求告警数据(级别 1)。

i 来自仪表的第二次主动发送，其他设备请求状态数据(级别 2)。它也可以立即请求告警数据。

j 其他设备可以立即试着读仪表状态。

k 其他设备响应接收到的接入请求，并立即处理。

图 B.6 接入需求

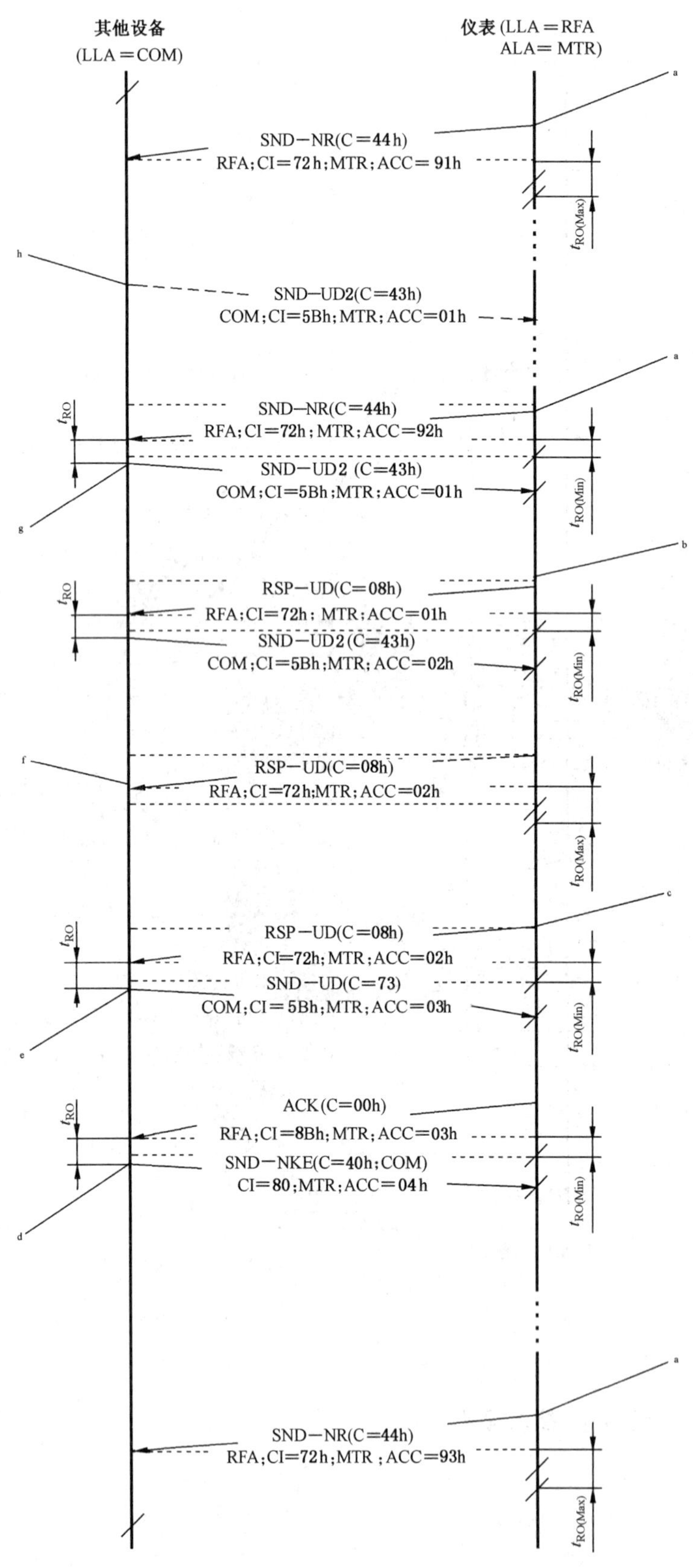

[a] 来自仪表的定期发送。

[b] 仪表直接回复替代预期中的 ACK 响应。

[c] 在 FAC 期间内仪表转发最后消息。

[d] 若其他设备完成所有的发送任务，它将使用 SND-NKE 链接。

[e] 收到重要的响应后，其他设备将持续收下一命令。(这里出现的 SND-UD，使得必须用简单的 ACK 响应)。

[f] 由于某种原因，第二响应没有被收到。

[g] 其他设备发送一命令，包含立即响应。原因见 SND-UD2。

[h] 若没有收到仪表的接入信息，其他设备将尽量联系上仪表。

图 B.7 使用 SND-UD2 的射频连接

图 B.8～B.11 表明 C-模式的特殊时序，强调处理特殊的数据元素的帧序号(FN)和跳转数(H)。

用于本附录的专门缩略语有：LLA＝链路层地址，ALA＝应用层地址，MTR＝仪表，COM＝数据采集器/集中器，OMC＝其他仪表采集器，RFA＝射频适配器。

应考虑到其他多个接收窗口有不同的接入时序。

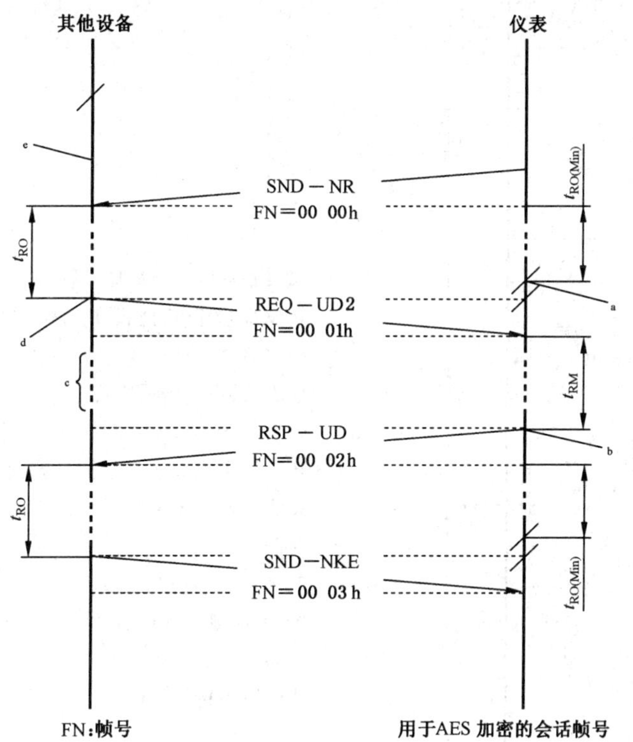

a 延迟(t_{RO})后仪表侦听。

b 延迟(t_{RM})后仪表响应。

c 时隙。

d 延迟(t_{RO})后其他设备响应。

e 其他设备连续接收。

图 B.8 C 模式——正常发送

图 B.8 强调了数据链路层使用 AES 加密后帧号如何改变。

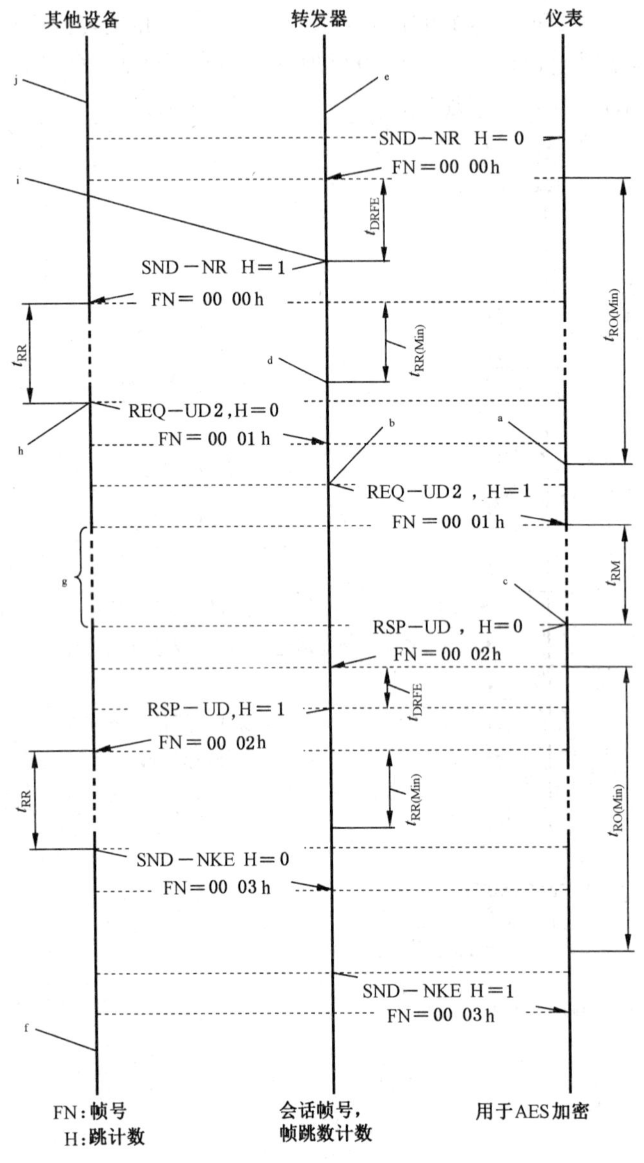

a 仪表延迟(t_{RO})(最低)后侦听。

b 转发器收到其他设备的响应后关闭接收器。

c 仪表延迟(t_{RM})后响应。

d 转发器延迟(t_{RR})(最低)后侦听。

e 转发器须在仪表发射前开始侦听。

f 其他设备关闭接收器。

g 时隙。

h 其他设备"延迟(t_{RR})后响应转发器。

i 转发器延迟(t_{DRFE})后发送给其他设备。

j 其他设备持续接收。

图 B.9 C模式——转发

图B.9强调了数据经转发后帧号(FN)和转发(R)参数如何变化。

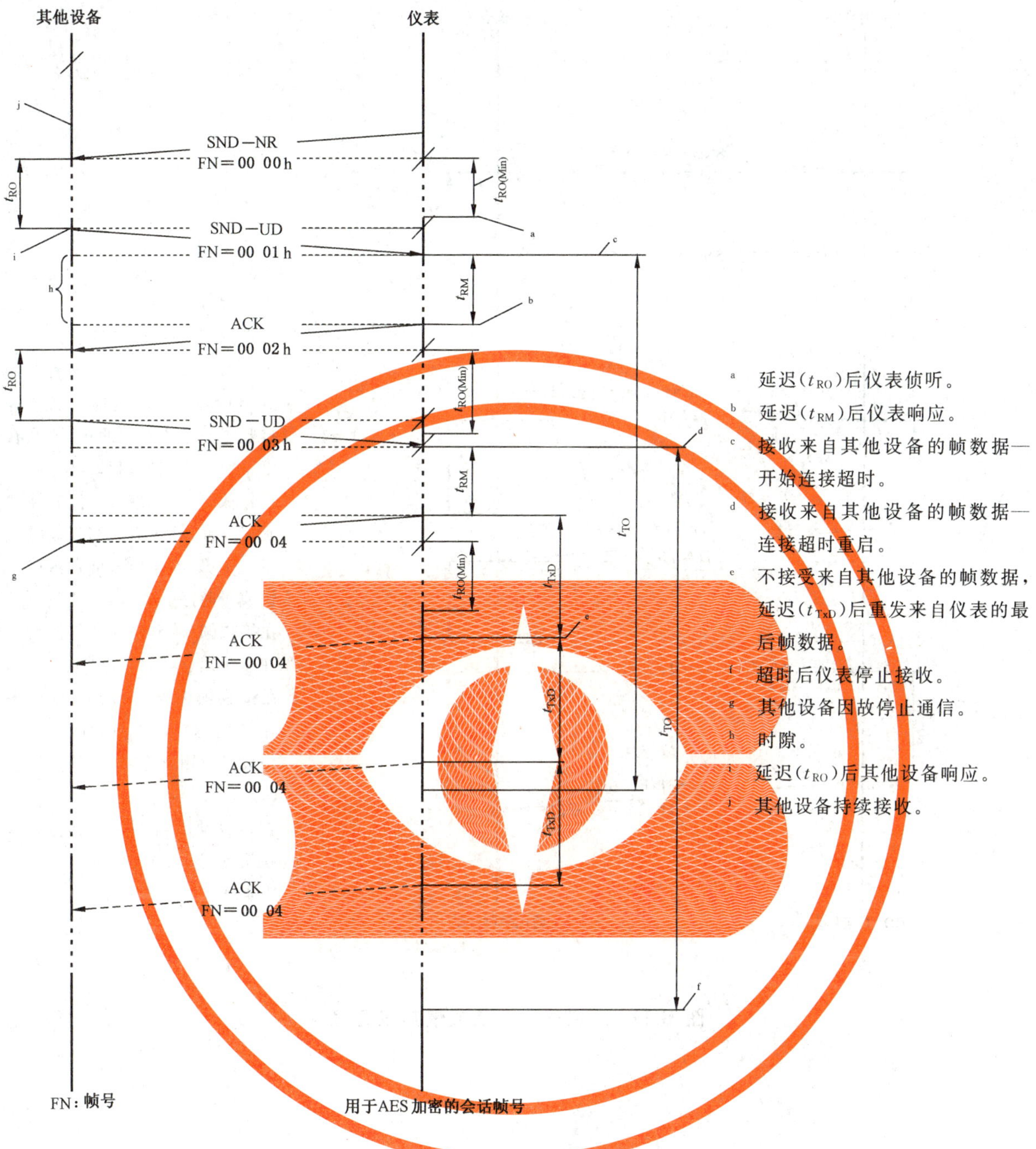

图 B.10 C 模式——使用频繁访问周期

图 B.10 强调了当使用频繁访问周期协议时帧号(FN)如何变化。

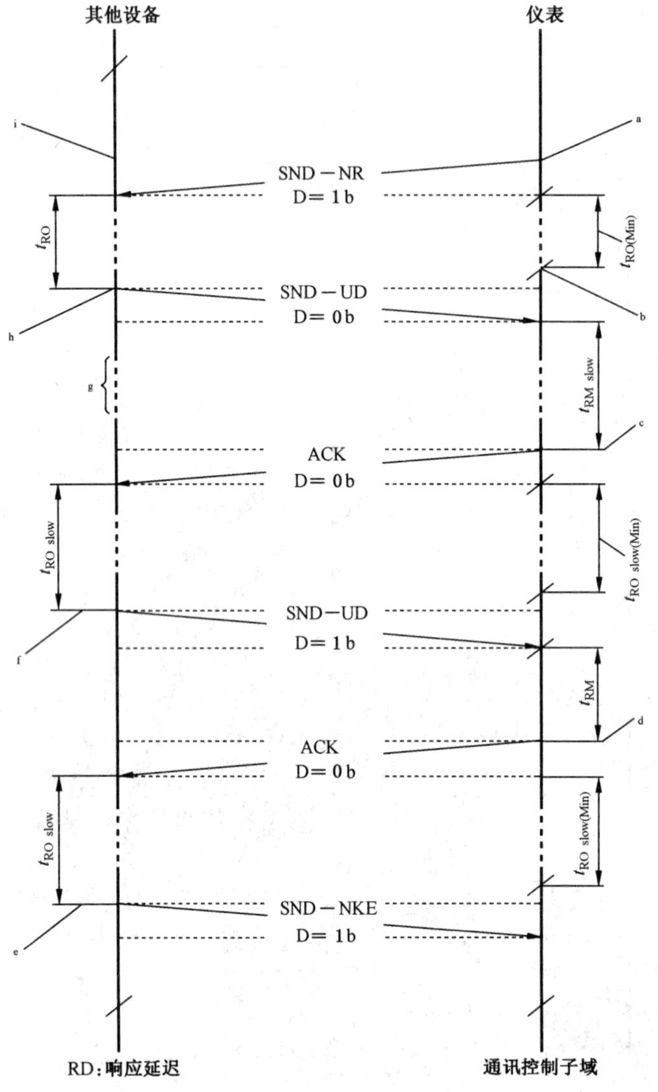

[a] 仪表在指定的快时序中发送一帧数据($D=1$)。

[b] 缺省延迟(t_{RO})后仪表侦听。

[c] 在接收帧中当 $D=0$,仪表在慢延迟(t_{RM_slow})后响应。当仪表接收了一个 $D=0$ 的帧,那么在下一帧中也应使用 $D=0$。

[d] 在接收帧中当 $D=1$,仪表在快延迟(t_{RM})后响应。当仪表接收了一个 $D=1$ 的帧,可自由确定快或慢时序。

[e] 在接收帧中当 $D=0$,其他设备在慢延迟(t_{RM_slow})后响应。

[f] 在接收帧中当 $D=0$,其他设备在慢延迟(t_{RM_slow})后响应。其他设备自由确定快或慢时序。

[g] 时隙。

[h] 在接收帧中当 $D=1$,其他设备在快延迟(t_{RO})后响应。

[i] 其他设备一直持续接收。

图 B.11　C 模式——快或慢响应延迟

附　录　C
（资料性附录）
同步消息的预测接收示例

为与仪表的发送同步，需要接收至少两个同步报文。推荐一个连续接收周期为 6 个标称发送间隔以获得合理的接收成功率。由于有最大标称发送间隔的限制如 T 模式为 15 min，连续接收周期宜定为 90 min。

示例：

如图 C.1 所示接入号为 110 和 112 的两个同步报文接收时间差 1 661.563 s。由接入号可以看出，有一个报文丢失。如此，两个报文间单个发送时间间隔为：

$t_{110}+t_{111}=1\ 661.563\ \mathrm{s}$

$=[1+(|110-128|-64)/2\ 048]\times t_{\mathrm{NOM}}+[1+(|111-128|-64)/2\ 048]\times t_{\mathrm{NOM}}$

$=[1+(-46/2\ 048)+1+(-47/2\ 048)]\times t_{\mathrm{NOM}}$

标称发送时间间隔 t_{NOM} 可由下式确定：

$t_{\mathrm{NOM}}=1\ 661.563\ \mathrm{s}\times 2\ 048/(2\ 048-46+2\ 048-47)=850.083\ \mathrm{s}$

整数因子 $n=425$。

得到标称发送间隔，则预期的下一个同步发送的发送间隔 t_{112} 可由下式确定：

$t_{112}=[1+(|112-128|-64)/2\ 048]\times 850.083\ \mathrm{s}=830.159\ \mathrm{s}$

该仪表的标称发送间隔可通过接收该仪表的新的同步报文重新计算以补偿温漂。

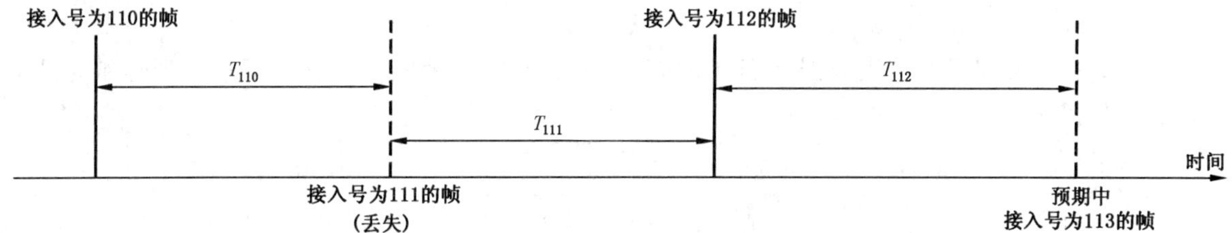

图 C.1　同步发送时间预测

附 录 D
（资料性附录）
扩展链路结构

本附录给出两种不同的扩展链路层结构示例。

CI 域＝8Ch

若帧中数据链路层没有使用数据加密，CI 域使用本值。此时，完整的扩展块见图 D.1。

CI 域	CC 域	ACC 域
8Ch	1 字节	1 字节

图 D.1 CI＝8Ch 时的扩展链路层

CI 域＝8Dh

若帧中数据链路层使用了数据加密，CI 域使用本值。此时，完整的扩展块见图 D.2。

CI 域	CC 域	ACC 域	SN 域	CRC 域载荷
8Dh	1 字节	1 字节	4 字节	2 字节

图 D.2 CI＝8Dh 时的扩展链路层

CI 域＝8Eh

若帧中数据链路层没有使用数据加密，CI 域使用本值。本扩展链路层指定了接收器地址。此时，完整的扩展块见图 D.3。

CI 域	CC 域	ACC 域	M2 域	A2 域
8Eh	1 字节	1 字节	2 字节	6 字节

图 D.3 CI＝8Eh 时的扩展链路层

CI 域＝8Fh

若帧中数据链路层使用了数据加密，CI 域使用本值。本扩展链路层指定了接收器地址。此时，完整的扩展块见图 D.4。

CI 域	CC 域	ACC 域	M2 域	A2 域	SN 域	CRC 域载荷
8Fh	1 字节	1 字节	2 字节	6 字节	4 字节	2 字节

图 D.4 CI＝8Fh 时的扩展链路层

附　录　E
（资料性附录）
计数模式流程

计数模式流程见图 E.1 和图 E.2。

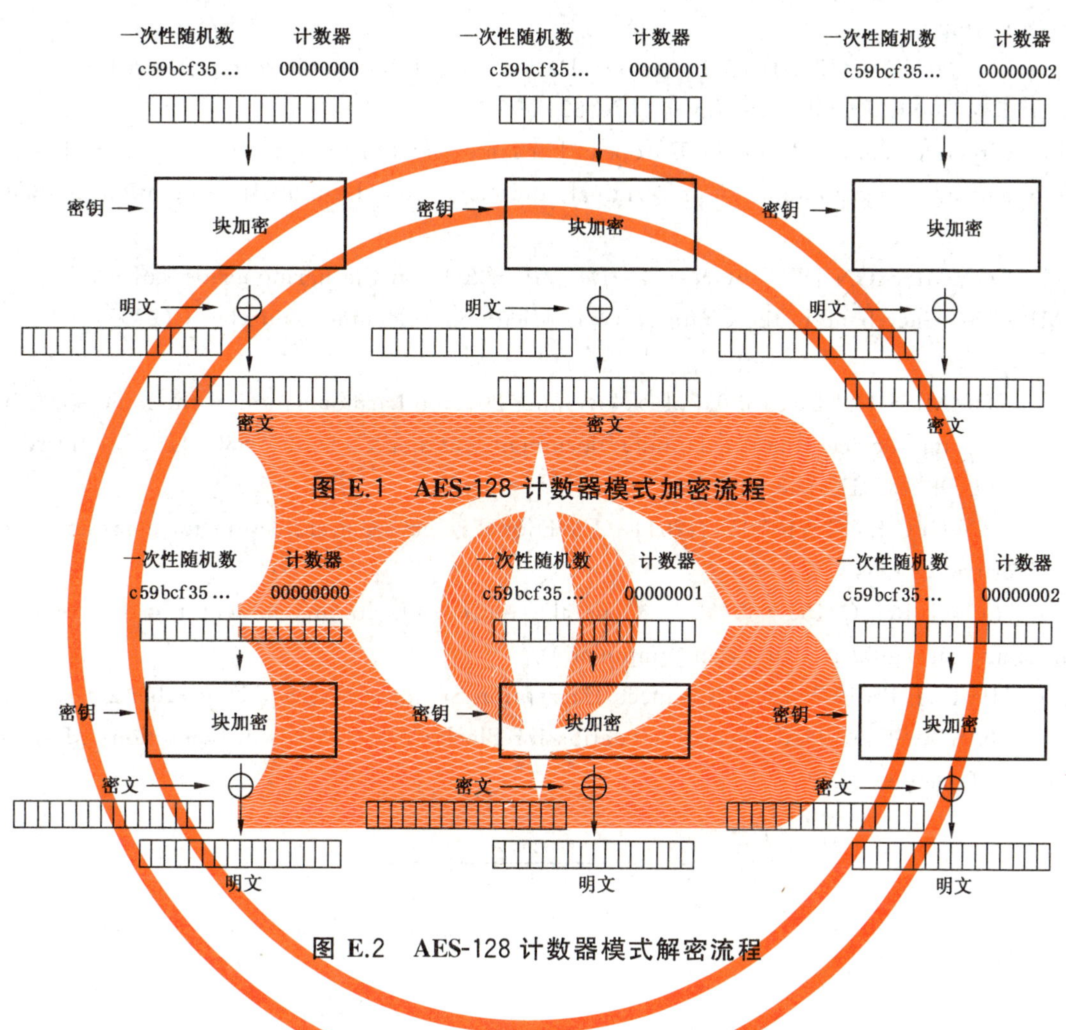

图 E.1　AES-128 计数器模式加密流程

图 E.2　AES-128 计数器模式解密流程

参 考 文 献

[1] EN 13757-2 Communication systems for and remote control reading of meters—Part 2: Physical and link layer

[2] EN 13757-5 Communication systems for meters and remote reading of meters—Part 5: Wireless relaying

[3] EN 62056-53 Electricity metering—Data exchange for meter reading, tariff and load control—Part 53: COSEM application layer (IEC 62056-53)

[4] Directive 1999/5/EC of the European Parliament and of the Council of 9 March 1999 on radio equipment and telecommunications terminal equipment and the mutual recognition of their conformity

[5] COMMISSION DECISION of 20 December 2005 on the harmonisation of the 169,4-169,8 125 MHz frequency band in the Community[notified under document number C(2005) 5003 (2005/928/EC)]

[6] COMMISSION DECISION of 9 November 2006 on harmonisation of the radio spectrum for use by short range devices [notified under document number C(2006) 5304]2006/771/EC with amendments 2008/432/EC and 2009/381/EC

[7] CEN-CLC-ETSI TR 50572:2011 Functional reference architecture for communications in smart metering systems

[8] ITU-T Rec.O.150 (05/96) General requirements for instrumentation for performance measurements on digital transmission equipment

[9] NIST, FIPS PUB 197 Advanced Encryption Standard (AES), November 2001

[10] NIST, SP800-38A Recommendation for Block Cipher Modes of Operation: Methods and Techniques, December 2001

ICS 17.220.20
N 22

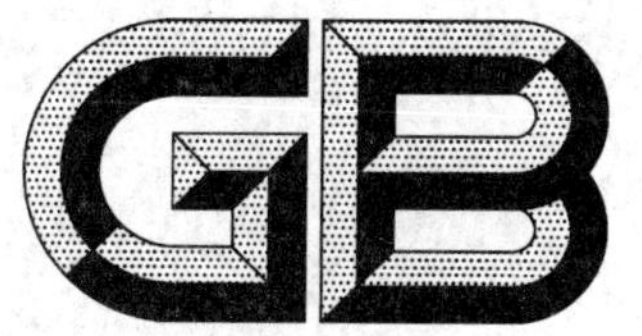

中华人民共和国国家标准

GB/T 26831.5—2017

社区能源计量抄收系统规范 第5部分:无线中继

Specification for reading system of energy metering in community—Part 5:Wireless relaying

2017-07-12 发布 2018-02-01 实施

中华人民共和国国家质量监督检验检疫总局
中国国家标准化管理委员会 发布

前　言

GB/T 26831《社区能源计量抄收系统规范》由以下六部分构成：

——第1部分：数据交换；

——第2部分：物理层和链路层；

——第3部分：专用应用层；

——第4部分：仪表的无线抄读；

——第5部分：无线中继；

——第6部分：本地总线。

本部分为GB/T 26831的第5部分。

本部分按照GB/T 1.1—2009给出的规则起草。

请注意本文件的某些内容可能涉及专利。本文件的发布机构不承担识别这些专利的责任。

本部分由中国机械工业联合会提出。

本部分由全国电工仪器仪表标准化技术委员会(SAC/TC 104)归口。

本部分起草单位：哈尔滨电工仪表研究所、深圳市航天泰瑞捷电子有限公司、深圳友讯达科技股份有限公司、宁波水表股份有限公司、重庆智能水表集团有限公司、威胜集团有限公司、宁波三星医疗电气股份有限公司、浙江万胜智能科技股份有限公司、云南电网有限责任公司电力科学研究院、沈阳航发热计量技术有限公司、杭州西力电能表制造有限公司、江苏林洋能源股份有限公司、华立科技股份有限公司、深圳市科陆电子科技股份有限公司、汇中仪表股份有限公司、代傲表计(济南)有限公司、深圳长城开发科技股份有限公司、深圳市麦希通讯技术有限公司、黑龙江电工仪器仪表工程技术研究中心有限公司、浙江晨泰科技股份有限公司。

本部分主要起草人：李万宏、舒杰红、关文举、陈富光、李勇、王学信、袁志民、郭永强、张建伟、倪志军、屠向荣、陆寒熹、曾仕途、张继川、刘明忠、连敏、李保龙、顶超、蒋永坚、李宏伟、申杰、秦国鑫。

引　言

随着科技进步、经济发展和人们对能源使用管理要求的不断提高，社区（建筑及居住区）计量（水、电、气、热）远程抄收及管理的技术应用进入快速发展阶段，涌现出了一批使用各类通信技术、涉及各个计量领域的多种产品及技术方案。产品制造方和用户方迫切希望这些产品或系统能够遵循统一的标准。

因而，从1999年开始，国际电工委员会陆续发布了IEC 62056《抄表、费率和负荷控制的数据交换》系列标准；国内参照其内容制定发布了GB/T 19882《自动抄表系统》系列标准。该标准是开放式体系，很好地解决了互连性和互操作性的要求。该标准体系分成相对独立的几个部分制定，从而有利于标准本身的不断发展。这种科学方法及该标准的内容都为GB/T 26831《社区能源计量抄收系统规范》的制定提供了很好的参考。

同时，由于显而易见的原因，社区能源计量抄收系统与自动抄表系统具有很多相似或共通的内容，现实中产品也有互连互通的需求，GB/T 26831《社区能源计量抄收系统规范》的制订要考虑与GB/T 19882《自动抄表系统》的协调。

GB/T 26831正是在上述背景下制定的，认识这一背景情况对理解GB/T 26831的制定思路和理解标准内容都是有益的。

GB/T 26831包含社区能源计量抄收系统中应用管理和底层通信两方面的内容。在应用管理方面，主要内容是COSEM（能源计量配套规范），利用仪表对象标识和接口对象方法建立模型，并进而描述了用于计量仪表和远程抄表的专用应用层。在底层通信方面涉及包括双绞线基带（M-BUS）和短距离无线两种物理层、链路层的规范。

社区能源计量抄收系统规范
第5部分:无线中继

1 范围

GB/T 26831的本部分规定了在无线仪表抄读网络中实施中继时的通信协议要求。本部分是GB/T 26831.4的扩充。它支持R2模式的路由,但不支持S模式和T模式的路由。

本部分适用于支持无线路由网络的仪表抄读。

注:本部分不涵盖电表的抄读,电表的远程抄读参见GB/T 19882。

2 规范性引用文件

下列文件对于本文件的应用是必不可少的。凡是注日期的引用文件,仅注日期的版本适用于本文件。凡是不注日期的引用文件,其最新版本(包括所有的修改单)适用于本文件。

GB/T 17215.421—2008 交流测量 费率和负荷控制 第21部分:时间开关的特殊要求

GB/T 18657.1—2002 远动设备及系统 第5部分:传输规约 第1篇:传输帧格式

GB/T 18657.2—2002 远动设备及系统 第5部分:传输规约 第2篇:链路传输规则

GB/T 26831.1—2011 社区能源计量抄收系统规范 第1部分:数据交换

GB/T 26831.3—2012 社区能源计量抄收系统规范 第3部分:专用应用层

GB/T 26831.4—2017 社区能源计量抄收系统规范 第4部分:仪表的无线抄读

ETSI EN 300 220-1:2012 电磁兼容性与无线频谱问题(ERM);短距设备(SRD);用于25 MHz~1 000 MHz频率范围、最大功率为500 mW的无线装置 第1部分:技术特征和测试方法(Electromagnetic compatibility and Radio spectrum Matters (ERM); Short Range Devices (SRD); Radio equipment to be used in the 25 MHz to 1 000 MHz frequency range with power levels ranging up to 500 mW;Part 1: Technical characteristics and test methods)

ETSI EN 300 220-2:2012 电磁兼容性与无线频谱问题(ERM);短距设备(SRD);用于25 MHz~1 000 MHz的频率范围、最大功率为500 mW的无线装置;第2部分:非一致性目的的辅助参数(Electromagnetic compatibility and Radio spectrum Matters (ERM); Short Range Devices (SRD); Radio equipment to be used in the 25 MHz to 1 000 MHz frequency range with power levels ranging up to 500 mW; Part 2: Harmonized EN covering essential requirements under article 3.2 of the R&TTE Directive)

ETSI EN 301 489-1:2011 电磁兼容性和无线频谱方法(ERM);无线设备和服务的电磁兼容性(EMC)标准;第1部分:公共技术要求(Electromagnetic compatibility and Radio spectrum Matters (ERM); Electromagnetic Compatibility (EMC) standard for radio equipment and services; Part 1: Common technical requirements)

RFC 1662 July 1994 类HDLC帧,附录C.快速帧校验序列(FCS)实现(HDLC-like Framing, Appendix C. Fast Frame Check Sequence (FCS) Implementation)

3 术语和定义

下列术语和定义适用于本文件。

3.1

主站 primary station

在一个简单网络中控制所有数据交换的网络节点。该网络有一个中心节点、多个远程节点，并采用非平衡数据传输。

注：通常，主站控制网络内所有的数据传输。数据采集单元是一种主站。

3.2

从站 secondary station

层次网络中的一种节点，能够接收来自中心节点（即主站）的命令和请求，并把响应数据回传给中心节点。

注：仪表是从站。

3.3

上行传输 upstream

从仪表到数据采集单元方向的数据传输。

3.4

下行传输 downstream

从数据采集单元到仪表方向的数据传输。

3.5

中继 relaying

将信息从一个逻辑网络向另一个逻辑网络的传送。

注：连接两个逻辑网络的中间节点实现的一种功能。

3.6

网关 gateway

数据通信网络中的中间节点，连接两个或多个逻辑网络，这些逻辑网络使用不同的协议或模式。

3.7

路由器 router

数据通信网络中的中间节点，连接两个或多个逻辑网络，这些逻辑网络使用相同的协议和模式。

3.8

节点 node

网络中能够发送和接收数据的单元。

3.9

端节点 end node

仪表或数据采集单元。

3.10

中间节点 intermediate node

网络中处于数据采集单元和仪表之间的节点。

3.11

跳转 hop

一组数据从一个节点向毗邻节点的传送，它是端节点之间数据传输的步骤之一。

3.12

帧 frame

由报头和报尾（可选）封装起来的用户数据集合。

注：对于基于 GB/T 18657.1 的协议，帧由一个起始字符和紧随的最多 16 个数据块组成。

3.13

块　block

帧的子元素。

注：对于基于 GB/T 18657.1 的协议，块由最多 16 个字节的用户数据和 CRC 校验组成。

4　解释性说明

4.1　概述

本章是解释性条款，特定的要求在本部分的后续章条中给出。

4.2　介绍

低成本无线模块使得利用无线通信的仪表抄读成为可能。很多仪表都采用电池供电，并有严苛的功耗预算和强制的监管要求。因发射功率受到限制，从而也限制了发送器和接收器之间的有效通信距离。而钢筋混凝土的使用、导电表面涂覆，以及将仪表安装在建筑物地下室内，都恶化了数据采集单元和仪表间的直接通信问题。除非使用中继或转发，否则可用的网络规模将大为受限。通过让某些节点转发或中继数据，网络的有效规模可大大增加。这是一种具有更高性价比的无线网络解决方案。

中继或转发的概念也有其一定的约束：仪表是对成本敏感的大批量产品，因此仪表附加这些功能所需的成本应非常低；单个节点的功耗和可用计算能力的限制，限定了处理通信协议和转发的软件的复杂度。

当规划一个仪表网络时，系统的运行和安装费用也是一个重要因素。当增加、替换和剔除仪表时，网络的重构应自动完成，以限制网络的运行费用。

数据传输中继引入的系统开销应低，以符合监管当局对传输占空比的强制性要求。

仪表远程抄读的无线网络基本上是一个层次网络。基本上只存在一个单一的数据采集节点。所有仪表发送其数据到该节点，有直接的，也有经由转发节点的。作为对等节点，仪表之间基本上没有通信的需求。

4.3　中继

无线网络可具有图 1 所示的结构。节点 A、B、C、D、E、F 和 G 都是简单仪表。它们都需要和节点 Z（数据采集单元/主站）进行通信。目前格局下，只有节点 C 和 F 的数据能直接到达节点 Z，其他节点均不行。因此，这个网络的可用规模只有 2 个节点，即节点 C 和 F。

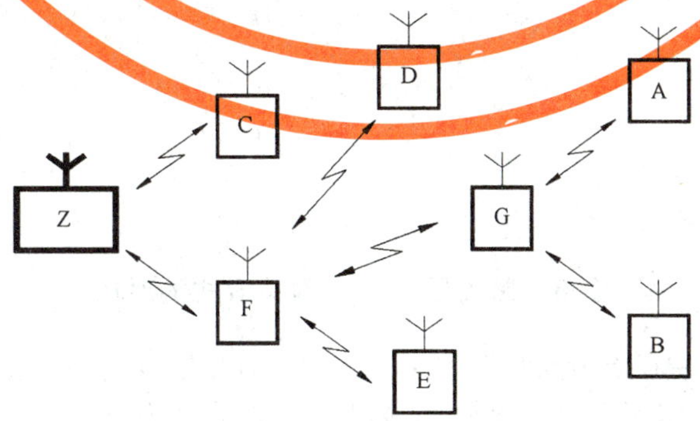

说明：

A～G ——简单仪表；

Z　　——数据采集单元/主站。

图 1　无中继的简单节点网络

通过增加一些具有中继能力的节点可扩展网络规模,如图 2 所示。节点 F 和 G 被扩展为具有中继能力的节点。节点 A、B 和 D 与主站之间通过节点 G 和 F 的中继来实现通信。节点 A 将数据发送到节点 G,节点 G 将数据中继到节点 F,然后 F 将数据中继到节点 Z(数据采集单元)。这样,该网络规模已扩充到包含所有节点。节点 F 和 G 可以是专门的中继节点,也可以是扩充了中继能力的仪表。从一个节点到另一个节点的数据传输称为一个跳转(hop)。从节点 A 到主站之间包含了 3 个跳转。

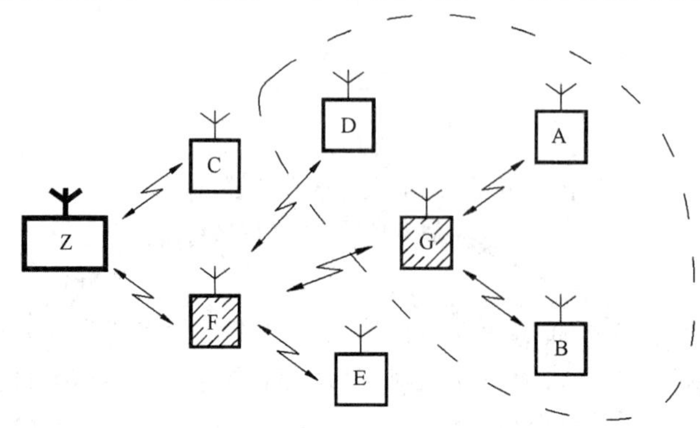

说明:

A~E——简单仪表;

F、G ——具有中继能力的节点;

Z ——数据采集单元/主站。

图 2 带中继节点的网络

注意,尽管有中继节点,该网络从应用层看依旧是层次结构。所有端到端的数据传输都是在数据采集单元和仪表之间进行的。在应用层上,在仪表之间或仪表和中继节点之间不存在通信。

中继可以用两种不同方式实现:网关方式或路由器方式,如图 3 所示。

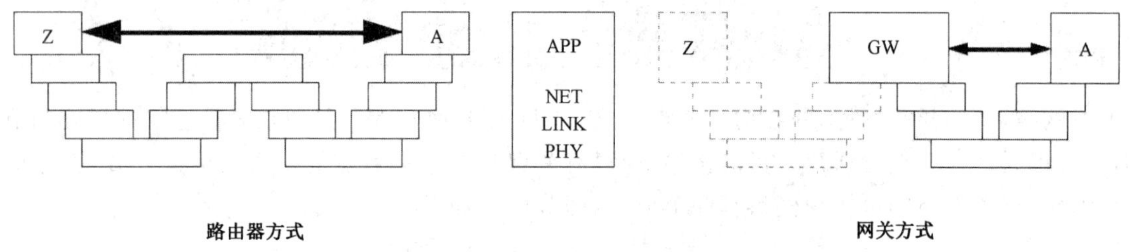

路由器方式　　　　网关方式

说明:

A ——仪表;

GW——具有中继能力的节点;

Z ——数据采集单元/主站。

图 3 路由器方式和网关方式的对比

在路由器方式中,网络中所有节点都知悉同一网络中的其他节点,在双向通信中使用相同的协议。这些节点也知悉某一节点的路由能力。例如,图 2 中的节点 B 知道,得通过中继节点 G 和 F,才能将其数据发送到数据采集单元。

在网关模式下,只有网关下的节点是已知的。网关外的节点是隐形的。对于图 2 中的节点 A、B 和 D,网络被限制在虚线的区域内。对所有从属节点而言,节点 G 是"数据采集单元"。网关也是以层次结构而组织的,如在图 2 中,节点 E 处在最底层,节点 F 比 E 高一层,而真正的数据采集单元节点 Z 则处于网络的最顶层。

关于网关方式和路由器方式的详细描述见后面的章节。

4.4 路由器的使用

路由器网络中,节点在网络层上表现为对等实体。节点间的数据传输都基于地址对:发送器节点地址和接收器节点地址。这就允许网络中非层次结构的节点可以具有并行的路径。

事实上,地址对的路由方式与GB/T 26831.4的数据链路层不兼容。因此,需要在数据链路层上对原始的GB/T 26831.4数据和路由数据进行区分,从而确保一个简单节点不会试图对路由数据进行错误的解码和处理。

通过网络发送数据包时,可以有两种方法来选择传输路径。第一种是多跳方法:在首次传输前,完整的通信路径已经建立,它包含了所有的经由节点。第二种是自动网络路由方法:基于路由信息,首个节点将数据发送到适合的邻近路由器上,后者再决定数据的下一跳转。第二种方法是互联网上IP协议使用的一种方法。本部分选择的是多跳寻址方法,因为其在网络中执行起来更简易,能有效减少网络冲突,对节点智能的要求更低。

4.5 网关的使用

4.5.1 概述

简单节点具有单一的地址域,它只工作在由控制网络的单一主站和一个或多个从站/仪表组成的网络中。当接收数据时,简单节点将在地址域中查找自身的地址。这里将假定所有发送给它的数据都源于主站。当应答时,简单节点将在响应数据的报头中包含其自身地址。这里将假定所有的响应数据的接收方都是主站。

对于简单节点来说,网关隐藏了网络和网络复杂度。对节点而言,网关表现为主站。假如图2所示的网络采用的是网关方式,那么节点G将被节点A、B和D视为主站,节点E将节点F视为主站,只有节点C是直接连接到节点Z(真正的数据采集单元或主站)。

GB/T 26831.4采用的是简单节点。因此,网关模式可向下兼容那些符合GB/T 26831.4的节点。

网关节点可以是专用的节点或是扩展了该功能的仪表。

当向下发送数据给简单节点时,网关表现为一个主站。它将向简单节点发送符合GB/T 26831.4中R2模式格式的数据。当接收来自简单节点的上传数据时,网关也将表现为主站。它将接收符合GB/T 26831.4中R2模式的数据。

网关对整个网络的配置没有任何先验知识。数据的中继应或基于固定的规则,或基于数据报头提供的信息。两种方法都在本网关协议中使用。

当数据上行传输时,网关可使用层次网络的一般规则。当网关接收到来自简单节点发送的上行传输数据后,会将相关数据继续上行传输。该数据将被另一个网关或主站接收到,此上行数据帧中无需包含目标地址信息。

4.5.2 数据副本

并非所有上行传输数据都需要被转发,因为这将导致数据副本。图4描述了这一情形。

由节点E发出的数据可同时被网关G和F接收到。当节点E发送数据帧时,两个网关都将接收到该数据帧。相同的数据帧将经由两条路径(E—G—F和E—F)到达节点Z(数据采集单元)。如采用无条件的数据中继,将会导致数据采集单元接收到重复的数据,同时产生不必要的网络流量。为避免产生数据副本,需要一些方法和规则。

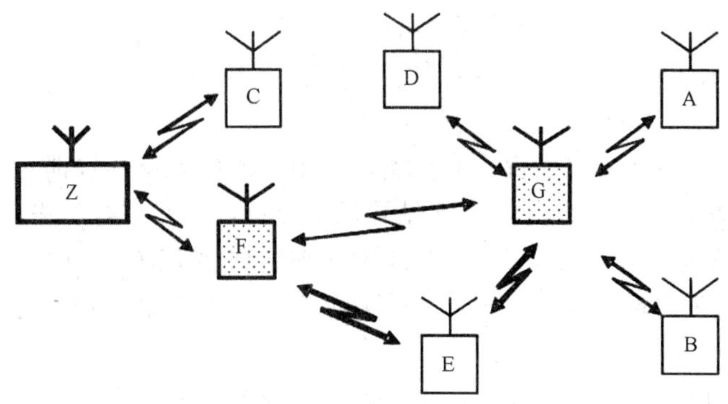

说明：
A～E——简单仪表；
F、G ——具有中继能力的节点；
Z ——数据采集单元/主站。

图 4 数据副本

避免产生数据副本的方法有两种：

a) 采用使能或禁止列表；

b) 采用本地节点或全局节点列表。

无线通信的特征是其实际传输距离是可随时间而变的。因此，产生一组禁止节点列表是不可行的。在某种特定的传输条件下(比如特定的计量条件)，节点可能监听到位于非常远的节点数据。另外一种可能，就是当一个符合本部分的新运行商，在不知道已建网络的情况下增添一些节点。由于不可能预知这些节点的加入，来自新节点的数据不能够被默认处理。这是采用禁止列表而不能有序处理的实例，因此，需要采用使能列表。

采用节点全局列表需要网络的高层节点应包含一个非常大的地址列表，用于保存所有能接收到数据的下级单元的地址。同时，所有可能的中间节点也得包含其下级节点信息。这将使网关需要大量数据存储，并会在更新这些列表时产生大量的网络流量。因此，采用本地列表方式是一个更好的选择。然而，采用本地列表的方法有一个小弊端，就是上行传输数据应包含发送节点的(本地)地址，以及数据源(仪表)的地址。

网关的更多的详细要求将在后续章节中解释。

当网关接收到下行传输数据时，它将需要进一步的地址信息。网关需要知道向哪个节点转发。这些网络控制信息是数据报头的组成部分。

4.6 使用节电功能

很多仪表和中间节点都是由电池供电，并需要用单一电池运行多年。因此为节省功耗，当不使用时，节点应切断部分电路。无线收发电路就是其中之一。更详细的描述见图 5。当处于非通信状态时，节点的控制程序仅以固定的时间间隔(1,3)短暂开启接收器进行侦听。当节点发射时(8)，侦听将被禁止。其他节点想和这个具有节电功能的节点进行通信时，需要发送唤醒信号(2)。具有节电功能的接收器在侦听间隔内，将监测是否有唤醒信号，若未侦听到(1)则再次关闭接收器。当接收器侦听到唤醒信号(3)时，应搜索接收同步字(4)，并开始采集数据(5)。若信息的目的地址不是接收器的节点地址，接收器将关闭接收，切换到节电模式。当发送器被激活(6，7，9)后，发射节点宜打开接收器并持续一段时间(10，11)，以便接收预期的数据响应。由于不需要唤醒信号，这种方式将加快数据处理过程并减少了信号占用周期。

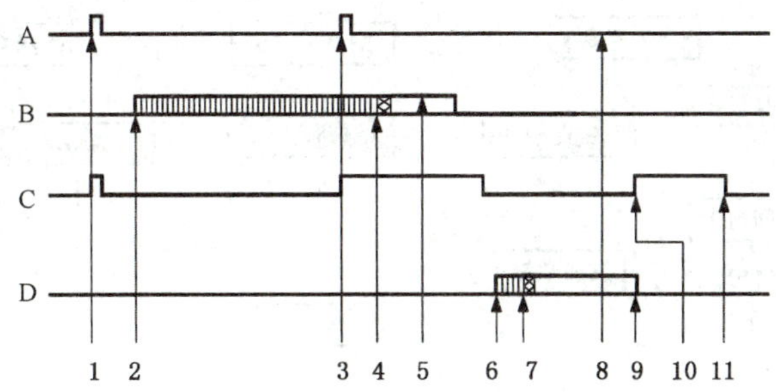

说明：

A ——接收器“侦听”窗口；

B ——唤醒和数据信号；

C ——接收器激活；

D ——数据发送。

图 5　带节电功能的接收方

唤醒信号的持续时间应足够长，以确保具有节电功能的节点能在第一个侦听间隔中被唤醒并进行有效的数据传输。即：唤醒信号的持续时间应大于接收器的侦听间隔。

为避免不必要的仪表唤醒，唤醒信号使用的通信速率和正常数据传输使用时的通信速率不同。因此，正在进行数据通信的节点将不会唤醒其他的休眠节点，从而节省能耗。

这些用于电源唤醒行为的参数宜标准化，以确保数据在无线网络中有效传输。

4.7　误码处理

无线网络中的数据误码率要高于有线网络，其部分原因是：

a)　设备工作于免许可频段，同一时间可能有许多其他设备也在使用该频段。这些设备将会混淆或阻塞仪表通信网络中节点间的数据传输。

b)　来自其他射频源的噪音会妨害传输信号。

c)　外界环境的变化(新增建筑物，放置在仪表前的集装箱等)或天气条件的改变。

d)　从仪表到数据采集单元的信息传输可能会途经多个跳转点，而整个传输的成功是基于路由中每个(双向)跳转都成功。

所有的这些都使在无线中继网络中采用有效的错误处理算法成为必要。为缓解错码处理，在协议的实现中有以下考虑：

a)　在数据传输中的每个跳转都采用确认应答。

b)　在链路层使用快速确认应答。

c)　若被确认应答的消息是混淆的且发送方能被识别，则返回否定确认应答。

d)　使用标准化的重试算法。

e)　若重试算法失败，则发起节点方被告知通信失败以及发生失败的跳转点，并将此信息提交给上层协议，使上层能尝试通过其他节点进行路由通信。这种采取其他路由的协议超出本部分的范围。

4.8　时间同步

新的能源市场规则要求提高能源的使用效率，这需要有实时的使用报告，以及仪表的准确时钟信息。电能表的标准(如 GB/T 17215.421)已经量化了这些要求。它规定了仪表时钟精度的要求，从而使得通信系统能够对整个网络进行精准的时间同步。

这种需求与使用节电功能的仪表和路由器存在某种程度上的冲突，如图 6 所示。

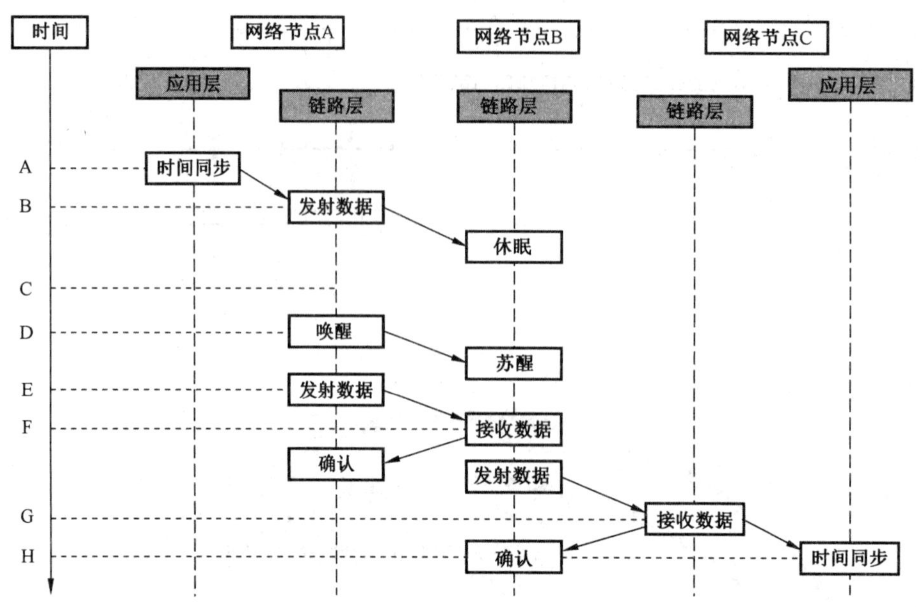

图 6　时间同步传播

图 6 描述的情形是网络节点 A 发布时间同步信号给网络中的其余节点(节点 B 和 C)。接收节点 B 处于休眠状态,因而在向它发送数据帧前应先向它发送唤醒信号。

节点 A 的管理应用程序在时刻 t_A 得到时钟信息,并通过低层协议处理该信息,在时刻 t_B 发送到网络中。该信息将不会被处在休眠状态的节点所检测到。因此在时刻 t_C,节点 A 会由于未收到应答信号而产生超时状态。这个超时状态将使节点 A 的链路层在时刻 t_D 发出唤醒信号,并在时刻 t_E 重发送这个数据包(时钟信息)。接收节点 B 此时已被唤醒,并在时刻 t_F 接收到数据包,并应答之。然后,节点 B 将该数据包发送给节点 C。节点 C 在时刻 t_G 接收到该数据包,并在时刻 t_H 将该信息提交到节点 C 的应用层。

应用数据中的同步时刻是 t_{BA},而真实时间是 t_H。若一个或多个中间节点在转发数据之前处于休眠状态,时钟偏移 t_H-t_A 可达秒或几秒量级。按照 GB/T 17215.421 对现代仪表的要求,这是不能接受的。

因此,应制订一个传输协议,来确保传输准确时钟信息,该协议应考虑端到端的传输过程中产生的延时。在传输中,时钟信息应在每个跳转都进行更新。数据的这种处理过程应在节点的数据链路层上完成。由其他精密时钟协议标准(如 IEEE 1588—2008)的经验表明,它需要在低层的协议中做特殊处理。为此,需要规定一个特殊的低层协议集。该协议应包含同步时刻 t_A 和延时信息 t_H-t_{BA}。其中,同步时刻应是应用数据的一部分,延时信息应是链路层信息的一部分。延迟信息应在数据的每次跳转(或重发)时进行更新。若存在精准时钟的要求,可使用这种协议。

注:通过使用应用层网关,可以实现采用 GB/T 26831.4 接口的仪表之间的互联。

4.9　协议可能性

基于本章表述的一般需要,这里定义了三种不同的无线网络中继协议。它们有以下通用性质:

a)　基于网关的协议:此协议旨在对 GB/T 26831.4 中 R2 模式的网络进行扩展。使用网关协议的节点可以是仪表,也可以是专用的网关节点,它们与 R2 节点无缝互操作。网关协议可用于拓展 R2 网络的规模。若欲拓展一个现存的 R2 节点的网络,可以采用这个协议。无论如何,使用这种网关的网络仍具有主/从结构和单一地址链路层的条件约束。

b)　基于路由器的协议:此协议被称为 P 模式,如同所有现代数据链路层协议,此协议将寻址拓展成双地址/平衡协议。它通过使用 GB/T 18657.1 的物理层和 GB/T 18657.2 的链路层而实现。采用 P 模式协议的节点不能和 R2 节点之间直接进行通信,但可以在同一频带上共存。由于 P 模式和 R2 模式在结构上非常类似,使实现一种既支持 R2 模式又支持 P 模式的双模节点成为可能。当既想使用带全地址寻址的真实路由网络,又想保持之前的 R2 模式的结构的话,可以使用这个协议。

c) 支持精准定时的现代协议:此协议被称为 Q 模式,旨在用于不必遵从 GB/T 18657 系列标准的场所。GB/T 18657 系列标准是二十多年前发展起来的,已不能满足现代协议的要求。Q 模式考虑了采用节电功能的节点使用的可能性,考虑了传输精密时钟信息的要求和考虑了基于数字信号处理器的 NRZ 编码要求。本协议适用于作为现代面向对象的高层应用层服务(如 GB/T 26831.1 中定义的 DLMS 协议)的传输服务。

5 P 模式:使用路由器的协议

5.1 概述

此协议适用于具备路由能力的节点之间的通信。P 模式协议应仅在物理层和数据链路层上使用,以确保那些不具备路由能力的节点不用处理这些路由信息。

此协议针对使用节能无线装置的电池供电设备进行了优化。

5.2 物理层协议

5.2.1 一般要求

所有的参数都至少应符合 ETSI EN 300 220-1 和 ETSI EN 300 220-2 的要求,即使在应用上可能要求扩大温度或电压的范围。表 1 规定了信道和频段的特性指标。

表 1 P 模式要求

特性	最小值	典型值	最大值	单位
频段[a]	433.05		433.65	MHz
信道带宽[b]		60		kHz
发送器占空比[c]			1	%
注:这些 SRD 频带的特性和 GB/T 26831.4 中描述的 S 和 R2 模式的特性是一致的。				
[a] 本部分是针对 433.05 MHz～433.65 MHz 频段优化设计的,本部分也允许在信部无[2005]423 文件许可的其他频带上运行。 [b] 信部无[2005]423 文件定义的信道带宽是小于或等于 400 kHz,考虑到与 GB/T 26831.4 一致,且提高接收灵敏度的要求,这里定义信道带宽为 60 kHz。 [c] 信部无[2005]423 文件以及 ETSI EN 300 220-1 对 433.05 MHz～433.65 MHz 频段的占空比并无规定,这里为了确保各类无线系统在同一环境下不互相干扰,规定了占空比。				

5.2.2 发送器

表 2 规定了发送器参数的特性指标。

表 2 P 模式发送器

参数	符号	最小值	典型值	最大值	单位	备注
中心频率[a] (其他设备)			433.38		MHz	
中心频率[a] (仪表)			433.080+ n×0.06[h]		MHz	
频率容限 (仪表/其他设备)			0	±17	kHz	
FSK 偏差		±4.8	±6	±7.2	kHz	
码片速率(唤醒期)[b]			3.12		kcps	
码片速率容限(唤醒期)			0	±2.5	%	
唤醒信号持续时间	t_{WD}	5 200		6 000	ms	
码片速率(数据通信期)[b]			4.8		kcps	
码片速率容限(数据通信期)			0	±1.5	%	
位抖动[c]				±5	μs	
数据速率(曼彻斯特编码)[d]			f_{chip}×1/2		bps	
前同步码(报头)长度 (包括位同步/字节同步)	L_{PR}	96			chips	
后同步码(报尾)长度[e]	L_{PO}	2		16	chips	
应答窗口[f]	t_{AW}	3		50	ms	
数据响应延迟[g]	t_{RD}	5		10 000	ms	

注:唤醒码片速率的选择原则是:它能够与数据通信码片速率从同一个主时钟获得。

[a] 本部分是针对 433.05 MHz~433.65 MHz 频段优化设计的,本部分也允许在信部无[2005]423 文件许可的其他频带上运行。

[b] 数据通信码片和唤醒信号码片采用的通信速率是不同的,这是为了确保正常数据通信信号不会被其他休眠中的节点侦测到。

[c] 应在微处理器或编码电路的输出端口处测量数位抖动。

[d] 每数位采用 2 个码片编码(曼彻斯特编码)。

[e] 后同步码(报尾)数据应包含 n 个“1”,n 的范围是 1~8,如,码片序列为 n×(01)。

[f] 应答窗口:发送一个消息后,发送节点应在少于最小应答窗口时间内做好接收应答消息的准备,且应在至少不少于最大应答窗口持续时间的时间内持续保持接收状态。

[g] 数据响应延时:接收到请求信息后,接收节点应在最小的响应时间内不进行数据响应,且应在最大响应延时内发送数据响应。

[h] n 应在 0~9 的范围。

5.2.3 接收器

表 3 中规定了接收器参数的特性指标。

表 3 P 模式接收器

参数	等级	符号	最小值	典型值	最大值	单位	备注
灵敏度[b]	H_R	P_o	−105	−110		dBm	
阻塞性能	L_R		3			Category[a]	
阻塞性能[c]	M_R		2			Category[a]	
阻塞性能[c,d]	H_R		2			Category[a]	
可接受的码片速率范围		f_{chip}	4.7	4.8	4.9	kcps	
在报头和帧中，可接受的码片速率变化		D_{fchip}		0	±0.2	%	
唤醒周期		t_{WUP}			5 000	ms	
应答延迟[e]		t_{AD}	5		48	ms	
数据响应等待[f]		t_{RW}			21 000	ms	

注： 频率和性能的特性与 GB/T 26831.4 中的 R2 模式相同。

[a] 接收器等级(Category)依据 ETSI EN 300 220-1:2012 中 4.1.1。

[b] 灵敏度应按照 ETSI EN 300 220-1:2012 中 8.1 测量。

[c] M_R 和 H_R 级接收器的附加要求：设备应满足 ETSI EN 301 489-1:2011 中 9.2 规定的抗扰度要求。

[d] H_R 级接收器的附加要求：按照 ETSI EN 300 220-1:2012 中 8.3 测量时，邻频选择性应>40 dB。

[e] 应答延时：在接收一个消息后，节点应在最小应答延时内不发送应答帧，并在最大应答延时内开始发送应答帧。

[f] 数据响应等待：当发送消息后且等待数据响应期间，在应用层上，节点不应在最大数据响应时间内产生超时。最大数据响应等待时间要考虑部分单元应发送唤醒信号的因素。该最大值可与运行商协商后扩大。

5.3 数据编码

5.3.1 曼彻斯特编码

P 模式应采用曼彻斯特编码。这是一种简单的编/解码机制。应采用码片编码“10”来代表数位 0；码片编码“01”来代表数位 1。其中较低的频率对应于码片 0。

5.3.2 编码数据的传送顺序

每个数据字节的发送顺序应以高位(MSB)在前。CRC 校验字的发送顺序应为高字节在前。其他多字节数据的发送顺序应为低字节在前。

5.3.3 唤醒和前同步码码片顺序

本协议针对采用长寿命电池供电的仪表而设计。因此，重要的是，这些仪表不在错误的时刻被激活。仪表的通信部分通常是休眠/断电的。仪表应以规律的时间间隔开启接收器一小段时间，以便侦听专用的唤醒信号。若未能侦测到唤醒信号，则仪表再次进入休眠。

唤醒信号采用的码片速率应与正常数据通信采用的码片速率有所不同，以确保正常的数据通信不会被识别为唤醒信号。

当发送方认为接收器处于休眠状态，发送方应在前同步码之前先发送唤醒信号，然后紧随着前同步码。P 模式下总的前同步码(报头＋同步字)码片序列是 $n\times(01)$ 000111 0101 1010 0101，其中 $n\geqslant39$。

注 1： 在曼彻斯特编码中，码片序列“000111”是无效的，这里在报头尾部处使用是为了能使接收器重新检测到一个新的或更强的数据传输的起始。这种码片序列适用于弱信号条件下的数据传输，能保证即使在一个大区域内存在多个使用同一频道的弱信号的发送器情况下也能有效通信,而且它也能有效地阻止对近距离(或更强的)发送器的信号接收。另外,它也使带节电功能的接收器能安全的区分有效数据帧的起始和正在传输的数据中偶然出现的"同步"序列。

注 2:这种同步字的式样不同于 GB/T 26831.4 中的 S 模式和 R2 模式。

每个数据帧的码片(包括前同步码和后同步码)都应是一个不间断的码片序列。

5.4 数据链路层协议

5.4.1 一般要求

P 模式的链路层协议是对称的,无论是上行数据传输还是下行数据传输,都采用相同的数据格式。

除以下提及的内容,链路层的其他要求都应符合 GB/T 18657.2—2002 中 3.4 的帧格式 FT3:

a) 不使用 GB/T 18657.1—2002 的 6.2.4.4.2 中规定的两字节启动字符,而用前同步码替代之;

b) 某些报头信息,如源节点地址(发起方),为使地址域有足够的大小而被扩展到第 2 个数据块中。

5.4.2 帧格式

每个帧应包含至少 2 个或(可选的)多个数据块。

首个数据块的格式应如图 7 的规定。

注 1:为避免将一个地址分成两个部分,首个数据块的长度小于 16 个字节。

L-域	C-域	M1-域	A1-域	CRC-域
1 字节	1 字节	2 字节	6 字节	2 字节

说明:

L-域 ——第 2 个和后续数据块中的数据总长度(字节),见 GB/T 18657.1 中的规定;

C-域 ——控制域,见 GB/T 18657.2—2002 中 6.1.2(平衡传输)的规定;

M1-域 ——目的节点的制造商 ID 域,见 GB/T 26831.4—2017 中 11.5.5 的规定;

A1-域 ——目的节点的地址;

CRC-域 ——校验域,见 GB/T 18657.1—2002 的附录 B.4 中帧格式级别 FT3 的规定。

图 7 首个数据块格式

注 2:为兼容 GB/T 26831.4 中的仪表地址格式,以便在链路层能够唯一地识别仪表,两个 A-域的长度被设置成 6 字节。这就需要将总的地址信息分成两块,其中一部分地址信息插入到第二个数据块中。

图 8 规定了第二个数据块的格式。

M2-域	A2-域	CI-域	数据	CRC-域
2 字节	6 字节	1 字节	7 或(L-9)(最后一个数据块)字节	2 字节

说明:

M2-域 ——源节点(发起方)的制造商 ID 域,见 GB/T 26831.4—2017 中 11.5.5 的规定;

A2-域 ——源节点的地址;

CI-域 ——控制信息域;

数据 ——网络控制与应用数据;

CRC-域 ——校验域,见 GB/T 18657.1—2002 的附录 B.4 中帧格式级别 FT3 的规定。

图 8 第二个数据块格式

图 9 规定了其他后续数据块的格式。

数据	CRC-域
16 或{[(*L*-1) mod 16]+1}(最后一个数据块)字节	2 字节

说明：

数据　　——网络控制与应用数据；

CRC-域　——校验域，见 GB/T 18657.1—2002 的附录 B.4 中帧格式级别 FT3 的规定。

图 9　可选的后续数据块格式

注 3：每一帧的后续数据块总数最多为 16(由 L-域的值制约)。

5.4.3　控制域(C-域)

5.4.3.1　要求

对于采用路由器方案的中继，C-域应按照 GB/T 18657.2—2002 中 6.1.2 的规定进行编码。这是个平衡传输。

注：GB/T 18657.2 的定义也在后续章节中被采用。

C-域的格式(按比特位)应符合图 10 的规定。

此外，也应符合以下要求。

最高位　　　　最低位

DIR	PRM	FCB	FCV	功能码	发起节点
		RES	DFC		应答节点

图 10　C-域数据格式

5.4.3.2　当发起数据交换时

当发起数据交换时，应符合以下条件：

a)　DIR 应为 1，表示数据方向是来自发起节点；

b)　若为下行传输，PRM 应为 1；反之应为 0；

c)　FCB 和 FCV 的编码应符合 GB/T 18657.2 的规定。

功能码(function code)的值应为表 4 中列出之一。

表 4　发起功能码

功能码[a]	符号名	功能	应答
0h	LRESET	链路复位，当该链接的 FCB 位应被复位时应使用	否
3h	SEND	发送数据，当节点发送正常数据时应使用	是
4h	BCAST[b]	广播数据，当节点发送广播数据时应使用	否
6h	INSTALL	安装信息，当节点发送数据且其处在安装模式时应使用	是
注：由于请求和响应由应用层来处理，因此链路层不需要‘REQUEST’功能码。			
[a] 4 比特的功能码的值用 16 进制格式表示，并带后缀“h”。 [b] 广播数据不应通过路由器进行中继。			

5.4.3.3 当对数据交换进行确认应答时

当对数据交换进行响应时,应符合以下条件:

a) DIR 应为 0,表示数据方向是来自应答节点;
b) 若是下行传输,PRM 应为 1;反之应为 0;
c) RES 应为 0;
d) DFC 应为 1。

功能码的值应为表 5 中列出之一。

表 5 确认应答功能码

功能码	符号名	功能
0h	ACK	确认应答,当节点确认带“SEND”或“INSTALL”功能码的消息时应使用
1h	NACK	否认应答,当节点拒绝带“SEND”或“INSTALL”功能码的消息时应使用

5.4.4 制造商域(M-域)和地址域(A-域)

GB/T 18657.1 中首个数据块的长度限制为 16 字节。按照 GB/T 18657.2 的规定,该数据块应包含全部地址域。因此,无法使用 8 字节的完整地址域。为了能使用 8 字节的完整地址域,该地址被扩展到第二个数据块中。这和 GB/T 18657.2—2002 中 3.4 的规定不完全兼容。

制造商域 M1 和 M2 应包含节点的唯一的用户/制造商识别码。在 2 字节的 M 域中,低 15 位应按照 GB/T 26831.3 的规则由三字母编码形成。若 M 域的最高位为 0,表示相应的地址域(A-域)是制造商专用的唯一(硬编码的)六字节节点地址。若 M 域的最高位为 1,则表示相应的地址域(A-域)可以是软编码的地址。该地址在网络的最大覆盖中是唯一的。该地址通常在安装模式时被分配。

节点可能是多宿主的,也就是说,它可能需要响应多个目的地址。

注:M-域和 A-域的次序要确保接收节点能尽早地区分数据帧中的目的地址。这将改善数据接收的时间,从而达到节约功耗的目的。

GB/T 18657.2 规定广播地址是“地址域所有比特位都为 1”的地址。在当前上下文中,这应当以如下方式理解:在广播消息中,一连串的目的节点 M-域和 A-域应全部置 1。而源地址的 M-域和 A-域应分别为广播消息发送方的制造商 ID 和地址。

5.4.5 控制信息域(CI-域)

CI-域是上层数据的报头。该字节的用法在随后的网络层和应用层中进行解释。

5.4.6 消息处理

5.4.6.1 要求

这里的消息处理要求都是针对数据链路层层面的。

5.4.6.2 发起节点的数据发送

在发起传输前,发起方宜先对所选信道进行侦听,以确保本次发送不会阻塞其他正在进行的数据传输。

发起节点首次发送的消息中应不包含引导唤醒信号。

若首次发送和第二次重发都接收到 NACK 应答的话，发起节点应在消息中前置一个链路复位消息，且此消息的发送不应包含唤醒信号。

若首次发送超时，第二次重发之前应先发送唤醒信号。

若第二次重发也超时，第三次重发不需要再发送唤醒信号。

若连续 3 次通信尝试均不成功，发送节点应向网络层提交“不成功(not success)”标志。

5.4.6.3 应答节点的数据发送

应答节点发送确认应答时不带唤醒信号。

注：由于是对最近发送消息的节点确认应答，而此时发送节点还处于激活状态。

5.4.6.4 接收来自发起节点的数据

当接收来自发起节点的数据时，应符合以下要求：

a) 若接收帧中的目的地址(M1 域或 A1 域)不正确，则节点应丢弃该数据帧；
b) 若首个数据块的 CRC 校验失败，节点应丢弃该数据帧；
c) 若数据帧中的功能码(见表 4)是无需应答的，节点不应对该消息进行应答；
d) 若 DIR 位为 0，节点应返回 NACK；
e) 若 FCV/FCB 控制位错误，节点应返回 NACK；
f) 若数据帧中的功能码不属于表 4 规定的集合中，节点应返回 NACK；
g) 若任意后续数据块的 CRC 校验错误，节点应返回 NACK；
h) 若以上判断均通过，节点应发送 ACK，并把数据提交到网络层。

5.4.6.5 接收来自应答节点的数据

当接收确认应答时，应符合以下要求：

a) 若数据帧中的目的地址(M1 域或 A1 域)不正确，则节点应丢弃该数据帧；
b) 若首个数据块的 CRC 校验失败，节点应发起数据重传；
c) 当 DIR 位为 1 时，节点应发起数据重传；
d) 若接收到 NACK，节点应复位链路并开始数据重传；
e) 如以上判断均通过，节点应提交“接纳(accepted)”标志给网络层。

5.4.7 定时要求

这里规定的定时要求都是数据链路层的。

本节涉及的定时参数在表 2 和表 3 中规定。

当数据链路层应发送 ACK 或 NACK 时，节点在 t_{AW} 的最小值之前不应启动应答。

注 1：这是为了确保先前的发送节点之接收器能够在接收应答帧之前，已经进入到稳定的接收状态。

当数据链路层应发送 ACK 或 NACK 时，节点应在接收数据结束后的 t_{AD} 之内启动应答。

若在最大的 t_{AW} 时间范围内仍未收到 ACK 或 NACK，节点应产生超时。

注 2：数据的请求和响应都在应用层处理。

5.5 网络层协议

5.5.1 一般要求

本协议应仅适用于 P 模式数据链路层。

CI 域之后紧随的是高层数据。高层协议的结构应如图 11 所示。

当网络层为空时,应使用 CI≠81h 的 CI 域。空的网络层仅在两个端节点直连通信时使用。这种情形下,将不传送网络层信息,高层数据的第一个字节应为应用层 CI 域。

当存在网络层时,应使用 CI＝81h 的 CI 域。在网络层信息后应跟随着第二个 CI 域,即应用层 CI 域。

CI	跳转信息	地址 1	……	地址 n	应用层 CI	应用数据
81h	2 字节	8 字节		8 字节	1 字节	x 字节
网络层信息					应用层信息	

图 11　高层数据格式

5.5.2　网络层数据格式

网络层信息的格式主要是一个跳转经由的中间路由器的地址列表。其格式应如图 12 所示。

CI	跳转计数	当前跳转	源地址	中间地址 1	……	中间地址 n	目标地址
81h	1 字节	1 字节	8 字节	8 字节		8 字节	8 字节

说明:

CI　　　——控制信息,1 字节,0x81,指明其后是网络层信息。

跳转计数　——1 字节,欲执行的跳转总数,范围是 1～10。

注 1:若是两个端节点之间的直连通信,“跳转计数”的值为 1。网络层信息中的地址元素的总个数是“‘跳转计数’＋1”,其中“＋1”是由于源地址的传送。

当前跳转　——1 字节,用作目标的下一个中间节点的地址编号,范围是 1～10。

注 2:首次跳转时,“当前跳转”域的值是 1,即:端节点发送数据。在最后一级跳转时,该域值是“跳转计数”,即:端节点接收数据。

源地址　　——8 字节的发起端节点的数据链路层地址。它同时应存在于网络层数据中,以确保应答数据能正确返回。该域是数据链路层中 M 域和 A 域的串联。

中间地址 1——8 字节,可选,本次传输中的第一个中间节点(路由器)数据链路层地址,当端对端直接通信时,该域为空。

中间地址 n——8 字节,可选,本次传输中的最后一个中间节点(路由器)数据链路层地址。若只有一级路由器,它就是“中间地址 1”。当端对端直接通信时,该域为空。中间地址最多可为 9。

目标地址　——8 字节,数据传输中接收端节点的数据链路层地址。

图 12　网络层数据格式

在数据传输的过程中,网络层协议中的数据不应被移动。在每一次跳转中,唯一应改变的参数是“当前跳转”域,它应是递增的。接收端节点在返回应答数据前,应将网络层地址元素的顺序颠倒过来。

5.5.3　中继规则

这里列出了网络层处理信息应遵循的规则,以及网络层向数据链路层传递控制信息时应遵循的规则:

a)　在发起端节点,“当前跳转”应为 1。

b)　“跳转计数”的范围应在 1 到 10 之间,若超出了该范围,数据帧应被拒绝。

c)　若“当前跳转”的值超出 1 到“跳转计数”的范围,该数据帧应被拒绝。

d)　在网络层中应有“‘跳转计数’＋1”个地址元素,其中包括源地址和目标地址。

e) 源地址可理解为“中间地址 0”，目标地址可理解为“中间地址(跳转计数)”。

f) 在中间节点(路由器)，下一级跳转的数据链路层地址应按以下方式产生：

  1) 将“中间节点(当前跳转－1)”信息拷贝到数据链路层的源地址域中；

  2) 将“中间节点(当前跳转)”信息拷贝到数据链路层的目的地址域中。

g) 然后，中间节点(或发起节点)将信息传递到数据链路层，即：发送数据。

h) 在接收端，若“当前跳转”＝“跳转计数”，则应将数据提交到应用层。

i) 在接收端，若“当前跳转”＜“跳转计数”，则“跳转计数”加一，并从步骤 f)继续重复执行。

j) 当试图发送数据，但是数据链路层返回“不成功(not success)”标志时，发送节点应进行如下错误处理：

  1) 若为下行传输，则应返回一个错误消息给数据采集单元端节点；

  2) 若为上行传输，则可在错误日志中记录一个“上行传输连接丢失”的信息(可选)，并应置起“上行连接故障”的标志。

注：本协议在链路层和网络层是对称的，但在应用层是主激励(master driven)的。只有当数据采集单元发出请求时，仪表才会发送数据。上行传输路径中的错误，将在下行传输路径中导致要么是在数据链路层产生确认超时，要么是在应用层产生响应超时。这时，只有数据采集单元才能决定下一步的操作。当上行传输的方向上发生错误时，中间节点不应对数据进行排队等待。

5.6 应用层协议

5.6.1 控制信息域(CI－域)

控制信息域(CI－域)指示后继的应用层数据类型，其格式与 GB/T 26831.4 兼容。表 6 列出了可以在应用层 CI 域使用的值，其余未列出的值应为今后保留。

表 6 应用层，控制信息域

CI 值	名称	备注
51h	从读取设备向仪表发送数据，无固定报头	为与 GB/T 26831.4 兼容
70h	错误报告	兼容 GB/T 26831.3
71h	报警报告	兼容 GB/T 26831.3
72h	GB/T 26831.3，带全报头的应用层	为与 GB/T 26831.4 兼容
78h	GB/T 26831.3，无报头的应用层(待定义)	为与 GB/T 26831.4 兼容
7Ah	GB/T 26831.3，带短报头的应用层	为与 GB/T 26831.4 兼容
81h	网络层数据	不允许作为应用层数据
82h	保留给将来使用	为与 GB/T 26831.4 兼容
83h	网络管理应用	用于网络层管理
A0h～B7h	制造商自定义的应用层	

5.6.2 错误报告服务

5.6.2.1 要求

路由节点应包含错误报告服务。节点应使用该服务来返回错误状态信息。返回的错误信息的 CI

应为70h。CI域之后的第一个字节的是类型(type)字节。其格式应如图13所示。

CI	类型	应用数据
70h	XXh	详细的错误信息
1字节	1字节	n 字节

图13 错误状态数据格式

类型域的可用值在表7中定义。

表7 类型域,错误状态信息

类型值	名称	备注
00h	未定义	兼容GB/T 26831.3
01h	未实现	未实现的CI域
02h～09h	应用错误	兼容GB/T 26831.3
0Ah～10h	保留	
11h	无此功能	在网络管理中未实现此功能
12h	数据错误	数据不正确
13h	中继错误	无法进一步中继数据
14h～1Fh	保留	保留为以后使用
20h	安装	仪表在安装模式
21h～BFh	保留	保留为以后使用
C0h～FFh	制造商定义	制造商自定义的错误信息

5.6.2.2 未实现

若被请求应用的CI域在本节点中未实现,应用层应返回"未实现"错误状态。在类型域后应跟随这个不正确CI域的副本。

5.6.2.3 应用错误

若实现GB/T 26831.3的应用层,此错误代码可被使用。

5.6.2.4 无此功能

若被请求的功能(它是已有定义的功能)没有在真实的应用层实现,则应用层应返回该错误状态。在类型域后应跟随该未实现的功能域副本。

5.6.2.5 数据错误

若提交给应用层的数据不正确,则应用层应返回该错误状态。

5.6.2.6 中继错误

若节点不能向下一级节点转发该数据,则应用层应返回此错误状态。返回的数据应表明中继错误发生前的数据路径。返回数据的格式应如图14所示。

类型	状态	目标地址	域数量	中间地址 n	……	中间地址 1	发起地址
13h	1 字节	8 字节	1 字节	8 字节		8 字节	8 字节

说明：

类型　　　——13h，指明是中继错误信息。

状态　　　——枚举型，指明尝试的状态：

0 节点无响应，超时 3 次；

1 节点响应，但是为 NACK；

2 节点有应答，但数据有错。

目标地址　——8 字节，未能到达的目的地址。

域数量　　——1 字节，跟随的地址域的总数(包括发起方地址)。该列表保存了中继错误发生前的中间节点数目，范围是 1～10。

中间地址 n ——8 字节，当前节点的地址，即：当数据“被卡住了”时，处理数据的那个节点。若只有一个中继节点是激活的，那么该值为“中间节点 1”。

中间地址 1 ——8 字节，即：中继消息的第一个节点的地址。

发起地址　——数据发起方节点的地址，既可以是数据采集单元也可以是仪表。

图 14　中继错误格式

最小的中继错误情形是端节点的数据仅能到达第一级中继。这种情形下，“域数量”应为 1，除了“中间地址 1”外的所有的中间节点地址应为空，发起方地址就是端节点地址。

5.6.2.7　安装模式

节点应使用本功能来通知外界，其处于安装模式，即该节点尚未配置。在安装模式下的使用规则超出本部分的范围。

5.6.3　网络管理服务

5.6.3.1　要求

路由节点应包含网络管理应用。只要 CI 域为 83h，数据都应被提交给网络管理应用。此数据的格式应如图 15 所示。紧随 CI 域的 1 字节是功能域或称 F 域。功能域定义了数据的解释方法。

CI	功能(F 域)	应用数据
83h	XXh	详细功能信息
1 字节	1 字节	x 字节

图 15　网络管理数据格式

表 8 列出的功能涵盖了以下的网络管理需求：

a)　由于节点的实时时钟存在漂移，所以存在精准时标信息的需求。因此，节点的时间应能够设置。时钟设置应包含对中间节点产生的延时的修正。

b)　应能产生或重新获取网关能够收到其数据的那些节点之列表，以便设置合适的传输路径。

c)　应能传递经由网关的信息中继的失败信息。存在两种失败情形：数据下行传输时产生的失败和数据上行传输时产生的失败。这些错误消息的功用是能够检测到失败的链接，以便维护数据传输网络的效率和鲁棒性。

F 域可为表 8 中定义的值。

表 8　F 域，网络管理功能列表

F 域	名称	备注
00h	时间同步	时间同步信号
01h	转发时间同步	向下一级转发时间同步
14h	已知节点列表	已知路由节点的网络节点列表
15h	清除节点列表	清除已知路由节点的节点列表中的内容
21h	中继错误状态	请求和返回先前失败中继的消息
注：中继错误的处理是通过 CI=70h 且“类型”=13h 的通用错误报告服务来执行的。		

范围在 00h～7Fh 内的 F 域值被作为标准化使用。在这个范围内且在表 8 中未提及的值都保留为日后使用(RFU)，不应使用。范围在 80h～FFh 内的 F 域值可由制造商自定义。

对于以上列出的 F 域值，其后随的应用数据的格式及其相应功能描述如下。

5.6.3.2　时间同步

当主站、数据采集单元或中间节点试图与其周围可以直接通信的节点进行时间同步时，使用此功能。图 16 描述了其数据格式。

F-域	延时	年	月	日	时	分	秒	时区
00h	2 字节	1 字节	1 字节	1 字节	1 字节	1 字节	1 字节	1 字节

说明：

F-域——功能域=00h，指定是时间同步；

延时——2 字节无符号整型，传输延时，单位是 ms，范围 0～64 000；

年　——1 字节无符号整型，从 2000 年起始，范围 5～99；

月　——1 字节无符号整型，范围 1～12；

日　——1 字节无符号整型，范围 1～31；

时　——1 字节无符号整型，范围 0～23；

分　——1 字节无符号整型，范围 0～59；

秒　——1 字节无符号整型，范围 0～59；

时区——1 字节有符号整型，范围 −12～12，相对于格林威治标准时间的偏差。

注：这将使处理时区和夏令时间成为可能。

图 16　时间同步数据格式

发起节点应将延时值插入延时域中，该延时值是发起方从时钟源读取时钟值到到前同步码的同步序列发送完毕为止的延时时长。

目的节点还宜考虑由于中间节点传输而引入的延时。这可通过跳转计数和预估的延时值来计算。

注 1：由于中间节点不参与分析应用层数据的内容，因此它不能将自身产生的时延插入到数据帧中。

此命令可以使用 GB/T 18657.2 规定的广播地址来发送。接收到该命令的节点不应继续广播该命令，以避免“广播风暴”。

注 2：广播方式下避免使用应答信号，从而也没有对命令的确认。

制造商应声明其发起节点和中间节点的准确延时数据。

注 3：需要更高精密定时的应用，宜为其系统选择 Q 模式协议。

5.6.3.3　转发时间同步

当主站(数据采集单元)希望某个中间节点向该节点周围可以直接通达的所有节点实施时间同步

（基于该中间节点自身的时钟）时，使用本功能。其数据格式应如图 17 所示。

F-域	目标地址
01h	8 字节

说明：

F-域　　——功能域＝01h，指明转发时间同步；

目标地址——8 字节，转发时间同步所使用的目标地址。

图 17　转发时间同步数据格式

接收到该命令的目标节点应向更远离数据采集单元的下一级节点发布时间同步消息。目标节点的地址应为数据域中指定的地址。

若目标地址域为“全 1”，该命令应按照 GB/T 18657.2 的规定的广播地址发送。

注：广播方式下避免使用应答信号，从而也没有对命令的确认。

5.6.3.4　已知节点列表

为了能够维护主站中使用的跳转列表，应能获得下述信息：哪个路由器能够从哪些路由器和端节点接收到消息。本功能请求一个路由器返回某种信息，这些信息表明该路由器能够从哪些端节点和路由器中接收到数据。跳转列表中包含所有已知的节点的地址，也可能包含每个节点的链路质量指标信息。以下是其请求和响应数据的格式。

请求数据的格式应如图 18 所示。

F 域	描述符
14h	1 字节

说明：

F 域　　——功能域＝14h，功能类型指示；

描述符　——1 字节，按位定义的描述符域，其中：

位 7：

0＝从列表中返回第一个数据块；

1＝从列表中返回后续数据块。

位 6：

0＝仅返回地址信息；

1＝返回地址和链路质量信息。

位 5～0：

保留，不用时应置为 0。

图 18　已知节点数据请求格式

响应数据的格式应如图 19 所示。

F 域	计数/描述符	地址 1	品质指示 1	……	地址 n	品质指示 n
14h	1 字节	8 字节	1 字节（可选）		8 字节	1 字节（可选）

说明：

F 域　　　——功能域＝14h，功能类型指示；

计数/描述符——1 字节，按位定义的描述符域，其中：

位 7：

图 19　已知列表响应数据格式

0=列表中的第一个数据块；
1=列表中的后续数据块。
位 6：
0=仅返回地址信息；
1=同时返回地址信息和链路质量信息。
位 5：
0=有后续数据；
1=列表中的最后一个数据块。
位 4～0：
本帧返回的地址元素集(地址和链路品质指示)数量，范围是 0～27。

地址 1 ——8 字节，本数据帧中的第一个地址的全地址(M-域和 A-域)，该地址是该中继节点的中继列表中的一个节点地址；

品质指示 1 ——链路质量指示 1，1 字节，范围 0～255。此参数是可选的，仅当"计数/描述符" 域的位 6 为"1"时返回。它指示了从端节点到此中继的接收连接质量。该值越大表示连接越好，越小则连接越差。产生该值的方法超出本部分的范围；

地址 n ——8 字节，本数据帧中的最后一个地址的全地址(M-域和 A-域)，该地址是该中继节点的中继列表中的一个节点地址；

品质指示 n ——链路质量指示 n，1 字节，范围 0～255。此参数是可选的，仅当"计数/描述符"域的位 6 为"1"时返回。它指示了从端节点到此中继的链路质量。该值越大表示连接越好，越小则连接越差。产生该值的方法超出本部分的范围。

注：链路层的帧长度是限制数据块中地址数目的因素。

图 19（续）

5.6.3.5 清除节点列表

为了能够维护主站中使用的跳转列表，就应能重新生成关于网关可以从哪些节点接收的信息。本功能请求网关重启这些信息的收集。它将清除网关内的已知节点列表。"清除节点列表"命令的格式应如图 20 所示。

F-域
15h

说明：
F-域——功能域=15h，指明是清除已知节点列表。

图 20 清除节点列表的命令格式

5.6.3.6 中继错误状态

上行数据传输中的错误，同时也是错误信息传输路径中的故障。因此，它将阻碍错误信息向主站的传输。此时，路由器应按两个步骤来处理这个错误。首先，它应在本地存储这个错误状态，并等待传输路径的恢复。上行传输的数据都是对请求的响应，因此，主站将会检测到本次数据响应的丢失，主站应重试该请求。若重试依旧失败，主站应建立替代传输路径来访问这个路由器。

若该路径故障维持了较长时间，路由器可切换回安装模式，并向外主动发送安装请求命令，以建立替代的路径。

注：本地错误状态的存储机制和替代路径的建立机制超出了本部分的范围。

一旦传输路径被重建，包含该错误条件的信息将可被主站检索到。中继错误状态请求帧及其响应帧的格式列下。

中继错误状态请求的帧格式应如图 21 所示。

F-域	描述符
21h	1 字节

说明：

F-域 ——功能域=21h,功能类型指示；

描述符——1 字节,按位定义的描述符域,其中：

位 7：

0=返回列表的首个数据块；

1=返回列表的后继数据块。

位 6：

0=不返回中继错误数据的时标；

1=返回中继错误数据的时标。

位 5：

0=不返回中继错误数据的应用数据；

1=返回中继错误数据的应用数据。

位 4~0：

0,为以后保留。

图 21 中继错误状态请求帧格式

中继错误状态响应的帧格式应如图 22 所示。

F-域	计数/描述符	时标 1	目标地址 1	应用数据 1	……	时标 n	目标地址 n	应用数据 n
21h	1 字节	7 字节	8 字节	n 字节		7 字节	8 字节	n 字节

说明：

F-域 ——功能域=21h,功能类型指示。

计数/描述符——1 字节,各比特位定义为：

位 7：

1=返回时标；

0=不返回时标。

位 6：

0=返回应用数据；

1=不返回应用数据。

位 5：

1=列表中的最后一个数据块；

0=仍有后续数据。

位 4~3：

保留,应置为 0。

位 2~0：

错误数据集的数目,范围是 0~7。

时标 1 ——7 字节,可选,该时间指首个传输错误的发生时间。格式与 5.6.3.2 使用的时间同步功能相同。

目标地址 1 ——8 字节,在首个错误发生时,不能访问的节点之全地址(含 M-域和 A-域)。

应用数据 1 ——n 字节,可选,在首个错误发生时,无法传输的应用数据。

时标 n ——7 字节,可选,该时间指最后一个传输错误的发生时间。格式与 5.6.3.2 使用的时间同步功能相同。

目标地址 n ——8 字节,最后一个错误发生时,不能访问的节点之全地址(含 M-域和 A-域)；

应用数据 n ——n 字节,可选,在最后一个错误发生时,无法传输的应用数据。

图 22 中继错误状态响应帧格式

中继错误状态响应帧中的时标返回功能是个可选功能。

中继错误状态响应帧中的应用数据返回功能也是个可选功能。

若没有中继错误发生,“计数/描述符”为0,且不应有数据返回。

注1:节点中存贮的为事后检索所需的错误数据数量及其结构不属于本部分的范围。

注2:链路层的帧长度可能是制约单个数据块中包含的错误数据数量的因素。

6 R2模式:基于网关的协议

6.1 概述

本协议适用于符合GB/T 26831.4中的R2模式的节点之间以及节点和网关之间的数据通信。

6.2 物理层协议

使用网关方式的中继应符合GB/T 26831.4中R2模式关于以下参数的要求:

a) 许可的频段;

b) 发送器性能;

c) 接收器性能;

d) 数据编码。

关于数据编码和传输顺序,应符合以下附加的要求:

a) 所有的数据都应作为网络层功能的一部分来发送,所有发往和来自应用层的网络管理数据均应低字节在前发送;

b) 关于发送器的占用周期,应符合GB/T 26831.4中R2模式对SRD频段的要求,但如具有本地无线管理机构的许可,也允许在其他频带上采用其他功率水平和占用周期的条件下运行。

6.3 数据链路层协议

6.3.1 一般要求

使用网关方式的中继应符合GB/T 26831.4中R2模式下关于以下参数的要求:

a) 长度域L-域;

b) 制造商域M-域;

c) 地址域A-域;

d) 校验域CRC-域。

注:本协议是非对称的,即在上行传输和下行传输的数据中采用不同的规则。

6.3.2 制造商域和地址域(M-域和A-域)

网关方式的中继通信中,可能会使用广播地址。按照GB/T 18657.2—2002中5.1.3的规定,广播地址中所有的比特位均为1。该地址应包含M-域和A-域。

6.3.3 控制域(C-域)

6.3.3.1 要求

对于采用网关方式的中继通信,C-域的编码要求应适用GB/T 18657.2—2002中5.1.2的规定。这是个非平衡传输。

注:GB/T 18657.2的定义在后续的章节中采用。

在采用网关方式的中继通信路径上,靠近主站或数据采集单元的一侧为上游,靠近仪表一侧的为下游。

以比特位定义的C-域的一般格式如图23所示。

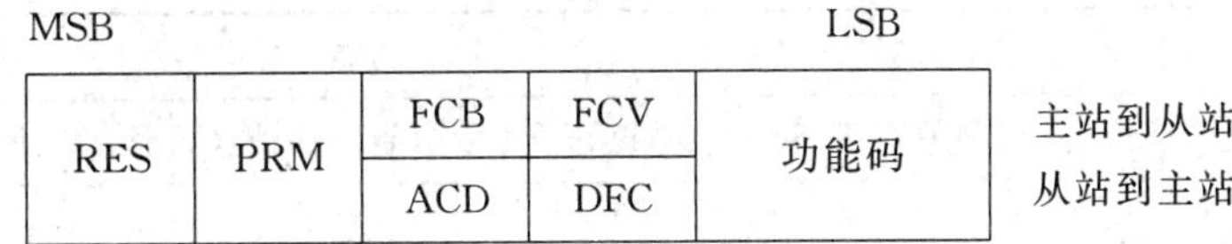

图23 C-域的数据格式

6.3.3.2 向下游发送

当从网关向下游发送数据时，应符合以下要求：

a) RES位应始终为0；

b) PRM位应始终为1；

c) FCB和FCV位应采用GB/T 18657.2规则编码。

功能码应为表9列出的值之一。

表9 下行传输帧的功能码

功能码[c]	名称	功能	确认[d]
0h	LRESET	链路复位，当本连接的FCB位应被复位时应使用	否
3h	SEND	发送数据，当网关向下游发送正常数据时应使用	是
4h	BCAST	广播数据，当网关向所有下游节点发送广播数据时应使用	否
6h	INSTALL	安装信息，当网关向处在安装模式的节点发送数据时应使用	是
7h	RACK[a]	响应应答，当网关应答一个从下游接收到的响应消息时应使用	否
8h	S-REQUEST[b]	状态请求，可用于网关查询端节点是否有未决的等级1的数据(如报警)。网关可能期待一个确认且应期待一个对此消息的响应	是
Ah	P-REQUEST[b]	优先请求，可用于网关从节点请求等级1(优先)的数据。网关可能期待一个确认且应期待一个对此消息的响应	是
Bh	REQUEST	请求，可用于网关向节点请求等级2(正常)的数据。网关可能期待一个确认且应期待一个对此消息的响应	是

[a] 和GB/T 26831.4相比，扩展这个功能是确保实现双向握手的可能性。

[b] 网关应能处理此消息的确认，并期望获得对此消息的数据应答。

[c] 功能码用4比特的16进制格式表示，带后缀"h"。

[d] 本列规定了接收节点是否需要以应答或非应答(ACK或NACK)来确认消息的收到。

注：后面的章节中，x-REQUEST是一种简写形式，代表了表9中的REQUEST、P-REQUEST或S-REQUEST。

6.3.3.3 向上游发送

当从网关向上游发送时，应符合以下要求：

a) RES位应始终为0。

b) PRM位应始终为0。

c) DFC位应为0。由于任一时刻仅询问一个设备，因此不需要流控。

d) 若网关有等级1(优先)数据，如报警信息，ACD位可为1。

功能码应为表 10 规定的值之一。

表 10　上行传输功能码

功能码	名称	功能
0h	ACK	应答，当网关对带 SEND 或 INSTALL 功能码的消息确认时应使用
0h	ACK	应答，可用于网关在发送 x-RESPONSE 之前，对接收到的 x-REQUEST 确认
1h	NACK	否认应答，当网关对带 SEND、INSTALL 或 x-REQUEST 功能码消息拒绝时应使用
6h	INSTALL	安装，当网关转发来自安装模式下节点的消息时，或安装模式下其自身发送消息时使用
8h	RESPONSE	响应，当网关转发来自节点的带功能码 RESPONSE 或 N-RESPONSE 的响应时，或网关自身对一个带功能码 P-REQUEST 或 REQUEST 的请求帧进行应答时使用
9h	N-RESPONSE	否认响应，当网关转发来自节点的带功能码 N-RESPONSE 的响应时，或网关自身的应用层无法对带 x-REQUEST 功能码的请求帧进行回复时使用
Bh	S-RESPONSE	状态响应，当网关转发来自节点的带 S-REPONSE 功能码的消息时，或其自身对 S-REQUEST 消息应答时使用

注：后面的章节中，x-RESPONSE 是 RESPONSE、N-RESPONSE 或 S-RESPONSE 的一种简写形式。

6.3.3.4　从下游接收

当网关从下游接收时，应符合以下要求：

a) 若 PRM 位为 1，网关应丢弃该帧。

b) 当任一数据块的 CRC 校验错误，网关应丢弃该帧。

c) 若数据帧是上行传输的，网关应传递 ACD 位的值。

d) 网关应忽略 DFC 位的值。

e) 若接收到 ACK(功能码 0h)作为对 x-REQUEST(功能码 8h、Ah 或 Bh)的响应，网关应置位一个内部标志，以确保在接收到 x-RESPONSE(功能编码 8h 或 Bh)时，发出反向应答 RACK(功能编码 7h)。ACK 消息不应上行转发。

f) 若接收到 NACK(功能编码为 1h)，网关可重发被拒绝的数据帧最多 2 次。在重发前，网关可发送 LRESET 帧(功能码 0h)。NACK 消息不应上行转发。如重传失败，网关应产生一个错误处理状态。

g) 若接收到一个 x-RESPONSE，除在本节后面说明的条件外，网关应将接收数据继续向上转发。原 M-域和 A-域均应保留在消息中。若在 x-RESPONSE 之前接收到 ACK，网关应返回 RACK(功能编码 7h)。

h) 若发送方节点地址不在转发数据的节点列表中，该消息不应被转发。进一步的细节见网络管理应用。

i) 若接收到 INSTALL(功能码 6h)，即来自安装模式节点的数据，网关应向上转发。原 M-域和 A-域应保留在该消息的网络信息中。

6.3.3.5　从上游接收

当网关从上游接收时，应符合以下要求：

a) 如 PRM 位为 0，网关应丢弃该消息；

b) 若第一个数据块的 CRC 校验失败，网关应丢弃该消息；

c） 若帧中的 M-域和 A-域与网关的地址不匹配，又不是广播信息，网关应丢弃该消息；

d） 若 FCV/FCB 控制错误，网关应返回 NACK 应答；

e） 若数据块的 CRC 校验失败，网关应返回 NACK 应答；

f） 若功能码是 BCAST(4h)，网关应转发该消息；

g） 若功能码是 3h、4h、6h、8h、Ah 或 Bh，网关应把该消息提交到应用层；

h） 功能码为 0h 或 7h 的消息，即使 CI-域指明转发，网关也不应转发该消息。

6.3.4 定时要求

相对于有线通信，无线网络的通信差错率会更高一些。因此，对数据丢失的快速检测是很重要的。这种检测可以通过在每个跳转间使用本地确认机制来实现。当数据通过中继网络发送时，网关的定时要求反映的是数据在中继网络中传输的总延时。因此，中继节点的定时要求比较严格，而为兼容 GB/T 26831.4，对仪表的定时要求较为宽松。

应使用 GB/T 26831.4 中 R2 模式的响应延迟参数。

当应发送上行传输的 ACK 或 NACK 时，网关应在接收消息结束的 t_{RO} 之内启动应答。

当应发出下行的 RACK 时，网关应在接收消息结束的 t_{RO} 之内启动应答。

当接收到 x-REQUEST 帧而导致本地产生 x-RESPONSE 时，网关应在消息接收结束的 t_{RM} 之内启动应答。

若期望来自其他网关的消息确认时，网关不应在 $1.5\times t_{RO}$ 内产生超时状态。当与其他网关的连接超时后，网关应重发数据 2 次。若重发仍失败，网关应产生错误处理状态。

若网关是数据发送的最终目标，则网关应以仪表的方式处理该消息。

当网关期望来自仪表的消息确认时，网关不应在 $1.1\times t_{RM}$ 内产生超时状态。当与仪表的连接超时后，网关应重发数据 2 次。若重发仍失败，网关应产生错误处理状态。

6.3.5 错误处理

若上行传输失败，网关应丢弃该消息。网关可记录一个内部的上行传输丢失状态。

若下行传输失败，网关应主动向上发出一条 RESPONSE 消息。其中 M-域和 A-域的值应为网关的相应值。应用层消息应包含失败的接收器之 M-域和 A-域。进一步详述见网络管理应用。

6.4 网络层功能

6.4.1 一般要求

网关模式中没有专用网络层。网络层信息是"隐藏"到应用层数据的第一部分中。该信息通过特殊的报头 CI－域＝81h 来识别。网络信息是正常应用层数据的前缀。

注 1：插入网络信息将限制实际应用层数据的长度，因为数据链路层数据的总长度被限制在 245 个字节内。

注 2：数据的传输方向由数据链路层的 PRM 来确定。

6.4.2 下行传输

当下行传输时，网络功能指定了数据传输到最终目标节点所经由的路径。

注 1：这里使用 2 字节的跳转信息是为了使数据格式与路由网络格式相兼容。

注 2：这里的网络层信息的格式与 P 模式采用的格式不同，它不保留源地址，仅传输数据中其余的路径信息。

网络信息包含一对计数器，后随要使用的网关地址。一方面考虑使用的应用数据空间的容量，另一方面考虑无线网络的可能规模大小，作为一种折衷，这里选择最多包含 10 级跳转。

网络层信息的格式应如图 24 所示。

CI-域	跳转计数	当前跳转	地址 1	……	地址 n	应用层 CI	应用数据
81h	1 字节	1 字节	8 字节		8 字节	1 字节	x 字节
网络信息						应用信息	

说明：

CI-域　——1 字节，81h，用于指定随后的是中继信息数据；

跳转计数 ——1 字节，路径中所需跳转的总数，范围 1～10；

当前跳转 ——1 字节，剩余需执行的跳转的数，范围 1～10，该数值也是指向网络层信息中地址元素的序号；

地址 1　——8 字节，首个使用的中继网关的地址，即该网关的 M-域和 A-域；

地址 n　——8 字节，最后一个使用的中继网关的地址；

应用层 CI——1 字节，与应用数据相关的 CI-域，即传输应用数据到仪表时使用的 CI-域；

应用数据 ——x 字节，发送给仪表的数据。

图 24　网络下行信息格式

6.4.3　下行传输中继规则

这些规则只适用于经中继的数据下行传输(CI＝81h)。当中继下行传输时，网络信息的使用应符合以下规则：

a)　若跳转计数超出 1～10 的范围，则拒绝该帧；

b)　若当前跳转超出 1～“跳转计数”，则拒绝该帧；

c)　将地址 1 的信息移至数据链路层的 M-域和 A-域；

d)　删除网络信息中地址 1 的信息；

e)　“当前跳转”减 1；

f)　若“当前跳转”＝0，则移除 CI-域、“当前跳转”域和“跳转计数”域；

g)　调整数据链路层的长度域(L)与和 CRC 校验以对应实际的帧；

h)　发送数据。

不应使用 CI-域＝81h 且“跳转计数”＝0 的帧。

6.4.4　上行传输

网络层信息包含有作为数据发起方的端节点(仪表)的地址。这个发起方地址被主站用来追踪数据的起源。由于协议在数据链路层使用了中继路由地址，为了避免数据混淆，发起方地址不能添加在数据链路层。为能够对上、下行传输方向上的网络层信息统一处理，在上行数据帧增加了一个“虚跳转”信息。

网络信息的格式应如图 25 所示。

CI-域	跳转信息	端节点地址	应用层 CI	应用数据
81h	2 字节	8 字节	1 字节	x 字节
网络信息			应用信息	

说明：

CI-域　——1 字节，81h，用于指定后随的是中继信息；

跳转信息 ——2 字节，为使上下行传输的网络层、应用层信息具有统一的格式，这里插入一个“虚跳转”信息，其值为 0101h；

端节点地址——8 字节，数据传输发起方的仪表(端节点)地址；

应用层 CI ——1 字节，当仪表向网关发送数据时使用的 CI 域；

应用数据 ——x 字节，仪表发送给主站的数据。

图 25　网络上行传输信息格式

6.4.5 上行中继规则

本规则只适用于经中继的上行数据传输。当上行中继传输时，网络信息的使用应符合以下规则：

a) 若接收的数据来自端节点（仪表），即 CI≠81h，则：
   1) 若数据帧中的端节点地址不在本网关管理的端节点列表中，且该列表非空，则丢弃该数据帧并退出；
   2) 在来自端节点的 CI-域和应用数据的前面，添加 CI-域为 81h 的控制信息域和端节点（仪表）的链路层地址；
   3) 将链路层端节点地址替换成本网关地址；
   4) 更新链路层中的帧长度域（L）和 CRC 校验，适应数据帧长度的变化；
   5) 发送数据。
b) 若接收数据来自中继节点，即 CI＝81h，则：
   1) 若链路层中的网关地址不在本网关的中继网关地址列表中，且该列表是非空的，则丢弃该数据帧并退出；
   2) 将链路层中原网关地址替换成当前网关地址；
   3) 发送数据。

6.5 应用层

6.5.1 控制信息域（CI-域）

CI-域（或称控制信息域）指明了后续应用数据的类型。其格式与 GB/T 26831.3—2012 表 1 的应用层兼容。应用层 CI-域可能的使用值应为表 11 中的值之一。所有其余值应为今后保留。

表 11 应用层：控制信息域

CI 值	名称	备注
51h	由读取设备向仪表发送的无固定报头的数据	为兼容 GB/T 26831.3 应用层标准
70h	为错误报告保留	为兼容 GB/T 26831.3 应用层标准
71h	为报警报告保留	为兼容 GB/T 26831.3 应用层标准
72h	GB/T 26831.3，带完整报头的应用层	为兼容 GB/T 26831.3 应用层标准
78h	GB/T 26831.3，无报头的应用层（待定义）	为兼容 GB/T 26831.3 应用层标准
7Ah	GB/T 26831.3，带短报头的应用层	为兼容 GB/T 26831.3 应用层标准
81h	网络层数据	不允许作为应用层数据
82h	用于以后使用	为兼容 CENELEC TC 205 标准
83h	网络管理应用	网络功能性管理
A0h～B7h	制造商专有应用层	可由制造商自定义值

6.5.2 网络管理服务

6.5.2.1 要求

中继节点应包含有网络管理应用。只要 CI-域为 83h，应用数据都应提交给网络管理应用。其数据格式应如图 26 所示。跟随在 CI-域后的一字节域是功能域或称 F-域，它定义了后随数据的解释方式。

CI	F-域	应用数据
83h	XXh	功能专有信息
1 字节	1 字节	x 字节

图 26 网络管理数据格式

表 12 中列出的功能覆盖了如下的网络管理要求：

a) 因存在节点信息的精准时标需求，因而，应有设置节点时钟的功能，设置数据中应包含节点间对真实时钟的偏移。

b) 为建立合适的传输路径，应能产生或重新获取网关可接收的节点列表。

c) 为限制用于中继的节点数目，避免出现数据副本(见 4.5.2)，应能在中继列表中新增节点和清除节点列表。

d) 应能通过网关传递关于中继失败的信息。中继失败存在两种情况：下行中继数据传输时错误和上行中继数据传输时错误。采用此错误消息的目的是为能及时地检测到路由错误，维护一个有效和健壮的数据传输网络。

表 12 定义了功能域的可能值。

表 12 F-域，网络管理功能列表

F-域	名称	备注	方向
00h	时间同步	时间同步信号	下行传输
10h	清除中继列表	清除可中继的节点列表	下行传输
11h	端节点中继列表	可中继的端节点列表	下行传输
12h	网关中继列表	可中继的网关列表	下行传输
14h	已知节点列表	已知的可中继的网络节点列表	上行传输及下行传输
15h	清除已知节点列表	清除已知的可中继的网络节点列表之内容	下行传输
20h	下行传输中继错误	下行传输中继失败的返回消息	上行传输
21h	上行传输中继错误	前次上行传输中继失败的请求和返回消息	上行传输及下行传输

范围在 00h～7Fh 内的值被作为标准化使用，在此范围内且在上表中未提及的值被保留以便为今后使用(RFU)。范围在 80h～FFh 内的值可由制造商自定义使用。

F-域之后的应用数据格式和及其相应功能，在后续的小节中列出。对于上表列出的功能，在下面的图表中只描述其应用层数据。

6.5.2.2 时间同步

当主站(数据采集单元)试图对所有接收到其数据的节点进行时间同步时使用此功能。其数据格式应如图 27 所示。

F-域	年	月	日	时	分	秒	时区
00h	1 字节	1 字节	1 字节	1 字节	1 字节	1 字节	1 字节

图 27 时间同步格式

说明：

年　——1 字节，无符号整型，范围 5～99；

月　——1 字节，无符号整型，范围 1～12；

日　——1 字节，无符号整型，范围 1～31；

时　——1 字节，无符号整型，范围 0～23；

分　——1 字节，无符号整型，范围 0～59；

秒　——1 字节，无符号整型，范围 0～59；

时区——1 字节，有符号整型，范围－12～12，相对于格林威治时间(UTC)的偏移。

注 1： 当接收到该命令时，节点时钟中的秒的分数部分被清零。

注 2： 此命令可使用 GB/T 18657.2 中规定的广播地址来发送。

图 27（续）

6.5.2.3　清除中继列表

此功能请求指明的节点清除其内部的中继列表。该列表可能是端节点列表、网关列表或两者都是。该功能的格式应如图 28 所示。

F-域	描述符
10h	1 字节

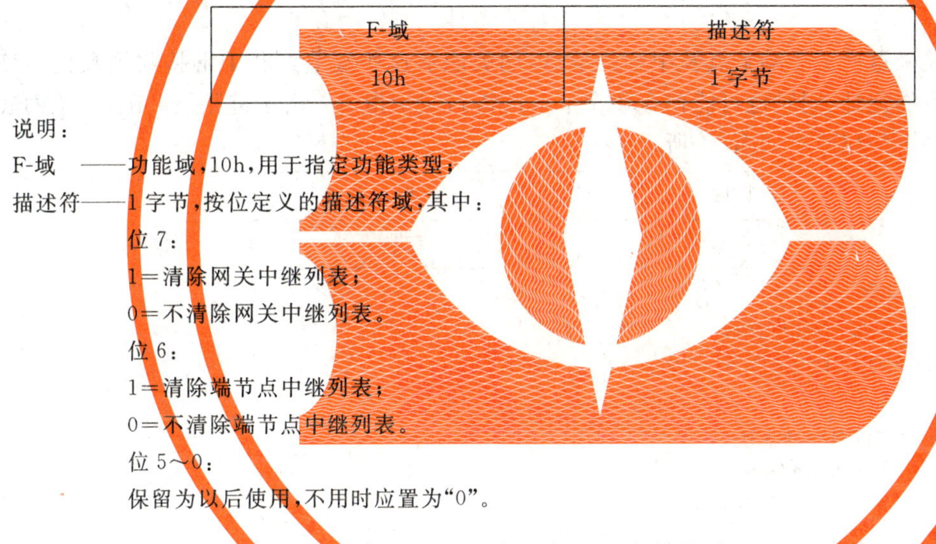

说明：

F-域　——功能域，10h，用于指定功能类型；

描述符——1 字节，按位定义的描述符域，其中：

位 7：

1＝清除网关中继列表；

0＝不清除网关中继列表。

位 6：

1＝清除端节点中继列表；

0＝不清除端节点中继列表。

位 5～0：

保留为以后使用，不用时应置为“0”。

图 28　清除中继列表的格式

6.5.2.4　端节点中继列表

此功能为非中继节点的列表添加元素，使这些节点可以通过网关中继信息。此列表应为 GB/T 26831.4节点使用的列表。列表的格式应如图 29 所示。

F-域	节点数	地址 1	……	地址 n
11h	1 字节	8 字节		8 字节

说明：

F-域　——功能域，11h，指定功能类型；

节点数——1 字节，范围 0～29，若节点数为 0 表示无条件中继；

地址　——8 字节，用于上行中继的端节点链路层地址。

注 1： 链路层的帧长度是地址数量的限制因素。

注 2： 通过发送多个数据集，可以产生超过 29 个节点的列表。

图 29　端节点中继列表格式

6.5.2.5 网关中继列表

此功能为中继节点的列表添加元素，使这些节点可以通过网关中继信息。列表的格式应如图30所示。

F-域	节点数	地址1	……	地址 n
12h	1字节	8字节		8字节

说明：

F-域 ——功能域，12h，指示功能类型；

节点数——1字节，范围0～29，如节点数为0表示无条件中继；

地址 ——8字节，用于上行中继的网关节点地址。

注1：链路层的帧长度是地址数量的限制因素。

注2：通过发送多个数据集，可以产生超过29个节点的列表。

图30 网关中继列表格式

6.5.2.6 已知节点列表

本功能请求网关来返回关于端节点及中继的信息，网关能从这些端节点和中继接收到数据。该列表包含所有已知节点的地址，同时也可能包含每个节点的链路质量指示。由于链路层的限制，该列表可能被分块传输。该命令的格式应如图31所示。

F-域	描述符
14h	1字节

说明：

F-域 ——功能域，14h，指示功能类型；

描述符——1字节，按位定义的描述符域，其中：

位7：

0＝返回列表的首个数据块；

1＝返回列表的下一数据块。

位6：

0＝仅返回节点地址信息；

1＝返回节点地址和链路质量信息。

位5～0：

为以后使用保留，不用时应置为0。

图31 已知节点命令格式

响应数据的格式应如图32所示。

F-域	计数/描述符	地址1	品质指示1	……	地址 n	品质指示 n
14h	1字节	8字节	1字节（可选）		8字节	1字节(可选)

说明：

F-域 ——功能域，14h，指示功能类型；

计数/描述符 ——1字节，按位定义的计数/描述符域，其中：

位7：

图32 已知节点响应数据格式

0=列表的首个数据块；
1=列表的后续数据块。
位6：
0=仅返回节点地址信息；
1=返回节点地址和链路质量信息。
位5：
0=还有后续数据；
1=列表的最后一个数据块。
位4～0：
范围0～27,本数据块中返回的地址元素数目。

地址1 ——8字节,(来自本中继节点的已知节点列表中的)本数据块中第一个节点的全地址；

品质指示1 ——1字节,范围0～255。可选参数,仅在"计数/描述符"的位6为1时返回。它用来指示端节点到中继之间的链路质量。值越大代表链路质量越好,反之则越差。关于链路质量指示的计算方法超出本部分的范围；

注1：链路质量指示是可选信息。仅宜在被请求且节点支持该功能时返回。

地址 n ——8字节,(来自本中继节点的已知节点列表中的)本数据块中最后一个节点的全地址；

品质指示 n ——1字节,范围0～255。可选参数,仅在"计数/描述符"的位6为1时返回。它用来指示端节点到中继之间的链路质量。值越大代表链路质量越好,反之则越差。关于链路质量指示的计算方法超出本部分的范围。

注2：链路层中的帧长度是数据块中返回地址数目的限制因素。

图32（续）

6.5.2.7 清除已知节点列表

本功能请求网关清除其已知节点列表,并重启该信息的收集。本命令的格式应如图33所示。

F-域
15h

说明：
F-域——功能域,15h,指示功能类型,清除节点列表。

图33 清除已知列表命令格式

6.5.2.8 下行传输中继错误

在下行数据传输过程中,若数据不能下行传输,网关应返回一个错误状态。该错误状态应被返回给主节点。

下行传输错误状态的格式应如图34所示。

F-域	状况	地址
20h	1字节	8字节

说明：
F-域——功能域,20h,指示功能类型,下行传输中继错误状态；
状况——1字节,按位定义的错误状况域,其中：
位7：若因下一节点返回NACK导致的数据帧被拒绝时,该位置1；
位6：若因下一节点超时(无响应)导致的数据帧被拒绝时,该位置1；
位5～0：保留为以后使用,不用时应置为0。
地址——8字节,下行传输模式的链路层地址。

图34 下行传输中继错误格式

6.5.2.9 上行传输中继错误

当上行传输过程中产生错误时，处理起来会困难一些。上行传输过程中的故障同时也是错误信息传输路径上的故障。网关应分两步来处理之。它应先将该错误状态存储在本地，然后等待传输路径的恢复。上行数据传输是对某个请求的响应。因此，主站应能发现未接收到数据响应，因而进行请求重发。若仍然失败，主站应试探建立另一条通往该网关的替代路径。

若该错误状况维持了较长时间，网关可切换到安装模式，并发送主动安装请求，以建立一条网关到主站的替代路径。此方法亦用于重建与节点的连接。

注：错误状态的本地存储机制和替代传输路径建立的机制超出本部分的范围。

一旦传输路径被重建，主站将检索到关于错误状况的信息。上行传输中继错误、错误状况信息的请求命令以及其响应的格式如下。

上行传输错误状态请求命令的格式应如图 35 所示。

F-域
21h

说明：

F-域——功能域，21h，指示功能类型。

图 35 上行传输中继错误请求帧格式

上行传输中继错误响应的格式应如图 36 所示。

F-域	计数/描述符	时标 1	应用数据 1	……	时标 n	应用数据 n
21h	1 字节	7 字节	n 字节		7 字节	n 字节

说明：

F-域 ——功能域，21h，指示功能类型；

计数/描述符——1 字节，按位定义的计数/描述符域，其中：

位 7：

1＝返回数据的时标；

0＝不返回数据的时标。

位 6：

0＝返回应用数据；

1＝不返回应用数据。

位 5：

0＝有后续数据块；

1＝最后一个数据块。

位 4～3：

保留为以后使用，应置为 0。

位 2～0：

错误数据集的序号，范围 0～7；

若无错误状况发生，计数/描述符域应返回 00 值。

注 1：(为后继检索而)在节点中存储的错误数据的结构和数目不属于本部分的范围。

注 2：链路层中的帧长度是限制错误数据数目的因素。

时标 1 ——7 字节，可选，第一个上行传输错误的发生时刻，格式同"时间同步"；

应用数据 1 ——n 字节，可选，第一个上行传输错误时，未能传输的应用数据；

时标 n ——7 字节，可选，最近一次上行传输错误的发生时刻，格式同"时间同步"；

应用数据 n ——n 字节，可选，最近一次上行传输错误时，未能传输的应用数据。

注 3：在上行方向的数据传输中，中继节点无法提供关于无法访问的节点地址信息(在使用路由器的协议中，这是可能的)。

图 36 中继错误状态响应格式

7 Q模式:基于精准时钟的协议

7.1 概述

本协议适用于需要并支持精准定时(基于动态延迟处理)的节点之间的通信。

本协议针对于采用电池供电具有节电功能的无线装置进行了优化。

7.2 物理层协议

7.2.1 一般要求

所有的参数指标在最低限度上都应符合 ETSI EN 300 220-1 和 ETSI EN 300 220-2 的要求,即使在某些应用中可能要求扩大温度范围或电压范围。信道和频段的特性指标应符合表 13 的规定。

表 13 Q模式要求

特性	最小值	典型值	最大值	单位
频段[a]	433.05		433.65	MHz
信道带宽[b]		60		kHz
发送器占空比[c]			1	%
注:这些 SRD 频带的特性和 GB/T 26831.4 中描述的 S 和 R2 模式的特性一样。				

[a] 本部分是针对 433.05 MHz~433.65 MHz 频段优化设计的,本部分也允许在信部无[2005]423 文件许可的其他频段上运行。

[b] 信部无[2005]423 文件定义的信道带宽是小于或等于 400 kHz,考虑到与 GB/T 26831.4 一致,且提高接收灵敏度的要求,这里定义信道带宽为 60 kHz。

[c] 信部无[2005]423 文件以及 ETSI EN 300 220-1 对 433.05 MHz~433.65 MHz 频段的占空比并无规定,这里为了确保各类无线系统在同一环境下不互相干扰,规定了占空比。

7.2.2 发送器

发送器的参数应符合表 14 的规定。

表 14 Q模式,发送器

特性	标识	最小值	典型值	最大值	单位	备注
中心频率[a] (其他设备)			433.38		MHz	
中心频率[a] (仪表)			433.080+ $n \times 0.06$[h]		MHz	
发送器占空比[b]				1	%	
频率容限 (仪表/其他设备)			0	±17	kHz	
FSK 偏差		±4.8	±6	±7.2	kHz	
位速率,唤醒期[c]			3.12		kbps	

表 14（续）

特性	标识	最小值	典型值	最大值	单位	备注
位速率容限，唤醒期			0	±2.5	%	
唤醒信号持续时间	t_{WD}	5 200		6 000	μs	
位速率，数据通信期[c]			4 800.00		bps	
位速率容限，数据通信期			0	±0.01	%	
数位抖动[d]				±5	μs	
前同步码(报头)长度 (包括位同步/字节同步)	L_{PR}	160			bits	
后同步码(报尾)长度[e]	L_{PO}	2		16	bits	
应答延时[f]	t_{AD}	20		30	ms	
空闲检测[g]	t_{ID}	40		1 000	ms	

注：唤醒期的位速率选择原则是：它能够与通信数据的速率从同一个主时钟获得。

[a] 本部分是针对 433.05 MHz～433.65 MHz 频段优化设计的，本部分也允许在信部无[2005]423 文件许可的其他频段上运行。

[b] 信部无[2005]423 文件以及 ETSI EN 300 220-1 对 433.05 MHz～433.65 MHz 频段的占空比并无规定，这里为了确保各类无线系统在同一环境下不互相干扰，规定了占空比。

[c] 通信期的位速率和唤醒期的位速率不同是为了节省能耗。位速率的不同能确保数据通信过程不会被其他休眠中的节点所侦测到。

[d] 应在微处理器或编码电路的输出端口处测量数位抖动。

[e] 后同步码(报尾)应包含 n 个“01”，n 的范围是 1～8，如，比特序列为 $n\times(01)$。

[f] 应答延时：当接收到一个数据帧后，节点不应在最小应答窗口时延内发出应答帧，但应在最大应答窗口时延内发出应答帧。

[g] 空闲检测：在发出数据帧前，节点应先侦听链路并确保在最小的空闲检测周期内没有检测到任何数据传输才能发出数据帧。若检测的数据链路一直不空闲，则节点应在到达最大空闲检测周期后，发出数据帧。

[h] n 的范围是 0～9。

7.2.3 接收器

接收器参数应符合表 15 的规定。

表 15 模式 Q，接收器

特性	等级	符号	最小值	典型值	最大值	单位	备注
灵敏度[b]	H_R	P_o	−105	−110		dBm	
阻塞性能	L_R		3			Category[a]	
阻塞性能[c]	M_R		2			Category[a]	
阻塞性能[c,d]	H_R		2			Category[a]	
可接受的位速率范围		f_{bit}	4 799.52	4 800.00	4 800.48	bps	
唤醒周期		t_{WUP}			5 000	ms	
唤醒超时[e]		t_{WUT}	16 000			ms	

表 15（续）

特性	等级	符号	最小值	典型值	最大值	单位	备注
应答窗口时间[f]		t_{AW}	16		50	ms	
应答超时[g]		t_{AT}	200			ms	
注：接收器的频率和性能特性与 GB/T 26831.4 中描述的 R2 模式相同。							
[a] 接收器等级(Category)依据 ETSI EN 300 220-1:2012 中 4.1.1。 [b] 灵敏度应按照 ETSI EN 300 220-1:2012 中 8.1 测量。 [c] M_R 和 H_R 级接收器的附加要求:设备应满足 ETSI EN 301 489-1:2011 中 9.2 规定的抗扰度要求。 [d] H_R 级接收器的附加要求:按照 ETSI EN 300 220-1:2012 中 8.3 测量时,邻频选择性应>40 dB。 [e] 唤醒超时:在接收到唤醒信号或一个有效的数据帧后,接收器应至少在最小的唤醒超时时间内维持接收状态。 [f] 应答窗口:当发送一个数据帧后,发送节点应在最小应答窗口时间内准备好接收应答数据帧,并至少持续维持接收到最大应答窗口时间。节点可能使用其他的手段代替接收应答帧的方式,作为对数据帧接收到检测。 [g] 应答超时:发送节点在发出数据帧后等待应答,若在最小的应答超时后还没收到应答数据,该节点的连接超时。							

本节的信息仅限于物理层的定时要求。对路由定时的要求在网络层章节中规定。端对端的定时要求在应用层章节中规定。

7.3 数据编码

7.3.1 NRZ 编码

数据比特位采用非归零(NRZ)码进行编码。此编码方式使数字信号处理的收发器芯片的使用成为可能。比特 0 应对应于 FSK 调制中的较低频率。

7.3.2 编码数据的发送顺序

各数据字节的传输顺序应为低比特位在前。CRC 校验的字节顺序应为高字节在前。其他的多字节数据应为低字节在前。

7.3.3 唤醒和前同步码位顺序

本协议针对使用长寿命电池供电的仪表而设计。重要的是不在错误的时刻激活这些仪表。仪表的通信部分通常是休眠/断电的。仪表应以规律的间隔短时打开接收器,侦听专用唤醒信号。若未侦测到唤醒信号,仪表将重归休眠。

唤醒信号和正常数据通信时的位速率是不同的,以确保正常的数据流不会被作为唤醒信号所侦测到。

若发送方认为接收器处于休眠状态,唤醒信号应先于前同步码发送。唤醒信号之后紧随着前同步码。此模式下的总的前同步码(报头+同步字节)码片的顺序应是 $n\times(01)$ 0001 1101 0110 0110 0110 1101 0011 1001,其中 $n\geqslant 64$。

注 1:使用长报头的方式可使接收器在此期间内调整其接收中心频率。

在搜索帧时,前同步码的报头持续应限制在 $n=64$,以确保传输在规定的时隙内完成。

注 2:这里的同步方法不同于本部分的 P 模式,以及 GB/T 26831.4 中描述的 S 模式和 R2 模式。

每个数据帧的所有码片,包括可选的唤醒信号,以及报头和报尾,应形成不间断的比特序列。

7.4 数据链路层协议

7.4.1 一般要求

使用的协议应是对称的,无论是上行传输还是下行传输都采用相同的数据格式。

7.4.2 帧格式

7.4.2.1 要求

存在两种类型的帧格式:数据帧和应答帧。这两种帧的格式应符合图 37 的规定。

L-域	DA-域	SA-域	FC-域	DLY-域	Data-域	FCS
1 字节	7 字节	7 字节	1 字节	2 字节	n 字节	2 字节

数据帧

L-域	DA-域	SA-域	FC-域	FCS
1 字节	7 字节	7 字节	1 字节	2 字节

应答帧

说明:

L-域 ——长度域;

DA-域 ——目标地址域;

SA-域 ——源地址域;

FC-域 ——帧控制域;

DLY-域 ——延时域,用于动态延时计算;

Data-域 ——网络层和应用层的数据;

FCS ——帧校验序列域。

图 37 数据链路层帧格式

7.4.2.2 长度域(L-域)

L-域规定了以字节为单位的帧长度。该长度包含整个数据帧,从同步字开始到 FCS,其中包括 FCS。L-域的有效范围应为 18 到 255。

7.4.2.3 地址域(SA-域和 DA-域)

DA-域和 SA-域的长度均应为 7 字节。SA-域是数据链路层中的发送方节点地址。DA-域是数据链路层中的接收节点地址。

地址可以是以下四种类型的一种:

a) 设备地址:即指定节点的硬件地址。设备地址以地址最高字节按位为 0xxx xxxxb 而识别。地址的字节 4 和字节 5 有两种可能的格式。如字节 5 的最高位为 1,则表示这两个字节的其余部分是“自由”的。若字节 5 的最高位为 0,则这两个字节的其余部分是用户或制造商 ID。用户或制造商 ID 的编码规则应符合 GB/T 26831.3,5.5 的规定;

b) 短格式地址,即在数据传输中使用部分地址。在多跳的路由包中,这种编址方式用于节省数据包的大小。短格式地址以地址的最高字节(字节 1)为 10xx xxxxb 并且字节 4 和字节 5 为 FF FFh 来识别。节点接收到短格式地址的数据帧后应按照下述原则处理该帧:比较 DA-域中字节1的剩余部分以及字节2和字节3是否与节点自身的地址掩码相匹配，字节6和字节7是否与节点自身的硬件地址相匹配。节点发送帧时，应将DA-域的字节1置为10xx xxxxb，并将其自己的地址掩码插入到字节1的剩余部分以及字节2和字节3中，同时将字节4和字节5置为FF FFh；

c) 多播地址，即所有应接收本帧数据的节点构成一个组。多播地址以地址的最高字节为11xx xxxxb来识别。节点接收到多播地址数据帧后应按照下述原则处理：比较DA-域的字节1的剩余部分以及字节2和字节3是否与节点自身的地址掩码相匹配。在接收时，DA-域的字节4、5、6和7字节是无关元素。发送时，这些字段应置为FF FF FF FFh；

d) 广播地址，是多播地址的特殊形式。它指明所有接收到该数据帧的节点都对该数据帧进行处理。广播地址是将DA-域中的所有位都设置成1，即DA-域为FF FF FF FF FF FF FFh。

节点应支持所有上述四种类型的地址。

当使用确认帧进行回复时，应答帧的目的地址和源地址应使用原请求数据帧中真实的源地址和目的地址。

注1：节点可能是多宿主的，即可能需要对多个设备或短格式地址进行响应。

注2：地址域的大小是权衡下列因素而选择：地址空间的大小，帧中用于地址信息的空间数量，特别是在多跳的路由传输时。

注3：xxxx xxxxb为地址(或参数值)的2进制格式表示，带后缀“b”。

7.4.2.4 帧控制域(FC-域)

FC-域是1字节的域。其格式应如图38所示。在数据链路层层面上，它规定了数据帧应如何处理。它包含以下的子域(其中位7是最高位)。

位7	位6	位5	位4	位3	位2～0
数据	应答	时间信息	直连	搜索	保留

说明：

位7 ——数据帧标识位。当发送的是数据帧时，该位应为1；当发送的是应答帧时，该位应为0；

位6 ——数据链路层应答标识位。在应答帧中，该位应置为0。在数据帧中，当要求接收器在接收后返回应答帧时，该位应置为1；当无需返回应答帧时，该位应置为0。若该位为0，发送节点不应等待应答帧；

注：通常，广播帧和多播帧不宜应答。

位5 ——时间信息标识位。当发送的数据帧是“时间同步”时，该位应置为1。其他情形下，该位应置为0；

位4 ——直连指示位。当为端节点间的直接通信，而未经由任何中间节点且无任何其他的网络层信息时，该位应置为1。当端节点进行经由中间节点的路由通信时，该位应置为0。若该位为1，网络层报头不应被实现；

位3 ——搜索其他节点标识位。当发送的数据帧是“搜索已知节点”序列的一部分时，该位应置为1。其他情形下，该位应置为0；

位2～0 ——为今后保留。发送时这些位应置为0，且接收方不应对这些位进行判断。

图38 FC-域结构

7.4.2.5 延时域(DLY-域)

本域应仅出现于数据帧中。DLY-域保存数据帧在节点间传输过程中的帧延时增量信息，这两个字节应被理解为无符号的整型数。该整型数应为以毫秒为单位的帧延时增量。该延时增量应为帧的同步字节的延时(相对于发送方端节点创建该帧应用层数据的时刻)。

若DLY-域的内容无效，则在发送时应将其置为FF FFh，且在接收时不应判断。若在DLY信息的计算中发生溢出，则在发送时应将该值置为FF FEh。

注 1：溢出处置的方法超出本部分的范围。

对于原始发起方端节点，延时增量应为从应用层的包创建时刻到物理层的同步字节发送结束时刻的延时。

对于中间(路由)节点，应将以下延时添加延时增量中：从物理层接收到同步字时刻到再次发出同步字时刻的延时。

制造商应声明其产品的延时计算的准确度。

注 2：DLY-域是与应用层相关的信息，但它不能在应用层内提前计算，只能在空中传输时进行计算。这就是为什么把该域放置于数据链路层报头中的原因。

延时增量值应能反映传输过程中是否有唤醒信号被传输。当数据帧被重发时，该信息应被更新。路由中的每个中间节点都应对该信息进行更新。

7.4.2.6 数据域(Data-域)

本域应仅出现于数据帧中。数据域包含需要网络层和应用层处理的信息。

7.4.2.7 校验域(FCS)

FCS 或称帧校验序列用于确保数据的完整性。FCS 应采用 RFC 1662 规定的 CRC-16($X^{16}+X^{12}+X^{5}+1$)公式计算。FCS 应包含从长度域(L-域)到数据域(数据帧)或帧控制域(应答帧)的所有数据。

7.4.3 正常的数据链路层帧处理

7.4.3.1 要求

本节规定了数据链路层上的正常数据帧的处理要求。基本的流向是由发送节点向接收节点发送数据帧。接收节点也可以发送应答帧。

7.4.3.2 发送数据帧

在启动数据帧发送之前，节点应先在所选择的信道上接收，以确保本次传输不会破坏正在进行的数据通信。见表 14 的“空闲检测”。

在发送原始的多播或广播帧之前，节点宜在数据帧前面附加唤醒信号。

当发送被路由帧时，发送节点应发送不带前导唤醒信号的原始帧。

当数据帧因超时而重传时，节点应重发带唤醒信号的帧。

若传输经四次试探仍不成功，节点应将该信息提交给上层。

7.4.3.3 发送应答帧

若数据帧中的 FC-域的应答位为 1，则接收节点应返回应答帧。应答帧的 FC-域中的应答位和时间信息位应置为 0。应答帧中应无 DLY-域或数据域。

注 1：不存在“非应答”帧的返回，非应答通过超时机制处理。

返回应答帧应不带唤醒信号而发送。

注 2：由于应答帧是对最近的请求帧的确认，此时发送节点宜还处于激活状态。

7.4.3.4 接收数据帧

节点接收数据帧时，应符合以下要求：

a) 若目的地址不是节点地址之一，节点应丢弃该帧；

b) 若帧的 FCS 错误，节点应丢弃该数据帧。

7.4.3.5 接收应答帧

节点接收应答帧时，应符合以下要求：

a) 若目的地址不是相应数据帧的源地址，节点应丢弃该帧；

b) 若 FCS 错误，节点应丢弃该帧；

c) 若上述检验均通过，节点应将(没有错误状态的)应答信息提交到网络层；

注：节点可用应答帧之外的其他方式，作为对数据帧正确接收的检测。

d) 任何用于检测数据帧应答的替代方法，节点制造商应申明。

7.4.3.6 正常的定时要求

这里规定的定时要求都是数据链路层的：

a) 本节涉及的定时参数在表 14 和表 15 中规定；

b) 当发送应答帧时，节点在 t_{AD}的最小值之前不应启动应答；

注 1：这是为了确保先前发送的节点之接收器能够在接收应答帧之前，已经进入到稳定的接收状态。

c) 当发送应答帧时，节点应在数据帧结束之后 t_{AD}的最大值之前启动应答；

d) 若在 t_{AT}的最大值之内没有接收到数据，期待应答的节点应产生传输超时。超时可产生重发，见 7.4.3.2。

注 2：请求和响应的定时在应用层进行处理。

7.4.4 搜索链路层帧的处理

7.4.4.1 要求

在搜索已知节点时，应使用特殊的链路层帧处理。

当接收到“生成已知节点”请求时(见 7.6.5.3)，节点将激活搜索。在搜索已知节点时，某些特定条件应满足：

a) 所有(被询问)的节点都应有一个内部标志“已回复”，该标志用于保持该节点是否应响应搜索请求的状态；

b) 应使用多播或广播以及(无网络层的)直连方式；

c) 节点不应立即进行应答，而是按照不同的时隙分别应答；

d) 帧格式与正常数据传输使用的帧格式稍有差别。

7.4.4.2 帧格式

来自搜索节点的命令应按照正常的数据链路层数据帧进行组帧。该数据帧应是多播或广播帧。该帧应附带着唤醒信号而发送。其 FC-域应置为 1001 0000b。其数据域的格式应如图 39 规定。

搜索控制	靶标 SNR	地址列表
1 字节	1 字节	N×7 字节

说明：

搜索控制 ——控制字节，各位定义如下：

位 7：

0=非活动，1=启动搜索。

位 6～0：

为今后保留，发送时应置为 0，接收时为无关项。

靶标 SNR ——接收器的信噪比门限，以 dB 为单位；

地址列表 ——已注册地址的列表。

图 39 搜索请求帧数据域格式

节点应以正常的链路层数据帧进行响应。该帧应为点对点帧。其 FC-域应置为 1001 0000h。该帧的数据域格式应如图 40 规定。

SNR 水平
1 字节

说明：

SNR 水平——信噪比水平，接收请求帧时的信号信噪比。

图 40　搜索响应帧的数据域格式

7.4.4.3　搜索顺序

搜索已知节点的顺序应按以下步骤：

a)　请求节点应发送初始搜索请求。“搜索控制”中的“启动搜索”位应置 1。靶标 SNR 应置为信噪比列表中的第一个值，该信噪比列表源于“生成已知节点”命令(7.6.5.3)。那些不应对本搜索进行响应的节点之设备地址，包含在地址列表中。

b)　周边的节点应能读取这个搜索请求。若接收信号的信噪比小于靶标 SNR，节点应终止对请求的处理并丢弃该帧。若请求帧中的“启动搜索”位被置位，接收节点应将其内部的“已回复”标志清除。若接收节点的设备地址包含在请求帧的地址列表中，接收节点应将其内部“已回复”标志置位。若接收节点内部的“已回复”标志是清除的，接收节点应选择一个随机的回复时隙回复数据响应，数据格式如上所述。

c)　请求节点应从不同的时隙中搜集这些响应信息。对于每一个新的响应，请求节点都应保存其设备地址和该连接的双向信噪比。复合信噪比是接收节点返回的 SNR 和测量到的接收帧 SNR 二者中较小的那个值。若接收到新的应答，节点应不更新靶标 SNR 值。若未接收到新节点的应答，(请求)节点应将靶标 SNR 域更新为信噪比列表中的下一个(更低的)值。请求节点可在第二轮次时置位“启动搜索”位，但应在随后的轮次中将该位清除。在每一轮次中，应将本次循环检测到的新设备地址添加到请求帧的地址列表中。之后，节点应发出一个新的请求。

注：经验表明，链路上的双向信噪比可能有较大差异。而链路质量不会好过其中较差的那个。因此这里使用两个信噪比中较小的那个。

d)　周边(被寻址的)节点应按 b)方式处理第二轮次和后续轮次的请求。

e)　若靶标 SNR 为 0 或 SNR 列表中的第五个值已被执行超过“停止条件”次，请求节点应终止搜索轮次。

7.4.4.4　搜索定时要求

链路层搜索动作的定时要求见表 16 规定。

表 16　搜索定时

特性	符号	最小值	典型值	最大值	单位
时隙数	N_{TS}		24		
时隙持续时间	t_{TS}	118	120	122	ms
时隙内响应时间	t_{TR}	20		30	ms
轮次时间	t_{TC}	3 500		5 000	ms

7.5 Q模式:网络层协议

7.5.1 一般要求

本网络层协议应仅与Q模式链路层配合使用。

数据链路层的FC-域字节之位7为“1”表示后面跟随着更高层次的数据。这些数据是网络层和应用层信息。

数据链路层的FC-域字节之位4为“1”表示链路是直连的,不使用网络层,因此网络层的报头应为空。

网络层支持采用网络内多跳方式的包路由。最大路由长度支持到10个跳转。

注:10跳对应于总共11个节点,其中9个为中间节点。

网络层信息的结构和网络层协议规定如下。

7.5.2 网络层格式

7.5.2.1 要求

网络层信息(包)的格式包括网络层报头和应用层数据。网络层报头主要是一个路由经过的中间节点列表。其格式见图41规定。

NCtrl	TID	Destin.	Source	TTL	SNR	Nodes	Current	Addr. List	App. data
1字节	1字节	7字节	7字节	1字节	1字节	1字节	1字节	$m\times2$字节	n字节

说明:

NCtrl ——网络控制;
TID ——传输识别;
Destin. ——目的地址,端节点;
Source ——源地址,端节点;
TTL ——生存时间;
SNR ——信噪比;
Nodes ——(涉及的)节点数,等于“跳转数+1”;
Current ——当前节点;
Addr.List ——节点地址列表;
App. data ——应用层数据。

图41 网络层信息格式

当数据通过网络传输时,网络层包中的数据不应被移动。在每一跳中,应修改的域只有生存时间(TTL)域和当前跳转(current)域。

7.5.2.2 网络控制

网络控制(NCtrl)域是一字节的位映像,规定了网络层面的附加信息。该域内部的比特位定义见图42。

位7	位6	位5	位4	位3	位2	位1	位0
Res. = 0	Req./resp.	Error	Agg. SNR	Res. = 0	Res. = 0	Res. = 0	Res. = 0

图42 网络控制域的结构

上图中标有“Res.”的为保留位，为以后使用保留，应赋予图中规定的保留值。

Req./resp.（位 6），请求/响应标志。当数据下行传输时，该位应为 1，即数据方向是从数据采集单元到仪表。这个方向的数据发送是“请求”。当数据上行传输时，该位应为 0，即数据方向是从仪表到数据采集单元。这个方向的数据发送是“响应”。

Error（位 5），错误指示标志。当消息中包含错误信息时该位应置 1，其他类型的消息中该位应置 0。

Agg.SNR（位 4），总信噪比标志，规定了将测量的或已测量的路由之信噪比表示方法。若后随的 SNR 字节是该路由中被检测到的最差 SNR 值（最小值），则该位应置为 1。若后随的 SNR 字节是下行路由中最后一级跳转（最靠近计量单元）的 SNR 值，则该位应置为 0。

注：测量单个跳转的 SNR，可能获得关于网络中路由能力的更佳知识。

7.5.2.3 传输识别

传输识别（TID）为一字节的无符号整型数。由请求发起的端节点（数据采集单元）产生。每向网络中发出一个新请求时，该字节都加 1。（发起对该请求的响应的）端节点应将 TID 复制到其响应帧中。在正常的应用层请求/响应中，TID 的值不应为 0。端节点发起无请求消息时，应使用 TID=0 的值。

注：传输识别的使用，使得在网络层检测和过滤重复包成为可能，也使得应用层将响应帧和请求帧进行匹配成为可能。

7.5.2.4 目的地址

目的地址（Destin.）是接收端节点的地址。其地址结构见 7.4.2.3，它用于在应用层上识别消息的接收方。

7.5.2.5 源地址

源地址（Source）是发起端节点的地址。其地址结构见 7.4.2.3，它用于在应用层上识别消息的发送方。

7.5.2.6 生存时间

生存时间（TTL）是一个单字节的域，用于网络层的超时功能。TTL 应为无符号整型数，范围应在 1～10 之间。在 7.5.4 中规定了该域的使用方法。

7.5.2.7 信噪比

信噪比（SNR）应为一字节的无符号整型数，预留给网络管理功能。它在采集网络信噪比的有关信息时使用。该值越大，表明信噪比越高；该值越小，表明信噪比越低。其值应是在最近接收的数据帧上实际测量的信噪比（单位：dB）。

节点宜具备信噪比测量的能力。制造商应声明其生产的节点设备是否具备此能力。若具备该能力，制造商应提供该值的解析方法。不具备该能力的节点应使用缺省值 255。

信噪比应双向测量，即在上行传输和下行传输两个方向上测得。

接收数据帧的端节点应记录本次传输的信噪比。

若网络控制域（NCtrl）的比特位 4 为 1，则接收节点应将本次测得的 SNR 值和接收数据帧中的 SNR 值比较。如测得值小于数据帧中的 SNR 值，则应将数据帧中的 SNR 值更新为测得值。即使用最差的 SNR 值。

若网络控制域（NCtrl）的比特位 4 为 0，传输方向是上行传输，也不是路由中最下行一级跳转，则接收节点不应改变数据帧中的 SNR 值。

若网络控制域（NCtrl）的比特位 4 为 0，并且是路由中最下行一级跳转，则接收节点应将数据帧中的 SNR 值更新为本次测得值。

7.5.2.8 节点数

节点数域(Nodes)应为一字节的无符号整型数。该值是路由中的(中间)节点总数,不包括端节点。其取值范围应为 0～9。该字节的用法在 7.5.4 中规定。响应请求的端节点应将该值复制到响应帧中。

注:该值为 0 表示是两个端节点之间的直连传输。

7.5.2.9 当前节点

当前节点(Current) 应为一字节的无符号整型数。该值指明从端节点到端节点的路由中的当前发送节点。其取值范围是 0～10。它是指向地址列表(Addr.List)的指针。其用法在 7.5.4 中规定。

当下行传输时,发起传输的端节点(数据采集单元)应将该值置为 1。然后,在中间节点的每一次跳转中,该值都应加 1。当上行传输时,发起传输的端节点(仪表)应将节点数域(Nodes)的值赋予该值。然后,在中间节点的每一次跳转中,该值都应减 1。

注:这样做,使得与传输方向无关的静态路由地址表成为可能。

7.5.2.10 地址列表

地址列表域(Addr.List)是一个双字节域的序列。序列长度应等于节点数域(Nodes)的值。每个双字节域都是一个节点的七字节完整地址的缩略形式。从双字节到七字节格式的转换规则在 7.5.3 中规定。列表中第一个元素应为最靠近上行传输端节点的那个路由节点的地址缩略。列表中最后一个元素则应为最靠近下行传输端节点的那个路由节点的地址缩略。

注:若两个端节点之间是直接通信,该地址列表为空。

7.5.3 地址转换规则

节点地址以全地址和缩略地址的形式存在。全地址是七字节域,缩略地址是双字节域。全地址可被转换为缩略地址。反之,缩略地址也可以转换为一种称为“短格式地址”的特殊的全地址。

缩略地址应通过提取全地址中的最低两个字节来产生。

全地址应通过在缩略地址前面增添五字节的地址来产生。此五字节地址的第一字节(最高字节)应具有 10xx xxxxb 的形式,紧跟着的是节点的地址屏蔽(字节 1、2、3)。字节 4 和 5 应填入 FF FFh。详见 7.4.2.3。

多宿主节点可能有多个地址屏蔽。当向下一节点传输数据时,多宿主节点应使用与接收时的地址屏蔽相匹配的那个地址屏蔽。

发起节点应使用源地址的地址屏蔽。

7.5.4 路由规则

7.5.4.1 要求

在处理网络层信息时,需要一些路由规则。从网络层向链路层提交信息时,需要使用这些规则。这些规则为不同类型的节点所制定。发起端节点启动向接收端节点的传输。在其从一个端节点到另一个端节点的路由上,传输可能会经过许多的中间节点。

数据传输结构采用的是主/从结构,即:中心节点向外围节点发出请求信息,然后外围节点返回响应数据。还有一种特殊模式,主动响应,即外围节点在没有中心节点请求的情况下,主动上传信息。此模式一般在外围节点发送报警信息和最初连接到网络时使用。

注:本条不适用于使用非路由传输的节点,即直连。

7.5.4.2 发起节点的规则

发起节点应符合以下规则：

a) "NCtrl""TID""Source""Destin.""Nodes"和 "Addr. List"域的值仅应由发起节点修改。其他节点则不应修改这些域。

b) "TID"域的值取决于传输方向和消息类型：

1) 当数据传输是下行方向时，在每一个新的传输中，特别是发送一个新请求帧时，"TID"值应在原值的基础上加1；该值应跳过0值不用；

2) 当数据传输是上行方向且是基于请求帧的响应帧时，"TID"值应置应为对应请求帧的"TID"值；

注1：这使得在应用层将请求与应答进行关联成为可能。

3) 当数据传输是上行方向且是主动响应帧时，"TID"的值应置为0。

c) "Source"域应置为发起端节点的设备地址。

注2：节点可能是多宿主的，支持多个设备地址。如何从中选择节点的设备地址超出本部分的范围。

d) "Destin."域应置为接收数据的端节点的设备地址。

e) "TTL"域应置为两个端节点之间路由的跳转数。

f) 若为下行方向的数据传输，"SNR"域应置为255。若为上行方向的数据传输，"SNR"域应置为相应请求帧的SNR值。若信息是主动响应帧，则"SNR"域应置为255。

g) "Nodes"域应置为路由的中间节点数(不包括端节点)。

注3：该值等于跳转数减1。

h) 若为下行方向的数据传输，发起节点应置"Current"为1。若为上行方向的数据传输，发起节点应置"Current"为"节点数(Nodes)"。

i) "Addr. List"应包含路由的中间节点缩略地址表。其元素的排列次序与下行传输方向路由的中间节点次序相同。

注4：当生成响应时，来自之前请求帧的列表同样有效。

j) 网络层应将本节点的设备地址作为数据链路层的源地址域(SA-域)传递到链路层。

k) 若"Current"=0，链路层的DA-域应置为"Source"。若"Current"="Nodes"+1，链路层的DA-域应置为"Destin."。否则，网络层应使用"Current"作为指向"Addr. List"的指针。链路层DA-域应为"Addr. List"中被指向并被转换成短格式地址的那个元素。

7.5.4.3 接收路由帧的规则

网络层应按以下方式处理链路层接收的路由包：

a) 若从链路层接收到的是错误状态字，则应直接将该信息传至应用层；

b) 若TTL域为0，则应产生一个错误状态字，并传至应用层。否则TTL域减1；

c) 若已抵达路由终点，且目的地址域等于节点的设备地址，则：

1) 应用数据应传至应用层；

2) 若消息是请求(网络控制域的位6为"1")，则应存储"TID""Source""SNR""Nodes"以及"Addr. List"域的值，以备后续使用；

3) 在网络层对该包不应进行进一步的处理。

注：路由终点可以以下方式之一来判断：

——TTL=0；

——数据传输是下行方向，且"Current"="Nodes"+1；

——数据传输是上行方向，且"Current"=0。

d) 若已抵达路由终点，但"Destin"域不等于节点的设备地址，则应产生一个错误状态字并提交到应用层；

e） 若尚未抵达路由终点，则应按照中间节点的路由规则继续处理该帧。

7.5.4.4 接收直连帧的规则

报警和错误状态可能产生FC-域中“直连”位为1的帧。这种帧应按下述方法处理：

a） 若该帧是报警或错误的上报，且存在上行端节点路由，则节点应以路由帧的方式发送此数据。作为数据信息，该帧的应用层数据应是完全的“直连”应用数据；

b） 若路由不存在或路由失败，则应丢弃该帧；

c） 若数据帧是搜索帧，则节点应按7.6.5.3中的规则来处理该帧。

注：直连方式用于主动响应和已知节点列表的生成。主动应答可以是报警或错误上报，见7.6.3和7.6.4。

7.5.4.5 中间节点的规则

除接收节点的规则外，中继节点的网络层还应以下列方式处理来自链路层的数据：

a） 应按7.5.2.7的规则处理“SNR”数据；

b） 若是下行方向的数据传输，则“Current”应加1；若是上行方向，则“Current”应减1；

c） 网络层应将本节点的设备地址填入链路层作为SA-域；

d） 若“Current”为0，网络层应将“Source”填入链路层作为DA-域。若“Current”=“Nodes”+1，则网络层应将“Destination”填入链路层作为DA-域。否则，网络层应使用“Current”作为指向“Address list”的指针，将“Address list”指向的地址元素转换成短格式地址后填入链路层DA-域。

作为路由的一部分，中间节点还应更新动态时延域（DLY-域），见7.4.2.5。

7.5.4.6 发送主动响应帧的规则

试图发送主动响应数据帧的节点之网络层应按以下规则来处理信息：

a） 若节点中存储有为主动响应帧使用的专用路由，则节点应使用该路由并按发起节点的规则来处理信息；

b） 若未存储专用路由，但之前到上行端节点的路由已被记录或可兹利用，则节点宜使用该路由并按发起节点的规则来处理信息；

c） 若无到上行端节点的路由可用，则节点宜采用直接通信（见7.4.2.4）的方式广播或多播该帧。

7.5.5 定时要求

本条规定了针对网络层的定时要求，这些要求列在表17中。

表17 网络路由定时

特性	类型	标识	最小值	典型值	最大值	单位
路由延时[a]	t_{RO}				150	ms
[a] 路由延时：在接收到需转发的包后，节点应在小于“最大路由延时”的时间内向下一跳转点转发该包。						

7.6 Q模式：应用层协议

7.6.1 一般要求

应用层数据格式规定如下。应用层数据可能包含多个应用层请求/响应的数据集。每个应用层数据集都是按“TLV”格式编码的。应用层信息格式的规定见图43。

标签1	长度1	值1	标签2	长度2	值2	标签 n	长度 n	值 n
1字节	1字节	N字节	1字节	1字节	M字节	1字节	1字节	P字节

图43 应用层信息格式

注1：TLV是标签(Tag)、长度(Length)、值(Value)编码方式的标准缩略语。

标签域定义信息类型，长度域指明值域的长度，值域保存实际的信息。应用层标签域列在表18中。

数据集的标签域定义了后随的应用数据类型。当前的标准没有规定应用层的所有应用类型，仅定义了与网络管理功能相关的功能类型。一些类型值被保留，以便兼容GB/T 26831.1、GB/T 26831.3、GB/T 26831.4。

注2：在单一帧中传输多个应用请求数据集可能会导致接收的数据响应帧长度大于链路层规定的帧长度，这种情况将会引起错误。如何处理这种错误超出本部分的范围。

表18 应用层，标签域

标签值	名称	备注
00h～1Fh	保留	兼容GB/T 26831.1
20h～6Fh	保留	为今后保留
70h	错误上报	兼容GB/T 26831.3
71h	报警上报	兼容GB/T 26831.3
72h～7Fh	应用层信息	兼容GB/T 26831.4
81h～82h	保留	避免与本部分的P模式冲突
83h	网络管理	支持网络层或更低层管理的应用层功能
A0h～FFh	制造商专有信息	用于制造商自定义的应用层

当发送报警或错误类型数据集时，网络层报头的网络控制域的“Error”位应置为1，详见7.5.2.2。

7.6.2 GB/T 26831.1应用层

支持GB/T 26831.1应用层的节点，其标签域应为01h。其应用层数据应前置一个包含CI域、ST-SAP域和DTSAP域的传输子层，这些域的规定见GB/T 26831.1—2011中10.2.3。

应用层数据的编码规则应符合GB/T 26831.1—2011中10.3的规定。

支持GB/T 26831.1应用层的节点应能通过上述的传输子层来接收错误上报、报警上报以及网络管理数据。支持GB/T 26831.1应用层的节点可通过上述的传输子层来发送错误上报、告警上报以及网络管理数据。

7.6.3 错误上报

7.6.3.1 要求

当由于某种原因，节点无法对请求帧的进行响应时，使用错误上报。它既可能是中间节点，也可能是端节点。

路由节点应包含错误上报服务。节点应使用该服务来返回错误状态信息。错误信息返回帧的标签域应为70h。值域的首字节是一个单字节的类型域。

网络层报头的控制域的“Error”位应按7.5.2.2的规定置“1”。

类型域可使用表19中定义的值。

表19 类型域,错误状态信息

类型值	名称	备注
00h	未定义	未定义错误,兼容 GB/T 26831.3
01h	无应用	未实现的标签域
02h～09h	应用错误	兼容 GB/T 26831.3
0Ah～10h	保留	
11h	无管理功能	网络管理中未实现该功能
12h	数据错	提供的数据无效
13h	路由错	不能继续中继数据
14h	访问违规	数据访问权限违规
15h	参数错	请求数据中的参数错误
16h	容量错	请求的数据量不能被处理
17h～BFh	保留	为今后保留
C0h～FFh	制造商	制造商自定义的错误信息

7.6.3.2 无应用

若请求的应用标签域没有在该节点中实现,应用层应返回本错误状态。跟随在此类型域之后的是那个不正确的标签域的副本。

7.6.3.3 应用错误

若实现 GB/T 26831.3 的应用层,会用到这个错误编码类型。

7.6.3.4 无管理功能

若请求的网络管理功能在真实的应用层中没有实现,应用层应返回本错误状态。跟随在此类型域之后的是那个未实现的功能域的副本。

7.6.3.5 数据错

若请求是正确的,但响应的应用层不能提供相应数据,应用层应返回本错误状态。

7.6.3.6 路由错

若节点不能继续下行传输数据到下一个节点,应用层应返回本错误状态。返回数据的格式应见图44所示。

类型	状态	TID	Ctrl	Source	Destin.	TTL	SNR	Nodes	Curr.	Addr. List
13h	1字节	1字节	1字节	7字节	7字节	1字节	1字节	1字节	1字节	$M\times2$ 字节

说明:

类型——13h,指明后随数据是路由错误信息;

图44 路由错误格式

状态——枚举类型,表示尝试的状态:

0:无来自节点的响应,超时四次;

1:节点响应,但应答有错。

TID,Ctrl,Source,Destin,TTL——未能转发的帧之网络层报头信息的副本。关于这些域的详细信息,见 7.5.2.1;

SNR——信噪比。若节点支持 SNR 测量,则本域应是发送失败路由帧时刻的节点接收信噪比。若节点不支持 SNR 测量,则本域应为 FFh,或者,若超时状态产生,本域应为 00h;

Nodes,Curr,Addr.List——未能转发的帧之网络层报头信息的副本。关于这些域的详细信息,见 7.5.2.1。

图 44(续)

返回的数据表明,帧未能被转发。它包含报头,并紧随着未能被转发的数据之网络层报头。

发起节点未能发送消息,则其网络层不应产生路由错误,仅仅向其自身的应用层返回错误状态。

7.6.3.7 访问违规

若被请求的数据不允许访问,则应用层应返回本错误状态类型。该错误可能是由于使用不正确的访问码而产生的。

7.6.3.8 参数错

若请求帧的参数超出了当前有效的范围,应用层应返回本错误状态。

7.6.3.9 容量错

若请求是正确的,但相应的响应数据不能在单一的数据帧中被处理,应用层应返回本错误状态。

7.6.4 报警上报

7.6.4.1 要求

当节点有(未被请求的)紧要信息向中心节点上报时,使用报警上报。报警上报宜作为主动数据应答帧发送。

注:网络层报头中网络控制域的"Error"位宜被置"1",见 7.5.2.2。

路由节点宜包含报警上报服务。节点应使用该服务返回持续告警状态。报警信息的返回应使用标签域 71h,值域的首字节是单字节类型域。值域的格式应如图 45 所示。

类型	应用数据
XXh	更详细的告警信息
1 字节	*n* 字节

图 45 告警信息数据格式

类型域可具有表 20 定义的值。

表 20 类型字节,告警信息

类型值	名称	备注
00h	普通错误	节点的全局状态
01h	安装	节点处在未安装模式
02h～09h	应用错误	兼容 GB/T 26831.3

表 20（续）

类型值	名称	备注
0Ah～10h	保留	
C0h～FFh	制造商	制造商自定义的报警类型

7.6.4.2 普通错误

节点应使用本功能去提醒，报警状态已经存在了较长时间而没有被服务。该状态已经导致节点停止其正常功能（消费计算）。

制造商应声明节点产生这种错误的条件。

7.6.4.3 安装模式

节点使用本功能去提醒，它仍处于安装模式，即尚未被配置。若节点长时间内不能和其所在网络正常通信，可返回到安装模式。

安装模式下的使用规程超出本部分的范围。

制造商应声明导致其节点返回安装模式的条件。

7.6.5 网络管理服务

7.6.5.1 要求

路由节点应包含网络管理应用。只要标签域为 83h，应用数据应传至网络管理应用。其一般格式在图 46 中规定。值域的首字节是单字节功能类型域，定义了后随数据应如何解释。

功能类型	应用数据
XXh	功能特定信息
1 字节	x 字节

图 46　网络管理数据格式

表 21 中列出的功能覆盖了如下通用网络管理要求：

a)　由于节点的实时时钟存在漂移，因此，有对节点信息进行精准时间标记的需求。节点的时钟应可以设置。这个时间设置应包括对任何中间节点延迟的校正；

b)　为了能设置合适的路由/传输路径，应可以生成和检索一个节点列表，路由节点能够从这些节点接收数据；

c)　应能通过路由节点传递信息中继的失败信息。该失败信息存在两种情形：下行传输失败和上行传输失败。这些错误消息的作用是检测失效的链路，从而维护数据传输网络的有效性和健壮性。

类型域可为表 21 中定义的值。

表 21　网络管理功能的类型

类型	名称	备注
01h	时间同步	时间同步信号

表 21(续)

类型	名称	备注
13h	生成已知节点列表	启动生成节点已知的网络节点列表
14h	获取已知节点列表	提取节点已知的网络节点列表
21h	中继状态	先前失败的上行中继的消息的请求和返回
22h	等待	尚无法提供数据,稍后再试
80h～FFh	制造商	制造商自定义的功能类型

范围在00h～7Fh内的类型值为标准化使用。在此范围内但在上表中未列出的值为今后使用所保留(RFU),不应当使用。范围在80h～FFh内的值可用于制造商自定义的功能。

对于上面列出的命令类型,尾随类型和对应功能的应用数据的格式如下列出。

7.6.5.2 时间同步

当主站(数据采集单元)意欲对从中接收数据的节点进行时间同步时,使用本功能。图47定义了请求帧的格式。

注:该请求帧可以使用广播或多播地址。

类型	年	月	日	时	分	秒	时区	访问控制
01h	1字节	1字节	1字节	1字节	1字节	1字节	1字节	4字节(可选)

说明:

类型 ——01h,用来指明后随的数据是时间同步数据;

年 ——1字节无符号整型数,范围5～99,由2000年开始;

月 ——1字节无符号整型数,范围1～12;

日 ——1字节无符号整型数,范围1～31;

时 ——1字节无符号整型数,范围0～23;

分 ——1字节无符号整型数,范围0～59;

秒 ——1字节无符号整型数,范围0～59;

时区 ——1字节有符号整型数,范围−12～12,相对于格林威治时间的偏移;

注:这样使得时区和夏令时的处理成为可能。

访问控制——4字节,可选,若节点在本请求帧中使用访问控制,应出现本控制域。如何使用访问控制的方法超出本部分的范围。

图47 时间同步请求帧格式

发起节点应确保链路层FC-域的时间信息位是置位的,并应在链路层DLY-域插入一个时延值。该时延值应与从时钟源读出时钟值的时刻开始到前同步码同步序列发送出的时刻为止的延时相符。

任何中间节点,都应在链路层DLY-域的当前值基础上加上一个延时值,这个延时值是从接收时检测到前同步码同步序列的时刻到下一跳的同步序列发送时刻为止的延时。

响应的格式应如图48的规定。

类型	偏移量
01h	1字节

图48 时间同步响应格式

说明：

类型 ——01h，指明后随数据是时间同步数据；

偏移量——1字节的时间偏移量。是设备内部时钟值和命令中的时钟值之间（并计入动态延迟）的偏差，以秒为单位。此信号可被用来作为设备时钟稳定性和漂移量的质量指示器。若实际偏移量大于255，该值应被设置成255。

图 48（续）

制造商应声明发起节点和中间节点的延时计算的精度。

7.6.5.3 生成已知节点列表

这是一个用于或激活对那些能够接收到此请求命令的邻居节点进行搜索的网络管理请求。请求的格式应如图49的规定。

类型	SNR 列表	终止条件	访问控制
13h	5字节	1字节	4字节（可选）

说明：

类型 ——13h，指明本类型为“生成已知节点列表”；

SNR 列表——5字节，在搜索中使用的5个信噪比阈值。每个值都是一个信噪比的检测门限，应按降序排列。若阈值少于5个，则无用的值应设置为0；

终止条件——1字节，在未收到节点响应的情况下，搜索应持续的周期数，范围是1～6；

访问控制——4字节，可选，若在本请求帧中使用访问控制时应使用。访问控制使用的算法超出本部分的范围。

图 49 产生已知节点列表请求帧格式

对本命令的反应方式在7.4.4中规定。

本命令的响应的格式见图50。

类型	节点数
13h	1字节

说明：

类型 ——13h，指明本类型为“生成已知节点列表”；

节点数——1字节，搜索中发现的节点数量。

图 50 生成已知节点列表响应帧格式

生成 SNR 列表的算法超出本部分的范围。

7.6.5.4 获取已知节点列表

这是一个从指定节点中检索其已知节点列表的网路管理请求。请求及响应的格式应如下。

请求的格式应如图51的规定。

类型	指针
14h	1字节

说明：

类型——14h，指明是“获取已知节点列表”；

指针——1字节，指明读取数据的位置，若指针为1，则表示应从列表的起点处获取数据。

图 51 获取已知列表请求格式

响应的格式应如图 52 的规定。

类型	指针	节点信息 1	……	节点信息 n
14h	1 字节	8 字节		8 字节

说明：

类型 ——14h，指明是“获取已知节点列表”；

指针 ——1 字节，指明下一个数据块的读取位置。若所有的数据已被读取，该值应置为 0。应将该指针作为参数返回，以便在下一个请求帧中读取后续的数据块。产生这个指针的算法超出本部分的范围；

节点信息——8 字节，有以下内容：

地址信息：7 字节，节点的设备地址，即在链路层检测到的源地址；

信噪比：1 字节，SNR，范围为 0～255，在最近的节点搜索过程中测量的 SNR 值，单位为 dB。

图 52　获取已知节点列表响应格式

7.6.5.5　中继状态

数据上行传输过程中的错误，同时也是信息传输路径的故障。故障将导致信息不能传输到中心节点。若此状况发生，路由器应在本地存储该错误状态，并等待传输路径的恢复。

通常，上行数据传输是对请求的响应。中心节点将检测到响应的丢失，并应重试该请求。若仍失败，中心节点应尝试建立替代的通往该节点的传输路径。

若错误状况维持了较长时间，路由节点应返回到安装模式，详见 7.6.4.3。

注 1：本地存储错误状态和重新建立传输路径的机制超出本部分的范围。

一旦传输路径被重建，中心节点就会检索到关于错误状况的信息。中继错误状态的请求和响应帧格式在以下列出。

若该功能被实现，中继错误状态请求帧的格式应如图 53 的规定。

类型	描述符
21h	1 字节

说明：

类型域——21h，指明是中继错误状态请求；

描述符——1 字节，按位定义的描述符域，其中：

位 7：0＝返回列表中的第 1 个数据块；

1＝返回列表中的后续数据块。

位 6～0：置为“0”，为今后保留。

图 53　中继状态请求数据格式

若节点无法将数据上行转发到下一节点，对应用层而言，本错误状态应该是有用的。返回数据的格式应如图 54 规定。对每个请求，应返回一组错误信息。

类型	状态	NCtrl	TID	Destin.	Source	TTL	SNR	Nodes	Curr.	地址列表
21h	1 字节	1 字节	1 字节	7 字节	7 字节	1 字节	1 字节	1 字节	1 字节	$m\times 2$ 字节

说明：

类型——21h，指明是“中继状态”；

图 54　中继状态响应格式

状态——1 字节的枚举类型，说明尝试状态：

0：节点无响应，超时 3 次；

1：节点有反应，但是回答有错误；

2：无未决的错误。

NCtrl、TID、Destin.、Source、TTL、SNR、Nodes、Curr.及地址列表——无法路由的帧之网络层报头的副本，关于这些域的详细信息，见 7.5.2。

图 54（续）

返回数据说明该帧无法被路由。它包含了一个报头并紧随着无法被路由之帧的网络层报头。

若无错误状态信息被记录，则应返回 02h 的“状态”域且无进一步的数据。

注 2：在节点中存储后继检索所需的错误数据的结构和数目，不属于本部分范围。

7.6.5.6 等待延长

应用层的某些请求可能需要较长的应答时间。这将在有重试机制的应用层上引起超时。为限制超时状况的数量，这里引入“等待延长响应”机制。接收到请求的节点可先返回一个等待延长响应，指示本节点还无法响应，请求将会在稍后的时间被返回。等待延长响应只应由端节点发出。其格式应如图 55 的规定。

说明：

F-域——22h，指明是等待延长请求。

图 55 等待延长响应格式

发送等待延长响应时，TID 域应为“0”。发送等待延长响应的节点应返回真实的响应而无需进一步的请求。该响应仍使用原来的 TID 域值。

对那些实现了等待延长功能的节点，制造商应声明其设备在等待延长后的最长响应时间。

7.6.6 定时要求

适用于应用层层面的定时要求见表 22。

表 22 应用层定时

特性	符号	最小值	典型值	最大值	单位
响应延时[a]	t_{RD}	20		10 000	ms
响应等待[b]	t_{RW}			21 000	ms

[a] 响应延时：接收到请求后，节点的开始返回数据响应的时间应在最小响应答延时和最大响应延时之间。

[b] 响应等待：在发出请求并期待响应时，节点的应用层不应在最大响应等待时间之前作出连接超时的判断。此最大值的选取考虑了唤醒信号必须发送到某些节点的因素。经与运营方协商后，这个最大值可被延长。

7.6.7 COSEM 扩展

7.6.7.1 概述

应当意识到，当新的低层和新的功能加入后，需要添加新的专用接口类。

7.6.7.2 无线 Q 模式信道:接口类

本接口类的实例定义了使用 Q 模式接口通信的运行参数。表 23 和表 24 定义了其属性和使用方法。

表 23 接口类描述

无线 Q 模式信道	0～n	Class_id=73,version=1		
属性	数据类型	Min.	Max.	Def.
1. Logical_name (static)	八位元串型 Octet_string			
2. Addr_state (static)	枚举型 Enum			
3. Device_address (static)	八位元串型 Octet_string			
4. Address_mask (static)	八位元串型 Octet_string			
特定方法	必选/可选			

表 24 类属性描述

属性	属性描述
Addr_state	定义了设备自最近一次上电以来,是否曾经被分配过地址 枚举型 enum (0) 尚未分配地址 (1) 已分配地址(人工设置或自动方式)
Device_address	网络中当前分配的设备地址 八位元串型 octet-string
address_mask	当使用短格式地址时,设备将响应的组地址 八位元串型 octet-string

7.6.7.3 无线 Q 模式设置

本 COSEM 对象定义并控制了本部分中 Q 模式下设备对各通信参数的行为。它是"无线 Q 模式信道"接口类的一个实例。本接口类的 OBIS 编码在表 25 中定义。

表 25 OBIS 编码

无线 Q 模式设置	OBIS 标识						
	IC	A	B	C	D	E	F
无线 Q 模式信道对象	无线 Q 模式信道	0	X	31	0	0	0xFF

在一个物理设备中,若类型的多个对象被实例化,则值组 B 应用于对通信信道进行编号。

注:具有多个网络地址的节点,即多宿主节点,将具有多个这种类型的对象。

参 考 文 献

[1] 信部无[2005]423 号 关于发布《微功率(短距离)无线电设备的技术要求》的通知

[2] IEEE 1588—2008 Standard for a Precision Clock Synchronization Protocol for Networked Measurement and Control Systems